제 3 판

디지털 논리 설계

박용수, 송한정, 조순계 공저

B.C.Info

DIGITAL LOGIC DESIGN

머리말

디지털 분야는 본격적인 ICT 시대를 맞이하여 전자 · 전기 · 통신 · 자동제어 · 계측 · 반도체 · 컴퓨터 및 이동통신 등 산업분야에 종사하는 분들과 학생들이 익혀야 할 매우 중요한 기초과목입니다.

'디지털 논리 설계'는 산업체에 몸담고 있는 인사들과 산업체 근무 경험이 풍부한 교수진들을 중심으로 다수의 원서를 참조하여 집필하였습니다. 또한 필자들이 여러 해 동안 강의한 내용과 산업체 경험을 바탕으로 하여 집필하였습니다.

21세기 현재, 대학에서 가르치고 있는 디지털 분야의 교육내용은 과거와 별 차이가 없는 것 같습니다. 그동안 집적회로 기술의 발전으로 다양한 IC(integrated circuit)들이 만들어져 시스템 설계(system design)에 많이 응용되고 사용되고 있으나, 기존의 디지털 관련 교재들은 그 내용들을 포함하지 못하는 면이 있습니다. 그래서 가능한 최신 기술들을 알기 쉽게 이해할 수 있도록 본 저서에 첨가하였으나 그림에도 부족한 점이 많으리라 생각합니다.

이 책은 대학생들을 대상으로 한 책입니다. 그러나 산업체 실무자들이 학습하기에 필요한 내용들도 첨부되어 있어 학습하는 데 부족함이 없으리라 생각됩니다. 또한 이 책은 디지털의 기본 개념과 디지털 회로를 설계할 수 있는 입문서이며, 기초 이론을 바탕으로 하여 실제 IC를 사용한 디지털 시스템 설계가 가능하도록 디지털 응용 분야에 대해서 집중적으로 많은 이론들을 첨부하여 편찬하였습니다.

이 책의 각 장 내용을 요약하여 설명하겠습니다.

제1장은 계산의 역사를 소개하고 디지털 시스템을 설명하였습니다. 또한 여러 가지의 수체계를 익히고 디지털에서 사용하는 2진수를 설명하였습니다.
제2장은 부울대수의 기본적인 원리와 디지털 시스템 설계에 사용되는 기본 논리게이트들을 설명하였습니다.
제3장은 디지털 논리 설계를 간략하게 할 수 있는 간략화 방법을 배울 수 있습니다.
제4장은 조합논리회로 설계의 기본이 되는 산술회로, 코드변환기 등을 익히고 조합논리회로 설계 및 해석 방법을 배울 수 있습니다.
제5장은 MSI/LSI 급의 IC를 사용하여 조합논리회로를 실제로 구현하는 방법을,
제6장은 순차논리회로 설계의 기본이 되는 플립플롭과 순차논리회로 설계과정을,
제7장은 순차논리회로의 기본 구성인 레지스터 및 카운터를,

제8장은 동기식 순차논리회로를 설계하는 과정을 보기 응용회로를 중심으로 배울 수 있으며, 제9장은 PLD 소자와 PLD를 이용한 실제 응용에 대해서 배울 수 있습니다.
또한 이 책은 1학기 또는 2학기에 걸쳐서 강의가 가능하도록 다음과 같이 구성하였습니다. 1학기 과정은 디지털 논리회로 설계 위주로 학습이 가능하며, 2학기 과정은 디지털 논리회로 설계와 더불어 디지털 응용 분야를 학습합니다.

■ 1학기 과정

디지털 논리회로 설계(digital logic design) 위주로 다음 장들을 학습합니다.

제1장 디지털 시스템과 수체계
제2장 부울대수와 논리게이트
제3장 부울식의 간략화
제4장 조합논리회로
제5장 조합논리회로 설계 - MSI/LSI
제6장 순차논리회로
제7장 레지스터와 카운터 설계

15내지 16주에 걸쳐서 학습이 가능하며 필요에 따라서 제8장 순차논리회로 설계 부분을 공부할 수 있습니다.

■ 2학기 과정

디지털 논리회로 설계 분야와 더불어 디지털 응용(digital application) 분야를 학습합니다.

- 첫 번째 학기
  제1장 디지털 시스템과 수체계
  제2장 부울대수와 논리게이트
  제3장 부울식의 간략화
  제4장 조합논리회로
  제5장 조합논리회로 설계 - MSI/LSI

- 두 번째 학기
  제6장 순차논리회로
  제7장 레지스터와 카운터 설계
  제8장 동기식 순차논리회로 설계
  제9장 PLD 설계

이상으로 이 책의 내용과 학습방법을 소개하였습니다. 많은 내용들을 포함하다보니 필자들의 부족함으로 인해 오류와 수정 및 보완해야 할 부분이 있으리라 생각합니다. 독자 여러분께 많은 지도 편달을 부탁드리며 본 교재와 관련하여 문의사항이 있을 경우 E-mail 주소(yspark@ok.ac.kr)로 연락주시면 성심성의껏 답해드리겠습니다.

끝으로 이 책이 출판되도록 수고해주신 복두출판사 사장님과 직원 여러분들께 감사를 드리며 원고 정리를 도와주신 분들께도 고마움을 전합니다.

2006년 8월
2010년 3월 개정
2015년 2월 개정
2020년 3월 개정
저자 씀

차례

제1장 디지털 시스템과 수체계

제2장 부울대수와 논리게이트

제3장 부울식의 간략화

제4장 조합논리회로

제9장 PLD 설계

■ 부록

제 1 장

디지털 시스템과 수체계

학습 목표

디지털 시스템과 수체계를 학습한다. 디지털 시스템은 계수(셈)와 계산, 컴퓨터의 역사 그리고 디지털 시스템을, 수체계는 계수를 표현하는 수체계, 2진수 연산, 코드를 학습한다.

· 디지털 시스템 이해
  - 계수와 계산 그리고 컴퓨터의 역사를 이해하고 디지털의 발전 과정을 익힌다.
  - 디지털 시스템의 특징과 많이 사용되고 있는 이유를 익힌다.
  - 디지털 시스템과 아날로그 시스템의 차이점을 익힌다.

· 수체계 이해
  - 계수(셈) 과정을 표현하는 로마 숫자 수체계와 자릿수 수체계 방법을 익힌다.
  - 자릿수 수체계인 10진수, 2진수, 8진수 그리고 16진수를 익힌다.
  - 2진수를 이용한 2진수 연산과 보수를 익힌다.
  - 2진 코드와 10진수 형태로 표현하는 다양한 10진 코드를 익힌다.
  - 오류검출을 위한 오류검출 코드와 해밍 코드를 익힌다.
  - 그레이 코드와 ASCII 코드를 익힌다.
  - 유니 코드와 한글 코드를 익힌다.

전자회로(electronic circuit)는 아날로그 회로(analog circuit)와 디지털 회로(digital circuit)로 나눌 수 있다. 아날로그 회로에서 전류와 전압은 연속적인 값(continuous value)으로 표현된다. 아날로그 회로는 라디오와 텔레비전, 전화, 음향기기 등에서 사용되는데, 소리나 빛과 같이 이들과 연계된 물리적 수치들은 어떤 범위-조용함에서 시끄러움 또는 어두움에서 밝음까지-에 걸쳐 취해진다. 이들은 아날로그 컴퓨터에서도 사용되며, 여기서 값들은 연속적인 범위의 전압으로 표현된다.

디지털 회로로 구성된 디지털 컴퓨터 또는 이와 관련된 장비에 사용되는 디지털 시스템에서 전류와 전압은 연속적인 수치로 표현되지 않고 대신 불연속적 값(discontinuous value)으로 표현된다. 거의 모든 디지털 응용분야에서 이들 값은 두 개로 표현된다. 디지털 시스템은 2개의 수(HIGH 또는 LOW)를 이용하여 제어한다. 디지털 시스템은 HIGH 또는 LOW 신호를 이용하는 회로이다. 이들 2개의 수가 디지털 신호가 된다. 즉, 디지털 시스템은 디지털 신호에 의해서 동작하는 것이다. 이 책은 이들 2진 디지털회로(binary digital circuit)를 기술하는 것이다. 2진 회로는 논리회로(logic circuit)라 불린다.

먼저 계수(셈)와 계산 그리고 컴퓨터의 역사를 통하여 디지털의 발달 과정과 왜 디지털 시스템이 많이 사용되고 있는지 그 이유를 이해하자.

계수(셈) 과정을 표현하기 위하여 인류는 수체계(number system)라는 것을 개발하였는데, 여기서는 고대 로마 숫자 수체계 방법을 이해하고 현재 사용되고 있는 자릿수 수체계(positional number system)를 공부한다. 그리고 디지털 시스템에서 사용되는 수체계인 2진 코드(binary code)와 2진 코드를 10진수 형태로 표현하는 다양한 10진 코드(decimal code)와, 오류검출을 위한 오류검출 코드(error detection code)와 해밍 코드(Hamming code)를 익힌다. 마지막으로 그레이 코드(gray code), ASCII 코드, 유니 코드 그리고 한글 코드를 익힌다.

1.1 계수(셈)와 계산 그리고 컴퓨터의 역사

인류는 자신의 손가락을 사용하여 느리고 서툴게 계수(셈)하였다. 이 기초적인 행위이자 계수와 계산에 대한 도구의 탐색이 기술 발전의 시발점이다. 계수(셈)와 계산 그리고 컴퓨터의 역사를 이해하면서 디지털의 발전 과정을 공부해보자.

■ 원시 시대와 고대 사회의 계수

인간이 계수(셈)하기 시작한 것은 선사시대부터였다. 대부분의 원시부족은 2 또는 3 이상의 숫자를 가지지 못했지만, 차츰 재산, 저장품, 포획한 짐승 등을 누적함으로써 계수 시스템은 확장되기 시작했다. 이에 따라 손가락과 발가락을 이용한 셈 방식은 더 이상 적절치 못해서 쌓아올린 돌 조각, 막대기에 칼로 벤 흔적, 가죽 조각 위의 표시 등을 통해 수를 기억하게 되었다. 이것들이 가장 원시적 단계의 연산이었으며, 이로써 그들은 연산에서 논리로 발전한 것이다.

일만 년 전쯤 형성된 고대사회에 이르러 사람들은 날짜와 계절을 기억하고, 음식으로 먹을 씨앗과 저장할 씨앗의 양을 계산할 필요가 생겼다. 도시화가 진행되고 집단사회가 만들어진 후에는 정부는 시민들의 수를 파악하고 세금을 징수할 필요가 생겼다. 건축가는 사원과 궁전, 무덤의 크기를 측정할 시스템이 필요했고, 선원들은 새로 형성된 나라 간의 교역을 위해 항구를 항해할 때 사용할 항법장치가 필요했다. 이집트인, 바빌로니아인, 그리스인, 로마인들이 이러한 필요를 충족시키기 위한 수체계(number system)를 개발했었지만, 이들은 모두가 사용하기에는 부담스러운 형태였다. 그때 어떤 이가 움직일 수 있는 구슬 또는 원판을 판자에 부착하면 가죽이나 기름종이에 움직일 수 없는 숫자를 표시하거나 돌 조각을 쌓아서 계산하는 것보다 훨씬 빠르게 계산할 수 있다는 사실을 발견했다.

그림 1.1 수메르 기록

인류 데이터 기록의 역사는 참으로 오래되었다. 최초 인류기록으로 알려진 것이 그림 1.1의 수메르 기록(Sumerian Tablet)이다. 이것은 BC 1900년경 고대 수메르인들이 왕가의 예산과 세금을 기록한 문서로 추정되고 있다. BC 1800년경 바빌로니아에서는 복리계산법을 사용하였는데, 어떤 점토판 위에는 연리 20[%]일 때 곡식을 두 배로 늘리려면 몇 년과 몇 달이 필요한지를 계산한 내용이 설형문자로 쓰여 있다.

■ 주판

BC 3000년경에는 이미 고대 바빌로니아에 주판(abacus)이 있었다고 전해지며, BC 2000년 전의 수메르에서는 그림 1.2(a)에서 보듯이 땅에 길쭉하게 홈을 파서 돌멩이를 놓아서 계산을 했다(그림은 3421을 나타낸다).

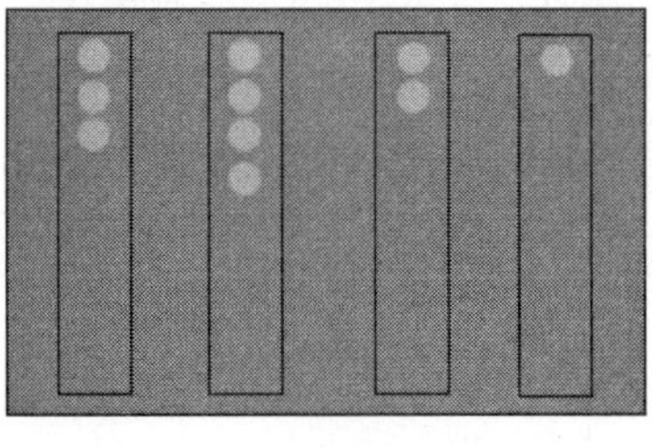

(a) 수메르

(b) 중국

그림 1.2 주판

그 후 그리스인은 땅바닥 대신 판 위에 홈을 파서 계산을 했다. 로마인은 그리스인의 주판을 개량하여 사용하였고 로마의 주판은 중국과 러시아와 유럽 등지로 전해지게 되었다. 또 러시아인은 로마의 주판을 다른 모양으로 개량하여 사용하였다. 유럽에서는 아라비아 숫자와 필산법이 보급되기 전까지는 로마에서 전해진 주판이 널리 사용되었지만, 주판으로 계산하는 것보다 아라비아 숫자로 계산하는 것이 더 빨랐기 때문에 주판은 차츰 자취를 감추게 되었다.

중국에서도 이미 오래 전인 BC 2600년경부터 그림 1.2(b)와 같은 주판이 계산에 이용되었다. 다만 중국인들은 그들의 실정에 맞게 주판을 고쳐 막대기에 꿴 구슬이 윗단에 2개, 아랫단에 5개 있게끔 만들었다.

■ '0'의 사용

기원전 3000년경 고대 중국인들은 막대기의 색깔로 음수(negative number)와 양수(positive number)를 구별하였으나 0의 개념은 없었다. 비슷한 시기에 선진 문명을 자랑하던 바빌로니아인들 역시 0을 사용하지 않았다.

0을 처음으로 사용한 것은 인도인이었다. 인도인은 오래 전에 9자리 수체계를 개발하였는데, 오랜 세월 후 그들은 자신의 굉장한 발명품에 '0'의 개념을 추가하였다. 이는 주판에서 빈 열로 표현된다. 876년 인도에서 발간되었던 문헌에 오늘날 우리가 사용하는 0에 대한 기록을 볼 수 있다. 이러한 업적은 수 표기법을 선도하였으며, 현재까지도 사용되고 있다.

이 수 표기법에서 임의의 수는 순서가 매겨진 자리 수에 의해 기수 10 체계에서 표현된다. 인도인이 10진수체계에 0의 개념을 추가함으로써 수학의 중요한 시대를 열었고, 대수학의 지대한 발전에도 기여하였다. 인도인과 상당히 상업적 교류를 나누고 있던 아랍인들도 10진수 체계와 '0'의 개념을 수용하였다. 아랍의 수학자 무하마드 알 콰리즈미(Al-Khawarizmi)는 오랜 인도 방문기간 동안 저서 《Al-jabr wal muqabalah》를 완성하였는데, 바로 이 저서명에서 우리가 오늘날 사용하는 대수(algebra)가 고안되었다.

0이 발견된 이후 '빈자리' 또는 '없다'는 뜻으로 0을 힌두에서는 스냐(sunya), 아라비아에서는 시프르(sifr)로 불렀다. 이 말이 13세기 독일로 전해져 시프라(cifra)가 되었으며, 그 후 라틴어로 제피룸(zephirum), 이탈리아어로는 제에로(zeuero)가 되었다. 1, 2, 3, …, 9, 0은 모두 인도에서 발명되어 아라비아를 거쳐 유럽과 중국에 전파되었기 때문에 유럽에서는 아라비아인들이 발명한 것으로 생각하여 아라비아 숫자(Arabic numeral)라고 불리게 되었다. 이 숫자가 유럽에 알려진 후 계산이나 수에 관한 기록이 아주 편리해졌으며 이는 수학에 급속한 발전을 가져왔다. 15세기 출판기술의 발전으로 대중들, 특히 상인들이 산술(arithmetics)을 배울 수 있게 되었다.

■ 계수머신

물리학의 발전은 나눗셈과 곱셈에 적용할 수 있는 계산도구인 계수머신(count machine)의 발명을 긴박하게 요구하였다. 초기의 계수머신인 주판은 이러한 목적에 쉽게 대처할 수 없었다. 그러다가 17세기 초 로그표(table of logarithms)가 영국인 헨리 브리그(Henry Briggs)에 의해 개발되었고, 존 내피어(John Napier)는 나무 막대기에 점을 찍고 이들을 연결함으로써 로그

(logarithm)까지 계산할 수 있는 계산자인 네이피어 계산봉(Napiers Bones)를 고안해 내었다.

블레이즈 파스칼(Blaise Pascal)은 세무사인 아버지의 도움으로 기계식 기어를 이용한 덧셈기를 고안하였으며, 이를 파스칼레온(Pascalene)이라 명명하였다. 이것이 최초의 기계식 계산기로 알려져 있다(그림 1.3).

그림 1.3 파스칼레온

17세기 이후 독일인 라이프니츠(Gottfried Wilhelm von Leibniz)는 기계적 곱셈기(오늘날의 컴퓨터 기술의 초석인 2진수체계를 우연히 옹호하는)를 발명하였다. 라이프니츠 머신(Leibniz machine)은 궁극적으로 제품화되었고 주로 상인들에 의해 사용되었다.

과학자들은 차츰 더 복잡한 임무들에 직면했으며, 이 임무들에 적합한 계수머신을 위한 탐색은 19세기까지 계속되었다. 19세기는 현재의 기술이 태동하고 이들 머신들이 정상의 위치에 선 시기이다.

■ 찰스 배비지

그림 1.4 배비지의 해석엔진

19세기경 영국의 괴짜이자 수학자, 엔지니어, 발명가인 찰스 배비지(Charles Babbage)는 수학적 계산뿐만 아니라 논리, 심지어 분석까지도 기계화할 수 있는 차동엔진을 고안했다. 그리하여 배비지의 차동엔진은 6개의 바퀴로 시작했으나, 연구기금을 조절하는 정부 기관과의 십여 년간의 모진 싸움 끝에 결국 기금부족으로 1833년 폐기되었다. 이 차동엔진은 배비지의 해석엔진(오늘날의 컴퓨터의 전신)에 의해 계승되었다(그림 1.4).

차동엔진은 증기에 의해 구동되며, 대략 50제곱 피트의 공간을 차지하고 중심이 같은 톱니바퀴로 설비되었다. 바퀴들 중 어떤 것은 지름이 2피트에 이르는 것도 있었다. 또 Store(오늘날 메모리라 불리는 것)와 Mill(오늘날 중앙연산장치, CPU라 불리는 것)을 가지고 있었다. Mill과 Store 사이에 수를 전송하는 바퀴와 기어가 있었으며 무엇보다 중요한 점은 수행할 동작의 성격을 가리키는 천공카드(punch card)가 존재한다는 사실이다.

이후 배비지는 몇 가지 일들-증기기관 공학, 명멸하는 등대, 정치, 비밀코드, 법률 위반, 점안경, 개혁, 거리의 악사 등-에 관심을 유지하면서도 해석엔진을 완성하기 위해 계속 노력하였다. 그는 79세의 나이로 사망할 때까지 해석엔진을 위해 기금을 모았으며 그 계획에 계속 종사하였다.

결국 배비지는 그의 자서전과 연산 연구에 대한 한 권의 책을 제외하고는 그가 시작한 그 어떤 것도 완성하지 못했다. 그러나 놀랍게도 그 자신조차도 눈치 채지 못했던 기계, 컴퓨터에 대한 그의 계획은 1세기 후 수많은 과학자들에 의해 채택되었으며, 지금까지 존재하고 있다.

■ 부울 대수학

그림 1.5 조지 부울

1854년 영국의 수학자 조지 부울(George Boole)은 부울 대수학(Boolean algebra)을 개발했다(그림 1.5). 부울은 "논리에서의 가정을 포함한 모든 것들이 2진수 표현을 사용하여 방정식 내에서 기술될 수 있다"고 했다. 부울체계에서 주어진 것은 '이다(1)' 또는 '아니다(0)' 뿐이다. 부울 대수는 플러스(+)는 논리합(OR) 그리고 점(·)은 논리곱(AND)을 의미한다.

논리합(OR)	논리곱(AND)
1 + 1 = 1	1 · 1 = 1
0 + 0 = 0	0 · 0 = 0
1 + 0 = 1	1 · 0 = 0

■ 섀넌과 헤르만 홀러리스

1930년 미국 벨 연구소의 기술자 섀넌(Shannon)은 불 대수에 기초하여 장거리 전화와 전신선의 신뢰도를 개선하기 위해 통신이론을 개발하였다. 이는 그를 아주 유명하게 만들었으며, 디지털 스위칭 시스템에 대한 그리 알려지지 않은 그의 연구는 통신이론의 결과이자 현대의 논리 시스템과 컴퓨터 기술의 근간이 되고 있다. 섀넌은 스위칭 개념을 2치 논리학의 참과 거짓에 대응한 0과 1로 표현할 것을 주장하였고, 정보의 단위로 비트(bit) 개념을 창안함으로써 컴퓨터에서의 정보 표현에 관한 새로운 지평을 열었다.

1938년 MIT에서 섀넌은 전화기의 ON / OFF 스위칭 기술을 이용하여 부울 논리와 계산을 해결하는 머신을 제안한 논문을 출판했는데, 그 논문은 디지털 스위칭 시스템의 발전에 지대한 공헌을 하였다. 기계적으로 간단하게 수를 셈한 2진 머신으로부터 기술은 제어의 수단으로 2진 논리의 영역으로 진입한 것이다.

비슷한 시기에 벨 연구소의 과학자 스티비즈(George R. Stibitz)는 전류의 도통을 제어하기 위해(2진수를 표현하기 위해) 배전기를 사용한 컴퓨터를 제작하였다. 이는 섀넌의 이론과 유사했다. 스티비즈 머신은 10진수를 2진수로 변환하고, 2진수를 사용하여 셈을 수행한 다음 다시 2진수의 결과를 10진수로 변환하였다. 그의 머신은 복소수 컴퓨터라 불리었는데, 왜냐하면 복소수 계산을 목적으로 만들어졌기 때문이다. 이는 그 기술에 대한 기계적 특성 때문에 더 이상 발전하지 못했지만 2진 또는 2상태 논리의 사용 때문에 중요성을 인정받고 있다.

1880년으로 되돌아가 초기 컴퓨터 기술의 또 다른 부분인 계산방법, 즉 천공카드를 발견하고 있던 이 기간에 한 미국인이 매우 실제적인 문제를 해결했다. 당시 미국의 인구 통계청은 국내 인구수를 계산할 필요가 있었는데, 이는 쉽지 않은 일이었다. 거의 30년에 걸쳐 인구가 배로 증가하였고, 매우 중요한 통계를 정리하고 관련 일들을 수행하는 시간이 인구를 조사하는 시간보다 더 길었기 때문이었다. 그렇기에 기계적 계수기가 반드시 필요했는데, 이때 헤르만 홀러리스(Herman Hollerith)라는 젊은 광산기사가 어떤 장비를 개발하였다. 홀러리스는 미국 인구조사실의 전력 사용량을 조사하는 일에 종사하고 있었는데, 그는 배비지의 천공카드를 개혁하고, 분류기를 추가하였다. 홀러리스는 수동 천공구멍을 기계 천공구멍으로 바꾸었으며, 이러한 발전은 현대 자료처리의 시작으로서 여성들이 사무실 노동자로 대규모 고용되도록 하였다. 비록 홀러리스의 일은 논리회로 측면에서 그리 중요하지는 않았지만, 상업용 계산 분야로 빠르게 움직여 그 후 논리회로 발전에 아주 중요한 역할을 하였다. 그 결과 현재 IBM(International Business Machines)으로 알려진 회사가 태동했다.

■ 진공관과 트랜지스터

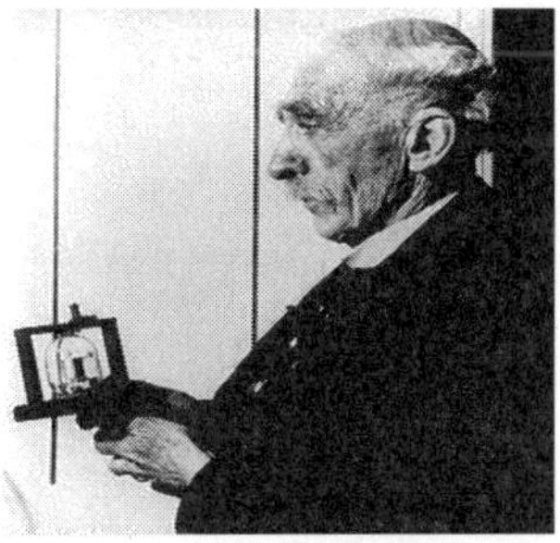

그림 1.6 플레밍

에디슨(Thomas Alva Edison)은 백열전등을 개량하면서 진공관(vacuum tube)을 발견하였다. 그는 진공관 내의 전등의 필라멘트와 양전하로 입힌 금속판 사이로 전자가 흘러 전류가 흐르는 에디슨 효과(Edison effect)를 발견하였으나 이 효과를 제대로 응용하지 못했다. 그러던 중 1904년 전기 물리학자인 플레밍(John A. Fleming)이 진공관을 이용한 다이오드(diode)가 고안되었다(그림 1.6).

이것은 1906년 포레스트(Lee de Forest)에 의해 3가지 값을 가지는 전류흐름제어장치로 다시 고안되었는데, 이것이 바로 흔히 말하는 3관 연결형 진공관(three-electrode vacuum tube)이다(그림 1.7). 이 3관 연결형 진공관은 많은 제어장치에 활용되었는데, 본격적으로 컴퓨터 제어장치에 활용되기 시작한 것은 1943년이다. 1940년쯤에 컴퓨터 기술은 이상향에 빠르게 접근했는데, 바로 계산과 제어를 위해 2진수체계를 사용한 통합목적의 전자 컴퓨터의 생산으로 접근한 것이다.

그림 1.7 포레스트와 진공관

진공관을 이용한 최초의 컴퓨터는 아이오와 주립대 물리학 교수인 아타나소프(John V. Atanasoff)가 1939년에 만든 ABC(Atanasoff Berry Computer)이다. 이 컴퓨터를 최초의 전자식 계산기라고 말하는 사람들도 있다. 1934년 아타나소프는 IBM의 천공카드를 개조하여 계산을 기계적으로 수행할 수 있도록 만들었으며, 5년 뒤에는 클리포드 베리(Clifford Berry)의 도움을 받아 ABC를 제작하였다.

1943년 5월 31일 미국 필라델피아 대학의 전기공학과에서는 3극관 연결형 진공관들을 이용해서 ENIAC(Electronic Numerical Integrator And Computer) 컴퓨터를 설계하기 시작한다. 같은 해 12월 영국에서는 진공관 컴퓨터인 콜로서스(Colossus)가 설계 및 제작 발표되었는데, 이것이 인류 최초의 전기식 계산기이다.

그림 1.8 Mark I(1944)

1944년 8월 7일에는 하버드 대학에서 에이컨(H.H. Aiken)은 'Mark I'을 발표하였는데, 이것은 비상업용으로 개발되었고, 또 최초의 디지털 컴퓨터였다(그림 1.8).

Mark I은 긴 프로그램을 사용하여 사칙연산과 삼각법에 의한 함수계산 그리고 복잡한 계산을 수행할 수 있는 능력을 가지고 있었으며, 15년 동안이나 사용되었다. 그러나 Mark I은 가로 15m, 높이 2.5m 그리고 76만 개의 부품과 900km의 전선을 사용하는 엄청난 장비였다.

1945년에는 약 2년 간 연구 개발된 ENIAC(Electronic Numerical Integrator And Computer)이 시범 운영되기 시작하였는데, 사실상 상업용으로 개발되어 현업에 배치된 최초의 디지털 컴퓨터이다(그림 1.9).

그림 1.9 ENIAC(1946)

ENIAC은 1946년 2월 14일 비로소 펜실베이니아 대학에서 존 모클리(John Mauchly)와 존 프레스퍼 에커트(J. Presper Eckert)에 의해 제작 및 발표되었다. 1945년에는 ENIAC의 후속 모델인 EDVAC(Electronic Discrete Variable Automatic Computer)에 대한 설계를 계획하였고, 1952년 1월 완성하기에 이른다.

그러나 진공관은 열을 발산하는데다 큰 컴퓨터에 사용하기에는 너무 크고 신뢰할 수 없다고 판명되었다. 한 저자는 진공관에 대해 다음처럼 표현했다. '진공관의 고장을 수리하는 것은 악몽이었다.' 한 개의 진공관이 고장 나면, 기술자는 그 골칫덩어리를 찾을 수 없었고, 때때로 컴퓨터를 완전히 분해하고 내부로 기어들어가기 위해 도움을 청해야 했다. 더욱이 진공관들은 낮은 온도에 매우 약해서 이른 아침 컴퓨터에 전원이 처음 공급될 때 공급된 최초의 전기 임펄스를 탐지하는 진공관은 고장 나기 일쑤였다. 이를 기술자들은 '모닝 시크니스(morning sickness)'라고 하였다.

벨 연구소에서 1947년 트랜지스터(transistor)는 처음으로 그 모습을 나타내기 시작했다. 벨 연구소에서는 진공관을 대체할 만한 신소자의 실현을 목적으로 반도체의 성질에 대한 이론과 실험 양면에서 기초 연구를 조직적으로 수행하고 있었는데, 그러던 중 윌리엄 쇼클리(Schockly), 존 바딘(Bardeen), 월터 브래튼(Bratain) 등이 1947년 12월 23일 마침내 애타게 기다리던 반도체의 꿈을 이뤄냈다. 그들이 만든 반도체를 명명(命名)할 때 증폭기능을 가졌다는 뜻의 앰플리스터(amplister)와, 저항을 바꿈으로써 신호를 전달한다는 뜻의 트랜지스터(transistor)가 막판까지 이름 후보로 경합을 벌이다가, 트랜지스터로 최종 결정됐다.

트랜지스터는 1953년 보청기에 처음 사용된 이후 수많은 전자제품의 탄생에 기여했다. 1956년 쇼클리, 바딘, 브래튼이 노벨물리학상을 받은 것은 당연한 일이었다. 처음 개발된 트랜지스터는 점접촉형 트랜지스터로서 Ge 결정의 표면에 뾰족한 침을 가진 2개의 금속선을 접촉하여 만든 구조이다(그림 1.10).

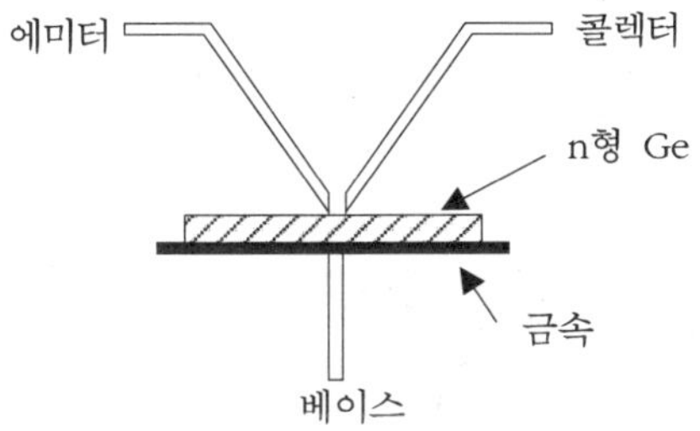

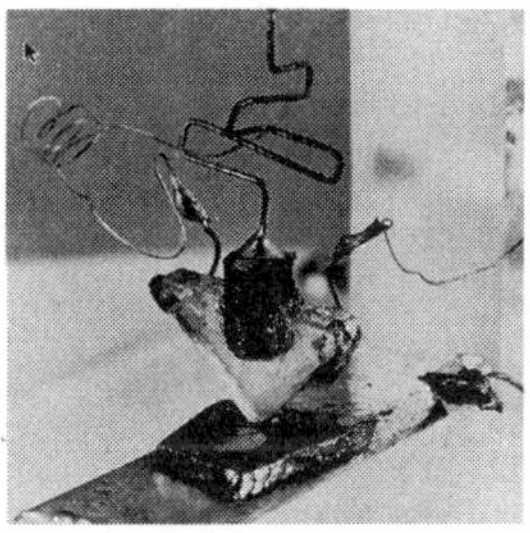

그림 1.10 점접촉형 트랜지스터

Ge은 추출하기 어려워서 가격이 비쌌기 때문에 진공관을 대체하기는 어려웠다. 그림 1.11은 WE(Western Electric)의 점접촉형 트랜지스터로서 1952년경에 개발되었다.

그림 1.11 점접촉형 트랜지스터(A1698)

1954년 물리학자 틸(Gordon Teal)은 비싼 Ge 대신 모래의 주성분인 Si를 원소로 하는 접합 트랜지스터를 개발하였다(그림 1.12).

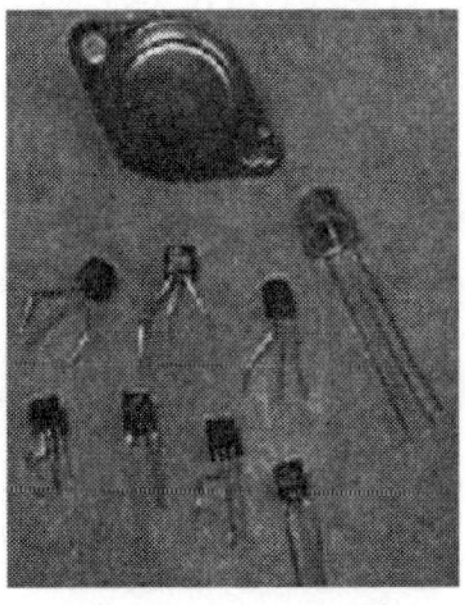

그림 1.12 접합 트랜지스터

이후 트랜지스터의 값이 내리면서 컴퓨터와 전자 제품들의 소형화가 촉진되었다.

몇 년 후 벨연구소는 실리콘칩 내에 트랜지스터와 다이오드를 내장한 IC를 만들어서 연산과 논리기능을 수행하게 하였다. 1960년에는 1940년에 완성되었던 거대한 골치 덩어리를 관리가 용이할 정도의 크기로 줄였고 1970년대의 마이크로컴퓨터와 마이크로프로세서 시대를 열었다. 반도체 기술은 책상 위에 놓인 개인용 컴퓨터가 1940년의 거대한 ENIAC보다 계산과 판단용량이 수십 배 더 큰 단계까지 발전했다.

■ 개념적인 컴퓨터

1937년 앨런 튜링(Alan Turing)은 〈계산 가능한 수들에 관한 논고(On Computable Numbers)〉에서 튜링머신(Turing Machine)의 개념을 최초로 소개하였다(그림 1.13).

그림 1.13 앨런 튜링과 튜링머신

문제의 튜링머신은 근대 컴퓨터의 가장 근본이 되는 설계도 격인 개념적인 컴퓨터의 원조에 속한다. 이 개념적인 컴퓨터는 수학적인 모델을 통해 정의되었고, 어떤 계산 문제가 컴퓨터를 통해 계산이 가능한지 여부를 알 수 있다. 1946년 앨런 튜링은 그의 또 다른 유명한 논문인 ACE(Automatic Computing Engine)의 설계 보고서에서 개념적인 컴퓨터 모델을 보다 유연한 모델로 확장하여, 컴퓨터는 자신에 저장된 정보를 선택적으로 접근할 수 있는 모델을 제안하였다. 이 확장된 튜링머신은 오늘날의 이론 컴퓨터 연구에도 가장 대표적인 모델이 되고 있다. 튜링은 1943년 영국의 콜로서스(Colossus) 진공관 컴퓨터 설계에도 참여한 바 있다. 오늘날 그를 기리기 위하여 컴퓨터 분야의 가장 큰 학술 단체인 ACM(Association of Computing Machinery)에서 제정한 튜링 어워드(Turing Award)라는 상은 이 분야의 노벨상이라 불릴 만큼 유명한 상으로 알려져 있다.

1945년 EDVAC 컴퓨터 설계에 참여한 프린스턴 대학의 존 폰 노이만(John von Neumann)은 프로그램 저장형 계산기(stored program architecture)를 발표한다(그림 1.14). 오늘날 이것은 폰 노이만 구조(von Neumann architecture)라 불리며, 근대 컴퓨터 하드웨어 구조의 주류를 이루어왔다.

헝가리 태생의 수학자 존 폰 노이만은 1945년에 발표한 획기적인 논문에서 '폰 노이만 아키텍

그림 1.14 존 폰 노이만

처'라고 불리는 현대 컴퓨터의 다섯 가지 구성요소를 상세히 설명했다. 그는 논문에서 컴퓨터 시스템이 능률적이고도 다목적으로 사용되려면, 중앙 산술 논리 연산장치(Central Process Unit, CPU), 기억장치(Memory), 입력장치(Input unit), 출력장치(Output unit)가 있어야 한다고 했고 또한 그러한 시스템은 2진수를 써서, 기계식이 아니라 전자식으로 작동해야 하며, 연산은 한 번에 하나씩 수행해야 한다고 지적했다. 이것은 폰 노이만 이후 널리 적용되었고 이러한 원칙은 초기의 대형 컴퓨터뿐만 아니라 그 이후 개발된 소형 컴퓨터의 설계에도 중요한 지침이 되었다.

이후 폰 노이만은 소프트웨어 및 하드웨어 설계의 근간이 되는 수학모델인 오토마타(Automata) 연구에 치중하여 이 분야의 대가로 성장하였다. 말년에 그는 프린스턴에서 병렬 기계에 대한 연구에 몰두하였으며, 이에 따라 세포구조의 오토마타 이론(cellular automata theory)을 발표하였다. 이 이론은 분산형 인공지능(Distributed Artificial Intelligence, DAI)의 기반이론으로 인정받고 있다.

■ 컴퓨터의 발전

1946년, EDVAC을 개발 중이던 폰 노이만은 무어 공대에서 전자식 컴퓨터에 관한 일련의 강의를 하였다. 이 강의를 들은 많은 사람들 중 모리스 윌크스(Maurice Wilkes)라는 한 영국인 과학자가 EDVAC의 내장 프로그램에 관한 그의 설명에 특별한 흥미를 느꼈다. 귀국 후 케임브리지대학교로 돌아간 그는 EDVAC이 완성되기 2년 전인 1949년에 세계 최초의 내장 프로그램 컴퓨터인 EDSAC(Electronic Delay Storage Automatic Calculator)를 개발하였다(그림 1.15).

그림 1.15 EDSAC

ENIAC이 대중에게 공개될 즈음 모클리(John Mauchly)와 에커트(J. Presper Eckert)는 미 육군을 위해 또 다른 컴퓨터를 설계하고 있었다. ENIAC에는 중대한 결함이 있었는데, 그것은 프로그램을 바꾸기가 어렵다는 점이었다. 이 컴퓨터의 내부기억용량은 수행 중인 계산에 관련된 숫자들을 겨우 처리할 수 있을 정도에 불과해서 간단한 프로그램 변경도 수백 개의 전선을 빼고 꽂기를 반복해야 했다. 1951년에 개발된 ENIAC의 후계자 EDVAC은 내부기억장치를 확장하여 데이터뿐만 아

그림 1.16 EDVAC

니라 프로그램까지 내장시켜둠으로써 작업속도를 높이도록 설계되었고, 10진 정보 형태가 아니라 2진 형태로 부호화하여 필요한 진공관의 수를 크게 줄였다(그림 1.16).

에커트는 필라델피아에 회사를 차려 상업용의 범용컴퓨터 UNIVAC(Universal Automatic Computer)를 제작하였다(그림 1.17). 이 컴퓨터는 천공카드 대신 고속 자기테이프로 명령을 받는 내장 프로그램을 갖춘 전자식 컴퓨터였다. 1951년 최초의 UNIVAC을 개발해 미국 인구통계국에서 사용하였다.

그림 1.17 UNIVAC

■ **현대의 컴퓨터들**

1940년 후반에서 1950년까지 반도체 기술의 발전에 힘입어 컴퓨터 산업은 믿을 수 없을 만큼 성장했다. 2차 세계대전 중에 컴퓨터는 주로 암호 해독과 무기개발에 이용되었으며, 2차 세계대전이 끝날 무렵부터는 핵무기 개발 경쟁은 매우 치열해졌다. 그 중에서도 버클리 대학 부설 로렌스 방사능 연구소는 당시 가장 빠른 컴퓨터로도 1백 시간 이상 걸리는 계산 문제 때문에 1954년 현재 컴퓨터보다 100배 빠른 컴퓨터를 찾는 광고를 냈다. 여기에 IBM과 스페리랜드(Sperry Rand)라는 회사가 신청하였고, 스페리랜드가 선택되어 1956년 3월 본격적인 개발을 시작하였다. 개발 작업은 루코프라는 공학자가 주도하였고 컴퓨터 이름을 'LARC'라고 지었다. LARC는 순수하게 계산을 담당하는 부분과 외부로부터 입출력을 담당하는 부분으로 구분되는 구조였다. 그러나 우여곡절 끝에 개발된 LARC는 비싼 제작비와 성능 저하로 인해 겨우 두 대만 팔렸고 스페리랜드도 문을 닫고 말았다.

IBM은 범용컴퓨터이면서 다량 생산하여 상업적인 성공을 거둔 'MODEL 701'을 개발함으로써 컴퓨터 분야의 거인으로 성장할 수 있는 첫 발을 내디뎠다. 그러다 스페리랜드에 패하여 와신상담하던 중에 1957년 원폭연구에 선구적인 역할을 했던 로스알라모스연구소와 IBM 704보다 100배 빠른 컴퓨터를 개발하는 데 합의하였다. '스트레치(stretch)'라 불린 새로운 컴퓨터는 LARC의 문제점을 분석하여 만들었으나, 납기 지연과 성능 저하 그리고 낮은 신뢰성으로 많은 손실을 보게 되었다. 스페리랜드와 IBM의 실패로 한동안 대형 컴퓨터를 개발하는 업체가 없었지만, 1957년 창립한 CDC가 대형 컴퓨터 사업에 참여하여 1958년 당시 가장 빠른 IBM의 MODEL 704보다 더 빠른 'MODEL 1604'를 내놓았다. MODEL 1604는 진공관 대신 트랜지스터를 사용해 만든 최초의 상용 컴퓨터들 중의 하나였으며, 1964년 더 빠른 'MODEL 6600'이 개발되기 전까지 가장 빠른 컴퓨터의 자리를 지켰다.

1960년대에 컴퓨터는 과학적 응용을 위해 많이 생산되었다. 1965년에 DEC사는 PDP-8을 시장에 내놓았는데, 이 컴퓨터는 비교적 저렴해서 주 고객층을 연구실에서 제조공장으로 바꾸었다. 이는 소형 컴퓨터 산업의 시발점이 되었다.

1969년 데이터포인터(Datapoint)사는 하나의 칩이 기본적인 컴퓨터 동작을 할 수 있도록 하기 위해 인텔(Intel) 및 TI와 계약을 맺었다. 인텔은 작업에 성공했지만, 설계된 시스템은 데이터포인터사가 요구했던 것보다 훨씬 느리게 명령을 실행하여 데이터포인터사는 그 제품을 구매하지 않았다. 그래서 인텔은 이를 'Intel 8008'이라는 이름의 칩을 사용하여 1972년 책상 크기의 컴퓨터를 시장에 내놓았다.

■ IC

디지털 기술은 이를 이용한 컴퓨터 기술에서 가장 기본적인 것이다. 이 디지털 컴퓨터 기술을 주도해온 것이 바로 마이크로프로세서 기술이다. 고속(high speed)이면서 고집적(high density)의 IC(Integrated Circuit) 기술에 기반을 둔, 강력한 마이크로프로세서와 고속의 데이터 처리가 가능한 메모리(memory) 반도체 기술은 오늘날의 컴퓨터 기술발전의 대부분을 차지하고 있다 해도 과언이 아니다. 말한 바와 같이, 모든 컴퓨터와 관련된 하드웨어/소프트웨어 기술은 바로 이 마이크로프로세서의 성능에서 출발한다.

초기 컴퓨터인 UNIVAC이 1951년 설계되었을 무렵에는 진공관을 이용한 스위치로 디지털 컴퓨터를 꾸몄다. 하지만 1947년에 발명되었던 트랜지스터 기술이 일반화되면서, 이내 진공관은 트랜지스터로 대치되기 시작하였다. 트랜지스터는 일종의 반도체로, 진공관에 의해 부피가 무척 작았을 뿐 아니라 열도 별로 나지 않았다. 거기에 가격까지 저렴해서 디지털 컴퓨터 설계에 한 걸음 앞당긴 혁명적인 매체였다.

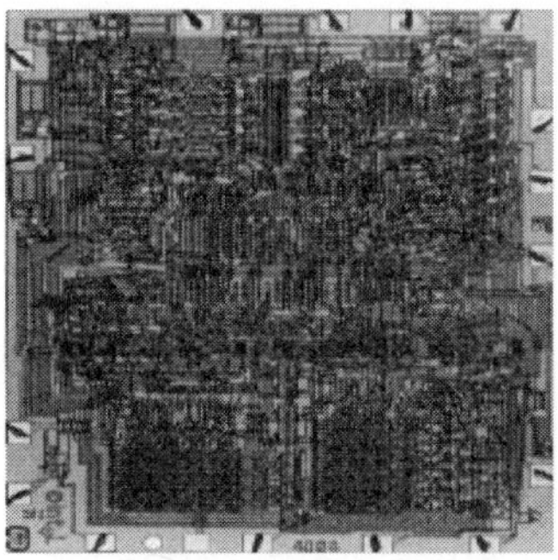

그림 1.18 Intel 4004s

1951년 미국의 TI(Texas Instruments)사에서는 최소의 실용적인 IC 기술을 선보임으로써 마이크로프로세서 기술이 컴퓨터에 이용될 수 있는 가능성을 보여주기 시작하였다. 1969년 여름에는 일본의 전자계산기 생산업체인 비지컴(Bizcom)이 업무 및 과학용 새로운 전자 부품 개발을 인텔(Intel)에 요청하였다. 그 결과 1971년 인텔의 테드 호프(Ted Hoff)와 메이저(S. Mazor) 그리고 페데리코 파긴(F. Fagin)에 의해 설계되고 2300여 개의 트랜지스터로 구성된 4004 마이크로프로세서는 컴퓨터에 탑재될 수 있는 최초의 마이크로프로세서로 역사에 기록되었다(그림 1.18). 4004 마이크로프로세서는 탁상용 계산기에 사용되었고 다양한 응용 분야에서 능력을 발휘하였다. 처음에는 인텔 내에서도 마이크로프로세서가 간편한 계산기 이상으로 활용될 것이라고는 생각하지 않았다. 그러나 그 후 다양하게 설계된 마이크로프로세서를 사용하여 계산기, 가전제품, 장난감 그리고 PC 등 여러 분야에서 응용되고 있다.

인텔의 고든 무어(Golden Moore)는 1964년에 컴퓨터에 탑재되는 디지털 마이크로프로세서의 발전 속도에 관한 무어법칙(Moore's law)을 발표하였다(그림 1.19).

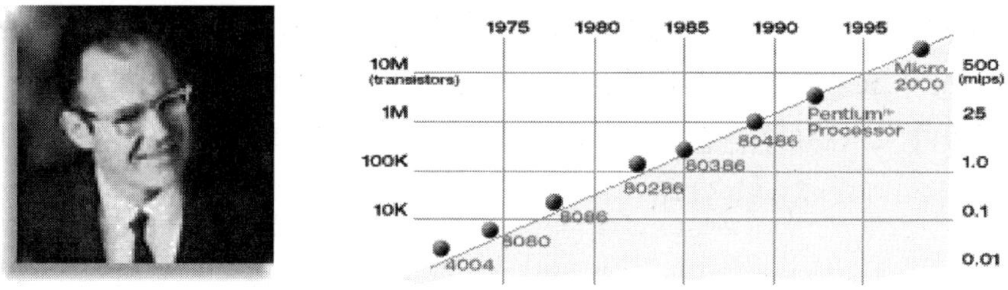

그림 1.19 고든 무어와 무어법칙

무어법칙은 IC는 2년마다 트랜지스터가 2배로 집적능력을 더 많이 가지게 된다는 것인데, 근래에 들어서는 1년 내지 18개월 만에 2배 정도로 더 빠르게 발전하고 있는 추세이다.

■ **미래의 컴퓨터**

미래에는 사람처럼 말하고 생각하며 스스로 판단할 수 있는 인공 지능(Artificial Intelligent, AI) 컴퓨터와, 인간의 뇌신경망을 모방하여 음성 인식 및 합성, 문자 인식 등이 가능한 신경망형(neuron) 컴퓨터가 등장할 것이다. 이 밖에 연산 장치를 공간적으로 다수 배치하여 빠른 계산 속도를 얻도록 만든 병렬형 컴퓨터의 개발도 빠른 속도로 진행되고 있다.

예제 1.1

IC의 발달 과정을 조사하시오.

1.2 디지털 시스템

현대 사회는 다양한 디지털 시스템(digital system)을 사용하고 있다. 디지털 시스템의 특징을 파악하고 디지털 시스템과 아날로그 시스템(analog system)의 차이점을 공부하자.

■ **디지털 시스템**

디지털 시스템은 불연속 정보(discrete information)를 처리하는 시스템이다. 이러한 정보를 만드는 불연속 실체는 간단한 산수의 정수(integer), 알파벳의 글자 또는 전압 압력 또는 어떤 다른 물리적인 양에 대한 값을 매기기 위한 다른 추상적인 기호로부터 어떤 것을 표현하는 것이다. 디지털 시스템에서 이러한 실체들이 나타내는 것이 무엇인가 하는 것은 정보를 처리하는 데 있어서 그리 중요하지 않다. 그러나 그것들이 나타내는 것은 처리된 결과를 해석해야 하는 관찰자인 인간에게는 중요하다.

디지털 시스템은 수, 기호 또는 물리적인 양을 나타내는 디지털 입력 정보로서 받아들이고 이 입력 정보를 어떤 특별한 방법으로 처리하며, 디지털 출력을 만들어내는 시스템이다. 많은 컴퓨터 응용에서 컴퓨터는 압력 또는 온도와 같은 물리적인 양과 관련된 정보처리가 요구된다. 그러므로 자연적인 것인 디지털이 아니므로 시간 온도 또는 어떤 것이라도 물리적인 양은 컴퓨터에서 처리되기 전에 디지털 형태로 변환해야 한다. 트랜스듀서(transducer)를 사용하여 첫째로 처리될 물리적 양을 취하고 그것을 전압이나 전류로 변환할 수 있다. 트랜스듀서는 하나의 형태로 들어오는 에너지를 출력에 또 다른 형태의 에너지로 변환하는 장치이다. 열전대(thermocouple)는 온도 트랜스듀서의 좋은 보기로서, 주위온도에 비례하는 출력전압을 발생한다. 이 출력전압은 장치온도의 아날로그(analog)가 된다.

보통의 물리적인 양은 아날로그이다. 예를 들면 온도계에서 수은의 위치도 온도의 아날로그이고 시계에서 바늘의 각 위치도 시간의 아날로그이다. 물리적인 양의 아날로그는 양 그 자체인 것처럼 보통 연속적인 변수이다. 컴퓨터는 보통 수와 관련될 수 있는 오직 불연속인 것만 처리하므로 물리적인 양을 나타내는 연속적인 변수는 디지털 형태로 변환되어야 하는데, 이 변환은 ADC(Analog-to-Digital Converter)에 의해 수행된다. ADC로부터의 디지털 출력은 연속적인 물리변수의 실제 값에 해당하는 불연속 근사치이다. 이 디지털 출력은 컴퓨터 또는 디지털 시스템은 요구되는 어떤 목적을 위하여 정보를 처리할 수 있다. 따라서 디지털 시스템은 장치를 제어하고 계산을 수행한다.

간단한 일을 수행하기 위해 이러한 생각들이 종합되어 있는 전형적인 디지털 시스템을 한번 보자. 사진현상소의 현상기와 같이 액체의 주어진 일정한 온도를 유지해야만 한다고 가정하자. 이를 위해 현상기의 온도를 측정해야만 하고 현상기를 둘러싸고 있는 가열소자를 켜고 끄기 위해 측정한 결과를 사용해야 한다. 이 일을 수행하기 위해서 열전대가 액체의 온도를 아날로그 전압으로 변환하는 트랜스듀서로서 사용될 수 있다. 그러면 이 전압은 정확한 온도제어를 책임지기에 충분한 정도(precision)를 갖는 디지털 값으로 변환된다. 이 결과의 디지털 값은 가열소자를 켜야 할지 또는 꺼야 할지를 결정하기 위해 마이크로프로세서와 같은 디지털 시스템에 의해 사용된다. 이 디지털 시스템은 역시 피드백(feedback) 제어 시스템의 예인데, 시스템에 의한 동작의 결과는, 즉 이 경우는 가열소자를 켜고 끄는 동작의 결과는 새롭고 다른 동작을 취해야 할지를 결정하기 위해 되돌려 공급된다.

■ 디지털 시스템의 확산 이유

간단한 제어기능을 위해 왜 디지털 시스템을 사용해야 하는지 논리적인 의문이 있을 수 있다. 주어진 일을 수행하는 기계적인 온도조절 장치도 쉽게 이용할 수 있고 비용도 비싸지 않다. 이 의문에 대한 대답하기 위해서는 일상생활에서 매일 접하게 되는 제품들이 점점 디지털화되는 이유를 좀 더 자세히 살펴볼 필요가 있다.

디지털 시스템이 확산되는 기본적인 이유는 융통성, 신뢰성 그리고 비용에 있다. 예로서 위에서 설명한 온도제어 시스템을 고려해보자. 설명된 시스템은 온도조절 장치로 쉽게 대치될 수 있다는 것은 명백하다. 그러나 예를 들어 현상과정의 다른 단계에서 현상기의 온도를 자동으로 변환시키는 능력과 같은 시스템에 대한 어떤 특징을 나중에 추가한다고 가정하자. 그러한 프로그램 가능한 온도조절 장치는 디지털 시스템을 사용하면 쉽게 달성된다. 실제로 온도제어 시스템의 부분으로서 마이크로프로세서를 사용하였다면 현상기의 온도뿐만 아니라 전체 필름 현상 과정을 제어할 수 있다. 이 생각은 하루 만에 필름을 처리하는 서비스가 그렇게 쉽게 이용가능한가 하는 바로 그 이유이다. 디지털 시스템을 사용하여 그것을 성취할 수 있을 만큼 쉽게 다른 방법으로 이 정도의 융통성을 얻는 것은 어렵다.

디지털 시스템은 2진수의 불연속 형태로 정보를 처리한다. 2진 자릿수(binary digit) 또는 비트(bit)의 두 값은 1과 0이다. 이 값들은 보통 디지털 시스템에서 2개의 다른 전압으로 표현된다. 5[V]를 기준으로 1은 5[V], 0은 0[V]이다. 이것을 실현하는 TTL(Transistor-Transistor Logic) 기술에서 1은 3~5[V] 범위의 전압으로 표현되고, 0은 0~1[V] 범위의 전압으로 표현된다. 이 값들은 전압범위로 표현되기 때문에 잡음에 기인한 전압레벨의 작은 변화는 0을 1로 또는 그 반대로 잘못 해석하는 경우가 생기지 않는다. 이러한 디지털 표현을 설계하는 것은 가능하며 심지어 비록 잡음이 1에 해당하는 전압을 0에 대한 범위로 변화시킬 만큼 크더라도 원래의 표현된 것이 재생될 수 있다.

좋은 예시가 바로 CD(Compact Disk)인데, 소리를 나타내는 디지털 정보는 하나의 음(note)도 잃어버리지 않고 디스크를 관통하여 1[mm]의 구멍을 뚫을 수 있는 그러한 방법으로 코드화되어 있다. 이 정도의 신뢰도는 높은 신뢰도의 동작을 요구하는 어떠한 응용에 대해서도 특히 인간 생활이 이러한 동작의 결과를 요구하는 응용에 대해서도 디지털 시스템을 극히 매력적인 것으로 만든다. 여러 저장 장치들 중 DVD(Digital Video Disk)는 광저장 기술을 이용한 디지털 데이터 저장매체이다(그림 1.20). 초기 전자기 저장매체인 자기코어(magnetic core)가 약 40KB를 저장할 수 있었던 반면, CD는 약 650MB를 저장할 수 있고, DVD의 경우 최고 9GB까지 저장이 가능하다.

그림 1.20 DVD(Digital Video Disk)

디지털 시스템은 그 발단으로부터 융통성과 신뢰성이 있었다. 시계, 계산기, 가정용품 등과 같이 매일 사용하는 품목들의 디지털 시스템화는 매우 낮은 디지털 부품 가격 때문에 생겨났다.

디지털 부품의 가격은 지난 40년 동안 극적으로 떨어져 왔다. 이에 대한 근거는 SSI(Small-Scale Integrated circuits)인 7400 시리즈 중의 하나의 가격으로 알 수 있다. 1960년대 초기에 개당 10만 원 정도 했으며 지금도 여전히 이용가능하고 폭넓게 사용되는 이 부품은 오늘날 100원보다도 낮은 가격에 구입할 수 있다. 초기 마이크로프로세서의 하나인 Intel 8080도 비슷하다. 1972년쯤에 생산되었던 이 부품은 원래 가격이 약 30만원이었으나 지금은 생산되지 않는다. 만일 지금 구입한다고 해도 아마 1000원도 안 될 것이다. 컴퓨터 메모리의 가격도 비슷한 경향을 보인다. 1950년도에는 메모리 가격이 일반적으로 비트당 수 달러(dollar) 선으로 간주되었지만, 오늘날에는 거의 비트당 밀리센트(millicent)이다. 이러한 극적인 비용하락은 집적회로 기술의 향상에 따라 점점 더 복잡한 기능을 실리콘에 집적하면서 나타나는 현상이다.

■ 디지털 시스템 대 아날로그 시스템

디지털 시스템은 아날로그 시스템과 비교했을 때 다음과 같은 장점들과 단점들이 있다.

디지털 시스템	
장 점	단 점
• 싼 IC를 이용하여 회로 설계가 가능함 • 정보를 단기간 또는 장기간 저장 가능함 • 디지털 처리가 정확한 계산을 가능케 함 • 표준 IC들을 이용하여 시스템 설계가 쉬움 • 프로그래밍을 통한 응용이 가능함	• 대부분의 정보들은 아날로그임 • 아날로그 처리가 보통 더 간단하게 이루어짐

디지털 시스템은 이들 장점들로 인해서 거의 모든 제품들에 사용되고 있다.

■ 디지털 대 아날로그

디지털 기술은 철저한 2진 논리에 바탕을 둔 계산 기술이다. 즉, 모든 정보를 0과 1로 표현하고, 이들을 더하기, 빼기, 곱하기, 나누기와 같은 사칙 연산에서부터 지수, 로그, 삼각함수 등의 공학 계산, 그리고 행렬 연산과 같은 복잡한 모델 계산에 이르기까지 다양한 형태의 계산을 수행한다. 그리고 이와 함께 데이터를 생성 및 관리하고, 이들을 비교하며 가공하는 작업도 수행한다.

디지털 세상에서 모든 것은 기호로 표기된다. 문자도 0과 1로 표기된다. 이에 반해 아날로그 기술은 0과 1의 형식과 같은 기호가 아니라, 흐름에 바탕을 둔 기술이다. 아날로그에서 모든 정보는 흐름 자체로 대변된다. 아날로그와 디지털의 대표적인 예를 요즈음 많이 활용되는 무선 전화와 같은 통신의 경우로 비교해보자.

아날로그 통신에서 A라는 사람이 전화기에 대고 목소리를 이용하여 어떤 말을 한다면, 이

말은 공기의 흐름인 음파에서 곧 전기적인 흐름인 전파로 바뀌게 된다. 이때 목소리가 파동이므로, 이 흐름은 파동을 모방하는 형식이다. 이렇게 전기적인 신호로 바뀐 통신 신호는 교환기를 거쳐 B라는 사람의 전화기에게 전달된다. 이때 전화기는 전달되는 전기적인 신호의 흐름을 분석하여, 다시 이 신호의 흐름대로의 음성으로 변환하여 들려주는 일련의 과정을 거치게 된다.

디지털 통신의 경우에는 다소 다른 과정을 거쳐 통신이 이루어진다. 앞에서 언급한 바와 같이, 모든 정보는 0과 1로 표현된다. 그러므로 통신에서 이용되는 기호 또한 0과 1뿐이다. 이 기호는 상호 약속에 의해 미리 정의된 양식에 해석될 뿐이다. 따라서 아날로그 통신과는 달리, 입력되는 모든 신호와 기호가 0과 1로 표현되는 인코딩(encoding) 단계와, 도착한 각 정보들을 원래의 정보로 디코딩(decoding)하는 단계가 추가적으로 필요하게 된다. 하지만 모든 정보는 사람이 임의로 지정한 기호와 일치하므로 모든 정보에 대한 가공성이 높아지게 된다. 그림 1.21은 디지털 정보통신의 유용성을 나타낸다.

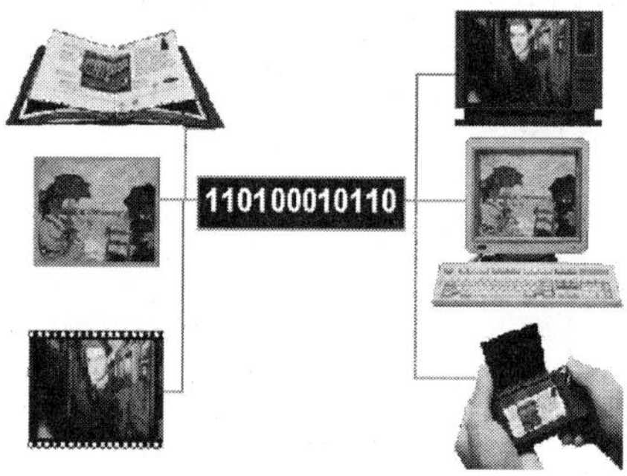

그림 1.21 디지털 정보통신

책, 그림 그리고 영화 등 표현이 가능한 모든 정보는 디지털 통신을 이용하는 모든 이들의 상호 약속에 의해 지정되어 있으므로 이들을 복합적으로 처리하여 교환하는 것이 가능해진다. 이것이 바로 디지털 멀티미디어(digital multimedia) 기술이다.

디지털 기술이 아날로그 기술에 비하여 처리 속도가 빠르다거나 질적으로 우수함을 보장할 수는 없지만, 정보의 교환과 가공에 있어 각종 추가적인 서비스를 제공하는 것에서만은 분명히 장점을 가지고 있다. 디지털 컴퓨터 기술 역시 이와 유사하다. 컴퓨터 내부에 표현되는 모든 정보는 0과 1로 표현된다. 하드웨어는 고속의 처리 능력을 발휘하여, 0과 1로 표현되는 모든 정보들을 프로그램에 따라 주어진 양식대로 처리해나간다. 모든 결과는 다시 0과 1로 표현된 2진 정보(binary information)이지만, 이것들을 사람들이 알기 쉽도록 변환하는 과정을 거쳐 사용자가 요구하는 계산의 결과를 알 수 있게 되는 것이다.

아날로그와 디지털의 차이점을 일반적인 관점에서 표 1.1처럼 나타낼 수 있다.

표 1.1 아날로그와 디지털

아날로그	디지털
원자(물질의 최소 단위)	비트(정보의 최소 단위)
양을 연속적(continuous) 물리량으로 표시	양을 단속적(discrete) 수치로 표시
감성(연속, 선, 순차성)	이성(불연속, 점, 임의성)
원본과 복사본의 명확한 구분	원본과 복사본의 차이 없음

예제 1.2

디지털 시스템의 다양한 응용 분야를 조사하시오.

1.3 수체계

계수(셈, count)를 표현한 것을 수체계(number system)라 한다. 초기의 인류는 손가락을 이용하여 사물을 계수하였고, 이를 기록하기 위하여 수체계를 만들었다.

1.3.1 수체계

수체계를 표현하기 위해 기호들을 사용하는 것이 편리하다. 이러한 기호에는 계수하기 위하여 사용되는 수체계인 기수(cardinal numbers)와 순서를 나타낼 경우에 사용되는 수체계인 서수(ordinal numbers)로 구분할 수 있다.

로마 숫자와 현재 사용하는 숫자를 이용한 자릿수 수체계에 대해서 알아보자.

(1) 로마 숫자의 수체계

수체계를 로마 숫자로 표기하는 방법은 다음과 같다(표 1.2).

표 1.2 로마 숫자 표시

10진수	로마 숫자 표기
1	I
5	V
10	X
50	L
100	C
500	D
1000	M

예를 들어 숫자 26은

XXVI = 10 1 10 1 5 1 1

과 같은 방법으로 표기된다. 만약 보다 낮은 값이 보다 큰 값 전에 표기되어 있다면 이러한 표기는 보다 큰 값에서보다 작은 값을 뺀 숫자를 나타내고 있다. 예를 들면 숫자 34는

XXXIV = 10 1 10 1 10 1 5 2 1

과 같은 방법으로 표기된다.

필자는 유럽 방문 중에 이탈리아의 로마를 간 적이 있었다. 로마에 가면 로마자 표기 방법으로 수를 표기한 유적들을 많이 볼 수 있다(표 1.3).

표 1.3 로마 유적과 로마 숫자 표시

로마 유적	로마 숫자 표기		10진수 표기
원형경기장 옆 콘스탄티노 개선문	MDCCXXXIII	1000 500 200 30 3	1733
베드로광장 중앙 오벨리스크	ANNO MDLXXXVI	1000 500 50 30 5 1	1586년
베드로광장의 베드로성당	ANNO MDCXII	1000 500 100 10 2	1612년

ANNO는 라틴어로 년(year)을 의미한다. 언젠가 로마에 가게 된다면 로마 숫자 표기들을 살펴보자. 이러한 형식은 큰 수를 나타내기 불편한데다 계산하기도 매우 어렵다. 그래서 로마인들은 계산은 주판으로 하고 숫자는 그 결과를 기록하는 데 사용하였다.

(2) 자릿수 수체계

로마 숫자 표기 방법과 같은 형태의 수체계는 가산(addition) 및 감산(subtraction) 연산이 어려운데, 자릿수 수체계(positional number system)는 이러한 연산을 쉽게 행할 수 있다. 자릿수 수체계는 어떠한 양의 정수도 디지트(digit)으로 불리는 고정위치 기호에 의해서 표현되며, 숫자 N은 아래와 같은 형태로 표기할 수 있다.

자릿수 수체계
$N = d_n d_{n-1} \dots d_i \dots d_1 d_0$

여기서 d_i 는 디지트를 나타낸다. 디지트(digit)는 사전적으로 손가락 또는 발가락을 의미하는데, 고대 손과 발로 셈하였으므로 수를 의미하는 말이 되었다. 자릿수 수체계에서 각각의

디지트는 고유의 값과 자릿수의 기준이 되는 값을 갖는다.

인간은 디지트 0부터 디지트 9까지 이용하는 10진수를 사용한다. 디지털 시스템은 디지트 0과 디지트 1인 2진수를 사용한다. 그리고 2진수로 변환하기 쉬운 8개의 디지트들을 사용하는 8진수와 16개의 디지트들을 사용하는 16진수가 있다.

1.3.2 10진수

인간이 갖고 있는 손가락 또는 발가락의 개수가 10이므로 10을 기준으로 하는 수체계가 가장 많이 사용된다. 10을 기준하는 10진 수체계 시스템은 디지트 0부터 디지트 9까지 열 개의 값을 가지며 10진수(decimal number)라고 한다(표 1.4).

표 1.4 10진수

10진수
0 1 2 3 4 5 6 7 8 9

자릿수 수체계에서 주의할 점은 0을 표현하는 디지트가 있다는 것이다. 10진수는 0부터 9까지의 수를 이용하여 숫자 N을 단지 한 개의 디지트에 의해서 계수할 수 있다. 9보다 큰 숫자 N을 계수하기 위해서는 숫자의 자릿수 특성을 이용한다. 자릿수 수체계에서 각각의 디지트는 고유의 값과 그리고 자릿수의 기준 값을 갖는데, 10진수 숫자 N을 다음과 같이 표현된다.

10진수의 자릿수 수체계
$N = d_n \times 10^n + d_{n-1} \times 10^{n-1} + ... + d_i \times 10^i + ... + d_1 \times 10^1 + d_0 \times 10^0$

여기서 d_i는 디지트를 나타낸다. 가장 오른쪽에 위치한 LSD(Least Significant Digit)이라고 하며, 이는 정수에 대해서 가장 작은 자릿수 값 $1(10^0)$을 갖는다. 이러한 최하위 디지트 왼쪽에 있는 디지트는 $10(10^1)$의 자릿수 값을, 그 다음 것은 $100(10^2)$의 자릿수 값을 갖는다. 가장 왼쪽에 위치한 디지트를 MSD(Most Significant Digit)이라고 하며 가장 큰 자릿수 값을 갖는다.

자릿수를 갖는 수체계 개념을 이용하면, N = 654는 다음과 같은 의미를 갖는다.

$$N = 6 \times 10^2 + 5 \times 10^1 + 4 \times 10^0$$
$$= 6 \times 100 + 5 \times 10 + 4 \times 1$$

디지트 4는 단위 디지트(10^0)을, 디지트 5는 10의 디지트(10^1)을, 디지트 6은 $100(10^2)$의 디지트를 나타내며, 이는 각각의 자릿수를 갖고 있다.

자릿수 수체계는 소수점(decimal point)을 첨가하여 소수를 표현하는 데 확장하여 사용된다.

소수를 갖는 10진수의 자릿수 수체계
$N = d_n \ldots d_i \ldots d_0 \cdot d_{-1}\ d_{-2} \ldots$
$N = d_n \times 10^n + \ldots + d_i \times 10^i + \ldots + d_0 \times 10^0 + d_{-1} \times 10^{-1} + d_{-2} \times 10^{-2} \ldots$

여기서 d_i는 디지트를 나타내며 '.'는 소수점을 표현한다. 소수점 오른쪽에 있는 디지트는 자릿수에 따라 10분의 1(10^{-1}), 100분의 1(10^{-2}) 등을 표현한다.

1.3.3 일반적인 자릿수를 갖는 수체계

앞에서 자릿수를 갖는 수체계를 10을 기준하여 사용하였으나, 수체계는 임의의 밑수(base)를 가질 수 있다. 밑수를 기수(radix)라고도 하며, 일반적으로 사용되는 밑수는 2(2진수), 8(8진수), 16(16진수) 등이 있다. 밑수를 갖는 자릿수 수체계를 일반화하면 다음과 같다.

밑수(base)를 갖는 자릿수 수체계
$N = d_n \times b^n + \ldots + d_i \times b^i + \ldots + d_0 \times b^0 + d_{-1} \times b^{-1} + d_{-2} \times b^{-2} \ldots$

여기서 d_i는 디지트를 나타내며 '.'는 소수점을 표현한다. 숫자에서 사용되는 밑수를 다음과 같은 표기법에서 정확하게 표현할 필요가 있다.

$$N_b$$

첨자 b는 숫자에서 사용되는 밑수(base) 또는 기수(radix)를 표현한다. 따라서 정수

$$N = 654_{10}$$

에서 654는 밑수 10을 갖는 숫자 즉 10진수를 의미한다.

1.3.4 2진수

대부분의 전자적인 저장장치는 2개의 서로 다른 상태, 즉 충전 상태와 방전 상태로 구분된다. 따라서 이러한 저장장치는 2개의 서로 다른 값을 저장하는 데 이용되며, 이러한 장치를 포함하는 시스템은 단지 2개의 디지트를 기반으로 하는 수체계를 사용한다. 이러한 2개의 값을 갖는

2진수(binary number) 시스템에서 디지트는 0과 1이다(표 1.5).

표 1.5 2진수

10진수	2진수
0	0
1	1

2진수에서 사용하는 디지트를 비트(bit)라고 한다. binary의 bi와 digit의 t가 합성되어 만들어진 bit는 2진수 숫자를 의미한다. 즉 2진수에서 비트는 0 또는 1이 된다. 2진수는 0과 1의 수를 이용하여 숫자 N을 다음과 같이 표현한다.

2진수의 자릿수 수체계
$N = d_n \times 2^n + d_{n-1} \times 2^{n-1} + ... + d_i \times 2^i + ... + d_1 \times 2^1 + d_0 \times 2^0$

여기서 가장 오른쪽에 위치한 비트를 LSB(Least Significant Bit)라고 하며, 정수에 대해서 가장 작은 자릿수 값 $1(2^0)$을 갖는다. 이러한 최하위 비트 왼쪽에 있는 비트는 $2(2^1)$의 자릿수 값을, 그 다음 것은 $4(2^2)$의 자릿수 값을 갖는다. 가장 왼쪽에 위치한 비트를 MSB(Most Significant Bit)라고 하며, 이는 가장 큰 자릿수 값을 갖는다.

2진수 형태의 정수를 보기 들면 다음과 같다.

$$N = 10110100_2 = 10110100$$

여기서 첨자 2는 밑수를 나타내는데, 이를 생략해도 의미를 명확하게 표현할 수 있다. 왜냐하면 디지털 시스템은 2진수를 사용하기 때문이므로 꼭 밑수를 표현하지 않아도 되기 때문이다. 보기 수는 8개의 비트들이 사용되고 있으므로 8비트 수이다.

디지털 시스템은 2진수를 사용하지만, 사람들은 10진수에 익숙하므로 정보 처리를 위하여 서로 간의 진수변환(number base conversion)을 한다.

(1) 2진수를 10진수 변환

2진수는 자릿수 수체계의 표현식을 사용하여 10진수로 변환할 수 있다. 앞선 예시인

$$N = 10110100_2$$

은 다음과 같이 표현된다.

$$N = 1\times2^7 + 0\times2^6 + 1\times2^5 + 1\times2^4 + 0\times2^3 + 1\times2^2 + 0\times2^1 + 0\times2^0$$
$$= 128 + 32 + 16 + 4 = 180$$

앞에서 설명한 2진수를 10진수로 변환하는 연산과정은 각 디지트 위에 자릿수 값을 명기하고 나서 디지트 1에 해당되는 자릿수 값들을 가산하여 수행하면 손쉽게 행할 수 있다. 앞에서 예를 든 2진수 값을 이러한 방법으로 10진수로 변환하는 과정은 다음과 같다. 먼저 각 디지트 위에 자릿수 값을 다음과 같이 명기한다.

자릿수 값	128	64	32	16	8	4	2	1
디지트	1	0	1	1	0	1	0	0

그리고 디지트 1에 해당되는 자릿수 값들을 합산하면 최종적으로 10진수 값을 구할 수 있다. 즉, 128 + 32 + 16 + 4 = 180이 된다.

예제 1.3

2진수 11110100을 10진수로 변환하여라.

자릿수 값	128	64	32	16	8	4	2	1
디지트	1	1	1	1	0	1	0	0

즉, 128+64+32+16+4=244이다.

또한 2진수는 소수점을 사용하여 소수를 표현할 수 있으며, 이러한 소수점을 2진수를 위한 2진점이라고 한다. 2진 소수를 10진수로 변환하는 과정은 앞에서 설명한 방법을 단지 확장하면 수행할 수 있다. 2진점 이하의 자릿수는 다음과 같은 자릿수 값을 갖는다.

$$2^{-1} = \frac{1}{2} = 0.5,\ 2^{-2} = \frac{1}{4} = 0.25$$

예제 1.4

2진수 1010.110을 10진수로 변환하여라.

자릿수 값	8	4	2	1	.	0.5	0.25	0.125
디지트	1	0	1	0	.	1	1	0

즉, $8+2+0.5+0.25=10.75$이다.

(2) 10진수를 2진수 변환

10진수를 2진수로 변환하는 과정은 자릿수를 갖는 수의 일반적인 공식을 사용해야 수행할 수 있으나, 모든 연산은 2진 연산에서 행하여야만 된다. 아래에 나타낸 연산 기법은 매우 쉽고, 또한 모든 연산이 10진 연산에 의해서 수행되고 있다. 예를 들면 10진수 118을 2진수로 변환하기 위해서는 10진수 118을 2로 반복하여 나누고, 나머지들을 모두 저장하면 된다.

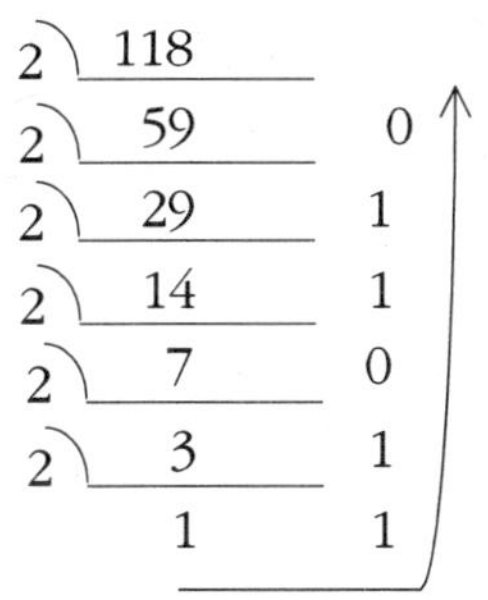

$118_{10}=1110110_2$

연속적인 나눗셈은 몫을 나눈 수 아래에 적당한 열로 배열하고, 나머지를 오른쪽에 배열한다. 10진수 118에 해당되는 2진수는 열의 마지막이 MSB가 되도록 나머지들로 구성된다. 즉,

$$118_{10}=1110110_2$$

가 되며, 이렇게 변환된 2진수를 10진수로 다시 바꾸면 다음과 같이 변환 전의 10진수 값 118을 얻을 수 있다.

$$64+32+16+4+2=118$$

예제 1.5

10진수 55를 2진수로 변환하여라.

$$
\begin{array}{r|rr}
2 & 55 & \\
2 & 27 & 1 \\
2 & 13 & 1 \\
2 & 6 & 1 \\
2 & 3 & 0 \\
 & 1 & 1
\end{array}
\qquad 55_{10} = 110111_2
$$

소수부를 갖는 10진수를 2진수로 변환하기 위해서는 다음과 같이 두 가지 과정을 수행해야 한다. 즉, 정수부와 소수부의 계산을 별도로 수행한다. 소수점 앞에 있는 정수부의 변환과정은 앞에서 설명한 연산을 수행하지만, 소수점 뒤에 있는 소수부의 변환과정은 다른 연산을 수행한다. 예를 들어 10진수 0.625를 2진수로 변환해보자. 변환과정은 각 곱셈 시에 생기는 곱의 정수부를 제외하고 2를 반복하여 승산을 행하고 2진수는 다음과 같이 구성된다.

$$
\begin{array}{r}
0.625 \\
\times \quad 2 \\
\hline
1.250 \\
\times \quad 2 \\
\hline
0.500 \\
\times \quad 2 \\
\hline
1.000
\end{array}
\qquad 0.625_{10} = 0.101_2
$$

연산 결과를 적당한 순서로 배열해보자. 각 곱셈에서는 단지 소수부만 2로 곱하고, 정수부는 곱셈을 행하지 않는다. 앞에서 구한 2진수를 10진수로 변환하여 검토해 보면 다음과 같다.

자릿수 값	0.5	0.25	0.125
디지트	1	0	1

$$0.5 + 0.125 = 0.625$$

여기서 각 열은 바로 위 열의 소수부의 2배가 된다. 10진수의 소수를 2진수로 변환하는 과정에서 연속적인 곱셈은 끝나지 않을 수도 있으며, 이 경우에 있어서는 원하는 정확도에 필요한 만큼의 비트만 고려하면 된다.

예제 1.6

10진수 23.17을 2진수로 변환하여라.

첫째, 주어진 수의 정수부를 고려한다.

$$\begin{array}{r|ll} 2 & 23 & \\ \hline 2 & 11 & 1 \\ \hline 2 & 5 & 1 \\ \hline 2 & 2 & 1 \\ \hline & 1 & 0 \end{array}$$

$$23_{10} = 10111_2$$

다음, 주어진 수의 소수부를 고려한다.

$$\begin{array}{r} 0.17 \\ \times \quad 2 \\ \hline 0.34 \\ \times \quad 2 \\ \hline 0.68 \\ \times \quad 2 \\ \hline 1.36 \\ \times \quad 2 \\ \hline 0.72 \\ \times \quad 2 \\ \hline 1.44 \end{array}$$

따라서 소수부는 0.00101이 된다. 보다 더 정확한 2진 소수를 구하기 위해서는 계속해서 곱셈과정을 행하면 된다. 정수부와 소수부를 고려한 최종적인 2진수는 다음과 같다.

$$10111.00101_2$$

1.3.5 8진수

8진수(octal number)는 10진수에서 사용하고 있는 디지트 0에서 디지트 7까지의 8개가 필요하다(표 1.6).

표 1.6 8진수

10진수	8진수
0	0
1	1
2	2
3	3
4	4
5	5
6	6
7	7

8진수를 10진수 또는 2진수 사이에 변환관계를 잘 이해해야 한다. 8진수와 10진수 사이 그리고 8진수와 2진수 사이의 변환관계를 공부해보자.

(1) 8진수와 10진수 사이의 변환

8진수를 10진수로 진수변환 과정은 다음 예를 사용하여 구해보자.

예제 1.7

8진수 273을 10진수로 변환하여라.

$$273_8 = (2\times 8^2) + (7\times 8^1) + (3\times 8^0)$$
$$= (2\times 64) + (7\times 8) + (3\times 1) = 187_{10}$$

10진수를 8진수로 변환하기 위해서는 먼저 앞에서 설명한 방법과 같이 10진수를 2진수로 변환하여 그 결과에 의해서 8비트로 변환하는 것이 8을 연속적으로 나누어서 변환하는 방법보다 쉽게 변환할 수 있다.

예제 1.8

10진수 147을 8진수로 변환하여라.

[방법 1] 10진수 147을 2진수 변환하면 147_{10}=010010011_2이므로 8진수로 다음과 같이 변환한다.

$$147_{10} = 010 \quad 010 \quad 011 = 223_8$$

[방법 2] 8로 연속적으로 나눈다.

$$\begin{array}{r|rl} 8 & 147 & \\ \hline 8 & 18 & 3 \\ \hline & 2 & 2 \end{array} \qquad 147_{10} = 223_8$$

---

(2) 8진수와 2진수 사이의 변환

8진수는 2진수와 밀접한 관계에 있고 2진수의 3비트 조합이 8진수를 표현한다. 2진수와 8진수 사이의 변환표는 표 1.7과 같다.

표 1.7 2진수/8진수 변환표

2진수	8진수
000	0
001	1
010	2
011	3
100	4
101	5
110	6
111	7

2진수를 8진수로 변환하기 위해서는 2진수의 LSB를 기준으로 오른쪽에서 왼쪽으로 3비트씩 묶어서 구성한다.

예제 1.9

2진수 110101001을 8진수로 변환하여라.

$110\ 101\ 001 = 651_8$

8진수를 2진수로 변환하기 위해서는 앞에서 설명한 과정을 역으로 수행한다. 8진수 263을 2진수로 변환하면 다음과 같다.

예제 1.10

8진수 263_8을 2진수로 변환하여라.

$$263_8 = 010\ 110\ 011_2$$

1.3.6 16진수

디지털 시스템에서 범용으로 사용되는 수체계는 16진수(hexadecimal number)이다. 16진수는 2진수를 쉽게 표현할 수 있으므로 디지털 시스템에서 많이 사용된다.

16진수는 16개의 디지트가 필요하다. 10개는 10진수에서 빌려온 디지트 0부터 디지트 9까지이며, 나머지 6개의 디지트들은 *A*부터 *F*까지의 영문자들을 사용한다(표 1.8).

표 1.8 16진수

10진수	16진수
0	0
1	1
2	2
3	3
4	4
5	5
6	6
7	7
8	8
9	9
10	*A*
11	*B*
12	*C*
13	*D*
14	*E*
15	*F*

6개의 디지트들 *A*부터 *F*까지 영문자들은 때때로 소문자로 쓰기도 한다.

16진수를 10진수 또는 2진수 사이에 변환관계를 잘 이해해야 한다. 16진수와 10진수 사이 그리고 16진수와 2진수 사이의 변환관계를 공부해보자.

(1) 16진수와 10진수 사이의 변환

16진수를 10진수로 진수변환 과정도 다음 예를 사용하여 구해보자.

예제 1.11

16진수 C62를 10진수로 변환하여라.

$$C62_{16} = (12 \times 16^2) + (6 \times 16^1) + (2 \times 16^0)$$
$$= (12 \times 256) + (6 \times 16) + (2 \times 1) = 3170_{10}$$

10진수를 16진수로 변환할 때는 먼저 앞에서 설명한 방법과 같이 10진수를 2진수로 변환하여 그 결과로써 16비트로 변환하는 것이 16을 연속적으로 나누어서 변환하는 방법보다 쉽게 변환할 수 있다.

예제 1.12

10진수 147을 16진수로 변환하여라.

[방법 1] 147을 2진수로 변환하면 $147_{10}=10010011_2$이므로 16진수로 다음과 같이 변환한다.

$$147_{10} = 1001\ \ 0011 = 93_{16}$$

[방법 2] 16으로 연속으로 나누어서 변환한다.

$$16 \,\overline{)\,147}$$
$$9 \quad 3 \qquad\qquad 147_{10} = 93_{16}$$

---

(2) 16진수와 2진수 사이의 변환

16진수는 2진수와 밀접한 관계에 있기 때문에 디지털 시스템에 사용되고 있으며, 2진수에서 4비트의 조합이 16진수를 표현한다. 2진수와 16진수 사이의 변환표는 표 1.9와 같다.

표 1.9 2진수 / 16진수 변환표

2진수	16진수
0000	0
0001	1
0010	2
0011	3
0100	4
0101	5
0110	6
0111	7
1000	8
1001	9
1010	*A*
1011	*B*
1100	*C*
1101	*D*
1110	*E*
1111	*F*

2진수를 16진수로 변환하기 위해서는 2진수의 LSB를 기준으로 오른쪽에서 왼쪽으로 4비트씩 묶어서 구성한다.

예제 1.13

2진수 1010111011010을 16진수로 변환하여라.

$$1\ \ 0101\ \ 1101\ \ 1010 = 15DA_{16}$$

16진수를 2진수로 변환하기 위해서는 앞에서 설명한 과정을 역으로 수행한다. 16진수 C68을 2진수로 변환하면 다음과 같다.

$$C68_{16} = 1100\ \ 0110\ \ 1000_2$$

1.4 2진수 연산

디지털 시스템은 2진수를 사용한다. 먼저 2진수를 사용한 사칙연산(four fundamental arithmetic operations)을 공부하고, 보수(complement)의 이해와 보수를 이용한 뺄셈 연산을 익힌다. 그리고 부호를 갖는 2진수와 이를 이용한 2진수 연산에 대해서 설명한다.

1.4.1 2진수 사칙연산

2진수 사칙연산은 2진수 사이의 덧셈(addition), 뺄셈(subtraction), 곱셈(multiplication) 그리고 나눗셈(division)으로 이루어진다.

(1) 덧셈

2진수 덧셈(addition)은 10진수의 덧셈 과정과 동일하게 수행된다. 먼저 1비트 덧셈의 모든 가능한 결과를 다음과 같이 정의한다.

1비트 덧셈	
0+0=0	0+1=1
1+0=1	1+1=10

2진수 1과 2진수 1을 더한 경우에는 2진수 10 또는 다음의 높은 자릿수로 자리올림수(carry)가 되는 1을 갖는 0을 얻을 수 있다. 여기서의 자리올림수는 10진수 덧셈에서의 자리올림수와 동일하다. 앞에서 설명한 표에 의해 2진수 덧셈은 다음과 같다.

```
  1                      1
  10110101             181
+ 00101010           +  42
-----------          ------
  11011111             223
```

여기서 오른쪽에서 왼쪽으로 6번째 행을 더한 결과 발생한 자리올림수를 1로 표시하고 10진수 덧셈과 동일한 방법으로 처리한다. 동일한 10진수 덧셈결과는 오른쪽에 보인다.

예제 1.14

$$\begin{array}{rr} 1\ \ 111 & \\ 11101011 & \\ +\ 01001110 & \\ \hline 1\ 00111001 & \end{array} \qquad \begin{array}{r} 11 \\ 235 \\ +\ 78 \\ \hline 313 \end{array}$$

$$\begin{aligned} N &= 100111001_2 \\ &= 1\times2^8+0\times2^7+0\times2^6+1\times2^5+1\times2^4+1\times2^3+0\times2^2+0\times2^1+1\times2^0 \\ &= 256+32+16+8+1=313 \end{aligned}$$

■

예제 1.14에서 8비트 2진수의 덧셈 결과가 9비트가 되었다. 만약 작업하고 있는 시스템이 단지 8비트의 숫자만 처리할 수 있는 시스템인 경우라면 100111001이 8비트가 되어야 하므로 최종 결과는 00111001이 되어 원래 결과와 상이한 결과가 된다. 이러한 MSB의 자리올림수 출력은 자리올림수 오류를 야기한다.

(2) 뺄셈

다음과 같은 10진수의 뺄셈(subtraction)에 대해서 살펴보자.

$$\begin{array}{r} {}^{2\,10} \\ \not{3}27 \\ -\ 283 \\ \hline 44 \end{array}$$

동일한 값을 갖는 자릿수의 디지트들을 행에 위치시킨 후 뺄셈을 수행한다. 두 번째 행에서 위에 위치한 수의 디지트가 아래에 위치한 수의 디지트보다 작은 경우에는 보다 높은 순위의 디지트가 다음의 행에서 빌려오게 되고, 그 행에서의 보다 높은 디지트는 1이 감소하게 된다. 디지트 3은 2로 감소하게 되고, 디지트 2는 12로 대체되어 뺄셈이 수행된다.

덧셈과 마찬가지로, 2진수 뺄셈은 10진수의 뺄셈과 동일하게 수행된다. 먼저, 1비트 뺄셈의 모든 가능한 결과를 다음과 같이 정의한다.

1비트 뺄셈	
$0-0=0$	$1)0-1=1$
$1-0=1$	$1-1=0$

2진수 0에서 1을 빼기 위해서 다음의 보다 높은 자릿수에서 1을 빌려오는 것을 주의하라. 2진수 뺄셈에서의 빌림수(borrow)는 10진수 뺄셈에서의 빌림수와 동일하다. 앞에서 보인 식을

사용하여 2진수 뺄셈을 수행해보자. 예를 들어, 다음의 뺄셈에 대해서 살펴보자.

```
  021  02                 110
  11010101                213
- 00110010             -   50
----------             ------
  10100011                163
```

이러한 뺄셈에서 위에 위치한 수에 표기된 비트는 빌림수에 기인된 값을 나타낸 것이다. 오른쪽에서 두 번째 행의 뺄셈을 수행할 경우에 다음의 보다 높은 자릿수에서 빌림수를 갖고 와야 한다. 그러나 이 위치의 값이 0이면, 그 다음의 보다 높은 자릿수에서 차례로 빌림수를 갖고 와야 한다. 뺄셈 결과를 확인하기 위해서 동일한 10진수의 뺄셈 결과를 오른쪽에 보인다.

예제 1.15

```
      02
  10101001             169
- 10000100           - 132
----------           -----
  00100101              37
```

(3) 곱셈

덧셈 및 뺄셈과 마찬가지로, 2진수 곱셈(multiplication)은 10진수의 곱셈과 동일한 방법으로 수행된다. 먼저, 1비트 곱셈의 모든 가능한 결과를 다음과 같이 정의한다. 2진수 곱셈에서는 자리올림수가 발생되지 않는다.

1비트 곱셈	
$0 \times 0 = 0$	$0 \times 1 = 0$
$1 \times 0 = 0$	$1 \times 1 = 1$

다음과 같은 곱셈을 살펴보자. 4비트를 갖는 두 2진수의 곱은 7비트 2진수가 된다.

```
      1101              13
  ×   0111          ×    7
  --------          --------
      1101              91
     1101
    1101
   0000
  --------
   1011011
```

같은 경우로, 다음과 같은 예에서 곱은 8비트 2진수가 된다.

```
      1111              15
  ×   1001          ×    9
  --------          --------
      1111             135
     0000
    0000
   1111
  --------
  10000111
```

일반적으로 n비트를 갖는 두 수의 곱은 거의 2배의 비트를 갖는 숫자가 되며, m비트 숫자와 n비트의 숫자의 곱은 거의 $(n+m)$비트의 숫자가 된다.

예제 1.16

```
          10101101              173
      ×   10001001          ×   137
      ------------          -------
          10101101             1211
      10101101                 519
  10101101                    173
  ----------------          -------
  101110010010101             23701
```

마지막 예제에서 0을 갖는 부분들을 모두 제거함으로써 곱셈을 간단하게 할 수 있으며, 이것은 결과에 0을 더하는 것과 동일하다.

(4) 나눗셈

덧셈, 뺄셈, 곱셈과 마찬가지로 2진수 나눗셈(division)도 10진수 나눗셈의 과정과 동일하게 수행된다. 다음의 예를 살펴보자.

```
            10010                 18
       ----------            -----
  1011 ) 11001011        11 ) 203
         1011                 11
         --------             ----
         0001101               93
            1011               88
         --------             ----
            00101               5
```

먼저 11001011의 처음 4비트를 1011로 나눈다. 처음 4비트로 구성된 숫자가 1011보다 크면 몫은 1이 되고, 작으면 몫은 0이 된다. 부분 몫이 1이므로 1011을 11001011의 처음 4 디지트 밑에 표기하고, 빼셈을 수행한다. 2진수 나눗셈에서 곱셈은 1 또는 0에 의해서 곱셈을 수행하기 때문에 쉽게 할 수 있으며, 몫이 0인 경우에는 빼셈을 수행하지 않는다. 몫의 상위 비트 1 이후의 3비트가 모두 0이므로 빼셈은 수행되지 않는다. 최종 차 (101)는 나머지이다.

또한, 8비트 2진수를 4비트 2진수로 나눈 결과는 5비트 2진수가 된다. 일반적으로, m비트 2진수를 n비트로 나눈 결과는 (m-n) 또는 (m-n+1) 비트의 2진수가 된다. 이것은 주어진 길이를 저장하는 컴퓨터에서 고려할 경우에는 중요한 사항이 된다.

예제 1.17

```
              1100000                          96
11001 ) 100101101101               25 ) 2413
         11001                              225
        0011001                             163
          11001                             150
              01101                          13
```

1.4.2 보수

보수(complement)는 어떤 기준이 되는 큰 수 N에서 x를 뺀 나머지 수를 말하며, N에 대한 x의 보수라 한다. 디지털 시스템에서는 빼셈을 보수를 이용한 덧셈으로 처리한다.

보수는 두 가지 형태가 있다. 밑수(base) b에 대하여 (b-1)의 보수((b-1)'s complement)와 b의 보수(b's complement)가 있다. 2진수는 밑수 b가 2이므로 1의 보수(1's complement)와 2의 보수(2's complement)가 있다. 1의 보수는 논리연산(logical operation)에서 사용되며 2의 보수는 산술연산(arithmetic operation)에서 주로 사용된다.

10진수는 9의 보수와 10의 보수가 있다. 현재 이들은 디지털 시스템에서 잘 사용하지 않으므로 따로 설명하지 않는다.

(1) 1의 보수

1의 보수
n비트의 2진수 N의 1의 보수 : $(2^n-1)-N= 11\ldots11(n\text{개의 }1)-N$ · 방법 : 2진수 N의 각 비트들의 모든 1은 0으로 0은 1로 바꿈

2^n은 n개의 0들과 MSB가 1로 구성되므로 $(2^n\text{-}1)$은 n개의 1들로 구성된다. 예를 들면 n=8이면 $2^8=100000000_2$이므로 $2^8-1=11111111_2$가 된다. 따라서 N의 1의 보수는 각 비트의 1에서 숫자를 빼면 구할 수 있다. 각 비트의 1에서 숫자를 빼는 것은 1-1=0 또는 1-0=1 중의 하나가 되므로 각 비트 수를 1은 0으로, 0은 1로 바꾸면 1의 보수를 쉽게 구할 수 있다. 즉 2진수를 1의 보수로 변환하는 과정은 모든 0은 1로, 모든 1은 0으로 변환하면 된다. 다음의 예는 2진수와 그들의 1의 보수를 나타낸 것이다.

2진수 :	00110101	00001111	11000000
1의 보수 :	11001010	11110000	00111111

(2) 2의 보수

2의 보수는 1의 보수 $(2^n\text{-}1)$에 1을 더하면 간단하게 2^n을 구할 수 있다.

2의 보수

n비트의 2진수 N의 2의 보수 : $2^n - N = (2^n - 1) + 1 - N$

· 방법 : 1의 보수 +1

즉 2의 보수는 1의 보수에 1을 더해주면 구해진다. 다음의 예를 보자.

2진수 :	00110101	00001111	11000000
1의 보수 :	11001010	11110000	00111111
2의 보수 :	11001011	11110001	01000000

또한, 2의 보수는 LSB에서 시작하여 MSB 방향으로 처음으로 만나는 1까지는 그대로 두고 나머지 비트들을 1은 0으로, 0은 1로 바꾸면 쉽게 2의 보수를 구할 수 있다. 즉 11000000에서 6개의 0과 그 다음 1은 나누고 마지막 1을 0으로 바꾸면 2의 보수 01000000을 얻을 수 있다.

(3) 2의 보수를 이용한 뺄셈

뺄셈과 같은 산술연산은 2의 보수를 이용한다. 뺄셈에서 감수(subtrahend)보다 피감수(minuend)가 작을 때는 빌림수(borrow) 1을 사용해야 한다. 사람이 계산할 때는 쉽게 뺄셈 연산을 할 수 있으나, 디지털 하드웨어에서는 사람처럼 할 수가 없다. 따라서 피감수를 2의 보수를 바꾸고 뺄셈을 덧셈 연산으로 변형하여 계산하는 방법을 디지털 하드웨어에서 사용한다. 각 피감수 2진수 M과 감수 N이 n비트일 때 M-N 연산은 다음과 같이 수행된다.

2의 보수를 이용한 뺄셈 연산 : M–N 연산

① 감수 N의 2의 보수를 구한다.
② 피감수 M에 N의 2의 보수를 더한다.
③ M≥N이면 MSB의 자리올림수가 발생한다.
이 자리올림수를 제거하고 남는 것이 (M–N) 연산 결과가 된다.
④ M≤N이면 MSB의 자리올림수가 발생하지 않는다.
연산 결과 남는 값은 2n–(M–N)이 되는데, 이는 (M–N)의 2의 보수이다.
2n–(M–N)의 2의 보수를 구하고 앞에 (–)부호를 붙이면 (M–N)의 연산 결과가 된다.

예제 1.18

M=11010100이고 N=11000100일 때 M-N 또는 N-M 연산을 2의 보수를 이용하여 구해보자.

M : 11010100　　N : 11000100
2의 보수 : 00101100　　2의 보수 : 00111100

(a) M-N= M+(N의 2의 보수) = 00010000

```
     11010100
+    00111100
-------------
  1  00010000
```

최상위 자리올림수 제거

(b) N-M= N+(M의 2의 보수) = -00010000

```
     11000100
+    00101100
-------------
     11110000
```

최상위 자리올림수 없음

-{(11110000)의 2의 보수)} = -00010000

1.4.3 부호를 갖는 2진수

0을 포함하는 양수(positive number)는 부호를 갖지 않는 수(unsigned number)로 표현할 수 있다. 그러나 음수(negative number)를 표현하기 위해서는 부호를 갖는 수(signed number)로 표시하는 방법이 필요하다. 2진수는 디지털 시스템에서 계산에 사용되기 때문에 음의 2진수는 음의 10진수와 동일한 방법으로 처리되지 않는다. 따라서 부호를 갖는 2진수는 양수 및 음수를 표현하는 MSB 위치의 부호비트(sign bit)와 수의 값으로 사용되는 나머지 비트들로 표현한다. 부호가 있는 n비트 2진수의 표현은 그림 1.22와 같다.

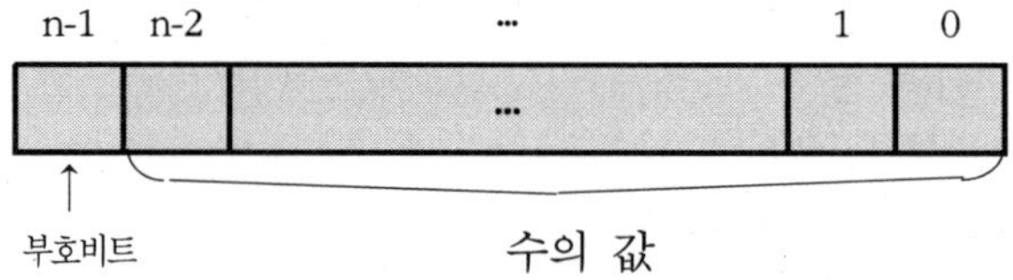

그림 1.22 부호가 있는 n비트 2진수 표현

여기서 (n-1)비트가 MSB이고 부호비트의 위치가 된다. 부호비트가 0이면 양수이고, 1이면 음수가 된다.

양수를 표현할 때 부호가 있는 경우와 없는 경우의 표현은 수의 값에 있어서 동일하다. 예를 들면 00000101을 부호가 없는 수로 생각해도 5이고, 부호가 있는 수로 생각해도 +5이므로 크기는 동일하다. 그러나 음수로 표현할 때는 달라진다. 즉 10000101은 부호가 없는 수로 생각하면 133이고, 부호가 있는 수로 생각하면 -5가 된다. 그러나 음수를 표현하는 방법이 세 가지가 있으므로 10001001이 부호가 있는 수의 값으로 항상 -5가 되는 것은 아니다. 부호가 있는 2진수를 음수를 표현하는 세 가지 방법은 다음과 같다.

부호를 갖는 2진수를 음수로 표현하는 방법
① 부호와 크기 표현(sign–magnitude representation)
② 부호와 1의 보수 표현(sign–1's complement representation)
③ 부호와 2의 보수 표현(sign–2's complement representation)

세 가지 방법을 사용하여 +5와 -5를 부호비트를 포함하여 8비트의 수를 표현하면 다음과 같다(그림 1.23).

□ **양수 : +5**	0	0	0	0	0	1	0	1
□ **음수 : -5**								
① 부호와 크기 표현	1	0	0	0	0	1	0	1
② 부호와 1의 보수 표현	1	1	1	1	1	0	1	0
③ 부호와 2의 보수 표현	1	1	1	1	1	0	1	1

그림 1.23 부호가 있는 8비트 2진수 표현

-5는 부호와 크기 표현법에서는 MSB, 즉 부호비트를 1로 바꾸면 된다. 부호와 1의 보수 표현에서는 부호비트는 1로 하고 수의 값을 1의 보수로 만들면 된다. 마찬가지로 부호와 2의 보수 표현은 부호비트는 1로 그리고 수의 값은 2의 보수로 만들면 된다.

표 1.10은 세 가지 표현법으로 8비트의 부호를 갖는 2진수와 그에 대한 10진수를 나타낸

표이다. 세 가지 표현법에서 양수는 부호비트가 0이고 수의 값은 동일하다. 부호와 2의 보수 표현법에서는 0은 +0으로 단 하나만 존재한다. 그러나 부호와 크기 표현과 부호와 1의 보수 표현법에서는 2개의 0, 즉 +0과 -0이 존재하게 된다. 따라서 앞으로 서술하는 산술연산에서는 부호와 2의 보수 표현법을 사용한다. 비정상적인 특성을 갖는 이러한 부호와 2의 보수 표현 방법에서는 양수와 음수 사이가 비대칭적이다. 8비트의 숫자에 대해서, 가장 큰 수는 +127이고, 가장 작은 수는 -128이 된다.

표 1.10 8비트 부호를 갖는 2진수에 대한 10진수 표기

① 부호와 크기	② 부호와 1의 보수	③ 부호와 2의 보수	10진수
01111111	01111111	01111111	+127
01111110	01111110	01111110	+126
.	.	.	.
.	.	.	.
.	.	.	.
00000010	00000010	00000010	+2
00000001	00000001	00000001	+1
00000000	00000000	00000000	+0
10000000	11111111	–	–0
10000001	11111110	11111111	–1
10000010	11111101	11111110	–2
.	.	.	.
.	.	.	.
.	.	.	.
11111111	10000000	10000001	–127
–	–	10000000	–128

n비트의 경우 MSB, 즉 부호비트는 2^{n-1}이 된다. 부호와 2의 보수 표현으로 나타낸 8비트 2진수의 MSB 2^7은 128이 아닌 -128의 자릿수 값을 가지므로 -128이 된다. 이 방법으로 부호와 2의 보수로 표현된 2진수에 대한 10진수를 간단하게 구할 수 있으며, 이는 양수에서와 마찬가지로 비트 위에 자릿수 값을 표기하여 계산할 수 있다.

부호와 2의 보수로 표현된 양수 2진수 N=01110110을 10진수로 계산하면 다음과 같다.

–128	64	32	16	8	4	2	1	
0	1	1	1	0	1	1	0	$64+32+16+4+2=118$

또한 부호와 2의 보수로 표현된 음수인 2진수 N=10010101을 10진수로 계산하면 다음과 같다.

−128	64	32	16	8	4	2	1	
1	0	0	1	0	1	0	1	$-128+16+4+1=-107$

16비트의 MSB는 2^{16-1}, 즉 $-2^{15}=-32768$의 자릿수 값을 갖게 되는데, 가장 큰 수는 +32767이며, 반면에 가장 작은 수는 -32768이다. 일반적으로 n비트 부호와 2의 보수 시스템에서 표현될 수 있는 수는 다음과 같은 범위를 갖는다.

$$-2^{n-1} \sim +(2^{n-1}-1)$$

예제 1.19

부호와 2의 보수로 표현된 12비트의 2진수 010111011101을 10진수로 변환하여라.

−2048	1024	512	256	128	64	32	16	8	4	2	1
0	1	0	1	1	1	0	1	1	1	0	1

$1024+256+128+64+16+8+4+1=1501$

예제 1.20

부호와 2의 보수로 표현된 12비트의 2진수 110010101001을 10진수로 변환하여라.

−2048	1024	512	256	128	64	32	16	8	4	2	1
1	1	0	0	1	0	1	0	1	0	0	1

$-2048+1024+128+32+8+1=-855$

2의 보수로 음수를 표현하는 것이 산술연산에서 덧셈과 뺄셈을 할 때 유용하다. 부호를 고려하지 않은 2진수에서의 산술연산도 2의 보수를 이용하여 연산하면 된다.

(1) 덧셈 연산

부호비트도 수치로 간주하여 덧셈을 하고 자리올림수가 발생하면 이를 무시한다. 최종 결과의 부호비트는 원하는 결과의 부호를 나타낸다.

```
① (+7)+(+11) 계산
   + 7 =   0 0000111
+  +11 =   0 0001011
--------------------
           0 0010010
           ↓    ↓
           +    18
```

```
② (-7)+(+11) 계산
   - 7 =     1 1111001
+  +11 =     0 0001011
----------------------
           1 0 0000100
  자리올림수  ↓    ↓
        무시  0 0000100
             ↓    ↓
             +    4
```

```
③ (+7)+(-11) 계산
   + 7 =   0 0000111
+  -11 =   1 1110101
--------------------
           1 1111100
           ↓    ↓2의 보수
           1 0000100
           ↓    ↓
           -    4
```

```
④ (-7)+(-11) 계산
   - 7 =     1 1111001
+  -11 =     1 1110101
----------------------
           1 1 1101110
  자리올림수  ↓    ↓2의 보수
        무시  1 0010010
             ↓    ↓
             -    18
```

부호비트를 포함하여 덧셈 연산을 하고 부호비트에서 발생한 자리올림수는 제거한다(②와 ④). 덧셈 결과 부호비트가 1이 되어 음수가 되는 경우(③과 ④)에는 수의 값은 2의 보수이다.

(2) 뺄셈 연산

부호비트를 포함하여 감수의 2의 보수를 취하고 전체를 피감수에 더하고 부호비트에서 발생되는 자리올림수는 무시하여, 뺄셈 연산을 감수의 부호를 바꿈으로써 덧셈 연산으로 바꾼다.

```
① (+7)-(-11)=(+7)+(+11) 계산
   + 7 =      0 0000111
+  +11 =      0 0001011
-----------------------
              0 0010010
              ↓    ↓
              +    18
```

```
② (-7)-(-11)=(-7)+(+11) 계산
   - 7 =        1 1111001
+  +11 =        0 0001011
-------------------------
            1   0 0000100
     자리올림수  ↓    ↓
           무시  0 0000100
                ↓    ↓
                +    4
```

```
③ (+7)-(+11)=(+7)+(-11) 계산
   + 7 =      0 0000111
+  -11 =      1 1110101
-----------------------
              1 1111100
              ↓    ↓2의 보수
                0000100
              ↓    ↓
              -    4
```

```
④ (-7)-(+11)=(-7)+(-11) 계산
   - 7 =        1 1111001
+  -11 =        1 1110101
-------------------------
            1   1 1101110
     자리올림수  ↓    ↓2의 보수
           무시  1 0010010
                ↓    ↓
                -    18
```

8비트의 2진수에서 단순한 덧셈에 의한 결과는 8비트의 2진수로 표현하기에 너무 크거나 작은 경우를 제외하고는 정확하다. 이런 오류는 덧셈하는 두 수가 모두 양수이거나 또는 음수일 경우에만 발생한다. 두 수가 혼재하는 경우에는 단순한 덧셈에 의해서 정확한 합을 구할 수 있으나, 두 수가 혼재하지 않는 경우에는 합이 정확한지 간단한 검토 과정이 필요하다. 만약 덧셈하는 두 수 모두가 양수이며 또한 그 결과도 양수인 경우에는 그 합은 정확하고, 덧셈하는 두 수 모두가 음수이며 또한 그 결과도 음수인 경우에도 그 합은 정확한 것이다. 또한 연산 시 발생되는 오버플로(overflow)는 상위비트의 자리올림수 출력에 의해서 결정되지 않고, 상위비트의 자리올림수 출력과 다음 상위비트의 자리올림수 출력 둘 다 조사함으로써 결정된다.

이 과정을 알기 위해서 먼저 다음의 2개의 8비트 양수의 합을 고려하자.

0XXXXXXX
0XXXXXXX
―――――――

여기서 X는 임의의 비트를 나타낸다. 만약 7번째 비트에서 8번째 비트로 자리올림수가 발생되지 않은 경우에는 합은 양수이고, 결과는 정확한 것이다. 반면 7번째 비트에서 8번째 비트로 자리올림수가 발생된 경우에는 합은 음수가 되며, 이 결과는 정확한 것이 아니다. 두 가지 경우에 있어서 8번째 비트에서는 자리올림수가 발생되지 않았다. 여기서 8비트의 양수와 8비트의 음수의 합을 고려해 보자.

1XXXXXXX
0XXXXXXX
―――――――

이 경우 합은 항상 정확하며, 만약 7번째 비트에서 8번째 비트로 자리올림수가 발생되면 8번째 비트에서도 자리올림수가 발생된다. 마지막으로 두 수가 음수인 경우를 고려해 보자.

1XXXXXXX
1XXXXXXX
―――――――

만약 7번째 비트에서 8번째 비트로 자리올림수가 발생되지 않은 경우에는 합은 양수이며 그 결과는 정확하지가 않고, 7번째 비트에서 8번째 비트로 자리올림수가 발생된 경우에는 합은 음수이며 그 결과는 정확한 것이다. 두 가지 경우에 있어서 8번째 비트에서는 자리올림수가 발생된다. 앞에서의 예제들을 통하여 다음과 같은 결론을 얻을 수 있다. 7번째 비트에서 8번째 비트로 자리올림수가 발생된 경우 및 8번째 비트에서 자리올림수가 발생된 경우 둘 다 고려하면 자리올림수가 0개 또는 2개인 경우에는 그 합은 정확하고, 자리올림수가 1개인 경우에는 그 합은 정확하지 않다. 이러한 결과가 컴퓨터에서 자리올림수를 결정하는 방법이 되지만, 직접 손으로 연산할 경우에는 앞에서 설명한 방법에 따른다.

예제 1.21

다음과 같은 12비트 2진수의 합을 구하고, 그 합이 정확한지를 판단하여라.

```
   011010010010          1682
+  111010100001        -  351
---------------        ------
   010100110011          1331
```

2진수 덧셈 연산에서 2진수 111010100001은 2의 보수로 표현하면 000101011111이므로 10진수 351이다. 따라서 연산결과 2진수 010100110011를 10진수로 변환하면 1331을 구할 수 있으므로 그 합이 정확하다.

1.5 코드

코드(code)는 사람들이 서로 약속한 부호이며, 코딩(coding)은 디지털 시스템에서 사용되는 수체계를 설계하는 것이다. 디지털 시스템에서 사용되는 코드에는 2진수 비트들의 집합들을 표현한 2진 코드(binary code)와, 10진수를 표현하기 쉽도록 만들어진 2진수로 10진수를 만든 10진 코드(decimal code)가 있다. 그리고 오류 코드를 찾아내는 오류검출 코드(error detection code), 그레이 코드(gray code), ASCII 코드가 있다.

1.5.1 2진 코드

2진 코드(binary code)를 사용하여 특성이 서로 다른 요소 2^n개를 나타내려면 최소한 n비트가 필요하다. 예를 들면, 4개의 서로 다른 양의 집단을 2비트 코드를 써서 표시한다면,

$$00, 01, 10, 11$$

이 된다. 또한 8개 요소의 집단은 각 요소에

$$000, 001, 010, 011, 100, 101, 110, 111$$

중의 하나만을 배정하는 3비트의 코드가 필요하다.

2^n개의 서로 다른 양을 코드화하는 데 필요한 최소의 비트 수는 n이지만, 2진 코드에 대해

쓸 수 있는 최대의 비트 수는 없다. 예를 들어 10개의 10진수 숫자는 10비트로 코드화될 수 있고, 각 10진수 숫자는 9개의 0과 하나의 1로 된 하나의 비트 조합을 배정한다. 이 특정한 2진 코드에서 숫자 6은을 나타내기 위해서는 비트 조합 0001000000이 배정된다.

코드 설계 방식에는 여러 가지 방법이 있으나 각각의 수가 변할 때 단지 1비트만 변하는 단일거리 코드(unit distance code)를 많이 사용한다(표 1.11).

표 1.11 단일 거리 코드

수	코드	수	코드
0	0000	8	1100
1	0001	9	1101
2	0011	10	1111
3	0010	11	1110
4	0110	12	1010
5	0111	13	1011
6	0101	14	1001
7	0100	15	1000

단일거리 코드는 디지털 연산을 수행할 때 많이 사용된다. 특히 상태머신(state machine)에서 상태값을 부여할 때 널리 사용된다. 상태머신은 순차논리회로(6장, 7장, 8장)에서 배운다. 2진수 비트들의 집합인 2진 코드는 10진수나 문자 등을 표시하기 위해서 사용된다.

1.5.2 10진 코드

디지털 시스템에서 사용되는 코드를 표기하는 방법 중에 2진수로 10진수를 표현하는 코드가 있다. 2진 코드를 10진수로 표시하는 것을 10진 코드(decimal code)라고 하며, BCD(Binary Coded Decimal) 코드, 3초과 코드(3 Excess code) 등 여러 가지 형태들이 있다. BCD는 10진수를 2진수로 표시하는데 사용되며 표시장치(display)의 구동에 편리하게 사용된다.

(1) BCD 코드

10진수를 표현하기에 편리한 BCD(Binary Coded Decimal) 코드는 8421 코드라고도 불리며, 0에서 9까지의 디지트를 표현하는 데 사용된다. 표 1.12는 10진수를 BCD로 변환하는 표이다.

표 1.12 10진수의 BCD 코딩

10진수	BCD 코드	10진수	BCD 코드
0	0000	5	0101
1	0001	6	0110
2	0010	7	0111
3	0011	8	1000
4	0100	9	1001

예를 들어, 10진수 37을 코드화하면

$$3 \rightarrow 0011 \qquad 7 \rightarrow 0111$$

즉, 37은 00110111로 코드화할 수 있다. 디지트 3 및 7이 4비트로 표현되기 때문에 각각의 디지트는 4비트로 코드화된다. BCD 코드는 10개의 2진수 코드를 사용하므로 6개(1010, 1011, 1100, 1101, 1110, 1111)의 2진수는 사용하지 않는다.

BCD를 10진수로 변환하기 위해서는 각 디지트를 4비트로 구성하여 그것을 10진수로 변환하면 된다(표 1.13).

표 1.13 10진수의 BCD 표현

10진수	BCD 코드
10	0001 0000
100	0001 0000 0000
1000	0001 0000 0000 0000

BCD를 10진수로 변환하기 위해서는 오른쪽에서부터 시작하여 4비트씩 그룹화하고, 위에서 보인 표를 사용하여 각각의 그룹을 10진수로 변환하면 된다.

예제 1.22

다음 BCD를 10진수로 변환하여라.

$$100100101000 = 1001 \quad 0010 \quad 1000 = 928_{10}$$

10진수를 BCD 코드 변환하기 위해서는 10진수 디지트를 4비트의 2진 코드로 변환하면 된다.

예제 1.23

다음 10진수를 BCD로 변환하여라.

$$1704 = 0001\ \ 0111\ \ 0000\ \ 0100 = 0001011100000100$$

10진수를 2진수로 변환하는 것과 2진 코드화하는 것은 똑같지 않다. 각각의 경우 최종적인 결과 값은 일련의 비트들로 나타내지며, 변환으로부터 얻어진 비트는 보통 2진수 숫자이다. 코드화로서 얻어진 비트들은 사용한 코드의 규칙에 따라 배치된 1과 0의 조합이다. 따라서 디지털 시스템에서 1과 0의 조합 값들은 때로는 2진수를 나타내고, 때로는 주어진 2진 코드(binary code)로 규정된 어떤 양을 표현하고 있다는 것을 알아야한다. 예를 들어 BCD 코드는 10진수가 0에서 9까지의 값이라면, 코드화 및 직접적인 2진수 모두 동일하게 나타내게 된다. 그러나 9보다 큰 정수 값을 나타내야 한다면, 2진수 값과 코드화된 값이 전혀 다르게 표시된다. 10진수 11에 대한 2진수 변환 값은 1011이나 BCD 값은 00010001이다.

이러한 코드는 4비트로 10개의 서로 다른 디지트를 코드화하기 때문에 직접적인 2진 코드처럼 효율적으로 사용되지 못한다. 즉, 4비트는 16개의 서로 다른 디지트를 코드화할 수 있으므로, 4비트의 조합은 10진수를 코드화하는 데에 효율적이지 못한 것이다.

(2) 여러 가지 10진 코드들

3초과 코드(3 Excess code)는 일부 구식 컴퓨터에서 쓰이던 10진 코드이다. 이것은 3을 합해준 후 BCD에 해당되는 값을 코드 값으로 배정해주는 방식이다. 예를 들어 10진수 1의 3초과 코드는 0100이고, 10진수 5의 3초과 코드는 1000이다.

2421 코드는 각각의 위치에 따른 자릿수 값이 적용되는 코드이다. 예를 들면 10진수 5는 다음과 같다.

자릿수 값	2	4	2	1
2421 코드	1	0	1	1

$$1 \times 2 + 0 \times 4 + 1 \times 2 + 1 \times 1 = 5$$

84-2-1 코드도 자릿수 값이 적용되는 코드이다. 예를 들면 10진수 5는 다음과 같다.

자릿수 값	8	4	−2	−1
2421 코드	1	0	1	1

$$1 \times 8 + 0 \times 4 + 1 \times (-2) + 1 \times (-1) = 5$$

표 1.14에 여러 가지 10진 코드들을 나타내었다.

표 1.14 여러 가지 10진 코드들

10진수	BCD 코드	3초과 코드	2421 코드	84-2-1 코드
0	0000	0011	0000	0000
1	0001	0100	0001	0111
2	0010	0101	0010	0110
3	0011	0110	0011	0101
4	0100	0111	0100	0100
5	0101	1000	1011	1011
6	0110	1001	1100	1010
7	0111	1010	1101	1001
8	1000	1011	1110	1000
9	1001	1100	1111	1111
10	00010000	01000011	00010000	01110000
100	000100000000	010000110011	000100000000	011100000000

이들 중에서 가장 보편적으로 사용되는 코드가 BCD 코드이다. 또한 3초과 코드, 2421 코드와 84-2-1 코드는 자기보수(self complement) 코드로서 10진수의 9의 보수 1을 0으로 0을 1로 바꾸어서 쉽게 구할 수 있다. 예를 들면, 10진수 493은 2421 코드에서는 010011110011로 표시되며, 이것의 9의 보수 506은 101100001100으로 표시된다. 이는 1을 0으로, 0을 1로 대치하여 쉽게 얻을 수 있다. 이러한 성질은 산술연산이 내부적으로 10진수로 이루어질 때 유용하며, 뺄셈은 9의 보수 방법으로 계산된다.

1.5.3 오류검출 코드

2진 정보(binary information)는 전선이나 다른 여러 통신수단을 통해 전송된다. 이때 외부 잡음의 영향으로 전송되는 비트들이 1에서 0으로, 0에서 1로 바뀌는 경우가 발생한다. 바뀐 코드를 찾아내는 방법으로 오류검출 코드(error detection code, EDC)가 사용된다. 오류검출 코드 중 가장 많이 사용하는 것이 패리티 코드(parity code) 또는 해밍 코드(Hamming code)를 이용하는 방법이다.

(1) 패리티 코드

패리티 비트(parity bit)를 이용하여 오류를 효과적으로 검출하도록 만든 것이 패리티 코드(parity code)이다. 패리티 비트란 전송되는 정보 중 1의 전체의 개수를 짝수나 홀수를 만들기 위해 특별히 붙여주는 비트로, 홀수 패리티(odd parity)와 짝수 패리티(even parity)가 있다. 홀수 패리티는 전송 메시지와 패리티 비트로 구성된 비트들 속에 전체 1의 개수가 홀수가 되도록 패리티 비트가 정해진다. 짝수 패리티는 전체 1의 개수가 짝수가 되도록 패리티 비트가 정해진다. 전송 메시지가 4비트인 경우의 패리티 코드를 표 1.15에 나타내었다.

표 1.15 패리티 코드

홀수 패리티		짝수 패리티	
메시지	패리티 비트	메시지	패리티 비트
0000	1	0000	0
0001	0	0001	1
0010	0	0010	1
0011	1	0011	0
0100	0	0100	1
0101	1	0101	0
0110	1	0110	0
0111	0	0111	1
1000	0	1000	1
1001	1	1001	0
1010	1	1010	0
1011	0	1011	1
1100	1	1100	0
1101	0	1101	1
1110	0	1110	1
1111	1	1111	0

짝수 패리티의 예로 오류검출 과정을 설명해보면 다음과 같다. 송신단에서 메시지를 전송할 때마다 짝수 패리티가 발생하여 메시지에 첨부되어 목적지로 전송된다. 수신단에서는 받아들인 메시지에 대하여 패리티를 검사한다. 이때 받아들인 정보의 패리티가 짝수가 아니라면 전송 도중 적어도 하나의 비트가 변화하였음을 의미한다. 따라서 이 방법은 전송되는 메시지가 하나 또는 세 개 등 홀수개의 오류가 발생했을 때 검출 가능한 방법이다.

오류를 검출한 후 행해지는 일은 경우에 따라 다르다. 대다수의 경우 중 하나는 오류가 임의로 발생하고 다시 보낼 경우에 발생하지 않으리라는 가정 하에 메시지를 다시 보내라고 요청하는 것이다. 따라서 수신단이 패리티 오류를 검출했을 때 오류검출 메시지를 돌려보내며, 오류가 검출되지 않았을 때는 신호를 제대로 받았다는 메시지를 돌려보낸다. 이때 송신단에서는 오류가 발생했다면 그 데이터를 다시 전송한다. 그럼에도 불구하고 계속적인 오류가 발생된다면 작동자가 전송 경로에 오동작이 없는지를 검사해줄 것을 요구한다.

(2) 해밍 코드

패리티 코드는 정보에 발생할 수 있는 오류의 유무를 검출하지만, 오류가 발생한 위치를 찾아내지는 못한다. 해밍 코드(Hamming code)는 오류 유무와 오류 위치를 정확하게 찾아낸다. 해밍 코드는 벨(Bell) 연구소의 해밍(R. Hamming)이 개발한 것으로, 1비트에 오류가 발생했을 때 그 위치를 찾아내고 정정할 수 있는 코드이다. 패리티 코드는 1비트만 추가로 필요하지만, 해밍 코드는 원본 데이터 외에 추가적으로 많은 비트들이 필요하므로 많은 양의 데이터 전달이 요구된다. 다만 해밍 코드도 2개 이상 비트들에 오류가 발생하면 정정이 불가능하다.

해밍 코드는 정보와 패리티 비트들로 구성되는데, 정보의 비트수에 패리티 비트의 수가 결정된다. 정보가 m비트이고 이때 필요한 패리티 비트의 수 P는 다음과 같이 표현되고 된다.

$$2^P \geq m+P+1$$

예를 들어 $m=4$인 4비트 정보의 경우 필요한 패리티 비트의 수 $P=3$이 되므로 해밍 코드는 7비트로 구성된다. 7비트 해밍 코드는 다음과 같은 구조를 갖는다(표 1.16).

표 1.16 7비트 해밍 코드

비트 번호		1	2	3	4	5	6	7
비트 의미		P1	P2	M3	P3	M2	M1	M0
정보	0	0	0	0	0	0	0	0
	1	1	1	0	1	0	0	1
	2	0	1	0	1	0	1	0
	3	1	0	0	0	0	1	1
	4	1	0	0	1	1	0	0
	5	0	1	0	0	1	0	1
	6	1	1	0	0	1	1	0
	7	0	0	0	1	1	1	1
	8	1	1	1	0	0	0	0
	9	0	0	1	1	0	0	1

표에서 P_i는 패리티 비트들을 나타내고 M_i는 정보를 나타낸다. 즉, 정보 10진수 9는 $M_3M_2M_1M_0=1001$이다. 패리티 비트 P_i는 다음과 같은 기능을 갖는다.

P_1은 1, 3, 5, 7비트 번호에 대한 짝수 패리티 확인

P_2는 2, 3, 6, 7비트 번호에 대한 짝수 패리티 확인

P_3은 4, 5, 6, 7비트 번호에 대한 짝수 패리티 확인

예를 들면, 정보 10진수 9는 다음과 같은 해밍 코드가 된다.

비트 번호	1	2	3	4	5	6	7
비트 의미	P_1	P_2	M_3	P_3	M_2	M_1	M_0
해밍 코드	0	0	1	1	0	0	1

이 코드에 오류가 발생하여 다음과 같이 정보가 바뀌었다고 가정한다.

비트 번호	1	2	3	4	5	6	7
비트 의미	P_1	P_2	M_3	P_3	M_2	M_1	M_0
해밍 코드	0	0	1	1	1	0	1

오류 비트의 확인은 패리티 비트를 이용하여 다음과 같이 짝수 패리티를 구한다.

P_1은 1, 3, 5, 7 비트 번호에 대한 짝수 패리티 확인 → 0 1 1 1 → 1
P_2는 2, 3, 6, 7 비트 번호에 대한 짝수 패리티 확인 → 0 1 0 1 → 0
P_3은 4, 5, 6, 7 비트 번호에 대한 짝수 패리티 확인 → 1 1 0 1 → 1

패리티 비트 $P_3P_2P_1 = 101$이므로 10진수 5에 해당하는 5번째 비트 M_2에서 오류가 발생함을 알 수 있다.

패리티 비트 값을 가지고 오류가 발생한 비트 번호를 찾을 수 있다. 표 1.17은 해밍 코드의 패리티 비트 표이다.

표 1.17 7비트 해밍 코드의 패리티 비트 표

패리티 비트			오류 비트 번호	비트 의미
P_3	P_2	P_1		
0	0	0	없음	오류 비트 없음
0	0	1	1	P_1
0	1	0	2	P_2
0	1	1	3	M_3
1	0	0	4	P_3
1	0	1	5	M_2
1	1	0	6	M_1
1	1	1	7	M_0

예제 1.24

정보 10진수 9가 다음과 같은 오류를 발생하였다. 오류 비트를 확인하여라.

비트 번호	1	2	3	4	5	6	7
비트 의미	P_1	P_2	M_3	P_3	M_2	M_1	M_0
해밍 코드	1	0	1	1	0	0	1

오류 비트의 확인은 패리티 비트를 이용하여 다음과 같이 짝수 패리티를 구한다.

P_1은 1, 3, 5, 7 비트 번호에 대한 짝수 패리티 확인 → 1 1 0 1 → 1
P_2는 2, 3, 6, 7 비트 번호에 대한 짝수 패리티 확인 → 0 1 0 1 → 0
P_3은 4, 5, 6, 7 비트 번호에 대한 짝수 패리티 확인 → 1 0 0 1 → 0

$P_3P_2P_1 = 001$ 이므로 10진수 1에 해당하는 1번째 비트 P_1 에서 오류가 발생함을 알 수 있다. ■

1.5.4 그레이 코드

디지털 시스템은 이산적인(discrete) 형태의 데이터만을 처리할 수 있도록 설계된다. 그러나 실제적인 시스템에서의 출력은 연속적(continuous)이므로 이런 데이터를 디지털 시스템에 입력시키기 전에 디지털 형태로 바꾸어주어야 한다. 연속적인 아날로그 형태는 ADC(Analog to Digital Converter)에 의해 디지털 형태로 바꾸어준다. 어떤 신호를 아날로그 형태에서 디지털 형태로 변환시킬 때 표 1.18의 그레이 코드(Gray code)를 사용하는 것이 편리하다.

표 1.18 4비트 그레이 코드

10진수	그레이 코드	10진수	그레이 코드
0	0000	8	1100
1	0001	9	1101
2	0011	10	1111
3	0010	11	1110
4	0110	12	1010
5	0111	13	1011
6	0101	14	1001
7	0100	15	1000

2진 숫자들에 대한 그레이 코드의 장점은 한 숫자에서 그 다음 숫자로 갈 때 코드의 단 1비트만 변한다는 것이다. 예를 들어 4에서 5로 변할 때 그레이 코드는 0110에서 0111로 변하므로 오른쪽 끝의 1비트만 변하고 나머지 3비트는 그대로 유지된다.

그레이 코드는 2진수가 한 수에서 다음 수로 변할 때 오류나 애매함이 발생할지도 모르는 경우에 사용한다. 만약 2진수가 0111에서 1000으로 변화할 때 가장 오른쪽 비트가 다른 3개의 비트보다 변화 시간이 오래 걸린다면 1001로 잘못 변화할지도 모른다. 그레이 코드는 두 수 사이를 변화할 때 단지 1비트만이 변함으로써 이러한 문제를 해결할 수 있다.

(1) 2진수를 그레이 코드로 변환

2진수를 그레이 코드로 변환하려면 제일 왼쪽 자릿수는 그대로 두고, 인접한 2비트씩 더하고 자리올림수는 무시한다. 2진수 1011는 다음과 같이 그레이 코드 1110로 변환된다.

2진수	1	0	1	1
그레이 코드	1	1	1	0

(2) 그레이 코드를 2진수로 변환

그레이 코드를 2진수로 변환하려면 제일 왼쪽 자릿수는 그대로 두고, 제일 왼쪽 비트와 그레이 코드의 다음 비트를 합하여 다음 비트를 결정하고, 자리올림수는 무시한다. 그레이 코드 101000은 다음과 같이 2진수 110000으로 변환된다.

그레이 코드	1	0	1	0	0	0
2진수	1	1	0	0	0	0

1.5.5 ASCII 코드

코드는 숫자를 표현하는 데에만 사용되는 것이 아니다. 문자, 숫자, 기호들을 표현하기 위해서 7비트의 표준 코드가 사용되고 있는데, 이를 ASCII(American Standard Code Information Interchange) 코드라 한다. ASCII 코드는 미국 ANSI((American National Standard Institute)가 만든 정보교환용 미국 표준 코드이다.

범용으로 사용되는 문자, 숫자, 기호를 표시하는 ASCII 코드를 표 1.19에 나타내었다.

표 1.19 ASCII 코드

문자	2진 코드	16진 코드	문자	2진 코드	16진 코드	문자	2진 코드	16진 코드
Space	0100000	20	@	1000000	40	`	1100000	60
!	0100001	21	A	1000001	41	a	1100001	61
"	0100010	22	B	1000010	42	b	1100010	62
#	0100011	23	C	1000011	43	c	1100011	63
$	0100100	24	D	1000100	44	d	1100100	64
%	0100101	25	E	1000101	45	e	1100101	65
&	0100110	26	F	1000110	46	f	1100110	66
'	0100111	27	G	1000111	47	g	1100111	67
(	0101000	28	H	1001000	48	h	1101000	68
)	0101001	29	I	1001001	49	i	1101001	69
*	0101010	2A	J	1001010	4A	j	1101010	6A
+	0101011	2B	K	1001011	4B	k	1101011	6B
,	0101100	2C	L	1001100	4C	l	1101100	6C
–	0101101	2D	M	1001101	4D	m	1101101	6D
.	0101110	2E	N	1001110	4E	n	1101110	6E
/	0101111	2F	O	1001111	4F	o	1101111	6F
0	0110000	30	P	1010000	50	p	1110000	70
1	0110001	31	Q	1010001	51	q	1110001	71
2	0110010	32	R	1010010	52	r	1110010	72
3	0110011	33	S	1010011	53	s	1110011	73
4	0110100	34	T	1010100	54	t	1110100	74
5	0110101	35	U	1010101	55	u	1110101	75
6	0110110	36	V	1010110	56	v	1110110	76
7	0110111	37	W	1010111	57	w	1110111	77
8	0111000	38	X	1011000	58	x	1111000	78
9	0111001	39	Y	1011001	59	y	1111001	79
:	0111010	3A	Z	1011010	5A	z	1111010	7A
;	0111011	3B	[	1011011	5B	{	1111011	7B
〈	0111100	3C	₩	1011100	5C	|	1111100	7C
=	0111101	3D	]	1011101	5D	}	1111101	7D
〉	0111110	3E	^	1011110	5E	~	1111110	7E
?	0111111	3F	_	1011111	5F	Delete	1111111	7F

ASCII 코드는 숫자 0에서 9까지를 표현하는 방식이 2진수 코드와는 다르다는 점에 주의해야 한다. 종종 ASCII 코드는 시스템 내부에 8비트, 즉 바이트(byte) 단위로도 저장되며, 이 경우 ASCII 코드의 MSB 왼쪽에 0을 첨가한다. 예를 들어 Lora에 대한 8비트 ASCII 코드는 다음과 같다.

2진 코드 01001100 01101111 01110010 01100001

1.5.6 유니 코드

컴퓨터는 기본적으로 숫자만 처리한다. 글자나 다른 문자에 각각 숫자를 지정하여 저장한다. 유니 코드(unicode)가 개발되기 전에는 이러한 숫자를 지정하는 수백 가지 인코딩 시스템이 있었으며, 한 가지 인코딩으로 모든 문자를 표시할 수 없었다. 유니 코드는 플랫폼(platform)과 프로그램(program) 및 언어(language)에 상관없이 모든 문자에 유일한 번호를 제공한다. 각 나라별 언어를 모두 표현하기 위해 나온 코드 체계가 유니 코드다. 유니 코드는 사용 중인 운영체제, 프로그램, 언어에 관계없이 문자마다 고유한 코드 값을 제공하는 새로운 개념의 코드다. 언어와 상관없이 모든 문자를 16비트로 표현하므로 최대 65,536자를 표현할 수 있다.

유니 코드 표준은 Apple, HP, IBM, Sun, MS, Oracle과 같은 업계에서 채택되었으며, XML, 자바, ECMAScript, LDAP, CORBA 등의 표준에서 사용되고 있다. 영문대소문자와 숫자 코드는 유니 코드 사이트(http://www.unicode.org/charts/PDF/U0000.pdf)에서 제공한다.

1.5.7 한글 코드

한글 코드(Hangul code)는 한글을 표시하기 위해 사용되는 코드이다. 한글은 ASCII 코드를 기반으로 16비트를 사용하여 한 문자를 표현하며, 조합형과 완성형으로 나눈다. 일반적으로 컴퓨터에서는 완성형을 사용한다.

1.6 요약

- 정보를 전달하는 신호에는 아날로그 신호와 디지털 신호가 있다.
- 디지털 시스템에서 사용하는 신호를 분석하기 위해 새로운 수체계(2진, 8진, 16진 등)가 필요하다.
- 2진수의 덧셈, 뺄셈, 곱셈, 나눗셈은 10진수의 계산방법과 유사하다.
- 시스템에서 사용하는 수체계를 설계하는 것을 코딩이라 한다.
  - 2진 코드
  - 10진 코드 : BCD 코드, 3초과 코드 등
  - 오류검출 코드 : 패리티 코드, 해밍 코드
  - 그레이 코드
  - ASCII 코드
  - 유니 코드
  - 한글 코드

1.7 연습문제

1. 다음 10진수를 2진수로 변환하여라.

(a) 56

(b) 104

2. 다음 2진수를 10진수로 변환하여라.

(a) 1010

(b) 1111

3. 다음 16진수를 2진수로 변환하여라.

(a) 79

(b) AB

4. 다음 2진수를 16진수로 변환하여라.

(a) 1010101010

(b) 1111111110

5. 다음 수의 2의 보수를 구하여라.

(a) -12

(b) -345

6. 다음 8비트 부호화 2의 보수 표현을 이용한 음의 2진수를 10진수로 변환하여라.

(a) 11111111

(b) 10010000

7. 다음을 2진수로 변환하고, 2의 보수를 사용하여 계산하여라.

(a) 32 + 32

(b) 67 + 132

(c) 67 - 32

(d) -24 + 43

(e) -88 - 99

8. 10진수 9를 그레이 코드로 변환하라.

9. 2진수 10110011를 그레이 코드로 변환하라.

10. 정보 0110의 해밍 코드를 구하고 전송과정에서 0010으로 오류가 발생하였을 때 오류 비트를 구해보아라.

제 2 장

부울 대수와 논리게이트

학습 목표

디지털 시스템에서 사용하는 논리신호, 기본 논리함수, 부울 대수, 만능게이트, 기타 게이트, 부울 식의 구현 그리고 게이트 회로 설계를 학습한다.

· 논리신호와 기본 논리함수의 이해
  - 디지털 시스템에서 사용하는 논리신호를 이해한다.
  - 게이트의 기능 표현 방법(논리기호, 진리표, 부울식, 타이밍도)을 익힌다.
  - 기본 게이트들(AND, OR, NOT)의 특성을 익힌다.

· 부울대수의 이해
  - 부울대수의 기본 공리와 사용 방법에 대해서 익힌다.
  - 쌍대성과 드모르강 정리를 익힌다.

· 만능 게이트와 기타 게이트의 이해
  - 만능 게이트들(NAND, NOR)의 특성과 사용 방법을 익힌다.
  - 기타 게이트들(XOR, XNOR, 버퍼)의 특성을 익힌다.

· 부울식 구현의 이해
  - 불 식을 표현하는 곱의 합 식과 합의 곱 식을 익힌다.
  - 드모르강의 정리 등을 이용하여 논리회로 구현 방법을 익힌다.

· 게이트 회로 설계의 이해
  - TTL IC와 CMOS IC를 이해한다.
  - 게이트들로 회로를 구현하는 방법을 익힌다.

이 장에서는 디지털 시스템에서 사용되는 논리신호(logic signal), 논리함수(logic function)를 구현한 논리게이트(logic gate)라 부르는 기본적인 논리 소자에 대해 설명한다. 논리게이트의 다양한 종류와 형태에 대해 설명하고, 시스템에서 어떻게 회로를 구현하는지를 보여준다. 디지털 회로 설계를 위한 기본적인 산술은 부울대수(Boolean Algebra)이다. 부울대수는 집합 논리(set logic)와 산술 논리(arithmetic logic)를 포함하는 분야에 적용되는데, 이 책에서는 논리회로에만 적용한다.

이 책의 논리게이트들은 기본적으로 두 가지 상태인 2진수 논리신호를 사용하므로, 모든 변수들은 2개의 값 중 어느 한 값만을 갖는 것으로 가정되는 부울대수로 표현된다.

2.1 논리신호

디지털 시스템에 사용되는 신호를 논리신호(logic signal) 라고 한다(그림 2.1).

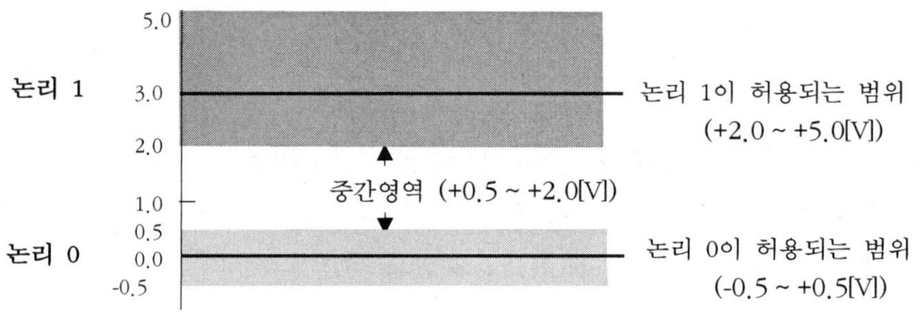

(a) 논리신호의 범위

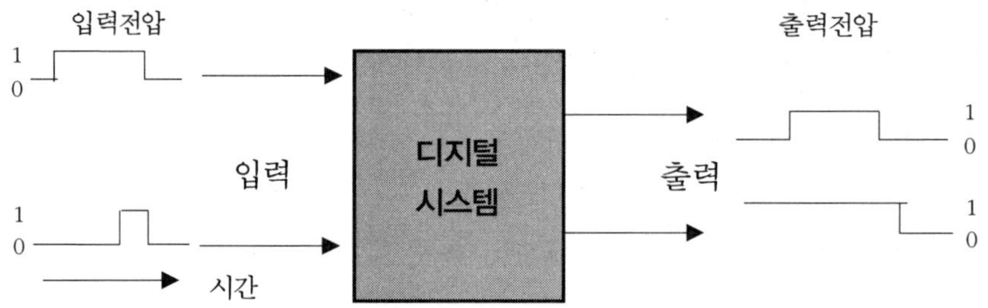

(b) 논리신호의 입력전압과 출력전압

그림 2.1 논리신호

논리신호는 디지털 시스템을 통한 2진식 논리를 표현하기 위해 0(L, low)와 1(H, high)의 두 가지 논리값 신호가 사용되고 각각 전압레벨로 표현된다. 이들 신호들은 논리회로의 종류인 TTL 회로에 대해서는 1(H) 레벨을 +5[V](논리 1)로, 0(L) 레벨을 0[V](논리 0)로 표현한다. 그러나 일반적으로 논리신호는 각 전압레벨이 허용되는 범위의 편차를 갖고 있으며, 이들 범위 이외의 중간영역은 상태의 천이기간 동안에만 지나게 된다. 논리 1이 허용되는 범위는 +2.0 ~ +5.0[V], 논리 0이 허용되는 범위는 -0.5 ~ +0.5[V] 그리고 논리 0과 논리 1 사이의 천이가 일어나는 중간 영역은 +0.5 ~ +2.0[V]이다(그림 2.1(a)). 디지털 시스템에 입력되는 입력전압과 시스템 내에서 동작 후 출력되는 출력전압은 논리신호로 표현된다. 즉 디지털 시스템의 입력들은 허용된 범위 내에 있는 이진 논리신호를 받아들여 규정된 범위 내에 있는 이진 논리신호로 출력들에 응답하게 된다(그림 2.1(b)). 0[V] 입력전압은 입력신호로 논리 0 그리고 5[V] 입력전압은 입력신호로 논리 1로 표현되고 논리회로를 거쳐서 출력되는 출력신호도 0[V] 출력전압은 논리 0으로 5[V] 출력전압은 논리 1로 표현된다.

(1) 정논리와 부논리

디지털 시스템에서 사용되는 논리신호의 입력 전압레벨과 출력 전압레벨은 정논리(positive logic)와 부논리(negative logic)로 표현된다(그림 2.2).

정논리와 부논리
정논리(positive logic) : 0[V]로 논리 0 그리고 +5[V]로 논리 1을 표현
부논리(negative logic) : +5[V]로 논리 0 그리고 0[V]로 논리 1을 표현

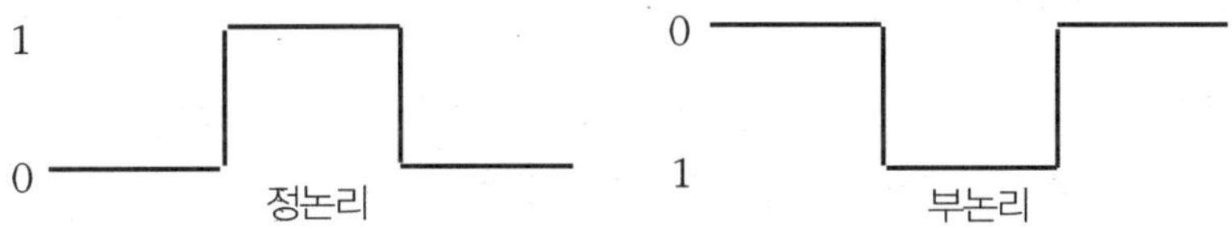

(a) 전압 레벨 표현

입력[V]		출력[V]
0	0	0
0	5	0
5	0	0
5	5	5

보기 표

입력		출력
0	0	0
0	1	0
1	0	0
1	1	1

정논리

입력		출력
1	1	1
1	0	1
0	1	1
0	0	0

부논리

(b) 표 표현

그림 2.2 정논리와 부논리

보통 두 가지 전압 레벨 중 낮은 쪽을 논리 0, 높은 쪽을 논리 1로 표현하는 것은 정논리(positive logic) 형식이다. 반대로 높은 쪽을 논리 0, 낮은 쪽을 논리 1로 표현하는 것은 부논리(negative logic) 형식이라 한다. 그림 2.2(b)의 표 표현에서 정논리는 0[V]를 논리 0으로, 5[V]를 논리 1로 나타내고, 부논리는 반대로 표현된다. 표에서 정논리와 부논리는 서로 반대로 값을 적어주면 된다. 필요에 따라 정논리와 부논리 어느 쪽을 사용하더라도 상관없지만, 특별한 경우가 아니면 보통 정논리 표현을 사용한다. 이 책도 기본적으로는 논리신호를 정논리 표현을 사용하고 특별한 경우에 부논리 표현을 사용하고 부논리임을 설명한다.

예제 2.1

다음 보기표를 정논리와 부논리로 나타내어라.

입력[V]			출력[V]
0	0	0	0
0	0	5	0
0	5	0	0
0	5	5	0
5	0	0	0
5	0	5	0
5	5	0	0
5	5	5	5

2.2 기본 논리함수

기본 논리함수(basic logic function)는 NOT 함수, AND 함수 그리고 OR 함수를 말한다. 논리기능을 수행하기 위하여 여러 가지의 논리함수들이 사용되고 있으나, 모든 논리 기능들은 기본 논리함수들을 이용하여 구현한다.

이들 NOT, AND, OR 함수와 다른 간단한 함수들은 게이트(gate)라 불리는 회로에 의해 표현된다. 게이트는 하나 이상의 신호를 입력으로 받아들여서 기본 논리함수에 따르는 논리출력을 내보내는 회로를 말한다. 이들 게이트들의 기능 표현은 논리기호(logic symbol), 진리표(truth table) 그리고 부울식(Boolean expression), 그리고 타이밍도(timing diagram)와 같은 네 가지 방법으로 나타낸다.

게이트의 기능 표현
· 논리기호(logic symbol) : 게이트의 논리 기능을 기호로 표현
· 진리표(truth table) : 게이트의 논리 기능을 표로 표현
· 부울식(Boolean expression) : 게이트의 논리 기능을 함수식으로 표현
· 타이밍도(timing diagram) : 게이트의 논리 기능을 입출력 간의 파형으로 표현

(1) 논리기호

논리기호(logic symbol)는 게이트의 논리 기능을 기호로 나타낸 것을 말한다(그림 2.3).

(a) 보기 기호

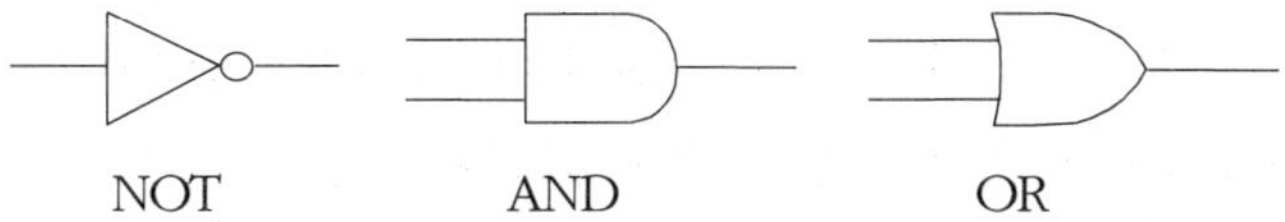

(b) 기본 논리함수들의 논리 기호

그림 2.3 논리 기호

보통 논리게이트들의 논리 기호들은 관습적으로 정해진 모양을 가지고 있다. 예를 들면, 기본 논리함수인 NOT은 삼각형에 원이 붙어있는 모양이다.

(2) 진리표

진리표(truth table)는 논리게이트의 논리 기능을 표의 형태로 나타낸 것이다. 즉 논리회로의 입력과 출력의 관계를 표로서 표현한다. 표의 왼쪽에 입력변수(input variable)들을 표시하고 오른쪽에 출력변수(output variable)들을 표시한다(그림 2.4).

(a) 보기 기호

A	B	C	f
0	0	0	0
0	0	1	0
0	1	0	0
0	1	1	0
1	0	0	0
1	0	1	0
1	1	0	0
1	1	1	1

(b) 진리표

그림 2.4 진리표

보기 논리회로에서 입력변수들은 A, B, C이고 출력변수는 f이다. 각 입력변수들은 두 가지 값(0 또는 1)을 가질 수 있으므로 보기 논리회로의 3개의 입력변수들은 8개의 경우의 값을 갖는다. 즉 ABC=000, 001, 010, 011, 100, 101, 110 그리고 111이다. 이 8개 각각에 대해서 나타나는 출력을 출력변수를 표시한 위치에 기록한다. 따라서 이 경우 8개의 입력값에 대하여 출력값들이 모두 결정되면 표는 완성된다. 이 표는 논리회로의 논리 기능을 완벽하게 설명하게 되므로 진리표(truth table)라 부른다. 진리표는 각각의 입력값에 대한 출력가능한 상태값의 목록으로 나타낸다.

(3) 부울식

논리게이트의 기능을 함수식으로 나타낼 수 있다. 이를 부울식(Boolean expression) 또는 부울함수, 부울함수식, 부울대수식, 논리함수식(logic function) 또는 논리식 등 다양한 이름으로 불리어진다. 부울식은 한 개 이상의 입력들 사이의 기본 연산을 적용하여 식의 형태로 표현한다. 그림 2.4의 보기 논리회로의 경우, 진리표에서 3개의 입력변수들(A, B, C)이 모두 1일 때 출력변수(f)가 1이 되므로 다음과 같이 표시된다.

$$f = A \cdot B \cdot C$$

(4) 타이밍도

논리게이트의 기능을 입출력 간에 시간에 따른 파형으로 표현한 것을 타이밍도(timing diagram)라고 한다. 타이밍도는 그림 2.4의 진리표에서 3개의 입력변수들(A, B, C)이 시간에 따라 변하는 논리레벨의 입력파형을 기준하여 1개의 출력변수(f) 파형의 변화를 그릴 수 있다 (그림 2.5).

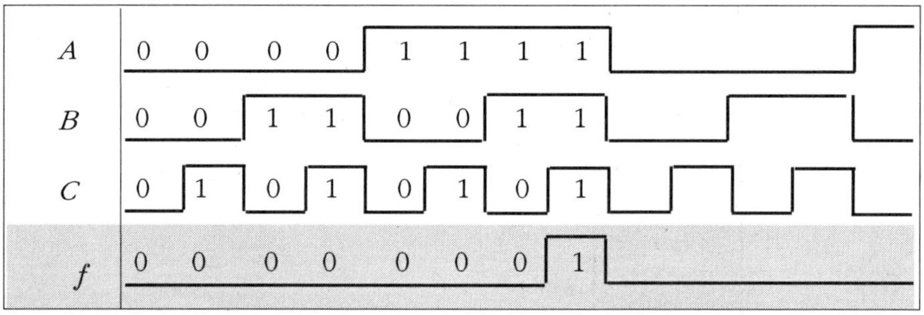

그림 2.5 타이밍도(그림 2.4의 진리표 이용)

타이밍도에서 논리 0과 1을 표시하기도 하지만, 보통 나타내지 않는다.

기본 논리함수들은 이들 논리기호(logic symbol), 진리표(truth table) 그리고 부울식(Boolean expression), 그리고 타이밍도(timing diagram)를 이용하여 설명한다.

2.2.1 NOT 게이트(INV 게이트)

논리변수는 참(truth, 1) 또는 거짓(false, 0)으로 표현된다. 그러나 종종 변수 1을 0으로, 또는 0을 1로 변화시키는 반전(inversion) 연산이 NOT 연산이며, 다음과 같이 정의된다.

NOT 연산
정의 : 하나의 변수에 적용하며 입력변수 A의 반대 논리값 A를 출력

만약 A가 1이면 NOT A는 0이고, A가 0이면 NOT A는 1이다. 변수 A에 대한 NOT 연산은 변수에 반전연산자(′)을 붙여 A'로 표현한다. 변수 A에 대한 NOT 연산을 표현하는 다른 방법은 $\overline{A}$로 표현할 수 있다. 본 교재에서는 A' 형태로만 사용한다.

그림 2.6은 NOT 연산을 위한 NOT 게이트(또는 INV 게이트)이다.

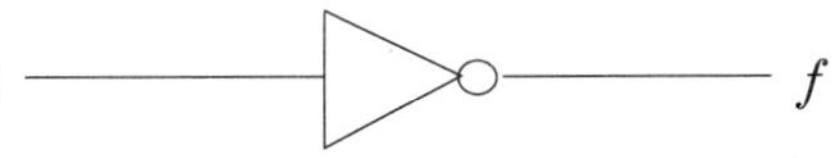

(a) 논리기호

A	f
0	1
1	0

(b) 진리표

$$f = A'$$

(c) 부울식

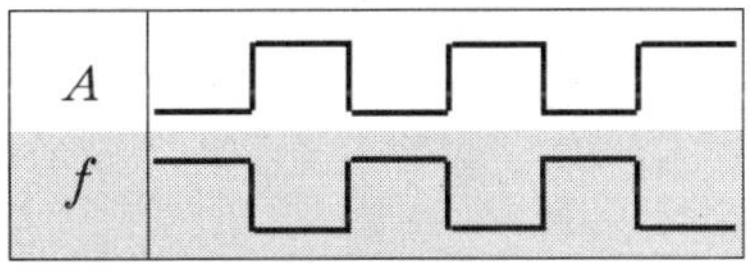

(d) 타이밍도

그림 2.6 NOT 게이트

NOT 게이트는 입력 한 개와 출력 한 개를 갖는 게이트로 반전(inversion) 또는 보수(complement)를 만든다는 의미에서 인버터(inverter)라고도 부른다. 논리기호의 출력 쪽의 원은 반전을 의미한다. NOT 게이트의 입력변수는 A 그리고 출력변수는 f 이다. NOT 게이트 논리기호에서 원이 없는 것을 버퍼(buffer)라 한다(2.5.3절).

2.2.2 AND 게이트

디지털 시스템의 설계에 있어서 기본적인 동작 중의 하나는 두 논리신호가 모두 1일 때 출력이 검출되는 것이다. 이와 같은 연산이 AND의 기본 동작이며, 다음과 같이 정의된다.

AND 연산
정의 : 두 입력변수 A와 B가 모두 1일 때 출력 1이고 그 이외에는 모두 출력 0

두 입력변수 A와 B에 대한 AND 연산은 곱셈연산자(·)로 나타내며, $A \cdot B$와 같이 표시한다. 만약 $A=1$이고 $B=1$이면 $A \cdot B=1$이고, 그렇지 않으면 $A \cdot B=0$이다. 때때로 $A \cdot B$는 AB로도 표현된다. 일반적으로 AND 연산은 두 개 이상의 변수에서도 적용된다. 입력변수가 A, B,

C인 경우에는 $A{\cdot}B{\cdot}C$ 또는 간단하게 ABC로 표시한다. 이 경우에도 2개의 입력을 가질 때와 마찬가지로 세 변수가 모두 1일 경우에만 1의 출력값을 갖고 그 이외에는 0의 출력을 갖는다. AND 게이트는 2개 이상의 입력에 대하여 1개의 출력을 갖는 게이트로 논리곱(logical product)이라 한다.

AND 게이트의 입력변수의 수는 둘, 셋, 넷 그 이상을 갖기도 한다. 2입력 AND 게이트 및 3입력 AND 게이트를 그림 2.7에 나타내었다.

(a) 논리기호

A	B	f
0	0	0
0	1	0
1	0	0
1	1	1

A	B	C	f
0	0	0	0
0	0	1	0
0	1	0	0
0	1	1	0
1	0	0	0
1	0	1	0
1	1	0	0
1	1	1	1

(b) 진리표

$$f = A \cdot B = AB \qquad f = A \cdot B \cdot C = ABC$$

(c) 부울식

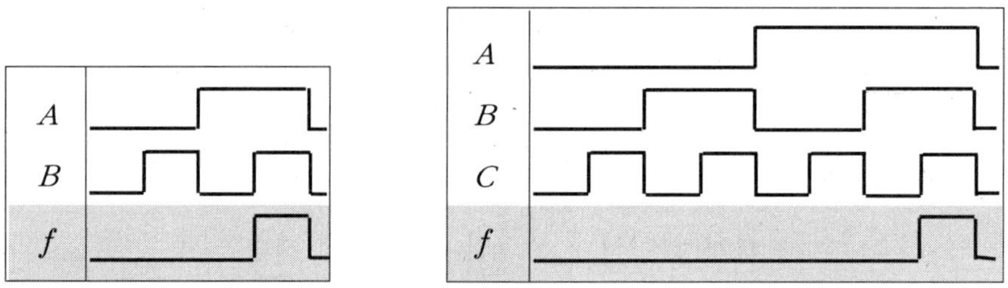

(d) 타이밍도

그림 2.7 AND 게이트

2입력 AND 게이트의 입력변수는 A, B 그리고 출력변수는 f이다. 3입력 AND 게이트의 입력변수는 A, B, C 그리고 출력변수는 f이다.

2.2.3 OR 게이트

논리회로에서 만약 적어도 하나의 입력이 1일 경우, 그 출력도 1이 되고 모든 입력들이 0일 때만 출력이 0이 되는 경우의 함수에 대한 구현이 필요한데, 이러한 조건을 갖는 것이

OR 연산이며, 다음과 같이 정의한다.

OR 연산
정의 : 두 입력변수 *A*와 *B*가 모두 0일 때는 출력 0이고 그 이외에는 출력 1

두 입력변수 A, B에 대한 OR 연산은 덧셈 연산자(+)로 나타내며 $A+B$와 같이 표시한다. 세 입력변수 A, B, C에 대한 OR 동작의 표현은 $A+B+C$이다. 이것은 A, B, C 모두가 0일 때에만 출력값이 0이 되고 그 이외에는 출력값이 1이 된다. OR 게이트는 2개 이상의 입력에 대하여 1개의 출력을 갖는 게이트로 논리합(logical sum)이라 한다.

OR 게이트의 입력변수의 수는 둘, 셋, 넷 그 이상을 갖기도 한다. 그림 2.8은 2입력 OR 게이트 및 3입력 OR 게이트이다.

(a) 논리기호

A	*B*	*f*
0	0	0
0	1	1
1	0	1
1	1	1

A	*B*	*C*	*f*
0	0	0	0
0	0	1	1
0	1	0	1
0	1	1	1
1	0	0	1
1	0	1	1
1	1	0	1
1	1	1	1

(b) 진리표

$f = A + B$ $\qquad\qquad$ $f = A + B + C$

(c) 부울식

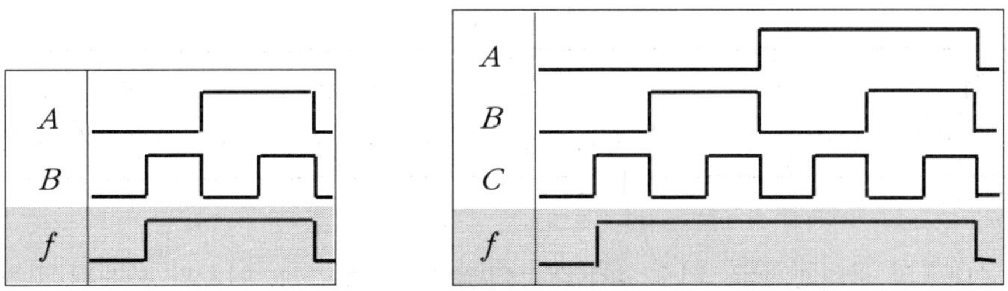

(d) 타이밍도

그림 2.8 OR 게이트

2입력 OR 게이트의 입력변수는 A, B 그리고 출력변수는 f이다. 3입력 OR 게이트의 입력변수는 A, B, C 그리고 출력변수는 f이다.

예제 2.2

AND, OR, NOT을 기본논리함수라고 부르는 이유는 무엇인가?

2.3 부울대수

조지 부울(George Boole)은 1849년 논리적인 사고와 추론에 관계되는 공정의 수학적 서술 기법을 발표하였다. 이 기법과 개선된 내용들을 부울대수(Boolean algebra)라고 한다. 그러나 부울대수가 실제로 공학적으로 적용된 것은 1930년대 후반 클로드 섀넌(Claude Shannon)에 의해서였다. 섀넌은 스위치로 구성된 회로(스위칭회로)를 설명할 때 부울대수를 효과적으로 사용하였고, 이후 논리회로를 설명하는 데 부울대수가 유용한 도구가 되었다.

부울대수의 기본적인 가설들인 공리(axioms)를 이용하여 부울대수 사용법을 설명한다. 그리고 부울대수의 부울법칙(Boolean law)과 부울대수를 이용하여 부논리 함수를 정논리 함수로 표현되는 쌍대성(duality)을 설명한다. 마지막으로 부울대수의 성질을 이용한 아주 중요한 드모르강의 정리(DeMorgan's theorem)를 익히도록 하자.

2.3.1 부울대수의 공리

부울대수는 몇 가지 기본적인 가설(postulates)에서 유도된 법칙들의 집합이다. 이러한 가설들을 공리(axioms)라고 부른다. 부울대수 A가 0 또는 1 중에서 하나의 값만 갖는다고 가정한다. 그리고 다음과 같은 공리가 참이라고 가정한다(표 2.1).

표 2.1 공리

$0 \cdot 0 = 0$ $1 + 1 = 1$	$1 \cdot 1 = 1$ $0 + 0 = 0$	$0 \cdot 1 = 1 \cdot 0 = 0$ $1 + 0 = 0 + 1 = 1$	만약 $A = 0$이면, A'는 1 만약 $A = 1$이면, A'는 0

부울대수의 공리는 단일 변수 A에 대하여 NOT, AND, OR 연산과 관계된 몇 가지 법칙들로 부울정리(Boolean theorem)가 된다.

표 2.2 부울정리

$A\cdot 0=0$ $A+1=1$	$A\cdot 1=A$ $A+0=A$	$A\cdot A=A$ $A+A=A$	$A\cdot A'=0$ $A+A'=1$	$(A')'=A$

부울정리는 표 2.3에 나타낸 진리표를 사용하여 쉽게 증명할 수 있다.

표 2.3 진리표를 이용한 부울정리의 증명

A	$A\cdot 1$	$A\cdot 0$	$A\cdot A$	$A+1$	$A+0$	$A+A$	$A\cdot A'$	$A+A'$	A'
0	0	0	0	1	0	0	0	1	1
1	1	0	1	1	1	1	0	1	0

또한 부울정리는 더 많은 변수들로 확장해서 다음과 같이 생각할 수 있다.

표 2.4 부울정리(변수 확장)

$A\cdot B\cdot 0=0$ $A+B+1=1$	$A\cdot B\cdot 1=A\cdot B$ $A+B+0=A+B$	$A\cdot B\cdot A=A\cdot B$ $A+B+A=A+B$	$A\cdot B\cdot A'=0$ $A+B+A'=1$	$A+A\cdot B=A$ $A\cdot(A+B)=A$

예제 2.3

$A\cdot B\cdot 1=A\cdot B$ 를 진리표로 증명하라.

2.3.2 부울대수 사용

부울정리는 간단한 부울식을 표현하는 데 사용되는데, 아래에 몇 가지 사용의 예를 들었다.

(1) AND 게이트에서 사용하지 않는 입력

부울대수의 기본 정의는 게이트에서 사용하지 않는 입력들을 어떻게 처리할 것인가를 결정하는 데 응용된다.

3입력까지 가능한 AND 게이트가 있으나, 2개의 입력만 사용되고 한 입력은 사용하지 않는다고 가정해보자. 3입력변수의 이름은 A, B 그리고 C라고 하면, 입력변수 A와 B만 필요하고 나머지 입력변수 C는 사용하지 않는다고 가정한다. 그렇다면, A와 B는 3개의 입력 중 두 곳에 적용될 것이고 나머지 세 번째 입력 C를 처리할 수 있는 경우는 다음과 같다.

① C를 영구적인 논리 1(+5V)에 연결한다.
② C를 영구적인 논리 0(0V)에 연결한다.
③ C를 A 또는 B에 연결한다.

만약 사용되지 않은 입력이 1에 연결된다면, 함수

$$A \cdot B \cdot 1 \ (A \text{ AND } B \text{ AND } 1) = A \cdot B$$

의 값을 갖게 될 것이고, 사용되지 않는 입력이 0에 연결된다면,

$$A \cdot B \cdot 0 (A \text{ AND } B \text{ AND } 0) = 0$$

의 값을 갖게 될 것이다. 그리고 사용되지 않은 입력이 A에 연결되었다면 함수는

$$A \cdot B \cdot A (A \text{ AND } B \text{ AND } A) = A \cdot B$$

의 결과 값이 된다. 즉, 두 변수 A와 B 사이에서 논리 AND 함수를 유지하기 위해서는 다음의 두 가지 경우에서 하나를 선택하여야 한다.

① C를 영구 논리 1(+5[V])에 연결한다.
② C를 A 또는 B에 연결한다.

C를 어디에 연결시킬 것인가에 대한 선택은 시스템 요소(system factor)에 관계된다. 그림 2.9에서 C를 +5[V]에 연결하는 것은 시스템의 최소 분열을 위한 것이고, C를 A(또는 B)에 연결하는 것은 이 게이트에 의해 구동할 수 있는 부하(load)를 증가시킨다. 게이트들은 단지 다른 게이트들의 제한된 수만큼 연결할 수 있는데, 이 제한된 수를 팬아웃(fanout)이라 한다. 게이트 G_1은 다음 게이트 G_2의 입력 두 개를 구동시킨다.

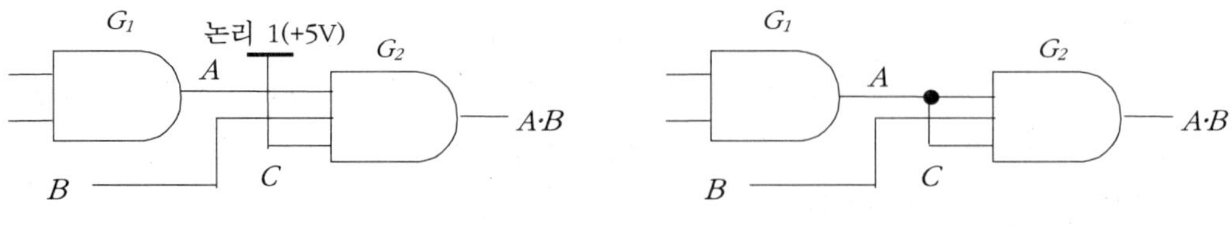

그림 2.9 AND 게이트 G_2의 사용되지 않는 입력의 처리

(2) OR 게이트에서 사용하지 않는 입력

3개의 입력까지 가능하지만 두 입력변수 A와 B만 필요로 하는 OR 게이트를 가정하자. A와 B는 입력의 두 곳에만 적용될 것이고, 입력이 적용되지 않는 나머지 한 단자(여기서는 C로 표기한다)는 다음과 같이 처리할 수 있을 것이다.

> ① C를 영구적인 논리 1(+5V)에 연결한다.
> ② C를 영구적인 논리 0(0V)에 연결한다.
> ③ C를 A 또는 B에 연결한다.

만약 C를 1에 연결하면 함수는 1의 값을 얻고, C를 0에 연결하면 $A+B$를 얻는다.

$$A+B+1\ (A\ \text{OR}\ B\ \text{OR}\ 1) = 1$$
$$A+B+0\ (A\ \text{OR}\ B\ \text{OR}\ 0) = A+B$$

C를 A에 연결한다면

$$A+B+A\ (A\ \text{OR}\ B\ \text{OR}\ A) = A+B$$

의 값을 갖는다. 두 변수 A와 B 사이에 논리 OR 함수를 유지하기 위해서는 다음의 두 가지 경우에서 하나를 선택할 수 있다.

> ① C를 영구 논리 0(0[V])에 연결한다.
> ② C를 A 또는 B에 연결한다.

0[V]에 C를 연결하는 것은 가장 간단한 방법이다. 그림 2.10은 C를 A에 연결한 상태를 보여준다. 게이트 G_1은 다음 게이트 G_2의 입력 두 개를 구동시킨다.

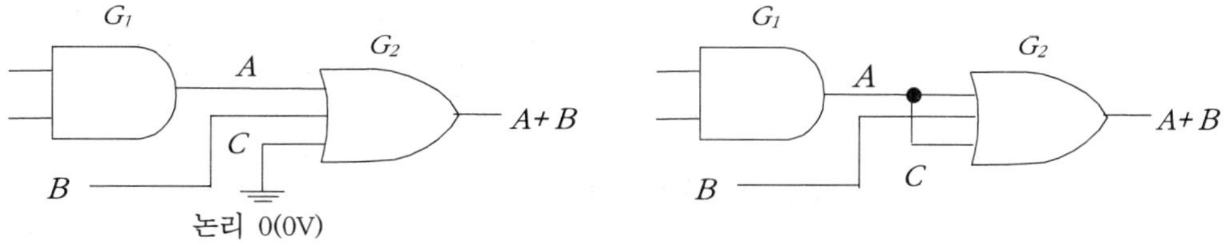

그림 2.10 OR 게이트 G_2의 사용되지 않는 입력의 처리

(3) 게이트 결함

부울대수의 기본 정의는 게이트에서 결함(defect)을 알아내는 데도 응용할 수 있다. 논리설계를 하는데 있어서 회로 내의 위치 결함에 대한 지식은 매우 중요하다.

결함(설계 에러와는 다름)은 계속적으로 또는 제조공정 중에 발생할 수 있는데, 간단하게 고착고장모델(stuck-at fault)을 이용하여 표현한다. 이 모델은 앞에서 설명한 두 가지 형태의 영구적인 고장들을 표현한다. 즉 영구적인 '1' 상태로 고정되는 고착고장 1(stuck-at-1, s-a-1)과 영구적인 '0' 상태로 고정되는 고착고장 0(stuck-at-0, s-a-0)이다. 회로의 신호선이 결함에 의해서 '1' 상태로 고장이 고정되면 s-a-1 또는 '0' 상태로 고장이 고정되면 s-a-0으로 모델화한다. 입력 A와 B를 갖는 2입력 AND 게이트를 가정하고 결함이 생긴다면 어떤 현상이 일어날 것인가? 입력에서 발생할 수 있는 다음과 같은 3가지 결함 조건을 생각해 보자.

① 고착고장 1(s–a–1)
② 고착고장 0(s–a–0)
③ 두 입력을 교차하여 연결

출력의 결과는 부울대수로 알아낼 수 있고, 그림 2.11에 이 결과를 나타낸다.

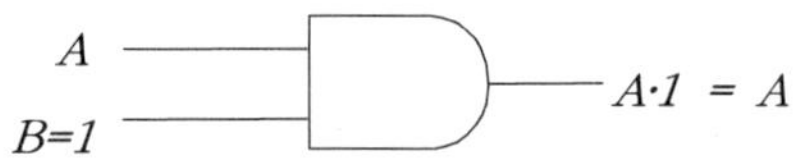

A	B	$A \cdot B$
0	1	0
0	1	0
1	1	1
1	1	1

(a) $B=1$인 경우

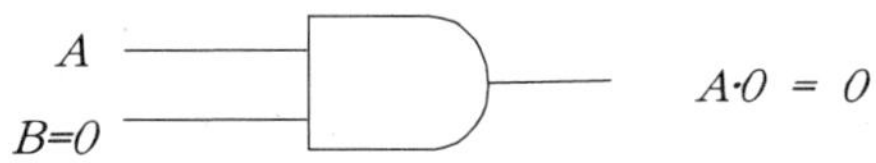

A	B	$A \cdot B$
0	0	0
0	0	0
1	0	0
1	0	0

(b) $B=0$인 경우

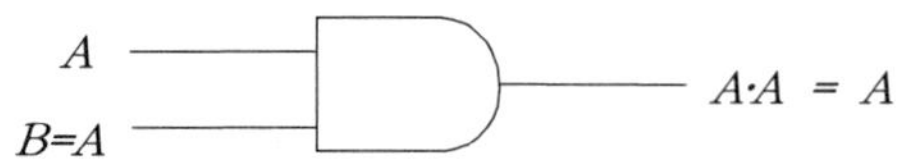

A	B	$A \cdot B$
0	0	0
0	0	0
1	1	1
1	1	1

(c) $B=A$인 경우

그림 2.11 AND 게이트의 입력 결함

고착고장 1(s-a-1)은 다른 쪽 입력값과 같은 값의 출력을 내보내고, 고착고장 0(s-a-0)은 출력도 모두 0 값을 갖는다. 또한 두 입력을 교차하여 연결한 경우는 고착고장 1을 적용한 것과 같은 효과, 즉 다른 쪽 입력 A와 같은 입력값을 출력에 나타낸다.

입력 A와 B를 갖는 2입력 OR 게이트를 가정하자. 그림 2.12에 그림 2.11과 동일한 결합조건을 갖는 경우에 대해 나타내었다.

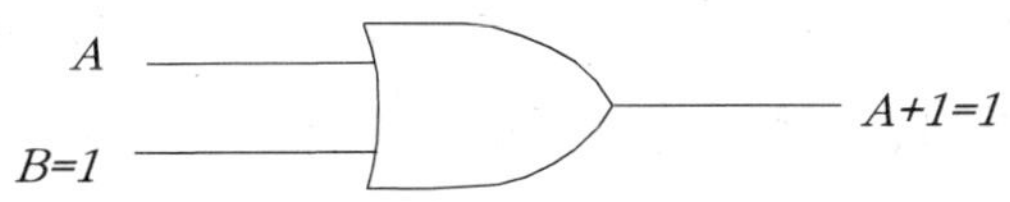

A	B	A+B
0	1	1
0	1	1
1	1	1
1	1	1

(a) $B=1$인 경우

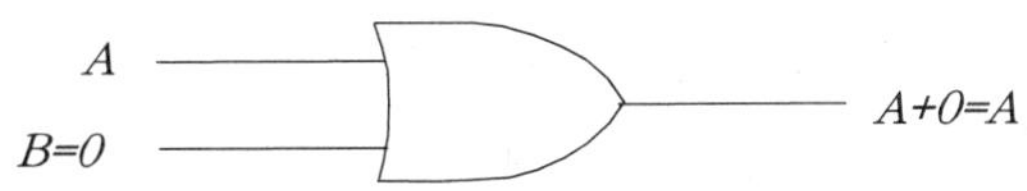

A	B	A+B
0	0	0
0	0	0
1	0	1
1	0	1

(b) $B=0$인 경우

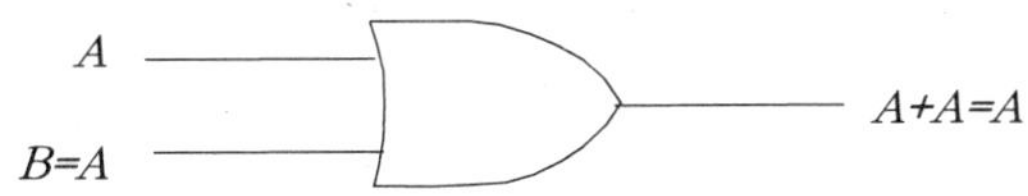

A	B	A+B
0	0	0
0	0	0
1	1	1
1	1	1

(c) $B=A$인 경우

그림 2.12 OR 게이트의 입력 결함

고착고장 1을 적용한 경우에는 출력에도 고착고장 1(s-a-1)을 발생시키고, 고착고장 0(s-a-0)을 적용한 경우에는 다른 쪽 입력값과 같은 출력을 내보낸다. 두 입력을 교차하여 연결한 경우는 고착고장 0을 적용한 것과 같은 효과, 즉 다른 쪽 입력과 같은 출력을 나타내게 된다.

2.3.3 부울법칙

부울대수는 일반 대수학처럼 몇 가지 기본 법칙들이 적용된다. 이들 법칙들을 부울법칙(Boolean law)이라 한다. 일반 대수학에서는 '+', '·' 등의 기호를 이용하여 어떤 법칙들을 약속한다. 예를 들어

$$A + B$$
$$A \cdot B$$

에서 '+'는 수학적인 더하기를 의미하고, '·'는 곱하기를 의미한다. 이러한 약속은 부울대수에 있어서 OR 연산자(operator)와 AND 연산자에도 적용된다. 그러나 부울 연산자의 진리표는 대칭적이기 때문에 표에서 A와 B를 바꿔도 함수에 대한 동일한 값을 얻을 수 있다. 따라서 부울대수에 있어서

$$A+B=B+A$$
$$A\cdot B=B\cdot A$$

와 같이 나타낼 수 있고, 이와 같은 법칙을 교환법칙(communicative law)이라 한다.

동일한 연산자에 의해 연결된 변수로 이루어진 표현식을 계산하는 순서는 보통의 대수학에서는 중요하지 않다. 예를 들어, 일반적인 산술

$$A\cdot B\cdot C=(A\cdot B)\cdot C=A\cdot(B\cdot C)$$

에서 괄호는 어떤 변수들을 먼저 처리할 것인가를 결정한다. 이와 비슷하게 부울대수에 있어서도

$$A\cdot B\cdot C=(A\cdot B)\cdot C=A\cdot(B\cdot C)$$

와 같이 계산순서는 중요하지 않다. 이러한 법칙을 결합법칙(associative law)이라 하고, 다음과 같이 표현할 수 있다.

$$A\cdot B\cdot C=(A\cdot B)\cdot C=A\cdot(B\cdot C)$$
$$A+B+C=(A+B)+C=A+(B+C)$$

또한 일반 대수학에서 서로 다른 연산자를 사용하는 경우 특별한 계산순서를 지정하기 위해 괄호를 사용하는데, 부울대수에 있어서도 이와 같이 괄호를 이용한다. 즉

$$A\cdot(B+C)$$

의 의미는 B와 C를 합한 후 A를 곱하라는 뜻으로 괄호로 묶인 그룹에 곱셈이 적용됨을 보여준다. 이것은 또

$$A\cdot B+A\cdot C$$

로 나타나는데, 곱셈이 A와 B 양쪽 모두에 교차하여 분배됨을 나타낸다. 이러한 규칙은 부울대수의 AND와 OR 연산자에 대해서도 동일하게 적용되는데, 이를 분배법칙(distributive law)이라 한다. 부울대수학에 있어서 분배법칙은 다음과 같다.

$$A \cdot (B+C) = A \cdot B + A \cdot C$$
$$A + (B \cdot C) = (A+B) \cdot (A+C)$$

그러나 위 식 중 $A+(B \cdot C)=(A+B) \cdot (A+C)$의 분배법칙은 일반적인 산술 덧셈에서는 적용할 수 없으며, 오직 부울대수학의 OR 연산에만 적용된다. 즉 일반적인 산술연산에서는 다음과 같음을 주의하여야 한다.

$$A + (B \cdot C) \neq (A+B) \cdot (A+C)$$

(1) 논리설계에 있어서 기본 부울법칙의 응용

논리 설계에 있어서 이들 부울법칙과 부울정리를 유용하게 사용된다. 예를 들면, 부울식

$$f = ABCD$$

를 구현하는 방법들 중에서 결합법칙은 동일한 함수의 결과를 다른 형태의 논리회로로 구현하기 위해 입력변수들을 분해할 필요가 있을 때 사용할 수 있다(그림 2.13).

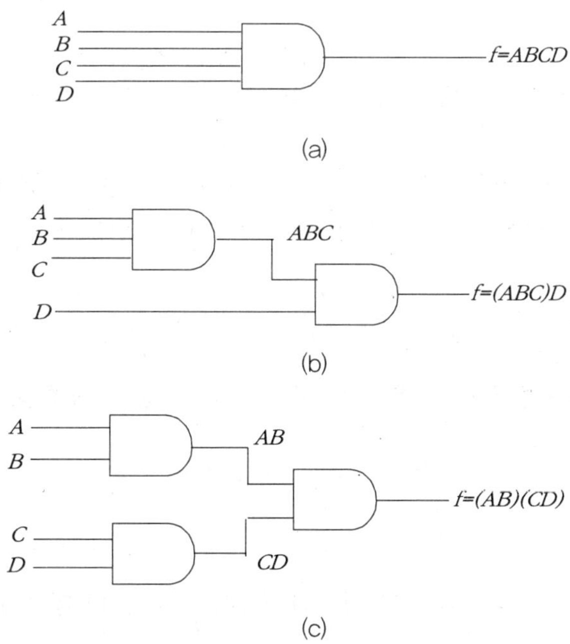

그림 2.13 결합법칙을 이용하여 구현한 부울식 $f = ABCD$

이런 방법은 게이트가 특별한 수의 입력을 필요로 할 경우에 중요하게 이용된다(게이트

입력의 수는 보통 2~8개 사이이다). 그림 2.13(a)에서는 한 개의 4 입력 AND 게이트를 사용하였고, 그림 2.13(b)와 그림 2.13(c)는 게이트를 2단계로 사용하여 동일한 함수를 구현하였다. 2단계 회로에서, 신호는 2개의 AND 게이트들을 통과하여 입력에서 출력으로 전달된다.

예제 2.4

$f = AB'C + B'D$**를 결합법칙을 이용하여 여러 형태로 논리 구현하여라.**

논리설계에 분배법칙을 이용해보자. 다음 부울식

$$f = AB + AC$$

은 분배법칙을 사용해도 2단계의 게이트 설계가 필요함을 보여준다(그림 2.14).

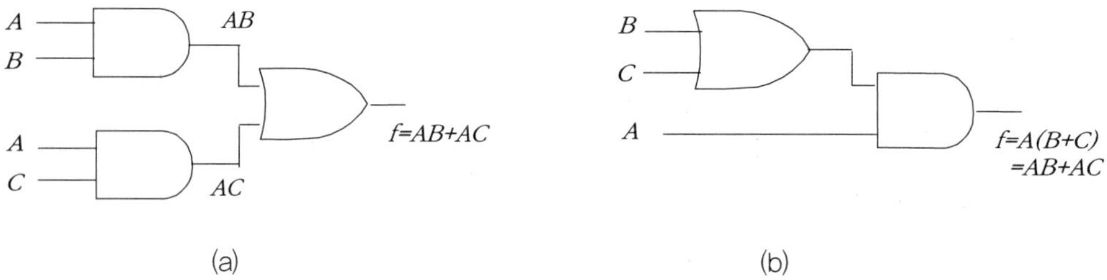

그림 2.14 분배법칙을 이용하여 부울식 $f = AB + AC$의 논리 구현

그림 2.14(b)는 (a)보다 더 적은 수의 게이트들로 구현된다. 최소의 게이트를 가지고 회로를 구현하는 것은 중요하며, 다음 3장에서 논리 간략화 기법으로 부터 가능하다.

예제 2.5

$f = AB'C + B'D$**를 분배법칙을 이용하여 여러 형태로 논리 구현하여라.**

2.3.4 쌍대성

부울대수를 이용하면 부논리 함수를 정논리 함수로 표현되는데, 이러한 성질을 쌍대성(duality)이라 한다.

(1) 정논리와 부논리

AND 진리표에서 모든 0(1)을 1(0)으로 바꾸면, OR 진리표를 얻을 수 있다(그림 2.15).

A	B	AB
0	0	0
0	1	0
1	0	0
1	1	1

(a) AND 진리표

A	B	A+B
0	0	0
0	1	1
1	0	1
1	1	1

(b) OR 진리표

그림 2.15 AND 진리표와 OR 진리표

정논리(positive logic) 형식을 사용해서 구현한 AND 함수는 부논리(negative logic) 형식을 사용해서 구현한 OR 함수와 같은 전압레벨이 형성되므로 회로를 바꿀 필요가 없다. 이와 유사하게 정논리 형식을 갖는 OR 게이트는 부논리 형식을 갖는 AND 게이트로 변화시킬 수 있으며, NOT 게이트는 양쪽 모두 NOT 게이트로 표현된다.

부울식 $f = A + BC'$를 정논리 형식과 부논리 형식으로 표현해보자(그림 2.16).

정논리

A	B	C	f
0	0	0	0
0	0	1	0
0	1	0	1
0	1	1	0
1	0	0	1
1	0	1	1
1	1	0	1
1	1	1	1

부논리

A	B	C	f
1	1	1	1
1	1	0	1
1	0	1	0
1	0	0	1
0	1	1	0
0	1	0	0
0	0	1	0
0	0	0	0

(a) 진리표

$f = A + BC'$ $\qquad$ $f = A(B + C')$

(b) 부울식

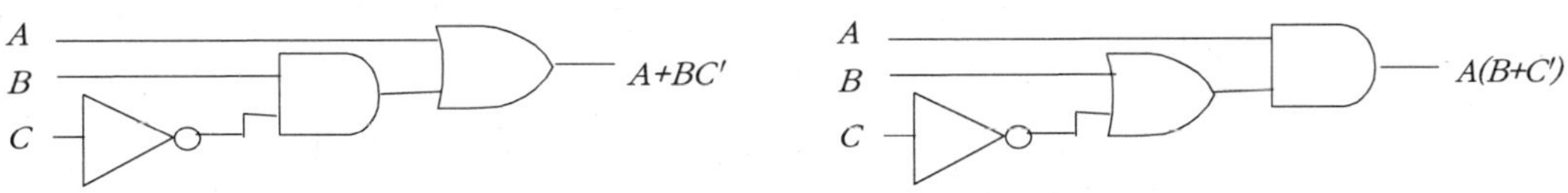

(c) 논리회로 표현

그림 2.16 $f = A + BC'$의 정논리와 부논리 표현

이 부울식 자체는 정논리 형식과 같다. 정논리 진리표에서 출력의 0(1)을 1(0)로 바꾸면 부논리 진리표가 구해진다(그림 2.16(a)). 또한 부논리 진리표로부터 부논리 부울식을 구할 수 있다. 부논리 부울식은 정논리 부울식으로부터 AND 연산자를 OR로, OR 연산자를 AND를

바꾸면 다음과 같은 부논리 부울식이 구해진다(그림 2.16(b)).

$$f = A(B + C')$$

이들 부울식의 논리회로를 그림 2.16(c)에 나타내었다.

(2) 쌍대성과 쌍대함수

어떤 정논리 형식인 변수 A, B, C, ...와 AND, OR 연산, 그리고 영구논리 0과 영구논리 1을 갖는 부울함수를 부논리 형식으로 바꾸기 위해서는 모든 ·는 +로, 모든 +는 ·로, 영구논리 0은 1로, 영구논리 1은 0으로 바꿔 표현할 수 있다. 부울대수에서는 부논리로 표현된 함수를 정논리로 표현하는 것이 가능하며, 이러한 성질을 쌍대성(duality)이라 한다.

쌍대성
정논리 $f(A, B, C......, \cdot, +, 0, 1)$ 부논리 $f(A, B, C......, +, \cdot, 1, 0)$

정논리 f로 표현된 함수를 부논리 f^d로 표현할 경우 f^d를 f의 쌍대 또는 쌍대함수(dual function)라 한다. 즉, 함수 f의 쌍대 f^d는 다음과 같다.

쌍대함수
$f = f(A, B, C, ..., \cdot, +, 0, 1) \rightarrow f^d = f(A, B, C, ..., +, \cdot, 1, 0)$

부울대수의 정의와 기본법칙에 대한 쌍대함수는 다음과 같다.

f	f^d
$A \cdot 1 = A$	$A + 0 = A$
$A \cdot 0 = 0$	$A + 1 = 1$
$A \cdot A = A$	$A + A = A$
$A \cdot A' = 0$	$A + A' = 1$
$A + B = B + A$	$AB = BA$
$(A + B) + C = A + (B + C)$	$(AB)C = A(BC)$
$A(B + C) = AB + AC$	$A + BC = (A + B)(A + C)$
$A + AB = A$	$A(A + B) = A$

예제 2.6

$f = A + B(C + AD)$의 **쌍대함수를 구하라.**

(3) 쌍대성원리

다음과 같은 등가성(equality)을 증명되었다고 하자.

등가성
$f = f(A, B, C..., \cdot, +, 0, 1) = g(A, B, C..., \cdot, +, 0, 1)$

그러면 다음 쌍대등가성(dual equality) 또한 진리이다.

쌍대등가성
$f^d = f(A, B, C..., +, \cdot, 1, 0) = g^d(A, B, C..., +, \cdot, 1, 0)$

이것을 쌍대성원리(principle of duality)라고 말한다.

예제 2.7

$AB + A'C + BC = AB + A'C$의 **쌍대등가성을 유도하라.**

2.3.5 드모르강 정리

부울대수의 성질을 이용한 아주 중요한 정리가 있는데, 매우 자주 사용되므로 잘 이해하자. 2입력 OR 함수 $A+B$는 변수 A와 B가 모두 0일 때만 0의 출력값을 갖고, 다른 모든 경우에 있어서는 1의 값을 갖는다. 유사하게 2입력 AND 함수 AB는 변수 A와 B가 모두 1일 때만 1의 출력값을 갖고, 다른 모든 경우에 있어서는 0의 값을 갖는다. 이처럼 AND와 OR 함수 사이에는 다음 관계를 가지고 있다. 즉 A=1, B=1일 때

$$A' + B' = 0 \qquad\qquad (AB)' = 0$$

이 된다. 그러므로

$$A' + B' = (AB)'$$

이다. 이 부울식 관계의 쌍대함수는 다음과 같다.

$$A'B' = (A+B)'$$

이와 같이 AND와 OR 함수 사이의 관계를 드모르강 정리(DeMorgan's theorem)라 한다. 2변수와 3변수에 대한 드모르강 정리는 다음과 같다.

2변수 드모르강 정리	3변수 드모르강 정리
$A'+B' = (AB)'$ $A'B' = (A+B)'$	$A'+B'+C' = (ABC)'$ $A'B'C' = (A+B+C)'$

드모르강 정리에 대한 증명은 아래의 표 2.5의 진리표에 잘 나타나 있다.

표 2.5 두 변수에 대한 드모르강 정리의 증명

A	B	A'	B'	$A+B$	AB	$A'B'$	$(A+B)'$	$A'+B'$	$(AB)'$
0	0	1	1	0	0	1	1	1	1
0	1	1	0	1	0	0	0	1	1
1	0	0	1	1	0	0	0	1	1
1	1	0	0	1	1	0	0	0	0

드모르강 정리는 아래와 같은 더 일반적인 형태로 나타낼 수 있다. 드모르강 정리와 쌍대성 원리를 혼동하기 쉽다. 드모르강 정리는 매우 중요하고 자주 이용되므로 잘 이해하자.

드모르강 정리
$A'+B'+C'+D'+\ldots = (ABCD\ldots)'$ $A'B'C'D'\ldots = (A+B+C+D+\ldots)'$

예제 2.8

다음과 같은 부울식을 드모르강 정리를 사용하여 변환하라.

(1) $A'+B'+C'$ (2) ABC'

2.4 만능 게이트 : NAND 게이트와 NOR 게이트

앞서 기본 논리연산들(AND, OR, 그리고 NOT)을 구현하는 AND 게이트, OR 게이트 그리고 NOT 게이트를 설명하였다. 이들 3개의 게이트들을 가지고 모든 논리연산들을 설계할 수 있으나, 그 역할로 인하여 만능 게이트(universal gate)라고 이름 지어진 2개의 게이트들이 있다. 즉 NAND 게이트와 NOR 게이트이다.

실제 논리회로 설계에서 만능 게이트를 이용하여 설계 한다. 왜 만능 게이트로 설계를 하는지 잘 이해하자.

2.4.1 NAND 게이트

드모르강 정리는 AND와 OR 사이의 관계를 규정하며, 세 가지 기본 논리연산(AND, OR, NOT)중 두 가지의 연산을 이용하여 나머지 하나의 새로운 함수 형태로 표시한다. 드모르강 정리로부터 $A+B$를 다음과 같이 표현할 수 있다.

$$A+B=(A'B')'$$

$A+B$는 AND와 NOT의 두 가지 연산자를 가지고 $(A'B')'$로 대체된다. 실제적으로 AND와 NOT을 연결시키는 데 있어서 보편적인 방법으로 NAND(NOT-AND)를 사용한다. 두 입력변수 A, B에 있어서 NAND 동작은 다음과 같다.

$$A \ NAND \ B=(AB)'$$

NAND 게이트는 2개 이상의 입력에 대하여 1개의 출력을 갖는 게이트로, 입력이 모두 1인 경우에만 출력이 0이 되고, 그렇지 않으면 출력은 1이 된다. NAND 게이트는 AND 게이트와 반대로 동작한다. NAND 게이트의 입력변수의 수는 둘, 셋, 넷 그 이상을 갖기도 한다.

2입력 NAND 게이트와 3입력 NAND 게이트에 대한 논리기호, 진리표, 부울식 그리고 타이밍도를 그림 2.17에 나타내었다. 2입력 NAND 게이트의 입력변수는 A, B 그리고 출력변수는 f이다. 3입력 NAND 게이트의 입력변수는 A, B, C 그리고 출력변수는 f이다.

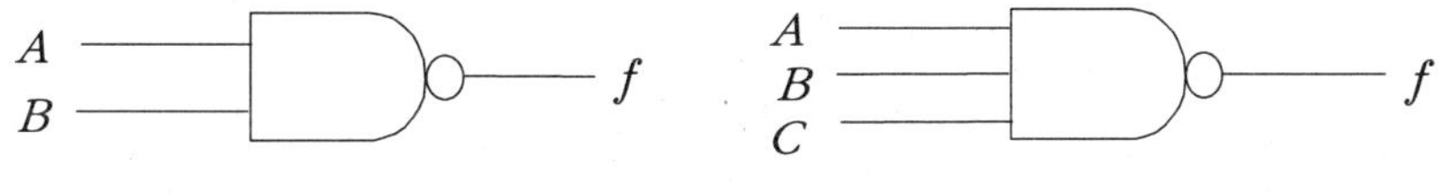

(a) 논리기호

A	B	f
0	0	1
0	1	1
1	0	1
1	1	0

A	B	C	f
0	0	0	1
0	0	1	1
0	1	0	1
0	1	1	1
1	0	0	1
1	0	1	1
1	1	0	1
1	1	1	0

(b) 진리표

$$f = (AB)' \qquad\qquad f = (ABC)'$$

(c) 부울식

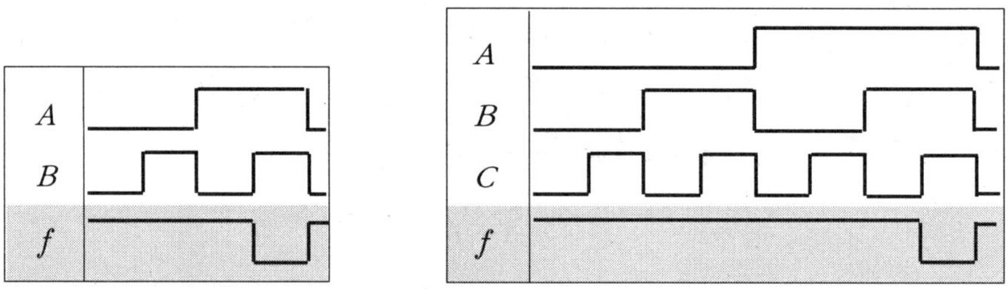

(d) 타이밍도

그림 2.17 NAND 게이트

NAND 게이트가 만능 게이트로 불리는 이유는 그 역할에 있다고 하였다. 이제 그 이유들 중에 하나는 NAND 게이트만을 이용하여 기본 게이트를 표현할 수 있다는 것이다.

(1) NAND 게이트를 이용한 기본 게이트 표현

NAND 게이트를 사용하여 가장 기본적인 3가지 논리동작인 AND, OR, NOT을 나타낼 수 있다. NOT 동작은 입력변수 B를 A로 대치시켜 다음과 같이 표현할 수 있다.

$$(AA)' = A'$$

OR 동작과 AND 동작도 다음과 같이 NAND로서 표현할 수 있다.

$$A + B = ((AA)'(BB)')'$$
$$AB = ((AB)')'$$

그림 2.18에 NAND 게이트를 이용하여 구성한 NOT AND 그리고 OR 게이트를 나타내었다.

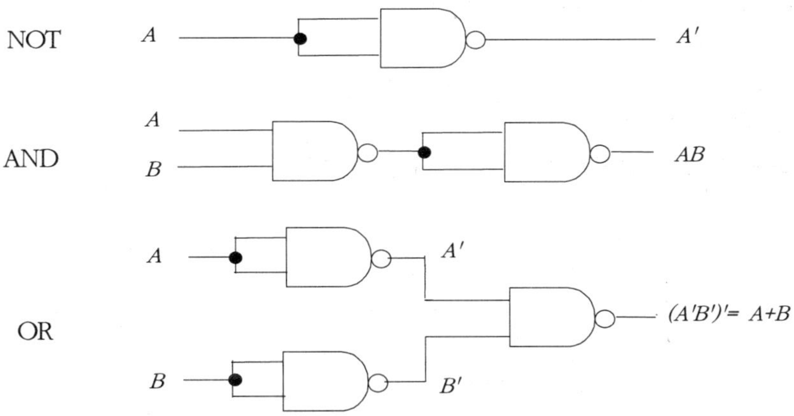

그림 2.18 NAND 게이트로 구현한 NOT, AND, OR

NAND 함수는 AND/OR/NOT 함수로 구현되는 논리회로에 사용되므로 '만능 게이트(universal gate)'라 부른다. 하나의 칩 속에 구성되는 논리 IC를 설계하거나 여러 개의 IC들을 이용하여 논리 시스템을 만들 때 만능 게이트의 개념이 유용하게 사용된다. 또한 전자회로에서 NAND 함수를 구성하는 것이 AND와 OR 회로를 구성하는 것보다 더 간단하게 설계되므로 보다 빠른 동작 능력을 갖는 설계가 가능하다.

AND 게이트, OR 게이트 그리고 NOT 게이트를 이용하여 설계한 보기 논리회로를 NAND 게이트만을 이용하여 설계해보자(그림 2.19).

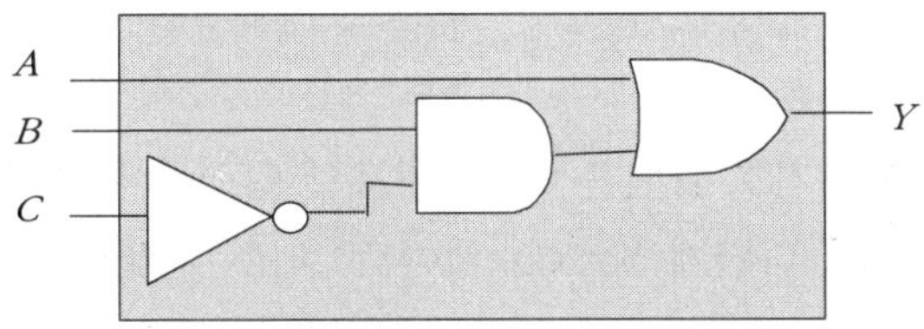

(a) 보기 논리회로

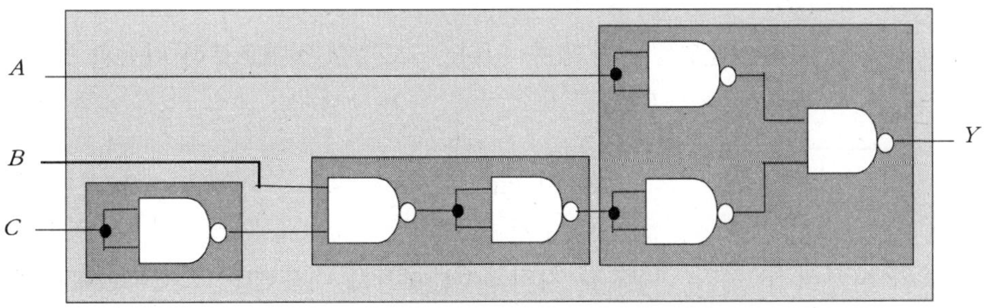

(b) NAND 게이트로만 구현한 보기 논리회로

그림 2.19 논리회로 구현

AND 게이트, OR 게이트 그리고 NOT 게이트를 이용하여 설계한 보기 논리회로는

6개의NAND 게이트만을 이용하여 설계된다.

예제 2.9

다음 논리회로를 NAND 게이트만 가지고 구현하여라.

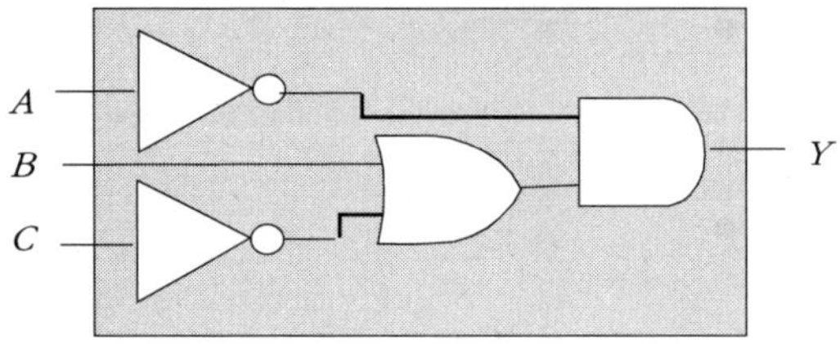

(2) NAND 게이트의 대체 표현

NAND 게이트를 드모르강 법칙을 이용, 다른 형태의 대체 논리기호로 표현한다(그림 2.20).

$$(AB)' = A' + B'$$

(a) NAND 게이트 논리기호 (b) 대체 논리기호

그림 2.20 NAND 게이트의 대체 표현

NAND 게이트의 대체 논리기호 표현은 OR 게이트의 입력들에 역변환 기호인 원을 사용한다. 이 대체 표현은 4.6절의 다단계 NAND 게이트 회로 설계에서 이용된다.

2.4.2 NOR 게이트

또 다른 $(A+B)'$ 형태의 함수를 생각할 수 있다. 드모르강 정리로부터 다음과 같이 나타낼 수 있다.

$$AB = (A' + B')'$$

AB는 OR와 NOT의 두 가지 연산자를 가지고 $(A'+B')'$로 대체된다. 실제적으로 OR와 NOT을 연결시키는 데 있어서 보편적인 방법으로 NOR(NOT-OR)를 사용한다. 두 입력변수 A, B에 있어서 NOR 동작은 다음과 같다.

$$A\ NOR\ B = (A + B)'$$

NOR 게이트는 2개 이상의 입력에 대하여 1개의 출력을 갖는 게이트로, 입력이 모두 0인 경우에만 출력이 0이 되고, 그렇지 않으면 출력은 1이 된다. NOR 게이트는 OR 게이트와 반대로 동작한다. NOR 게이트의 입력변수의 수는 둘, 셋, 넷 그 이상을 갖기도 한다.

2입력 NOR 게이트와 3입력 NOR 게이트에 대한 논리기호, 진리표, 부울식 그리고 타이밍도를 그림 2.21에 나타내었다.

(a) 논리기호

A	B	f
0	0	1
0	1	0
1	0	0
1	1	0

A	B	C	f
0	0	0	1
0	0	1	0
0	1	0	0
0	1	1	0
1	0	0	0
1	0	1	0
1	1	0	0
1	1	1	0

(b) 진리표

$f = (A + B)'$ $\qquad$ $f = (A + B + C)'$

(c) 부울식

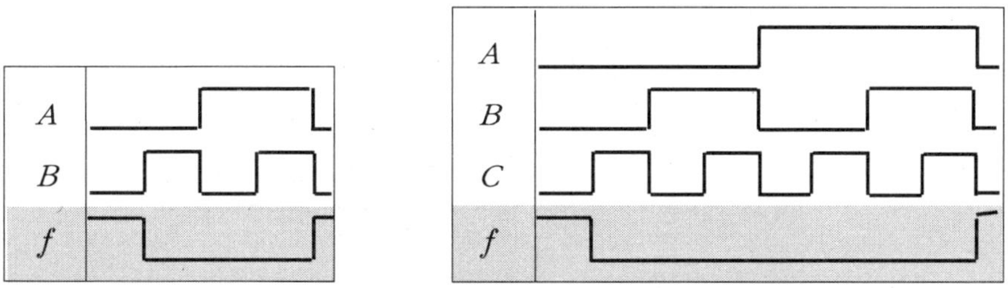

(d) 타이밍도

그림 2.21 NOR 게이트

2입력 NOR 게이트의 입력변수들은 A, B 그리고 출력변수는 f이다. 3입력 NOR 게이트의 입력변수들은 A, B, C 그리고 출력변수는 f이다.

(1) NOR 게이트를 이용한 기본 게이트 표현

NOR 게이트를 사용하여 가장 기본적인 3가지 논리 동작인 AND, OR, NOT을 나타낼 수 있다. 그림 2.22는 NOR 게이트로 구현한 NOT, AND 그리고 OR 게이트이다.

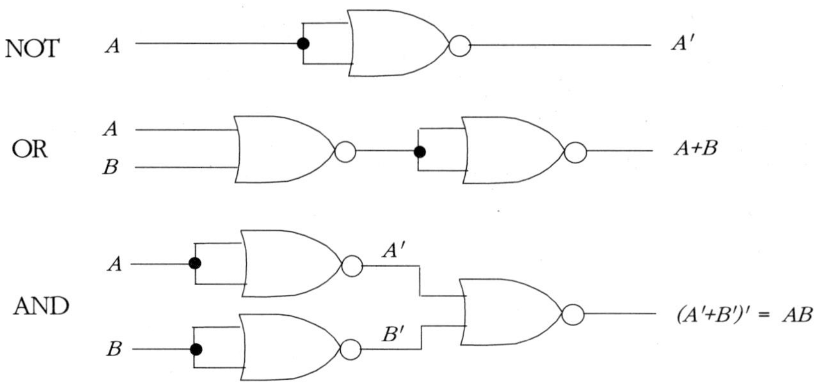

그림 2.22 NOR 게이트로 구현한 NOT, OR, AND

NOT 연산자는 입력들을 묶으면 되고 OR 동작과 AND 동작도 다음과 같이 나타낸다.

$$(A+A)' = A'$$
$$A+B = ((A+B)')'$$
$$AB = ((A+A)' + (B+B)')'$$

따라서 NOR 함수는 AND/OR/NOT 함수로 구현할 수 있는 논리회로에 사용되므로 '만능 게이트(universal gate)'라 부른다.

AND 게이트, OR 게이트 그리고 NOT 게이트를 이용하여 설계한 보기 논리회로를 NOR 게이트만을 이용하여 설계해보자(그림 2.23)

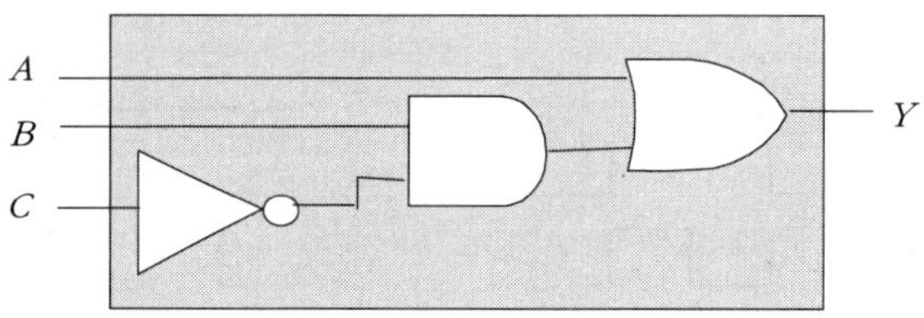

(a) 보기 논리회로

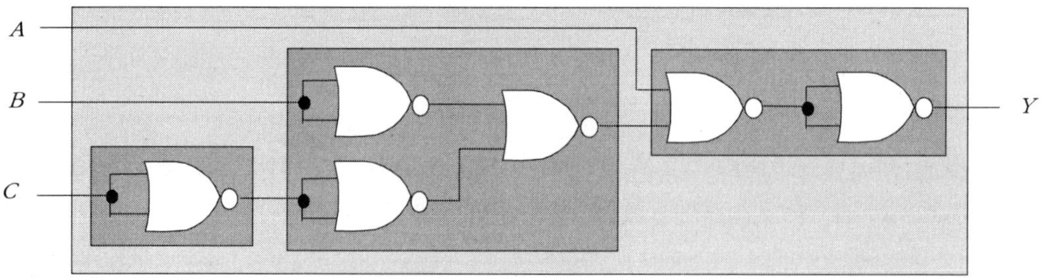

(b) NOR 게이트로만 구현한 보기 논리회로

그림 2.23 논리회로 구현

AND 게이트, OR 게이트 그리고 NOT 게이트를 이용하여 설계한 그림 2.23의 보기 논리회로는 6개의 NOR 게이트만을 이용하여 설계된다.

예제 2.10

다음 논리회로를 NOR 게이트만 가지고 구현하여라.

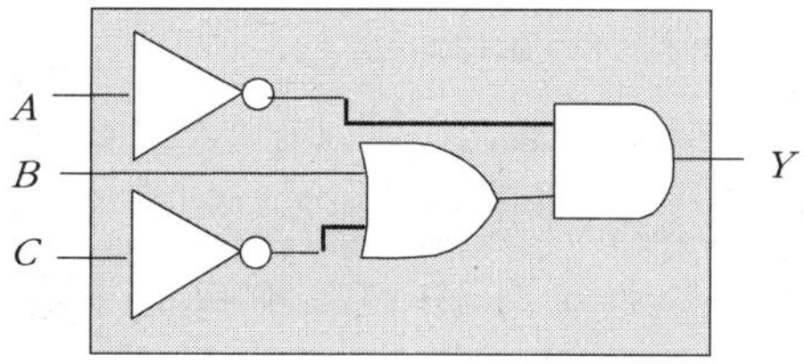

---

(2) NOR 게이트의 대체 표현

NOR 게이트도 드모르강 법칙을 사용하여 대체 논리기호로 표현한다(그림 2.24).

$$(A+B)' = A'B'$$

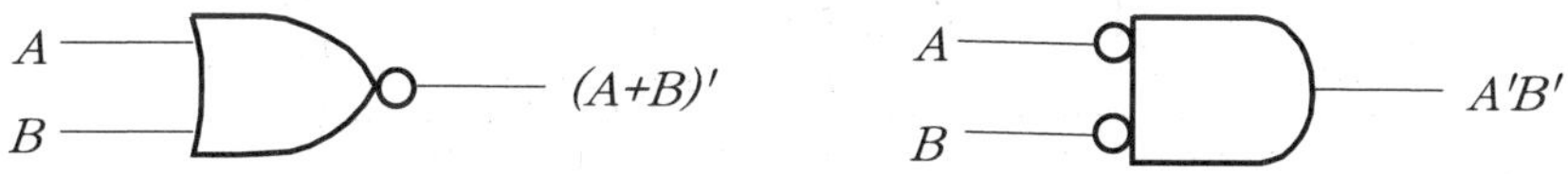

(a) NOR 게이트 논리기호　　　　(b) 대체 논리기호

그림 2.24 NOR 게이트의 대체 표현

NOR 게이트의 대체 논리기호 표현은 AND 게이트의 입력들에 역변환 기호인 원을 사용하여 나타낼 수 있다. 이 대체 표현은 4.7절의 다단계 NOR 게이트 회로 설계에서 이용된다.

2.4.3 만능 게이트의 사용

(1) 왜 만능 게이트인가?

앞서 NAND 게이트 또는 NOR 게이트만 이용하여 AND / OR / NOT을 표현할 수 있으므로 NAND 게이트와 NOR 게이트를 만능 게이트라고 부른다고 설명하였다. NOT의 경우 NAND 게이트와 NOR 게이트의 입력들을 같이 묶으면 간단히 구현된다. 그러나 NAND 게이트의 경우 2개의 NAND 게이트를 사용하여 AND를 만들고, 3개의 NAND 게이트를 사용하여 OR을 만든다. 또한 NOR 게이트의 경우 2개의 NOR 게이트를 사용하여 OR을 만들고, 3개의 NOR 게이트를 사용하여 AND를 만든다. 여러 개의 게이트들을 이용해서 AND / OR / NOT을 표현하는 방법이 자원의 낭비라는 생각이 들 수 있다.

IC 개념에서 생각해보자. 한 개의 2입력 NAND IC에 4개의 동일한 NAND 게이트들이 포함된다. 따라서 여러 종류의 게이트들을 사용하여 설계하는 디지털 시스템의 경우에 같은 종류의 IC들만 사용해서 설계하는 것이 간단하다.

앞서 AND 게이트, OR 게이트 그리고 NOT 게이트로 구성된 보기 논리회로를 만능 게이트 IC를 이용하여 설계해보자(그림 2.25).

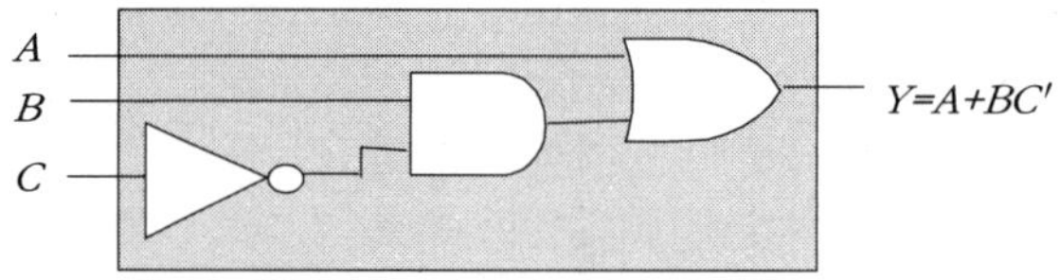

(a) AND 게이트, OR 게이트 그리고 NOT 게이트로 구성된 보기 논리회로

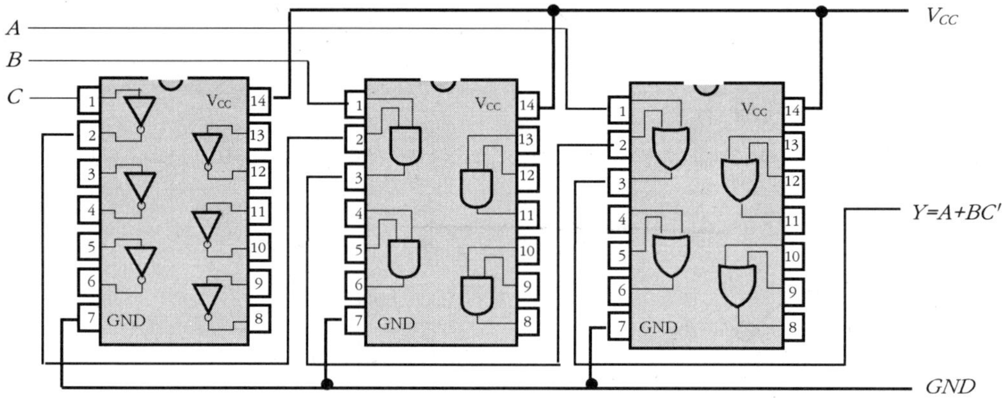

(b) AND 게이트 IC, OR 게이트 IC 그리고 NOT 게이트 IC를 이용한 논리회로 구현

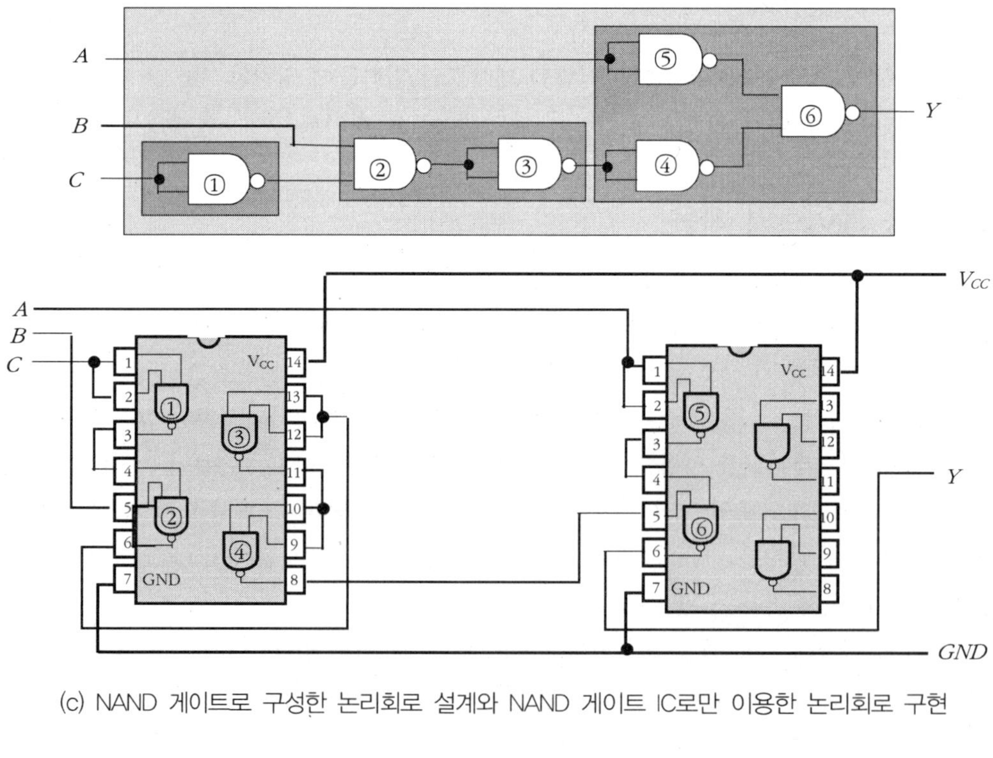

(c) NAND 게이트로 구성한 논리회로 설계와 NAND 게이트 IC로만 이용한 논리회로 구현

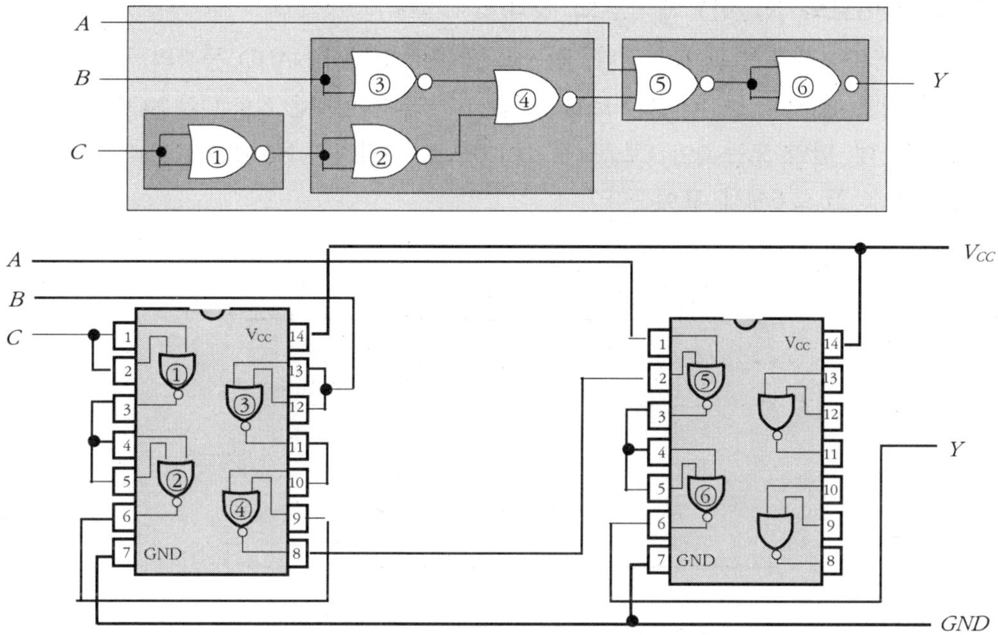

(d) NOR 게이트로 구성한 논리회로 설계와 NOR 게이트 IC로만 이용한 논리회로 구현

그림 2.25 만능 게이트

그림 2.25(a)의 보기 논리회로는 IC들을 이용해서 회로 구성하기 위해서는 AND 게이트 IC, OR 게이트 IC 그리고 NOT 게이트 IC가 필요하다(그림 2.25(b)). 즉 3개의 IC들이 필요하다. 그런데 이 경우에는 각 IC 내의 하나의 게이트만 사용하므로 자원 낭비가 심하다. NAND 게이트로만 설계한 논리회로는 NAND 게이트 IC 두 개만 있으면 된다(그림 2.25(c)). NOR 게이트로만 설계한 논리회로는 NOR 게이트 IC 두 개만 있으면 된다(그림 2.25(d)). 따라서 만능 게이트를 이용한 논리회로 구현은 상황에 따라서 경제적이다.

예제 2.11

다음 논리회로를 AND, OR, NOT IC로, NAND IC만 그리고 NOR IC만으로 구현하여라.

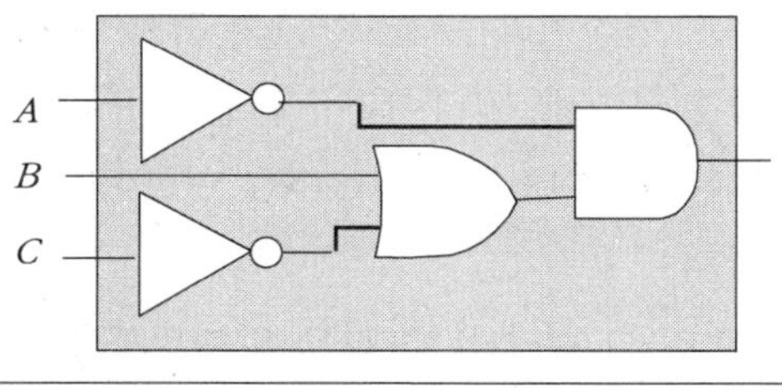

(2) NOR 게이트와 NAND 게이트의 쌍대성

NAND와 NOR는 쌍대성 관계가 있다. 정논리 표현에 있어서 NAND 동작의 구성을 부논리 표현으로 구성할 때 NOR 동작의 게이트로 구현할 수 있다. 이것은 NAND와 NOR의 진리표에서 알 수 있는데, 만약 모든 0이 1로, 모든 1이 0으로 바뀌지면 NAND와 NOR 동작을 바꿔 얻을 수 있음을 표 2.6에서 보여준다.

표 2.6 NAND와 NOR 연산 사이의 쌍대성

NAND		NOR	
입력	출력	입력	출력
0 0	1	1 1	0
0 1	1	1 0	0
1 0	1	0 1	0
1 1	0	0 0	1

예제 2.12

NAND(NOR) 게이트를 이용하여 NOR(NAND) 함수를 구현하라.

2.5 기타 게이트

기본 논리연산(AND, OR, NOT)들을 구현하는 AND 게이트, OR 게이트 그리고 NOT 게이트와 만능 게이트(universal gate)인 NAND 게이트와 NOR 게이트를 설명하였다. 더불어 다양한 논리회로 설계에 사용되는 XOR 게이트, XNOR 게이트 그리고 버퍼(buffer) 게이트가 있다.

2.5.1 XOR 게이트

OR 연산 ($A+B$)는 입력 A, B가 모두 1일 때 출력이 1이 되는 경우를 포함한다. 더 정확하게 이러한 OR 연산은 inclusive-OR 연산이라 부른다. A와 B가 모두 1일 때 출력이 1이 되는 경우를 포함하지 않는 연산, 즉 $A=1$ 또는 $B=1$이면 1을 출력하지만 A와 B가 모두 1일 경우에는 1을 출력하지 않는 OR 연산을 XOR(exclusive-OR) 연산이라 한다. 이 연산을 수행하는 게이트를 XOR 게이트라 부른다.

XOR 게이트의 논리기호, 진리표, 부울식 그리고 타이밍도를 그림 2.26에 보여준다.

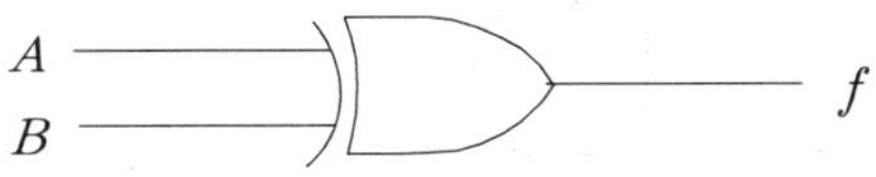

(a) 논리기호

A	B	f
0	0	0
0	1	1
1	0	1
1	1	0

(b) 진리표

$$f = A \bigoplus B$$

(c) 부울식

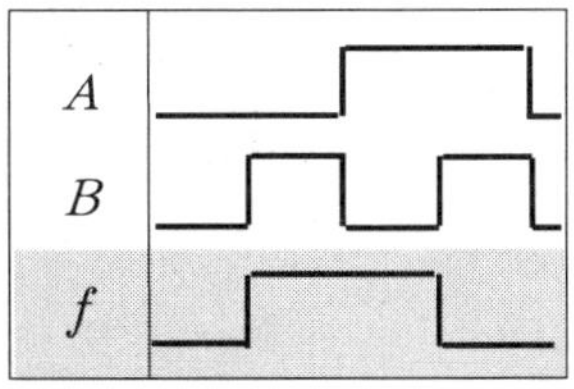

(d) 타이밍도

그림 2.26 XOR(Exclusive-OR) 게이트

XOR 게이트의 입력변수들은 A, B 그리고 출력변수는 f이다. XOR 연산은 연산기호로 ⊕를 사용한다.

2개의 입력변수 A와 B의 XOR 연산은 다음과 같이 나타낸다.

$$f = A \bigoplus B = AB' + A'B$$

즉, A가 1이고 B가 0(AB') 또는 A가 0이고 B가 1($A'B$)일 때 출력이 1이다.

XOR 연산에 대해 AND, OR, NOT과 관계된 몇 가지 기본적인 정리를 아래에 나타내었다.

$$A \bigoplus 0 = A \qquad A \bigoplus 1 = A'$$

$$A \bigoplus A = 0 \qquad A \bigoplus A' = 1$$

$$A \bigoplus B' = A' \bigoplus B = (A \bigoplus B)'$$

그리고 XOR 연산은 다음과 같이 교환법칙, 결합법칙, 분배법칙이 성립한다.

교환법칙 : $A \bigoplus B = B \bigoplus A$

결합법칙 : $(A \bigoplus B) \bigoplus C = A \bigoplus (B \bigoplus C) = A \bigoplus B \bigoplus C$

분배법칙 : $A(B \bigoplus C) = AB \bigoplus AC$

이들에 대한 증명은 진리표 또는 기본 연산을 XOR 연산으로 확장하여 증명할 수 있다.

XOR 회로는 서로 다른 형식의 게이트들로 구성되는 것이 보통이다. 그림 2.27은 AND, OR 및 INV 게이트에 의한 2입력 XOR 함수를 구현한 것이다.

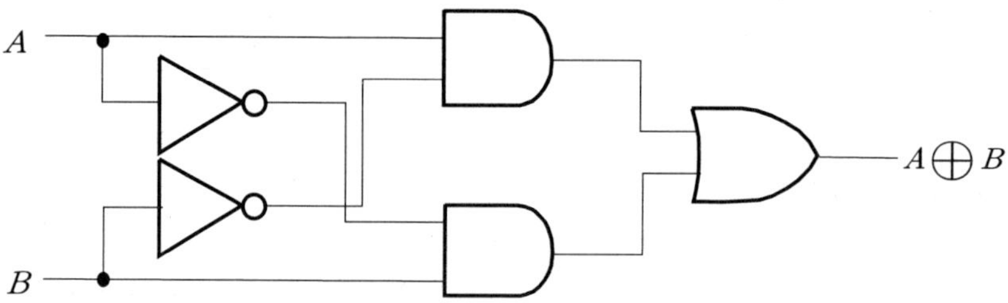

그림 2.27 XOR 회로 구현

2.5.2 XNOR 게이트

XOR의 역의 동작을 XNOR(exclusive-NOR) 동작이라 한다. XNOR 게이트의 논리기호, 진리표, 부울식 그리고 타이밍도를 그림 2.28에 나타내었다.

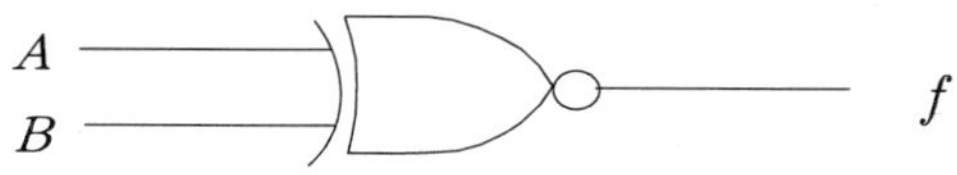

(a) 논리기호

A	B	f
0	0	1
0	1	0
1	0	0
1	1	1

(b) 진리표

$$f = A \odot B$$

(c) 부울식

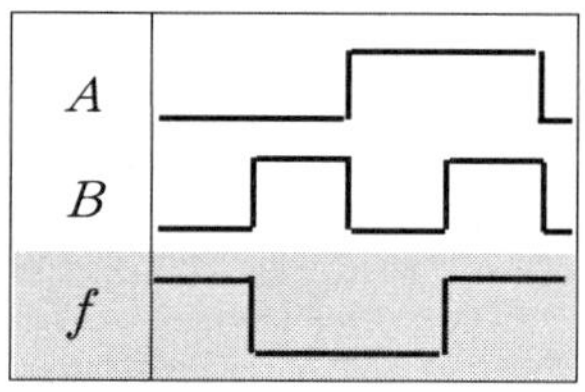

(d) 타이밍도

그림 2.28 XNOR(Exclusive-NOR) 게이트

XNOR 게이트의 입력변수들은 A, B 그리고 출력변수는 f이다. XNOR 연산은 연산기호로 $\odot$ 를 사용한다.

두 입력 A와 B에 대한 XNOR 연산은 다음과 같다.

$$f = A \odot B = AB + A'B' = (A \oplus B)'$$

즉, A=1이고 B=1(AB)이거나 A=0이고 B=0($A'B'$)일 경우이다. 이 연산은 2개의 2진수를 비교하고 양쪽의 수가 동일할 때(즉, 양쪽 모두 1이거나 0) 출력을 1이 되므로 등가함수(equivalence function)라고 부른다.

XNOR 회로는 서로 다른 형식의 게이트로 구성되는 것이 보통이다. 그림 2.29는 AND, OR 및 INV 게이트에 의한 2입력 XNOR 함수를 구현한 것이다.

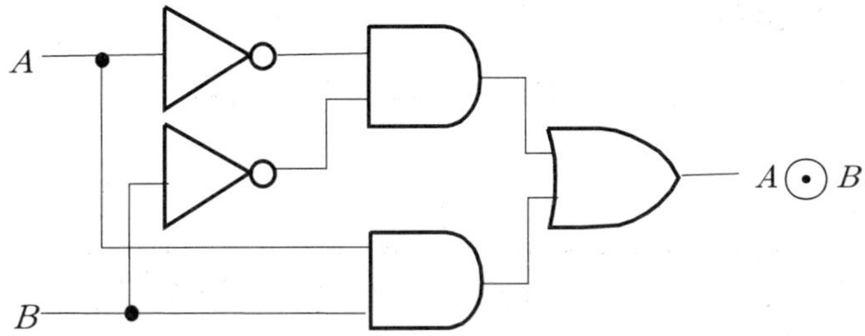

그림 2.29 XNOR 회로 구현

2.5.3 버퍼 게이트

버퍼 게이트(buffer gate)는 NOT 게이트와 반대 동작을 하는데, 단순히 변수 1을 1로 또는 0을 0으로 전달연산(transfer operation)을 수행한다.

버퍼 게이트의 논리기호, 진리표, 부울식 그리고 타이밍도는 그림 2.30과 같다.

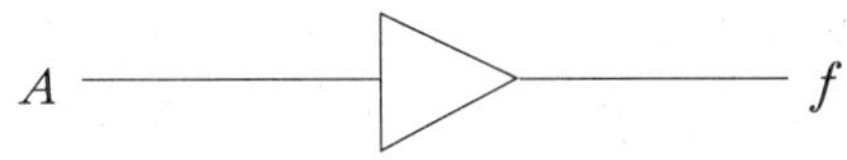

(a) 논리기호

A	f
0	0
1	1

(b) 진리표

$$f = A$$

(c) 부울식

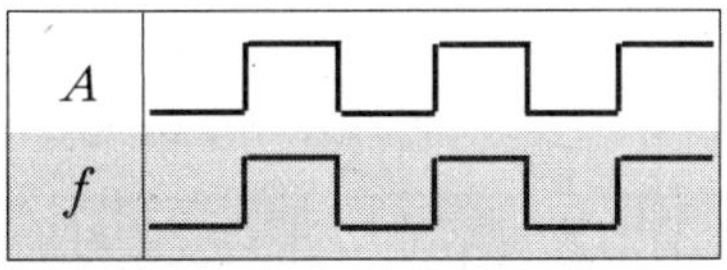

(d) 타이밍도

그림 2.30 버퍼 게이트

버퍼 게이트는 NOT 게이트의 논리기호에서 출력 쪽의 역변환 원이 없는 모양이다. 입력변수는 A 그리고 출력변수는 f이다.

예제 2.13

NOT 게이트로 버퍼 게이트를 설계하여라.

2.5.4 교환적인 부울식

표 2.7은 두 변수에 대한 16가지 함수의 부울식을 나타낸다.

표 2.7 두 변수들의 함수

A B	F_0	F_1	F_2	F_3	F_4	F_5	F_6	F_7	F_8	F_9	F_{10}	F_{11}	F_{12}	F_{13}	F_{14}	F_{15}
0 0	0	0	0	0	0	0	0	0	1	1	1	1	1	1	1	1
0 1	0	0	0	0	1	1	1	1	0	0	0	0	1	1	1	1
1 0	0	0	1	1	0	0	1	1	0	0	1	1	0	0	1	1
1 1	0	1	0	1	0	1	0	1	0	1	0	1	0	1	1	1

두 변수에 대해 AND, OR, NAND, NOR, XOR, XNOR이라 이름 붙여진 여섯 가지 부울 함수에 대한 증명이 가능하다. 사실상 2개의 입력변수에 대해서는 표 2.8에 표현된 것처럼 영구적인 1과 0을 포함하는 16가지의 다른 부울 함수들이 존재한다. 이들 중에서 F_1, F_6, F_7, F_8, F_9 그리고 F_{14}는 교환적인 부울 함수이다. 즉 변수는 F_0(영구적인 0), F_{15}(영구적인 1)를 무시하고 결과에 영향 없이 상호 변환된다. 나머지 함수들은 교환적이지는 않으나 특별한 역할을 하는 소자를 구현하는 데 사용된다.

표 2.8 두 개의 2진 변수로 가능한 16가지 부울식

부울함수	연산 기호	이름	설명
$F_0=0$		Null	2진수 0
$F_1=AB$	$A \cdot B$	AND	A and B
$F_2=AB'$	A/B	Inhibition	A but not B
$F_3=A$	A	Transfer	A
$F_4=A'B$	B/A	Inhibition	B but not A
$F_5=B$		Transfer	B
$F_6=AB'+A'B$	$A \oplus B$	XOR	A or B but not both
$F_7=A+B$	$A+B$	OR	A or B
$F_8=(A+B)'$	$A \downarrow B$	NOR	not OR
$F_9=AB+A'B'$	$A \odot B$	XNOR(Equivalence)	A equals B
$F_{10}=B'$	B'	Complement	not B
$F_{11}=A+B'$	$A \subset B$	Implication	If B then A
$F_{12}=A'$	A'	Complement	not A
$F_{13}=A'+B$	$A \supset B$	Implication	If A then B
$F_{14}=(AB)'$	$A \uparrow B$	NAND	not AND
$F_{15}=1$		Identity	2진수 1

2.6 부울식의 구현

부울식은 표준형(standard form)으로 보통 표현한다. 표준형 방식은 두 가지 형태가 있다.

표준형
· 곱의 합(Sum of Product, SOP) 식 : AND 연산자 항(곱항)들을 OR 연산자로 연결 · 합의 곱(Product of Sum, POS) 식 : OR 연산자 항(합항)들을 AND 연산자로 연결

이들 표준형은 부울식을 표현하는 데 다양하게 사용되고 표준식(canonical expression) 또는 비표준식(noncanonical expression)으로 나타낸다. 이번 파트에서는 부울식을 변화하여 다양한 형태의 논리회로로 구현하는 대체 구현(alternative implementation), 다단계 구현(multilevel implementation) 그리고 부울식을 이용한 논리회로 구현 방법을 익힌다. 그리고 실제적인 논리회로 설계를 통하여 어떻게 부울식이 사용되는지를 설명한다.

2.6.1 곱의 합(Sum of Product, SOP) 식

곱의 합(Sum of Product, SOP)은 AND 연산자로 결합된 변수로 구성되어 있는 곱항(product term)들을 OR 연산으로 논리식의 합(sum)으로 나타난다. 다시 말하면 OR 연산자에 의해서 연결된 곱항들로 표현된 식이 SOP 식이다. 다음 부울식은 SOP 식 형태이다.

$$f(A,B,C) = AB' + A'BC' + AC$$

이 부울식에서 3개의 곱항들이 OR 연산자에 연결된 합 형태이다. 입력변수 A, B, C는 부울식 f의 괄호 내에 위치하는데, 변수 표기는 보통 생략하기도 한다. 즉 $f(A,B,C)$는 f로 쓰인다. 이들 3개의 곱항 중 AB'는 C 변수가 생략되어 있고 AC는 B 변수가 생략된 형태이다. $A'BC'$는 모든 입력변수들이 표현된 형태이다. 위 SOP 식은 그림 2.31에서와 같이 AND 게이트와 OR 게이트를 이용하여 두 단계를 거쳐서 논리회로로 구현된다.

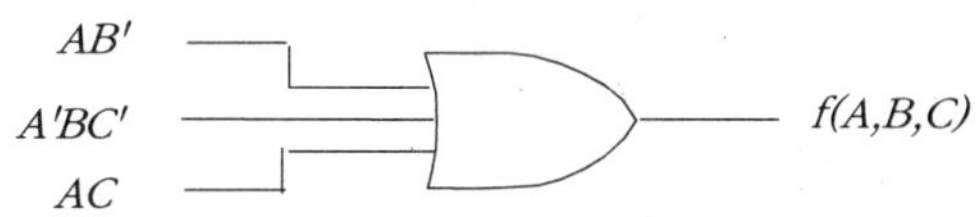

(a) 1단계 구현

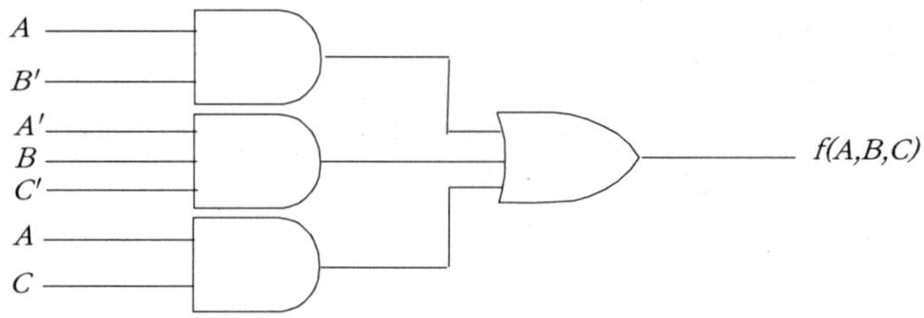

(b) 2단계 구현

그림 2.31 곱의 합(SOP) 식 형태의 논리회로 구현

1단계는 부울식으로부터 3개의 곱항들(AB', $A'BC'$, AC)을 3입력 OR 게이트의 각 입력이 되고 출력 $f(A,B,C)$를 구성하도록 할당한다. 2단계는 각 곱항을 AND 게이트를 사용하여 구성한다. 각 단계를 통하여 SOP 형태의 논리회로가 구현된다.

(1) 표준식(Canonical expression)

앞의 예의 3개의 곱항들(AB', $A'BC'$, AC)에서 어떤 곱항들(AB', AC)은 입력변수들이 모두 표현되지 않았다. 특별히 SOP 식에서 각 곱항에 모든 입력변수(또는 변수의 보수)들을 포함하는 다음과 같은 형태의 부울식이 있다.

$$f(A,B,C) = A'B'C' + A'BC' + A'BC + AB'C$$

이 식을 표준곱의 합(canonical SOP, CSOP) 식이라고 부른다. 이 CSOP 식에서 곱항을 최소항(minterm)이라고 한다. 표준식에서 수의 각 디지트는 최소항의 변수가 1과 0인 것처럼 각 최소항은 2진수로 표현할 수 있다. 따라서 각 최소항에 대한 특별한 2진수가 있다. 표 2.9는 3변수(A,B,C)에 대한 최소항들을 나타낸 것이다.

표 2.9 3변수(A,B,C)에 대한 최소항

ABC	최소항	표시 방법(P)
000	$A'B'C'$	P_0
001	$A'B'C$	P_1
010	$A'BC'$	P_2
011	$A'BC$	P_3
100	$AB'C'$	P_4
101	$AB'C$	P_5
110	ABC'	P_6
111	ABC	P_7

3변수는 000부터 111까지 8가지의 2진수가 존재하며 각 수에 대응하는 최소항이 있다.

각 최소항은 3변수에 대한 곱항(product term)이다. 각 변수는 값이 0일 때는 프라임(')을 붙이고 1일 때는 붙이지 않는다.

최소항을 표시하는 간단한 방법이 있다. 최소항이 곱항이므로 P_i를 쓰고 i는 최소항의 2진수의 10진수 값을 나타낸다. 즉 $A'B'C'=000=P_0$, $A'B'C=001=P_1$ 등으로 나타낼 수 있으므로 다음 부울식처럼 나타낸다.

$$f(A,B,C) = A'B'C' + A'BC' + A'BC = P_0 + P_2 + P_3$$

CSOP 식은 합에 대한 대수학적 표준기호 Σ를 사용하여 표현하기도 한다. 즉 다음과 같다.

$$f(A,B,C) = P_0 + P_2 + P_3 = \sum(0,2,3)$$

예제 2.14

$f(A,B,C) = \sum(0,3,7)$**에 대한 부울식을 쓰시오.**

(2) 진리표 기술

논리회로 설계는 진리표 기술로 시작된다. 진리표의 각 기입항은 하나의 최소항과 대응하기 때문에 진리표 기술은 자연히 CSOP 식을 제공한다. 다음과 같은 CSOP 식을 예로 들어보자.

$$f(A,B,C) = A'B'C' + A'BC' + A'BC = P_0 + P_2 + P_3 = \sum(0,2,3)$$

표 2.10은 예의 부울식 진리표를 나타낸다. 세로 출력의 각 1은 하나의 최소항에 대응한다.

표 2.10 $f(A,B,C) = A'B'C' + A'BC' + A'BC$의 진리표

ABC	f	f'
000	1	0
001	0	1
010	1	0
011	1	0
100	0	1
101	0	1
110	0	1
111	0	1

f 함수의 출력 0에 대응하는 함수는 역함수(inverse function) f'가 된다. CSOP로 표시된 함수 f'는 원래 함수 f에서 빠진 최소항의 합과 같다. 즉 다음과 같다.

$$f(A,B,C) = P_0 + P_2 + P_3 = \sum(0,2,3)$$
$$f'(A,B,C) = P_1 + P_4 + P_5 + P_6 + P_7 = \sum(1,4,5,6,7)$$

(3) 표준형 변환

표준형 변환이란 표준형이 아닌 형태의 SOP 식을 표준형으로 변환하자는 것이다. 표준형이 아닌 형태란 곱항이 모든 입력변수들을 포함하지 않는 SOP 식을 말하며 비표준곱의 합(noncanonical SOP, NSOP) 식이라고 한다. 다시 말하면 표준형 변환은 NSOP 식을 CSOP 식으로 변환하는 것이다. 이것은 곱항에 포함되지 않는 입력변수, 예를 들면 입력변수들이 X, Y, Z라고 할 때 X 변수가 곱항에 포함되어 있지 않다면 그 곱항에$(X+X')$를 곱해준다. 즉

$$Y'Z = Y'Z(X+X') = Y'ZX + Y'ZX'$$

으로 변형될 수 있으므로 NSOP 식이 CSOP으로 변환된다. NSOP 식

$$f(A,B,C) = AB' + A'C + AB'C$$

를 CSOP 식으로 확장하면

$$\begin{aligned} f(A,B,C) &= AB'(C+C') + A'C(B+B') + AB'C \\ &= AB'C + AB'C' + A'BC + A'B'C + AB'C \\ &= AB'C + AB'C' + A'BC + A'B'C \end{aligned}$$

가 된다. 위 식의 둘째 줄에서 $AB'C$와 같이 중복된 항은 제거할 수 있다($A+A=A$인 기본 정의로부터 $AB'C+AB'C=AB'C$이다).

예제 2.15

다음 부울식 CSOP 식으로 변환하시오.

(a) $f(A,B,C) = A$

(b) $f(A,B,C) = AB+BC+AC$

CSOP 식은 X와 X'가 각각 다른 항에 나타나는 $(X+X')$를 제거하는 방법을 반복하여 간단하게 NSOP 식으로 변환할 수 있다. 이 과정은 부울식을 간략하는 기본적인 방법이다.

2.6.2 합의 곱(Product of Sum, POS) 식

합의 곱(Product of Sum, POS)은 OR 연산자로 결합된 변수로 구성되어 있는 합항(sum term)들을 AND 연산으로 논리식의 곱(product)으로 나타난다. 다시 말하면 AND 연산자에 의해서 연결된 합항들로 표현된 POS 식이다.

다음 POS 식은 OR 게이트와 AND 게이트로 두 단계를 거쳐서 논리회로로 구현된다 (그림 2.32).

$$f(A,B,C) = (A' + B + C')(A + B')(A + C)$$

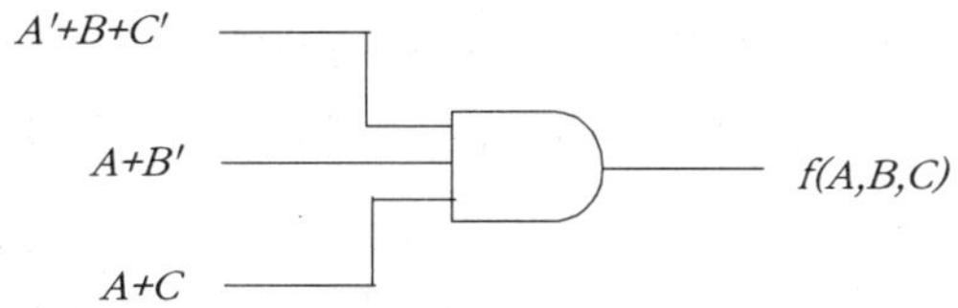

(a) 1단계 구현

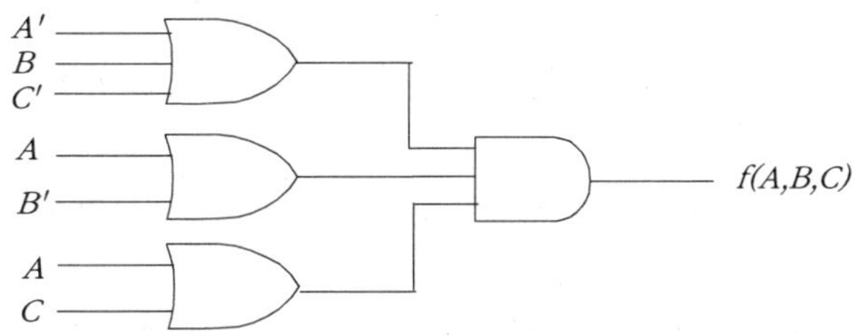

(b) 2단계 구현

그림 2.32 합의 곱(POS) 식 형태의 논리회로 구현

1단계는 부울식으로부터 3개의 합항들($A+B'$, $A'+B+C'$, $A+C$)을 3입력 AND 게이트의 각 입력이 되고 출력 $f(A,B,C)$를 구성하도록 할당한다. 2단계는 각 합항을 OR 게이트를 사용하여 구성한다. 각 단계를 통하여 POS 형태의 논리회로가 구현된다.

앞의 부울식은 비표준합의 곱(noncanonical POS, NPOS) 형식이다. 반면에 표준합의 곱(canonical POS, CPOS) 식은 다음과 같다.

$$f(A,B,C) = (A' + B' + C')(A' + B' + C)(A + B + C)$$

CPOS 식에서 합항을 최대항(maxterm)이라고 한다. 최대항도 최소항과 같이 2진수로 나타낼 수 있다. CSOP의 최소항에서처럼 CPOS의 각 최대항에 대해 특별한 2진수가 있다.

표 2.11은 3변수(A,B,C)에 대한 최대항을 표시한 것이다.

표 2.11 3변수(A,B,C)에 대한 최대항 표시

ABC	최대항	표시방법(S_i)
000	$A+B+C$	S_0
001	$A+B+C'$	S_1
010	$A+B'+C$	S_2
011	$A+B'+C'$	S_3
100	$A'+B+C$	S_4
101	$A'+B+C'$	S_5
110	$A'+B'+C$	S_6
111	$A'+B'+C'$	S_7

3변수는 000부터 111까지 8가지의 2진수들이 존재하며 각 수에 대응하는 최대항이 있다. 각 최대항은 3변수에 대한 합항(sum term)이다. 각 변수는 값이 1일 때는 프라임(')을 붙이고 0일 때는 붙이지 않는다.

최대항을 표시하는 간단한 방법이 있다. 최대항이 합항이므로 S_i를 쓰고 i는 최대항의 2진수의 10진수 값을 나타낸다. 즉 최대항 $(A+B'+C)=S_2$이다. 따라서 다음 부울식은

$$f(A,B,C)=(A'+B'+C')(A'+B'+C)(A+B+C)=S_7S_6S_0$$

가 된다. CPOS 식은 곱에 대한 대수학적 표준기호 Π를 사용하여 표현한다.

$$f(A,B,C)=(A'+B+C')(A+B'+C)(A+B+C')=S_5S_2S_1=\Pi(1,2,5)$$

예제 2.16

$f(A,B,C)=(A'+B'+C')(A'+B'+C)(A'+B+C)$**를 최대항으로 표기하시오.**

예제 2.17

$f(A,B,C)=\Pi(0,3,7)$**에 대한 CPOS 식 형태로 부울식을 적으시오.**

(1) 표준형 변환

$XX'=0$을 사용한 POS 표현방법 변환의 쌍대법은 NPOS 방식으로 표현된 식을 CPOS 방식으로 변환하는 데는 사용할 수 없다. 그러므로 NPOS 식을 CPOS 식으로 변환하기 위해서는 드모르강 정리를 사용하여 함수 f의 역, 즉 f'를 만들어야한다. 그 경우 결과 식은 SOP 형식이 될 것이다. 그런 다음 CPOS 식으로 변환하기 위해 드모르강 정리를 이용한다. 다음 NPOS

형식의

$$f(A,B,C) = (A+B'+C)(A'+B)$$

부울식에서 역함수는 다음과 같이 변환된다.

$$\begin{aligned} f'(A,B,C) &= ((A+B'+C)(A'+B))' \\ &= ((A+B'+C))' + ((A'+B))' \\ &= A'BC' + AB' \\ &= A'BC' + AB'(C+C') \\ &= A'BC' + AB'C + AB'C' \end{aligned}$$

다시 역함수를 구하면

$$\begin{aligned} f(A,B,C) &= (f'(A,\ B,\ C))' \\ &= (A'BC' + AB'C + AB'C')' \\ &= ((A'BC'))'((AB'C))'((AB'C'))' \\ &= (A+B'+C)(A'+B+C')(A'+B+C) \end{aligned}$$

가 된다. 최소항과 최대항의 표현은 더 일반적인 방법으로 식을 변환하는 데 사용한다.

2.6.3 CSOP와 CPOS 사이의 변환

표 2.12에서 최소항과 최대항은 변수 간에 보수(complement) 관계가 있으므로 최소항의 보수는 최대항과 보수관계가 성립한다. 그 역의 관계도 성립한다.

$$P_i' = S_i \text{ 또는 } S_i' = P_i$$

표 2.12 3변수(*A,B,C*)에 대한 최소항과 최대항

변수(ABC)	최소항	P_i	최대항	S_i
000	$A'B'C'$	P_0	$A+B+C$	S_0
001	$A'B'C$	P_1	$A+B+C'$	S_1
010	$A'BC'$	P_2	$A+B'+C$	S_2
011	$A'BC$	P_3	$A+B'+C'$	S_3
100	$AB'C'$	P_4	$A'+B+C$	S_4
101	$AB'C$	P_5	$A'+B+C'$	S_5
110	ABC'	P_6	$A'+B'+C$	S_6
111	ABC	P_7	$A'+B'+C'$	S_7

예를 들면 최소항 P_0의 보수는 다음과 같은 관계가 성립된다.

$$P_0' = (A'B'C')' = A + B + C = S_0$$

이다. 이 관계와 앞에서 공부한 부울식 f의 출력 0에 대응하는 역함수는 f'가 되는 성질도 이용하여 CSOP에서 CPOS로의 변환 또는 반대로 CPOS에서 CSOP로의 변환의 변환 관계를 살펴보자. 즉, f의 출력 0에 대응하는 역함수는 f'가 된다. 다시 말하면 CSOP로 표시된 함수 f'는 원래 f에서 빠진 최소항의 합과 같다. 예를 들어 다음과 같은 부울식을 생각해보자.

$$f(A,B,C) = P_1 + P_4 + P_6 + P_7 = \sum(1,4,6,7)$$

이 부울식의 역함수는

$$f'(A,B,C) = P_0 + P_2 + P_3 + P_5 = \sum(0,2,3,5)$$

이다. 드모르강 정리를 이용하면

$$f(A,B,C) = (P_0 + P_2 + P_3 + P_5)' = P_0' P_2' P_3' P_5' = S_0 S_2 S_3 S_5 = \Pi(0,2,3,5)$$

가 된다. 따라서 CSOP에서 CPOS로 변환하는 것은 기호 Σ를 Π로 바꾸고, 원래의 부울식 f에서 빠진 최소항의 합의 표현되는 역함수 f'의 숫자를 표시하는 것과 같다. 앞의 예를 다시 표현하면 다음과 같다.

$$f(A,B,C) = \sum(1,4,6,7) = \Pi(0,2,3,5)$$

예제 2.18

CSOP 식 $f(A,B,C) = P_0 + P_2 + P_3$를 CPOS 식으로 변환하여라.

2.6.4 부울식 구현

다음과 같은 두 가지 형태의 보기 부울식들이 있다.

$$f_1 = AB + C$$
$$f_2 = AB' + C$$

f_1은 A와 B가 모두 1이거나 또는 C가 1일 때 1이다. 이들 부울식들을 구현하기 위한 가장 간단한 방법은 AB를 생성하기 위한 하나의 AND 게이트와 $AB+C$를 생성하기 위한 하나의 OR 게이트를 사용하는 것이다(그림 2.33).

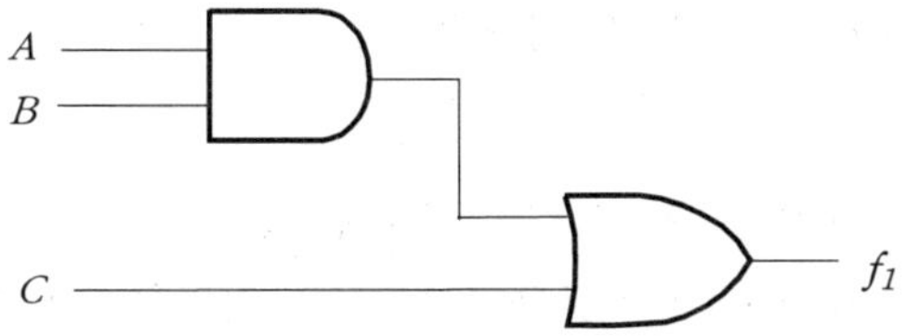

(a) $f_1 = AB + C$의 논리회로 구현

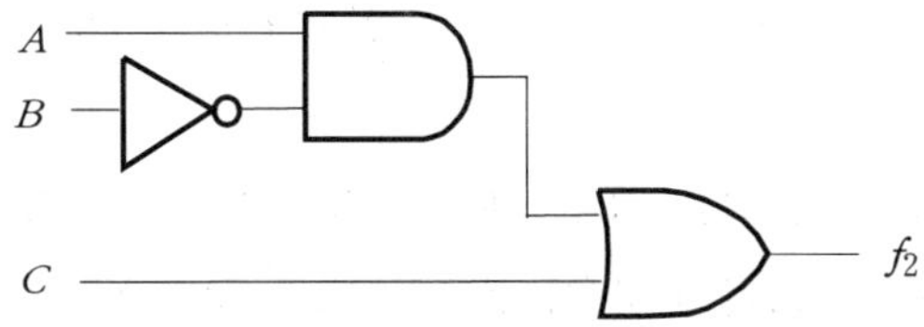

(b) $f_2 = AB' + C$의 논리회로 구현

A	B	C	f_1
0	0	0	0
0	0	1	1
0	1	0	0
0	1	1	1
1	0	0	0
1	0	1	1
1	1	0	1
1	1	1	1

(c) $f_1 = AB + C$의 진리표

A	B	C	f_2
0	0	0	0
0	0	1	1
0	1	0	0
0	1	1	1
1	0	0	1
1	0	1	1
1	1	0	0
1	1	1	1

(d) $f_2 = AB' + C$의 진리표

그림 2.33 보기 부울식들의 게이트들을 사용한 논리회로와 진리표 구현

이들 논리회로들은 3개의 A, B, C 입력들과 1개의 f 출력을 가지고 있다. f_1은 $A=B=1$ 또는 $C=1$일 때 1이고, f_2는 $A=1$이고 $B=0$일 때와 $C=1$일 때 1이다. 이 회로는 B'를 NOT 게이트를 사용하여 구현할 수 있다. 그림 2.33(a)는 신호가 입력에서부터 출력까지 최대 2개의 게이트를 통과하므로 2단계(two-level) 회로이다. 그림 2.33(b)는 NOT 게이트를 포함하여 3단계(three-level) 회로이지만 때때로 단계 수에 있어서 NOT 게이트를 무시하기 때문에 이 회로도 역시 2단계로 보일 수 있다. 2단계 회로는 입력에서부터 출력까지 최소신호지연을 가진 AND-OR(그리고 OR-AND) 표현으로 구현되기 때문에 중요하다. 다음에 2단계보다 많은 다단계를 가진 논리회로를 공부하게 된다.

AND, OR 그리고 NOT의 기본 부울식들이 진리표에 의해서 설명된 것과 꼭 같이 보다 복잡한 부울식들도 진리표에 의해서 설명된다. 보기 논리회로의 f_1의 진리표는 그림 2.33(c)와 같다. f_1이 1인 경우가 5개인 것을 알 수 있다. 즉, $A=0$, $B=0$ 그리고 $C=1$일 때, $A=0$, $B=1$ 그리고 $C=1$일 때, $A=1$, $B=0$ 그리고 $C=1$일 때, $A=1$, $B=1$ 그리고 $C=0$일 때, $A=1$, $B=1$ 그리고 $C=1$일 때이다. 따라서 f_1은 다음과 같다.

$$f_1 = A'B'C + A'BC + AB'C + ABC' + ABC$$

각 항은 진리표에서 1에 대응된다. 만약 예를 들어 A=1, B=1, C=1일 때의 ABC인 경우와 같이 항 중의 하나가 1로 계산되면 전체 식은 1이다.

f_2의 진리표는 그림 2.33(d)와 같고 다음과 같이 표현된다.

$$f_2 = A'B'C + A'BC + AB'C' + AB'C + ABC$$

각 부울식은 함수 하나의 항으로 진리표로부터 얻어진다. 이러한 접근은 필요 이상으로 많은 항을 가진 함수들을 만들므로 많은 게이트 또는(와) 각 게이트 상에서 많은 입력이 필요하다. 분명히 우리는 최소의 비용으로 구현될 수 있는 부울식을 원한다.

예제 2.19

부울식 $f=(A+B')C$ 를 게이트를 사용하여 논리회로와 진리표를 구현하라.

2.6.5 대체 구현

부울식은 일반 대수식과 동일한 방법으로 다룰 수 있다. 즉, 식을 인수분해 하거나 선행 계산을 위하여 괄호를 삽입하는 것과 같은 방법으로 일반 대수식과 동일하게 취급한다. 또한 특별한 회로를 구현하기 위해 다양한 방법으로 식을 변화시킬 수 있다.

(1) 곱의 합(SOP) 식

SOP 식은 곱항(product term)을 생성하기 위하여 AND 게이트를 사용하고 합항(sum term)을 생성하기 위하여 OR 게이트를 사용한다. 즉, SOP 식은 다음과 같이 나타낼 수 있다.

$$f(A,B,C) = A'B'C' + A'BC + AB'C$$

위의 부울식은 그림 2.34와 같이 AND 게이트와 OR 게이트를 사용하여 2단계 AND-OR 회로로 구현할 수 있다.

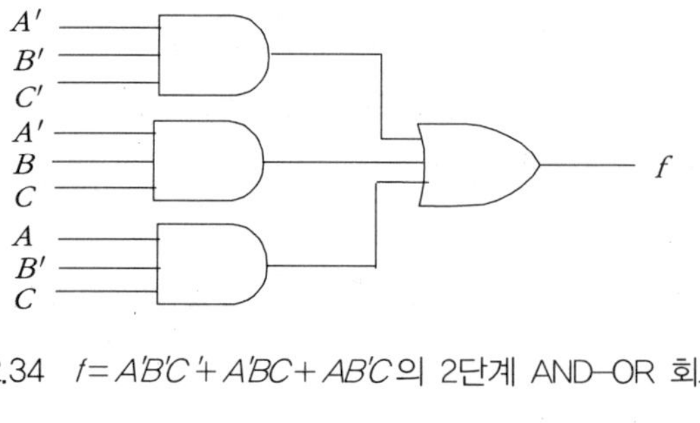

그림 2.34 $f=A'B'C'+A'BC+AB'C$의 2단계 AND-OR 회로 구현

만약 드모르강 정리를 적용한다면 부울식 f는 다음과 같은 식으로 변화시킬 수 있다.

$$f(A,B,C) = (f'(A,B,C))' = [((A'B'C') + (A'BC) + (AB'C))']'$$
$$= ((A'B'C')'(A'BC)'(AB'C)')'$$

따라서 이 식은 그림 2.35와 같이 NAND 게이트들만을 사용하여 2단계 NAND-NAND 회로로 구현된다.

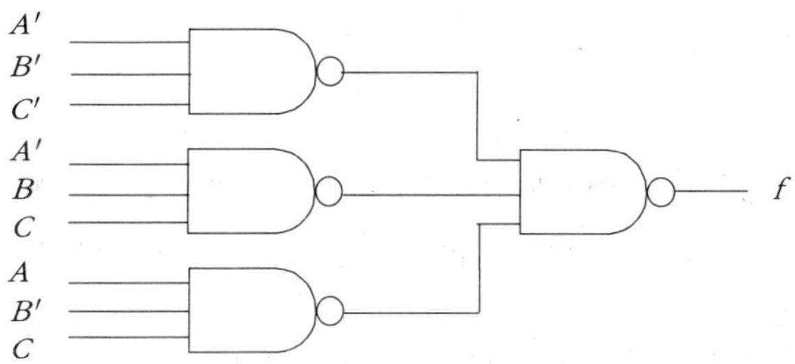

그림 2.35 $f = A'B'C' + A'BC + AB'C$의 2단계 NAND-NAND 회로 구현

그림 2.34의 3단계 AND-OR 회로가 간단히 2단계 NAND-NAND 회로로 설계된다. 원래의 부울식에서 명시된 동작대로 NAND 게이트의 처음 열은 실제적으로 AND 논리 동작을 수행한다. 처음 열로부터 출력을 입력으로 받아들이는 마지막 NAND 게이트는 논리적으로 OR 동작을 수행한다. 즉, 게이트의 모든 입력이 논리 1일 때 처음 열의 각 게이트의 실제 출력신호는 논리적으로 0(low)이다. 이러한 논리 0값들이 다음 단의 출력 f가 1이 되게 한다.

제안된 함수 $f(A,B,C) = A'B'C' + A'BC + AB'C$를 더욱 분명하게 구현하기 위하여, 그림 2.36과 같이 출력 쪽 NAND 게이트에 대하여 대체 기호로 표현할 수 있는데(그림 2.20 참조), 기존의 OR 게이트의 입력들에 역변환 기호인 원을 사용하여 나타낼 수 있다.

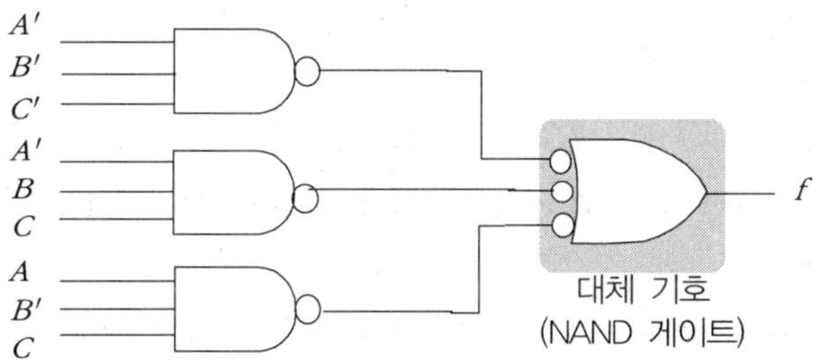

그림 2.36 대체 기호를 사용한 $f = A'B'C' + A'BC + AB'C$의 2단계 NAND-NAND 회로 구현

왼쪽 NAND 게이트 출력의 역변환 기호인 원과 대체 기호의 입력에서 역변환을 나타내는

원은 서로 상쇄되므로 그림 2.34와 같은 회로 구현이 된다.

예제 2.20

부울식 $f=A'BC+AB'C+ABC'$ 에 대하여

(1) 2단계 AND-OR 회로 구현

(2) 2단계 NAND-NAND 회로 구현

(3) 대체 기호를 사용한 2단계 NAND-NAND 회로 구현을 하여라.

---

(2) 합의 곱(POS) 식

POS 식은 합항을 생성하기 위하여 OR 게이트를 사용하고 곱항을 나타내기 위하여 AND 게이트를 사용하여 구현한다. POS 식은 다음과 같이 나타낼 수 있다.

$$f(A,B,C)=(A'+B'+C')(A'+B+C)(A+B'+C)$$

위 부울식은 OR 게이트와 AND 게이트로 2단계 OR-AND 회로로 구현된다(그림 2.37)

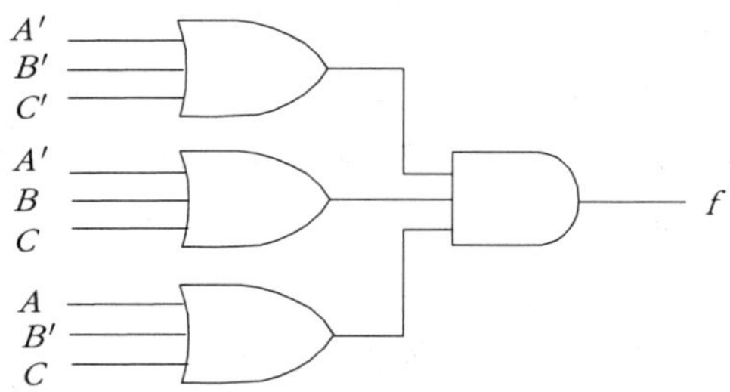

그림 2.37 $f=(A'+B'+C')(A'+B+C)(A+B'+C)$의 2단계 OR-AND 회로 구현

만약 부울식 f에 드모르강 정리를 적용하면 다음과 같다.

$$\begin{aligned}f(A,B,C)&=[((A'+B'+C')(A'+B+C)(A+B'+C))']'\\&=((A'+B'+C')'+(A'+B+C)'+(A+B'+C)')'\end{aligned}$$

이 부울식은 그림 2.38과 같이 NOR 게이트들로 2단계 NOR-NOR 회로로 구현된다.

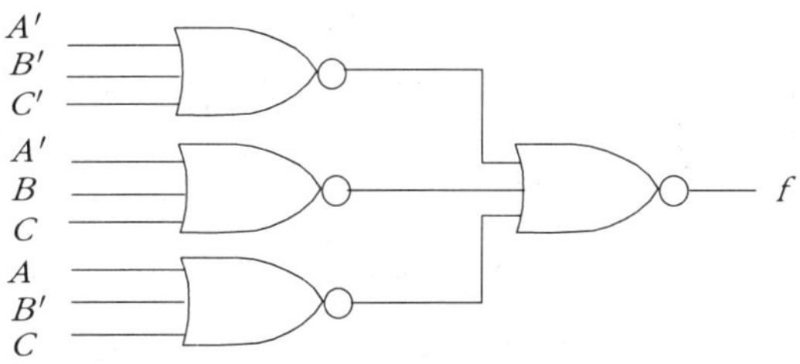

그림 2.38 $f = (A'+B'+C')(A'+B+C)(A+B'+C)$의 2단계 NOR-NOR 회로 구현

즉, 그림 2.37의 2단계 OR-AND 회로는 2단계 NOR-NOR 회로로 구현된다.

제안된 함수 $f(A,B,C) = (A' + B' + C')(A' + B + C)(A + B' + C)$를 더욱 분명하게 구현하기 위하여, 그림 2.39와 같이 출력 쪽 NOR 게이트에 대하여 대체 기호로 표현할 수 있다(그림 2.24 참조).

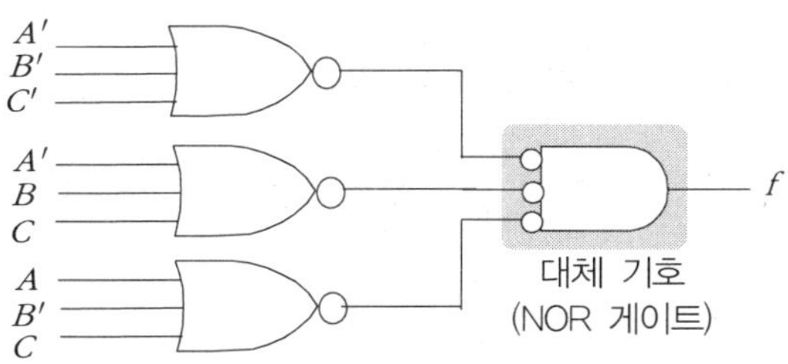

그림 2.39 대체 기호를 사용한 $f = (A'+B'+C')(A'+B+C)(A+B'+C)$의 2단계 NOR-NOR 회로 구현

기존의 AND 게이트의 입력들에 역변환 기호인 원을 사용하여 나타낼 수 있다. 왼쪽 NOR 게이트 출력의 역변환 기호인 원과 대체기호의 입력에서 역변환을 나타내는 원은 서로 상쇄된다. 이 경우 대체 기호는 AND 동작이 되다.

예제 2.21

$f = (A'+B+C)(A+B'+C)(A+B+C')$의
(1) 2단계 OR-AND 회로 구현 (2) 2단계 NOR-NOR 회로 구현
(3) 대체 기호를 사용한 2단계 NOR-NOR 회로 구현을 하여라.

---

(3) XOR 게이트의 또 다른 회로 구현

XOR 게이트는 하드웨어 면에서 매우 비경제적이다. 사실상 2입력 함수라도 서로 다른 형식의 게이트들로 구성되는 것이 보통이다.

그림 2.40은 NAND게이트들로 이루어진 XOR 회로를 구현한 것이다.

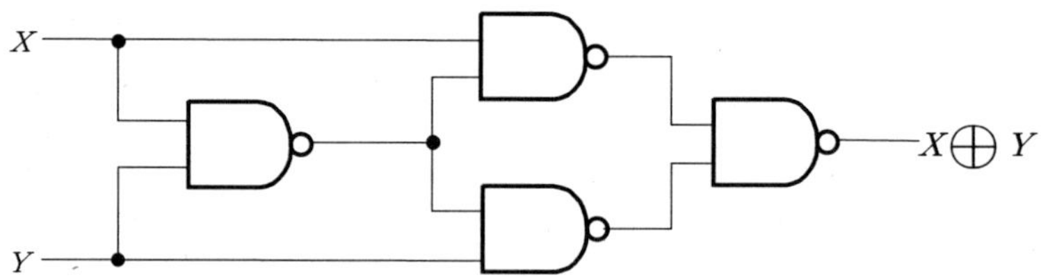

그림 2.40 XOR 회로의 3단계 NAND-NAND 회로 구현

첫 번째 NAND 게이트는 연산은

$$(XY)' = (X' + Y')$$

를 수행한다. 두 번째 NAND 게이트들에서는

$$((X' + Y')X)' + (X' + Y')Y)' = (XY')' + (X'Y)'$$

가 된다. 마지막 NAND 회로는 다음과 같이 정리된다.

$$((XY')' + (X'Y)')' = XY' + X'Y = X \oplus Y$$

2.6.6 다단계 구현

모든 회로 구현에서 지금까지는 보수를 생성하는 데 인버터(inverter)를 사용하지 않았다. 이처럼 인버터를 고려하지 않고도 신호가 입력에서부터 출력까지 2개의 게이트를 통과하는 2단계의 회로를 구성하였다. 신호가 3개 이상의 단계를 갖는 다단계(multilevel) 회로의 구현은 부울식에서 동일한 변수를 묶는 방법을 통해서 인수분해 할 수 있다. 다단계 회로 구현의 여러 가지 형태가 나올 수 있다. 하지만 이러한 설계 방법은 각각의 게이트에 대한 입력의 수는 감소시키나 많은 신호의 지연을 가져온다.

다음 부울식을 다단계 구현해보자(그림 2.41).

$$f = ABC + ABD + ABE + AF$$

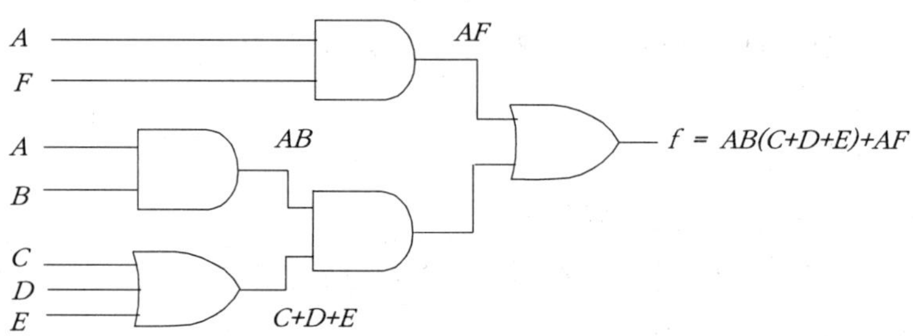

(a) 3단계 구현

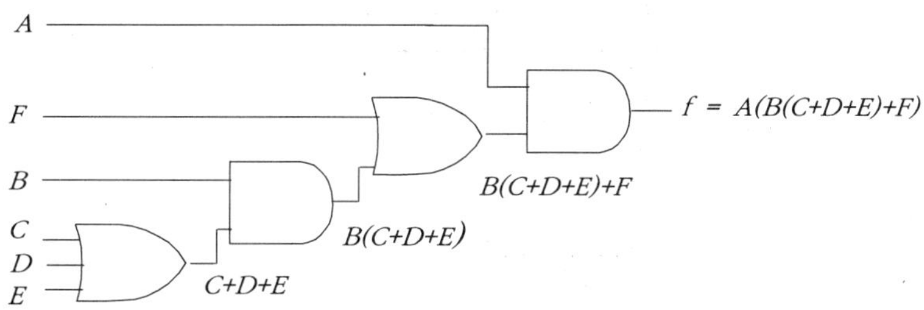

(b) 4단계 구현

그림 2.41 인수분해에 의한 $f=ABC+ABD+ABE+AF$의 다단계 구현

첫 번째로 이 부울식을 변수 AB로 묶으면

$$f = AB(C+D+E)+AF$$

와 같고, 그림 2.41(a)처럼 3단계로 구현된다. 두 번째로 다음 같이 구현이 가능하다.

$$f = A(BC+BD+BE+F) = A[B(C+D+E)+F]$$

이것은 4단계로 그림 2.41(b)처럼 구현된다. 인수분해 방법에 따라서 부울식은 다양한 형태의 다단계 구현이 가능하다.

예제 2.22

부울식 $f = ABC+ABD+ABE+AF$를 그림 2.41과 다른 방법으로 인수분해하여 다단계 회로를 구현하시오.

2.6.7 전등 논리회로 설계

기본 게이트들을 이용하여 다양한 논리회로를 설계해보자.

2개의 입력(A, B)과 한 개의 출력(f)이 있는 가상의 전등 논리회로를 생각하자. 두 입력은 2개의 스위치의 상태를 나타내고 출력은 스위치 상태에 따른 결과를 출력한다. 논리회로 기능은 AB=00, 10 그리고 11일 때 출력 f는 1이 되고, AB=01일 때 f는 0이 된다(표 2.13).

표 2.13 전등 논리회로의 진리표

A	B	f
0	0	1
0	1	0
1	0	1
1	1	1

진리표로부터 부울식을 구해보자. 부울식은 출력 f가 1인 최소항들의 합과 같다. 따라서 부울식 f는 CSOP 형태로 다음과 같이 표현된다.

$$f(A,B) = A'B' + AB' + AB = P_0 + P_2 + P_3 = \Sigma(0,2,3)$$

따라서 전등 논리회로의 구현은 CSOP 형태로 그림 2.42(a)와 같다.

이 CSOP 식은 가장 간단한 형태의 회로는 아니다. 부울대수의 정리를 이용하여 다음과 같이 변형할 수 있다.

$$\begin{aligned} f(A,B) &= A'B' + AB' + AB = A'B' + A(B' + B) \\ &= A'B' + A = (A' + A)(B' + A) \\ &= B' + A \end{aligned}$$

이 간략화된 부울식의 전등 논리회로 구현은 그림 2.42(b)와 같다.

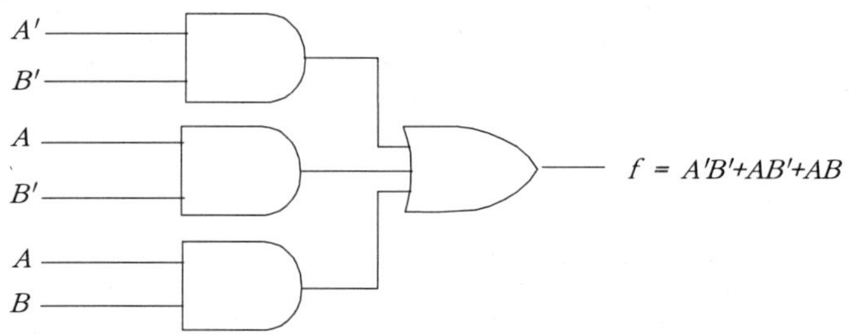

(a) CSOP

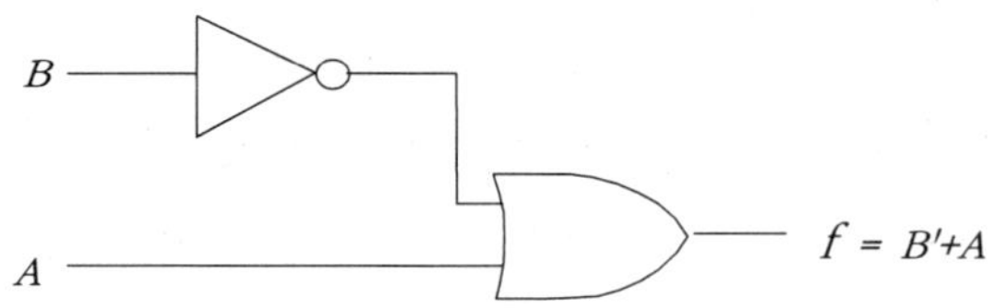

(b) 간략화

그림 2.42 두 가지 형태의 전등 논리회로 구현

이 간략화된 부울식을 사용한 논리회로 구현은 CSOP 식으로 구현한 논리회로보다 낮은 비용과 높은 신뢰성을 얻을 수 있다. 부울식의 간략화는 3장에서 자세히 공부한다.

예제 2.23

다음 전등 논리회로의 부울식으로 두 가지 형태(CSOP, 간략화)의 논리회로를 구현하시오.

A	B	f
0	0	1
0	1	1
1	0	0
1	1	1

2.7 게이트 회로 설계

게이트들은 반도체 집적회로 기술을 사용해서 IC로 제조된다. 보통 하나의 반도체 칩 안에 하나의 게이트만 제조되는 것이 아니라 많은 수의 게이트들이 집적되므로 집적회로(integrated circuit, IC)이라고 부른다. 게이트는 실제로 트랜지스터를 표현하는 회로 설계를 통하여 구현되며 TTL 기술 또는 CMOS 기술을 이용하여 IC로 만들어진다.

2.7.1 TTL IC

IC가 만들어진 초기에 가장 성공적으로 집적된 형태의 논리게이트군은 TTL(Transistor-Transistor Logic)이며 1960년대에 소개되어 작은 디지털 시스템과 큰 집적회로 패키지에 대한 인터페이스로서 지금까지 사용되어 왔으나 최근에는 대부분 TTL 대신 동일한 기능을 갖는 CMOS 기술로 대체되었다. 그림 2.43에 이러한 DIP 패키지 형식을 갖는 18핀으로 구성되는 논리게이트군 TTL IC 74LSXX 시리즈의 예이다.

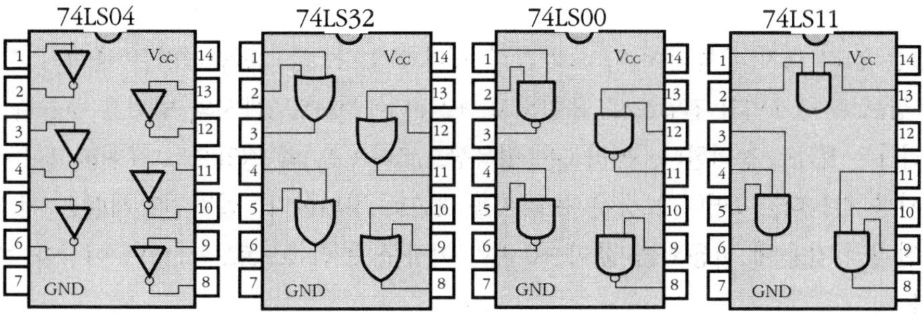

(a) DIP(dual-in-line)형태의 TTL IC 패키지 구조

소자번호	게이트 형태	입력수	게이트 수
74LS04	NOT	1 입력	6
74LS08	AND	2 입력	4
74LS11	AND	3 입력	3
74LS32	OR	2 입력	4
74LS00	NAND	2 입력	4
74LS10	NAND	3 입력	3
74LS02	NOR	2 입력	4
74LS27	NOR	3 입력	3
74LS86	XOR	2 입력	4
74LS266	XNOR	2 입력	4

(b) TTL 표

그림 2.43 TTL IC

TTL 소자는 한 칩 안에 약 2~100 사이의 게이트들이 집적된다. 따라서 TTL은 SSI(Small -Scaled Integrated Circuit)급의 집적도를 갖는 IC이다. TTL은 전형적으로 DIP(dual-in-line) 형태로 패키지 되는데, 가장 작은 경우 길이가 0.75인치, 폭이 0.25인치, 높이가 0.2인치이며, 양쪽에 0.1인치 간격으로 7개씩 모두 14개의 핀을 갖는다.

공급전원이 5[V]인 경우, TTL의 전압레벨은 그림 2.44와 같다.

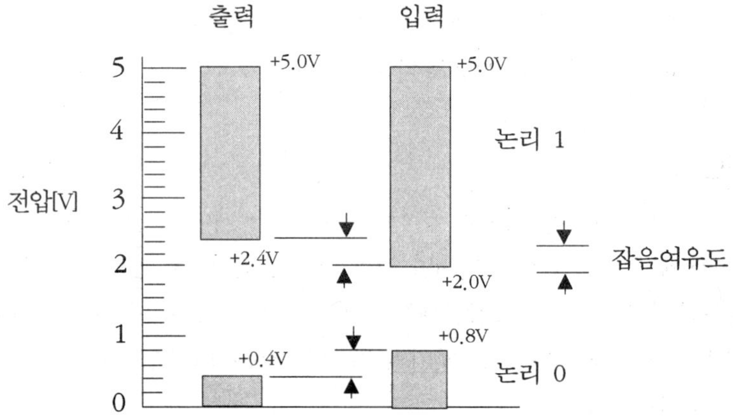

그림 2.44 TTL 전압레벨

논리값은 논리 소자의 형태에 따라 약간의 차이가 있다. 출력전압레벨은 출력의 경우 논리 1은 명목상으로 +3.4[V]의 전압으로 표현되고, +2.4[V]에서 +5[V]까지의 범위를 갖는다. 그러나 보통 논리 1은 5[V]로 정의한다. 논리 0은 명목상으로 +0.2[V]의 전압으로 표현되고, 0~0.4[V]까지의 범위를 갖는다. 그러나 보통은 논리 0을 0[V]로 정의한다. 입력전압레벨은 시스템에서 외부의 전기적 잡음에 허용되는 값이 +0.8[V] 이하를 논리 0으로, +2.0[V] 이상을 논리 1로 인식한다.

잡음(noise)은 시스템 내의 선(wire)에서 발생하는 원하지 않는 전기적 신호를 나타내는 데 사용되는 항목이다. 잡음은 논리게이트의 스위칭 동작으로부터 발생하는데, 전압원의 전압 변화 시에 생기거나 전자기장의 방출로 인해 라인에서 생기기도 하고, 이웃 간 소자와의 연결 시에도 발생한다. 덜 일반적이기는 하지만 잡음원은 시스템 외부일 경우도 있다.

논리소자는 시스템 내부에서 전기적 잡음이 발생하더라도 이를 허용하고 계속적으로 올바르게 동작할 수 있도록 설계되어야 한다. 잡음여유도(noise margin)는 시스템에서 견딜 수 있는 전기적 잡음으로 표현된 전압의 범위이다. 그것은 허용할 수 있는 잡음전압의 항목으로 주어지는데 출력에 생성되는 논리신호의 전압값으로부터 게이트가 입력을 인식할 때까지의 논리신호의 전압값을 더하거나 빼줌으로써 구한다. 그림 2.44에서 잡음여유도는 논리 0과 논리 1 모두 +0.4[V]이다. 여기서 주어진 잡음여유도는 연속적인 저주파 잡음이 발생할 경우에는 응용할 수 있다. 그러나 불연속적이거나 매우 고주파 잡음의 영향을 받는 논리소자의 동작에 대해서는 저주파 잡음의 경우와 다르게 다루어져야 한다.

예제 2.24

TTL IC의 회로도를 구현하시오.

2.7.2 MOS IC

TTL IC들은 대부분 MOS(Metal Oxide Semiconductor) IC로 대체되었으며, 특히 CMOS (Complementary MOS) IC가 전력소모가 작다는 장점으로 인해 집적회로에 주로 사용된다.

(1) MOS 트랜지스터 스위치

논리게이트는 논리값 1의 고전압(High, H)과 논리값 0의 저전압(Low, L)의 두 전압값 중 하나를 받아들이고, 두 전압값 중 하나를 출력한다. 각 전압값은 그림 2.45에서 보여주는 기계적인 스위치의 배열에 의해 출력될 수 있다.

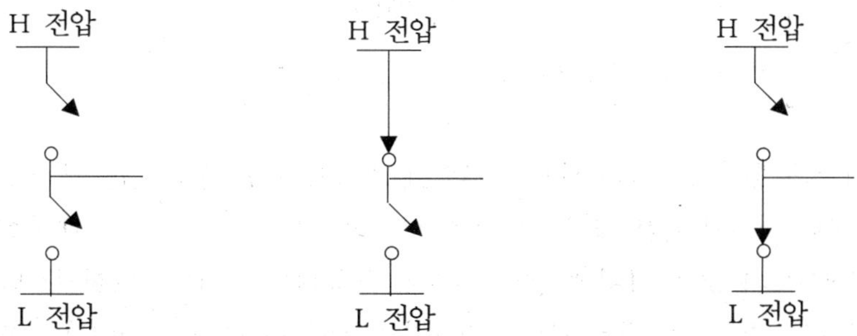

(a) 스위치 (b) 논리값 H의 출력 (c) 논리값 L의 출력

그림 2.45 논리값 H와 L을 출력하기 위한 스위치

한 스위치는 출력이 H 전압에 연결되고, 나머지 하나는 출력이 L 전압에 연결되어 어떤 순간에 오직 하나의 스위치만 닫힌다. H 전압을 출력하기 위해 위쪽의 스위치가 닫히고, 아래쪽 스위치가 열린다. L 전압을 출력하기 위해 스위치가 반대로 동작한다.

MOS 트랜지스터의 동작을 스위치로 설명한다. MOS 트랜지스터는 소스(source), 드레인(drain), 게이트(gate)의 3개의 단자를 갖고 있다. 소스와 드레인 단자는 기계적 스위치의 2개의 단자에 연결된다. 기계적 스위치는 단지 2개의 상태를 갖는데, 전기적 전도가 있는 ON 상태와 전기적 전도가 없는 OFF 상태이다. MOS 트랜지스터에서는 트랜지스터의 상태가 변화하면, 달라진 전압이 트랜지스터의 게이트 단자에 공급된다. 트랜지스터가 'ON' 상태로 스위칭 되어 소스와 드레인 단자 사이에 전기적 전도가 발생한다. 트랜지스터가 'OFF' 상태로 스위칭 되면, 소스와 드레인 단자 사이에 전기적 전도가 발생하지 않게 된다. ON과 OFF상태를 조절하는 게이트전압은 실질적으로 게이트와 소스 사이의 전압(Vgs)으로 정의된다.

MOS 트랜지스터에는 n형 MOS(NMOS)와 p형 MOS(PMOS)이 있다(그림 2.46).

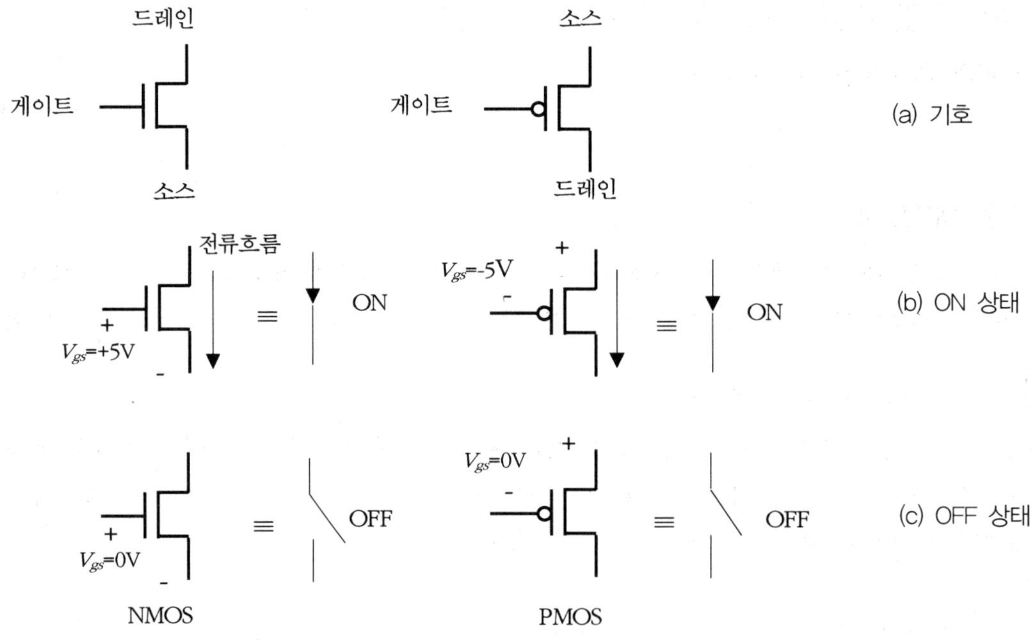

그림 2.46 MOS 트랜지스터

NMOS가 바르게 동작하기 위해서는 드레인에 소스보다 큰 양의 전압이 공급되어야 한다. 트랜지스터를 'OFF'시키기 위한 게이트와 소스 사이의 전압은 0[V]이고, 트랜지스터를 'ON'시키기 위해서는 게이트와 소스 사이에 양의 전압이 공급되어야 한다. 트랜지스터를 ON시키기 위한 최소 게이트, 소스 간 공급전압을 문턱전압(threshold voltage)이라 한다.

그림 2.46(b)(c)는 MOS 트랜지스터가 ON, OFF의 두 가지 상태를 얻기 위해 전압이 가해진

상태를 보여준다. NMOS를 동작시키기 위해서는 소스에 드레인보다 더 큰 양의 전압을 공급해야한다. 이 경우 트랜지스터를 'OFF'시키기 위한 게이트와 소스 사이의 전압은 0[V]이나, 트랜지스터를 'ON'시키기 위해서는 게이트와 소스 사이에 NMOS의 전형적인 문턱 전압값인 +1.5[V] 이상의 양의 전압을 공급해주어야 한다. PMOS를 동작시키기 위해서는 드레인에 소스보다 더 작은 음의 전압을 공급해야 한다. 이 경우 트랜지스터를 'OFF'시키기 위한 게이트와 소스 사이의 전압은 0[V]이나, 트랜지스터를 'ON'시키기 위해서는 게이트와 소스 사이에 PMOS의 전형적인 문턱전압값인 -1.5[V] 이하의 음의 전압을 공급해 주어야 한다. 이 예에서는 게이트, 소스간 공급전압이 -5[V]일 때 소자가 ON된다.

(2) CMOS 논리회로

NMOS 트랜지스터 하나와 PMOS 트랜지스터 하나로 그림 2.47(a)처럼 구성하면 CMOS (Complementary MOS)라고 부르는 NOT 논리회로로 동작한다.

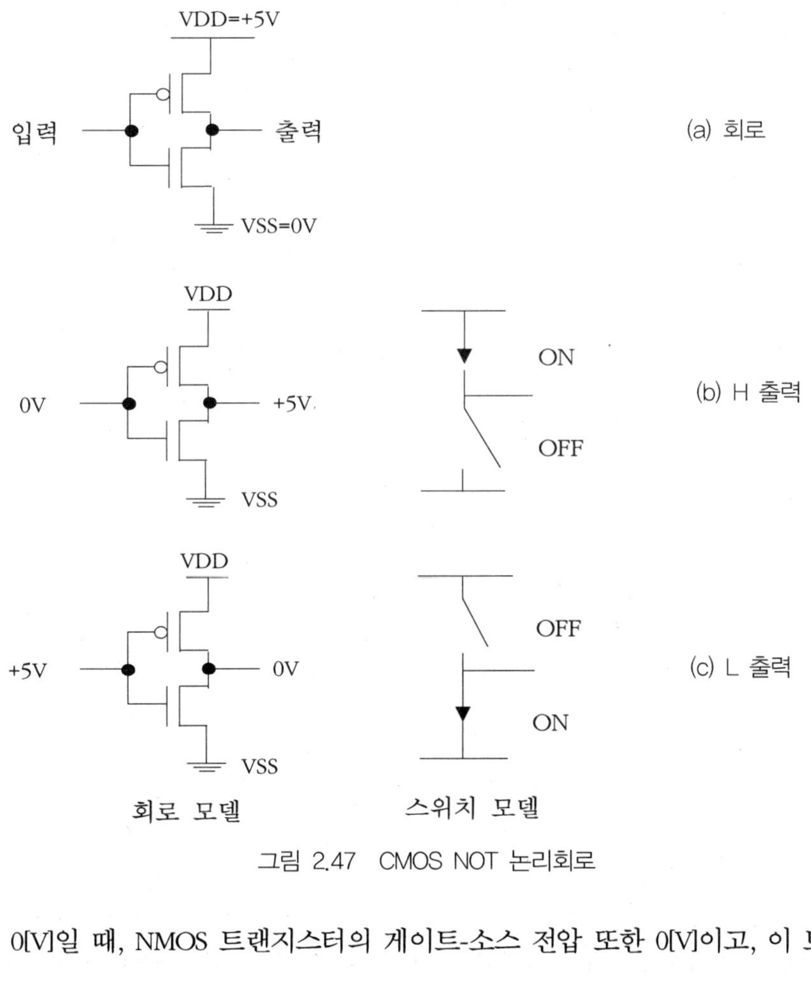

그림 2.47 CMOS NOT 논리회로

입력이 0[V]일 때, NMOS 트랜지스터의 게이트-소스 전압 또한 0[V]이고, 이 트랜지스터는

OFF 된다. 이 경우 PMOS 트랜지스터의 게이트-소스 사이에 -5[V]를 공급되고, 게이트에 대한 소스 전압이 +5[V]이므로 이 트랜지스터는 ON 되므로 출력은 +5[V]가 된다(그림 2.47(b)). 입력이 5[V]일 때, NMOS 트랜지스터의 게이트-소스 전압 또한 +5[V]이고, 이 트랜지스터는 ON 된다. 이 경우 PMOS 트랜지스터의 게이트-소스 전압에 0[V]가 공급되고, 이 트랜지스터는 OFF 되므로 출력은 0[V]가 된다(그림 2.47(c)). 따라서 CMOS 회로는 두 트랜지스터가 서로 상보적인 관계(하나가 OFF되면, 다른 하나는 그 반대의 상태 ON)를 갖는 회로로 동작한다. 정상적으로 논리 1과 논리 0값을 논리회로의 입력과 출력으로 고려한다. 그러므로 이 회로는 입력값에 의존해 논리 0(0[V])나 논리 1(+5[V])을 출력한다. 여기서는 입력이 논리 0일 경우는 출력 쪽에 논리 1을, 입력이 논리 1일 경우는 출력 쪽에 논리 0을 출력되므로 반전 동작을 하는 NOT 게이트 회로이다.

AND 게이트 회로와 OR 게이트 회로는 만능 게이트인 NAND와 NOR 게이트를 기본으로 구성된다. *A*와 *B*의 2개의 입력을 갖는 CMOS NAND 게이트를 그림 2.48(a)에 나타내었다.

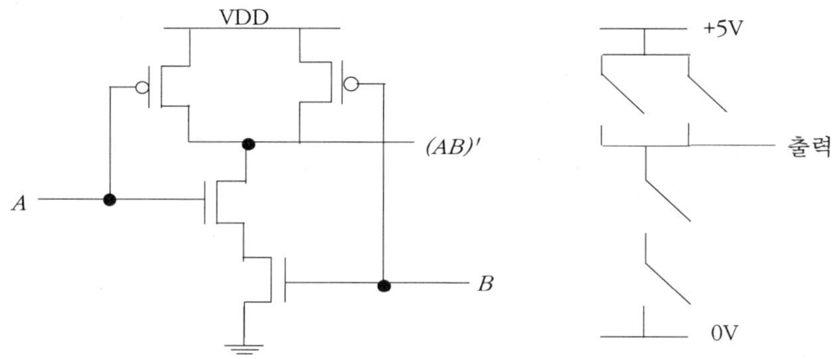

(a) CMOS NAND 회로와 스위치 모델

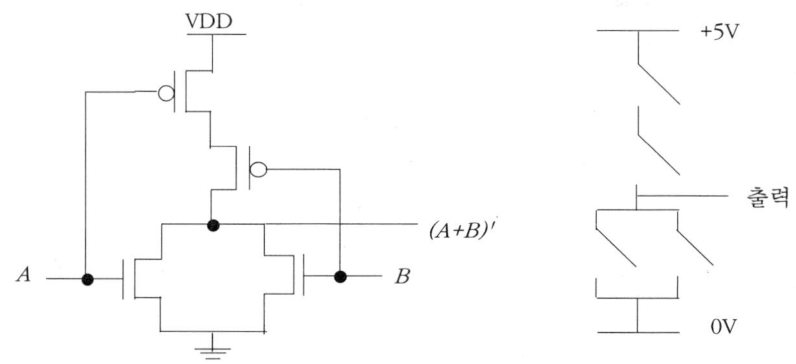

(b) CMOS NOR 회로와 스위치 모델

그림 2.48 CMOS 만능 게이트

NMOS는 0[V]에 직렬로 연결되었고, PMOS는 +5[V]에 병렬로 연결되었다. *A*, *B*가 양쪽 모두 1이면, n형 트랜지스터들이 모두 ON되고 출력이 0이 된다. 이때, PMOS는 모두 OFF 된다.

A 또는 B의 입력 중 하나가 0이면, 거기에 해당하는 PMOS가 ON 되어 출력이 1이 되며, 양쪽의 NMOS는 모두 OFF 된다. CMOS NOR 게이트를 그림 2.48(b)에 나타내었다. 이 경우, 직렬과 병렬 연결형태가 NAND 게이트와 반대이다.

CMOS AND 게이트는 입력에 반전을 갖는 NOR 회로를 사용하거나 NAND 게이트와 NOT 게이트를 이용해서 만들어진다(그림 2.49(a)).

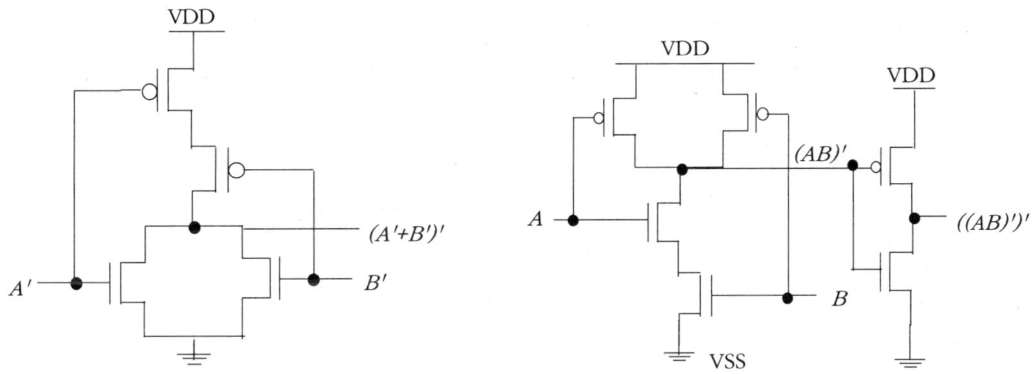

NOR회로 이용, $AB=(A'+B')'$ NAND 게이트와 NOT 게이트 이용, $AB=((AB)')'$

(a) CMOS AND 게이트 구현

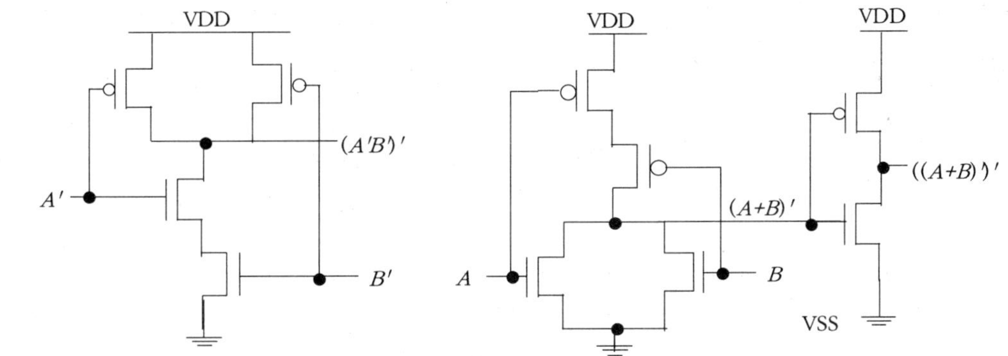

NAND 회로 이용, $A+B=(A'B')'$ NOR 게이트와 NOT 게이트 이용, $A+B=((AB)')'$

(b) CMOS OR 게이트 구현

그림 2.49 CMOS AND 게이트와 CMOS OR 게이트

비슷하게 CMOS OR 게이트는 입력에 반전을 갖는 NAND 게이트 회로를 사용해서 구성하거나 NOR 회로와 NOT 회로를 이용해서 만들어진다(그림 2.49(b)).

(3) 조합함수

CMOS 회로는 직렬과 병렬의 트랜지스터의 배치를 이용해서 임의의 AND회로/OR 회로를 만들 수 있다. n형 트랜지스터는 출력을 0으로 풀다운(pull-down)하므로 0에 대한 부울조건을 정의하는 회로망을 형성하고, p형 트랜지스터는 출력을 1로 풀업(pull-up)하므로 1에 대한 부울조건을 정의하는 회로망을 형성한다. 두 부울조건은 상보적이어야만 한다.

풀업 회로망은 F_{up}이라 부르는 정함수를 구현하고, 풀다운 회로망은 F_{down}이라 부르는 상보적인 반대 함수를 구현한다. 각 함수에 대해 직렬 또는 병렬로 사용할 수 있는 두 가지의 기본 형태가 있다. 직렬형태는 모든 트랜지스터가 'ON'(기본적으로 AND 동작)으로 스위치 되었을 때 회로의 연결을 형성하나 병렬형태는 어떤 트랜지스터가 하나만 'ON'(기본적으로 OR 동작)으로 스위치 되면 회로의 연결을 형성한다.

NAND 게이트 회로와 NOR 게이트 회로에서 어떻게 F_{up}과 F_{down}이 회로와 관계되는지 알아보자. 2입력 NAND 게이트 회로에 대한 이 조건은 다음과 같다.

> $A=1$이고 $B=1$일 때 0으로 풀다운(pull-down)
> $A=0$ 또는 $B=0$일 때 1로 풀업(pull-up)

또한, 2개의 부울 상보 함수로서 F_{up}과 F_{down}은 다음과 같이 표현된다.

$$F_{up} = A' + B'$$
$$F_{down} = AB$$

여기서 $F_{down} = F_{up}'$이다. F_{up}은 병렬 'OR' 형태, F_{down}은 직렬 'AND' 형태를 사용해서 구현된다. 2입력 NOR 게이트에 대한 조건은 다음과 같다.

> $A=1$ 또는 $B=1$일 때 0으로 풀다운(pull-down)
> $A=0$ 이고 $B=0$일 때 1로 풀업(pull-up)

그리고 2개의 부울함수로서 F_{up}과 F_{down}은 다음과 같이 표현된다.

$$F_{up} = A'B'$$
$$F_{down} = A + B$$

여기서도 $F_{down} = F_{up}'$ 관계가 성립한다.

(4) 임의 부울식

다음과 같은 부울식을 CMOS 회로로 구현해보자.

$$F = AB' + A'C$$

먼저 풀다운 함수는 다음과 같이 표현할 수 있다.

$$
\begin{aligned}
F_{down} &= (AB' + A'C)' \\
&= (AB')'(A'C)' \\
&= (A' + B)(A + C')
\end{aligned}
$$

다음으로 풀다운 함수와 상보적이므로 풀업 함수는 다음과 같이 구현할 수 있다.

$$F_{up} = AB' + A'C$$

부울식을 그림 2.50에 회로로 나타내었다.

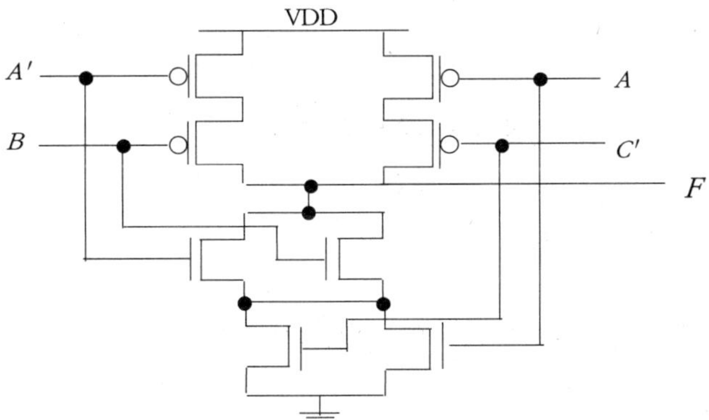

그림 2.50 부울식 $F = AB' + A'C$ 에 대한 CMOS 논리회로

예제 2.25

부울식 $F = AB + A'B'$에 대한 CMOS 회로를 구현하시오.

2.8 요약

- □ 디지털 회로에서 사용되는 기본 논리게이트는 AND, OR, NOT 게이트이다.
- □ 논리게이트는 그 기능을 논리기호, 진리표 그리고 부울식으로 표현한다.
- □ NAND 게이트와 NOR 게이트는 만능 게이트이다.
- □ 부울대수의 정리와 법칙은 쌍대성 이론과 드모르강 법칙을 포함한다.
- □ 디지털 회로를 구현하는 데 있어서 합의 곱 방식이나 곱의 합 방식으로 설계할 수 있다.
- □ 게이트와 함수의 내부회로는 CMOS 기술로 구현된다.

2.9 연습문제

1. 진리표를 사용하여 다음 부울식을 증명하여라.

(a) $(A+B)(A'+CD')=A'B+ACD'$

(b) $AB+A'C+BC=AB+A'C$

2. 아래의 부울식이 타당한지 아닌지를 결정하여라.

(a) $XY+X'Z+YZ=XY+X'Z$ (b) $X\oplus Y=(((XY)'Z)'((XY)'Z)')'$

3. 아래 그림에서 X 값을 결정하여라.

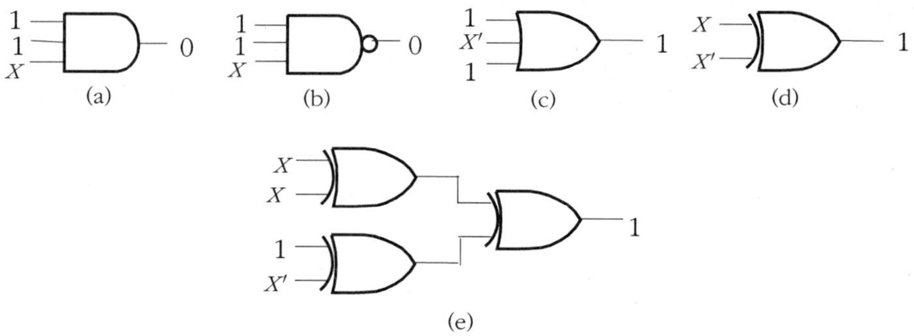

4. 아래 부울식의 쌍대함수를 구하여라.

(a) $f(A,B,C)=AB'+A'BC'$ (b) $f(A,B,C)=(ABC)'(A+B'C')$

5. 드모르강의 정리를 이용하여 다음 표현을 간략화하여라.

(a) $((ABC')'+AB'C)'$ (b) $(A'+B)((A+B)'+C)'$

6. XOR 동작에 대한 아래의 기본 정의를 증명하여라.

$A \oplus B = A$ $\qquad$ $A \oplus 1 = A'$

$A \oplus A = 0$ $\qquad$ $A \oplus A' = 1$

$A \oplus B' = A' \oplus B = (A' \oplus B')$

7. 아래의 부울식을 표준형으로 확장하여 표현하여라.

(a) $AB + A'B' + C$ $\qquad$ (b) $(A+B)(A'+C')C$

8. 다음의 표준 SOP 식을 POS 식으로 바꾸어라.

(a) $f(A,B,C) = ABC' + AB'C' + A'BC' + ABC$

(b) $f(A,B,C,D) = \sum(0,3,5,9)$

9. 아래의 부울식을 NAND 게이트 그리고 MOR 게이트만을 사용하여 구현하여라.

(a) $f(A,B,C) = A'B'C' + AB'C' + ABC' + ABC$

(b) $f(A,B,C) = (A'+B'+C')(A+B'+C')(A+B+C)$

10. 아래의 부울식을 CMOS 회로로 설계하여라.

(a) $f = ABC + A'C'$ $\qquad$ (b) $f = (A+B)(A'+C')$

11. 아래 그림의 CMOS 논리회로는 어떤 부울식으로 구현되는가?

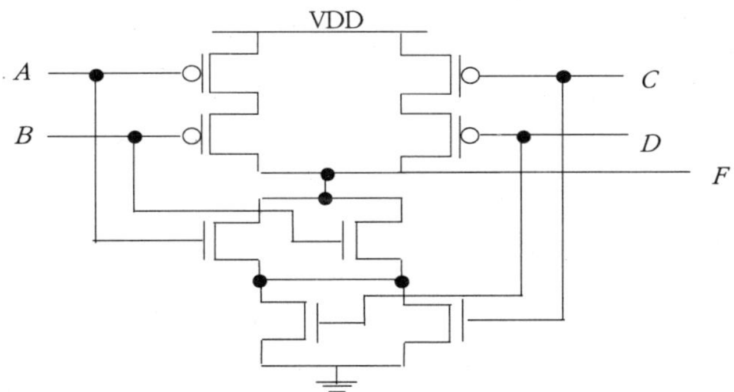

제 3 장

부울식의 간략화

학습 목표

부울식의 간략화에서는 부울식을 간략화하는 다양한 기법들을 학습한다. 즉, 부울식의 대수적 간략화, 배치도를 이용한 간략화, 카르노맵을 이용한 간략화 그리고 테이블 방법을 이용한 간략화를 학습한다.

· 부울식의 대수적 간략화 방법 이해
  - 콘센서스 정리를 이용하여 부울식을 간략화하는 방법을 배운다.
  - 드모르강 정리를 이용한 부울식의 간략화 방법을 배운다.

· 배치도를 이용한 간략화 기법 이해
  - 배치도를 이용한 간략화 방법을 배운다.

· 카르노맵을 이용한 간략화 기법 이해
  - 카르노맵을 이용한 부울식의 간략화 방법을 배운다.

· 테이블 방법을 이용한 간략화 기법 이해
  - 테이블 방법을 이용한 부울식의 간략화 방법을 배운다.

논리회로 설계에 있어서 분명한 사실은 설계기준에 맞는(시스템 기능, 게이트 지연, 속도, 이동 등) 가장 비용이 저렴한 회로가 필요하다는 것이다. 만약 IC(패키지 게이트)를 사용하여 설계를 하고자 하면 전반적인 게이트 지연과 IC 내의 유용한 게이트 수를 계산함으로써 IC 개수를 최소화해야 한다. 만약 VLSI 방법으로 설계한다고 하더라도 게이트(또는 트랜지스터)들을 최소화해야 한다.

IC를 사용하여 설계한다고 계획했을 때, 회로를 간단히 하기 위한 여러 가지 방법들이 있다. 이러한 방법들은 논리함수를 기술한 부울식(Boolean expression)에서 출발한다. 부울식을 간략히 하는 것은 각 항(term)에서 변수(variable)들을 감소시키거나 항들의 개수를 감소시키는 것을 의미한다(물론, 이러한 것은 요구사항과 모순될 수 있다). 간략화(minimization)라는 용어는 단순화 과정을 기술하기 위하여 사용된다. 실제적인 논리설계에서 간략화의 목적은 원래의 부울식을 구현하는 것보다 비용을 덜 들이고 동작을 빠르게 하는 부울식을 구하는 것이다.

간략화는 앞서 공부한 부울식의 대수적인 조작과정을 통하여 간략화하거나 다양한 간략화 기법들(배치도, 카르노맵, 테이블방법)을 사용하여 간략화한다.

3.1 부울식의 대수적 간략화

대수적 간략화(algebraic simplification)는 부울정리(Boolean theorem)와 부울법칙(Boolean law)을 적용한다. 다음의 대수적 전략은 실제적인 부울식에 의존한다. 대부분은 직관(intuition)에 의해서 최선의 방법을 찾는다.

3.1.1 그룹화 후의 부울정리 적용

이 전략과 관련된 법칙은 항(term)을 그룹화(grouping)하는 데 사용되었다. $A+1=1$과 같은 부울정리가 식을 줄이기 위해 항은 그룹화하는 데 적용된다.

$$\begin{aligned} f(A,B,C) &= A + AC' + ABC \\ &= A(1 + C' + BC) \\ &= A \end{aligned}$$

만약 필요하면 식에서 그룹들을 더욱 더 생성하기 위하여 항들을 이중화할 수 있다($A+A=A$이기 때문이다). 다음 정리는 식을 간단히 하기 위해서 사용된다.

$$A + A'B = A + B$$

이 정리는 진리표에 의해서 증명될 수 있고 다양한 경우에 적용될 수 있다. 다음 부울식에서 $A+A'B=A+B$가 두 번 사용되었다.

$$\begin{aligned} f(A,B,C,D) &= A+B'+A'BCD \\ &= A+A'BCD+B' \\ &= A+BCD+B' \\ &= A+B'+CD \end{aligned}$$

(1) 콘센서스 정리

콘센서스 정리(Consensus theorem)는 부울식을 간략화하는 데 아주 유용하다. 콘센서스 정리는 부울정리를 적용하는 것이다.

콘센서스 정리
한 항에 있는 변수가 또 다른 항에 그 변수의 보수가 존재하는 쌍이 항들이 주어지면, 2개의 항에서 선택된 변수와 그 변수의 보수를 제외하고 남은 변수들을 곱하여 만들어진 항을 콘센서스 항(consensus term)이라 하고 생략이 가능하다.

예를 들면, 다음과 같은 부울식에서

$$AB+A'C$$

한 항(AB)에 있는 변수(A)가 또 다른 항($A'C$)에 그 변수의 보수가 존재하는 쌍의 항들(AB, $A'C$)이 주어지면, 2개의 항에서 선택된 변수(A)와 그 변수의 보수(A')를 제외하고 남은 변수들(B와 C)을 곱하여 만들어진 항(BC)을 콘센서스 항(consensus term)이라 하고 생략이 가능하다. 즉 다음과 같이 성립된다.

$$AB+A'C=AB+A'C+BC$$

여기서 BC는 콘센서스 항으로 불필요하므로 제거될 수 있다. 이 정리 역시 진리표에 의해서 증명될 수 있다. 실제적으로 이 정리는 다음과 같이 모양이 다른 이중 형태를 가지고 있다. 즉, 다음과 같다.

$$(A+B)(A'+C)=(A+B)(A'+C)(B+C)$$

예제 3.1

다음 부울식을 콘센서스 정리를 이용하여 간단히 하시오(힌트: BC와 DE를 함께 묶어라).

$$f = ABC + A'DE + BCDE$$

3.1.2 표준형 확장

표준형(standard form)의 부울식을 얻기 위하여 SOP(sum of product) 식의 항들에 $(X+X')$를 곱할 수 있다. CSOP(cannonical SOP) 식은 간단한 부울식을 얻기 위해 재결합할 수 있는 항들을 제공한다. 먼저 부울식을 표준형으로 확장한다. 그러면 항들은 식을 간략화하기 위하여 함께 그룹화 된다. 만약 필요하다면 항들은 그룹을 형성하기 위하여 이중화될 수 있다.

$$\begin{aligned} f(A,B,C) &= AB' + ABC' + A'BC' + A'BC \\ &= AB'(C+C') + ABC' + A'BC' + A'BC \\ &= AB'C + AB'C' + ABC' + A'BC' + A'BC \\ &= AB'(C+C') + AC'(B+B') + A'B(C+C') \\ &= AB' + AC' + A'B \end{aligned}$$

이 방법은 SOP 식을 간략화하는 데 적합하다.

POS(product of sum) 식은 SOP 식처럼 처음에 역함수(inverse function)를 구함으로써 간략화 될 수 있다. 그러면 이 POS 식은 간략화되고 드모르강 정리를 사용하여 원래 함수로 표현된다.

예제 3.2

아래 부울식을 간략히 하기 위한 다른 방법은 무엇인가?

$$f(A,B,C) = AB' + ABC' + A'BC' + A'BC$$

3.1.3 드모르강 정리 사용

드모르강 정리(DeMorgan's theorem)는 부울식을 간략히 하는 데 사용될 수 있다. 일반적으로 드모르강 정리는 역변환의 복수레벨을 포함하는 복잡한 부울식에 가장 유용하다. 드모르강 정리를 반복적으로 사용하면 레벨의 수를 줄일 수 있다. 드모르강 정리를 적용하는 방법은 다음과 같다.

① 연산자(operator)(AND 또는 OR)로 연결된 항으로 구성된 식에 프라임(′)이 있다면 프라임을 부분으로 나누고 연산자를 바꾼다(AND에서 OR로, OR에서 AND로).
② 이와 비슷하게, 만약 연산자로 연결된 항들에 프라임이 있다면 프라임을 결합하고 연산자는 바꾼다(AND에서 OR로, OR에서 AND로).

다음 부울식을 간소화하기 위해

$$f(A,B,C,D) = [(ABD + (BC'D)')B'C + A'C]'$$

프라임을 나누면

$$= [(ABD + (BC'D)')B'C]'(A'C)'$$

프라임을 계속 나누면

$$\begin{aligned} &= [(ABD + (BC'D)')' + (B'C)'](A + C') \\ &= [(ABD)'(BC'D) + (B + C')](A + C') \\ &= [(A' + B' + D')(BC'D) + (B + C')](A + C') \end{aligned}$$

곱하면(단, BB'=0 그리고 DD'=0임)

$$f(A,B,C,D) = (A'BC'D + B + C')(A + C')$$

계속 곱하면(단, $C'C'$=C'임)

$$= AB + AC' + A'BC'D + BC' + C'$$

다시 그룹화하면 다음과 같이 간략화된다.

$$\begin{aligned} f(A,B,C,D) &= AB + C'(A + A'BD + B + 1) \\ &= AB + C' \end{aligned}$$

드모르강 정리는 다양한 항에 걸쳐서 여러 방법으로 대부분의 부울식에서 적용된다. 예를 들면 프라임을 결합하거나 프라임을 나누는 것을 선택해야 한다면 진행방법을 결정해야 할 것이다. 이 정리 자체는 부울식을 최소화시키기 위해 항상 충분하지 않다. 즉, 기본 부울정리 역시 항상 필요하다.

예제 3.3

부울식 $f(A,B,C)=(A+BC)'$ **에서 프라임을 나누어라.**

예제 3.4

부울식 $f(A,B,C)=A'+B'C'$ **에서 프라임을 결합하라.**

3.2 배치도

1952년 배치(E.W. Veitch)에 의해서 제안된 배치도(Veitch diagram)는 벤도(Venn diagram)를 개량한 것으로, 벤도의 원을 사각형 모양의 셀(cell)로 바꾸고, 사각형 셀을 매트릭스 형태로 구성한 것이다.

그림 3.1에 2변수 배치도와 3변수 배치도를 나타내었다.

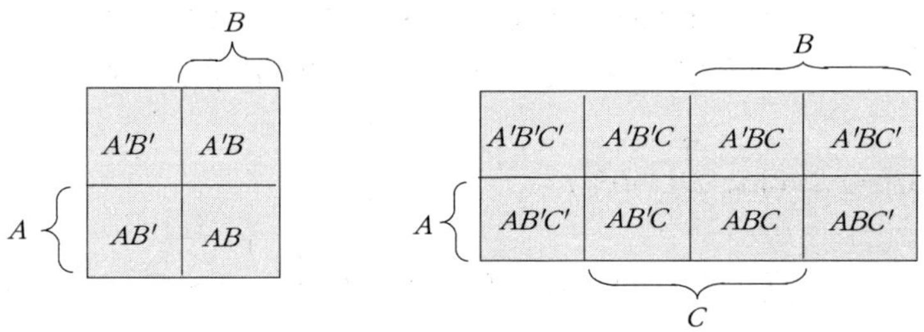

(a) 2변수 (b) 3변수

그림 3.1 배치도

배치도는 부울대수의 최소화를 명확하게 하고 적어도 부울대수를 간단하도록 변수의 조합을 도형적으로 나타낸 생각을 기본으로 한다. 그림 3.1의 매트릭스 중 각 셀(cell)을 한눈으로 본다면, 임의의 2개의 인접셀(adjacent cell) 사이에서는 단 한 개의 변수만이 다르다. 각 셀은 변수의 전체 조합들 중에서 1개씩 세트가 대응되어 있다. 3변수의 도표의 경우 변수 A는 2행으로 대응되고 A'는 1행에 대응한다. 변수 B는 3열 및 4열에 대응되고 1열과 2열은 B'로 대응된다. 마지막으로 변수 C는 2열과 3열에 대응되고 1열과 4열은 C'에 대응된다. 이와 같은 각 변수를 각 행과 열에 할당하면 3변수의 8가지 조합상태들이 8개의 각 셀에 한 개씩 정해진다. 이 배치도의 사용방법을 다음 부울식을 사용하여 설명한다.

$$f(A,B,C) = AB' + BC' + CA'$$

부울식 값이 1이 되는 변수의 조합에 대하여 대응하는 각 셀에 1을 그림 3.2의 도표에 기입한다. 이와 같은 방법으로 부울식을 배치도의 셀에 대응하는 것을 맵핑(mapping)이라 한다.

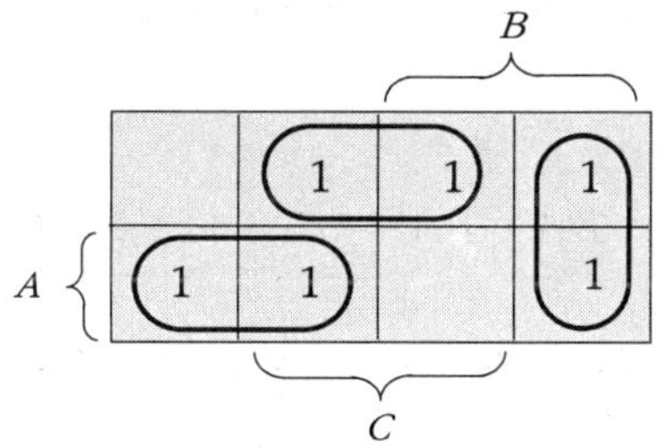

그림 3.2 $f(A,B,C) = AB' + BC' + CA'$의 도표

부울식의 값은 논리적으로 1 또는 0이어야 하므로 그림에서 1로 기입되지 못한 셀들은 0이 된다. 인접된 2개의 셀들은 한 개의 변수값만 다르다. 즉 인접셀 $AB'C'$와 $AB'C$에서 변수 C 값이 서로 다르고 나머지 두 개 변수 A와 B'는 같다. 간략화 정리에 따라

$$AB'C' + AB'C = AB'(C' + C) = AB'$$

가 된다. 다른 인접셀 $A'BC'$와 ABC'는 변수 A의 값이 서로 다르다. 간략화 정리에 따라

$$A'BC' + ABC' = (A' + A)BC' = BC'$$

가 되고, 나머지 인접셀 $A'B'C$와 $A'BC$에서 변수 B의 값이 서로 다르므로 간략화 정리에 따라

$$A'B'C + A'BC = A'(B' + B)C = CA'$$

로 간략화가 된다.

부울식의 해석과 간략화를 도형적으로 표현할 수 있다는 점에서 배치도는 편리한 방법이다. 즉 배치도는 복잡한 대수적 정리를 사용하지 않고 도표를 한눈으로 보는 것만으로 함수를 간략화할 수 있다.

예제 3.5

부울식 $f(A,B,C) = A'B + B'C + C'A$을 배치도에 도표하시오.

3.3 카르노맵

비록 대수적인 최소화로 부울식을 간략화하는 것은 적절한 규칙을 적용하는 개인적인 기술에 의존된다. 주어진 CSOP 식에서 우리는 어떤 SOP 식을 줄이기 위해 하나의 규칙이 반복적으로 사용되었던 것을 보았다. 즉

$$PA + PA' = P(A + A') = P$$

이다. 여기서 P는 어떤 곱항(product term)이고 A는 항들에 나타나는 변수이다. 그러나 이것 역시 묶여야 할 항들을 생각해 내어야 한다.

카르노맵(Karnaugh map)은 1953년 모리스 카르노(Maurice Karnaugh)가 소개 한 것으로 배치도의 아이디어를 발전시킨 것이다. 카르노맵은 묶일 수 있는 항들을 간단히 시각적으로 확인하는 방법을 제공한다. 카르노맵은 배치도에서 각 셀에 표기한 문자 변수 대신에 1과 0을 기입한다.

카르노맵은 사각형의 2차원적인 배열로 구성된다. 각 사각형은 하나의 최소항(minterm)과 연관된다. 어떤 최소항에서 하나의 변수가 참(true)이고 다른 최소항에서 동일한 변수가 보수(complement)인 것 외에는 수직이든 수평이든 인접 셀들의 최소항은 동일한 변수를 가지고 있다. 셀은 함수에서 간략화될 이러한 최소항에 대해 1로 표시된다. 수직이든 수평이든 인접한 1들은 하나의 곱항과 연관되어 다른 변수를 소거하면서 그룹으로 묶여질 수 있다($P(A+A')=P$를 사용). 2개의 최소항들이 간단한 곱항으로 결합되었을 때, 그룹은 한층 더 동일하게 규격화된 인접그룹을 묶을 수 있다.

3.3.1 2변수 카르노맵과 3변수 카르노맵

(1) 2변수 카르노맵

부울식이 2개의 변수를 갖는 경우에 카르노맵을 사용하여 간략화하는 경우의 카르노맵을 2변수 카르노맵이라 한다(그림 3.3).

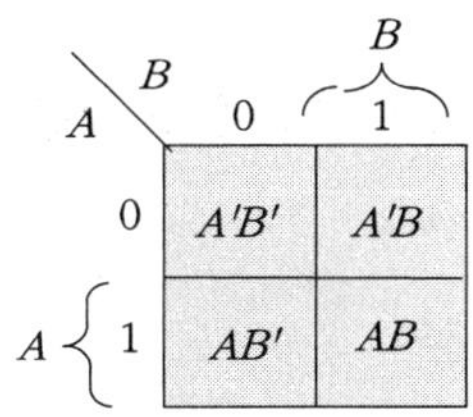

그림 3.3 2변수 카르노맵

2변수에는 4개의 변수 결합들($A'B'$, $A'B$, AB, AB)이 있으므로 정사각형 형태를 그리고 4개의 작은 정사각형으로 모양을 만든다. 각 결합은 카르노맵의 각 셀에 하나씩 할당한다. 셀은 맵의 양 가장자리를 따라 2개 변수에 의해서 분류된다. 이 경우 세로에 1개 변수(A) 그리고 가로에 1개 변수(B)를 할당한다. 인접한 셀은 변수 하나 차이로 항에 할당되는데, 가로 방향으로 0, 1, 세로 방향으로 0, 1이 된다. 0은 변수가 보수이고 1은 변수가 보수가 아니라는 것을 나타낸다. 가로 방향 또는 세로 방향으로 인접한 셀은 변수 하나 차이로 항에 할당되므로 하나의 셀로부터 다음 셀로 옮김에 따라 하나의 변수가 변한다. 왼쪽 제일 위 셀은 $A'B'$(즉, 00)이고 이를 기준하여 오른쪽 인접셀은 $A'B$(즉, 01) 그리고 아래 방향 인접셀은 AB'(즉, 10)가 된다. 나머지 하나 아래 오른쪽은 AB(즉, 11)가 된다. 큰 정사각형 왼쪽에 1을 감싸고 있는 A 변수와 위쪽 B 변수 라벨 표시는 뒤에 간략화 과정에 유용하게 이용된다. 변수 라벨 표시는 변수값이 1인 곳에 하므로 표시가 안 된 곳은 변수값이 0이 된다.

2변수를 갖는 부울식을 카르노맵에 맵핑해보자(그림 3.4).

$$f(A,B) = A'B + AB'$$

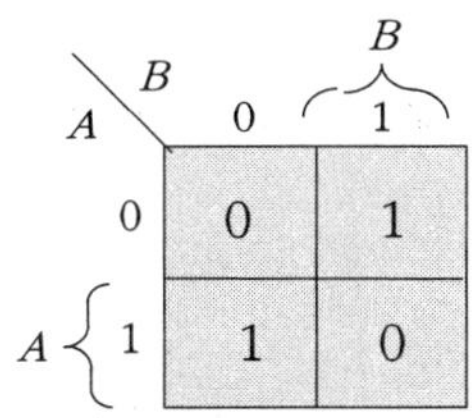

그림 3.4 2변수 카르노맵에 $f = A'B + AB'$를 맵핑

카르노맵에 표시된 1은 함수 역시 1일 때를 나타낸다. 그리고 남아있는 셀들은 함수가 0인 것으로 표시된다. 그러나 보통 셀의 값이 0이지만 0으로 표시하지 않는다.

예제 3.6

다음 부울식을 카르노맵을 사용하여 맵하시오.

$$f(A,B) = A'B' + AB$$

(2) 3변수 카르노맵

부울식이 3개의 변수를 갖는 경우에 카르노맵을 사용하여 간략화하는 경우의 카르노맵을 3변수 카르노맵이라 한다(그림 3.5).

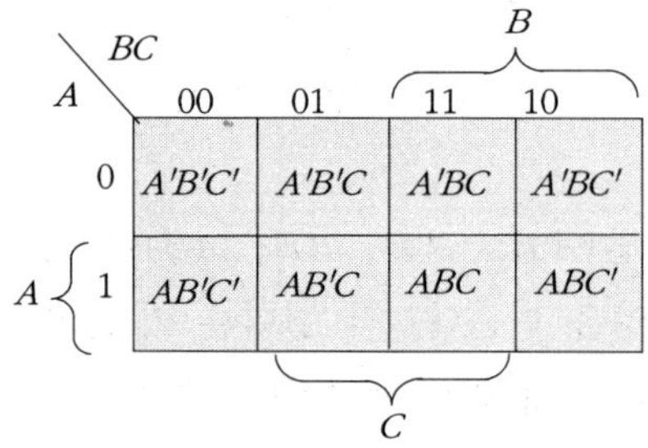

그림 3.5 3변수 카르노맵

3변수는 8개의 변수 결합들($A'B'C'$, $A'B'C$, $A'BC'$, $A'BC$, $AB'C'$, $AB'C$, ABC', ABC)이 있고 각 결합은 카르노맵의 각 셀에 할당된다. 셀은 맵의 양 가장자리 따라 3개 변수에 의해서 분류된다. 3개 변수인 경우 보통 세로에 1개 변수, 가로에 2개 변수를 할당한다. 인접한 셀은 변수 하나 차이로 항에 할당되는데 가로 방향으로 00, 01, 11, 10으로 된다. 이 순서는 실제적으로 그레이 코드(Gray code)라고 불리는 코드이다. 세로 방향도 동일하나 3개 변수에서는 1개 변수만 할당되어 있으므로 2개 변수에서의 경우와 동일하다. 여기서 왼쪽 제일 위 셀은 $A'B'C'$(즉, 000)이다. 변수 라벨 표시는 세로 방향은 A가 된다. 그리고 가로 방향으로는 B 변수 라벨 표시는 위쪽에 C 변수 라벨 표시는 아래쪽에 위치한다. 즉 맨 아래의 가로줄은 A가 모두 1이고 오른쪽 2개의 세로줄은 B가 모두 1이며 중앙의 두 개 세로줄은 C가 1이다.

변수의 배열 순서는 다를 수 있다. 예를 들어 C가 세로 방향 그리고 AB는 가로 방향으로 설정할 수 있다(그림 3.6).

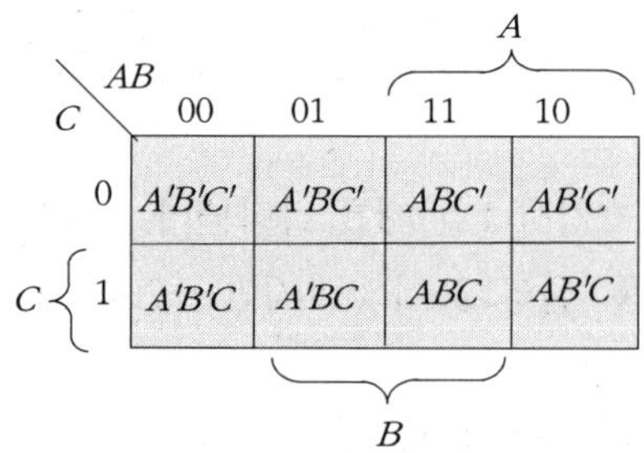

그림 3.6 변수의 대체 순서를 사용한 3변수 카르노맵

본 교재는 변수의 첫째 순서를 사용한다. 왜냐하면 항에서 주어진 것처럼 그림 3.5에서 왼쪽에서 오른쪽으로 읽어감에 따라 항으로부터 셀을 찾기가 쉽기 때문이다. 즉 ABC는 A가

아래쪽이고 BC가 가로쪽이다. 그러나 그림 3.6에 나타난 순서 역시 사용될 수 있다. 그리고 변수의 순서를 어떻게 하느냐는 개인적 선호도에 따른다.

그림 3.7은 다음 3변수 부울식을 카르노맵에 맵핑한 것이다.

$$f(A,B,C) = A'B'C' + A'BC + ABC$$

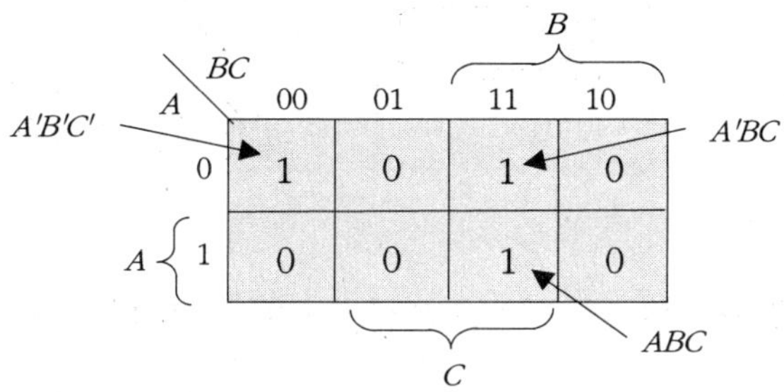

그림 3.73 변수 카르노맵에 $f = A'B'C' + A'BC + ABC$를 맵핑

카르노맵에 표시된 1은 함수 역시 1일 때를 나타낸다. 그리고 남아있는 셀들은 함수가 0인 것으로 표시된다. 그러나 보통 셀의 값이 0이지만 0으로 표시하지 않는다.

예제 3.7

다음 부울식을 카르노맵을 사용하여 맵하시오.

$$f(A,B,C) = AB'C + ABC' + A'BC'$$

3.3.2 간략화 기법

간략화 기법(minimization technique)은 간략화된 CSOP 식과 항상 시작한다. 처음 예에서 이것이 표준식이라고 생각하자. 3가지의 기본 간략화 단계가 있다.

부울식의 기본 간략화 단계
① 부울식에서 항과 연관된 1을 사각형(셀)에 표시한다. ② 대규모 유용한 1의 그룹 속에 1을 형성한다. ③ 그룹(1로 덮여있음)과 연관된 맵으로부터 항을 읽는다.

간략화하기 위한 부울식이 다음과 같다면

$$f(A,B,C) = A'B'C' + A'B'C + ABC'$$

이 부울식의 카르노맵은 그림 3.8과 같다.

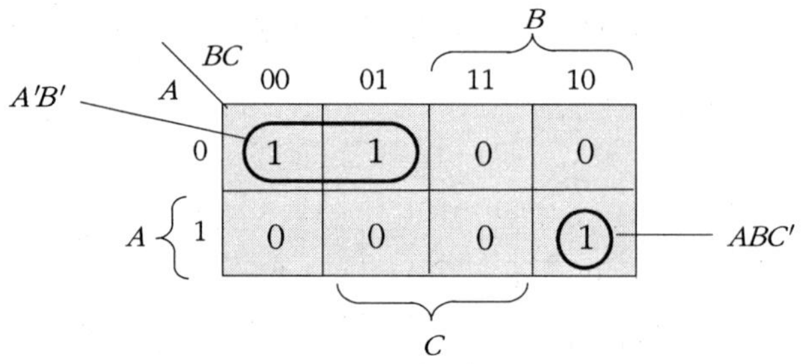

그림 3.8 $f(A,B,C) = A'B'C' + A'B'C + ABC'$ 카르노맵

3개의 항이 있으므로 맵상에 1이 3개이다. 이들 중 2개의 1은 인접하고 서로 결합될 수 있다. 즉, $A'B'C'$와 $A'B'C$는 $A'B'$로 결합된다. 다른 1에 인접하지 않는 나머지 1은 결합될 수 없다. 항을 함께 원으로 둘러싸고 그 그룹에 라벨을 부여함으로써 결합된 그룹이 표시된다. 소거된 변수는 라벨을 확인함으로써 알 수 있다. 사각형 하나의 변수는 0이 될 것이고 인접한 셀에서 변수는 1이 될 것이다. 공통항을 찾고자 할 때 괄호를 사용하는 라벨 표시가 유용하다.

최종적으로 간략화된 부울식은 아래와 같다.

$$f(A,B,C) = A'B' + ABC'$$

(1) 가장자리 간의 그룹화

가장자리(edge)에 있는 셀은 반대편 가장자리(위, 아래, 오른쪽, 왼쪽)에 있는 셀도 역시 인접한 것으로 취급한다. 왜냐하면 이와 같은 사각형은 한 변수가 다른 항과 관련이 있기 때문이다. 그림 3.9는 이런 종류의 그룹화 예를 나타내고 부울식은 다음과 같다.

$$f(A,B,C) = A'B'C' + A'BC' = A'C'$$

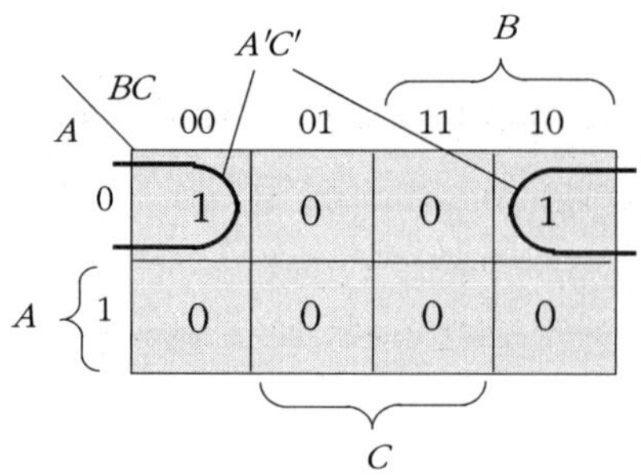

그림 3.9 가장자리 간의 그룹화

예제 3.8

$f(A,B,C) = AB'C' + ABC'$의 카르노맵을 이용하여 간략화하시오.

(2) 대규모 그룹화

지금까지는 하나의 변수를 소거하기 위하여 2개의 항을 하나의 그룹으로 결합하기 위한 방법을 이야기하였다. 만약 이와 같이 결합된 2개의 그룹에서 오로지 하나의 변수가 다르다면(그리고 인접해 있다면), 이러한 그룹은 두 번째 변수를 소거하기 위하여 다시 결합된다.

대규모 그룹은 작은 그룹이 수직 또는 수평으로 인접한 그룹을 찾아서 형성되는 것과 동일한 방법으로 형성될 수 있다. 그림 3.10은 대규모 그룹의 예이다. 각각의 경우에 최종적으로 간략화된 항은 그룹 내에서 모든 사각형에 공통인 변수에 의해서 만들어진다. 두 사각형의 그룹은 변수 하나를, 네 개 사각형 그룹은 변수 두 개를, 여덟 개 사각형 그룹은 변수 세 개를 소거한다. 그림 3.10(c)의 f_3처럼 그룹은 가장자리를 이용할 수 있다. 그림 3.10(d) f_4는 변수값에 상관없이 상수 1의 결과를 초래한다. 모든 경우에서 알아야 할 점은 2, 4, 8, ⋯, 2^n개의 사각형 그룹만이 간략화를 위해 카르노맵에서 사용될 수 있고 그룹은 정사각형 또는 직사각형을 형성한다. 그룹 각 측면의 사각형 수는 역시 2의 자승이다.

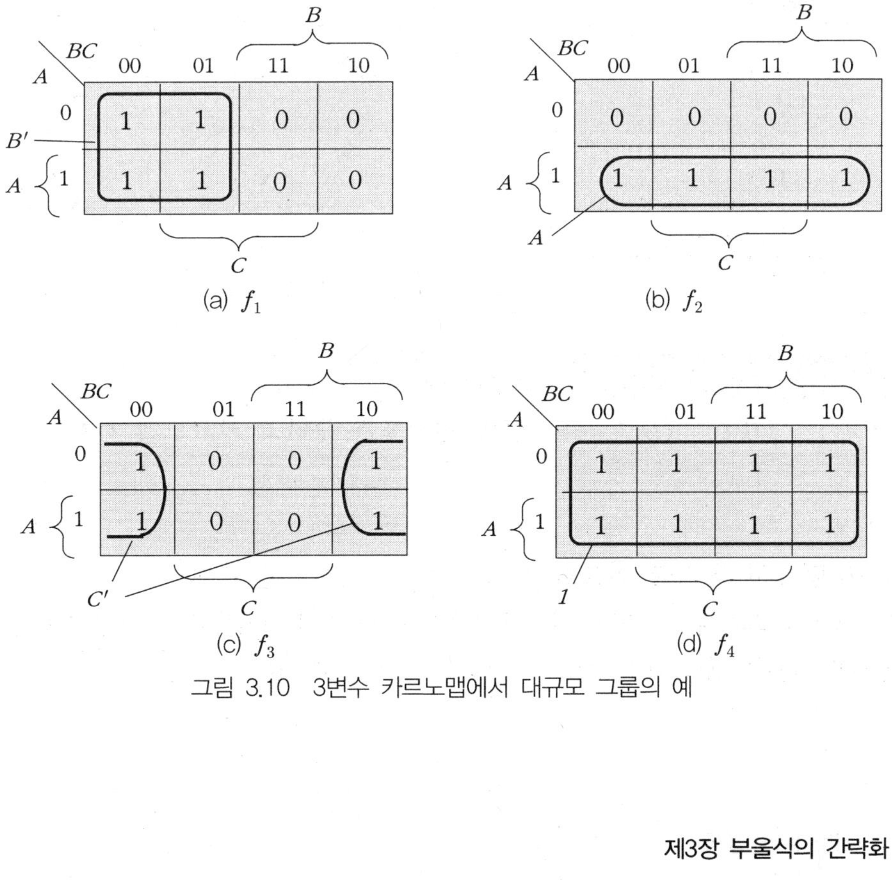

그림 3.10 3변수 카르노맵에서 대규모 그룹의 예

각 경우의 간략화 결과는 다음과 같다.

$$f_1(A,B,C) = A'B'C' + A'B'C + AB'C' + AB'C = B'$$
$$f_2(A,B,C) = AB'C' + AB'C + ABC + ABC' = A$$
$$f_3(A,B,C) = A'B'C' + A'BC' + AB'C' + ABC' = C'$$
$$f_4(A,B,C) = A'B'C' + A'B'C + A'BC' + A'BC + AB'C' \\ + AB'C + ABC' + ABC = 1$$

(3) 진리표와 카르노맵

카르노맵의 사각형과 진리표 사이에는 직접적인 관계가 있다. 둘 다 각 최소항에 대해 하나의 기입항(entry)을 가지고 있다. 그러므로 주어진 부울식의 진리표 기술에 따라 함수를 카르노맵으로 맵하는 것은 간단한 문제이다. 다음 3변수 부울식에 대한 진리표와 카르노맵 관계는 그림 3.11처럼 나타난다.

$$f(A,B,C) = A'B'C' + A'B'C + ABC$$

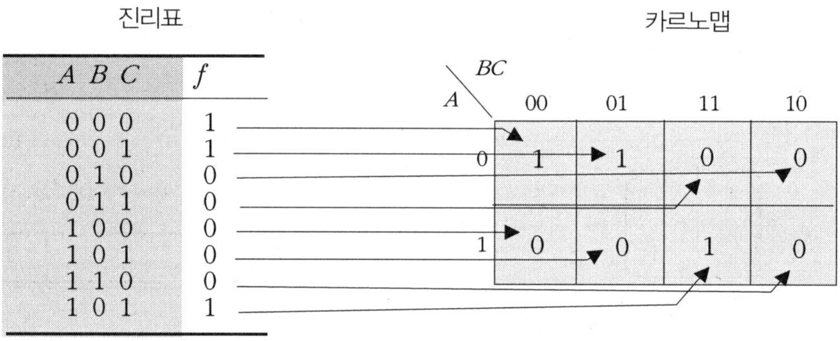

그림 3.11 진리표와 카르노맵 사이의 일치

예제 3.9

$f(A,B,C) = AB'C + ABC' + A'BC'$ **의 진리표를 구하고 카르노맵 하시오.**

(4) 카르노맵에서 최소항 번호를 부여

때때로 카르노맵의 각 사각형의 최소항 번호를 아는 것이 편리하다. 주어진 것처럼 변수순서를 가정하면 3변수 맵에 대한 번호는 그림 3.12처럼 부여된다.

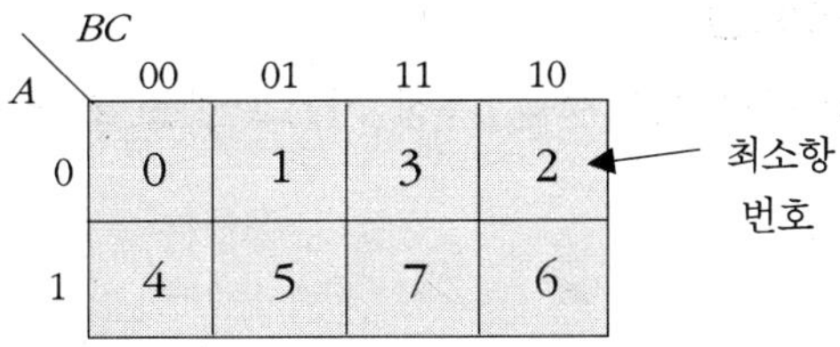

그림 3.12 카르노맵의 최소항 번호 부여

그림 3.11은 CSOP 형태이므로 대수학적 기호를 써서 다시 표현하면 다음과 같다.

$$f(A,B,C) = \sum(0,1,7)$$

식의 최소항 번호를 그림 3.13에 맞추면 간단하게 카르노맵을 만들 수 있다.

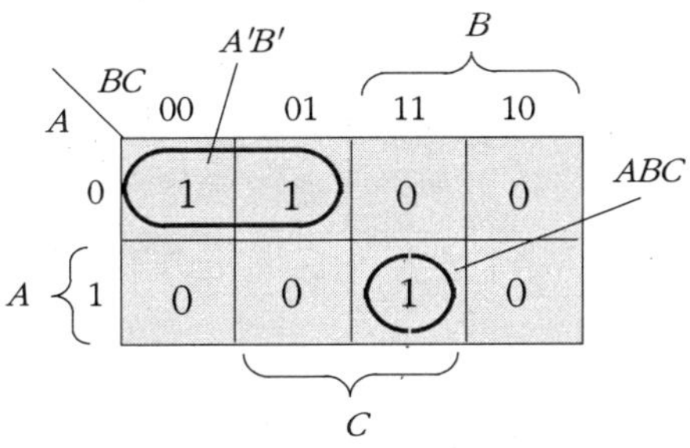

그림 3.13 카르노맵

간략화 결과는 다음과 같다.

$$f(A,B,C) = A'B' + ABC$$

3.3.3 4변수 카르노맵

4변수 부울식은 16개의 사각형을 가진 카르노맵을 요구한다(그림 3.14).

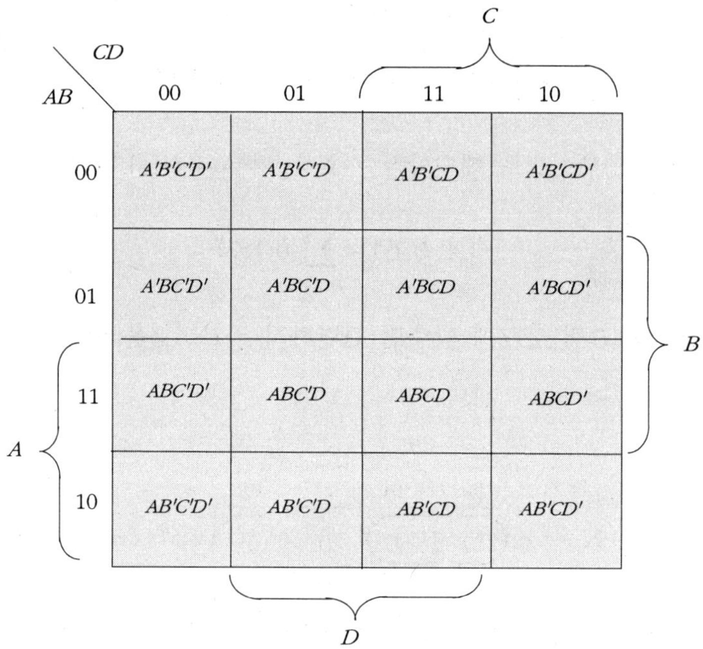

그림 3.14 4변수 카르노맵

간략화 과정은 인접 1은 함께 그룹화하고 가능한 커다란 그룹을 형성한다. 16개의 사각형을 가진 네 변수 맵에서 1이 2개인 그룹, 1이 4개인 그룹, 1이 8개인 그룹, 또는 16개 모두가 1인 그룹을 예측할 수 있다.

다음 부울식을 간략화해보자.

$$f(A,B,C,D) = A'B'C'D + A'B'CD + A'BC'D + A'BCD$$
$$+ ABC'D + AB'C'D' + AB'C'D + AB'CD'$$

이 부울식은 그림 3.15처럼 카르노맵에 맵한다.

간략화 결과는 다음과 같다.

$$f(A,B,C,D) = A'D + C'D + AB'D'$$

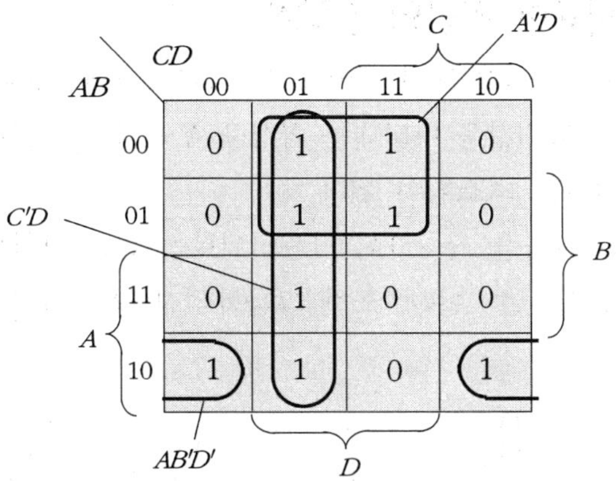

그림 3.15 4변수 카르노맵 간략화

그림 3.15의 예는 그룹들이 겹쳐 선택될 수 있다는 것을 보여준다. 이것은 가능한 그룹을 최대로 하고 항에서의 변수 수를 최소화하기 위한 것이다. 카르노맵에 1을 공유하는 대체 그룹이 있다. 보통 대규모 그룹으로 선택하지만 때때로 같은 크기의 대체 그룹이 있을 수 있다.

4변수 맵에 대한 최소항 번호 부여는 그림 3.16와 같다.

AB \ CD	00	01	11	10
00	0	1	3	2
01	4	5	7	6
11	12	13	15	14
10	8	9	11	10

그림 3.16 4변수 카르노맵의 최소항 번호부여

앞에서 언급한 부울식은 CSOP 형태이므로 대수학적 기호를 써서 표현하면 다음과 같다.

$$f(A,B,C,D) = \sum(1,3,5,7,8,9,10,13)$$

부울식의 최소항 번호를 그림 3.14에 맞추면 간단하게 카르노맵을 만들 수 있다.

예제 3.10

$f(A,B,C,D) = A'B'CD + ABC'D' + AB'CD' + AB'C'D'$ **을 카르노맵하시오.**

3.3.4 필수주항을 이용한 최상의 간략화

카르노맵상의 그룹(한 개의 1을 포함하여)을 임플리컨트(implicant)이라 부른다. 즉 주어진 부울식이 1이 될 수 있는 입력값을 나타내는 곱항을 부울식의 임플리컨트라고 한다. 따라서 가장 기본적인 임플리컨트는 최소항이 된다.

그림 3.17에서 현재의 그룹을 기준하여 임플리컨트는 왼쪽 하단의 $AC'D'$, $AB'D'$, 그리고 오른쪽 상단의 $A'CD$, $A'CD'$, $A'C$이다. 또한 그룹화되지 않은 $A'B'C'D'$ 도 임플리컨트이다.

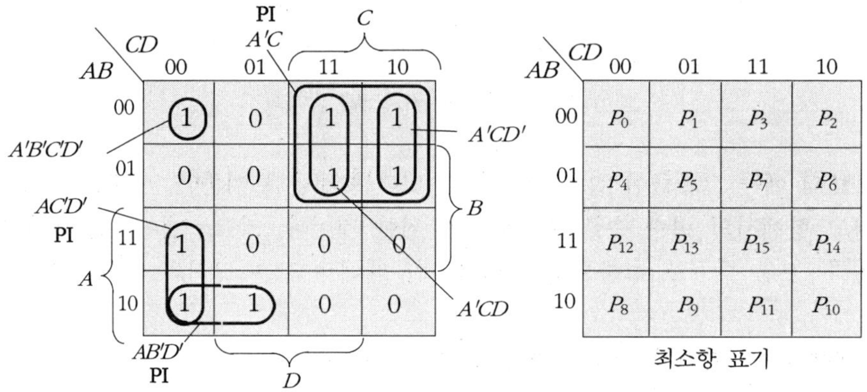

그림 3.17 임플리컨트와 주항(PI)

임플리컨트가 변수를 줄이기 위해서 다른 항들과 결합될 수 없는 즉, 더 큰 그룹들 내에 포함된 그룹에 속하지 않는 그룹을 주항(prime implicant, PI)이라 한다. 그림 3.16에서 그 자신의 항을 더 크게 만들기 위해서 다른 그룹들과 결합될 수 없는 $AC'D'$, $AB'D'$, 그리고 $A'C$가 PI가 된다. 그러나 최소항 P_0 $A'B'C'D'$는 $AB'C'D'$ 또는 $A'B'CD'$와 결합할 수 있고 $A'CD$는 $A'CD'$와 결합할 수 있으므로 PI가 될 수 없다. 다시 말하면, 부울식에 대한 모든 PI들은 카르노맵을 이용하여 구할 수 있다. 맵에서 하나의 '1'(최소항)이 다른 어떤 '1'(최소항)과도 이웃하지 않는다면 그 부울식에 대한 PI가 된다. 즉, 맵 상에서 2개의 이웃한 '1'들($A'CD$ 또는 $A'CD'$)이 4개의 이웃한 '1'들($A'C$)에 속하므로 PI가 아니다.

부울식을 최상의 상태로 간략화하는 것은 PI들을 잘 선택하는 것이다. 최상의 간략화된 부울식 구현은 PI들 중에서 몇 개의 PI들로 구성된다. 이 문제를 해결하기 위하여 다른 PI에 속해있지 않은 최소항을 최소한 한 개 포함하는 PI가 필요하다. 즉 최소항이 단지 하나의 PI에 의해서 그룹화되는 PI를 필수주항(essential prime implicant, EPI)이라 부른다. EPI는 반드시 최상의 간략화된 부울식에 포함된다. 그림 3.16의 PI들 중에서 EPI를 찾아보자(그림 3.17).

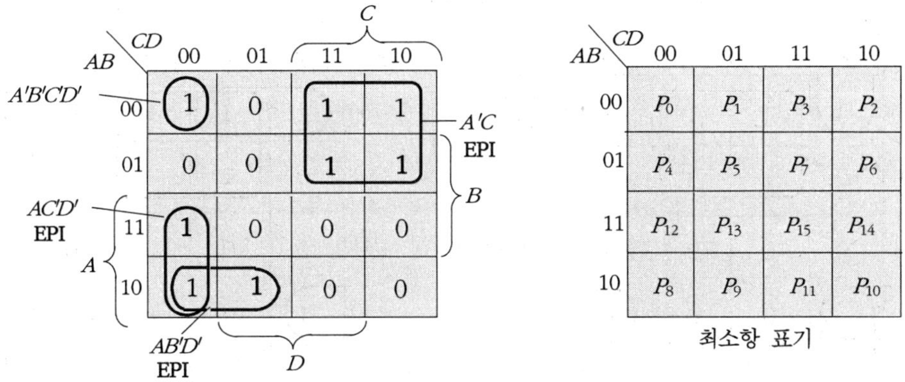

그림 3.17 필수주항(EPI)

그림의 왼쪽에서 굵은 글씨체의 1들을 보자. 최소항 P_9를 그룹화하는데 단지 PI $AB'D'$에만 그룹화되므로 $AB'D'$는 EPI가 된다. 즉 PI $AB'D'$의 최소항 P_9는 다른 PI들에 그룹화되지 않으므로 $AB'D'$는 EPI이다. 또한 최소항 P_{12}를 그룹화하는데 단지 PI $AC'D'$에만 그룹화되므로 $AC'D'$는 EPI가 된다. 그리고 P_3, P_6 그리고 P_7 최소항들은 단지 PI $A'C$에만 그룹화되므로 EPI이다. 그림 3.17에서 보면 그림 3.16의 3개의 PI가 모두 EPI인 경우이므로 최상의 간략화된 부울식은 3개의 EPI를 포함하는 다음과 같은 식이 된다.

$$f(A,B,C,D) = AB'D' + AC'D' + A'C$$

EPI들에 속해있지 않는 '1'(최소항)을 포함함에도 불구하고 필수적이지 않는 주항을 비필수주항(nonessential prime implicant, NEPI)이고 이것은 문제해결이 요구된다. 하나 또는 그 이상의 EPI에 이미 속해있는 '1'(최소항)만을 포함하는 또 다른 주항이 있다. 즉 이들을 중복주항((essentially) redundant prime implicant, RPI)이라고 부르며 이것은 어떤 환경에서도 문제해결이 요구되지 않는다.

일반적인 간략화 전략은 첫째로 EPI들을 확인하는 것이다. 이러한 EPI들은 문제해결을 해야 하며, 어떤 다른 방법으로도 공유될 수 없는 1을 적어도 하나를 확인함으로써 찾을 수 있다. 그러면 속해지지 않고 남아있는 1을 포함하지 않은 NEPI의 최상의 집합을 선택하는 것이 필요하다.

다음 부울식을 간략화해보자(그림 3.18).

$$f(A,B,C,D) = A'B'C'D' + A'B'C'D + A'B'CD + A'BC'D \\ + A'BCD + AB'C'D' + AB'CD'$$

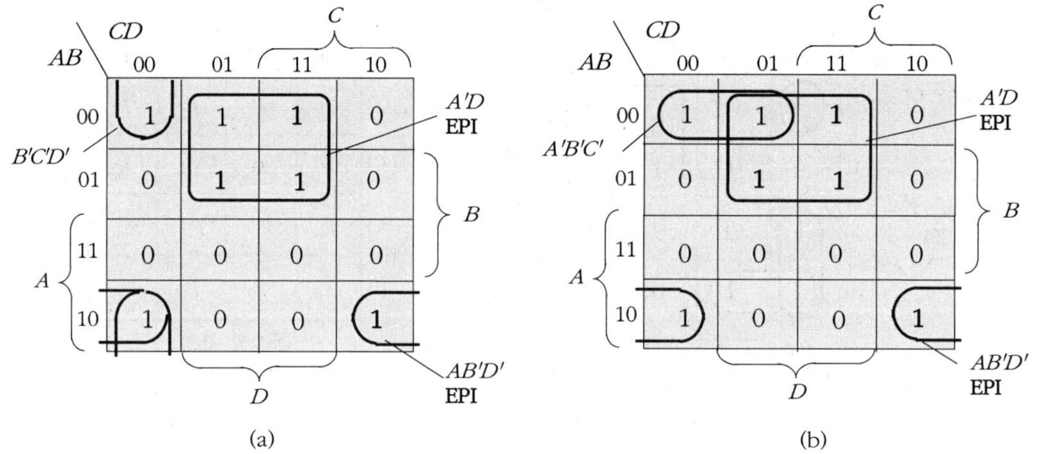

그림 3.18 두 가지 형태의 카르노맵

그림 3.18은 두 가지 형태의 카르노맵을 나타낸 것이다. 여기에 다른 그룹에 속할 수 있는 몇몇 '1'이 있으며 반면에 어떤 것은 오로지 하나의 그룹에만 속할 수 있다. 그림 3.18(a)에서 PI는 $A'D$, $B'C'D'$ 그리고 $AB'D'$이다. 그림 3.18(b)에서 PI는 $A'D$, $A'B'C'$ 그리고 $AB'D'$이다. 그림에서 굵은 글씨체의 **1**이 있는 $A'D$와 $AB'D'$가 EPI가 된다. 2개의 EPI에는 6개의 1이 속해 있으므로 이탤릭체로 쓰여 있는 한 개의 1($A'B'C'D'$)만 남았다. 이 1은 2개의 주항 $B'C'D'$ 또는 $A'B'C'$ 중의 하나의 형태로 나타낼 수 있으므로 두 가지 해답이 있다.

$$f(A,B,C,D) = A'D + AB'D' + B'C'D' \qquad \text{-(그림 3.18(a))}$$
$$f(A,B,C,D) = A'D + AB'D' + A'B'C' \qquad \text{-(그림 3.18(b))}$$

3.3.5 비표준형 부울식의 카르노맵

지금까지 카르노맵 간략화에 사용된 부울식은 CSOP 식이다. 즉, 식의 각 곱항(product term)은 카르노맵의 한 셀에 맵 된다. 비표준형(noncanonical form)의 부울식을 표준식으로 확장될 수 있고 항은 카르노맵으로 맵 된다. 그렇지만 실제로 확장된 항 없이 확장된 항을 커버하는 사각형을 알 수 있다. 예를 들면, 4변수 부울식 $f(A,B,C,D)$에서 $A'B'C$ 항은

$$A'B'CD + A'B'CD' = A'B'C(D+D') = A'B'C$$

이므로 카르노맵의 2개의 인접한 셀 $A'B'CD$와 $A'B'CD'$에 연관된다. 인접한 셀은 자신들의 카르노맵 라벨에 의해 알 수 있다. 각 사각형의 변수가 다른 2개의 인접한 셀에서 한 개의 변수가 연관된 항으로 부터 소거될 것이다. 이와 유사하게, 4개 인접한 항은 두 개 변수가 소거될 것이다. 4개 사각형이 2×2 정사각형, 4×1 직사각형으로 그룹화될 것이다. 다음의 비표준형 부울식을 그림 3.19에서와 같이 카르노맵에 맵하면

$$f(A,B,C,D) = AB'C' + AC'D + A'B'C + A'B'C' + AB'CD'$$

이다. 간략화된 부울식은

$$f(A,B,C,D) = AC'D + B'D' + A'B'$$

이다. 맵핑 과정은 간략화 과정과 정확히 반대이고 각 항에 사용된 사각형은 간략화를 위해 그룹화하는 것처럼 동일한 방법으로 겹칠 수 있음을 알아야 한다. 또한 그룹 $B'D'$를 형성하기 위하여 4개 코너를 사용하였음을 알아야한다.

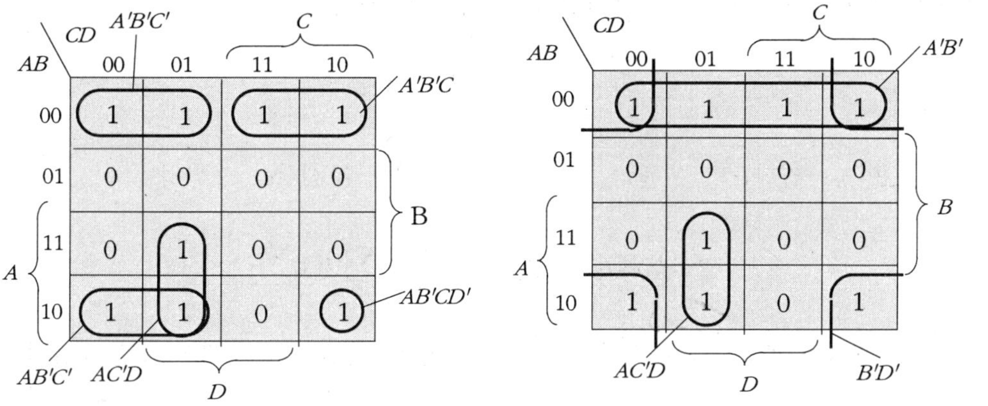

(a) 비표준형 부울식의 맵핑함수 (b) 최소화

그림 3.19 카르노맵에 비표준형 부울식을 맵핑하고 최소화

예제 3.11

부울식 $f(A,B,C,D) = A'B'C + AB'D + A'CD + ABC$**을 카르노맵하시오.**

3.3.6 무시항을 갖는 부울식의 카르노맵

(1) 무시항

지금까지 모든 입력변수들의 조합에 의해서 출력값들이 모두 결정되는 경우의 부울식을 공부하였다. 그러나 출력값이 가능한 모든 입력변수의 조합으로 구성되지 않는 경우도 있다(표 3.1). 예를 들면, BCD 코드는 2진수 1010에서 1111까지 사용하지 않으므로 이들 값들을 결정할 수 없다. 진리표가 가능한 모든 입력변수의 조합에 의한 출력값을 나타내지 못할 때, 이들 출력들은 무시항(don't care)으로 부르고 열십자기호 '×'로 표시한다.

표 3.1 무시항을 갖는 진리표

A	B	C	f(A,B,C)
0	0	0	0
0	0	1	1
0	1	0	1
0	1	1	0
1	0	0	×
1	0	1	×
1	1	0	1
1	1	1	0

예에서 입력 100과 101의 조합은 발생할 수 없으므로 ×로 각각 표시하고 무시항들은 CSOP 형태이므로 대수적 수식 표현하면 다음과 같다.

$$f(A,B,C) = \sum d(4,\ 5)$$

따라서 표 3.1 진리표의 부울식 표현은 다음과 같이 무시항을 포함하여

$$f(A,B,C) = \sum (1,\ 2,\ 6) + \sum d(4,\ 5)$$

로 나타내고, 이 부울식을 간략화하기 위해서 카르노맵으로 나타내면 그림 3.20과 같다.

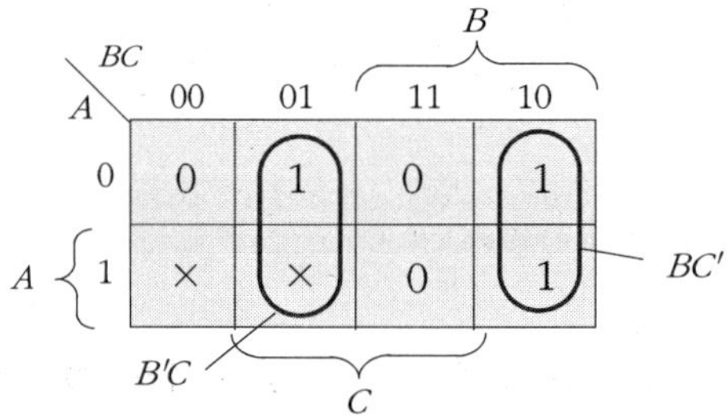

그림 3.20 카르노맵에 무시항이 있는 부울식

간략화에서 무시항은 편리하게 사용된다. 부울식을 간략화하는데 무시항의 장점이 있다. 각 ×는 0 또는 1로 취급할 수 있다. 그림 3.19에서 가장 왼쪽의 ×는 0으로 다른 ×는 1로 사용하면, 간략화된 부울식은 다음과 같다.

$$f(A,B,C) = B'C + BC'$$

예제 3.12

부울식 $f(A,B,C)=\sum(1,\ 2)+\sum d(3,\ 5)$**을 카르노맵 하시오.**

(2) 입력변수의 조합이 발생하지 않는 예

보기 디지털 시스템은 2개의 서브시스템(subsystem)으로 구성되어 있다(그림 3.21). 비록 각 서브시스템이 완전히 규정되어 있더라도 2개의 서브시스템이 상호 연결될 때 쓰지 않는 입력변수의 조합이 발생할 수 있다.

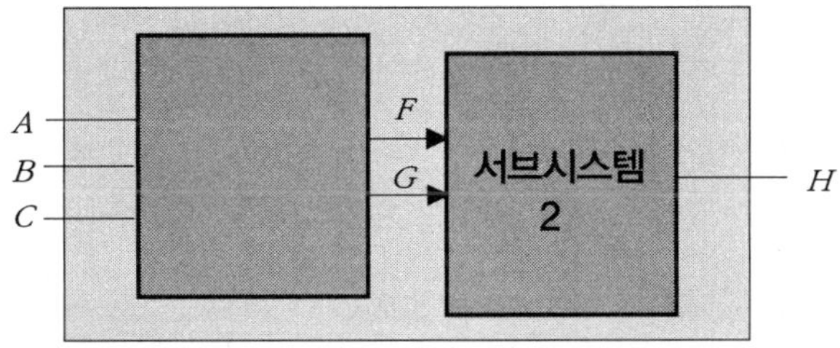

(a) 보기 디지털 시스템

A	B	C	F	G
0	0	0	0	0
0	0	1	1	0
0	1	0	0	0
0	1	1	1	1
1	0	0	0	0
1	0	1	0	0
1	1	0	1	1
1	1	1	1	1

(b) 서브시스템 1의 진리표

F	G	H
0	0	0
0	1	×
1	0	1
1	1	1

(c) 서브시스템 2의 진리표

그림 3.21 논리 시스템에서 무시항 발생

서브시스템 1은 A, B, C의 논리신호를 받아들이고 논리신호 F와 G를 발생한다. 서브시스템 1의 F와 G의 값을 진리표에서 임의로 정하였다. 진리표에서 F와 G는 A, B, C에 완전하게 규정된 부울식이지만 F와 G의 모든 조합이 발생하는 것이 아니다. 즉 F=0, G=1은 이 예에서는 발생되지 않는다. 그리고 이 패턴은 서브시스템 2의 설계에 무시항(×)이 된다.

(2) BCD 1000과 1001을 검출하는 부울식 구현

BCD는 각 10진수에 대해 4개의 2진수를 사용한다. 즉

$$0000_2 = 0_{10}$$

$$0001_2 = 1_{10}$$
$$0010_2 = 2_{10}$$
$$0011_2 = 3_{10}$$
$$\cdots\cdots$$
$$1001_2 = 9_{10}$$

이다. 1010_2에서부터 1111_2까지는 사용하지 않으므로 무시항으로 취급한다.

8(1000) 또는 9(1001)에 대한 BCD 코드가 1을 발생되는 진리표로부터 부울식을 구해보자(표 3.2). 구현하는 부울식은 4개의 2진수를 입력으로 하고 BCD 코드 1000과 1001이 입력되면 출력은 1이 되고, 그렇지 않는 경우 출력은 0이 된다. 따라서 4개의 입력변수들(A, B, C, D)과 1개의 출력(f)이 필요하다. 사용되지 않는 2진 패턴 1010_2부터 1111_2까지는 무시항으로 취급한다.

표 3.2 BCD 1000과 1001을 검출하는 진리표

10진수	BCD $A\ B\ C\ D$	출력 f
0	0 0 0 0	0
1	0 0 0 1	0
2	0 0 1 0	0
3	0 0 1 1	0
4	0 1 0 0	0
5	0 1 0 1	0
6	0 1 1 0	0
7	0 1 1 1	0
8	1 0 0 0	1
9	1 0 0 1	1
10	1 0 1 0	×
11	1 0 1 1	×
12	1 1 0 0	×
13	1 1 0 1	×
14	1 1 1 0	×
15	1 1 1 1	×

진리표는 무시항을 포함하는 부울식으로 다음과 같이 표현되고 카르노맵은 그림 3.22와 같다. 유효하지 않는 모든 BCD 코드는 무시항으로 맵 된다.

$$f(A,B,C,D) = \sum(8,9) + \sum d(10,11,12,13,14,15)$$

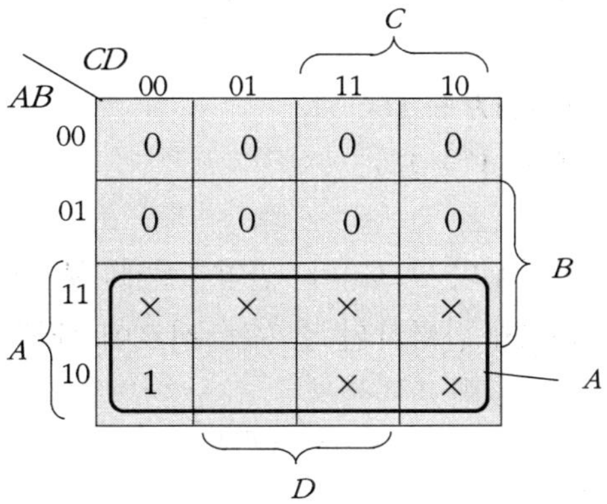

그림 3.22 BCD 디지트 8과 9를 검출하는 함수

따라서 간략화된 결과는 다음과 같은 부울식을 갖는다.

$$f(A,B,C,D) = A$$

예제 3.13

BCD 디지트 8을 검출하는 부울식을 구해보자.

3.3.7 카르노맵에서 0을 사용한 간략화

함수가 1일 때 카르노맵에서 1을 표시한다. 유사하게 함수가 0일 때 카르노맵에서 0을 표시한다. 때문에 역함수 f'은 1보다는 오히려 0을 그룹화함으로써 간단히 얻을 수 있다. 부울식

$$f(A,B,C) = AB'C + ABC + ABC'$$

의 간략화를 위해 그림 3.23처럼 맵핑하면 함수는 다음과 같다.

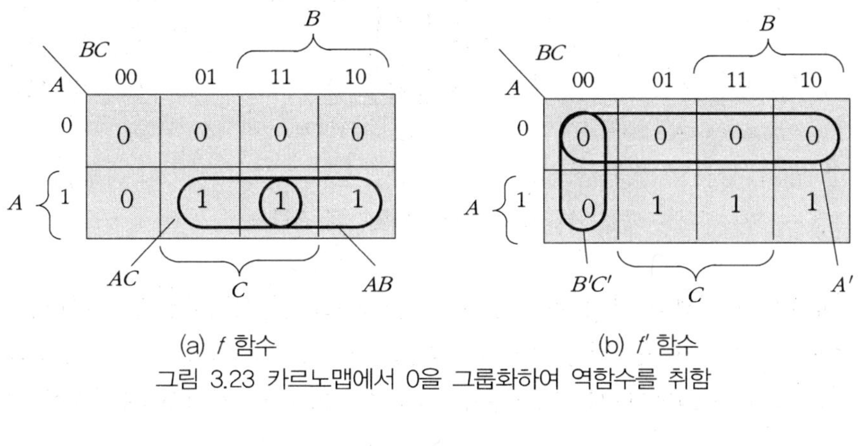

(a) f 함수 (b) f' 함수

그림 3.23 카르노맵에서 0을 그룹화하여 역함수를 취함

즉, 다음과 같다.

1로부터 $f(A,B,C) = AB + AC$
0으로부터 $f'(A,B,C) = A' + B'C'$

무시항은 0 또는 1로 생각된다. 그러나 만약 실제 부울식 f와 역함수 f'에 대해 서로 다르게 무시항을 고려하면, 간략화된 함수는 서로에 대해서 보수가 되지 않는다.

$$f \neq (f')'$$

3.3.8 다중출력 간략화

지금까지 출력이 하나인 부울식만 고려해 왔다. 공통변수들을 가진 여러 개의 다중출력(multiple outputs) 함수들을 구현할 필요가 있다. 보통 이들은 게이트들을 공유하게 된다. 다음 3개의 부울식을 구현해보자.

$$f_1 = A'B'C'D + A'B'CD + A'BCD' + A'B'CD' + A'BCD + A'BCD'$$
$$f_2 = A'B'C'D + A'B'CD' + A'BC'D + A'BCD' + ABC'D + ABCD + AB'C'D + AB'CD$$
$$f_3 = A'B'C'D + A'B'CD' + A'BC'D + A'BCD' + ABCD + AB'CD$$

이들 부울식들에 대한 카르노맵은 그림 3.24와 같다.

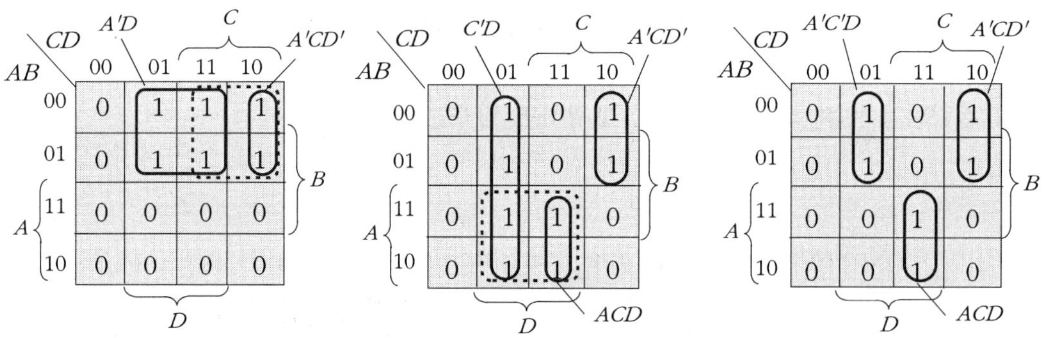

(a) f_1 (b) f_2 (c) f_3

그림 3.24 다중출력함수의 간략화

게이트 공유를 용이하게 하기 위하여, 완전히 간략화된 그룹(점선으로 나타난 것처럼)이 항상 사용되는 것이 아니라는 것을 알아야 한다. 그림 3.24(a)의 점선으로 묶이면 더 간략화될 수 있으나 그림 3.24(b)와의 게이트 공유를 위하여 $A'CD'$로 간략화하는 것이 바람직하다.

또한 그림 3.24(c)에서 게이트 공유를 위하여 그림 3.24(b)에서도 ACD로 간략화하는 것이 유리하다. 간략화된 부울식은 다음과 같다.

$$f_1 = A'D + A'CD'$$
$$f_2 = C'D + ACD + A'CD'$$
$$f_3 = A'C'D + ACD + A'CD'$$

예제 3.14

그림 3.24에서 게이트를 공유하기 위한 다른 방법을 설명하시오.

3.3.9 대규모 카르노맵

3변수 맵은 나란히 함께 놓인 2개의 2변수 맵으로 구성되므로 두 번째 2변수 맵은 첫 번째 2변수 맵의 거울의 상과 같다. 이와 유사하게 4변수 맵은 아래위로 함께 나란히 놓여 상대적으로 거울의 상을 가지고 있는 2개의 3변수 맵으로 구성된다. 5변수 맵은 그림 3.25처럼 다른 4변수 맵의 거울 속의 상과 나란히 놓인 2개의 4변수 맵으로 구성된다.

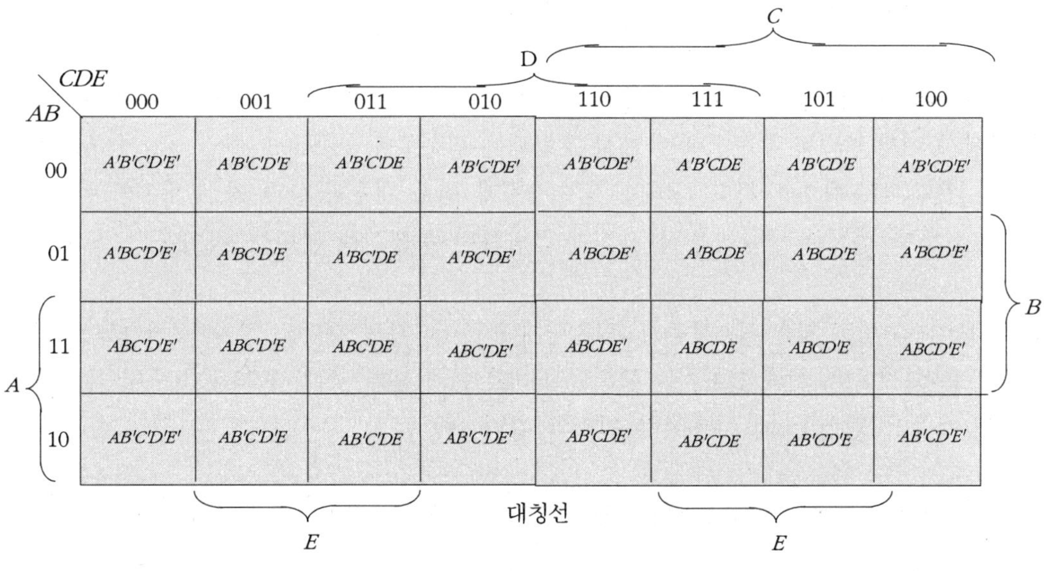

그림 3.25 5변수 카르노맵

그러므로 n변수 맵을 2개의 $(n\text{-}1)$변수 맵으로부터 쉽게 구성할 수 있다. 그러나 5변수보다 많은 함수에 대한 카르노맵 방법은 드물게 사용된다. 실제로 인접한 1이 결합될 수 있을 뿐 아니라 맵의 반쪽과 또 다른 반쪽에 있는 거울의 상에 위치한 그룹과 그룹화하기 때문에 5변수 맵은 불편하다.

3.4 테이블 방법

4변수 또는 5변수 이상을 가진 함수에 대해서는 맵 입력된 변수 접근(5 또는 6변수에 대한)인 퀸-맥클러스키(Quine-McCluskey) 방법 또는 퀸-맥클러스키 방법에 기초한 컴퓨터 간략화 프로그램 또는 기계학적인 컴퓨터 프로그램을 이용한 적절한 방법을 사용한다. 이를 테이블 방법(tabular method)이라고 한다. 부울식을 통하여 테이블 방법의 간략화 원리와 방법을 설명하고 무시항 조건이 있는 부울식도 간략화 과정을 설명한다.

3.4.1 간략화 원리와 방법

입력변수의 개수가 5개 이상이 되면 카르노맵을 사용하기가 어려우며, 변수의 개수가 적은 경우라도 카르노맵을 사용했을 때 적절한 묶음이 형성되었는지 판단이 쉽지 않다. 묶음의 형성을 체계적으로, 그리고 변수의 개수가 많아지더라도 단계별 순서에 의해 간략화된 부울식을 얻을 수 있는 테이블 방법(tabular method)이 있다. 이 방법은 컴퓨터 프로그램을 이용하여 간략화하기 편리하지만 카르노맵처럼 손으로 간략화를 하는 경우에는 매우 복잡하여 실수할 수 있는 단점이 있다. 이 방법은 1956년에 퀸(Quine)이 개발하고 맥클러스키(McCluskey)가 발전시켜서 퀸-맥클러스키(Quine-McCluskey, QM) 방법이라고도 한다.

이 QM 방법은 다음과 같은 두 부분으로 구성된다.

① 간략화된 함수를 얻기 위해 묶음으로 존재할 수 있는 주항(prime implicant, PI)을 찾는다.
② 주항 중에서 간략화 부울식에 반드시 포함되는 필수주항(essential prime implicant, EPI)을 테이블을 사용하여 구하고, 구해진 필수주항과 최소 개수의 항과 최소 개수의 변수가 될 수 있도록 적절한 주항들을 선정하여 간략화된 부울식을 구하는 것이다.

①에서 PI을 찾는 것은 최소항들의 표준 형태를 줄여나가는 것이다. 즉, 이웃한 1들을 묶음으로 만드는 과정이며, 이때 얻어지는 묶음들이 바로 PI가 된다. 여기서 사용되는 원리는 카르노맵에서 묶음을 형성할 때 사용했던 원리와 같다. 즉

원리 ⓐ $AB + AB' = A(B + B') = A$
원리 ⓑ $A + A = A$

가 반복적으로 사용된다.

(1) 주항결정(prime implicant, PI)

이 방법에서는 진리표에서의 최소항들을 변수를 사용하여 표현하는 대신에 2진 형태로 표시하여 원리 ⓐ를 사용한다. 예를 들어

$$A'B'C'D' + A'BC'D' = A'C'D'$$

형태의 간략화를 2진 형태인 0000 + 0100으로 표현하여 간략화된 결과는 0-00으로 표현할 수 있는데 '-'는 그 위치에 해당하는 변수가 소거된 것을 말한다.

PI를 구하기 위해 2진 형태로 표현된 최소항들을 조사하여 원리 ⓐ가 사용될 수 있도록 그룹으로 분류하는 것이다. 원리 ⓐ가 사용되기 위해서는 변수값들 중에서 하나의 변수값만 다르고 나머지 변수값들은 같아야 하기 때문에 2진 형태를 조사하여 1의 개수에 따라 그룹을 형성하고, 그룹들 간에는 경계를 두는 것이 필요하다. 그룹이 분류되면 서로 이웃한 그룹들의 2진 형태를 실제로 비교하여 항이 줄어드는 것, 즉 서로 이웃한 1이 있어 묶음을 형성할 수 있는 것을 찾는다. 이러한 쌍을 찾으면 묶음이 형성되었다는 체크표시(V)를 그 최소항들에 하고, 다음 칼럼에 묶음의 결과를 기술한다. 물론 이러한 과정은 좀 더 큰 묶음이 될 수 있도록 반복하도록 하며, 이것의 최종결과가 PI가 된다. 예를 들어

$$f(A,B,C,D) = \sum(0,1,2,5,6,7,8,9,10,14)$$

의 간략화된 부울식을 이 방법에 따라 구해보자. 우선 PI들을 구해야 하는데, 이를 위해 그림 3.26과 같이 각 최소항들의 2진 형태를 나열하고 1의 개수를 센다.

최소항	2진 표현 *ABCD*	1의 개수
0	0000	0
1	0001	1
2	0010	1
5	0101	2
6	0110	2
7	0111	3
8	1000	1
9	1001	2
10	1010	2
14	1110	3

그림 3.26 최소항의 2진 표현과 1의 개수

따라서 그룹은 1의 개수가 전혀 없는 G0으로부터 1의 개수가 3개인 G3까지 그림 3.27처럼 4개의 그룹으로 나누어진다.

그룹	최소항	2진 표현 *ABCD*
G0	0	0000
G1	1 2 8	0001 0010 1000
G2	5 6 9 10	0101 0110 1001 1010
G3	7 14	0111 1110

그림 3.27 최소항의 그룹화

최소항의 그룹화가 완성되면 이웃해 있는 2개의 최소항을 찾으며, 이때에 원리 ⓐ와 원리 ⓑ가 사용된다. PI 결정을 통하여 간략화 과정을 해보자(그림 3.28).

단계 I				단계 II			단계 III			단계 IV		
그룹	최소항	2진표현 *ABCD*	PI	최소항 묶음	2진표현 *ABCD*	PI	최소항 묶음	2진표현 *ABCD*	PI	최소항 묶음	2진표현 *ABCD*	PI
G0	0	0000										
G1	1 2 8	0001 0010 1000										
G2	5 6 9 10	0101 0110 1001 1010										
G3	7 14	0111 1110										

(a) 단계 I

단계 I				단계 II			단계 III			단계 IV		
그룹	최소항	2진표현 *ABCD*	PI	최소항 묶음	2진표현 *ABCD*	PI	최소항 묶음	2진표현 *ABCD*	PI	최소항 묶음	2진표현 *ABCD*	PI
G0	0	0000	V	(0, 1) (0, 2) (0, 8)	000– 00–0 –000							
G1	1 2 8	0001 0010 1000	V V V	(1, 5) (1, 9) (2, 6) (2, 10) (8, 9) (8, 10)	0–01 –001 0–10 –101 100– 10–0							
G2	5 6 9 10	0101 0110 1001 1010	V V V V	(5, 7) (6, 7) (6, 14) (10, 14)	01–1 011– –110 1–10							
G3	7 14	0111 1110	V V									

(b) 단계 II

단계 Ⅰ				단계 Ⅱ			단계 Ⅲ			단계 Ⅳ		
그룹	최소항	2진표현 *ABCD*	PI	최소항 묶음	2진표현 *ABCD*	PI	최소항 묶음	2진표현 *ABCD*	PI	최소항 묶음	2진표현 *ABCD*	PI
G0	0	0000	V	(0, 1) (0, 2) (0, 8)	000– 00–0 –000	V V V	(0, 1, 8, 9) (0, 2, 8, 10)	–00– –0–0				
G1	1 2 8	0001 0010 1000	V V V	(1, 5) (1, 9) (2, 6) (2, 10) (8, 9) (8, 10)	0–01 –001 0–10 –101 100– 10–0	 V V V V V	(2, 6, 10, 14)	––10				
G2	5 6 9 10	0101 0110 1001 1010	V V V V	(5, 7) (6, 7) (6, 14) (10, 14)	01–1 011– –110 1–10	 V V						
G3	7 14	0111 1110	V V									

(c) 단계 Ⅲ

그림 3.28 주항(PI) 결정

먼저 그림 3.28(a)처럼 표를 만들고 단계 Ⅰ에서 그림 3.27에서 만든 최소항의 그룹들을 배치한다. 서로 이웃해있는 2개의 최소항을 찾기 위해 우선 G0에 속한 최소항 0과 묶여지는 것을 찾는데, 여기에 해당될 수 있는 최소항들은 G0의 1의 개수가 0개이므로 1의 개수가 1개인 G1 내의 최소항들과 비교해 보는 것이다. 이때 G3에 속하는 최소항들은 1의 개수가 2 또는 3개이므로 G2도는 원리 ⓐ를 적용할 수가 없기 때문에 비교해볼 필요가 없다. 최소항 0과 묶음을 형성할 수 있는 것은 (0, 1), (0, 2), (0, 8)이 되며 그 결과는 간략화되어 그림 3.28(b)의 단계 Ⅱ로 표현된다.

$$(0,\ 1)\ A'B'C'D'(\equiv 0000) + A'B'C'D(\equiv 0001) = A'B'C'(\equiv 000\text{-})$$

$$(0,\ 2)\ A'B'C'D'(\equiv 0000) + A'B'CD'(\equiv 0010) = A'B'D'(\equiv 00\text{-}0)$$

$$(0,\ 8)\ A'B'C'D'(\equiv 0000) + AB'C'D'(\equiv 1000) = B'C'D'(\equiv \text{-}000)$$

(0, 1) 묶음이 형성되었으면 최소항 0 또는 1은 이미 PI가 될 수 없으므로 최소항 0과 1에 체크(V) 표시를 한다. 한편 간략화를 위한 묶음 형성 여부의 판단 시에는 서로 이웃한 그룹에서 하나의 변수값만 다르고 나머지 변수의 값이 같은 것을 찾으면 된다. 그런데 G0와 G1에 속하는 최소항들의 묶음을 만든 후에는 G1과 G2를 비교하면 되는데, G1의 최소항 1과 묶음을 형성할 가능성이 있는 것은 G2의 최소항 5 또는 9가 된다. 그 이유는 G1 그룹의 변수값의 2진 형태에는 1의 개수가 1개이고 G2 그룹의 변수값의 2진 형태에는 1의 개수가 2개이므로, G1 그룹의 최소항과 G2 그룹의 최소항을 간략화하면 간략화 결과에는 1의 개수가 1개 남아 있어야하기 때문이다. 따라서 G1 그룹 변수값의 2진 형태에 존재하는 1은 간략화 후에도 남게 되므로 G1 그룹 변수값의 2진 형태에서 1이 있는 위치에 G2 그룹 변수값의 2진 형태도 1이 되어

있어야 간략화될 가능성이 있기 때문이다.

단계 II를 보면 역시 3개의 그룹으로 나누어져 있는데, 이는 G0를 기준으로 G1과 묶음을 형성하면 G1 최소항들의 2진 형태에 있던 1이 없어지므로 만들어지는 결과의 2진 형태에는 1의 개수가 한 개도 없게 된다. 마찬가지로 G1을 기준으로 하여 G2의 최소항과 묶음을 만들 때에는 G2 그룹의 2개의 1 중에 1개가 없어지므로 결과의 2진 형태에는 1의 개수가 한 개가 된다. G2를 기준으로 하여 G3와 묶음이 형성되는 경우에는 1의 개수가 두 개가 된다. 단계 II는 카르노맵으로 생각했을 때에는 서로 이웃한 2개의 최소항들의 묶음을 의미한다.

그 다음 간략화는 단계 II로부터 진행되는데, 단계 I로부터 II의 결과를 얻는 과정과 동일하다 (그림 3.28(c)). 이 과정에 의한 결과가 단계 III이 되며, 이를 카르노맵으로 생각하면 서로 이웃한 4개의 최소항들을 구하는 것이 된다. 즉 단계 II의 G0 그룹과 묶음을 형성할 수 있는 것은 단계 II의 G1 그룹이며, G1 그룹은 G2 그룹과 묶음을 형성할 수 있다. 그런데 (0, 1)과 묶음을 형성할 수 있는 것은 (8, 9)가 되며, 이는 단계 II에 존재하는 2진 형태들은 모두 3개의 변수값만을 갖는데 (0, 1)의 2진 형태 000-에 소거된 D가 존재하므로 G1 그룹에서 소거된 변수 D가 있는 묶음을 찾아야 더욱 간략화를 할 수 있고, 이것이 (8, 9)이기 때문이다. 따라서 (0, 1)과 (8, 9)는 4개의 1로 구성되는 묶음인 (0, 1, 8, 9)를 형성하게 되고, (0, 1)과 (8, 9)는 이제 주항이 될 수 없으므로 체크표시를 한다. 한편 (0, 8)과 (1, 9)도 더욱 간략화를 할 수 있으며, 그 결과는 (0, 8, 1, 9)이지만 이는 (0, 1, 8, 9)의 묶음과 같게 된다. 이는 단지 어떠한 순서대로 묶음을 형성했지만 다른 것이다. 그래서 (0, 8)과 (1, 9)는 이제 PI가 아니므로 체크표시를 하면 되고 결과는 (0, 1, 8, 9)로 통일하여 단계 III처럼 표현한다. 물론 단계 II의 G0 그룹과 G1 그룹에 의한 묶음, G1과 G2 그룹에 의한 묶음에 따라 결과의 2진 형태에 존재하는 1의 개수가 달라지고 단계 III처럼 그룹이 형성된다. 한편 단계 II의 체크표시를 살펴보면 체크가 되지 않은 것들 즉 (1, 5), (5, 7), (6, 7)이 존재하는데, 이것은 더 이상 묶음이 형성되지 못함을 의미하며, 따라서 PI가 된다.

단계 III에 있는 묶음들을 살펴보면 더 이상 묶음을 형성할 수 없으므로, 단계 IV에서의 묶음 형성과정 즉 PI 결정 과정은 끝나게 된다. 이때 단계 III에도 전혀 체크표시가 되지 않았으므로 (0, 1, 8, 9), (0, 2, 8, 10), (2, 6, 10, 14) 묶음들도 주항이 된다. 따라서 정리하면 PI는

(1, 5)	0-01	⇒	$A'C'D$
(5, 7)	01-1	⇒	$A'BD$
(6, 7)	011-	⇒	$A'BC$
(0, 1, 8, 9)	-00-	⇒	$B'C'$
(0, 2, 8, 10)	-0-0	⇒	$B'D'$
(2, 6, 10, 14)	--10	⇒	CD'

이다. 간략화된 부울식은 PI들을 SOP 형태로 다음과 같이 표현된다.

$$f(A,B,C,D) = A'C'D + A'BD + A'BC + B'C' + B'D' + CD'$$

그림 3.29(a)가 카르노맵에 의한 PI의 결과이며, 테이블을 사용한 결과와 일치하게 된다.

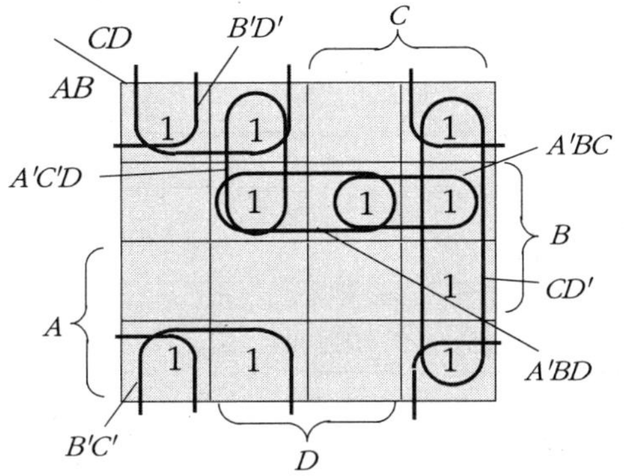

(a) PI 표시

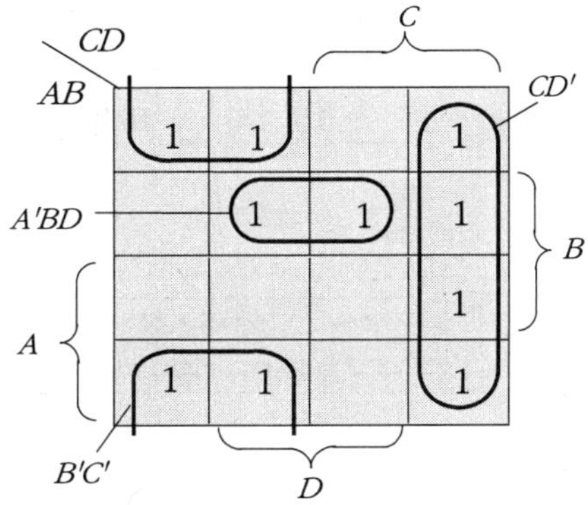

(b) 간략화

그림 3.29 카르노맵에 의한 PI와 간략화

최종적으로 간략화된 부울식은 다음과 같이 표현된다(그림 3.29(a)).

$$f(A,B,C,D) = B'C' + CD' + A'BD$$

(2) 필수주항(Essential Prime Implicant, EPI)의 결정

주항(PI)들이 구해지면 이들 중에서 필수주항(EPI)을 구하는데, 이것도 역시 테이블을 사용하여 얻어낸다. 테이블의 세로축은 앞 단계에서 구한 PI들을 나열하며, 가로축은 원래의 최소항들을 나열한 후에 각 PI들이 어떠한 최소항들로 이루어졌는지를 테이블의 내부 공간에 표시한다(그림 3.30). 이 테이블의 가로축의 각 최소항들을 하나씩 조사하여 오직 1회만 묶음을 형성할 때 사용한 최소항을 결정하고 이 최소항을 포함하는 묶음이 EPI가 된다.

주항 \ 최소항	ABCD	0	1	2	5	6	7	8	9	10	14
(1, 5)	0–01		x		x						
(5, 7)	01–1				x		x				
(6, 7)	011–					x	x				
(0, 1, 8, 9)	–00–	x	x					x	x		
(0, 2, 8, 10)	–0–0	x		x				x		x	
(2, 6, 10, 14)	––10			x		x				x	x

(a) 주항 x 표시

주항	최소항 *ABCD*	0	1	2	5	6	7	8	9	10	14
(1, 5)	0–01		x		x						
(5, 7)	01–1				x		x				
(6, 7)	011–					x	x				
(0, 1, 8, 9)	–00–	x	x					x	ⓧ		
(0, 2, 8, 10)	–0–0	x		x				x		x	
(2, 6, 10, 14)	—10			x		x				x	ⓧ

(b) EPI 찾기(ⓧ 표시)

주항	최소항 *ABCD*	0	1	2	5	6	7	8	9	10	14
(1, 5)	0–01		x		x						
(5, 7)	01–1				x		x				
(6, 7)	011–					x	x				
(0, 1, 8, 9)	–00–	x	x					x	ⓧ		
(0, 2, 8, 10)	–0–0	x		x				x		x	
(2, 6, 10, 14)	—10			x		x				x	ⓧ
		V	*V*	*V*		*V*		*V*		*V*	

(c) V 표시

그림 3.30 필수주항(EPI) 결정

주항(1, 5)는 최소항 1과 5를 사용해서 간략화한 것이므로 최소항 1과 5의 위치에 x 표를 한다. 나머지 주항들에 대해서도 같은 방법으로 x 표시를 한다(그림 3.30(a)). 필수주항(EPI)은 테이블에서 최소항들의 열(세로방향)을 하나씩 조사하여 오직 한 번의 x 표시가 되어있는 것을 찾으면 된다. 그림에서는 최소항 9와 최소항 14가 해당되며 x 표시에 동그라미를 그려 ⓧ로 표현하였다. 이 최소항을 포함하는 PI들이 EPI가 된다. 여기서는 (0, 1, 8, 9), (2, 6, 10, 14)가 필수주항이 된다(그림 3.30(b)). EPI를 구했으면 카르노맵에서 행했던 것처럼 EPI를 구성할 때 사용한 최소항들을 모두 지운다. 필수주항인 (0, 1, 8, 9), (2, 6, 10, 14), 즉 최소항 0, 1, 8, 9, 2, 6, 10, 14에 해당하는 최소항들을 가로방향으로 확인하면서 V 표시를 한다(그림 3.30(c)). V 표시가 되지 않는 최소항들은 그림에서 5와 7이므로 이들 묶음을 형성하는 PI들이 필수주항에 의해서 제거되지 않는 PI들로 (1, 5), (5, 7), (6, 7)이 된다.

(3) 간략화된 부울식

EPI에 의해서 제거되지 않는 PI들만 표시한 것이 그림 3.31이다. 최소항은 EPI에 포함된 최소항들을 제거하고 남은 5와 7만 표시된다(그림 3.31).

주항 \ 최소항	ABCD	5	7
(1, 5)	0–01	x	
(5, 7)	01–1	x	x
(6, 7)	011–		x

그림 3.31 EPI에 의해 제거되지 않는 최소항

최소항 5는 (1, 5) 또는 (5, 7) 묶음에 의해, 그리고 최소항 7은 (5, 7) 또는 (6, 7) 묶음에 의해 묶음이 형성될 수 있음을 의미한다. 따라서 주항 (1, 5)는 주항 (5, 7)에 포함되고 주항 (6, 7)은 주항 (5, 7)에 포함되므로 최소항 5와 7을 포함하는 묶음인 주항 (5, 7)만 선택된다. 왜냐하면 (1, 5) 또는 (6, 7)도 선택할 수 있으나 가장 간략화되는 결과를 얻지 못하기 때문이다. 따라서 간략화된 부울식은 필수주항(EPI)들인 $B'C$, CD'와 주항(PI)인 $A'BD$를 포함되는 다음 부울식이 된다.

$$f(A,B,C,D) = B'C + CD' + A'BD$$

예제 3.15

부울식 $f(A,B,C,D)=\sum(0,2,4,7,8,9,10,13,15)$**을 테이블 방법으로 간략화하라.**

3.4.2 무시항 조건이 있는 경우

무시항(don't care) 조건이 있는 경우에도 간략화의 근본적인 원리는 같은데, 카르노맵에서 묶음, 즉 주항을 구할 때에는 무시항을 1로 간주하고, 필수주항을 구할 때에는 무시항을 0으로 간주하면 된다.

다음 함수의 예로 간략화 과정을 살펴보자.

$$f(A,\ B,\ C,\ D) = \sum(3,\ 5,\ 7,\ 8,\ 10,\ 11,\ 12,\ 13,\ 15) + \sum d(0,\ 2)$$

(1) 주항(PI) 결정

PI를 구할 때는 무시항 조건을 항상 1로 간주하여 그림 3.32와 같은 결과를 얻는다.

단계 I				단계 II			단계 III			단계 IV		
그룹	최소항	2진표현 *ABCD*	PI	최소항 묶음	2진표현 *ABCD*	주항	최소항 묶음	2진표현 *ABCD*	PI	최소항 묶음	2진표현 *ABCD*	PI
G0	0	0000	V	(0, 2)	00–0	V	(0, 2, 8, 10)	–0–0				
				(0, 8)	–000	V						
G1				(2, 3)	001–	V						
	2	0010	V	(2, 10)	–010	V	(2, 3, 10, 11)	–01–				
	8	1000	V	(8, 10)	10–0	V						
				(8, 12)	1–00							
G2				(3, 7)	0–11	V						
	3	0011	V	(3, 11)	–011	V						
	5	0101	V	(5, 7)	01–1	V	(3, 7, 11, 15)	––11				
	10	1010	V	(5, 13)	–101	V	(5, 7, 13, 15)	–1–1				
	12	1100	V	(10, 11)	101–	V						
				(12, 13)	110–							
G3	7	0111	V									
	11	1011	V	(7, 15)	–111	V						
	13	1101	V	(11, 15)	1–11	V						
G4	15	1111	V	(13, 15)	11–0	V						

그림 3.32 PI 결정

따라서 무시항을 1로 간주하여 얻은 PI는

(8, 12)	1-00	⇒	$AC'D'$
(12, 13)	110-	⇒	ABC'
(0, 2, 8, 10)	-0-0	⇒	$B'D'$
(2, 3, 10, 11)	-01-	⇒	$B'C$
(3, 7, 11, 15)	--11	⇒	CD
(5, 7, 13, 15)	-1-1	⇒	BD

이다. 이를 카르노맵으로 표현하면 그림 3.33과 같다.

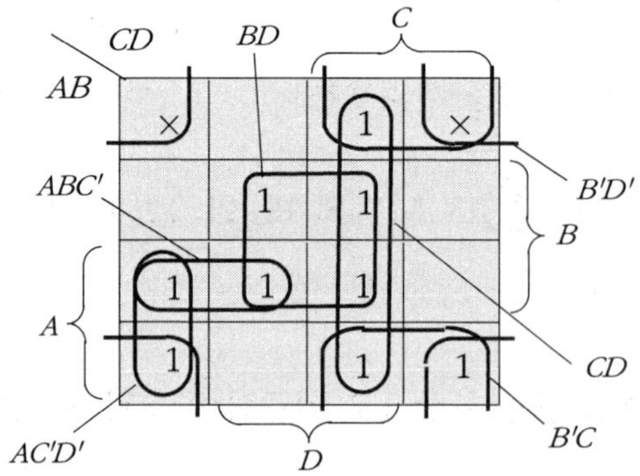

그림 3.33 PI 카르노맵

(2) 필수주항(EPI) 결정

EPI는 간략화된 부울식에 반드시 포함되는 묶음이며, 이의 판단은 묶음들을 조사하여 하나의 묶음에만 관여한 1이 존재하는 경우에 EPI가 된다. 카르노맵에서 EPI를 판단하는 경우에는 무시항을 0으로 간주하는 것이 더욱 간략화된 논리 표현식을 얻게 된다. 그래서 EPI의 판단을 위한 그림 3.34를 만들 때 가로축의 최소항들에는 무시항 부분이 빠지게 된다.

주항 \ 최소항	ABCD	3	5	7	8	10	11	12	13	15
(8, 12)	1–00				x			x		
(12, 13)	110–							x	x	
(0, 2, 8, 10)	–0–0				x	x				
(2, 3, 10, 11)	–01–	x				x	x			
(3, 7, 11, 15)	––11	x		x			x			x
(5, 7, 13, 15)	–1–1		ⓧ	x					x	x
				V					V	V

그림 3.34 EPI 결정

그림 3.34에서 최소항 5를 포함하는 묶음 주항 (5, 7, 13, 15)가 EPI이며, 묶음에 포함되는 최소항들을 제거하면 그림 3.35가 얻어진다.

(3) 간략화된 부울식

그림 3.35는 PI들이며, 이것들 중에는 일부를 선택하는 것이 간략화된 부울식이 되는데, 그 과정은 무시항이 없을 경우와 같다.

주항 \ 최소항	ABCD	3	8	10	11	12
(8, 12)	1–00		x			x
(12, 13)	110–					x
(0, 2, 8, 10)	–0–0		x	x		
(2, 3, 10, 11)	–01–	x		x	x	
(3, 7, 11, 15)	––11	x			x	

그림 3.35 EPI에 의해 제거되지 않는 최소항

그림에서 주항 (3, 7, 11, 15)는 주항 (2, 3, 10, 11)에 포함되고 주항 (12, 13)은 주항 (8,

12)에 포함된다. 또한 주항 (0, 2, 8, 10)은 최소항 8이 주항 (8, 12)에 최소항 10은 주항 (2, 3, 10, 11)에 포함되므로 주항 (12, 13)과 (2, 3, 10, 11)을 선택한다. 따라서 가장 간략화된 함수는

$$f(A,B,C,D) = BD + AC'D' + B'C$$

가 된다.

예제 3.16

부울식 $f(A, B, C, D) = \sum(1,4,7,9,11,12,13,14) + \sum d(0,2,3,15)$**을 테이블 방법으로 간략화하라.**

3.5 요약

- □ 대수적 방법을 이용한 부울식의 간략화
- □ 카르노맵 방법을 이용한 부울식의 간략화
- □ 테이블 방법을 이용한 부울식의 간략화

3.6 연습문제

1. 다음 부울식을 대수적으로 간소화하라.

$$f(A,B,C) = (A+BC)(B+C)(ABC+BC)$$

2. 콘센서스 정리를 대수적으로 증명하라.

3. 콘센서스 정리를 이용하여 다음 부울식을 간략히 하라.

(a) $AB'C' + AB'D + B'CD + A'CD + AC'D'$

(b) $(A+B')(A+C)(A+D)(B+C)(B+D)(C+D')$

4. 카르노맵을 이용하여 다음 부울식을 간략히 하라.

(a) $f(A,B,C) = A'BC + A'BC' + AB'C + ABC$

(b) $f(x,y,z) = x'yz + x'yz' + xy'z' + xy'z$

(c) $f(x,y,z) = \Sigma(0,2,4,5,6)$

(d) $f(A,B,C,D) = \Sigma(7,13,14,15)$

(e) $f(A,B,C) = A'B + BC' + AC + ABC$

(f) $f(x,y,z) = yz + x'z' + y'z' + xy'z$

(g) $f(w,x,y,z) = \Sigma(0,1,2,4,5,6,8,9,12,13,14)$

(h) $f(w,x,y,z) = \Sigma(1,3,7,11,15)$, 무시항함수 $d(w,x,y,z) = \Sigma(0,2,5)$

(i) $f(A,B,C,D) = A'B'D' + A'CD + A'BC$, $d(A,B,C,D) = ACD + AB'D'$

5. 테이블 방법을 이용하여 다음 부울식을 간략히 하라.

(a) $f(w,x,y,z) = \Sigma(0,1,2,4,5,6,8,9,12,13,14)$

(b) $f(w,x,y,z) = \Sigma(1,3,7,11,15)$, $d(w,x,y,z) = \Sigma(0,2,5)$

(c) $f(A,B,C,D) = A'B'D' + A'CD + A'BC$, $d(A,B,C,D) = ACD + AB'D'$

제 4 장

조합논리회로

학습 목표

· 조합논리회로의 개념과 설계 방법

  – 조합논리회로의 개념을 이해한다.

  – 조합논리회로의 설계 방법을 배운다.

· 산술회로 설계

  – 산술회로인 가산기와 감산기의 설계를 배운다.

· 코드변환기 설계

  – 다양한 코드변환기들의 설계를 배운다.

· 패리티 회로 설계

  – 패리티 회로인 패리티 발생기와 패리티 검사기의 설계를 배운다.

· 논리 응용회로 설계

  – 다양한 논리 응용회로들의 설계를 배운다.

· 다단계 논리회로의 설계

  – 다단계 NAND 회로와 다단계 NOR 회로의 설계와 분석 방법을 배운다.

디지털 시스템에서 논리회로는 조합논리회로(combinational logic circuit)와 순차논리회로(sequential logic circuit)로 나눈다. 조합논리회로는 4장과 5장에서 배우고 순차논리회로는 6장, 7장 그리고 8장에서 배운다. 앞서 설명한 게이트들은 그 스스로가 기본적인 조합논리회로이고 이 게이트들을 사용하여 조합논리회로를 설계한다. 이 장에서는 조합논리회로의 개념을 이해하고 조합논리회로 설계 과정을 설명한다.

설계하는 조합논리회로는 산술회로(arithmetic circuit), 코드변환기(code converter), 패리티 회로(parity circuit) 이다. 그리고 다양한 논리 응용회로인 3입력 다수결기(3 input majority), 경로할당기(path assigner), 제곱기(squarer)를 설계한다. 마지막으로 다단계 NAND 논리도와 다단계 NOR 논리도를 설명한다.

4.1 조합논리회로 개념과 설계 과정

조합논리회로의 개념을 이해하고 조합논리회로 설계 과정을 설명한다.

4.1.1 조합논리회로 개념

조합논리회로는 기본 게이트들을 사용하여 설계하고 입력 값에 따라 출력이 동시에 나타나는 회로로서 입력변수(input variable)들, 논리게이트(logic gate)들 그리고 출력변수(output variable)들로 구성된다. 논리게이트는 입력변수를 통해서 입력되는 입력신호들을 받아 특정기능을 수행한 후 출력신호가 출력변수를 통해서 나타난다. 입력 및 출력신호는 2가지 상태(0, 1) 중에 한 상태를 갖는다. 그림 4.1은 조합논리회로의 블록도이다.

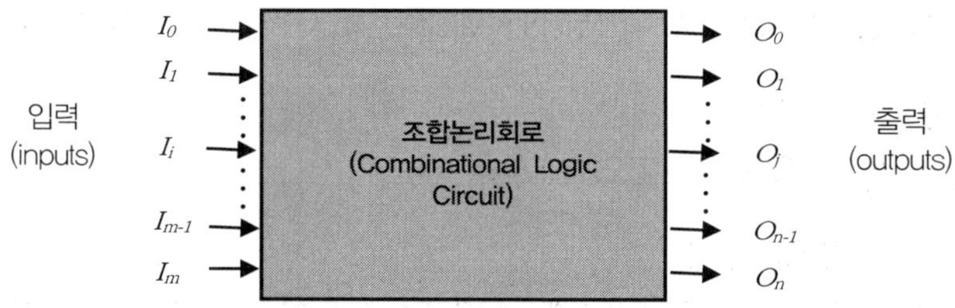

그림 4.1 조합논리회로 블록도

그림 4.1의 조합논리회로 블록도를 부울식으로 표현하면 다음과 같다.

$$O_j = F(I_0, I_1, \cdots, I_i, \cdots, I_{m-1}, I_m)$$

여기서 i=0, …, m이고 j=0, …, n이다. 디지털 시스템에서는 2진수를 사용하므로, m개의 입력변수들은 2^m개의 입력조합들이 가능하다. 예를 들어 4개의 입력변수에 대해서 2^4=16개의 입력조합들이 가능하게 된다. 각각의 입력조합에 대해서 조합논리회로는 하나의 출력조합이 출력된다. 따라서 어떤 특정 출력함수 값은 m개의 입력변수의 부울식으로 표현된다.

4.1.2 조합논리회로 설계 과정

조합논리회로를 설계하는 설계 과정을 공부한다. 앞서 논리회로 설계에 필요한 이론 및 과정들을 배웠다. 일반적인 조합논리회로를 설계하는 과정은 다음과 같다.

조합논리회로 설계 과정
① 문제 기술(problem description) 먼저 조합논리회로를 설계하기 위한 문제를 기술한다.
② 입력 및 출력변수 개수(number of input and output variables) 입력변수 개수와 출력변수 개수를 결정한다.
③ 입력 및 출력변수 이름(name of input and output variables) 입력변수 이름과 출력변수 이름을 결정한다.
④ 진리표(truth table) 입력과 출력사이의 관계를 정의하는 진리표를 구한다.
⑤ 부울식(Boolean expression)과 간략화(simplification) 진리표로부터 카르노맵 등의 방법을 사용하여 간략화한 부울식을 구한다.
⑥ 논리도(logic diagram) 간략화된 부울식을 이용하여 논리도를 그린다.
⑦ 분석(analysis) 논리도를 논리 시뮬레이션 등의 방법으로 제대로 설계되었는지를 확인한다.

②와 ③의 과정은 그림 4.2과 같은 블록도로 표현하면 설계 과정에 도움이 된다.

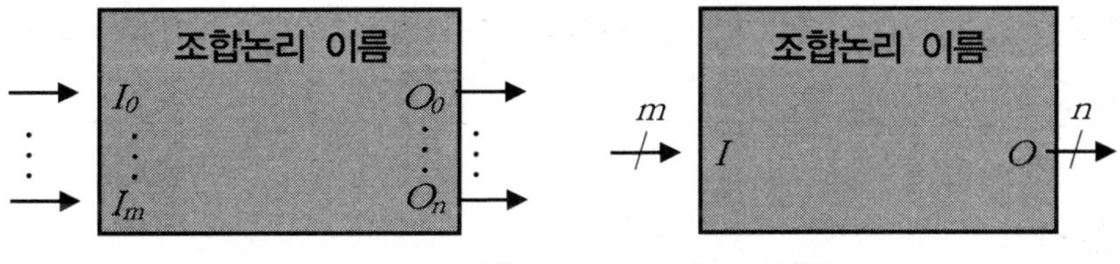

그림 4.2 조합논리회로의 블록도 표현

그림에서 설계하고자 하는 조합논리회로의 특징을 잘 나타낼 수 있는 이름을 조합논리 이름으로 정한다. 위 과정들을 그대로 따라하면 실수 없이 조합논리회로를 설계할 수 있으나 주어진

환경과 필요성에 따라 과정을 변형하거나 몇 가지 과정은 생략할 수도 있다. 조합논리회로를 설계 개념도를 그림 4.3에 나타낸다.

그림 4.3 조합논리회로 설계 개념

부울식에서 조합논리회로를 설계하는 것은 다음 기본 원칙들을 만족해야 한다.

조합논리회로 설계 기본 원칙
① 게이트 수의 최소화
② 한 게이트에 대해 최소 입력개수
③ 최소 게이트 전달지연시간(propagation delay time)
④ 게이트 간의 최소 연결
⑤ 게이트 출력의 구동능력(fanout)
⑥ 안정적인 논리회로 구성

이 원칙들을 모두 다 만족하기는 어렵지만, 설계하는 회로의 특성을 고려해서 최선의 논리회로를 설계해야 한다.

이제 설계 방법을 통하여 다양한 조합논리회로들을 설계해보자.

4.2 산술회로

디지털 시스템은 산술연산, 즉 덧셈(addition) 또는 뺄셈(subtraction)을 수행하기 위한 논리회로인 산술회로(arithmetic circuit)를 요구한다. 가장 기본적인 산술회로는 가산기(adder)와 감산기(subtractor)가 있다.

4.2.1 가산기

덧셈을 하는 장치를 가산기(adder)라 한다. 덧셈은 2개의 2진수에서 더해지는 수를 피가수(augend), 더하는 수를 가수(addend)라 하며, 연산결과로서 합(sum)과 자리올림수(carry)로 나타나고 다음 4가지의 기본 덧셈 연산을 하게 된다.

덧셈 연산					
피가수(augend)		가수(addend)		합(sum)	자리올림수(carry)
0	+	0	=	0	0
0	+	1	=	1	0
1	+	0	=	1	0
1	+	1	=	0	1

연산결과 3개 덧셈 연산결과 합을 나타내는 경우에 2^0자리로 충분하지만, 마지막 1개 연산결과는 합(sum)을 위한 2^0자리와 자리올림수(carry)를 위한 2^1자리가 필요하다. 즉 낮은 자리에서 연산결과 발생한 자리올림수를 2개의 2진수에 더해야 한다.

2개의 2진수를 더하는 조합논리회로를 반가산기(half adder, HA)라 부르며 2개의 2진수와 더불어 자리올림수(carry)도 더해주는 조합논리회로를 전가산기(full adder, FA)라 한다.

(1) 반가산기

반가산기(half adder, HA)는 2개의 1비트 2진수를 더하는 조합논리회로이다. 반가산기는 2개의 2진수 입력 X, Y를 더하여 출력으로 합(sum) S와 자리올림수(carry) C를 발생한다.

X	0	0	1	1
$+ \ Y$	+ 0	+ 1	+ 0	+ 1
$C\ S$	0 0	0 1	0 1	1 1

반가산기의 이름을 HA로 하는 블록도와 진리표를 그림 4.4와 같다.

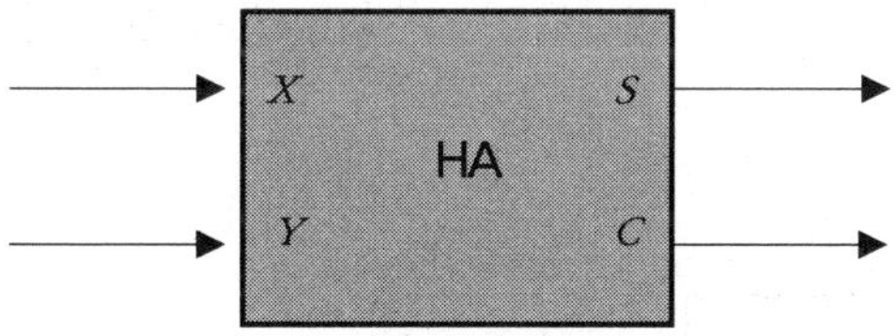

(a) 블록도

X	Y	S	C
0	0	0	0
0	1	1	0
1	0	1	0
1	1	0	1

(b) 진리표

그림 4.4 반가산기 블록도와 진리표

진리표에서 반가산기의 출력들을 그림 4.5처럼 카르노맵을 이용하여 간략화한다.

(a) 합 S　　(b) 자리올림수 C

그림 4.5 반가산기의 간략화

그러나 카르노맵에서 보면 인접항들이 없으므로 더 이상의 간략화를 할 수 없다. 출력 S와 C를 논리식(부울식)으로 다음 같이 표현된다.

$$S = X'Y + XY' = X \oplus Y$$
$$C = XY$$

논리식은 AND 게이트, OR 게이트 그리고 INV 게이트를 이용하여 설계할 수 있다. 또한 AND 게이트와 XOR 게이트를 이용하여 논리도로 표시할 수 있다(그림 4.6).

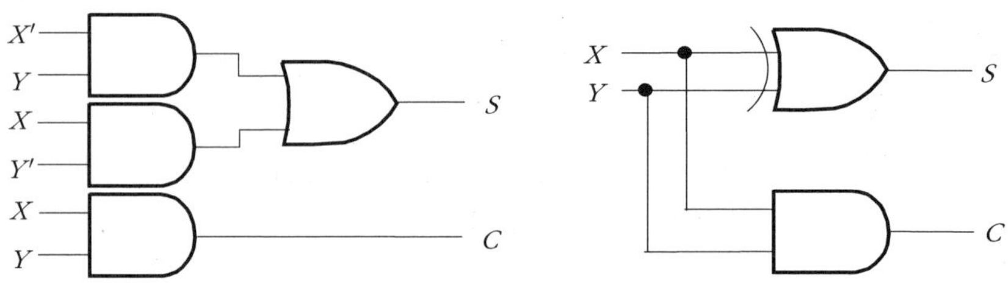

(a) AND와 OR 게이트 이용　　(b) AND와 XOR 게이트를 이용

그림 4.6 반가산기의 논리도

반가산기의 입력 X와 Y에 진리표 상의 입력신호를 인가하면 진리표 상의 출력과 같은 S와 C의 출력신호가 나타난다.(그림 4.7).

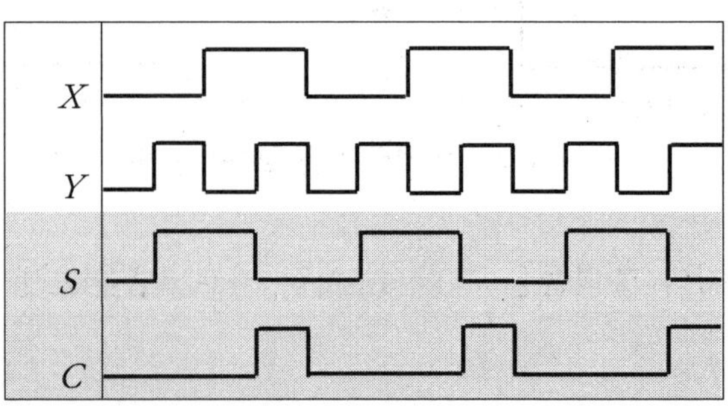

그림 4.7 반가산기 타이밍도

앞에서 설계한 논리식은 여러 형태로 그림 4.8처럼 다양한 반가산기들을 설계할 수 있다.

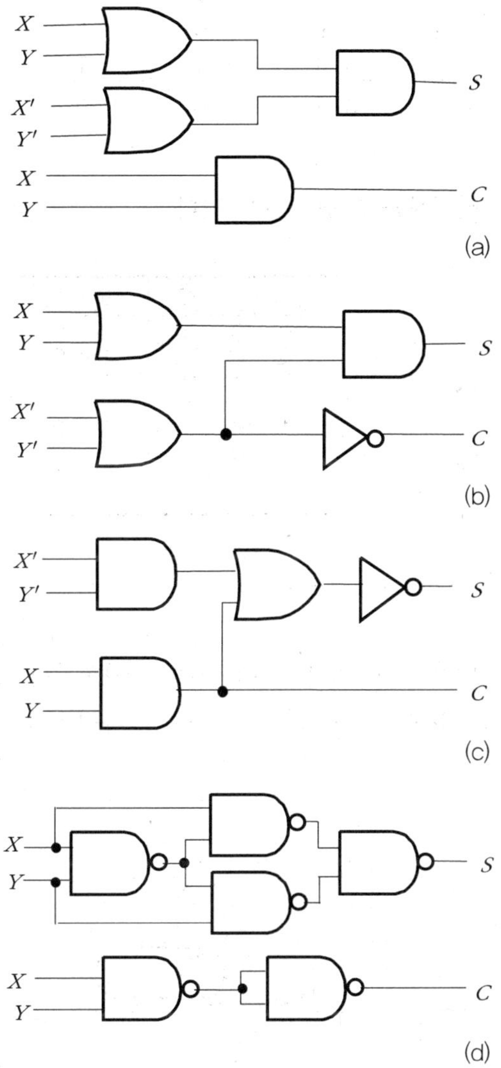

(a)

$$S = X'Y + XY' = (X+Y)(X'+Y')$$
$$C = XY$$

(b)

$$S = X'Y + XY' = (X+Y)(X'+Y')$$
$$C = XY = (X'+Y')'$$

(c)

$$S = X'Y + XY' = (C + X'Y')'$$
$$C = XY$$

(d)

$$\begin{aligned} S &= XY' + X'Y \\ &= X(X'+Y') + Y(X'+Y') \\ &= X(XY)' + Y(XY)' \\ &= (X(XY)' + Y(XY)')'' \\ &= ((X(XY)')' \cdot (Y(XY)')')' \end{aligned}$$
$$C = XY = ((XY)')'$$

그림 4.8 다양한 반가산기들의 논리도와 논리식

그림 4.8(d)는 반가산기를 NAND 게이트로만 구성하여 설계한 것이다. 논리회로 설계는 부울식을 형태와 설계 목적에 따라 다양한 형태로 바꿀 수 있다.

(2) 전가산기

디지털 논리회로를 사용하여 2진수를 더하기 위해서는 한번에 3개의 자릿수를 더하는 회로가 필요한데, 이 회로를 전가산기(full adder, FA)라 한다. 전가산기는 2개의 자릿수 X와 Y 및 자리올림수 C_i, 즉 3개 입력들을 더하여 2개의 출력으로 합(sum) S와 자리올림수(carry)

C_o를 발생한다.

C_i	0	1	0	1	0	1	0	1
X	0	0	1	1	0	0	1	1
$+\ Y$	+ 0	+ 0	+ 0	+ 0	+ 1	+ 1	+ 1	+ 1
$C_o\ S$	0 0	0 1	0 1	1 0	0 1	1 0	1 0	1 1

전가산기의 이름을 FA로 하는 블록도와 진리표는 그림 4.9와 같다.

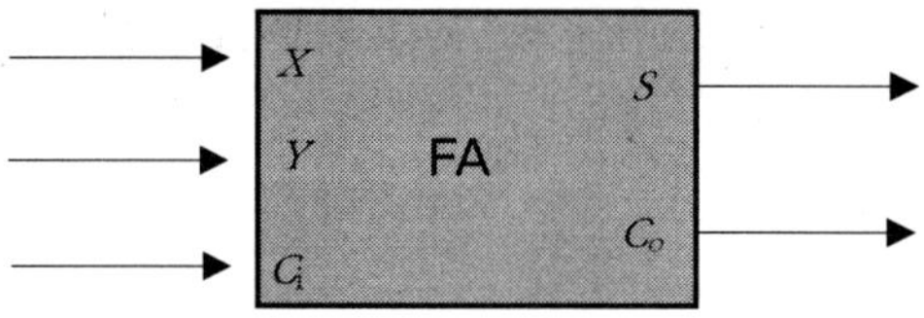

(a) 블록도

X	Y	C_i	S	C_o
0	0	0	0	0
0	0	1	1	0
0	1	0	1	0
0	1	1	0	1
1	0	0	1	0
1	0	1	0	1
1	1	0	0	1
1	1	1	1	1

(b) 진리표

그림 4.9 전가산기의 블록도와 진리표

진리표로부터 전가산기의 출력들을 그림 4.10처럼 카르노맵을 이용하여 간략화한다. 출력으로 합 S는 인접항들이 없으므로 더 이상의 간략화를 할 수 없으나 출력으로 자리올림수 C_o는 다음과 같이 간략화된다.

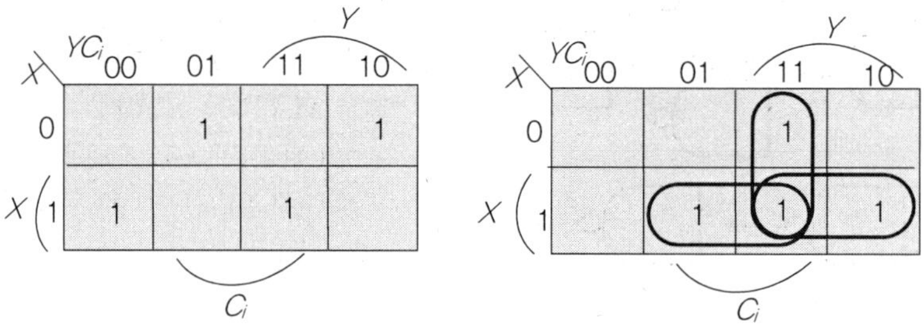

(a) 합 S (b) 자리올림수 C_o

그림 4.10 전가산기의 간략화

따라서 S와 C_o을 논리식은 다음과 같다.

$$S = X'Y'C_i + X'YC_i' + XY'C_i' + XYC_i$$

$$C_o = X'YC_i + XY'C_i + XYC_i' + XYC_i$$

$$= XY + YC_i + C_iX$$

그림 4.11처럼 AND 및 OR 게이트를 이용하여 전가산기의 논리도로 나타낸다.

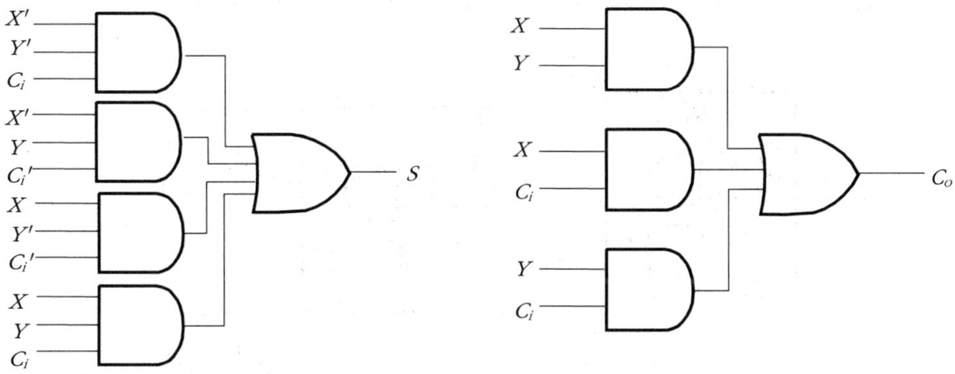

(a) 합 S 회로 (b) 자리올림수 C_o 회로

그림 4.11 전가산기의 논리도

전가산기의 3개 입력들(X와 Y 및 자리올림수 C_i)에 진리표상의 입력신호를 인가하면 진리표상의 출력과 같은 합 S와 자리올림수 C_o의 2개의 출력신호가 나타난다(그림 4.12).

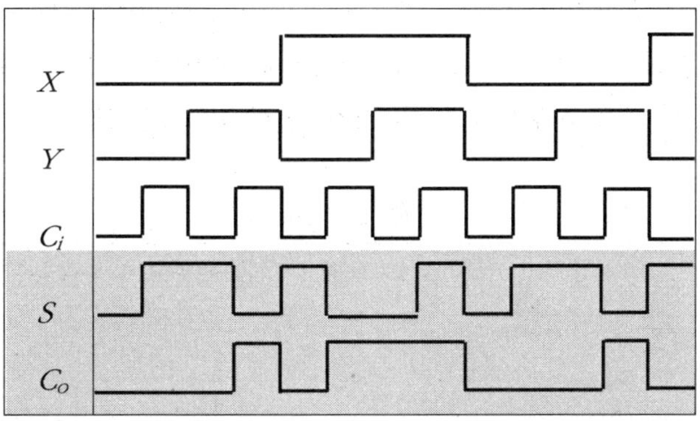

그림 4.12 전가산기 타이밍도

(3) 반가산기를 이용한 전가산기 설계

반가산기를 이용하여 전가산기를 설계할 수 있다. 전가산기의 논리식을 변형하자.

$$\begin{aligned} S &= X'Y'C_i + X'YC_i' + XY'C_i' + XYC_i \\ &= (X'Y' + XY)C_i + (X'Y + XY')C_i' \\ &= (X \oplus Y)'C_i + (X \oplus Y)C_i' \\ &= X \oplus Y \oplus C_i \\ C_o &= X'YC_i + XY'C_i + XYC_i' + XYC_i \\ &= (X'Y + XY')C_i + XY(C_i' + C_i) \end{aligned}$$

$= (X \oplus Y)C_i + XY$

전가산기는 반가산기 2개와 OR 게이트 1개로 설계가 된다(그림 4.13).

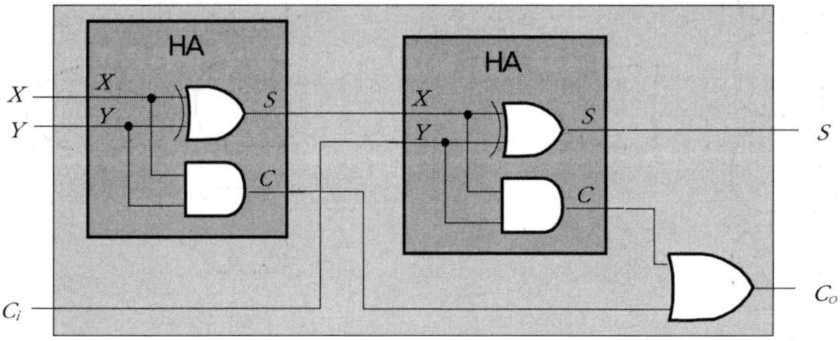

그림 4.13 반가산기를 이용한 전가산기 논리도

반가산기 블록도의 논리도는 보통 표현하지 않지만, 이해를 돕기 위해서 그려놓았다.

4.2.2 감산기

뺄셈을 하는 장치를 감산기(subtractor)라 한다. 2개의 2진수에서 감산을 당하는 수를 피감수(minuend)라 하고 감산하는 수를 감수(subtrahend)라 하며 연산결과 차(difference)와 빌림수(borrow)로 나타나며 다음 4가지의 기본 뺄셈 연산을 하게 된다.

빼셈 연산					
피감수(minuend)		감수(subtrahend)		차(difference)	빌림수(borrow)
0	−	0	=	0	0
0	−	1	=	1	1
1	−	0	=	1	0
1	−	1	=	0	0

연산결과 피감수≥감수인 경우 2^0자리로 차(difference)를 표현하는 데 충분하지만 피감수≤감수인 경우 2^1자리로부터 빌림수(borrow)를 빌려와서 계산을 해야 한다.

2개의 2진수 뺄셈을 하는 조합논리회로를 반감산기(half subtractor, HS)라 하고, 2개의 2진수 뺄셈과 더불어 빌림수도 빼주는 조합논리회로를 전감산기(full subtractor, FS)라 한다.

(1) 반감산기

반감산기(half subtractor, HS)는 가장 간단한 2진 감산기로서 2개의 1비트 2진수를 빼는 조합논리회로이다. 2진수 X에서 2진수 Y를 빼어 출력으로 차(difference) D와 빌림수(borrow)

B를 발생한다.

X	0	0	1	1
$-\ Y$	- 0	- 1	- 0	- 1
$D\ B$	0 0	1 1	0 1	0 0

반감산기의 이름을 HS로 하는 블록도와 진리표는 그림 4.14와 같다.

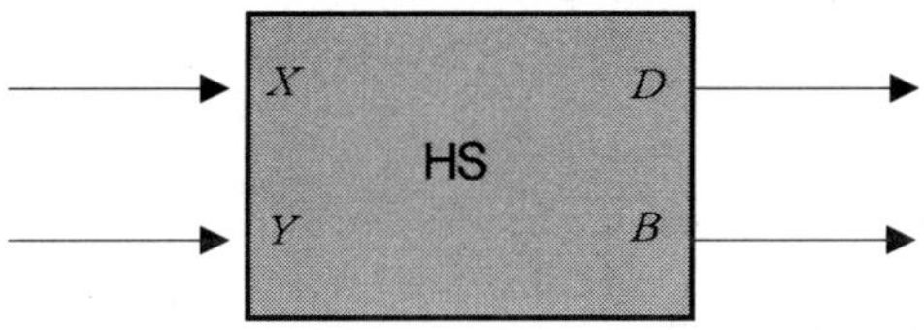

(a) 블록도

X	Y	D	B
0	0	0	0
0	1	1	1
1	0	1	0
1	1	0	0

(b) 진리표

그림 4.14 반감산기의 블록도와 진리표

진리표로부터 출력들은 카르노맵을 이용하여 더 이상 간략화가 안되고 D와 B를 논리식으로 다음과 같이 표현된다.

$$D = X'Y + XY' = X \oplus Y$$
$$B = X'Y$$

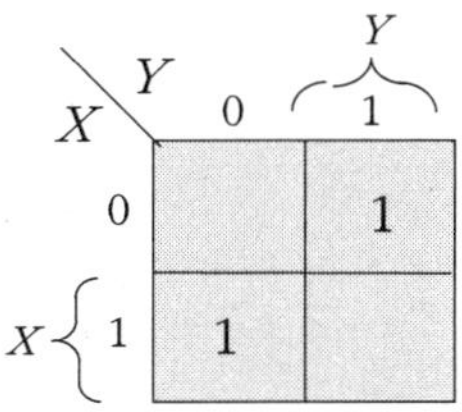

(a) 차 D

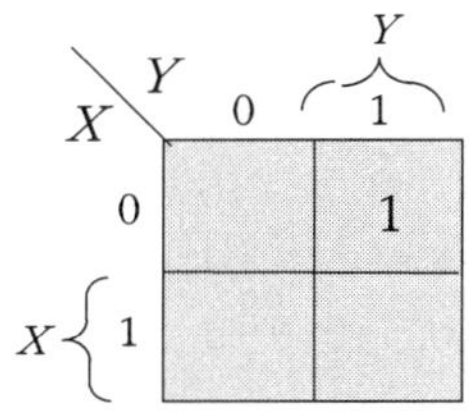

(b) 빌림수 B

그림 4.15 반감산기의 간략화

반감산기의 차 D를 표현한 논리식은 전가산기의 합 S와 같다. 그러나 반가산기의 자리올림수C는 반감산기의 빌림수 D와 비교해보면 X 입력이 서로가 보수(complement) 관계에 있다.

그림 4.16처럼 AND, NOT 및 OR 게이트를 그리고 XOR 게이트를 이용하여 반감산기의 논리도를 나타낸다.

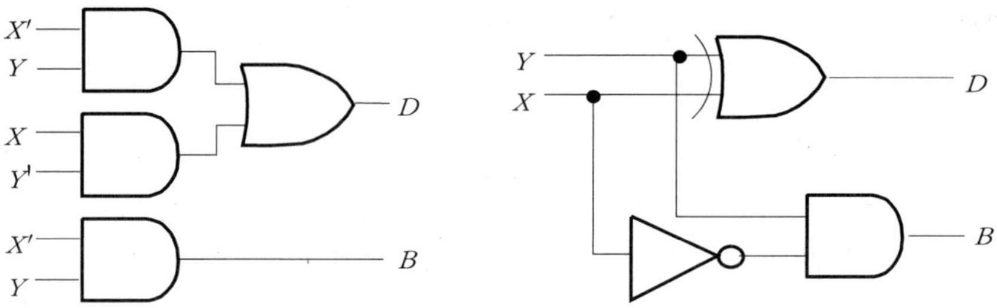

(a) AND와 OR 게이트 이용 설계 (b) AND, INV 및 XOR 게이트를 이용 설계

그림 4.16 반감산기의 논리도

반감산기의 입력 X와 Y에 진리표 상의 입력신호를 인가하면 진리표 상의 출력과 같은 D와 B의 출력신호가 나타난다(그림 4.17).

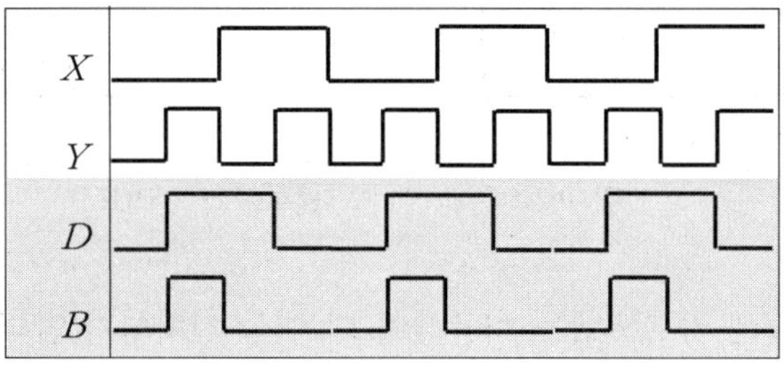

그림 4.17 반감산기 타이밍도

(2) 전감산기

전감산기(full subtractor, FS)는 2개의 1비트 2진수를 빼고 상위 비트에서 빌린 수를 다시 빼는 조합논리회로이다. 2진수 X에서 2진수 Y를 빼고 상위비트에서 빌린 빌림수 B_{i-1}를 빼면 출력으로 차(difference) D와 빌림수(borrow) B_i를 발생한다.

X	0	0	0	0	1	1	1	1
$-Y$	0	0	1	1	0	0	1	1
$-B_{i-1}$	- 0	- 1	- 0	- 1	- 0	- 1	- 0	- 1
$B_i\ D$	0 0	1 1	1 1	1 0	0 1	0 0	0 0	1 1

전감산기의 이름을 FS로 하는 블록도와 진리표는 그림 4.18과 같다.

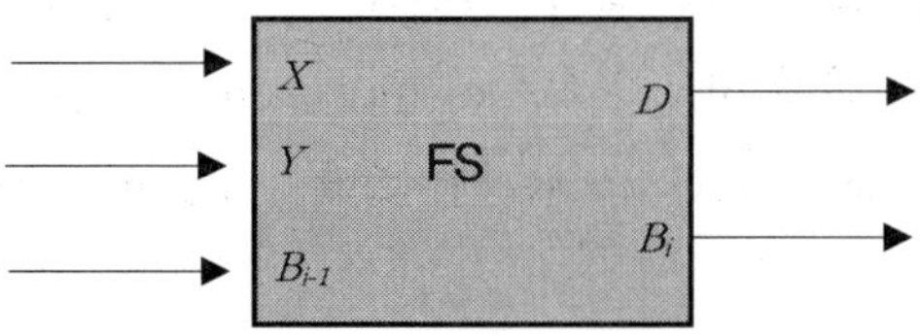

(a) 블록도

X	Y	B_{i-1}	D	B_i
0	0	0	0	0
0	0	1	1	1
0	1	0	1	1
0	1	1	0	1
1	0	0	1	0
1	0	1	0	0
1	1	0	0	0
1	1	1	1	1

(b) 진리표

그림 4.18 전감산기의 블록도와 진리표

진리표로부터 카르노맵을 이용하여 출력들을 간략화한다(그림 4.19).

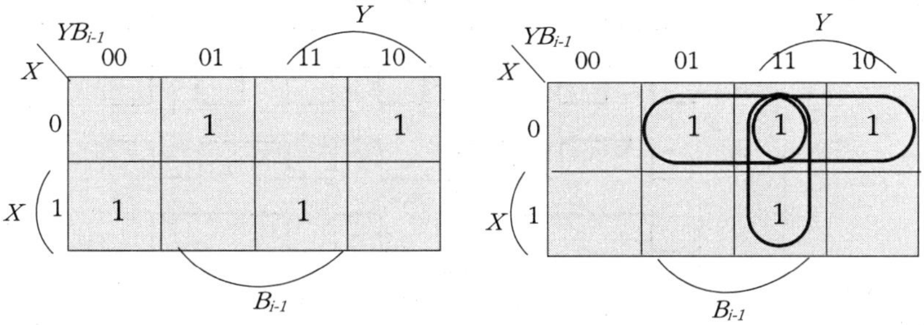

(a) 차 D (b) 빌림수 B_i

그림 4.19 전감산기의 간략화

D와 B_i을 논리식으로 표현하면

$$D = X'Y'B_{i-1} + X'YB'_{i-1} + XY'B'_{i-1} + XYB_{i-1}$$
$$B_i = X'Y'B_{i-1} + X'YB'_{i-1} + X'YB_{i-1} + XYB_{i-1}$$
$$= X'Y + YB_{i-1} + B_{i-1}X'$$

이다. 그림 4.20처럼 AND 및 OR 게이트를 이용하여 전감산기의 논리도를 나타낸다.

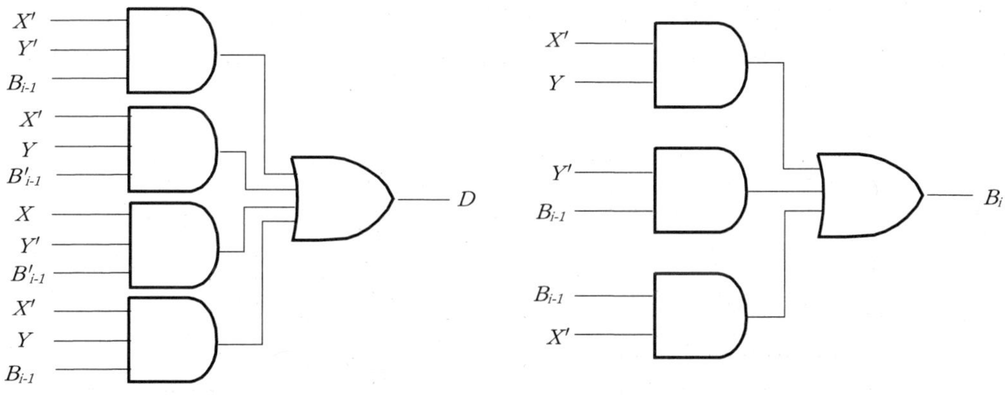

(a) 차 D (b) 빌림수 B_i

그림 4.20 전감산기의 논리도

전감산기의 3입력들(X와 Y 및 빌림수 B_{i-1})에 진리표상의 입력신호를 인가하면 진리표상의 출력과 같은 차 D와 빌림수 B_i의 출력신호가 나타난다.(그림 4.21).

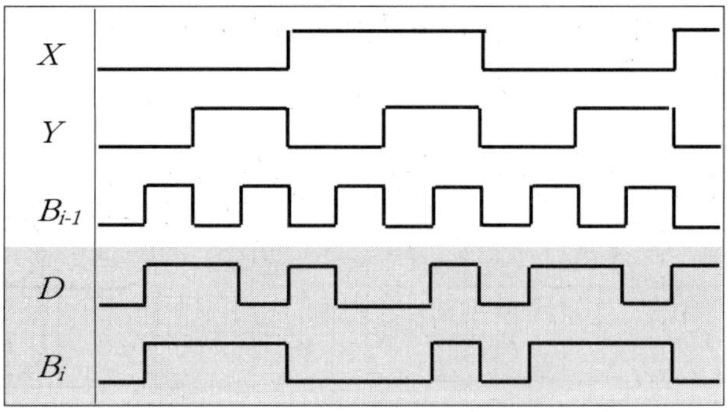

그림 4.21 전감산기의 타이밍도

(3) 반감산기를 이용한 전감산기 설계

반감산기를 이용하여 전감산기의 설계는 전감산기의 논리식을 다음과 같이 변형한다.

$$D = X'Y'B_{i-1} + X'YB'_{i-1} + XY'B'_{i-1} + XYB_{i-1}$$
$$= X \oplus Y \oplus B_{i-1}$$
$$B_i = X'Y'B_{i-1} + X'YB'_{i-1} + X'YB_{i-1} + XYB_{i-1}$$
$$= (X'Y' + XY)B_{i-1} + X'Y(B'_{i-1} + B_{i-1})$$
$$= (X \oplus Y)'B_{i-1} + X'Y$$

전감산기는 2개의 반감산기와 1개의 OR 게이트를 이용하여 설계된다(그림 4.22). 반감산기 블록도의 논리도는 보통 표현하지 않는다. 여기서는 이해를 돕기 위해서 그려놓았다.

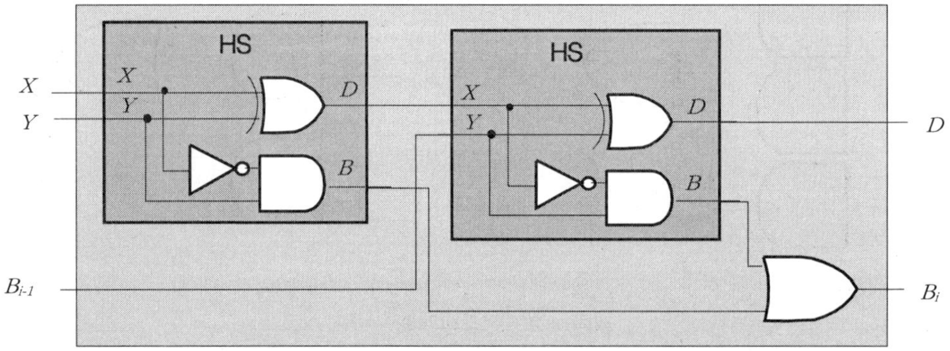

그림 4.22 반감산기를 이용한 전감산기 논리도

예제 4.1

가산기와 감산기의 차이점을 설명하시오.

4.3 코드변환기

디지털 시스템들이 정보를 교환할 경우에 시스템들이 서로 다른 코드(code)를 사용할 수 있다. 이 경우 두 시스템 사이에 코드변환기(code converter)를 사용하여 코드를 변환해 주어야 한다(그림 4.23).

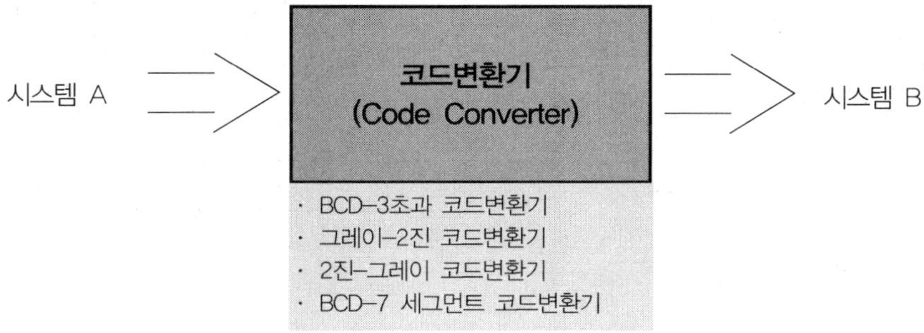

그림 4.23 코드변환기

여러 가지 코드들을 서로 변환할 수 있도록 조합논리회로인 코드변환기를 설계해보자. 10진수를 2진수로 표시하는 방법은 많은 종류의 코드화 방법들이 개발되었다. 그 중에서 가장 많이 사용되는 2진 코드들을 표 4.1에 나타내었다.

표 4.1 10진수 숫자에 대한 2진 코드

10진수	BCD 코드	3초과 코드
0	0000	0011
1	0001	0100
2	0010	0101
3	0011	0110
4	0100	0111
5	0101	1000
6	0110	1001
7	0111	1010
8	1000	1011
9	1001	1100

BCD(Binary Code Decimal) 코드는 10진수의 각 숫자를 2진 비트의 집합으로 코딩한 것이다. 10진수에는 0에서 9까지의 10개의 숫자가 있으므로 4비트를 사용하여 2진수 표현을 코드화 한다. 3초과(excess-3)코드는 2진수에 3을 더해 만든 코드이다.

4.3.1 BCD-3초과 코드변환기(BCD to Excess-3 Code Converter)

BCD-3초과 코드변환기의 이름을 BCD3EC로 하는 블록도와 진리표는 그림 4.24에 나타냈다.

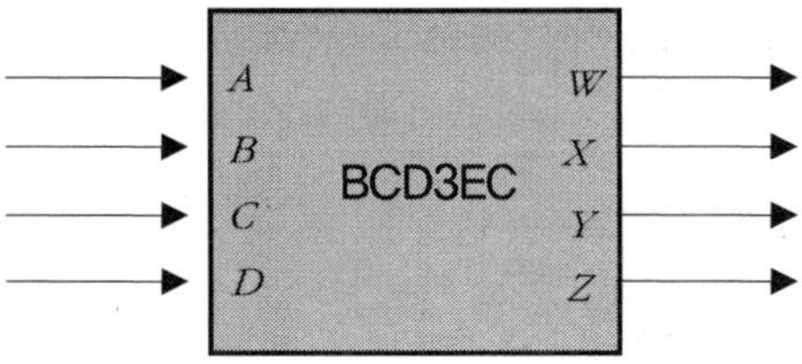

(a) 블록도

10진수	BCD A B C D	3초과 W X Y Z
0	0 0 0 0	0 0 1 1
1	0 0 0 1	0 1 0 0
2	0 0 1 0	0 1 0 1
3	0 0 1 1	0 1 1 0
4	0 1 0 0	0 1 1 1
5	0 1 0 1	1 0 0 0
6	0 1 1 0	1 0 0 1
7	0 1 1 1	1 0 1 0
8	1 0 0 0	1 0 1 1
9	1 0 0 1	1 1 0 0

(b) 진리표

그림 4.24 BCD-3초과 코드변환기의 블록도와 진리표

BCD에는 10진수 0에서 9까지의 수만 있으므로 10(1010)에서 15(1111)은 무시항(don't care)이 된다. 진리표로부터 그림 4.25처럼 카르노맵을 이용하여 출력들을 간략화한다.

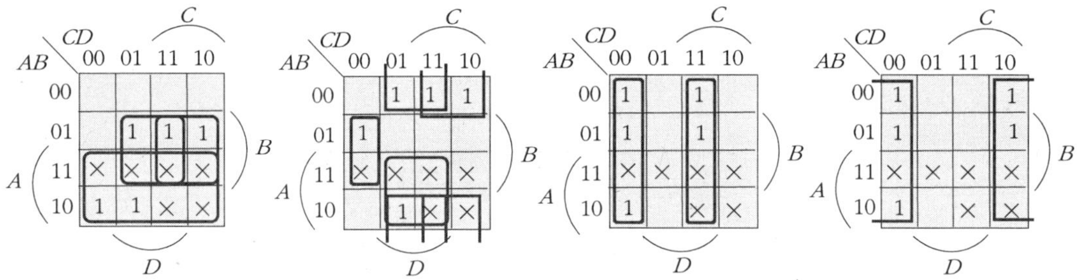

(a) W (b) X (c) Y (d) Z

그림 4.25 BCD-3초과 코드변환기의 간략화

간략화된 결과를 논리식으로 표현하면 다음과 같다.

$$W = A + BC + BD = A + B(C + D)$$
$$X = BC'D' + B'C + B'D = BC'D' + B'(C + D)$$
$$Y = CD + C'D' = (C \oplus D)'$$
$$Z = D'$$

그림 4.26은 BCD 코드가 입력되면 3초과 코드가 출력되는 BCD-3초과 코드변환기의 논리도와 타이밍도이다.

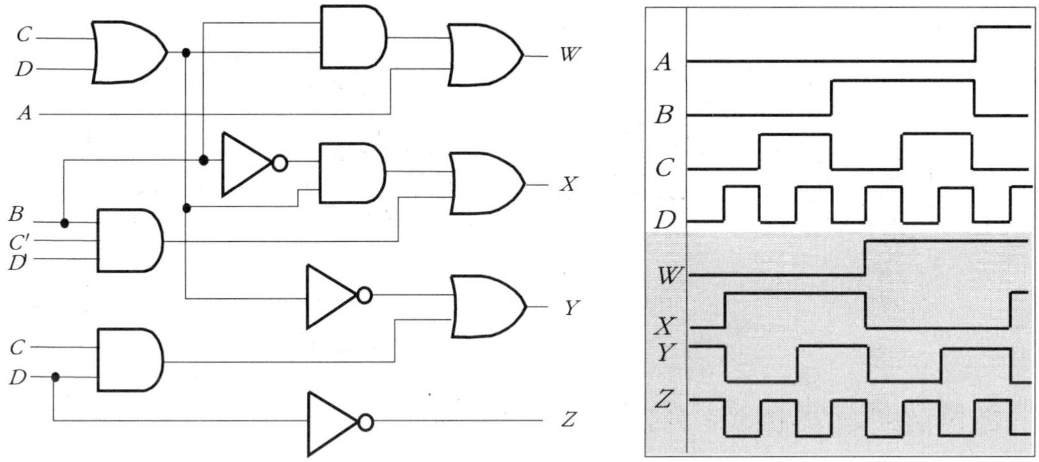

(a) 논리도 (b) 타이밍도

그림 4.26 BCD-3초과 코드변환기의 논리도와 타이밍도

입력 *A*, *B*, *C* 및 *D*에 진리표 상의 입력신호를 인가하면 진리표 상의 출력과 같은 *W*, *X*, *Y*, 및 *Z* 출력신호들이 나타난다.

4.3.2 그레이-2진 코드변환기(Gray to Binary Code Converter)

그레이 코드를 2진 코드로 변환하는 그레이-2진 코드변환기의 이름을 GBC로 하는 블록도와 진리표는 그림 4.27과 같다.

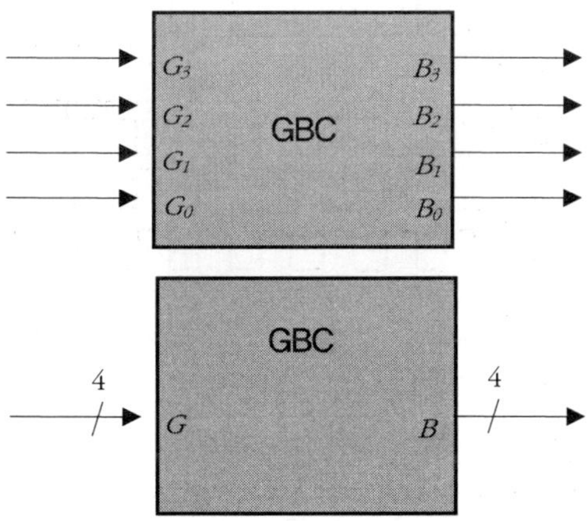

10진수	Gray code $G_3 G_2 G_1 G_0$	Binary code $B_3 B_2 B_1 B_0$
0	0 0 0 0	0 0 0 0
1	0 0 0 1	0 0 0 1
2	0 0 1 1	0 0 1 0
3	0 0 1 0	0 0 1 1
4	0 1 1 0	0 1 0 0
5	0 1 1 1	0 1 0 1
6	0 1 0 1	0 1 1 0
7	0 1 0 0	0 1 1 1
8	1 1 0 0	1 0 0 0
9	1 1 0 1	1 0 0 1
10	1 1 1 1	1 0 1 0
11	1 1 1 0	1 0 1 1
12	1 0 1 0	1 1 0 0
13	1 0 1 1	1 1 0 1
14	1 0 0 1	1 1 1 0
15	1 0 0 0	1 1 1 1

(a) 블록도 (b) 진리표

그림 4.27 그레이-2진 코드변환기의 블록도와 진리표

진리표로부터 카르노맵을 이용하여 출력들을 간략화한다(그림 4.28).

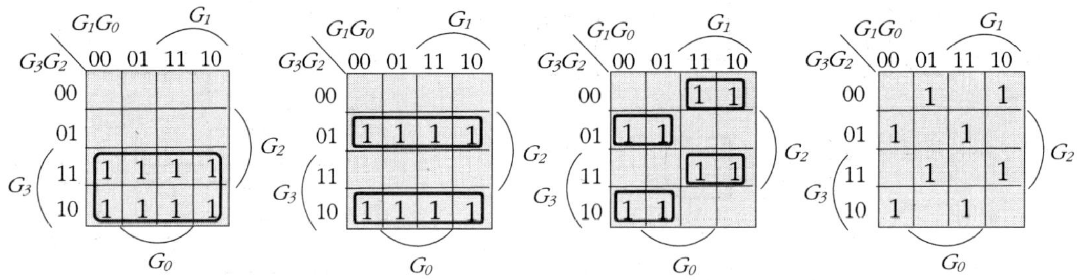

(a) B_3 (b) B_2 (c) B_1 (d) B_0

그림 4.28 그레이-2진 코드변환기의 간략화

간략화 결과를 논리식으로 표현하면 다음과 같다.

$$B_3 = G_3$$
$$B_2 = G_3 \oplus G_2$$
$$B_1 = G_3 \oplus G_2 \oplus G_1$$
$$B_0 = G_3 \oplus G_2 \oplus G_1 \oplus G_0$$

그림 4.29는 그레이 코드가 입력되면 2진 코드가 출력되는 그레이-2진 코드변환기의 논리도와 타이밍도이다.

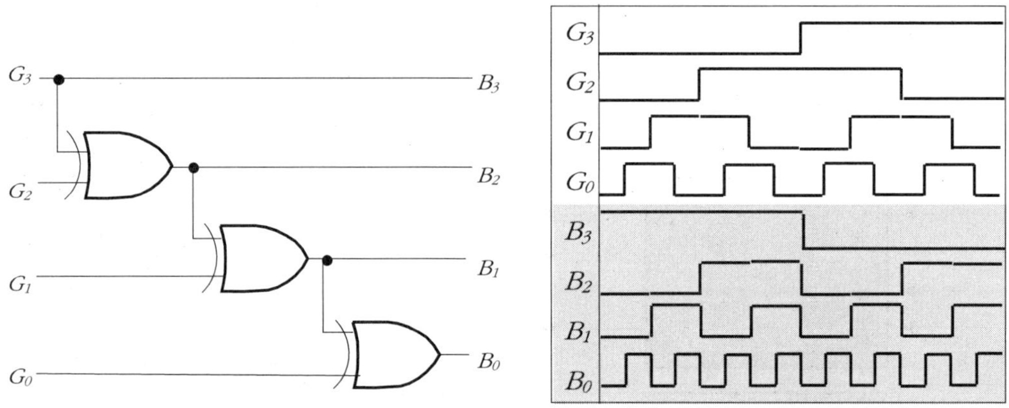

(a) 논리도 (b) 타이밍도

그림 4.29 그레이-2진 코드변환기의 논리도와 타이밍도

입력 G_3, G_2, G_1 및 G_0에 진리표 상의 입력신호를 인가하면 진리표 상의 출력과 같은 B_3, B_2, B_1 및 B_0 출력신호들이 나타난다.

4.3.3 2진-그레이 코드변환기(Binary-to-Gray Code Converter)

2진 코드를 그레이 코드로 변환하는 2진-그레이 코드변환기의 이름을 BGC로 하는 블록도와 진리표는 그림 4.30과 같다.

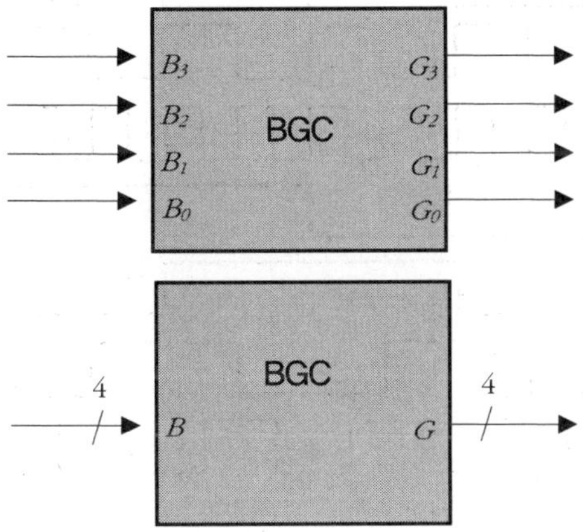

(a) 블록도

10진수	Gray code $G_3\,G_2\,G_1\,G_0$	Binary code $B_3\,B_2\,B_1\,B_0$
0	0 0 0 0	0 0 0 0
1	0 0 0 1	0 0 0 1
2	0 0 1 0	0 0 1 1
3	0 0 1 1	0 0 1 0
4	0 1 0 0	0 1 1 0
5	0 1 0 1	0 1 1 1
6	0 1 1 0	0 1 0 1
7	0 1 1 1	0 1 0 0
8	1 0 0 0	1 1 0 0
9	1 0 0 1	1 1 0 1
10	1 0 1 0	1 1 1 1
11	1 0 1 1	1 1 1 0
12	1 1 0 0	1 0 1 0
13	1 1 0 1	1 0 1 1
14	1 1 1 0	1 0 0 1
15	1 1 1 1	1 0 0 0

(b) 진리표

그림 4.30 2진-그레이 코드변환기의 블록도와 진리표

진리표로부터 그림 4.31처럼 카르노맵을 이용하여 출력들을 간략화한다.

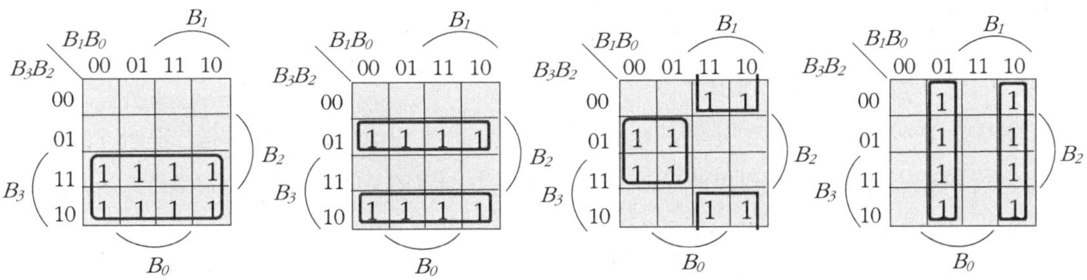

(a) G_3 (b) G_2 (c) G_1 (d) G_0

그림 4.31 2진-그레이 코드변환기의 간략화

간략화 결과를 논리식으로 표현하면 다음과 같다.

$$G_3 = B_3$$
$$G_2 = B_3 \oplus B_2$$
$$G_1 = B_2 \oplus B_1$$
$$G_0 = B_1 \oplus B_0$$

입력 B_3, B_2, B_1 및 B_0에 진리표 상의 입력신호를 인가하면 진리표 상의 출력과 같은 G_3, G_2, G_1 및 G_0 출력신호들이 나타난다(그림 4.32).

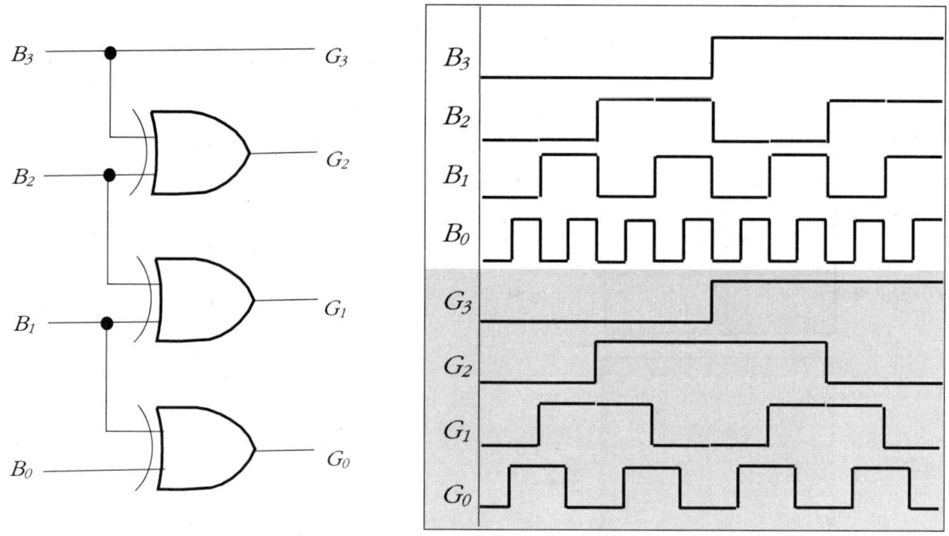

(a) 논리도 (b) 타이밍도

그림 4.32 2진-그레이 코드변환기의 논리도와 타이밍도

4.3.4 BCD-7 세그먼트 코드변환기(BCD to 7 segment code converter)

BCD 코드로부터 10진수 숫자들을 숫자 모양대로 출력하는 BCD-7 세그먼트 코드변환기를 설계하자. 먼저 7 세그먼트에 대해서 알아보자.

(1) 7 세그먼트 디스플레이

숫자를 표시하는 여러 가지 하드웨어 장치들 중에서 가장 많이 사용하는 것이 7 세그먼트 디스플레이(7 segment display)이다(그림 4.33). 각 세그먼트들(a, b, c, d, e, f, g)은 7개의 LED로 구성되어 있어 7 세그먼트라고 부른다.

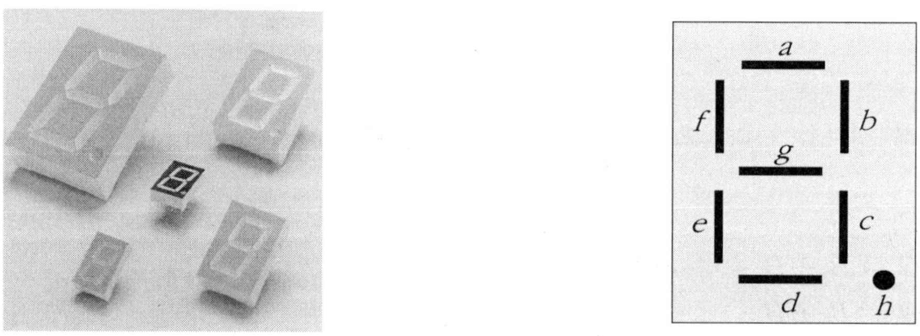

(a) 7 세그먼트 디스플레이 (b) 7 세그먼트 구별

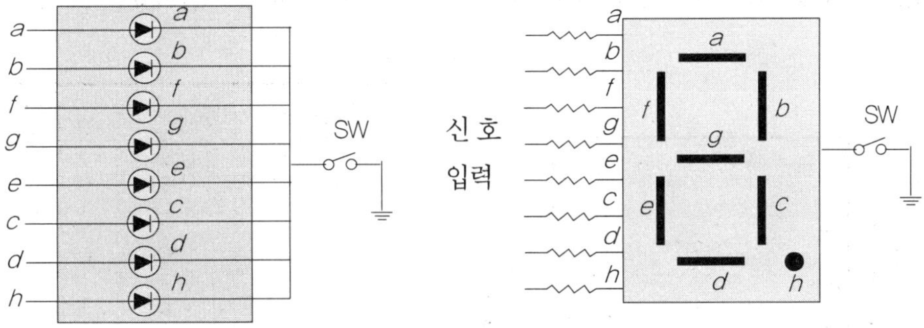

(c) 공통 음극 방식　　(d) 구동 회로

그림 4.33　7 세그먼트 디스플레이

LED는 애노드(anode, A)와 캐소드(cathode, K) 단자가 있는데 회로에서는 모든 캐소드들을 함께 묶는 공통 음극(common cathode) 방식으로 설계되어 있다. 각 애노드에는 전류를 제한하기 위하여 직렬로 저항들이 연결되고, 신호 입력이 0[V] 또는 5[V]가 입력되어 7 세그먼트 즉 LED를 동작시켜서 원하는 숫자를 만든다. 물론 스위치가 닫혀야 신호 입력에 따라 저항을 통하여 전류가 7 세그먼트로 전달된다. 그리고 점(h)을 나타내는 세그먼트가 하나 더 있다. 이 책에서는 점을 나타내는 세그먼트는 사용하지 않는다.

(2) BCD-7 세그먼트 변환기 설계

BCD 코드를 입력받아 7 세그먼트에서 필요한 7개의 신호들(a, b, c, d, e, f, g)을 출력하는 BCD-7 세그먼트 변환기(BCD to 7 segment code converter)를 설계하자. BCD는 0에서 9까지 10진수 숫자를 나타낸다. 따라서 7 세그먼트 디스플레이로 10진수 숫자를 표시하면 된다. 7개의 세그먼트로 10진수의 숫자를 다음과 같이 표시할 수 있다(그림 4.34).

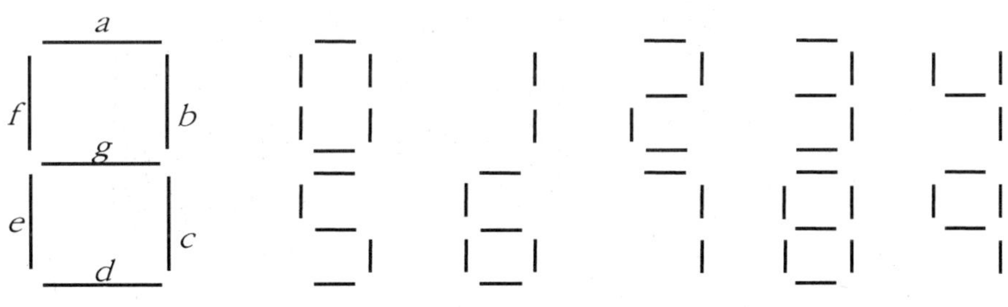

그림 4.34　7 세그먼트를 사용한 숫자 표시

숫자 0을 표현하기 위해서는 7개의 신호들 중에서 6개의 신호들(a, b, c, d, e, f)에 1상태를 공급하여 해당되는 LED를 동작시키고, 나머지 1개의 신호(g)는 0상태를 공급하여 LED를 동작시키지 않는다. 숫자 1은 2개의 신호들(b, c)만 1상태를 공급하여 해당되는 LED를 동작시키고 나머지 5개의 신호들(a, d, e, f, g)은 0상태를 공급하여 LED가 동작되지 않도록 한다.

BCD-7 세그먼트 코드변환기의 이름을 B7C로 하는 블록도와 진리표는 그림 4.35와 같다.

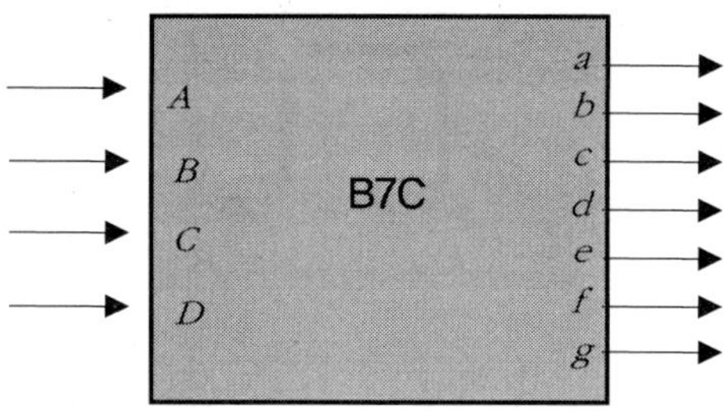

(a) 블록도

10진수	BCD $A\ B\ C\ D$	7 segment $a\ b\ c\ d\ e\ f\ g$
0	0 0 0 0	1 1 1 1 1 1 0
1	0 0 0 1	0 1 1 0 0 0 0
2	0 0 1 0	1 1 0 1 1 0 1
3	0 0 1 1	1 1 1 1 0 0 1
4	0 1 0 0	0 1 1 0 0 1 1
5	0 1 0 1	1 0 1 1 0 1 1
6	0 1 1 0	1 0 1 1 1 1 1
7	0 1 1 1	1 1 1 0 0 0 0
8	1 0 0 0	1 1 1 1 1 1 1
9	1 0 0 1	1 1 1 0 0 1 1

(b) 진리표

그림 4.35 BCD-7 세그먼트 코드변환기의 블록도와 진리표

진리표로부터 카르노맵을 이용하여 출력들을 간략화한다(그림 4.36). 10(1010)에서 15 (1111)는 무시항 조건이 된다.

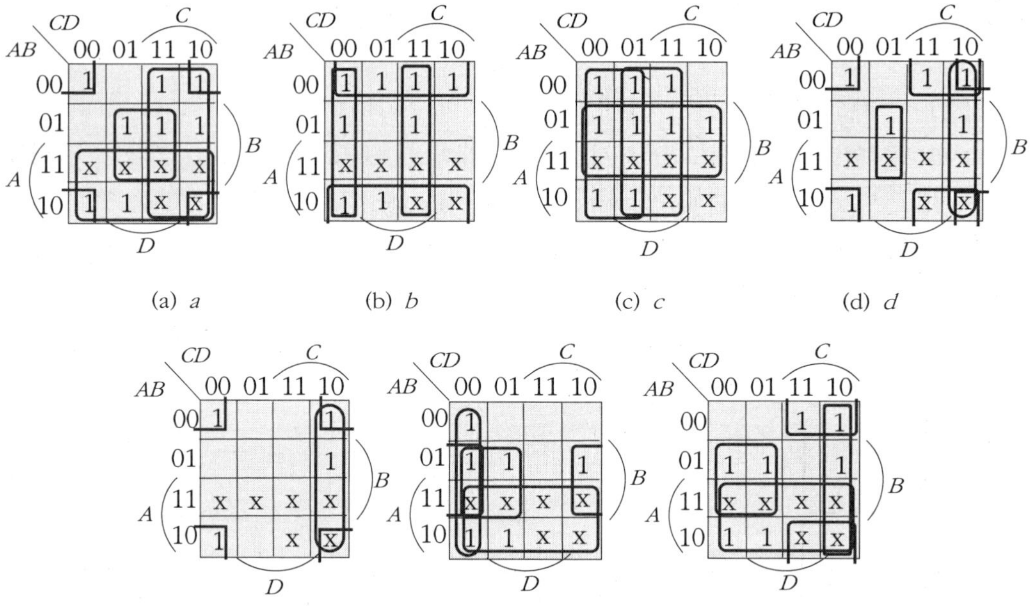

(a) a (b) b (c) c (d) d

(e) e (f) f (g) g

그림 4.36 BCD-7 세그먼트 코드변환기의 간략화

간략화 결과를 논리식으로 표현하면 다음과 같다.

$$a = A + C + BD + B'D' = A + C + (B \oplus D)'$$
$$b = B' + C'D' + CD$$

$$c = B + C' + D$$
$$d = B'D' + CD' + B'C + BC'D = (B' + C)D' + B'C + BC'D$$
$$e = B'D' + CD'$$
$$f = A + BC' + C'D' + BD' = A + BC' + (C' + B)D'$$
$$g = A + BC' + CD' + B'C = A + (B \oplus C) + CD'$$

논리식을 이용하여 그림 4.37처럼 논리도를 나타낸다.

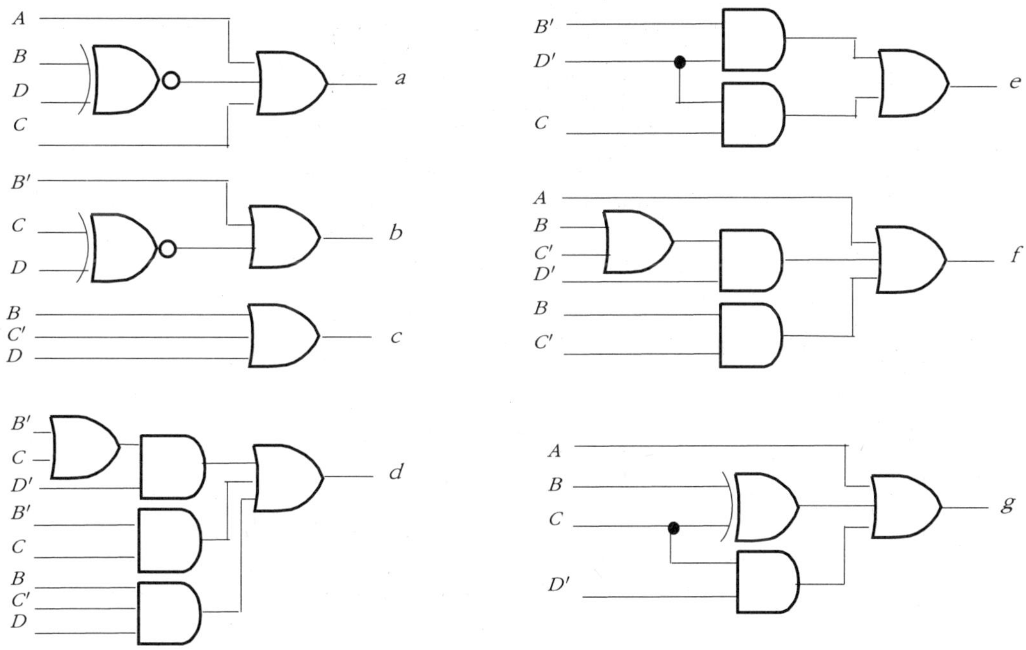

그림 4.37 BCD-7 세그먼트 코드변환기의 논리도

7개의 논리회로에 BCD 코드가 입력되면 7개 세그먼트 출력이 발생되고 이들 신호가 7 세그먼트 디스플레이에 공급되어 10진 숫자가 표시된다.

입력 A, B, C 및 D에 진리표 상의 입력신호를 인가하면 진리표 상의 출력과 같은 a, b, c, d, e, f 및 g 출력신호들이 나타난다(그림 4.38).

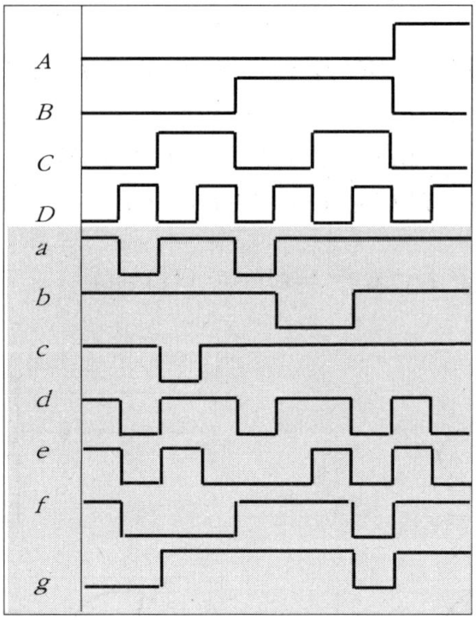

그림 4.38 BCD–7 세그먼트 변환기의 타이밍도

무시항을 사용하면 다음과 같은 에러가 발생할 수 있으므로 주의해야 한다(그림 4.39).

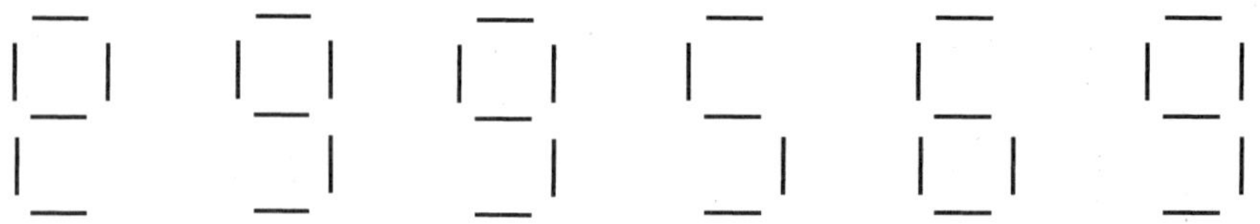

그림 4.39 에러 발생 예

예제 4.2

BCD-7 세그먼트 코드변환기를 변형하여 2진-7 세그먼트 코드변환기를 설계하시오.

변환하고자 하는 코드들의 종류에 따라 가지 코드들을 서로 변환할 수 있도록 코드변환기를 설계할 수 있다. 이제 다른 기능을 수행하는 조합논리회로들을 설계해보자.

4.4 패리티 회로

오류검출(error detection)과 오류정정코드(error correcting code)가 필요한 디지털 시스템은 패리티 비트(parity bit)를 사용한다. 패리티 비트는 2진 정보(binary information) 전송 시에 발생하는 오류를 검출하는 기법으로서, 패리티 비트를 포함한 정보가 수신단에 전송되어 오류검출을 위해 이용된다. 패리티 비트는 송신하고자하는 정보의 MSB 또는 LSB 위치에 추가된다. 전송 정보에서 1의 개수가 짝수가 되면 짝수 패리티(even parity)라 하고, 1의 개수가 홀수가 되면 홀수 패리티(odd parity)라고 한다.

전송기에 패리티를 만들어내는 회로를 패리티 발생기(parity generator)라 하고, 수신쪽에서 패리티를 검사하는 회로를 패리티 검사기(parity checker)라 한다. 이들 회로들을 이들을 패리티 회로라고 한다(그림 4.40).

그림 4.40 패리티 회로 개략도

4.4.1 패리티 발생기

짝수 패리티 비트를 포함해서 전송된 3비트 정보를 생각해 보자. 그림 4.41은 3입력 짝수 패리티 발생기(parity generator)의 이름을 EPG로 하는 블록도와 진리표를 나타낸다.

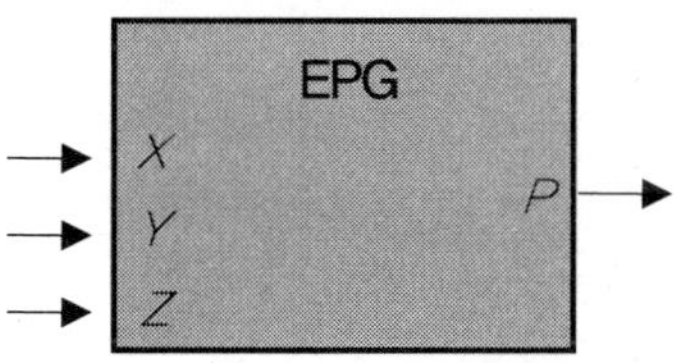

(a) 블록도

3비트 메시지			패리티 비트 메시지
X	Y	Z	P
0	0	0	0
0	0	1	1
0	1	0	1
0	1	1	0
1	0	0	1
1	0	1	0
1	1	0	0
1	1	1	1

(b) 진리표

그림 4.41 짝수 패리티 발생기의 블록도와 진리표

X, *Y*, 및 *Z*는 3비트 정보를 구성하며 회로 입력이다. 패리티 비트 *P*는 회로 출력이다. 짝수 패리티에 대해서 비트 *P*는 전체 1의 개수가 짝수가 되도록 만들어져야 한다(*P* 포함). 진리표에서 *P*는 입력 2진수의 값이 홀수개의 1을 갖는 최소항에 대해 1이 되도록 만들어져야한

다(P 포함). 그러므로 P는 XOR 함수로 표현되고 논리도는 그림 4.42와 같다.

$$P = X \oplus Y \oplus Z$$

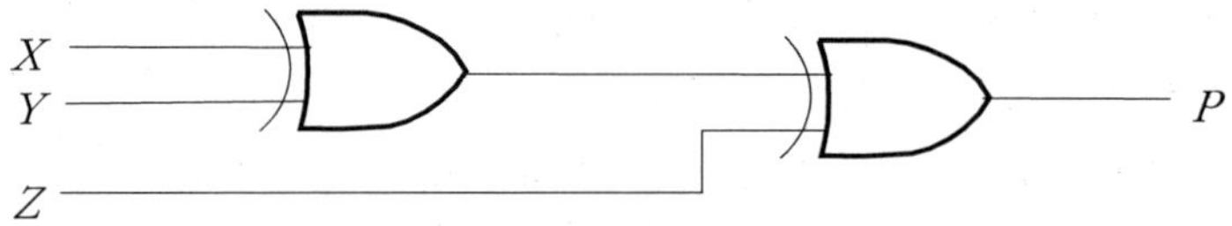

그림 4.42 짝수 패리티 발생기 논리도

예제 4.3

3입력 홀수 패리티 발생기를 설계하시오.

4.4.2 패리티 검사기

패리티 비트를 포함한 정보에서 3비트 목적지에 전송되며, 그 목적지에서는 전송시 오류검출을 위해 패리티 검사기(parity checker) 회로가 첨가된다. 정보가 짝수 패리티를 가지고 전송되기 때문에 수신된 4비트는 짝수개의 1을 가져야 한다. 수신된 4비트가 홀수개의 1을 가지면 전송시 오류가 발생한 것이며, 전송시 1비트의 값이 바뀐 것을 의미한다. C로 표시된 패리티 검사기의 출력은 오류가 발생하면, 즉 수신된 4비트가 홀수개의 1을 가지면 1이 될 것이다. 그림 4.43은 짝수 패리티 검사기의 이름을 EPC로 하는 블록도와 진리표를 나타낸다.

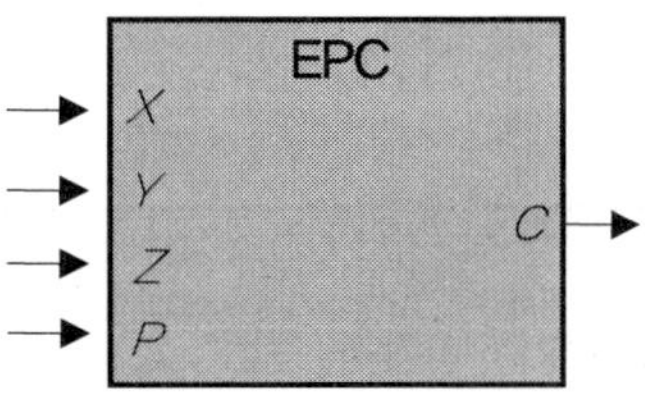

(a) 블록도

4비트를 수신				패리티 오류 체크
X	Y	Z	P	C
0	0	0	0	0
0	0	0	1	1
0	0	1	0	1
0	0	1	1	0
0	1	0	0	1
0	1	0	1	0
0	1	1	0	0
0	1	1	1	1
1	0	0	0	1
1	0	0	1	0
1	0	1	0	0
1	0	1	1	1
1	1	0	0	0
1	1	0	1	1
1	1	1	0	1
1	1	1	1	0

(b) 진리표

그림 4.43 짝수 패리티 검사기의 블록도와 진리표

진리표에서 출력 C는 홀수개의 1을 가진 2진수 값의 16개의 최소항으로 이루어진다.

따라서 짝수 패리티 검사기는 XOR 게이트들로 구현되고 논리도는 그림 4.44와 같다.

$$C = X \oplus Y \oplus Z \oplus P$$

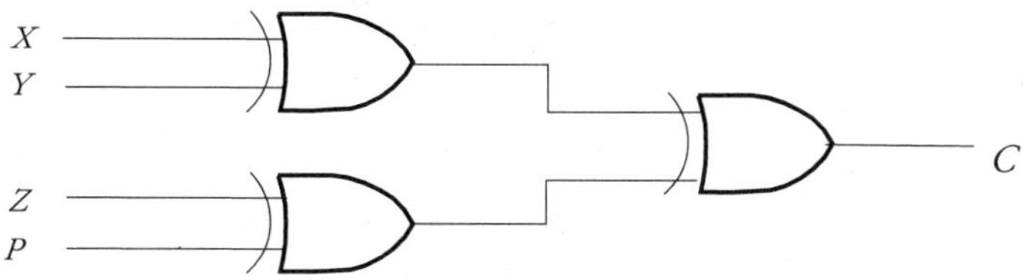

그림 4.44 짝수 패리티 검사기 논리도

예제 4.4

홀수 패리티 검사기를 설계하시오.

4.5 논리 응용회로

다양한 논리 응용에 쓰이는 조합논리회로들이 있다. 이 절에서는 3입력 다수결기, 경로할당기, 제곱기를 설계한다.

4.5.1 3입력 다수결기

3입력 다수결기(3 input majority)는 3개의 입력들 중 2개 이상의 입력들이 1인 경우 출력이 1인 되는 조합논리회로이다. 설계하는 3입력 다수결기는 3개의 입력들(A, B, C)과 1개의 출력(F)이 있다. 3입력 다수결기의 이름을 majority로 하는 블록도와 진리표는 그림 4.45와 같다.

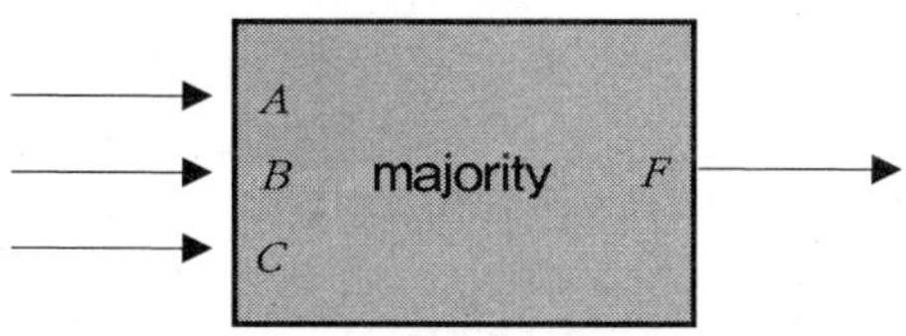

(a) 블록도

A B C	F
0 0 0	0
0 0 1	0
0 1 0	0
0 1 1	1
1 0 0	0
1 0 1	1
1 1 0	1
1 1 1	1

(b) 진리표

그림 4.453입력 다수결기의 진리표와 블록도

진리표로부터 카르노맵을 이용하여 출력들을 간략화한다(그림 4.46).

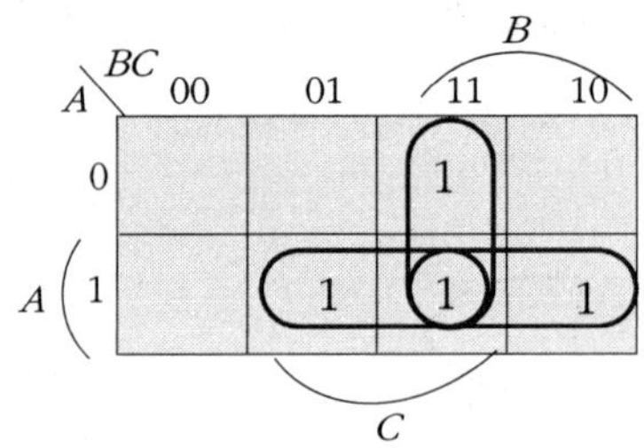

그림 4.46 3입력 다수결기의 간략화

간략화 결과를 논리식으로 표현하면 다음과 같다.

$$F = AB + BC + CA$$

그림 4.47은 3입력 다수결회로의 논리도와 타이밍도 이다. 입력 A, B 및 C에 진리표 상의 입력신호를 인가하면 진리표 상의 출력과 같은 F 출력신호들이 나타난다.

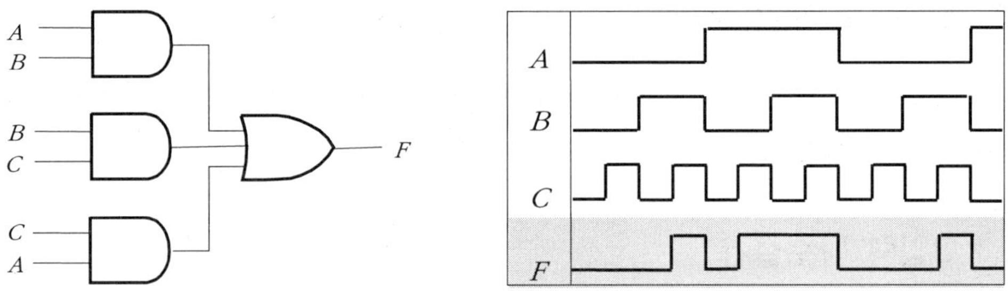

(a) 논리도 (b) 타이밍도

그림 4.473입력 다수결기의 논리도와 타이밍도

예제 4.5

4입력 다수결기를 설계하시오.

4.5.2 경로할당기

요구조건에 따라 입력을 출력에 할당하는 장치를 경로할당기(path assigner)라 하자. 설계하는 경로할당기는 2개 출력들(F_1과 F_0)에 할당되는 2개 입력들(A와 B) 그리고 할당방법을 선택하는 선택입력(S)이 요구되고, 동작은 S=0(1)이면 F_1=A(F_1=B) 그리고 F_0=B (F_0=A)로 할당된다. 경로할당기의 이름을 path_assigner로 하는 블록도와 진리표는 그림 4.48과 같다.

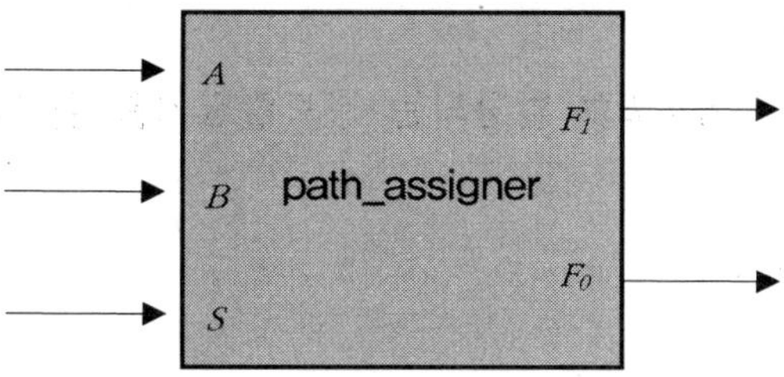

(a) 블록도

S	A	B	F_1	F_0
0	0	0	0	0
0	0	1	0	1
0	1	0	1	0
0	1	1	1	1
1	0	0	0	0
1	0	1	1	0
1	1	0	0	1
1	1	1	1	1

(b) 진리표

그림 4.48 경로할당기의 블록도와 진리표

진리표로부터 카르노맵을 이용하여 출력들을 간략화한다(그림 4.49).

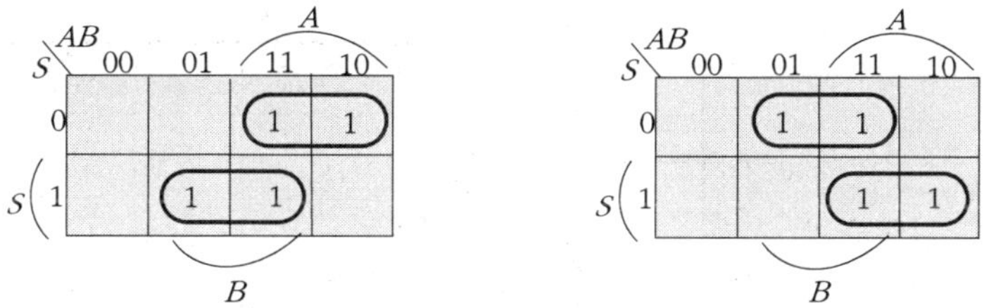

(a) F_1 (b) F_0

그림 4.49 경로할당기의 간략화

간략화 결과를 논리식으로 표현하면 다음과 같다.

$$F_1 = SB + S'A$$
$$F_0 = SA + S'B$$

그림 4.50은 경로할당기의 논리회로와 타이밍도이다. 입력 A, B 및 S에 진리표 상의 입력신호를 인가하면 진리표 상의 출력과 같은 F 출력신호들이 나타난다.

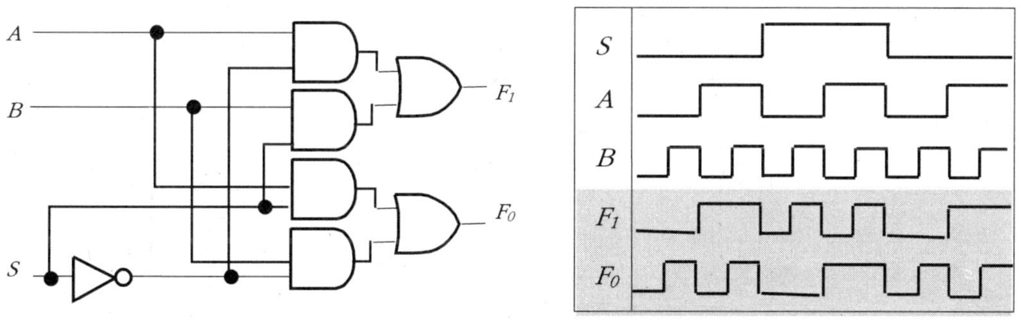

(a) 논리도 (b) 타이밍도

그림 4.50 경로할당기의 논리도와 타이밍도

예제 4.6

S=0이면 $F_1 = B$, $F_0 = A$로, S=1이면 $F_1 = A$, $F_0 = B$로 할당되는 경로할당기를 설계하시오.

4.5.3 제곱기

입력값을 제곱하여 출력하는 조합논리회로를 제곱기(squarer)라고 부른다. 제곱기는 입력수에 따라 출력수가 결정이 된다. 예를 들어, 3입력 제곱기는 최대 입력값은 111(=7)이므로 제곱되어 출력되는 최대값은 110001(=49)가 된다. 따라서 6개의 출력들이 필요하다. 3입력 제곱기의 이름을 squarer로 하는 블록도와 진리표는 그림 4.51과 같다.

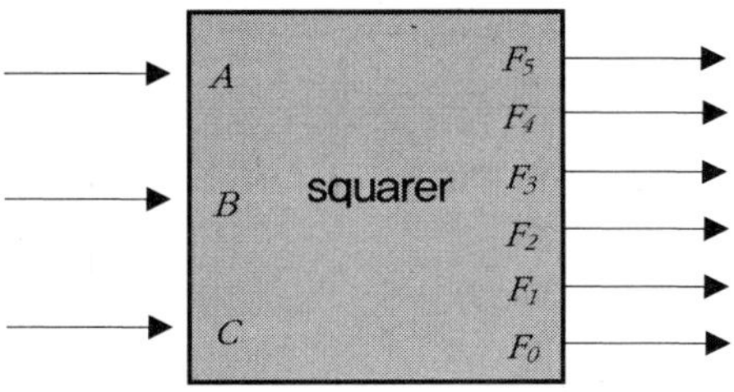

(a) 블록도

A B C	F_5 F_4 F_3 F_2 F_1 F_0	10진수
0 0 0	0 0 0 0 0 0	0
0 0 1	0 0 0 0 0 1	1
0 1 0	0 0 0 1 0 0	4
0 1 1	0 0 1 0 0 1	9
1 0 0	0 1 0 0 0 0	16
1 0 1	0 1 1 0 0 1	25
1 1 0	1 0 0 1 0 0	36
1 1 1	1 1 0 0 0 1	49

(b) 진리표

그림 4.51 3입력 제곱기의 블록도와 진리표

진리표에서 출력 F_1은 항상 0이다. 출력들은 카르노맵을 이용하여 간략화한다(그림 4.52).

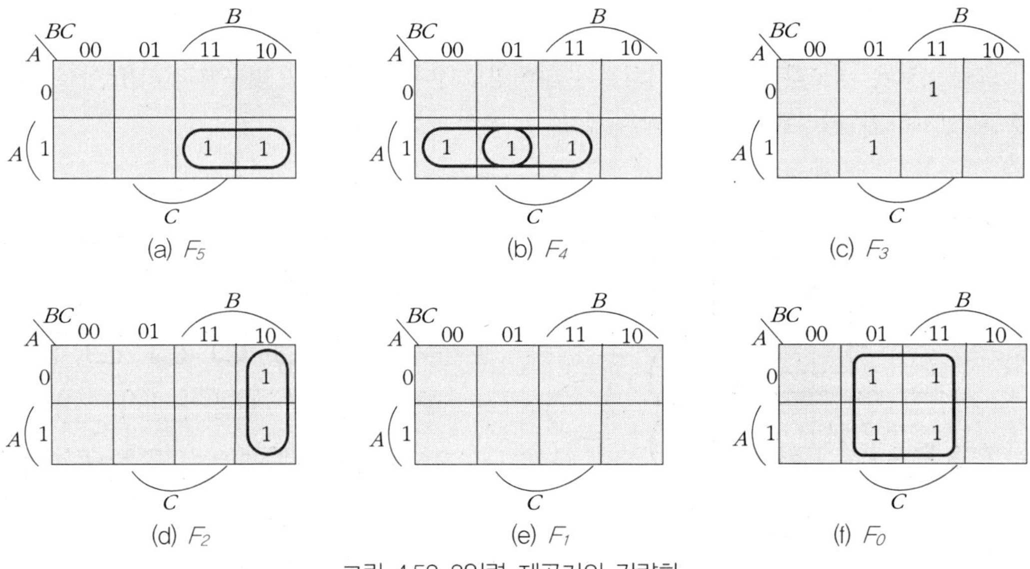

(a) F_5 (b) F_4 (c) F_3 (d) F_2 (e) F_1 (f) F_0

그림 4.52 3입력 제곱기의 간략화

간략화 결과를 논리식으로 표현하면 다음과 같다.

$$F_5 = AB$$
$$F_4 = AB' + AC = A(B' + C)$$
$$F_3 = AB'C + A'BC = (A \oplus B)C$$
$$F_2 = BC'$$
$$F_1 = 0$$
$$F_0 = C$$

그림 4.53는 3입력 제곱기의 논리도와 타이밍도이다. 입력 A, B 및 C에 진리표 상의 입력신호를 인가하면 진리표 상의 출력과 같은 F 출력신호들이 나타난다.

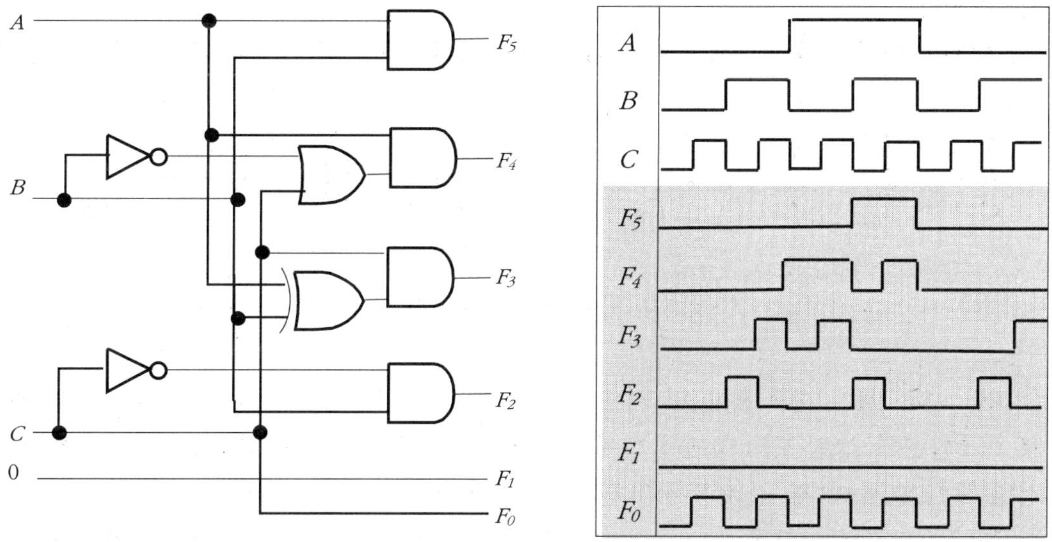

(a) 논리도 (b) 타이밍도

그림 4.533입력 제곱기의 논리도와 타이밍도

예제 4.7

4입력 제곱기를 설계하시오.

4.6 다단계 NAND 논리도

논리회로는 흔히 AND와 OR 게이트보다 만능 게이트인 NAND 게이트 또는 NOR 게이트로 더 많이 설계한다. 왜냐하면 NAND 게이트와 NOR 게이트는 쉽게 집적회로 형식으로 표현할 수 있기 때문이다. 2단계(2 level) NAND 논리도와 NOR 논리도의 구현을 2.4절에 제시하였다. 여기서는 다단계(multilevel) 논리도에 대한 보다 더 일반적인 경우를 검토한다.

4.6.1 부울식 구현

다단계 NAND 논리도 구현은 NAND 게이트에 의한 부울연산자로 표현된 부울식을 구하여 NAND 논리로 바꿈으로써 얻어진다. AND, OR, INV로부터 NAND 논리로의 변환은 다단계 AND-OR 논리도에서 다단계 NAND 논리도로 바꾸어주는 단순한 회로조작기술에 의해 이루어 질 수 있다.

NAND 논리의 변환을 위해 그림 4.54의 2개의 교환적인 논리기호 대체 표현을 사용한다.

(a) AND–INV 표현 (b) INV–OR 표현

그림 4.54 NAND 게이트에 대한 대체 표현

그림 4.54(a)에서 대체 표현 AND-INV 표현은 AND 논리기호와 그 뒤의 역변환기호인 원으로 이루어진다. 그림 4.54(b)에서 대체 표현 INV-OR 표현은 모든 입력에 역변환기호 원이 선행되는 OR 논리기호로 이루어진다.

부울식으로부터 다단계 NAND 논리도를 얻기 위한 과정은 다음과 같이 진행한다.

다단계 NAND 논리도 설계 방법
① 주어진 부울식에서 AND, OR 그리고 INV 게이트를 사용한 논리도를 그린다. 정상 입력과 반전 입력 모두 사용할 수 있다고 가정한다.
② 모든 AND 게이트를 대체 표현 AND–INV 표현으로 된 NAND 게이트로 바꾼다.
③ 모든 OR 게이트를 대체 표현 INV–OR 표현으로 된 NAND 게이트로 바꾼다.
④ 논리도에서 모든 역변환 원에 대해 INV(하나의 입력 NAND게이트)를 삽입하거나 입력변수를 반전한다.

부울식으로부터 다단계 NAND 논리도를 구현하기 위한 다음 부울식을 생각해보자.

$$F = A + (B' + C)(D' + BE')$$

부울식에서 괄호를 없애고 SOP 형태로 그 표현식을 바꾸는 것이 가능하지만 설명을 위해 다단계회로로 그것을 구현하는 길을 그림 4.55에 나타내었다.

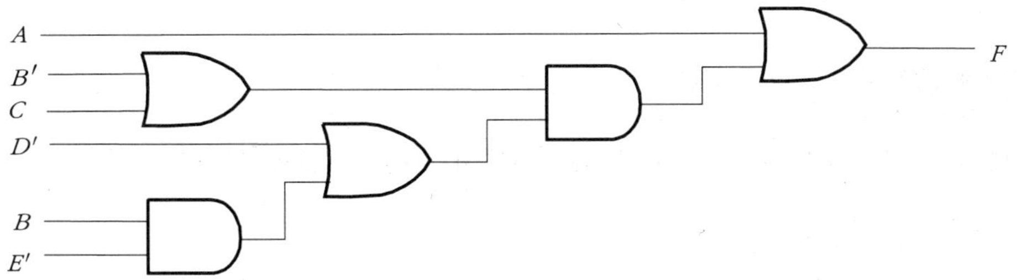

(a) 4단계 AND–OR 논리도

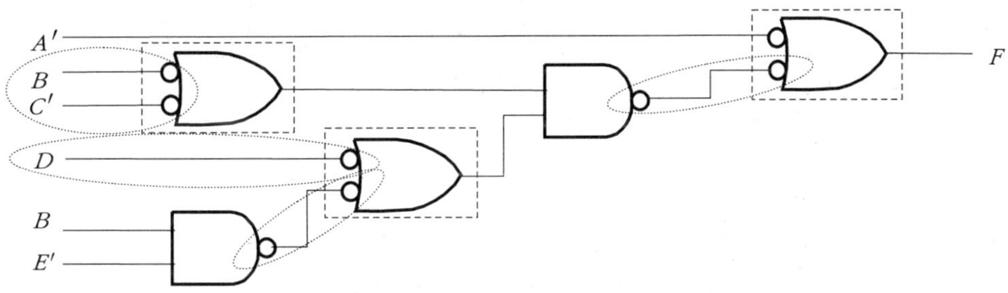

(b) 대체 표현(AND–INV 표현과 INV–OR 표현)을 사용한 4단계 NAND 회로 구현

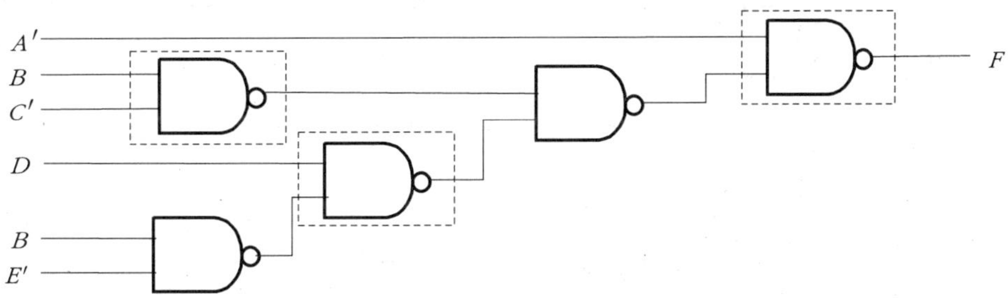

(c) NAND 게이트만을 가진 4단계 NAND 논리도

그림 4.55 NAND 게이트를 사용한 $F = A + (B' + C)(D' + BE')$의 구현

4단계 AND-OR 논리도 구현은 그림 4.55(a)와 같다. 첫 번째 단계는 AND 게이트와 OR 게이트로 이루어진다. 두 번째 단계는 OR 게이트이고 세 번째 단계에서는 AND 게이트, 네 번째 단계에서는 OR 게이트를 가진다.

교환적인 단계의 AND 게이트와 OR 게이트들의 패턴을 가진 논리도는 NAND 게이트 회로로 쉽게 바꿀 수 있다. 이것은 그림 4.55(b)에 그려져 있다. 이 과정은 모든 AND 게이트를 AND-INV 표현으로, 모든 OR 게이트를 INV-OR 표현으로 바꾸어야 한다. 이 NAND 게이트 회로는 역변환 원이 함수의 값을 바꾸지 않는 한 NAND(AND-OR 표현)와 같은 작용을 한다. 반전 역할을 하는 원을 가진 게이트의 출력과 반전 역할을 하는 또 다른 원을 가진 게이트의 입력 사이의 연결은 이중의 반전을 표현하므로 서로를 상쇄해도 회로의 논리가 바뀌지 않는다.

그러나 그림 4.55(a)의 A, B', C, D와 관련된 역변환 원들은 동일 선에 있는 다른 원들로 보상되지 않는 특별한 보수를 만든다. 이 입력들의 각각의 다음에 INV 게이트를 삽입함으로써 그림 4.55(b)와 (c)에서처럼 A', B, C' 그리고 D를 얻기 위해서 문자를 반전한다.

예제 4.8

부울식 $F=(CD+E)(A+B')$을 다단계 NAND 회로로 설계하여라.

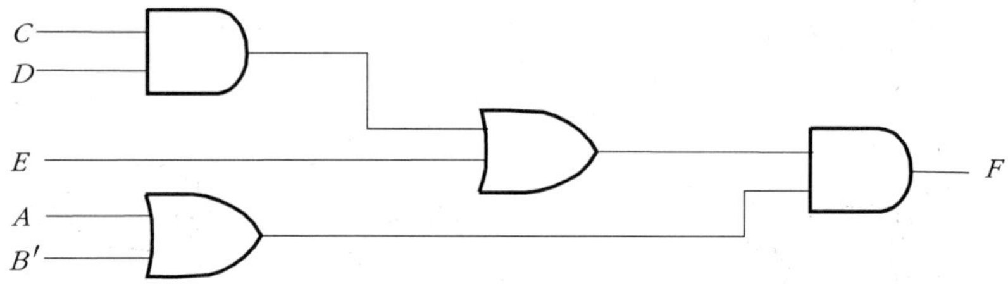

(a) 3단계 AND–OR 논리도

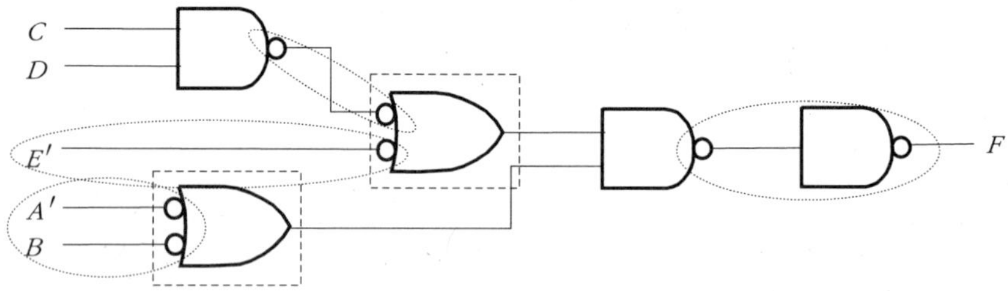

(b) 대체표현(AND–INV 표현과 INV–OR 표현)을 사용한 4단계 NAND 회로 구현

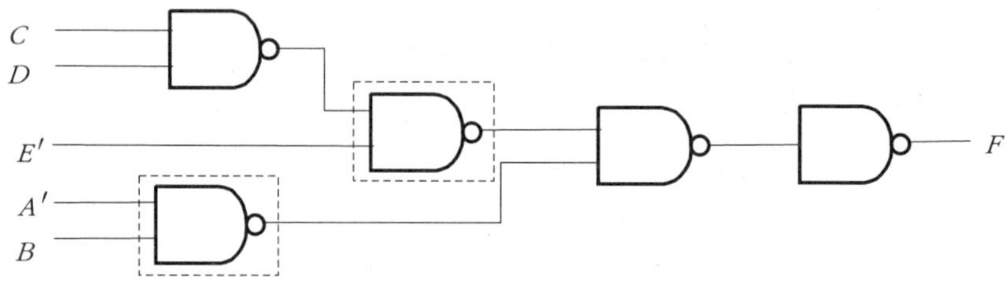

(c) 4단계 NAND 논리도

4.6.2 분석 과정

앞 절에서는 주어진 부울식으로부터 다단계 NAND 논리도를 유도하였다. 반대과정은 주어진 다단계 NAND 논리도에서 부울식 또는 진리표를 유도하는 분석 문제이다. 다단계 NAND 논리도의 분석은 조합논리회로의 분석에 대해 앞에서 제시된 것과 같은 과정에 따른다. 다만 다른 것은 NAND 논리가 되풀이되는 드모르강 정리의 적용을 필요로 한다는 것이다.

먼저 다단계 논리도로부터 부울식 유도를 증명한다. 그리고 NAND 논리도로부터 직접 진리표를 유도한다. 끝으로 다단계 NAND 논리도를 다단계 AND-OR 논리도로 변환하는 방법을 설명한다.

(1) 대수적 조작에 의한 부울식의 유도

첫째, 논리도로부터 부울식을 유도하는 과정을 앞에서 약술하였다. 이 과정은 그림 4.56에 보인 다단계 NAND 논리도에 대하여 증명한다.

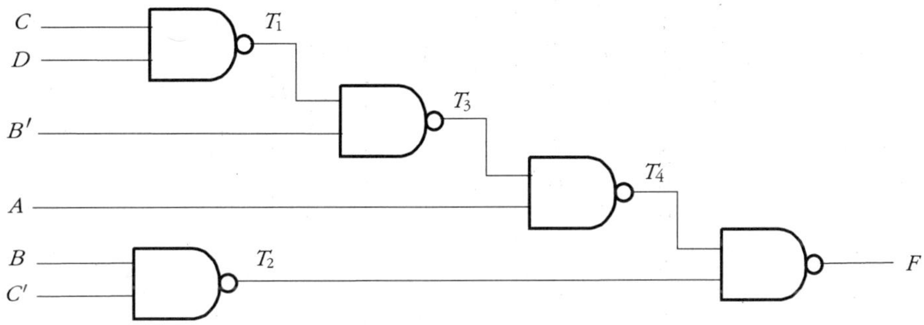

그림 4.56 보기 4단계 NAND 논리도

둘째, 외부압력만을 받고 있는 게이트의 출력에 대한 다음 부울식들을 유도한다.

$$T_1 = (CD)' = C' + D'$$
$$T_2 = (BC')' = B' + C$$

이들은 직접적으로 드모르강 정리를 사용하여 부울식을 변형한다.

셋째, 앞서 유도된 형식으로부터의 입력을 갖는 게이트의 부울식을 출력이 입력변수의 항으로 표시될 때까지 연속적인 차례로 결정한다. 즉 다음과 같다.

$$T_3 = (B'T_1)' = (B'C' + B'D')' = (B+C)(B+D) = B+CD$$
$$T_4 = (AT_3)' = [A(B+CD)]'$$
$$F = (T_2T_4)' = [(BC')'[A(B+CD)]']'$$
$$= BC' + A(B+CD)$$

(2) 진리표 유도

그림 4.56의 4단계 NAND 논리도에 대하여 직접 진리표를 구한다(표 4.2).

표 4.2 그림 4.56의 회로에 대한 진리표

A	B	C	D	T_1	T_2	T_3	T_4	F
0	0	0	0	1	1	0	1	0
0	0	0	1	1	1	0	1	0
0	0	1	0	1	1	0	1	0
0	0	1	1	0	1	1	1	0
0	1	0	0	1	0	1	1	1
0	1	0	1	1	0	1	1	1
0	1	1	0	1	1	1	1	0
0	1	1	1	0	1	1	1	0
1	0	0	0	1	1	0	1	0
1	0	0	1	1	1	0	1	0
1	0	1	0	1	1	0	1	0
1	0	1	1	0	1	1	0	1
1	1	0	0	1	0	1	0	1
1	1	0	1	1	0	1	0	1
1	1	1	0	1	1	1	0	1
1	1	1	1	0	1	1	0	1

입력변수만의 함수로서 이들 게이트 출력들(T_1, T_2, T_3, T_4)에 대한 진리표를 얻게 된다. 그리고 출력 F에 대한 열이 결정될 때까지 앞서 정의된 출력의 함수인 이들 게이트의 출력에 대한 진리표를 구한다. 이제 이 유도된 진리표로부터 출력에 대한 대수적 식을 얻을 수 있다.

표 4.2로부터 간략화를 하면 그림 4.57와 같다.

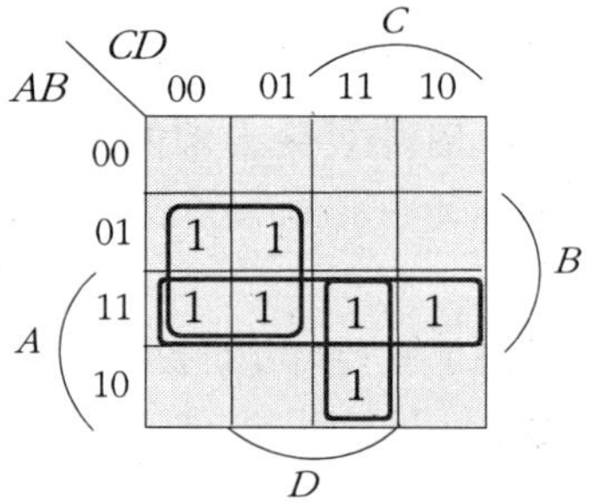

그림 4.57표 4.2의 간략화

간략화된 식은 다음과 같이 두 가지 형태로 표현된다.

$$F = AB + ACD + BC'$$

$$F = A(B + CD) + BC'$$

(3) 다단계 AND-OR 논리도 변환

종종 다단계 NAND 논리도를 등가적인 다단계 AND-OR 논리도로 변환하는 것이 분석과정을 쉽게 하므로 편리하다. 이것은 드모르강 정리를 이용하지 않고 보다 쉽게 부울식을 유도할 수 있다. 그 변환은 NAND(AND-INV 표현)에서 대체 표현 INV-OR로 변환함으로써 이루어진다. INV-OR 표현으로 변하는 첫 번째 단계의 마지막 단계이어야 한다. 이러한 변화는 동일 선에서 한 쌍의 조그만 원들을 만들어주며, 이중 보원화를 나타내기 때문에 후에 제거된다. 입력변수가 보원화되면 입력과 관련된 어떤 조그만 원도 제거될 수 있다. 이 과정을 그림 4.58에 예시하였다.

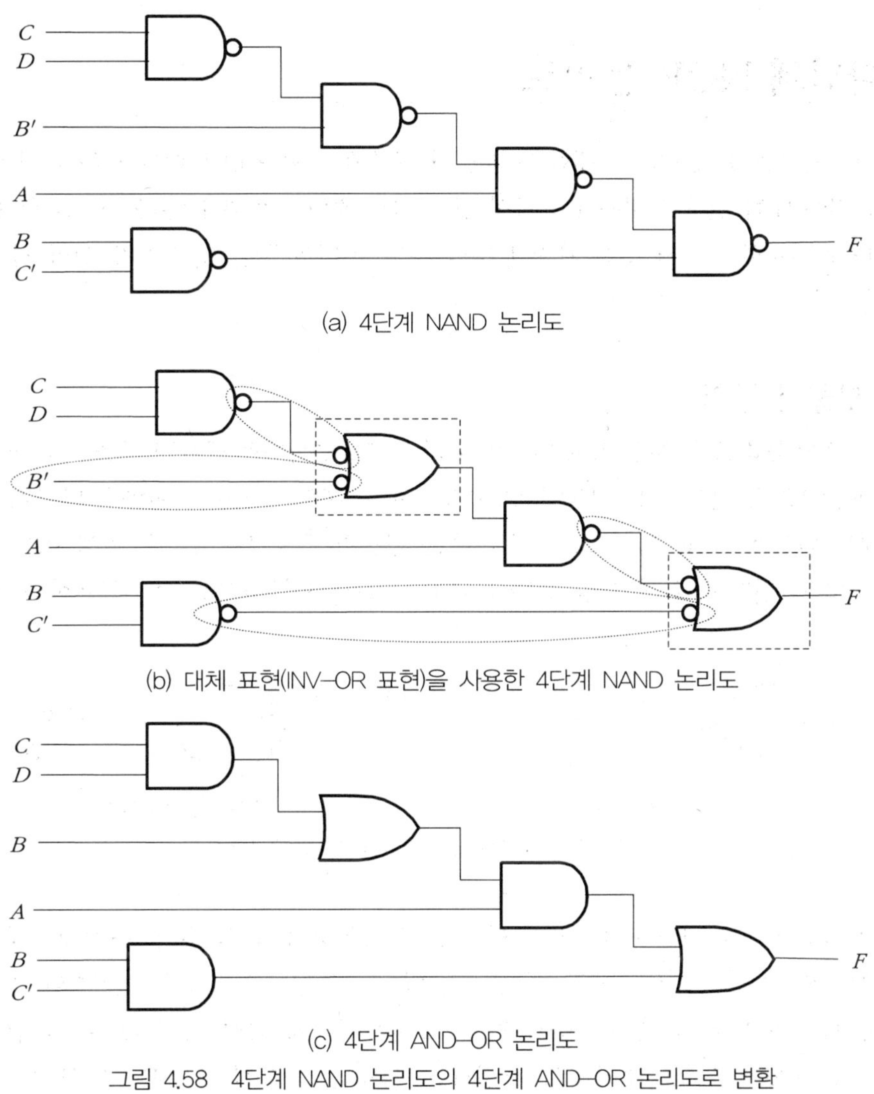

(a) 4단계 NAND 논리도

(b) 대체 표현(INV-OR 표현)을 사용한 4단계 NAND 논리도

(c) 4단계 AND-OR 논리도

그림 4.58 4단계 NAND 논리도의 4단계 AND-OR 논리도로 변환

그림 4.58(a)의 4단계 NAND 논리도는 4단계 AND-OR 논리도로 바꿀 수 있다. 마지막 단계에 있는 NAND 게이트 부호는 대체 표현 INV-OR 표현으로 바뀐다. 단계별로 살펴보면 그림 4.58(b)에서 하나 이상의 게이트가 부호의 변화를 가짐을 알 수 있다. 동일선상에서 2개의 조그만 원들은 제거된다. 입력 B'에 연결된 조그만 원은 제거되며 입력변수는 보원화된다. 변환된 4단계 AND-OR 논리도가 그림 4.58(c)에 그려져 있다.

F에 대한 부울식은 4단계 AND-OR 논리도에서 쉽게 다음과 같이 결정된다.

$$F = BC' + A(B + CD)$$

4.7 다단계 NOR 논리도

NOR 논리는 NAND 논리의 쌍대함수이다. 이 때문에 NOR 논리에 대한 모든 과정 및 규칙은 NAND 논리에 대해 전개된 대응하는 과정 및 규칙과 쌍대를 이루게 된다. 본 절에서는 NAND 논리에 대해 사용한 항목과 같은 과정에 따라 NOR 논리의 구현 및 분석을 위한 각종 방법을 설명한다.

4.7.1 부울식 구현

다단계 NOR 논리도 구현은 NOR 게이트에 의한 부울연산자로 표현된 부울식을 구하여 NOR 논리로 바꿈으로써 얻어진다. AND, OR, INV로부터 NOR 논리로의 변환은 다단계 AND-OR 논리도에서 다단계 NOR 논리도로 바꾸어주는 단순한 회로조작기술에 의해 이루어진다.

NOR 논리의 변환을 위해 그림 4.59에 2개의 교환적인 논리기호 대체 표현을 사용한다.

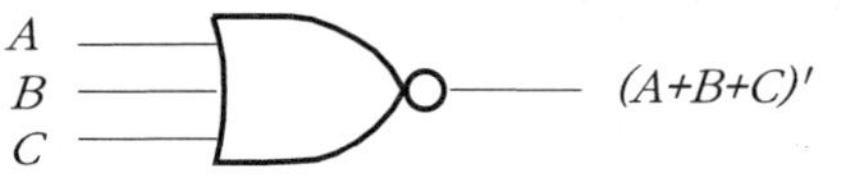

(a) OR-INV 표현

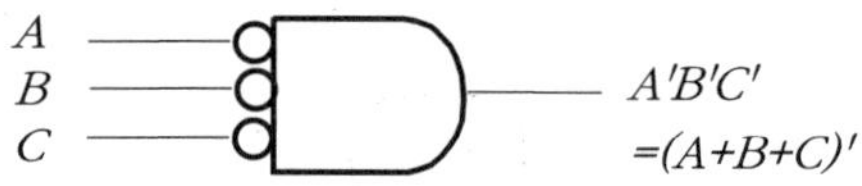

(b) INV-AND 표현

그림 4.59 NOR 게이트에 대한 대체 표현

그림 4.59(a)에서 대체 표현 OR-INV 표현은 OR 논리기호와 그 뒤의 보원으로 이루어진다. 그림 4.59(b)의 대체 표현 INV-AND 표현은 각 입력을 보원하고 AND를 실행한다. 이들 2개의 표현들은 똑같은 NOR 연산을 나타내며 드모르강 정리에 의해 논리적으로 등가이다.

부울식을 다단계 NOR 게이트로 구현하는 과정은 다단계 NAND 게이트에서의 과정과 비슷하다.

> **다단계 NOR 논리도 설계 방법**
>
> ① 주어진 부울식에서 다단계 AND–OR 논리도를 그린다.
> 정규 및 보원화된 입력이 다같이 이용 가능하다고 가정한다.
> ② 모든 OR 게이트를 대체 표현 OR–INV 표현을 가진 NOR 게이트로 바꾼다.
> ③ 모든 AND 게이트를 대체 표현 INV–AND 표현을 가진 NOR 게이트로 바꾼다.
> ④ 동일선상에서 다른 조그만 원에 의해 보상되지 않는 조그만 원은 INV 또는 입력변수의 보원을 필요로 한다.

다음과 같은 부울식에 대한 이 과정이 그림 4.60에 예시되어 있다.

$$F=(AB+E)(C+D)$$

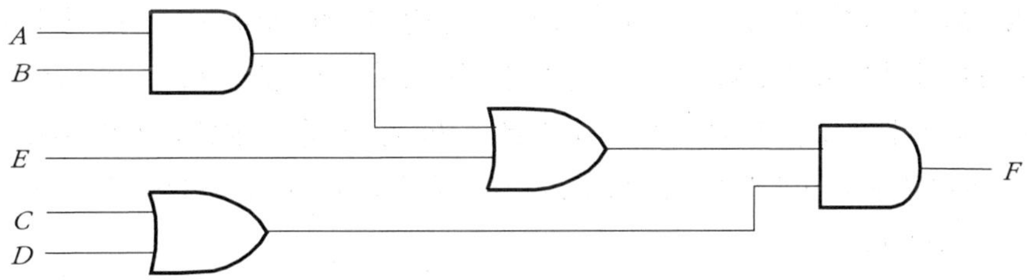

(a) 3단계 AND–OR 논리도

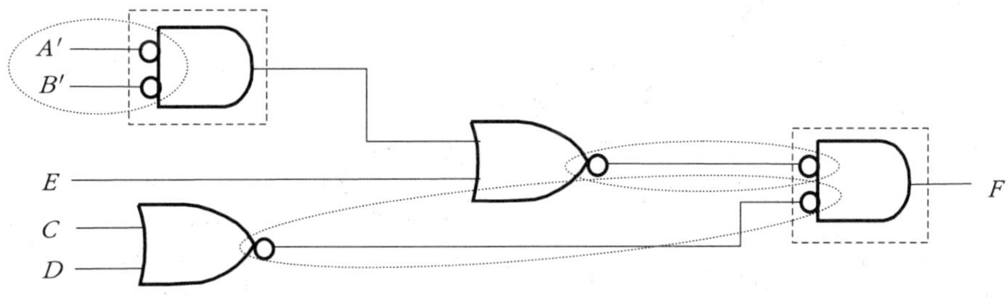

(b) 대체 표현(OR–INV 표현과 INV–AND 표현)을 사용한 3단계 NOR 논리도

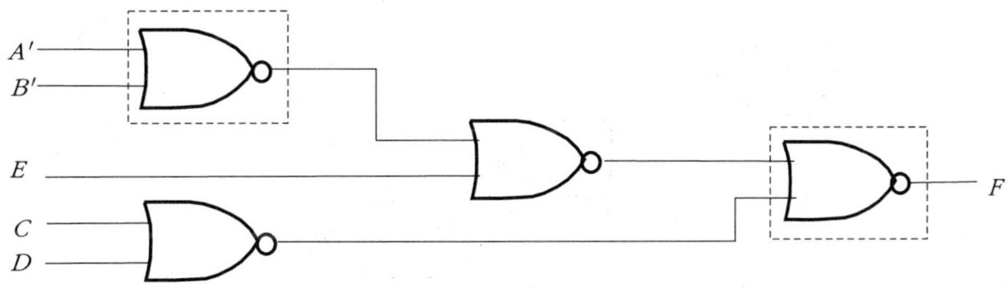

(c) NOR 게이트만 가진 3단계 NOR 논리도

그림 4.60 NOR 게이트에 의한 $F=(AB+E)(C+D)$의 구현

부울식의 3단계 AND-OR 논리도 구현은 그림 4.60(a)에 나타나 있다. 모든 OR 게이트에

대하여 OR-INV 표현으로 바꾸고 모든 AND 게이트에 대하여 INV-AND 표현으로 바꾼다. 입력 A와 B에 관련된 2개의 조그만 원들은 이 두 변수가 각각 A'와 B'로 보원화되게 한다. 두 가지 종류의 NOR 게이트(대체 표현)를 이용한 3단계 NOR 논리도는 그림 4.60(b) 그리고 그림 4.60(c)는 한 종류의 NOR 게이트를 사용해서 부울식을 구현한 3단계 NOR 논리도이다.

예제 4.9

부울식 $F=(A+B+E)(C+D)$**을 다단계 NOR 회로로 설계하여라.**

4.7.2 분석 과정

다단계 NOR 논리도의 분석은 다단계 NAND 논리도의 분석(4.6절) 과정과 유사하다. 다단계 NOR 논리도의 다단계 AND-OR 논리도로의 변환은 NOR(OR-INV 표현)에서 대체 표현 INV-AND 표현까지의 부호변화를 통해 얻어질 수 있다. 단, 입력 AND 또는 OR 게이트는 제거되나 입출력에 조그만 원이 있다면 INV로 바뀐다. 입력과 연관된 어떤 원도 제거되며 입력변수가 보원화된다. 4단계 NOR 논리도로부터 다단계 AND-OR 논리도로 변환되는 과정을 그림 4.61에 나타냈다.

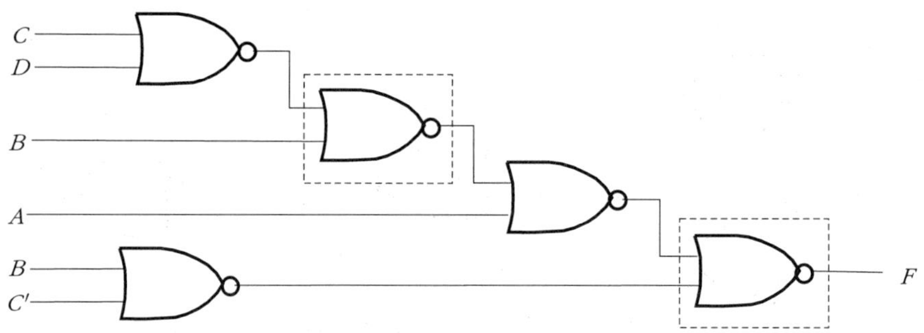

(a) 4단계 NOR 논리도

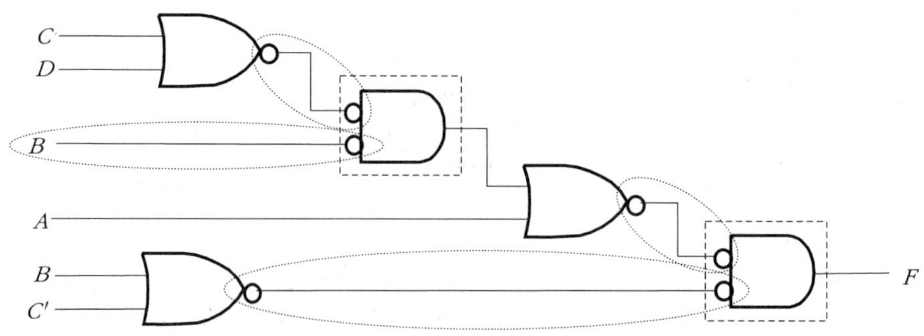

(b) 대체 표현(INV–AND 표현)을 사용한 4단계 NOR 논리도

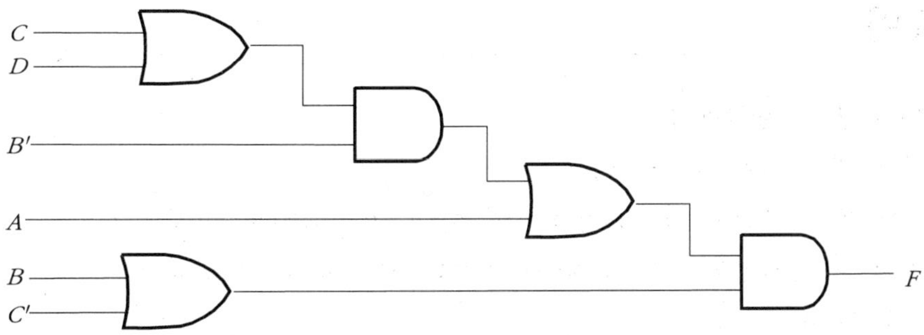

(c) 4단계 AND–OR 논리도

그림 4.61 4단계 NOR 논리도의 4단계 AND–OR 논리도로의 변환

그림 4.61(a)에서 4단계 NOR 논리도는 4단계 AND-OR 논리도로 바뀐다. 번갈아 일어나는 단계를 살펴보면, 그림 4.61(b)처럼 부호변화를 할 필요가 있는 단계 2에서의 게이트를 볼 수 있다. 동일선상의 2개의 조그만 원들은 제거한다. 외부입력 B에 관련된 원은 제거되며, 입력변수가 B로 바뀐다. 변환된 4단계 AND-OR 논리도가 그림 4.61(c)에 그려져 있다. 회로에 대한 부울식은 직관에 의해 이어질 수 있으며, 합의 곱(POS) 형태로 바뀔 수 있다.

$$F = [(C + D)B' + A](B + C') = (A + C + D)(A + B')(B + C')$$

4.8 요약

□ 조합논리회로 설계과정

① 문제 기술(problem description)
② 입력 및 출력변수 개수(number of input and output variables)
③ 입력 및 출력변수 이름(name of input and output variables)
④ 진리표(truth table)
⑤ 부울식(Boolean equation)과 간략화(simplification)
⑦ 논리도(logic diagram)
⑧ 분석(analysis)

□ 산술회로

- 가산기(adder) : 반가산기(half adder)와 전가산기(full adder)
- 감산기(subtractor) : 반감산기(half subtractor)와 전감산기(full subtractor)

□ 코드변환기

- BCD-3초과 코드변환기
- 그레이-2진 코드변환기
- 2진-그레이 코드변환기
- BCD-7 세그먼트 코드변환기

□ 패리티 회로

패리티 생성기와 패리티 검사기

□ 논리 응용 회로

- 3입력 다수결 회로(3 input majority)
- 경로할당기(path assigner)
- 제곱기 회로(squarer)

□ 다단계 NAND 논리도와 다단계 NOR 논리도

4.9 연습문제

1. 다음 그림과 같은 조합논리회로가 있다. 입력의 2진수 값이 3 미만이면 출력이 1, 3 이상이면 출력이 0이 되는 회로를 설계하라.

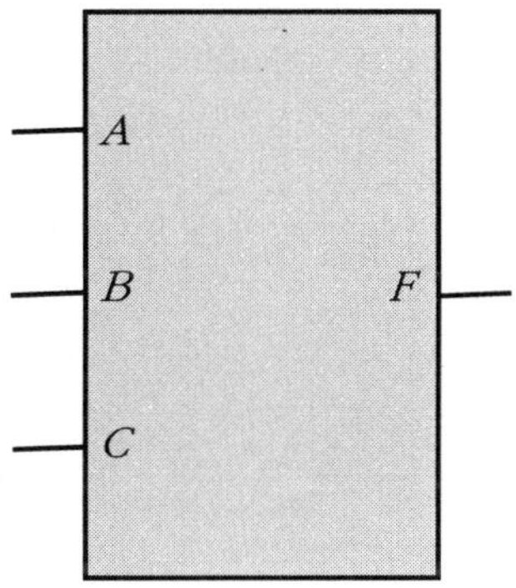

2. BCD 코드를 84-2-1 코드로 변환하는 회로를 설계하라.

3. 2비트 입력 두 개를 더하는 2진 덧셈기 회로를 설계하라.

4. 2비트 입력 두 개를 곱하는 2진 곱셈기 회로를 설계하라.

5. BCD 입력에 5를 곱하여 BCD로 출력하는 응용회로를 설계하라.

6. 반가산기(HA) 3개를 사용하여 다음 부울식들을 설계하라.
   (a) $D = A \oplus B \oplus C$
   (b) $E = A'B'C + AB'C$
   (c) $F = ABC' + (A' + B')C$
   (d) $G = ABC$

제 5 장

조합논리회로 설계-MSI, LSI

학습 목표

보다 복잡한 조합논리회로들은 하나의 MSI 또는 LSI IC로 구현된다.

· MSI/LSI 조합논리회로
  - 복잡한 조합논리회로가 MSI/LSI로 설계되는 이유를 이해한다.

· 2진가산기와 2진감산기 설계
  - 2진가산기, 2진감산기, 2진가감산기의 설계를 배운다.
  - BCD 가산기, 캐리 룩어헤드 가산기의 설계를 배운다.

· 곱셈기 설계
  - 곱셈기의 개념과 설계 방법을 배운다.

· 크기비교기 설계
  - 크기비교기의 개념과 설계 방법을 배운다.

· 디코더와 인코더 설계
  - 디코더와 인코더, 디코더/디멀티플렉서의 개념과 설계 방법을 배운다.

· 멀티플렉서 설계
  - 멀티플렉서의 개념과 설계 방법을 배운다.

· ROM 설계
  - ROM의 개념과 설계 방법을 배운다.

· 산술논리연산장치(ALU) 설계
  - ALU의 개념과 여러 가지 설계 방법을 배운다.

보다 복잡한 조합논리회로들은 하나의 MSI(Medium Scale Integration) IC로 구현되어 만들어진다. 이 장에서는 2진가산기/2진감산기, 크기 비교기, 디코더, 디코더/디멀티플렉서, 인코더 그리고 멀티플렉서를 설명한다. 또한 메모리장치인 ROM 그리고 산술논리연산회로(ALU)도 설명한다.

5.1 MSI / LSI 조합논리회로

부울식 간략화의 목적은 저렴한 가격의 회로를 구성하기 위해서 대수적인 부울식(논리식)을 구하는 것이다. 주어진 회로를 최소한의 게이트들을 사용하여 설계를 해야 가격을 낮출 수가 있다. 그러나 IC를 사용하는 경우에 사정은 달라질 수 있다.

IC는 SSI, MSI, LSI, VLSI 그리고 ULSI로 나눌 수 있다. SSI는 몇 개의 독립된 게이트들을 가지고 있으며 대개 핀 수가 제한되어 있다. 한 개의 IC에는 몇 개의 논리게이트들이 포함되어 있으므로 간략화 과정을 통하여 최소한의 IC들을 사용해서 경제적으로 논리회로를 설계할 수 있다. 그러나 게이트의 수보다는 사용되는 IC 수가 가격결정에 중요한 역할을 한다. 디지털 시스템 설계에 널리 사용되는 조합논리회로들은 집적회로 기술을 이용하여 MSI 또는 LSI 부품으로 만들어져 있다.

조합논리회로용 MSI 부품으로는 2진가산기(binary adder), 2진감산기(binary subtractor), 곱셈기(multiplier), 비교기(comparator), 디코더(decoder), 인코더(encoder), 멀티플렉서(multiplex-er) 및 디멀티플렉서(demultiplexer), ROM, 산술논리연산장치(ALU) 등이 있다. MSI 부품은 일종의 표준회로로 사용되는데 SSI와 비교할 때 전체 가격 측면에서 상당히 유리하다. 이러한 MSI 부품들은 좀더 집적도가 높은 LSI 및 VLSI의 모듈로 사용된다. 이들 IC들을 사용하여 디지털 시스템과 컴퓨터를 설계하게 된다.

5.2 2진가산기와 2진감산기

2진가산기(binary adder)는 2개의 2진수를 더하는 조합논리회로이다. 2진감산기(binary subtractor)는 2개의 2진수 사이의 뺄셈을 하는 조합논리회로이다. 2진가산기와 2진감산기는 4장에서 설계한 전가산기를 이용하여 설계한다.

5.2.1 2진가산기

2개의 2진수를 더하는 조합논리회로를 2진가산기(binary adder)라고 한다. 10진수 13과 7을 더해보자.

10진수를 2진수로 변환하여 2진수 덧셈 연산을 한다. 13의 2진수 표현은 1101이며 피가수(augend)이고, 7의 2진수 표현은 0111이며 가수(addend)이다. 이들 4비트 2진수를 더하는 과정은 다음과 같다. $A=A_3A_2A_1A_0$=1101와 $B=B_3B_2B_1B_0$=0111를 덧셈 연산하면 합 $S=S_3S_2S_1S_0$과 자리올림수 $C=C_4C_3C_2C_1$를 발생한다.

$C_4C_3C_2C_1 0$	자리올림수	1 1 1 1 0
$A_3A_2A_1A_0$	피가수	1 1 0 1
$+\ B_3B_2B_1B_0$	가수	+ 0 1 1 1
$C_4S_3S_2S_1S_0$	합	1 0 1 0 0

최종 합은 10100이고 10진수로 20이 된다.

4장에서 공부한 전가산기를 이용하면 이들 덧셈 연산을 쉽게 구현할 수 있다. 그림 5.1과 같이 전가산기들을 연결하여 2개의 4비트 2진수를 더하는 2진가산기를 설계한다. 2진가산기의 이름은 BA로 한다.

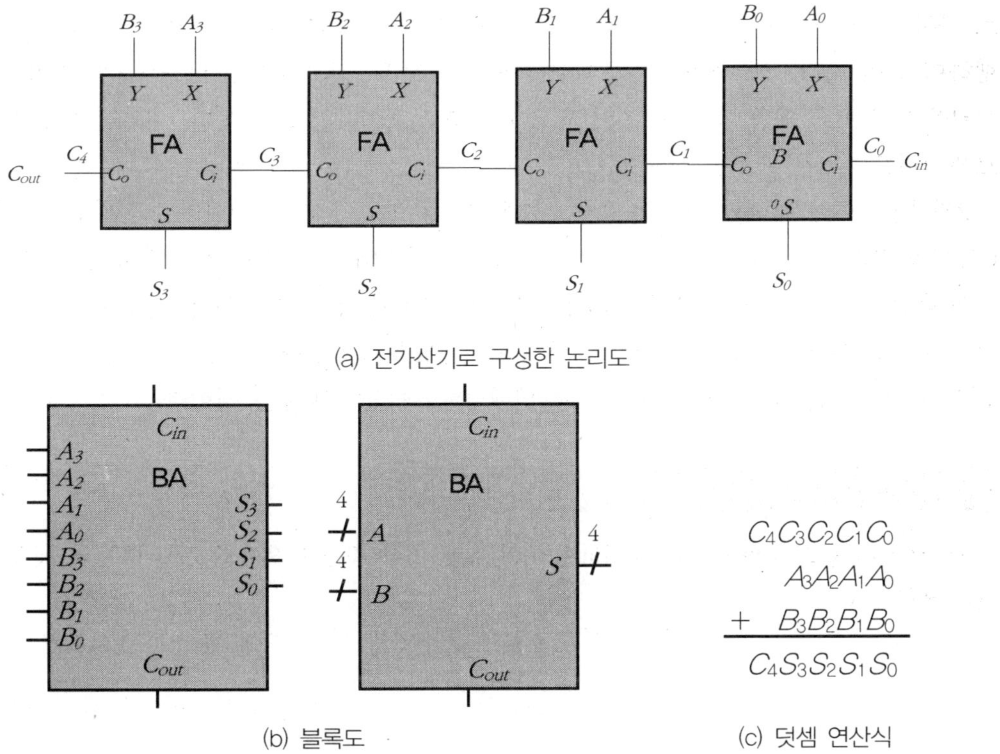

(a) 전가산기로 구성한 논리도

(b) 블록도 (c) 덧셈 연산식

그림 5.1 4비트 2진가산기

그림에서 FA는 전가산기를 의미한다. 2개의 4비트 입력 2진수들은 $A_3A_2A_1A_0$와 $B_3B_2B_1B_0$이다. 입력 2진수들의 LSB 연산은 반가산기(HA)만 있으면 충분하지만 $C_{in}=C_0=0$으로 초기화하면 모든 비트들의 연산은 전가산기(FA)로 설계된다. 최상위자리올림수는 $C_4=C_{out}$이 된다.

설계한 4비트 2진가산기를 사용하여 10진수 13($A_3A_2A_1A_0$=1101)과 10진수 7($B_3B_2B_1B_0$ =0111)의 덧셈 연산을 해보자(그림 5.2).

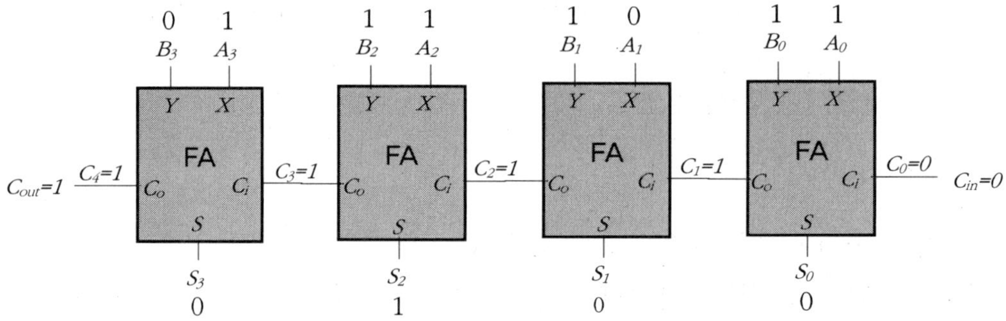

그림 5.2 2진가산기를 이용한 4비트 2진수 덧셈 연산

LSB 전가산기에서 합은 S_0=0이고 자리올림수는 C_1=1이다. 이 자리올림수가 두번째 전가산기로 가서 0+1+1을 행하여 S_1=0, C_2=1이 된다. 또 자리올림수가 다음 전가산기로 가서 1+1+1을 행하여 합이 S_2=1, 자리올림수가 C_3=1이 된다. 마지막 전가산기는 1+1+0을 더하여 S_3=0과 C_4=1을 발생한다. 최종 답은 10100이 되고 10진수로 표현하면 20이 된다. 이와 같이 2진가산기로써 4비트의 2진 덧셈을 행할 수가 있다.

2진가산기에서 각 전가산기의 출력자리올림수(C_o)가 그 다음 상위비트의 입력자리올림수(C_i)에 연결되므로 그림 5.1의 2진가산기를 리플가산기(ripple adder)라고도 부른다. 리플가산기의 출력자리올림수는 LSB부터 MSB까지의 연산 결과에 따라 순서적으로 얻을 수 있는 구조이므로 최상위비트의 출력자리올림수 계산이 연산속도를 결정한다. 그러므로 리플가산기의 최대 단점은 전파지연(carry propagation)에 의해 연산속도가 낮다는 것이다.

예제 5.1

2진가산기를 사용하여 10진수 15($A_3A_2A_1A_0$=1111)과 10진수 9($B_3B_2B_1B_0$=1001)의 덧셈 연산을 구하시오.

---

(1) 2진가산기 IC (74LS283)

실제 2진가산기 IC의 논리회로는 그림 5.1의 논리회로와는 차이가 있다. 내부 회로는 IC를 제조하는 회사들에 따라 다를 수 있으나 그 논리 기능은 동일하다(그림 5.3).

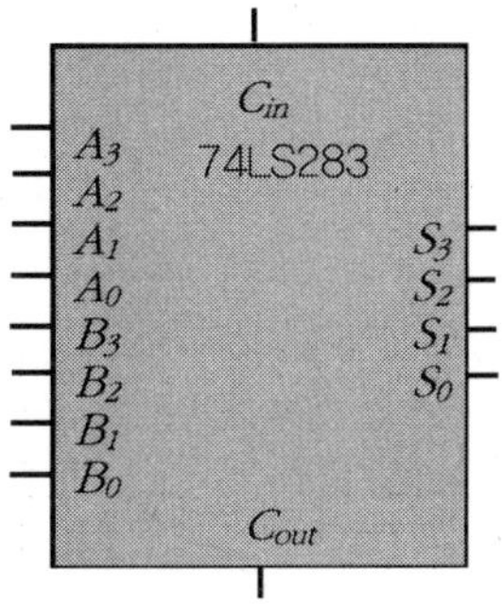

그림 5.3 2진가산기 IC(74LS283)

2진가산기 IC로 4장의 코드변환기 등 다양한 조합논리회로를 설계할 수 있다.

(2) BCD−3초과 코드변환기 설계

4.3.1절에서 BCD-3초과 코드변환기를 설계하였다. 3초과 코드는 각 BCD 코드에 3을 더해주면 된다. 따라서 BCD-3초과 코드변환기는 2진가산기 IC(74LS283)를 이용하여 4비트 A 입력은 BCD 입력으로 B 입력은 3에 해당하는 0011을 입력하면 그림 5.4처럼 간단하게 설계된다. C_{in}은 0으로 입력하고 C_{out}은 사용하지 않는다.

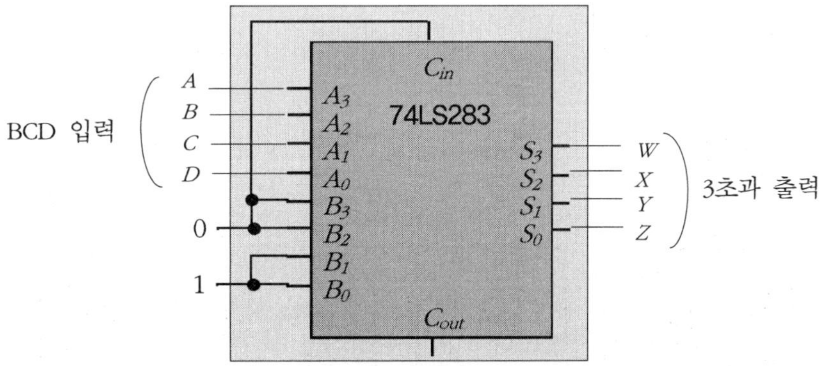

그림 5.4 2진가산기 IC를 이용한 BCD−3초과 코드변환기 설계

예제 5.2

2진가산기 IC를 사용하여 그레이-2진 코드변환기를 설계하시오.

5.2.2 2진감산기

2개의 2진수 사이에서 뺄셈 연산을 하는 조합논리회로를 2진감산기(binary subtractor)라고 한다. 14에서 9를 빼는 연산을 해보자. 1장에서 뺄셈 연산은 보수를 이용한 덧셈 연산으로 이루어진다고 공부하였다. 이 과정은 다음과 같다. 이들 4비트 2진수를 뺄셈하는 과정은 다음과 같다.

	10진수 감산	2진수 감산	1의 보수 가산	2의 보수 가산
				1=Cin
피감수	14	1 1 1 0	1 1 1 0	1 1 1 0
감 수	- 9	- 1 0 0 1	+ 0 1 1 0	+ 0 1 1 0
	5	0 1 0 1	1 0 1 0 0	1 0 1 0 1 (1 제거)
			+ 1	+
			0 1 0 1	0 1 0 1

즉 감수를 2의 보수로 변환하고 피감수와 덧셈 연산하고 최상위 자리올림수는 제거한다.

2진가산기를 사용하여 2진감산기를 설계할 수 있다(그림 5.5). 2진감산기의 이름은 BS로 한다.

	$C_3\ C_2\ C_1\ 1 = C_0$	자리올림수
	$A_3\ A_2\ A_1\ A_0$	피감수
+	$B_3'\ B_2'\ B_1'\ B_0'$	B의 1의 보수
C_4	$S_3\ S_2\ S_1\ S_0$	
제거	$\mid\ \mid\ \mid\ \mid$	
	$D_3\ D_2\ D_1\ D_0$	차

(a) 2진감산기의 연산식

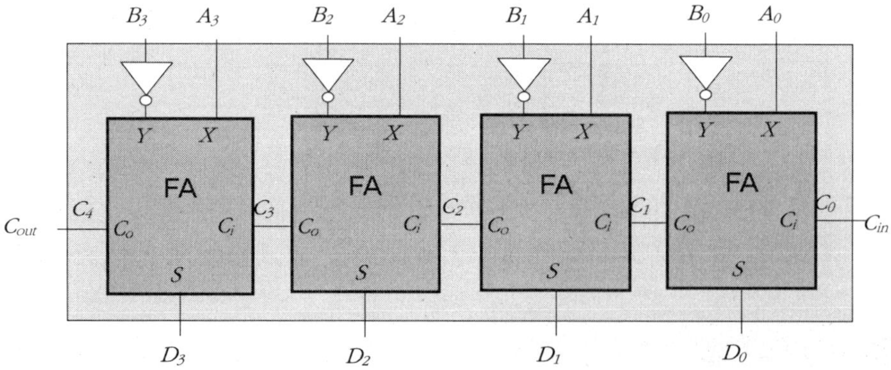

(b) 2진가산기와 NOT 게이트로 구성

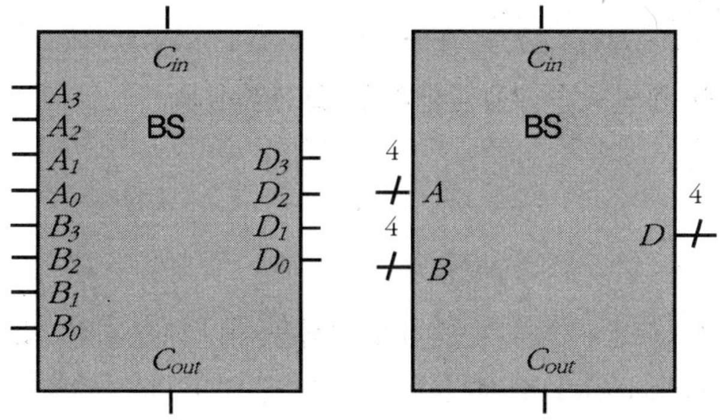

(c) 블록도

그림 5.5 4비트 2진감산기

A 입력은 피감수로 사용한다. 감수가 되는 B 입력은 NOT 게이트를 통과하여 1의 보수 B'로 만들고 LSB의 전가산기의 $C_{in}(=C_0)$ 입력에 1을 입력하면 2의 보수가 되므로 2진감산기가 된다. 4비트인 경우에 최상위 자리올림수 C_4는 사용하지 않으므로 무시한다. 2진가산기를 이용한 2진감산기 설계 절차는 다음과 같다.

2진가산기를 이용한 2진감산기 설계 절차

① 감수 B의 1의 보수 B'를 구한다.
② $C_{in}=1$로 설정하고 LSB의 C_0 입력으로 한다.
③ 피감수 A를 B'에 더한다.

설계한 4비트 2진감산기를 사용하여 10진수 14($A_3A_2A_1A_0$=1110)과 10진수 9($B_3B_2B_1B_0$ =1001)의 뺄셈 연산은 그림 5.6처럼 이루어진다.

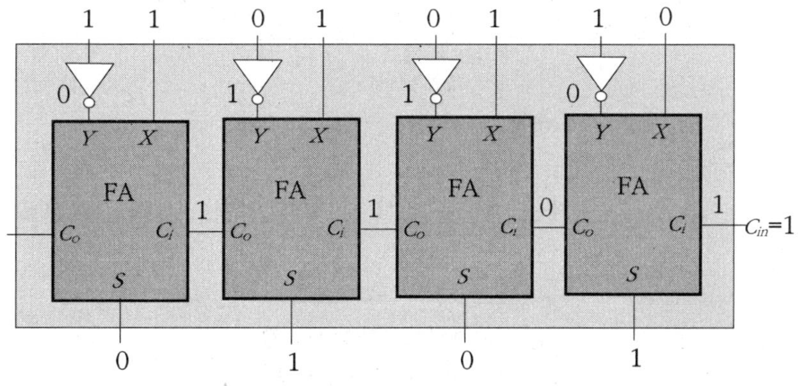

그림 5.6 2진감산기를 이용한 4비트 2진수의 뺄셈 연산

예제 5.3

2진가산기 IC와 INV 게이트로 2진감산기를 설계하시오.

5.2.3 2진가감산기

전가산기에 XOR 게이트를 추가하면 덧셈과 뺄셈을 하나의 동일한 회로로 구현되는 2진가감산기(binary adder/subtactor)가 설계된다(그림 5.7). 2진가감산기의 이름은 BAS로 한다.

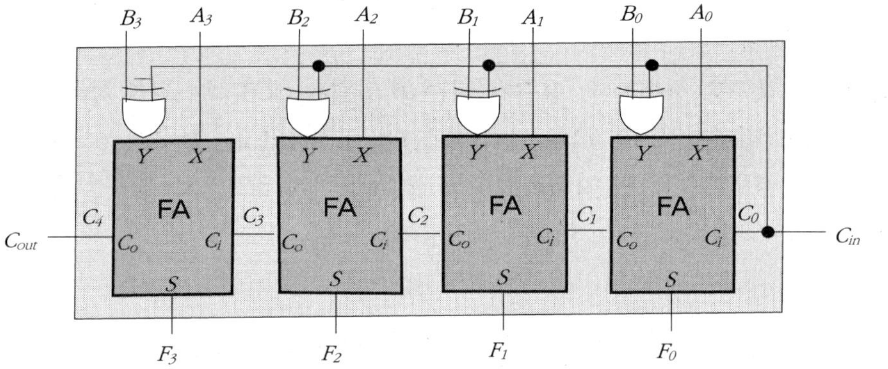

(a) 2진가산기와 XOR 게이트를 이용한 구성

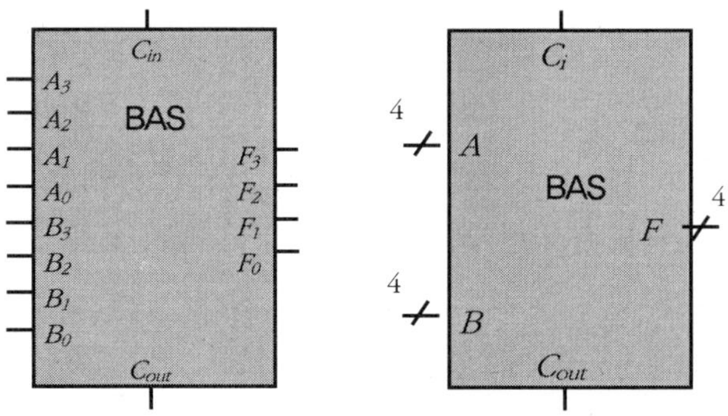

(b) 블록도

그림 5.7 4비트 2진가감산기 설계

이 회로에서 C_{in} 입력을 가산 또는 감산을 위한 모드선택입력으로 하고 B신호의 각 비트와 XOR로 구성하면

$$C_{in} = 0\text{이면 } B \oplus 0 = B$$
$$C_{in} = 1\text{이면 } B \oplus 1 = B'$$

가 된다. 따라서 C_{in}이 0일 때는 가산기로 동작하고 C_{in}이 1일 때는 B는 $\bar{B}$가 되고 회로에서 C_0=1이 입력되므로 B입력은 2의 보수가 되어 회로는 감산기로 동작하게 된다.

5.2.4 BCD 가산기

디지털 시스템은 2진수를 사용하지만 많은 경우 BCD 코드를 사용한다. BCD 가산기(BCD adder)는 BCD 코드를 이용한 덧셈을 하는 조합논리회로 이다.

가장 널리 쓰이는 BCD 코드는 8421 코드이다. BCD(8421) 코드에서는 각 자릿수를 등가인 4비트 2진수로 바꾼다. 예를 들어 10진수 847은

10진수	:	8	4	7
		↓	↓	↓
BCD 코드	:	1000	0100	0111

가 된다. BCD 코드에서는 1001보다 큰 2진수(1010, 1011, 1100, 1101, 1110, 1111)들은 사용하지 않는다. 따라서 BCD 코드의 덧셈에서 합이 9를 초과(10 이상)하게 되면 문제가 생긴다. 예를 들어 10진수 9와 5를 더할 때 BCD 코드는 1001와 0101을 더하므로

```
   1001          9
+  0101      +   5
-------      -----
   1110         14
```

10진수	:	1	4
		↓	↓
BCD 코드	:	0001	0100

이 된다. 1110은 2진수로는 정답이지만 BCD 코드가 아니다. BCD 코드로 되기위해서 10진수 연산결과 14를 BCD 코드 0001 0100으로 표현해주어야 한다. 이러한 문제는 BCD 코드가 16개의 4비트 수 중에서 10개만을 사용하므로 발생된다. 따라서 10진수의 합이 9를 초과(10 이상)하면 6개의 금지된 수를 뛰어 넘어야 한다. 이렇게 하기 위하여 9를 초과하는 합에다 6(0110)을 더하여 준다.

BCD 코드의 덧셈법을 요약하면 아래와 같다.

BCD 코드 덧셈법

① BCD 숫자를 2진수의 덧셈 연산과 같은 방법으로 더한다.
② 합이 10진수 9 초과(10 이상)하면 6(0110)을 더한다.
③ 합이 10진수 10 미만(9 이하)이면 0(0000)을 더한다.

10진수 9와 5 그리고 5와 4를 더하는 경우는 다음과 같이 BCD 코드 덧셈 연산이 이루어진다.

	1001	(9)
+	0101	(5)
	1110	(14)
+	0110	(6)
	0001 0100	

	0101	(5)
+	0100	(4)
	1001	(9)
+	0000	(0)
	0000 1001	

BCD 가산기를 설계를 유도하기 위해서 표 5.1의 진리표를 생각할 수 있다. BCD 자체가 4비트이므로, 최대 입력값은 가수 $A_3A_2A_1A_0$=9, 피가수 $B_3B_2B_1B_0$=9 그리고 입력 자리올림수 C_{in}=1을 모두 더한 9+9+1=19 보다 클 수가 없으므로 0에서 19까지 진리표 값을 구하면 된다.

표 5.1 BCD 가산기를 유도하기 위한 진리표

10진수	2진수 합					BCD 합				
	K	S_3	S_2	S_1	S_0	Z	Y_3	Y_2	Y_1	Y_0
0	0	0	0	0	0	0	0	0	0	0
1	0	0	0	0	1	0	0	0	0	1
2	0	0	0	1	0	0	0	0	1	0
3	0	0	0	1	1	0	0	0	1	1
4	0	0	1	0	0	0	0	1	0	0
5	0	0	1	0	1	0	0	1	0	1
6	0	0	1	1	0	0	0	1	1	0
7	0	0	1	1	1	0	0	1	1	1
8	0	1	0	0	0	0	1	0	0	0
9	0	1	0	0	1	0	1	0	0	1
10	0	1	0	1	0	1	0	0	0	0
11	0	1	0	1	1	1	0	0	0	1
12	0	1	1	0	0	1	0	0	1	0
13	0	1	1	0	1	1	0	0	1	1
14	0	1	1	1	0	1	0	1	0	0
15	0	1	1	1	1	1	0	1	0	1
16	1	0	0	0	0	1	0	1	1	0
17	1	0	0	0	1	1	0	1	1	1
18	1	0	0	1	0	1	1	0	0	0
19	1	0	0	1	1	1	1	0	0	1

BCD 코드를 덧셈하는 회로는 앞에서 설계한 2진가산기를 이용하여 설계한다. BCD 덧셈에서 덧셈하는 과정은 두 번 이루어진다. 즉 합 결과가 2진수 합(binary summation)이 되는 부분과 2진수 합을 변환(6 또는 0을 더함)하여 BCD 합(BCD summation)이 되는 부분으로 생각할 수 있다. 표에서 K는 4비트 2진가산기의 출력자리올림수 $C_{out}(C_4)$를 의미한다. Z는 합이 9를 초과(10 이상)할 때 6(0110)을 더해주고 10 미만(9 이하)일 때 0(0000)을 더해주는 제어신호가 된다. 표를 잘 분석해보면 다음의 세 가지 경우에 Z가 1로 출력되어야 한다.

① K=1인 경우이다. 즉, 16에서 19까지의 숫자가 되는 경우이다.
② S_3와 S_2가 동시에 1인 경우이다. 즉, 12에서 15까지 경우이다.
③ S_3와 S_1이 동시에 1이 되는 10에서 11까지 경우이다.

이 세 가지의 경우를 다 고려하면 Z는

$$Z = K + S_3S_2 + S_3S_1$$

가 된다. Z 출력의 논리회로 구현은 2개의 AND 게이트와 하나의 OR 게이트로 구성할 수 있다. Z 출력은 BCD 합을 만드는 2진가산기의 B 입력으로 사용된다. 즉 2진수 합이 9 초과(10 이상)이면 B=0110이고 10 미만(9이하)이면 B=0000가 되도록 Z 출력이 사용된다. 그림 5.8은 BCD 가산기를 보여주고 있다. BCD 가산기의 이름은 BCDA라 한다.

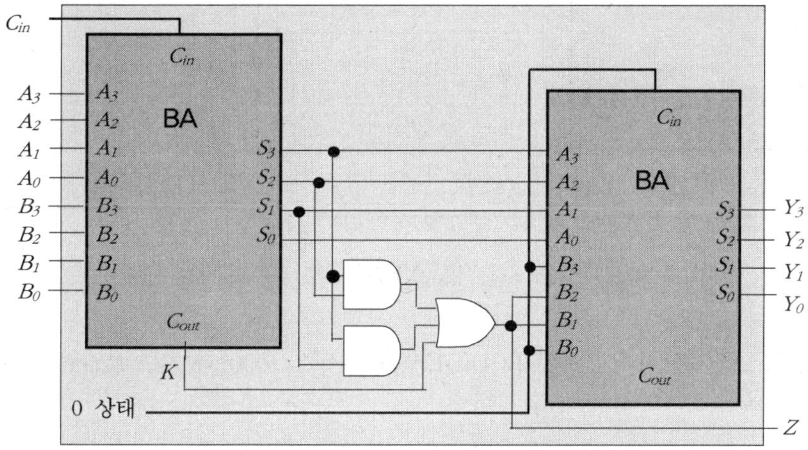

(a) 2진가산기를 이용한 구성

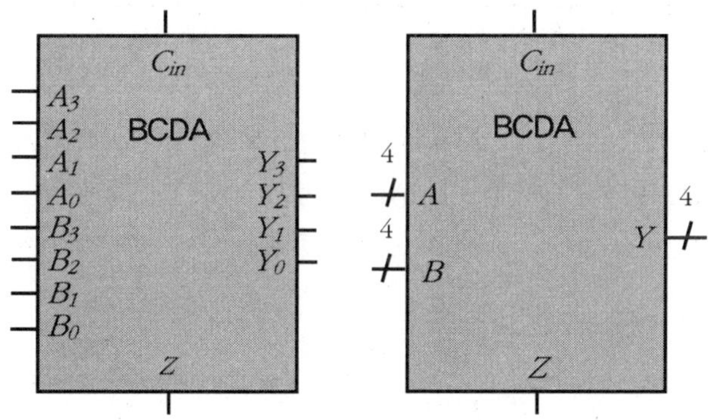

(b) 블록도

그림 5.8 BCD 가산기

그림에서 왼쪽 2진가산기의 연산 결과 합이 9를 초과(10 이상)하면 Z=1이 되어 두 번째 2진가산기의 B를 0110로 만들어 6을 더한다. 합이 10 미만(9 이하)이면 B가 0000이 되어 0을 더한다. 오른쪽 2진가산기의 C_{in} 입력은 사용하지 않으므로 0 상태로 두면 된다. 그리고 오른쪽 가산기의 C_{out} 출력은 사용되지 않는다. BCD 가산기의 입력은 BCD 입력인 4비트인

A와 B 그리고 입력자리올림수 C_{in} 입력이 된다. 그리고 출력은 BCD 합인 4비트 Y와 출력자리올림수 Z가 된다.

회로의 동작을 알기 위해서 10진수 8과 5의 덧셈을 생각해보자(그림 5.9).

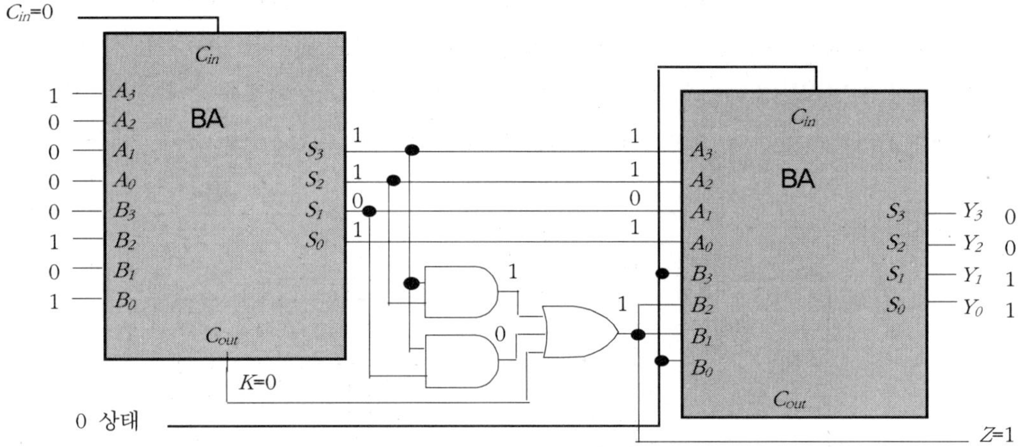

그림 5.9 BCD 가산기를 이용한 BCD 코드의 덧셈 연산

그림의 왼쪽 2진가산기에 2개의 BCD 코드 $A_3A_2A_1A_0$(1000)과 $B_3B_2B_1B_0$(0101)가 입력되면

$$\begin{array}{rr} & A_3\ A_2\ A_1\ A_0 \\ + & B_3\ B_2\ B_1\ B_0 \\ \hline & K\ S_3\ S_2\ S_1\ S_0 \end{array} \qquad \begin{array}{rr} & 1000 \\ + & 0101 \\ \hline & 01101 \end{array}$$

이 된다. 합이 9보다 크므로 출력 Z=1을 발생시킨다. 왼쪽 2진가산기의 출력 $S_3S_2S_1S_0$(1101)이 오른쪽 2진가산기의 입력 $A_3A_2A_1A_0$(1101)이 되고 오른쪽 2진가산기의 $B_3B_2B_1B_0$(0110)를 더해줌으로서 다음과 같이 BCD 코드로 출력이 된다.

$$\begin{array}{rr} & A_3\ A_2\ A_1\ A_0 \\ + & B_3\ B_2\ B_1\ B_0 \\ \hline Z & Y_3\ Y_2\ Y_1\ Y_0 \end{array} \qquad \begin{array}{rr} & 1101 \\ + & 0110 \\ \hline & 1\ 0011 \end{array}$$

그림 5.8에서 BCD 코드는 10진 디지트의 한 자리수만을 더해 준다. 여러 자리수의 10진수를 더하려면 여러 개의 BCD 가산기를 병렬로 연결하면 된다(그림 5.10).

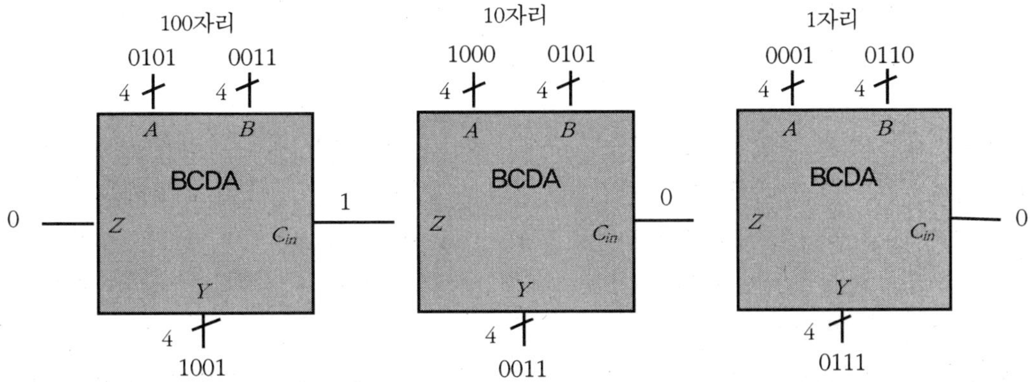

그림 5.10 3자리 BCD 가산기

이때 자리올림수의 연결은 2진가산기의 자리올림수의 연결 방법과 같다. 즉 1자리의 입력자리올림수 C_{in}은 0 상태이고 1자리(10자리)의 출력자리올림수 Z는 다음 10(100)자리의 C_{in}에 연결한다. 세자리 수인 10진수 581과 356을 더해 주려면 BCD 가산기 세 개가 필요하고 3자리 BCD 가산기가 된다. 연산 결과는 937=1001 0011 0111이 된다. BCD 가산기를 다단으로 연결함으로써 어떠한 크기의 숫자도 더해줄 수가 있다.

예제 5.4

BCD 가산기를 사용하여 9($A_3 A_2 A_1 A_0$= 1001)와 9($B_3 B_2 B_1 B_0$=1001)의 덧셈 연산을 구하시오.

5.2.5 캐리 룩어해드 가산기

각 전가산기의 출력자리올림수(C_o)가 그 다음 상위비트의 입력자리올림수(C_i)에 연결되는 리플가산기(ripple adder)의 단점은 자리올림수가 상위 비트로 전달됨에 따른 전파지연(carry propagation)에 의한 늦은 연산속도이다(5.2.1 참조).

연산속도를 줄이기 위하여 각 비트에서 우선 자리올림수(캐리)를 미리 계산해서 다음 비트로 보내는 캐리 룩어해드(carry lookahead) 방법을 사용한 가산기를 캐리 룩어해드 가산기(carry lookahead adder, CLA)라고 부른다. 자리올림수를 뜻하는 캐리(carry)는 캐리 룩어해드라는 용어를 전통적으로 사용하고 있으므로 이 절에서는 자리올림수 대신 캐리를 사용한다. 이제 CLA를 설계해보자.

(1) CLA 개념 설계

먼저 캐리생성(carry generate) G_i 및 캐리전파(carry propagate) P_i를 정의한다.

$$G_i = A_i B_i$$
$$P_i = A_i \oplus B_i$$

여기서 G_i 개념은 만일 i 비트에서 두 수를 더한 결과에 따라 캐리(자리올림수)가 있으면 다음 비트로 캐리를 보내야 한다. 즉 'G_i=1'이면 다음 비트(next bit)로 보낼 캐리가 있음을 알린다. P_i 개념은 만일 i 비트에서 바로 아래 비트(previous bit)에서 넘어온 캐리를 다음 비트로 그대로 패스시킬 것인지를 결정한다. 즉 'P_i=1'이면, 아래 비트에서 넘어온 캐리를 그대로 다음 비트로 전달한다.

위에서 정의된 G_i와 P_i를 사용하여 S_i와 C_{i+1}의 2개의 논리식을 다음처럼 유도한다.

$$S_i = A_i \oplus B_i \oplus C_i = P_i \oplus C_i$$
$$C_{i+1} = A_i B_i + C_i (A \oplus B) = G_i + C_i P_i$$

CLA는 설계가 용이하도록 크게 3개의 블록으로 나누어 설계한다.

3개의 블록으로 구성되는 CLA
① 캐리생성/캐리전파(carry generate/carry propagate unit, CGCPU) 블록 – G_i와 P_i를 설계 ② 캐리 룩어헤드(carry lookahead block unit, CLBU) 블록 – G_i 와 P_i 를 입력으로 하여 C_i+1 설계 ③ 캐리합산(carry summation unit, CSU) 블록 – S_i 를 설계

이 블록들을 차례로 설계해보자. 설계하는 CLA는 4비트로 구성된다면 4비트 CLA의 블록도는 CLA 이름을 갖는 그림 5.11과 같다. 4비트 설계에서 첨자 i는 0에서 3까지가 되고, C_{in}은 입력 캐리(input carry)로 C_0와 같고 C_{out}는 최상위 출력 캐리(output carry)로 C_4와 같게 된다.

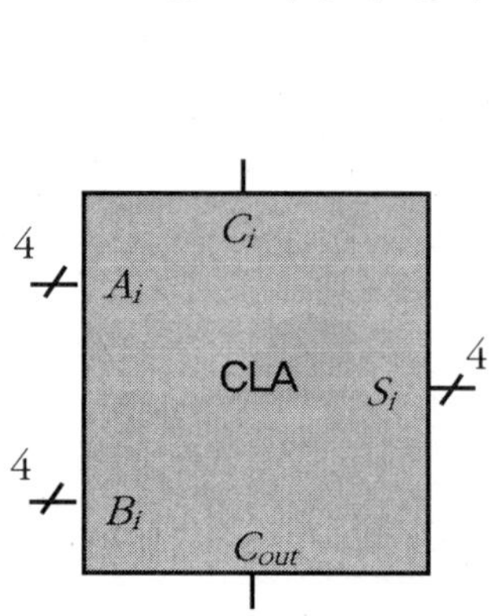

그림 5.11 4비트 CLA 블록도

(2) 캐리생성/캐리전파(CGCPU) 설계

그림 5.12는 4비트 CGCPU의 캐리생성(carry generate) G_i 및 캐리전파(carry propagate) P_i 의 블록도와 회로도이다.

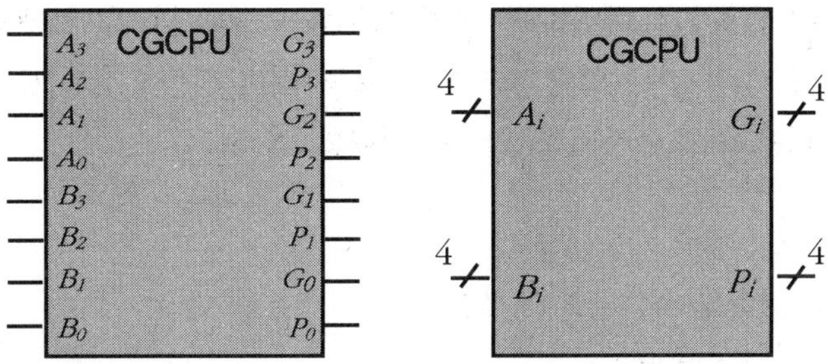

(a) 블록도

캐리생성 회로 캐리전파 회로

(b) 회로도

그림 5.12 4비트 캐리생성/캐리전파(CGCPU) 설계

앞서 정의한 G_i와 P_i는 다음과 같다.

$$G_i = A_i B_i$$
$$P_i = A_i \oplus B_i$$

(3) 캐리 룩어해드(CLU) 설계

그림 5.13은 4비트 캐리 룩어해드(carry lookahead unit, CLU) 설계이다.

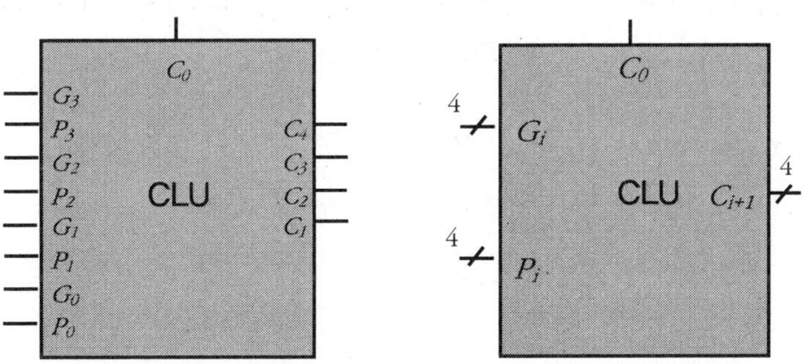

그림 5.13 4비트 캐리 룩어해드(CLU) 회로의 블록도

출력 캐리는 A_i와 B_i가 모두 1일 때 또는 A_i와 B_i 둘 하나가 1이고 C_i가 1일 때 캐리가

발생한다. 따라서 캐리생성 G_i와 캐리발생 P_i을 이용하여 캐리 출력을 구한다.

$$C_{i+1} = A_iB_i + C_i(A_i \oplus B_i) = G_i + C_iP_i$$

4비트이므로 i=0에서 3까지 대입하면 캐리 룩어헤드 회로의 출력 캐리들은 C_1, C_2, C_3, C_4가 되고 C_0는 CLA의 C_{in}과 같은 입력 캐리이다. 출력 캐리 C_4는 CLA의 C_{out}과 같은 캐리이다. 먼저 C_1, C_2, C_3는 다음 식으로부터 구할 수 있다(그림 5.14).

$$\begin{aligned}
C_1 &= G_0 + C_0P_0 \\
C_2 &= G_1 + C_1P_1 = G_1 + (G_0 + C_0P_0)P_1 \\
&= G_1 + G_0P_1 + C_0P_0P_1 \\
C_3 &= G_2 + C_2P_2 = G_2 + (G_1 + G_0P_1 + C_0P_0P_1)P_2 \\
&= G_2 + G_1P_2 + G_0P_1P_2 + C_0P_0P_1P_2
\end{aligned}$$

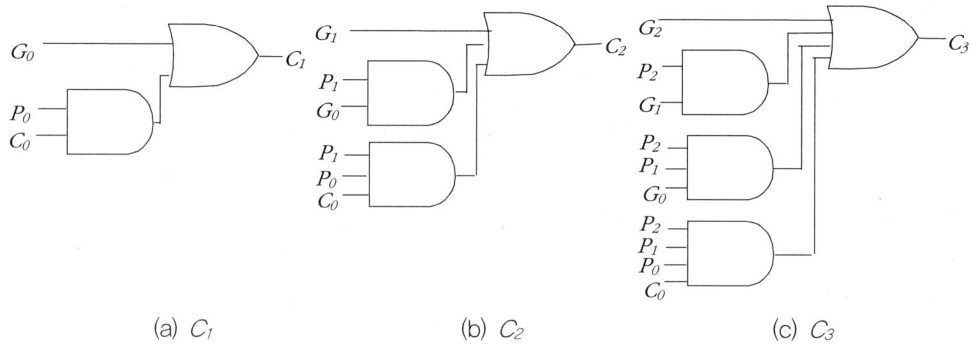

그림 5.14 4비트 캐리 룩어헤드 회로의 출력 캐리 C_1, C_2, C_3 설계

다음으로 생각해야 하는 캐리가 있다. G_3와 P_3에 의한 C_4 캐리이다. 이 C_4 캐리는 캐리 룩어헤드 회로의 최종 캐리가 되고, 4비트 캐리 룩어헤드 가산기의 최상위캐리 C_{out}가 된다. 이 캐리는 설계의 편의를 위하여 아래 식에서 유도한 G^*와 P^*를 이용하여 간략한 형태로 설계할 수 있다(그림 5.15). 식은 다음의 수식에서 유도된다.

$$\begin{aligned}
C_4 &= G_3 + C_3P_3 = G_3 + (G_2 + G_1P_2 + G_0P_1P_2 + C_0P_0P_1P_2)P_3 \\
&= G_3 + G_2P_3 + G_1P_2P_3 + G_0P_1P_2P_3 + C_0P_0P_1P_2P_3 \\
&= G^* + C_0P^*
\end{aligned}$$

이고, G^*와 P^*는 다음과 같다.

$$\begin{aligned}
G^* &= G_3 + G_2P_3 + G_1P_2P_3 + G_0P_1P_2P_3 \\
P^* &= P_0P_1P_2P_3
\end{aligned}$$

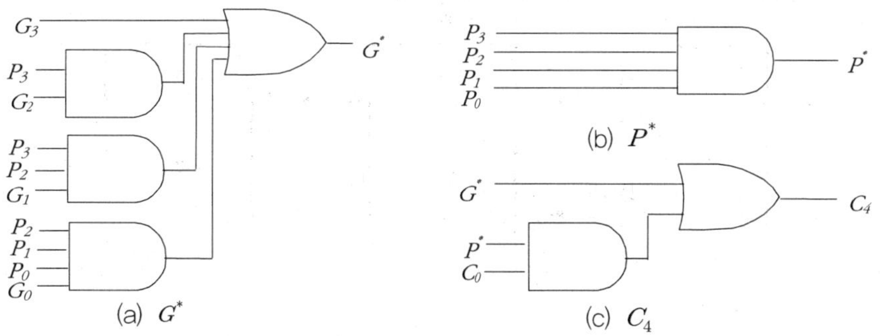

그림 5.15 4비트 캐리 룩어헤드 회로의 출력 캐리 C_4 및 G^*, P^* 설계

(4) 캐리 합산(CSU) 설계

그림 5.16는 캐리합산(carry summation unit, CSU) 회로이다.

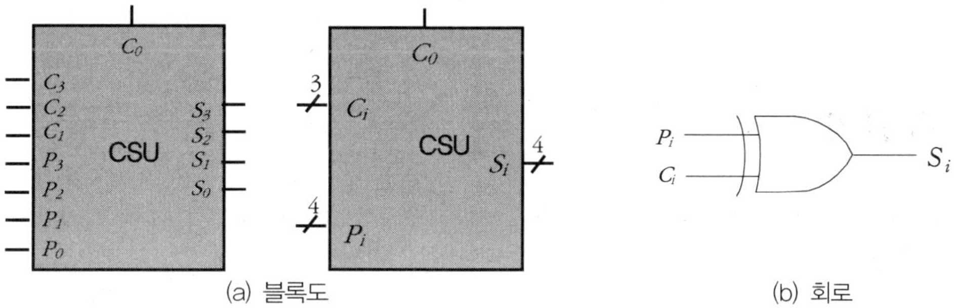

그림 5.16 4비트 캐리합산(CSU) 설계

회로설계는 정의된 G_i와 P_i를 사용하여 S_i 논리식은

$$S_i = A_i \bigoplus B_i \bigoplus C_i = P_i \bigoplus C_i$$

와 같다.

(5) 캐리 룩어헤드 가산기(CLA) 설계

최종으로 위에서 구한 3개의 블록들을 통합하여 그림 5.17과 같은 4비트 캐리 룩어헤드 가산기(carry lookahead adder, CLA)를 완성한다. C_{in} 캐리는 캐리 룩어헤드 회로의 입력 캐리 C_0가 되고, C_4 캐리는 캐리 룩어헤드 회로의 최종 캐리 C_{out}가 된다.

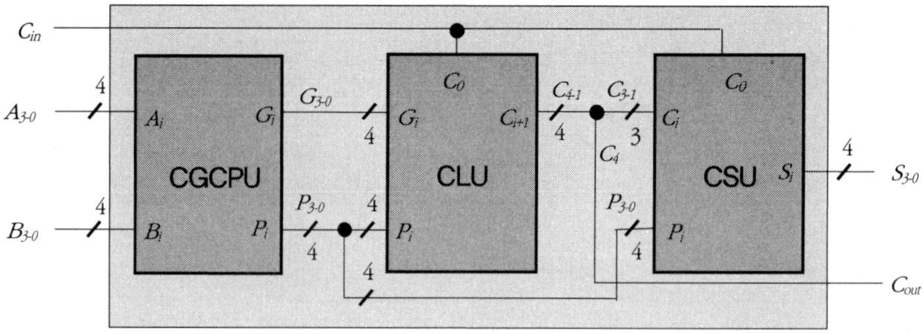

그림 5.17 4비트 캐리 룩어헤드 가산기(CLA) 설계

예제 5.5

CLA를 사용하여 $A_3 A_2 A_1 A_0 = 1111$과 $B_3 B_2 B_1 B_0 = 1001$의 덧셈 연산을 구하시오.

5.3 곱셈기

곱셈기(multiplier)는 두 수 피승수(multiplicand)와 승수(multiplier)를 곱하는 기능을 갖는 조합논리회로이다.

곱항				
피승수(multiplicand) (A)		승수(multiplier) (B)		곱항(product) (P)
0	×	0	=	0
0	×	1	=	0
1	×	0	=	0
1	×	1	=	1

가장 기본적인 곱셈연산 방법은 2개의 2진수 비트들의 곱항(product)을 만드는 것이다. 곱항은 두수가 모두 1일 때만 1이 되고, 어느 한 수가 0이면 0이 된다.

2개의 부호 없는 2진수(unsigned binary) A와 B를 곱하는 과정을 생각해보자. 두 수는 다음과 같이 정의할 수 있다.

$$A = \sum_{i=0}^{m-1} a_i 2^i$$

$$B = \sum_{j=0}^{n-1} b_j 2^j$$

곱항은 다음과 같이 나타낼 수 있다.

$$P = AB = \sum_{i=0}^{m-1} a_i 2^i \cdot \sum_{j=0}^{n-1} b_j 2^j = \sum_{i=0}^{m-1}\sum_{j=0}^{n-1} a_i b_j 2^{i+j}$$
$$= \sum_{k=0}^{m+n-1} p_k 2^k$$

여기서 p_k는 부분곱항(partial product)이라 한다. 부분곱항은 $m \times n$개 그리고 곱항은 $m \times (n\text{-}2)$개 발생한다. 두 수가 4비트이면 4×4개의 부분곱항 그리고 $4 \times (4\text{-}2)$개의 곱항이 발생한다. 2개의 부호 없는 2진수 4비트를 곱하는 과정을 아래에 보여준다.

				a_3	a_2	a_1	a_0	피승수
			$\times$	b_3	b_2	b_1	b_0	승 수
				a_3b_0	a_2b_0	a_1b_0	a_0b_0	부분곱항
			a_3b_1	a_2b_1	a_1b_1	a_0b_1		부분곱항
		a_3b_2	a_2b_2	a_1b_2	a_0b_2			부분곱항
	a_3b_3	a_2b_3	a_1b_3	a_0b_3				부분곱항
P_7	P_6	P_5	P_4	P_3	P_2	P_1	P_0	곱 항

곱항은 부분곱항들을 더해주면 된다. 먼저 첫 번째 줄과 두 번째 줄의 부분곱항을 더한 후 그 결과 값에 세 번째 줄의 부분곱항을 더하여 곱항들의 값들을 결정한다. 이 과정은 전가산기를 사용하여 간단하게 수행할 수 있다.

전가산기를 이용한 4비트 곱셈기의 이름은 MULTIFLIER이고 그림 5.18과 같다.

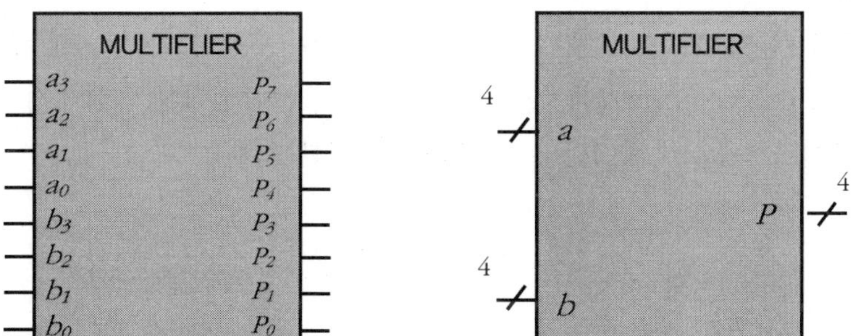

(a) 블록도

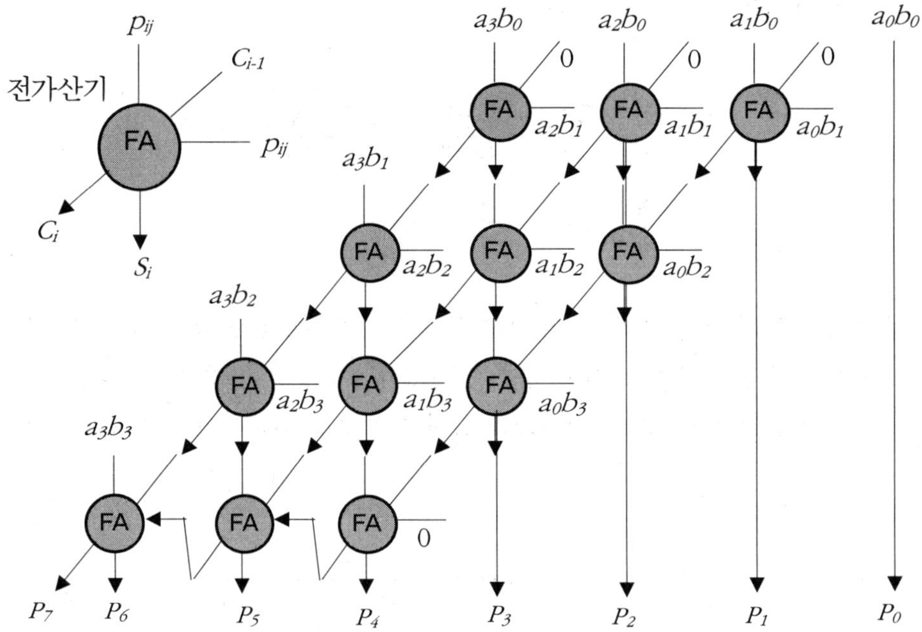

(b) 전가산기와 회로 구현

그림 5.18 곱셈기

예제 5.6

곱셈기를 사용하여 $a_3a_2a_1a_0 = 1111$과 $b_3b_2b_1b_0 = 1001$의 곱셈 연산을 구하시오.

5.4 크기 비교기

두 수의 크기 비교는 한 수가 다른 수보다 큰가, 작은가 또는 같은가를 결정하는 동작이다. 크기 비교기(magnitude comparator)는 2개의 2진수를 비교하여 그들의 상대적 크기를 결정하는 조합논리회로이다. 즉 2개의 2진수 A와 B를 비교한 결과는

$$A > B, \quad A = B \text{ 그리고 } A < B$$

로 나타낼 수 있다(그림 5.19).

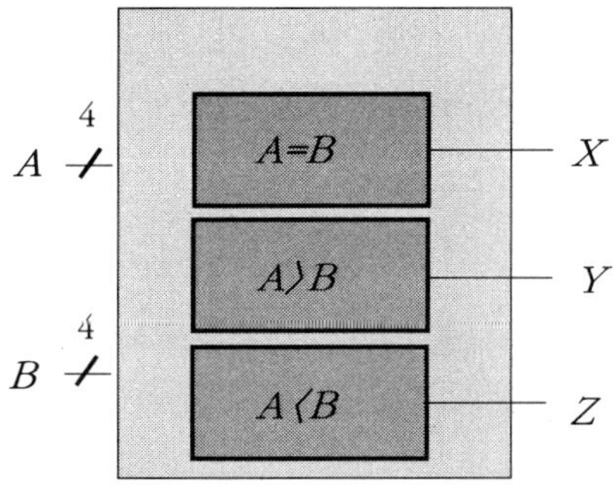

그림 5.19 크기 비교기의 개념 블록도

2개의 n비트의 수를 비교하기 위한 회로는 2^{2n}개의 기입항을 진리표에 갖고 있으며, n=3이기만 해도 너무나 번거롭게 된다. 다행히 비교기 회로는 어느 정도의 규칙성을 갖고 있으므로 4비트 크기 비교기 설계에 대한 알고리즘을 유도해보자.

(1) 4비트 크기 비교기 설계

4비트 크기 비교기는 2개의 4비트 입력 A와 B 그리고 크기 비교 결과를 나타내는 3개의 출력, 즉 $X(A=B)$, $Y(A>B)$ 그리고 $Z(A<B)$로 구성한다(그림 5.20). 크기 비교기의 이름은 MC로 한다.

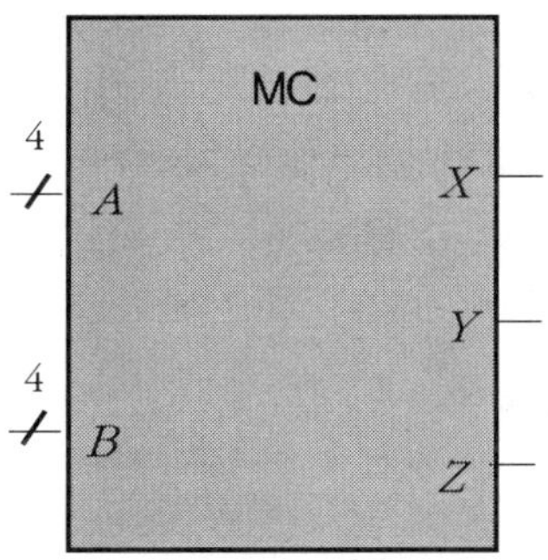

(a) 블록도

입력 비교				출력		
A_3 , B_3	A_2 , B_2	A_1 , B_1	A_0 , B_0	X	Y	Z
$A_3 > B_3$	×	×	×	0	1	0
$A_3 < B_3$	×	×	×	0	0	1
$A_3 = B_3$	$A_2 > B_2$	×	×	0	1	0
$A_3 = B_3$	$A_2 < B_2$	×	×	0	0	1
$A_3 = B_3$	$A_2 = B_2$	$A_1 > B_1$	×	0	1	0
$A_3 = B_3$	$A_2 = B_2$	$A_1 < B_1$	×	0	0	1
$A_3 = B_3$	$A_2 = B_2$	$A_1 = B_1$	$A_0 > B_0$	0	1	0
$A_3 = B_3$	$A_2 = B_2$	$A_1 = B_1$	$A_0 < B_0$	0	0	1
$A_3 = B_3$	$A_2 = B_2$	$A_1 = B_1$	$A_0 = B_0$	1	0	0

(b) 기능표

그림 5.20 4비트 크기 비교기

4비트 입력들은 다음과 같이 표현된다.

$$A = A_3A_2A_1A_0 \qquad B = B_3B_2B_1B_0$$

여기서 각 첨자가 있는 글자는 그 수의 디지트들의 하나를 나타낸다. 각 비트 쌍이

$$A_3 = B_3,\ A_2 = B_2,\ A_1 = B_1,\ \text{그리고}\ A_0 = B_0$$

이면 두 수는 같다. 그 수가 2진수일 때는 이 숫자는 1이나 0이며, 각 비트의 쌍의 동등관계는 논리적으로 등가함수(equivalence function)

$$x_i = A_iB_i + A_i'B_i'$$

로 표시할 수 있다(그림 5.21). 여기서 i=0, 1, 2, 3이다. 식에서 각 비트 쌍이 같으면, 즉 양쪽이 다같이 1 또는 0일 때만 x_i=1이다.

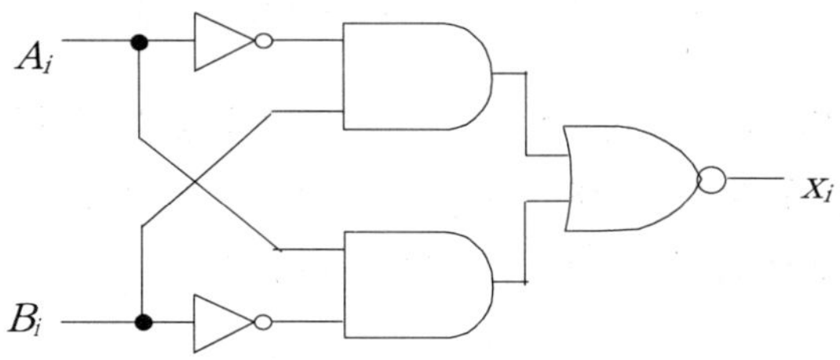

그림 5.21 등가함수 $x_i = A_iB_i + A_i'B_i'$

크기 비교 결과, 즉 X, Y, Z 출력들을 구해보자.

먼저 A=B인 출력 X는 A와 B가 같으면 1이 되고, 그렇지 않으면 0이 된다. 즉, 모든 x_i 변수들이 1이어야 하므로, 다음 부울식처럼 각 x_i 변수를 AND 연산하면 된다.

$$X = x_3x_2x_1x_0$$

다음 A>B인 출력 Y는 MSB로부터 시작하여 비트쌍들의 상대적 크기를 검사한다. 그 두 숫자가 같으면, 다음으로 낮은 위치의 비트쌍을 비교한다. 같지 않은 비트쌍에 도달할 때까지 이 비교를 계속한다. 즉 A의 대응되는 숫자가 1이고, B의 대응되는 숫자가 0이면 A>B이므로 부울식으로 표시하면 다음과 같다.

$$Y = A_3B_3' + x_3A_2B_2' + x_3x_2A_1B_1' + x_3x_2x_1A_0B_0'$$

마지막으로 다음 A<B인 출력 Z는 A의 대응되는 숫자가 0이고 B의 대응되는 숫자가 1이면, A<B이므로 부울식으로 표시하면

$$Z = A_3'B_3 + x_3A_2'B_2 + x_3x_2A_1'B_1 + x_3x_2x_1A_0'B_0$$

가 된다. 이들 유도된 3개 출력들의 논리회로 구현은 간단하다. 4비트 크기 비교기의 논리도를 그림 5.22와 같다.

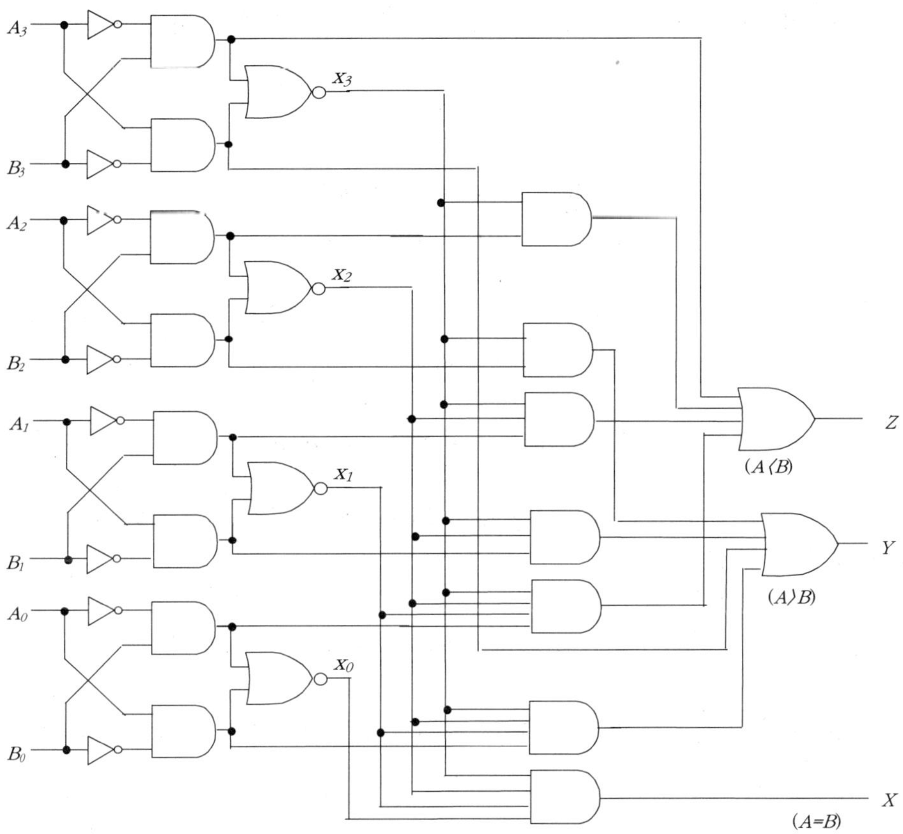

그림 5.22 4비트 크기 비교기 논리도

예제 5.7

4비트 비교기를 사용하여 $A_3A_2A_1A_0$ =1111과 $B_3B_2B_1B_0$ = 1001의 비교 연산을 구하시오.

(2) 8비트 크기 비교기 설계

4비트 크기 비교기를 이용하여 8비트 크기 비교기를 설계해보자. 먼저 기능표를 만들어보자 (그림 5.23).

입력 비교		출력		
A_{7-4} , B_{7-4}	A_{3-0} , B_{3-0}	X	Y	Z
$A_{7-4} > B_{7-4}$	×	0	1	0
$A_{7-4} < B_{7-4}$	×	0	0	1
$A_{7-4} = B_{7-4}$	$A_{3-0} > B_{3-0}$	0	1	0
$A_{7-4} = B_{7-4}$	$A_{3-0} < B_{3-0}$	0	0	1
$A_{7-4} = B_{7-4}$	$A_{3-0} = B_{3-0}$	1	0	0

그림 5.23 8비트 크기 비교기의 기능표

4비트 크기 비교기 입력을 고려하여 8비트 입력들은 다음과 같이 표현된다.

$$\begin{aligned} A \;\rightarrow\; A_{7\text{-}4} &= A_7A_6A_5A_4 \\ A_{3\text{-}0} &= A_3A_2A_1A_0 \\ B \;\rightarrow\; B_{7\text{-}4} &= B_7B_6B_5B_4 \\ B_{3\text{-}0} &= B_3B_2B_1B_0 \end{aligned}$$

A=B인 출력 X는 A와 B가 같으면 1이 되고, 그렇지 않으면 0이 된다. 즉 $(A_{7\text{-}4} = B_{7\text{-}4})$이고 $(A_{3\text{-}0} = B_{3\text{-}0})$인 다음과 같은 형태가 된다.

$$X = (A_{7\text{-}4} = B_{7\text{-}4})\cdot(A_{3\text{-}0} = B_{3\text{-}0})$$

다음 $A>B$인 출력 Y는 $(A_{7\text{-}4} > B_{7\text{-}4})$인 경우 또는 $(A_{7\text{-}4} = B_{7\text{-}4})$이고 $(A_{3\text{-}0} > B_{3\text{-}0})$인 경우인 다음과 같은 형태가 된다.

$$Y = (A_{7\text{-}4} > B_{7\text{-}4}) + [(A_{7\text{-}4} = B_{7\text{-}4})\cdot(A_{3\text{-}0} > B_{3\text{-}0})]$$

마지막으로 다음 $A<B$인 출력 Z는 $(A_{7\text{-}4} < B_{7\text{-}4})$인 경우 또는 $(A_{7\text{-}4} = B_{7\text{-}4})$이고 $(A_{3\text{-}0} < B_{3\text{-}0})$인 경우인 다음과 같은 형태가 된다.

$$Z = (A_{7\text{-}4} < B_{7\text{-}4}) + [(A_{7\text{-}4} = B_{7\text{-}4})\cdot(A_{3\text{-}0} < B_{3\text{-}0})]$$

이들 유도된 3개 출력들의 회로는 그림 5.24처럼 구현된다.

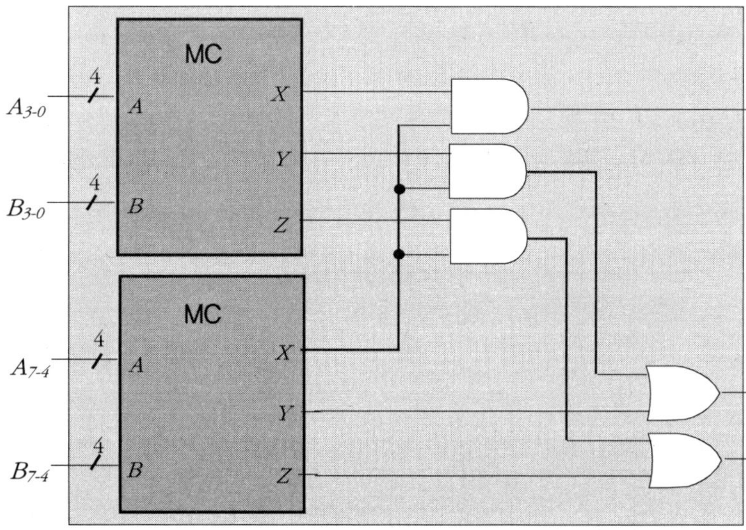

그림 5.24 8비트 크기 비교기

5.5 디코더와 인코더

코드(code)는 1.5절에서 사람들이 서로 약속한 부호라고 정의하였다. 코드를 입력하여 서로 다른 정보로 바꾸는 회로를 **디코더(decoder)**라고 하는데, 디코더는 코드를 해석하여 정보를 출력한다. 정보를 2진 코드로 만들어 주는 회로는 **인코더(encoder)**인데, 인코더는 정보를 코드화하여 출력한다. 디코더는 코드가 입력되고 인코더는 코드가 출력된다(그림 5.25).

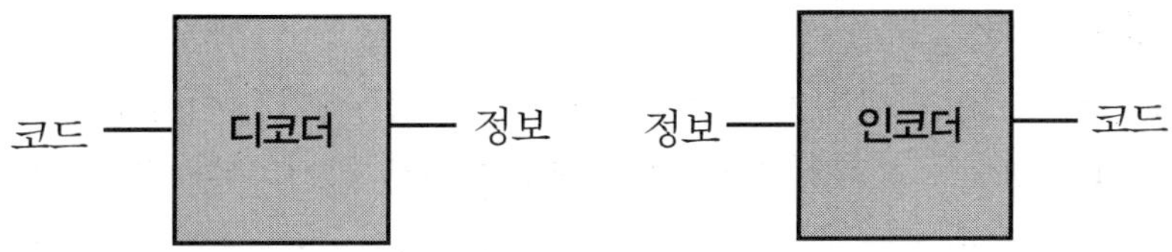

(a) 개념도

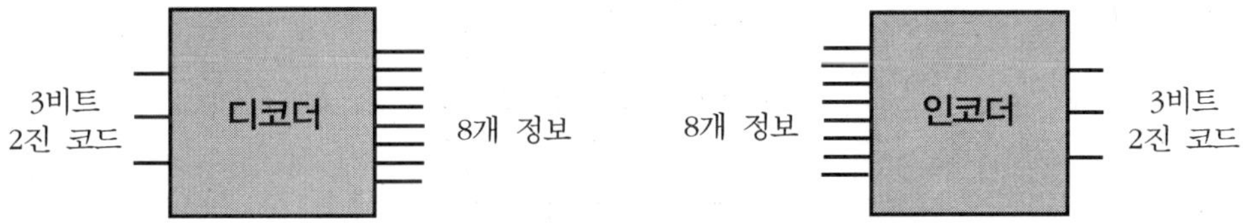

(b) 개념 설명

그림 5.25 디코더와 인코더

여기서 코드는 2진 코드(binary code)를 의미한다. 따라서 디코더에서는 입력 2진 코드의 비트수에 따라서 출력되는 2진 정보(binary information)의 수가 결정되고 2진 코드 값에 따라 2진 정보가 결정된다. 인코더는 입력 2진 정보의 수에 따라 출력되는 2진 코드 비트의 수가 결정되고 2진 정보 값에 따라 2진 코드가 결정된다. 예를 들면, 3비트 2진 코드를 입력한다면 디코더는 2^3개의 서로 다른 2진 정보들을 출력하고 2진 코드 값에 따라 8개의 2진 정보 중에서 하나가 출력된다. 2^3개의 2진 정보가 입력되면 인코더는 3비트의 2진 코드를 만들어주고 8개의 2진 정보 중 하나의 입력 정보에 해당하는 3비트 2진 코드가 출력된다.

디코더와 인코더를 사용한 간단한 디지털 시스템을 구성해보자(그림 5.26).

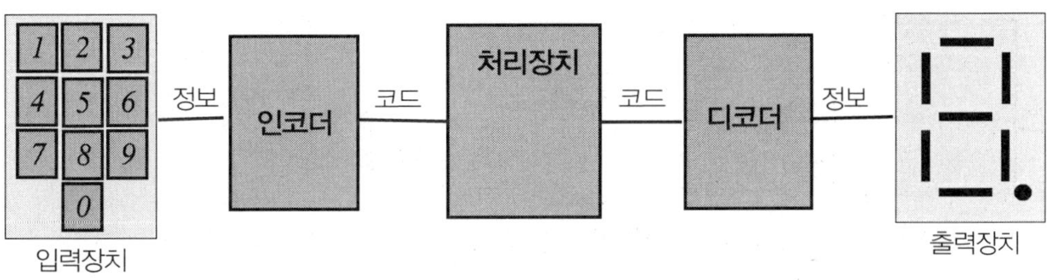

그림 5.26 디지털 시스템

간단한 디지털 시스템은 인코더와 디코더를 포함하여 입력장치로 키보드(keyboard), 출력장치로 7세그먼트 그리고 데이터 연산을 위한 처리장치(processing unit)로 구성한다. 인코더는 키보드를 통해서 들어오는 숫자 정보를 코드화하여 처리장치로 보낸다. 처리장치는 입력 데이터 연산한후 결과를 코드로 디코더에 보낸다. 디코더는 입력된 코드를 정보로 변환하여 출력장치로 보내고 7세그먼트는 정보를 디스플레이 한다. 디코더에 인에이블 입력을 추가하면 디코더/디멀티플렉서가 된다.

5.5.1 디코더

디코더(decoder)는 입력단에서 발생할 수 있는 서로 다른 패턴을 인식하도록 설계된다. 디코더는 n비트의 2진 정보를 2^n개의 서로 다른 정보로 바꿔주는 조합논리회로이다(그림 5.27).

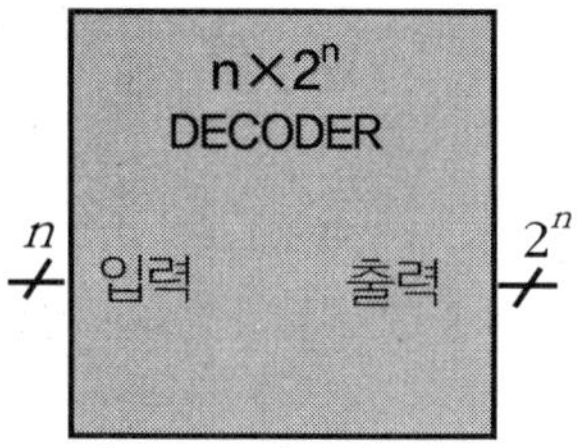

그림 5.27 디코더 블록도

입력 2진 코드가 n비트이면 $n\times2^n$ 디코더로 표시한다. 따라서 입력이 2비트이면 2×4 디코더 그리고 3비트이면 3×8 디코더로 나타낸다. 만일 입력 2진 코드가 n비트이지만 2^n개의 정보를 다 사용하지 않을 수도 있다. 즉 입력이 4비트이므로 16개의 정보를 사용할 수 있으나, 10개의 정보만 사용한다면 2×10 디코더로 나타낸다.

2^n개의 서로 다른 정보의 형태는 최소항(minterm)이다. 예를 들면 n=2인 경우, 입력변수가 A 그리고 B라면 4개의 다른 정보들은 최소항 $A'B$, $A'B$, AB 그리고 AB이다. 따라서 입력에서 발생할 수 있는 가능한 2진 정보 각각에 대하여 디코더의 출력이 활성화된다.

(1) 1×2 디코더

1×2 디코더는 1개의 입력(A)과 2개의 출력들(Y_0, Y_1)로 구성된다(그림 5.28).

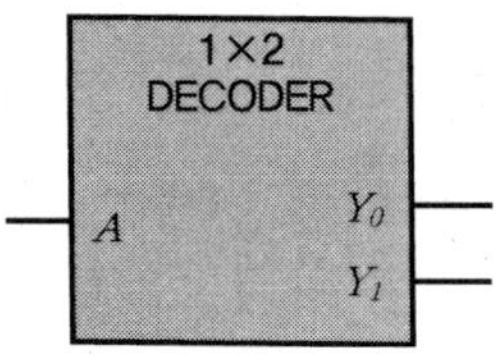

(a) 블록도

A	Y_0	Y_1
0	1	0
1	0	1

(b) 기능표

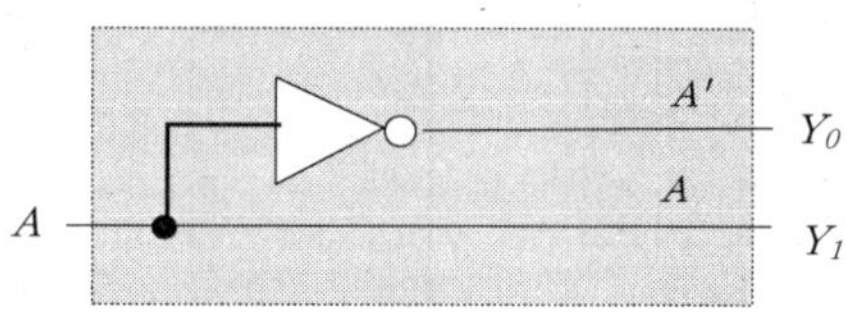

(c) 논리도

그림 5.28 1×2 디코더

A=0이면 출력 Y_0=1이 되고 출력 Y_1=0이 된다. A=1이면 출력 Y_0=0이 되고 출력 Y_1=1이 된다. 즉 1×2 디코더는 입력 코드 값에 대응되는 하나의 출력만 1이 되고 나머지 출력은 0이 된다. 따라서 진리표로부터 최소항의 형태로 된 다음과 같은 부울식을 구할 수 있다.

$$Y_0 = A'$$
$$Y_1 = A$$

(2) 2×4 디코더

2×4 디코더는 2개의 입력들(A, B)과 4개의 출력들(Y_0, Y_1, Y_2, Y_3)로 구성된다(그림 5.29).

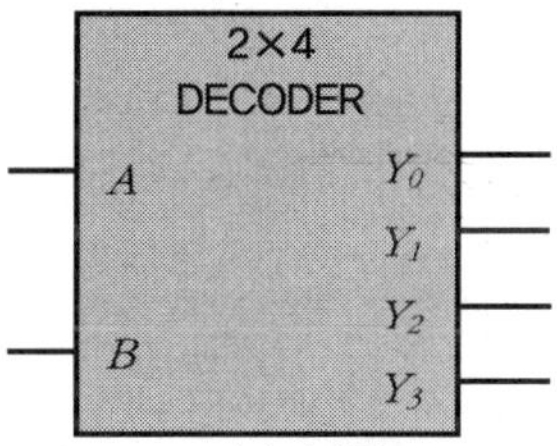

(a) 블록도

B	A	Y_0	Y_1	Y_2	Y_3
0	0	1	0	0	0
0	1	0	1	0	0
1	0	0	0	1	0
1	1	0	0	0	1

(b) 진리표

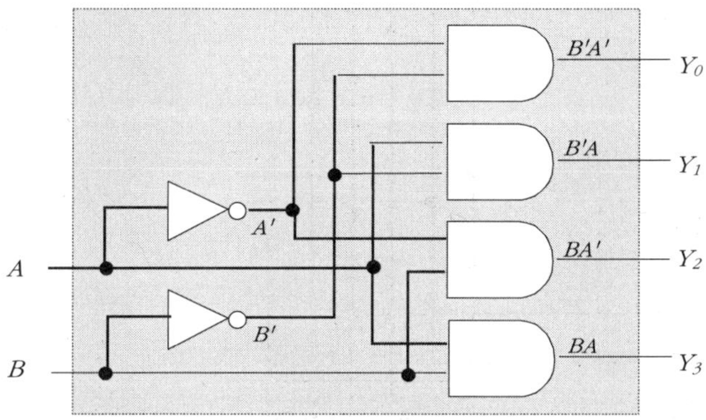

(c) 논리도

그림 5.29 2×4 디코더

BA=00이면 Y_0=1이 되고 나머지 출력(Y_1~Y_3)들은 0이 된다. 즉 디코더는 입력 코드 값에 대응되는 하나의 출력만 1이 되고 나머지 출력들은 0이 된다. 따라서 진리표로부터 최소항의 형태로 된 다음과 같은 부울식을 구할 수 있다.

$$Y_0 = B'A' \qquad Y_1 = B'A$$
$$Y_2 = BA' \qquad Y_3 = BA$$

(3) 3×8 디코더

3×8 디코더는 3개의 입력들(A, B, C)과 8개의 출력들(Y_0, Y_1, Y_2, Y_3, Y_4, Y_5, Y_6, Y_7)로

구성된다(그림 5.30).

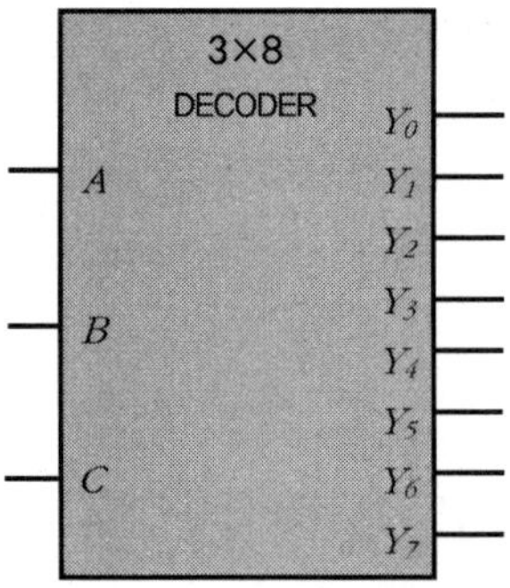

(a) 블록도

C	B	A	Y_0	Y_1	Y_2	Y_3	Y_4	Y_5	Y_6	Y_7
0	0	0	1	0	0	0	0	0	0	0
0	0	1	0	1	0	0	0	0	0	0
0	1	0	0	0	1	0	0	0	0	0
0	1	1	0	0	0	1	0	0	0	0
1	0	0	0	0	0	0	1	0	0	0
1	0	1	0	0	0	0	0	1	0	0
1	1	0	0	0	0	0	0	0	1	0
1	1	1	0	0	0	0	0	0	0	1

(b) 기능표

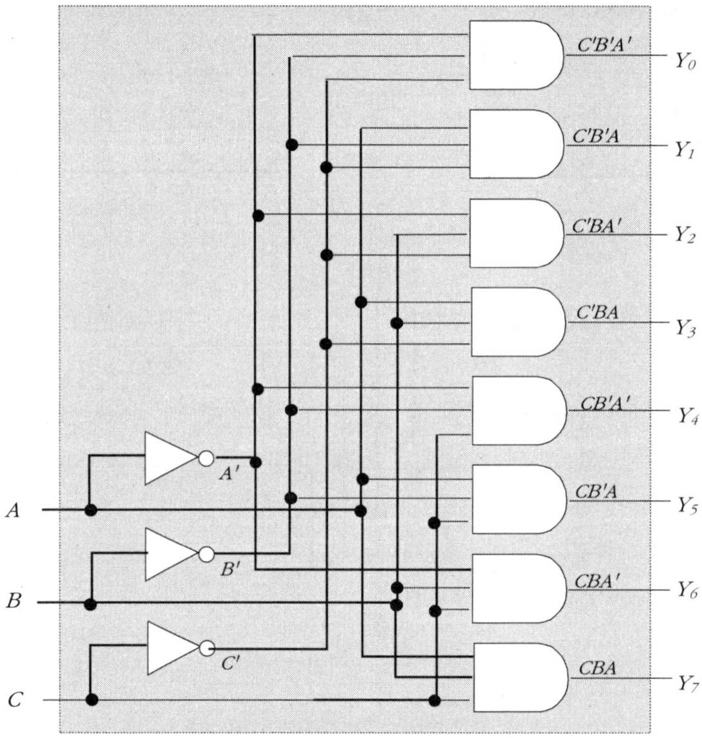

(c) 논리도

그림 5.30 3×8 디코더

CBA=000이면 Y_0=1이 되고 나머지 출력들(Y_1~Y_7)은 0이 된다. 따라서 진리표로부터 최소항의 형태로 다음과 같은 부울식들을 구할 수 있다.

$$Y_0 = C'B'A' \quad Y_1 = C'B'A \quad Y_2 = C'BA' \quad Y_3 = C'BA$$
$$Y_4 = CB'A' \quad Y_5 = CB'A \quad Y_6 = CBA' \quad Y_7 = CBA$$

(4) BCD×10진 디코더 (BCD-to-Decimal decoder)

BCD 코드를 10진수 정보로 출력하는 BCD×10진 디코더를 설계해보자(그림 5.31). BCD 코드는 4비트로 구성되므로 16개의 출력들이 가능하지만, 10진수 정보는 10개의 출력들만 있으면 4×10 디코더 형태가 된다. 나머지 출력 6개는 사용하지 않는다. BCD×10진 디코더는 4개의 입력들(A, B, C, D)과 10개의 출력들(Y_0, Y_1, Y_2, Y_3, Y_4, Y_5, Y_6, Y_7, Y_8, Y_9)로 구성된다.

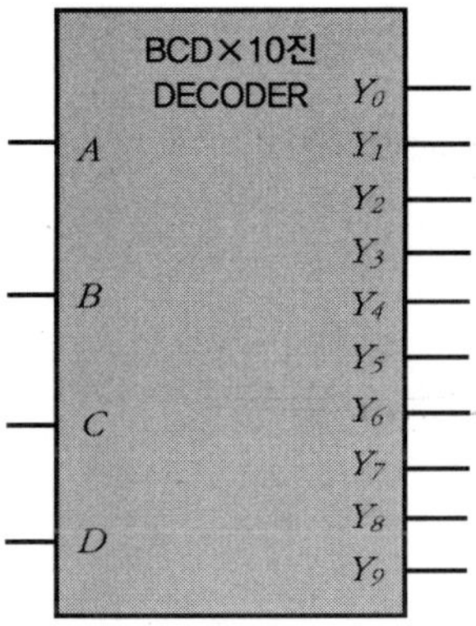

(a) 블록도

D	C	B	A	Y_0	Y_1	Y_2	Y_3	Y_4	Y_5	Y_6	Y_7	Y_8	Y_9
0	0	0	0	1	0	0	0	0	0	0	0	0	0
0	0	0	1	0	1	0	0	0	0	0	0	0	0
0	0	0	0	0	0	1	0	0	0	0	0	0	0
0	0	0	1	0	0	0	1	0	0	0	0	0	0
0	0	0	0	0	0	0	0	1	0	0	0	0	0
0	0	0	1	0	0	0	0	0	1	0	0	0	0
0	0	0	0	0	0	0	0	0	0	1	0	0	0
0	0	0	1	0	0	0	0	0	0	0	1	0	0
0	0	0	0	0	0	0	0	0	0	0	0	1	0
0	0	0	1	0	0	0	0	0	0	0	0	0	1

(b) 기능표

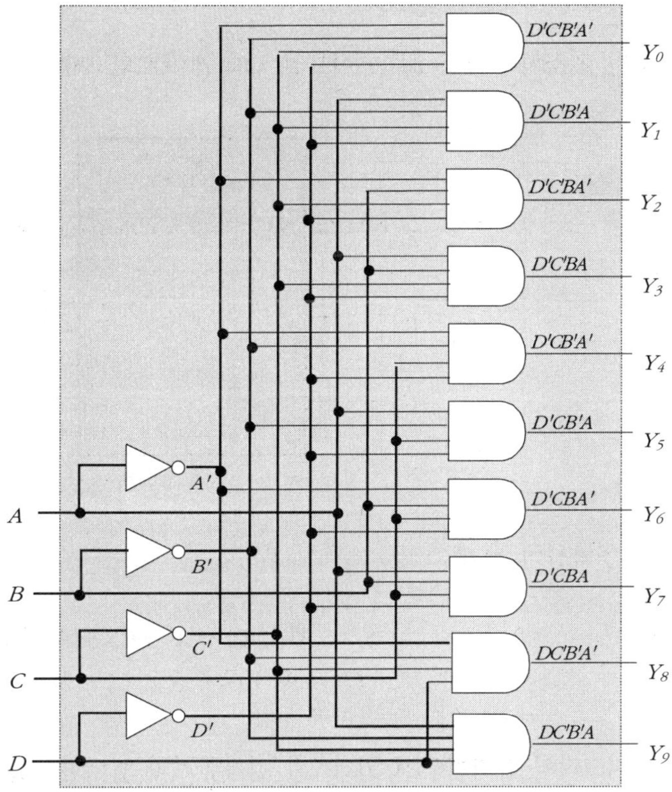

(c) 논리도

그림 5.31 BCD×10진 디코더

$DC'B'A$=1001이면 Y_9=1이 되고 나머지 출력(Y_0~Y_8)들은 0이 된다. 진리표로부터 최소항의 형태로 다음과 같은 부울식을 구할 수 있다.

$$Y_0 = D'C'B'A' \qquad Y_1 = D'C'B'A$$
$$Y_2 = D'C'BA' \qquad Y_3 = D'C'BA$$
$$Y_4 = D'CB'A' \qquad Y_5 = D'CB'A$$
$$Y_6 = D'CBA' \qquad Y_7 = D'CBA$$
$$Y_8 = DC'B'A' \qquad Y_9 = DC'B'A$$

(5) 디코더를 이용한 논리회로 구현

디코더의 출력이 최소항 형태를 나타내므로 다양한 논리회로 구현에 디코더를 사용한다.

① 부울식 구현

디코더의 출력들을 OR 게이트에 연결하여 표준곱의 합(CSOP)식을 구현할 수 있다. 다음 부울식

$$f(A,B,C) = C'BA + CB'A + CBA$$

는 최소항이 Y_3, Y_5, Y_7이므로 OR 게이트의 3개 입력에 연결된다(그림 5.32).

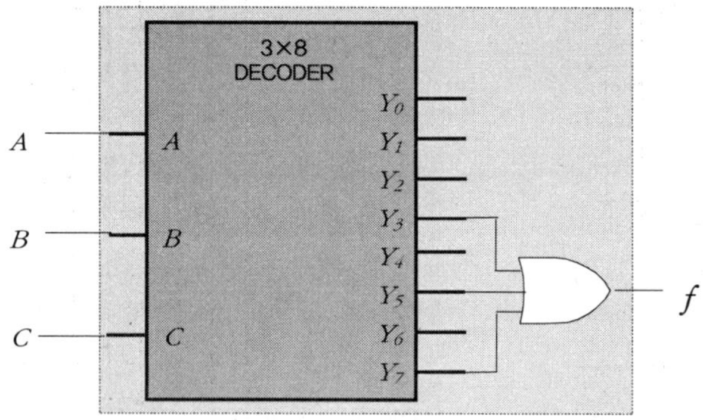

그림 5.32 표준곱의 합(CSOP)식 구현

② 전가산기 설계

$$S = X'Y'C_i + X'YC_i' + XY'C_i' + XYC_i$$
$$C_o = X'YC_i + XY'C_i + XYC_i' + XYC_i$$

디코더의 입력변수(A, B, C)와 전가산기의 입력변수(X, Y, C_i)가 서로 다르나 A=X, B=Y, 그리고 C=C_i로 연결하면 설계가 가능하다(그림 5.33).

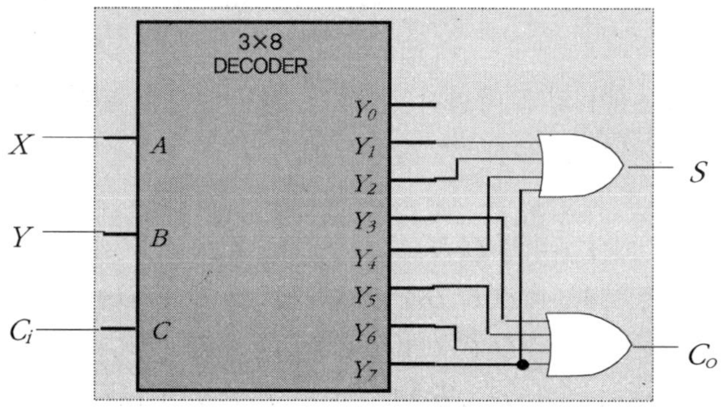

그림 5.33 전가산기 구현

③ 전감산기 설계

$$
\begin{aligned}
D &= X'Y'B_{i-1} + X'YB'_{i-1} + XY'B'_{i-1} + XYB_{i-1} \\
B_i &= X'Y'B_{i-1} + X'YB'_{i-1} + X'YB_{i-1} + XYB_{i-1}
\end{aligned}
$$

디코더의 입력변수(A, B, C)와 전감산기의 입력변수(X, Y, B_{i-1})가 서로 다르나 $A=X$, $B=Y$ 그리고 $C=B_{i-1}$로 연결하면 설계가 가능하다(그림 5.34).

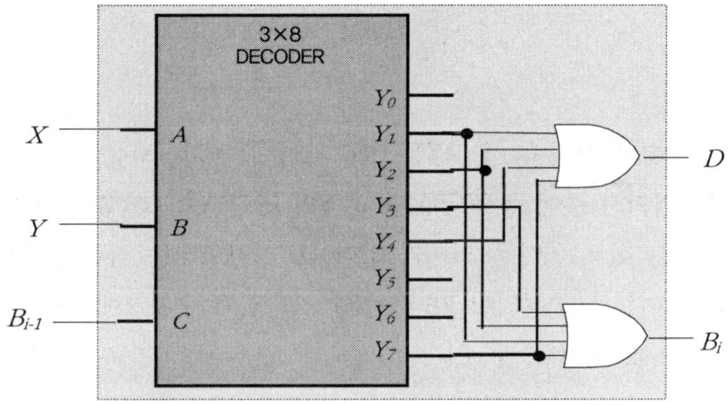

그림 5.34 디코더를 사용한 전감산기 구현

예제 5.8

디코더를 사용하여 3입력 제곱기를 설계하시오.

5.5.2 인코더

인코더(encoder)는 디코더의 기능으로 부터 반대되는 동작을 만들어내는데, 2^n(또는 그 이하)개의 정보를 n비트의 2진 정보로 만들어주는 조합논리회로이다(그림 5.35).

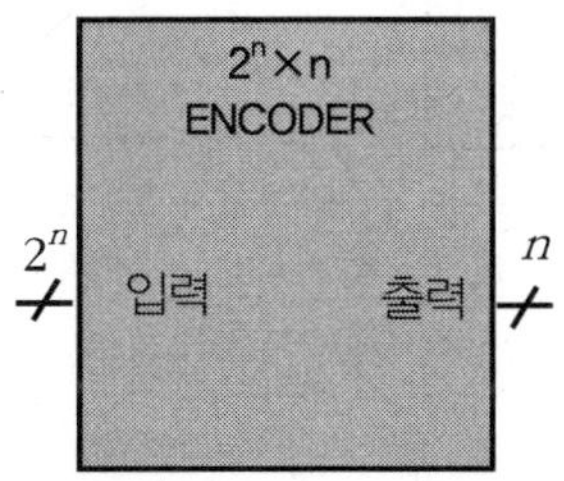

그림 5.35 인코더 블록도

입력정보가 2^n개이면 출력은 n비트가 되므로 $2^n \times n$ 인코더로 표시한다. 만일 입력정보가 8개이면 출력은 3비트가 되므로 8×3 인코더로 나타낸다.

(1) 2×1 인코더

2×1 인코더는 입력정보가 2(2^1)개이고 출력이 1비트이므로 2개의 입력들(D_0, D_1)과 1개의 출력(X)로 설계한다(그림 5.36).

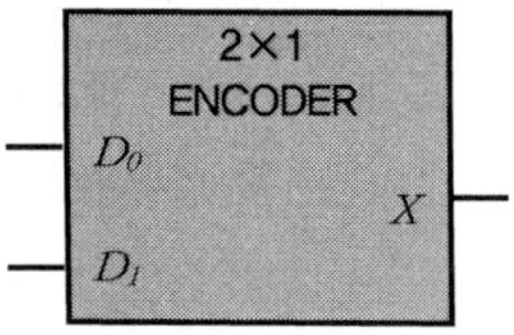

(a) 블록도

D_0	D_1	X
1	0	0
0	1	1

(b) 기능표

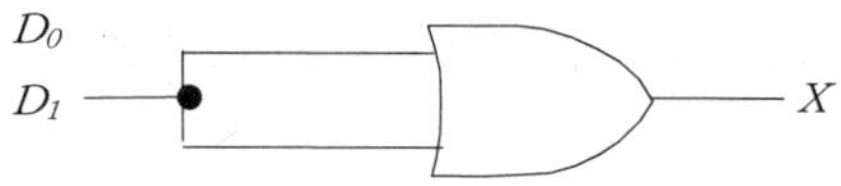

(c) 논리도

그림 5.36 2×1 인코더

2×1 인코더는 2개 숫자 각각을 나타내는 2개의 입력과 대응하는 2진수를 발생하는 1개의 출력을 가지고 있다. 임의의 주어진 시간에 단 하나의 입력만이 1의 값을 갖는다는 것을 가정했으며, 그렇지 않다면 그 회로는 아무 의미가 없다. 2×1 인코더는 입력이 주어진 기능표로부터 결정할 수 있는 OR 게이트로 구성되어 있다. 출력 X는 입력 숫자 1에 대해서 1이다. 이 조건은 다음의 출력 부울식으로 표현할 수 있다.

$$X = D_1$$

따라서 2×1 인코더는 그림 5.35(c)와 같이 1개의 OR 게이트로 구성된다.

(2) 4×2 인코더

4×2 인코더는 입력정보가 4(2^2)개이고 출력이 2비트이므로 4개의 입력들(D_0, D_1, D_2, D_3)과 2개의 출력들(X, Y)로 설계한다(그림 5.37).

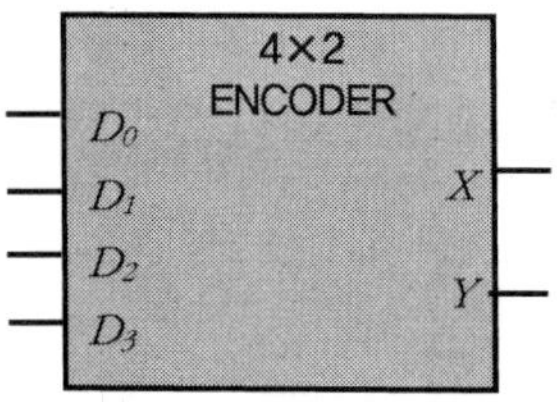

(a) 블록도

D_0	D_1	D_2	D_3	X	Y
1	0	0	0	0	0
0	1	0	0	0	1
0	0	1	0	1	0
0	0	0	1	1	1

(b) 기능표

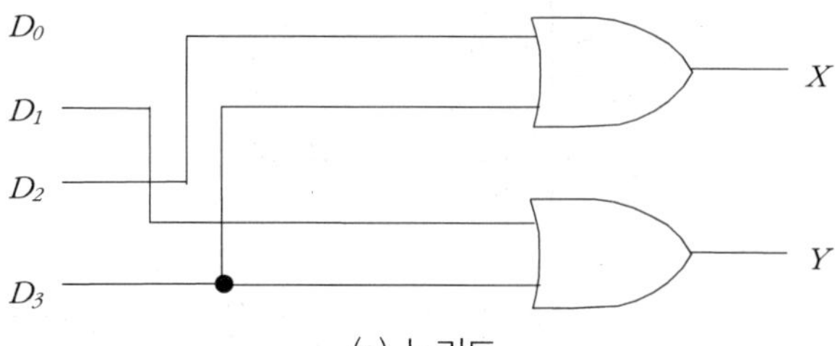

(c) 논리도

그림 5.37 4×2 인코더

4×2 인코더는 4개 숫자들의 각각을 나타내는 4개의 입력과 대응하는 2진수를 발생하는 2개의 출력을 가지고 있다. 임의의 주어진 시간에 단 하나의 입력만이 1의 값을 갖는다는 것을 가정했으며, 그렇지 않는다면 그 회로는 아무 의미가 없다. 4×2 인코더는 입력이 주어진 기능표로부터 결정할 수 있는 OR 게이트로 구성되어 있다. 출력 X는 입력 숫자 2와 3에 대해서 1이다. 출력 Y는 입력 숫자 1, 3, 즉 홀수이면 1이다.

이 조건은 다음의 출력 부울식으로 표현할 수 있다.

$$X = D_2 + D_3 \qquad Y = D_1 + D_3$$

따라서 4×2 인코더는 그림 5.35(c)와 같이 2개의 OR 게이트로 구성된다.

(3) 8×3 인코더

8×3 인코더는 입력정보가 8(2^3)개 이고 출력이 3비트이므로 8개의 입력들(D_0, D_1, D_2, D_3, D_4, D_5, D_6, D_7)과 3개의 출력들(X, Y, Z)로 설계한다(그림 5.38).

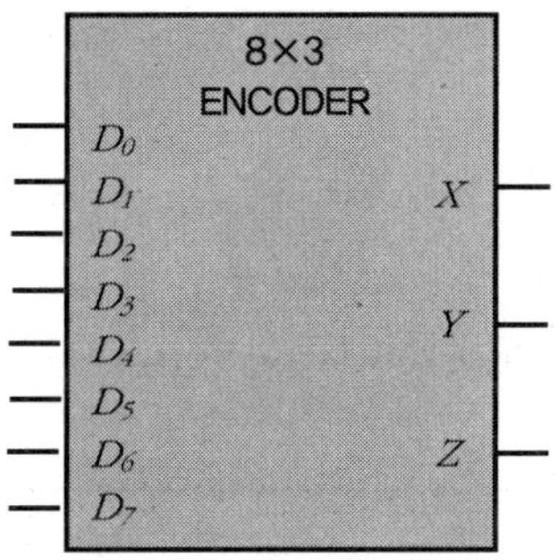

(a) 블록도

D_0	D_1	D_2	D_3	D_4	D_5	D_6	D_7	X	Y	Z
1	0	0	0	0	0	0	0	0	0	0
0	1	0	0	0	0	0	0	0	0	1
0	0	1	0	0	0	0	0	0	1	0
0	0	0	1	0	0	0	0	0	1	1
0	0	0	0	1	0	0	0	1	0	0
0	0	0	0	0	1	0	0	1	0	1
0	0	0	0	0	0	1	0	1	1	0
0	0	0	0	0	0	0	1	1	1	1

(b) 기능표

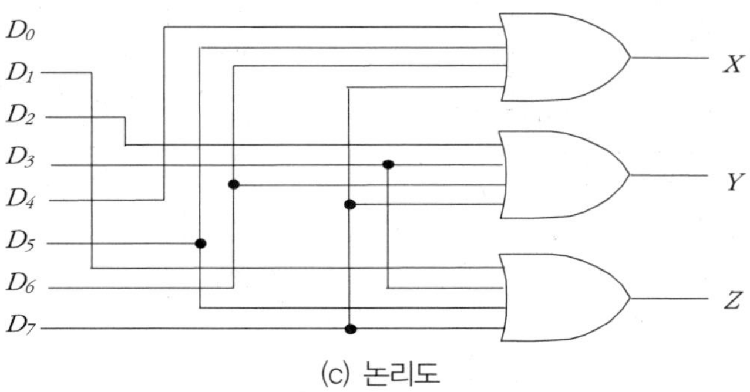

(c) 논리도

그림 5.38 8×3 인코더

8×3 인코더는 8개 숫자들의 각각을 나타내는 8개의 입력과 대응하는 2진수를 발생하는 3개의 출력들을 가지고 있다. 임의의 주어진 시간에 단 하나의 입력만이 1의 값을 갖는다는 것을 가정했으며, 그렇지 않다면 그 회로는 아무 의미가 없다. 8×3 인코더는 입력이 주어진 진리표로부터 결정할 수 있는 OR 게이트로 구성되어 있다. 출력 X는 8진수 숫자 4, 5, 6

또는 7에 대해서 1이다. 출력 Y는 8진수 숫자 2, 3, 6 또는 7에 대해서 1이다. 그리고 출력 Z는 입력 측 8진수 숫자가 홀수이면 1이다.

이 조건은 다음의 출력 부울식으로 표현할 수 있다.

$$X = D_4 + D_5 + D_6 + D_7 \qquad Y = D_2 + D_3 + D_6 + D_7 \qquad Z = D_1 + D_3 + D_5 + D_7$$

따라서 8×3 인코더는 그림 5.38(c)와 같이 3개의 OR 게이트로 구성된다.

진리표에서 정의한 인코더가 가진 제한은 언제나 한 입력만이 1이 될 수 있다는 것이다. 즉, 두 입력이 동시에 1일 때 3개의 모든 출력이 1이 되기 때문에 인코더의 출력은 111이 된다. 이것은 2진수로 3이나 6의 어느 것도 나타내지 않는다. 이러한 애매성을 해결하기 위해 인코더 회로는 우선순위(priority)를 세워 한 입력선만이 부호화(encoding) 되도록 보장받아야 한다. 높은 수의 첨자입력에 높은 우선순위를 주면, D_3와 D_6가 동시에 1일 때, 출력은 D_6가 D_3보다 높은 우선순위이므로 110이 될 것이다.

인코더의 또 다른 문제점은 D_0가 1일 때 모든 출력들은 0이 되는데, 실제 모든 입력들이 0일 때 출력들은 0이 된다. 문제점들을 고려하여 우선순위 인코더 설계를 한다.

(4) 우선순위 인코더

우선순위 인코더(priority encoder)는 우선순위 함수를 포함하는 인코더 회로이다. 우선순위 인코더의 동작은 동시에 2개 이상의 입력이 1일 때 가장 높은 우선순위를 가진 입력을 우선으로 취하는 것이다. 4×2 우선순위 인코더를 설계해보자(그림 5.39).

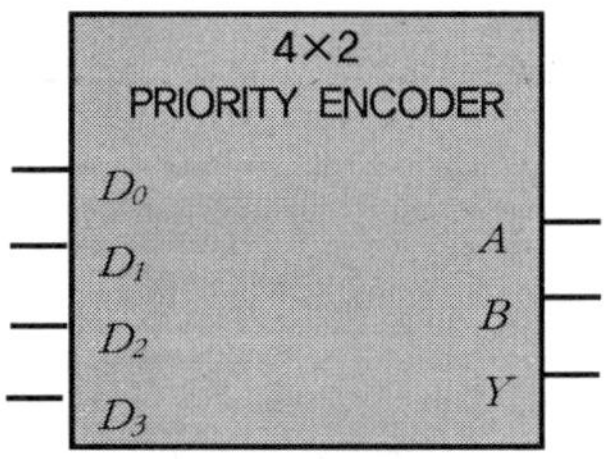

(a) 블록도

D_0	D_1	D_2	D_3	A	B	Y
0	0	0	0	×	×	0
1	0	0	0	0	0	1
×	1	0	0	0	1	1
×	×	1	0	1	0	1
×	×	×	1	1	1	1

(b) 기능표

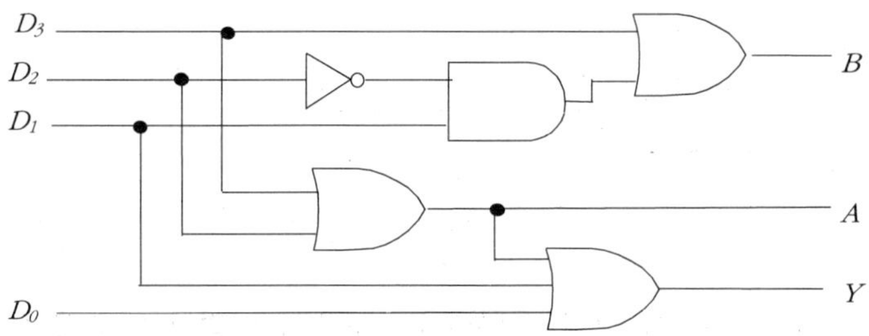

(c) 논리도

그림 5.39 4×2 우선순위 인코더

×는 무시항으로 0 또는 1이 될 수 있다. 기능표는 단지 5개의 행이지만 각각의 무시항을 처음에 0과 1로 대치시켰을 때 모두 16개의 입력조합이 가능하다. 즉, 표의 세 번째 행에서 ×100은 ×에 0 또는 1을 할당하게 되므로 0100과 1100을 나타낸다.

입력 D_3가 가장 높은 우선순위를 갖는다고 하자. 그러면 D_3=1인 조건에서는 나머지 입력들의 값에 관계없이 A와 B에 대한 출력은 11이다. D_2는 다음 단계의 우선순위이다. D_3=0인 조건하에 D_2=1이면 다른 하위 우선순위에 관계없이 출력은 10이다. D_1에 대한 출력은 상위입력이 0일 때만이 발생되고 우선순위 관계는 내려가게 된다.

출력 Y는 모든 입력들이 0일 때 발생하는 문제점을 표시한다. 즉 하나 또는 여러 개의 입력이 1일 때만 Y는 1이 되고 모든 입력이 0일 때에는 Y가 0이 되어 회로의 다른 두 출력은 사용할 수 없게 한다. 출력 A와 B 그리고 Y를 간소화한 맵을 그림 5.40에 나타냈다.

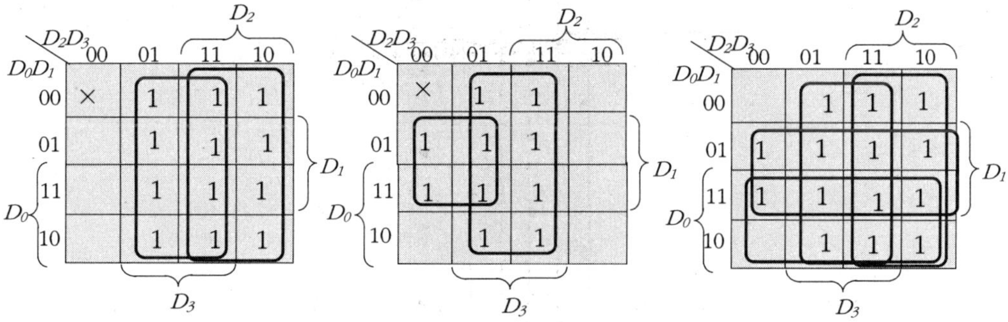

(a) $A = D_2 + D_3$ (b) $B = D_1D_2' + D_3$ (c) $A = D_0 + D_1 + D_2 + D_3$

그림 5.40 우선순위 인코더의 맵

우선순위 인코더의 간소화된 부울식은 맵으로부터 얻는다. 출력 Y의 상태는 모두 입력변수들의 OR 함수이다. 우선순위 인코더를 다음과 같은 부울식에 따라 구현하였다.

$$A = D_2D_3' + D_3 = (D_2 + D_3)(D_3' + D_3) = D_2 + D_3$$
$$B = D_1D_2'D_3' + D_3 = (D_1D_2' + D_3)(D_3' + D_3) = D_1D_2' + D_3$$
$$Y = D_0 + D_1 + D_2 + D_3$$

5.5.3 디코더/디멀티플렉서

디코더에 인에이블 입력을 추가하면 디코더/디멀티플렉서(decoder/ demultiplexer) 기능을 한다. 3×8 디코더/디멀티플렉서를 고려해보자(그림 5.41).

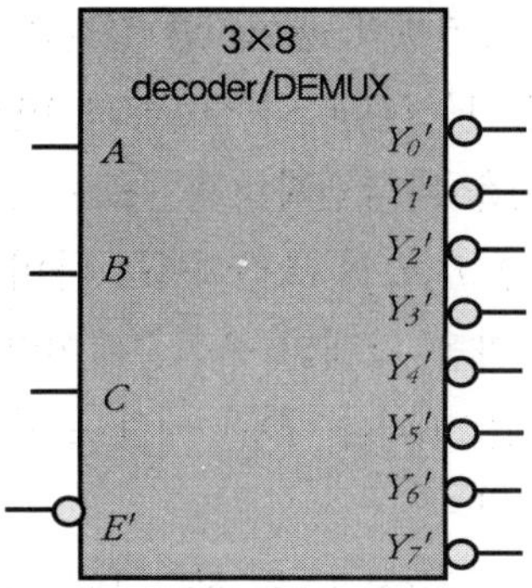

(a) 블록도

E'	C	B	A	Y_0'	Y_1'	Y_2'	Y_3'	Y_4'	Y_5'	Y_6'	Y_7'
1	×	×	×	1	1	1	1	1	1	1	1
0	0	0	0	0	1	1	1	1	1	1	1
0	0	0	1	1	0	1	1	1	1	1	1
0	0	1	0	1	1	0	1	1	1	1	1
0	0	1	1	1	1	1	0	1	1	1	1
0	1	0	0	1	1	1	1	0	1	1	1
0	1	0	1	1	1	1	1	1	0	1	1
0	1	1	0	1	1	1	1	1	1	0	1
0	1	1	1	1	1	1	1	1	1	1	0

(b) 기능표

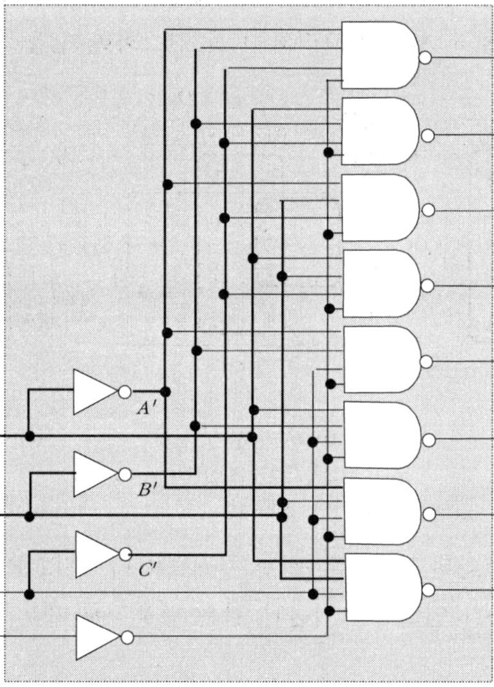

(c) 논리도

그림 5.41 3×8 디코더/디멀티플렉서

그림에서 출력은 공통적으로 Active-low이다. 이것은 출력이 논리 1로 되지만 동작 상태는 논리 0이 된다는 것을 의미한다. 따라서 디코더에 상응하는 입력패턴이 입력되면 출력은 0이 된다. 여기서 Active-low 출력은 출력 이름에 프라임(')을 붙인다. 그림에서 디코더/디멀티플렉서는 E로 표시된 인에이블 입력이 항상 적용된다. 인에이블 입력(E)에 의해서 디코더/디멀티플렉서가 사용 가능하도록 출력을 허용하는데 E=0으로 세트해야 동작한다.

(1) 어드레스 디코더(address decoder) 설계

디코더의 첫 번째 목적은 복호(decoding)하는 것이다. 즉 입력에 나타나는 특별한 이진패턴

인식하고 출력을 활성화함으로써 복호를 표시하기 위한 것이다. 이 동작은 특히 인식되어야 할 메모리 모듈의 어드레스를 표시하는 컴퓨터 인터페이스 설계에서 나타난다. 이 응용에서 디코더를 사용하기 위하여 메모리 어드레스를 운반하는 신호가 디코더의 입력에 적용되고 메모리 모듈을 활성화하기 위하여 하나의 입력이 선택된다.

선택해야할 메모리 어드레스가 010이라고 하면 그림 5.42와 같이 출력 Y_2'가 사용된다.

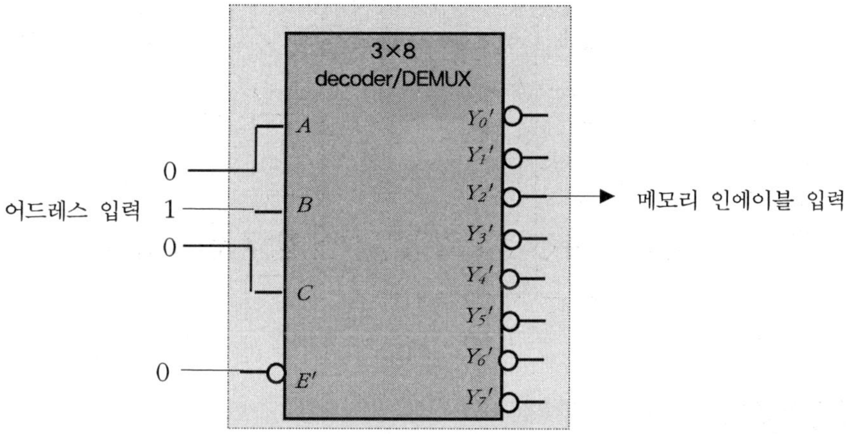

그림 5.42 메모리 어드레스를 디코딩

(2) 조합논리회로(CSOP 식) 구현

앞서 디코더를 이용한 CSOP 회로 설계를 디코더/디멀티플렉서로 다시 설계해보자. 디코더/디멀티플렉서는 선택 입력들 A, B, C (A는 LSB)와 인에이블 입력 E' 그리고 출력들

$$Y_0', Y_1', Y_2', Y_3', Y_4', Y_5', Y_6', Y_7'$$

을 가지고 있으며, 이를 함수로 구현하면 다음과 같다. 즉,

$$\begin{aligned} Y_0' &= (C'B'A')' & Y_1' &= (C'B'A)' \\ Y_2' &= (C'BA')' & Y_3' &= (C'BA)' \\ Y_4' &= (CB'A')' & Y_5' &= (CB'A)' \\ Y_6' &= (CBA')' & Y_7' &= (CBA)' \end{aligned}$$

이다. 출력을 선택하고 OR 게이트를 활용함으로써 어떤 곱의 합(SOP)의 식이 형성될 수 있다.

다음 CSOP 식을 구현한다면

$$f(A,B,C) = C'BA + CB'A + CBA$$

에서 선택될 3개 출력들 Y_3, Y_5, Y_7 이 필요하다. 이것들은 OR 게이트의 3개 입력에 연결된다. 대부분의 디코더/디멀티플렉서는 active-low 출력을 가지고 있기 때문에 회로는 대체표현 NAND 게이트를 사용하여 그림 5.43과 같이 된다.

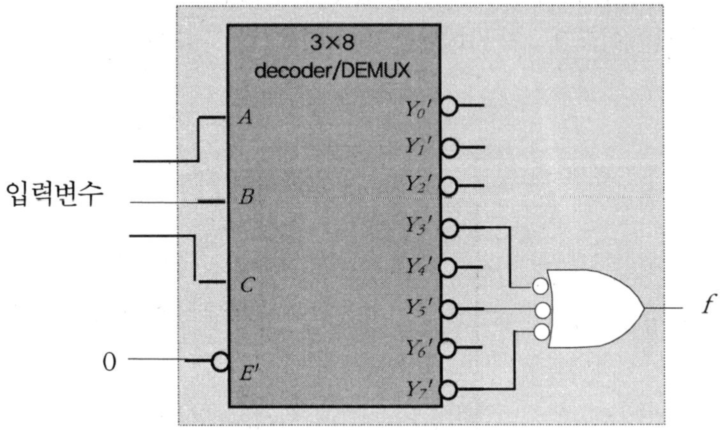

그림 5.43 CSOP 식 구현

예제 5.9

디코더/디멀티플렉서로 $f(A,B,C) = C'B'A' + C'BA' + CBA$**를 구현하시오.**

(3) 4×16 디코더 설계

디코더/디멀티플렉서의 인에이블입력을 이용하여 큰 디코더를 설계할 수 있다(그림 5.44). D 입력을 위쪽 3×8 디코더/멀티플렉서의 E' 입력에 바로 연결하고 아래쪽에는 인버터를 통해서 연결시킨다. 따라서 D=0이면 D_0'~D_7'이 출력되고 D=1이면 D_8'~D_{15}'이 출력된다.

D	C	B	A	D0'	D1'	D2'	D3'	D4'	D5'	D6'	D7'	D8'	D9'	D10'	D11'	D12'	D13'	D14'	D15'
0	0	0	0	0	1	1	1	1	1	1	1	1	1	1	1	1	1	1	1
0	0	0	1	1	0	1	1	1	1	1	1	1	1	1	1	1	1	1	1
0	0	1	0	1	1	0	1	1	1	1	1	1	1	1	1	1	1	1	1
0	0	1	1	1	1	1	0	1	1	1	1	1	1	1	1	1	1	1	1
0	1	0	0	1	1	1	1	0	1	1	1	1	1	1	1	1	1	1	1
0	1	0	1	1	1	1	1	1	0	1	1	1	1	1	1	1	1	1	1
0	1	1	0	1	1	1	1	1	1	0	1	1	1	1	1	1	1	1	1
0	1	1	1	1	1	1	1	1	1	1	0	1	1	1	1	1	1	1	1
1	0	0	0	1	1	1	1	1	1	1	1	0	1	1	1	1	1	1	1
1	0	0	1	1	1	1	1	1	1	1	1	1	0	1	1	1	1	1	1
1	0	1	0	1	1	1	1	1	1	1	1	1	1	0	1	1	1	1	1
1	0	1	1	1	1	1	1	1	1	1	1	1	1	1	0	1	1	1	1
1	1	0	0	1	1	1	1	1	1	1	1	1	1	1	1	0	1	1	1
1	1	0	1	1	1	1	1	1	1	1	1	1	1	1	1	1	0	1	1
1	1	1	0	1	1	1	1	1	1	1	1	1	1	1	1	1	1	0	1
1	1	1	1	1	1	1	1	1	1	1	1	1	1	1	1	1	1	1	0

(a) 진리표

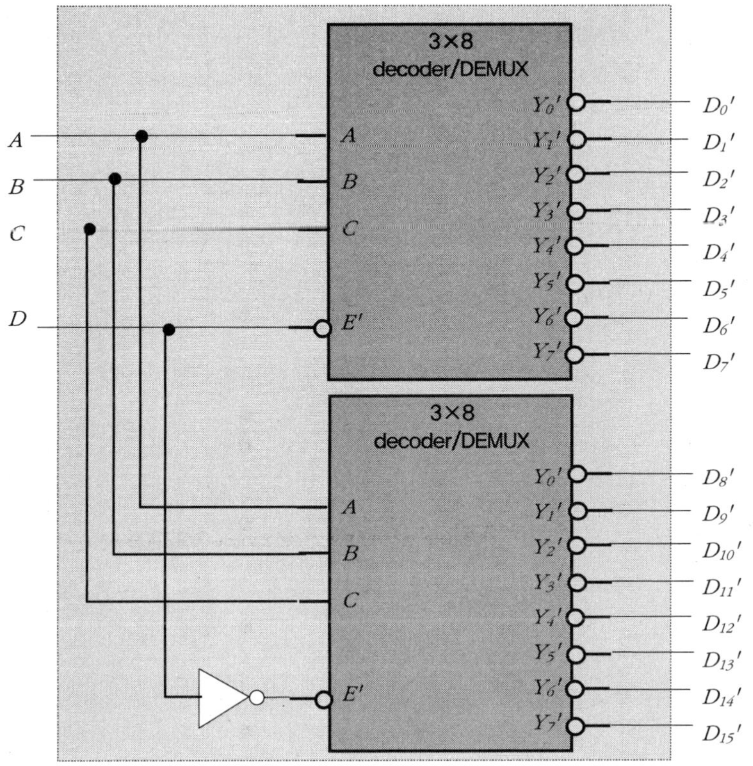

(b) 논리도

그림 5.44 4×16 디코더 구현

(4) 디코더/디멀티플렉서 IC(74LS138)

디코더/디멀티플렉서 IC의 논리회로는 그림 5.45와 같다.

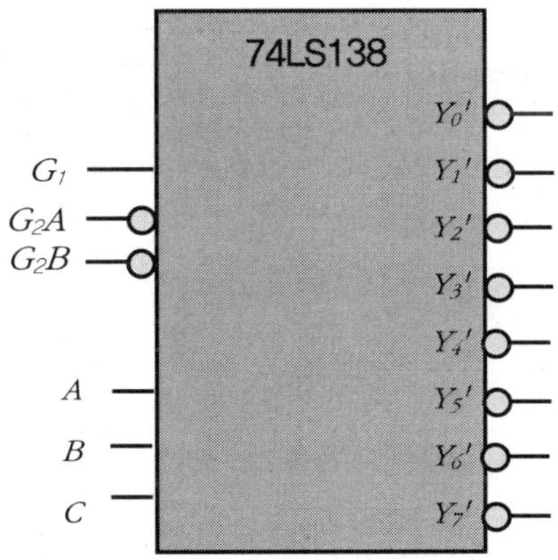

(a) 블록도

G_1	$^*G_2$	C	B	A	Y_0'	Y_1'	Y_2'	Y_3'	Y_4'	Y_5'	Y_6'	Y_7'
×	1	×	×	×	1	1	1	1	1	1	1	1
0	×	×	×	×	1	1	1	1	1	1	1	1
1	0	0	0	0	0	1	1	1	1	1	1	1
1	0	0	0	1	1	0	1	1	1	1	1	1
1	0	0	1	0	1	1	0	1	1	1	1	1
1	0	0	1	1	1	1	1	0	1	1	1	1
1	0	1	0	0	1	1	1	1	0	1	1	1
1	0	1	0	1	1	1	1	1	1	0	1	1
1	0	1	1	0	1	1	1	1	1	1	0	1
1	0	1	1	1	1	1	1	1	1	1	1	0

$^*G_2 = G_2A + G_2B$

(b) 진리표

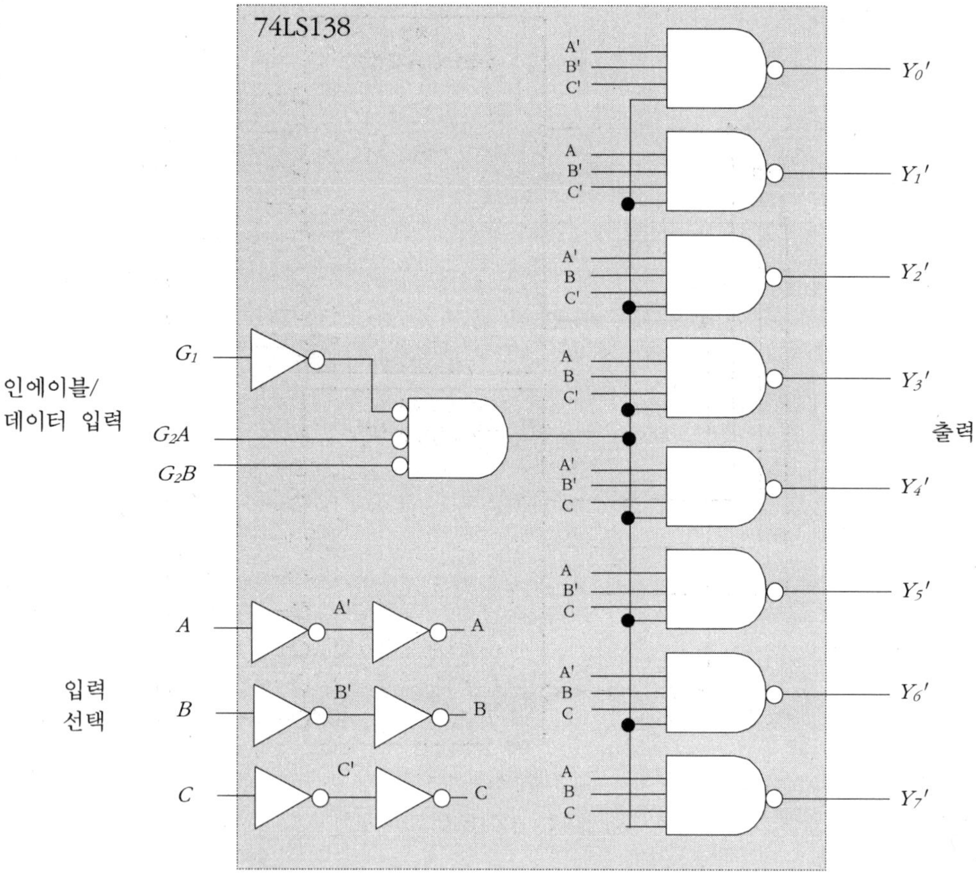

(c) 논리도

그림 5.45 3×8 디코더/디멀티플렉서 IC(74LS138)

이 회로에서 디멀티플렉서 동작은 G_1, G_2A 그리고 G_2B 신호들을 조합하여 인에이블/데이터 입력(data input)으로 사용한다. 출력은 역출력(inverse output) 또는 active-low 출력이다. 즉, 출력이 선택되면 선택된 출력은 1(비활동상태)에서 0으로 변하고 다른 출력은 1로 남아있다. 만약 입력에 2진수가 적용된다면 입력 A는 LSB가 되고 입력 C는 MSB가 된다.

예제 5.10

74LS138로 4×16 디코더를 구현하시오.

예제 5.11

74LS138로 $f(A,B,C) = C'B'A' + C'BA' + CBA$**를 구현하시오.**

(5) 디멀티플렉서

디멀티플렉서(demultiplexer, DEMUX)는 디코더와 유사하며 일반적으로 그림 5.46처럼 나타낼 수 있다.

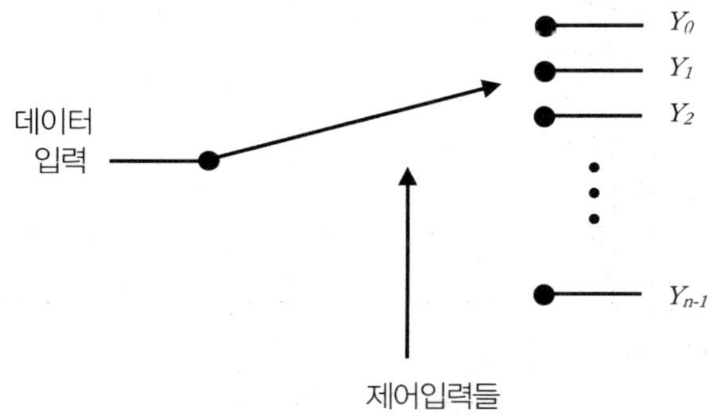

그림 5.46 디멀티플렉서 개념

DUMUX는 하나의 데이터 입력이 있고 제어입력들(control inputs)의 값에 따라 출력 중의 하나에 데이터 입력이 연결된다.

디코더와 디멀티플렉서의 논리회로는 모두 근본적으로 동일하다. 디멀티플렉서의 데이터 입력은 디코더에서 인에이블 입력이다. 예를 들면 3×8 디코더는 1×8 디멀티플렉서가 된다(그림 5.47).

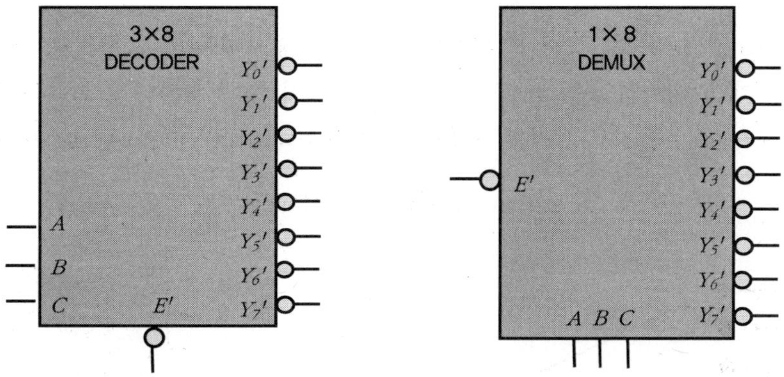

(a) 디코더 (b) 디멀티플렉서

그림 5.47 디코더와 디멀티플렉서

디코더에서의 3개 입력들(A, B, C)은 제어입력들이 되어 특정 출력을 선택한다. 디코더의 인에이블입력(E')은 디멀티플렉서에서는 데이터 입력이 된다. 따라서 하나의 인에이블입력(E')과 3개의 데이터 입력들(A, B, C)을 가지고 있는 디코더는 디멀티플렉서로서 사용할 수 있으므로 3×8 디코더/디멀티플렉서라고 한다.

1×8 디멀티플렉서는 3개의 제어입력들(A, B, C)의 값에 따라 인에이블입력(E')이 출력된다

(그림 5.48).

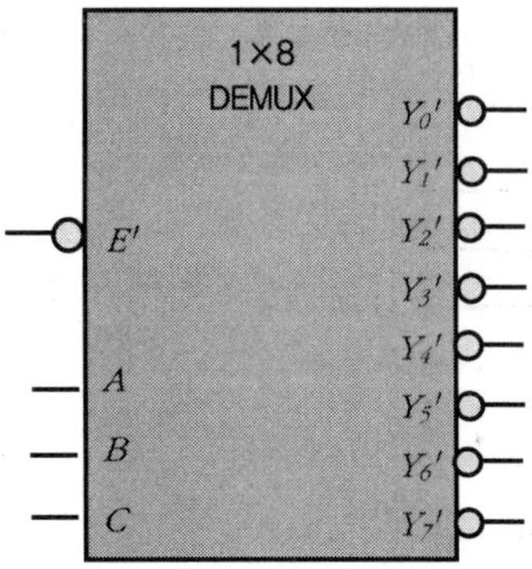

(a) 디멀티플렉서 블록도

C	B	A	Y_0'	Y_1'	Y_2'	Y_3'	Y_4'	Y_5'	Y_6'	Y_7'
0	0	0	E'	1	1	1	1	1	1	1
0	0	1	1	E'	1	1	1	1	1	1
0	1	0	1	1	E'	1	1	1	1	1
0	1	1	1	1	1	E'	1	1	1	1
1	0	0	1	1	1	1	E'	1	1	1
1	0	1	1	1	1	1	1	E'	1	1
1	1	0	1	1	1	1	1	1	E'	1
1	1	1	1	1	1	1	1	1	1	E'

(b) 기능표

그림 5.48 1×8 디멀티플렉서

예제 5.12

1×4 디멀티플렉서를 구현하시오.

5.6 멀티플렉서

멀티플렉서(multiplex, MUX)는 선택될 데이터 입력 중의 하나를 출력으로 공급하는 조합논리회로로서 2^n개의 데이터입력(data input)과 이들 입력 중에서 하나를 선택하기 위한 n개의 제어입력들(control inputs) 그리고 1개의 데이터출력(data output)으로 이루어진다(그림 5.49).

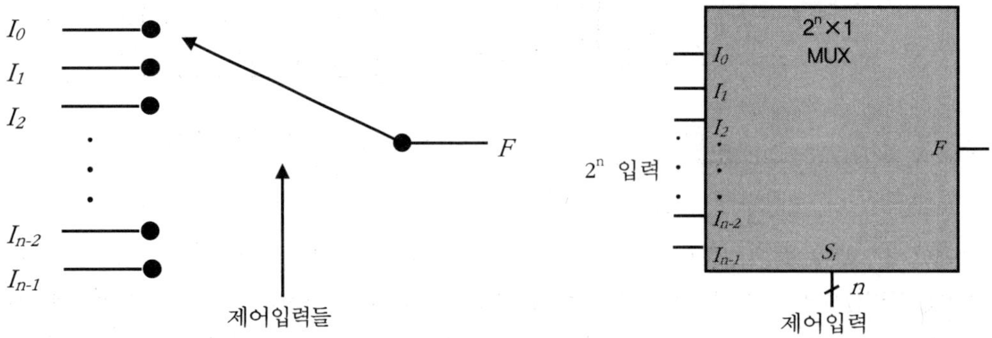

(a) 개념도 (b) 블록도

그림 5.49 멀티플렉서

5.6.1 2×1 MUX

2×1 MUX는 2개 데이터입력들(I_0, I_1), 1개 제어입력(S) 그리고 1개 데이터출력(F)을 가지고 있다. 2개 입력 중에서 하나만이 출력이 가능하기 때문에 1개 제어입력이 요구된다(그림 5.50).

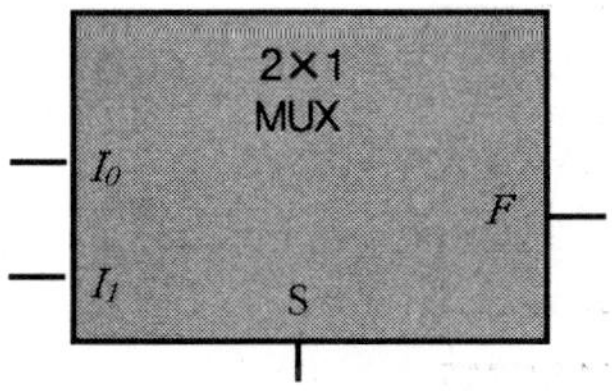

(a) 블록도

S	F
0	I_0
1	I_1

(b) 기능표

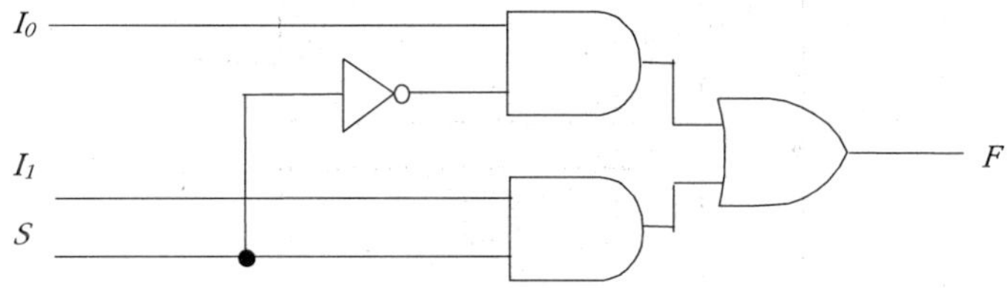

(c) 논리도

그림 5.50 2×1 MUX

기능표에서

$$F = S' I_0 + SI_1$$

와 같은 부울식을 얻을 수 있다.

(1) 데이터 선택 회로

2개의 4비트 데이터 중에서 하나를 선택하는 데이터 선택회로를 설계하려면 4개의 2×1 MUX가 필요하다(그림 5.51).

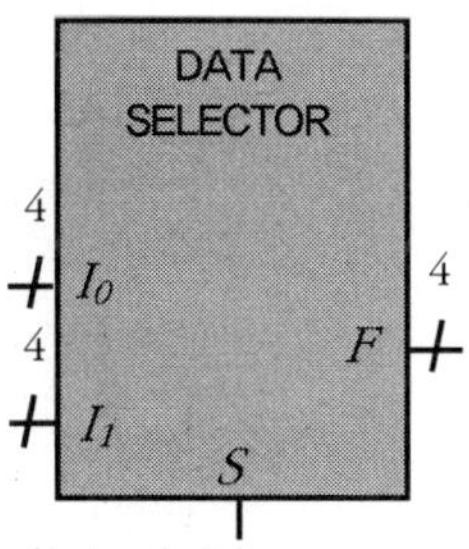

S	Y
0	A 선택
1	B 선택

(a) 블록도

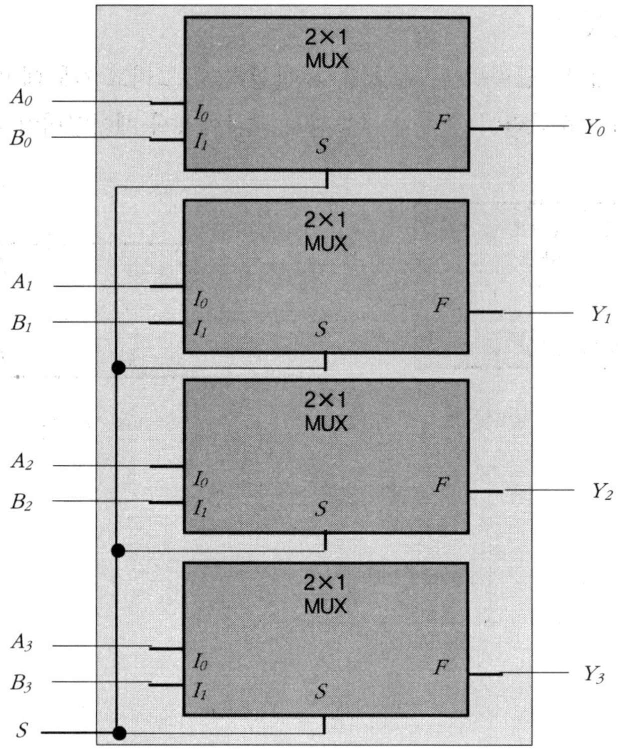

(c) 회로도

그림 5.51 2×1 MUX들을 이용한 4비트 데이터 선택 회로

2개의 4비트 데이터는 A와 B이다. S 제어입력에 의해서 S=0이면 Y는 A를 선택하고 S=1이면 B를 선택한다.

5.6.2 4×1 MUX

4×1 MUX는 4개 데이터입력들(I_0, I_1, I_2, I_3), 2개 제어입력들(S_0, S_1) 그리고 1개 데이터출력(F)을 가지고 있다. 따라서 4개 입력 중에서 하나만이 출력이 가능하기 때문에 2개 제어입력이 요구된다(그림 5.52).

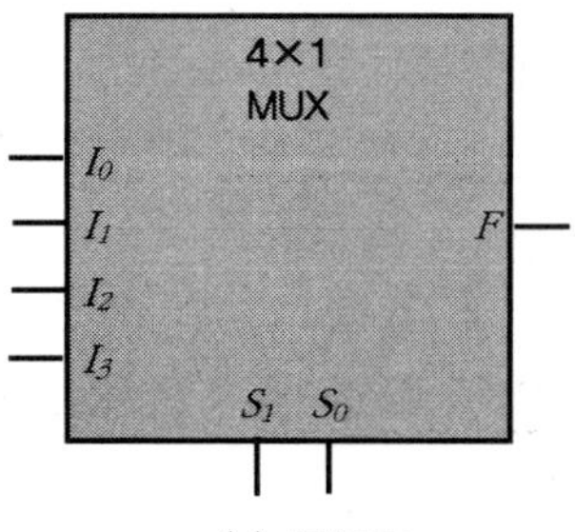

(a) 블록도

S_1 S_0	F
0 0	I_0
0 1	I_1
1 0	I_2
1 1	I_3

(b) 기능표

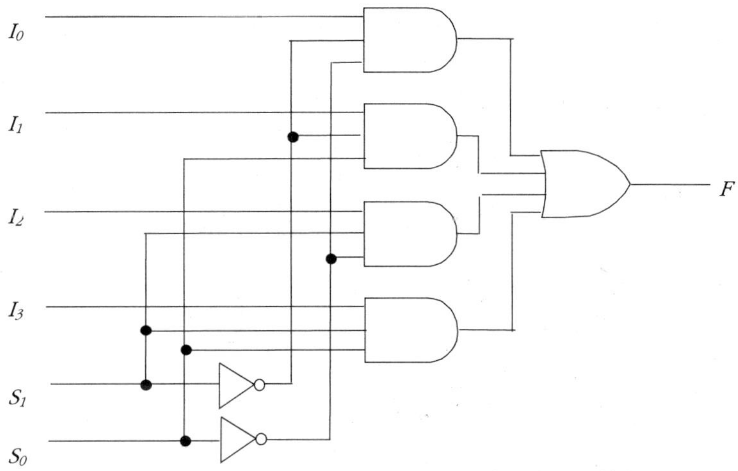

(c) 논리도

그림 5.52 4×1 MUX

기능표에서

$$F = S_1' S_0' I_0 + S_1' S_0 I_1 + S_1 S_0' I_2 + S_1 S_0 I_3$$

와 같은 부울식을 얻을 수 있다.

5.6.3 8×1 MUX

8×1 MUX는 8개 데이터입력들(I_0, I_1, I_2, I_3, I_4, I_5, I_6, I_7), 3개 제어입력들(S_0, S_1, S_2) 그리고 1개 데이터출력(F)을 가지고 있다. 따라서 8개 입력 중에서 하나만이 출력이 가능하기 때문에 3개 제어입력이 요구된다(그림 5.53).

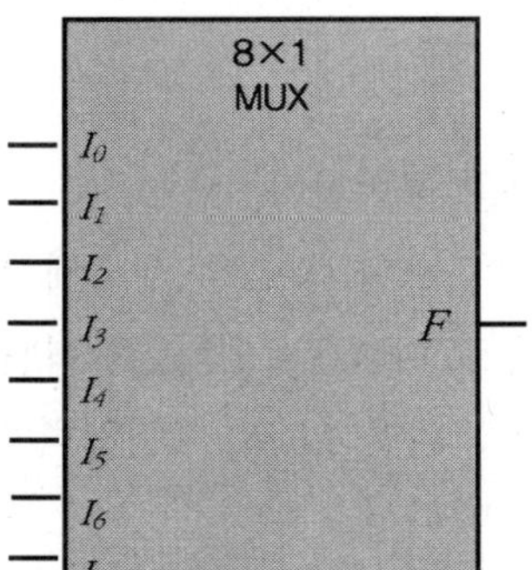

(a) 블록도

S_2	S_1	S_0	F
0	0	0	I_0
0	0	1	I_1
0	1	0	I_2
0	1	1	I_3
1	0	0	I_4
1	0	1	I_5
1	1	0	I_6
1	1	1	I_7

(b) 기능표

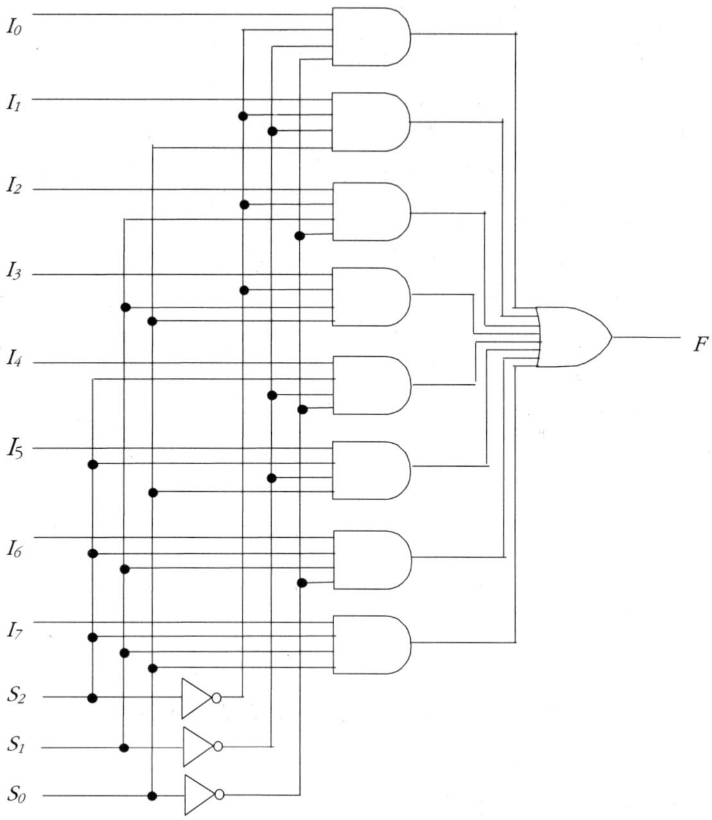

(c) 논리도

그림 5.53 8×1 MUX

기능표에서 다음과 같은 부울식을 얻을 수 있다.

$$F = S_2' S_1' S_0' I_0 + S_2' S_1' S_0 I_1 + S_2' S_1 S_0' I_2 + S_2' S_1 S_0 I_3 \\ + S_2 S_1' S_0' I_4 + S_2 S_1' S_0 I_5 + S_2 S_1 S_0' I_6 + S_2 S_1 S_0 I_7$$

5.6.4 부울식 구현

디코더는 외부에 OR 게이트를 사용하여 부울식을 구현한다. MUX는 OR 게이트를 가진 디코더라고 생각할 수 있다. $2^n \times 1$ MUX로 부울식의 구현 방법을 생각해 보자(그림 5.54). 입력변수들은 MUX 제어변수들과 MUX 입력변수들로 나눌 수 있다. 입력변수가 $(n+1)$개인 부울식이 있다면, 이들 변수 중에서 n개를 취하여 그들을 MUX 제어입력에 접속하고 남아 있는 1개 입력변수가 2^n개의 MUX 입력에 사용된다. 따라서 $2^n \times 1$ MUX는 $(n+1)$개의 입력변수를 갖는 부울식을 구현한다. 예를 들면, 4×1 MUX는 3(=2+1)개 변수를 갖는 부울식 구현이 가능하다. MUX 입력변수의 선택은 입력변수들 중에서 어느 것을 사용하는가에 따라 부울식을 구현하는 과정이 달라진다.

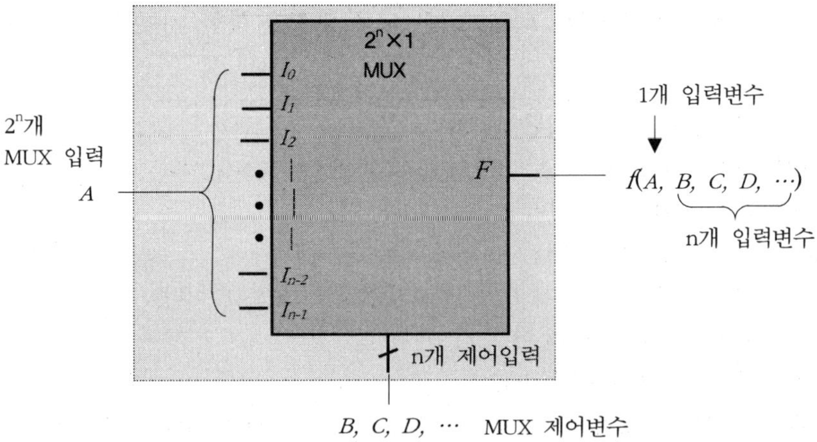

그림 5.54 MUX를 이용한 부울식 구현 개략도

보통 MUX 입력변수를 입력변수들 중에서 MSB 또는 LSB 위치에 있는 것을 선택한다. 각 경우에 대해서 부울식 구현 방법을 설명한다.

(1) 입력변수의 LSB를 MUX 입력변수로 사용한 MUX 구현

다음과 같이 3개 입력변수(A, B, C)를 갖는 보기 진리표를 이용하여 MUX를 이용한 부울식 구현을 해보자(그림 5.55).

최소항	A	B	C	f
0	0	0	0	0
1	0	0	1	0
2	0	1	0	1
3	0	1	1	1
4	1	0	0	0
5	1	0	1	1
6	1	1	0	1
7	1	1	1	0

(a) 보기 진리표

A	B	f
0	0	0
0	1	1
1	0	C
1	1	C′

(b) 기능표

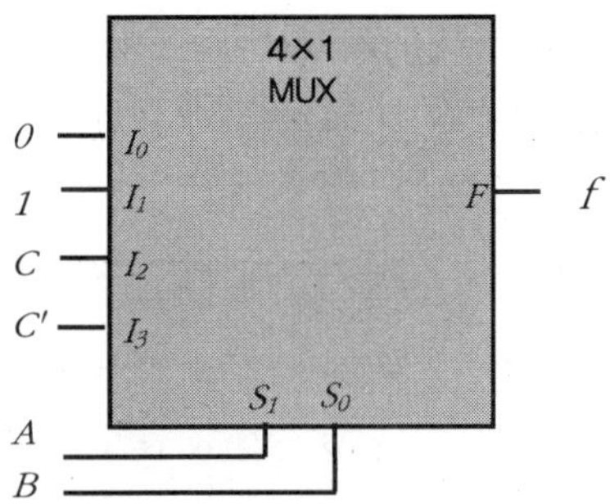

(c) MUX 구현

그림 5.55 4×1 MUX를 이용한 부울식 구현

입력변수 A와 B를 MUX 제어입력변수로 선정하면 MUX 입력변수는 나머지 1개 입력변수인 C가 된다. 1개 입력변수는 LSB 비트 위치의 변수이다. 제어입력변수가 2개이므로 MUX 입력은 4개가 된다. MUX 입력변수가 C이므로 4개의 MUX 입력들은 C 또는 C 또는 1 또는 0 중의 하나의 값을 갖는다. 2개의 변수 A와 B를 MUX 제어입력에 인가된다. 즉, A는 S_1에, B는 S_0에 연결한다.

이제 MUX 입력들의 값을 구해보자. MUX 입력들의 값은 진리표를 변형한 기능표를 만들어서 결정한다. 4개 MUX 입력들(I_0, I_1, I_2, I_3)은 다음 과정을 통한 기능표를 만들어 결정한다.

① AB=00일 때는 입력 I_0가 선택된다.
진리표에서 출력은 최소항 $P_0=A'B'C'=0$ 그리고 $P_1=A'B'C=0$ 이다.
따라서 출력은 C 값에는 관계없이 $f=0$가 된다.
② AB=01일 때는 입력 I_1이 선택된다.
진리표에서 출력은 최소항 $P_2=A'BC'=1$ 그리고 $P_3=A'BC=1$ 이다.
따라서 출력은 C 값에는 관계없이 $f=1$이 된다.
③ AB=10일 때는 입력 I_2가 선택된다.
진리표에서 출력은 최소항 $P_4=AB'C'=0$ 그리고 $P_5=AB'C=1$ 이다.
따라서 출력은 C 값과 같으므로 $f=C$가 된다.
④ AB=11일 때는 입력 I_3가 선택된다.
진리표에서 출력은 최소항 $P_6=ABC'=1$ 그리고 $P_7=ABC=0$ 이다.
따라서 출력은 C의 보수가 되므로 $f=C'$가 된다.

예제 5.13

부울식 $f(A, B, C, D)=\sum(1, 3, 4, 8, 9, 12)$**를 MUX로 구현하라.**

이것은 MUX 제어입력으로 변수 A, B 그리고 C를 사용하여 MUX 입력으로 D를 선택한다. 진리표에서 기능표를 구하고 8×1 MUX로 부울식을 구현한다.

최소항	A B C D	f
0	0 0 0 0	0
1	0 0 0 1	1
2	0 0 1 0	0
3	0 0 1 1	1
4	0 1 0 0	1
5	0 1 0 1	0
6	0 1 1 0	0
7	0 1 1 1	0
8	1 0 0 0	1
9	1 0 0 1	1
10	1 0 1 0	0
11	1 0 1 1	0
12	1 1 0 0	1
13	1 1 0 1	0
14	1 1 1 0	0
15	1 1 1 1	0

(a) 진리표

A B C	f
0 0 0	D
0 0 1	D
0 1 0	D'
0 1 1	0
1 0 0	1
1 0 1	0
1 1 0	D'
1 1 1	0

(b) 기능표

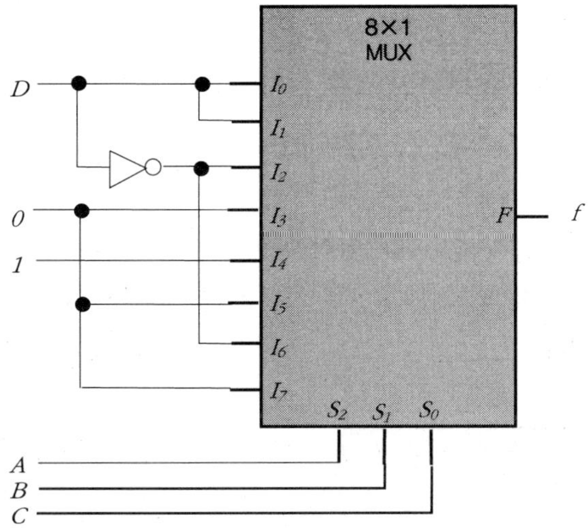

(c) MUX 구현

(2) 입력변수의 MSB를 MUX 입력으로 사용한 MUX 구현

입력변수들 중에서 LSB 위치가 아닌 입력변수를 선택하여 MUX 입력변수로 사용하는 경우에는 MUX 기능표를 변형해야 한다. 예를 들면 다음과 같은 3변수 진리표의 부울식에서 입력변수 B와 C를 제어입력으로 각각 선택선 S_1과 S_0에 연결하고 MUX 입력에 MSB인 A를 사용하면 그림 5.56처럼 설계할 수 있다.

$$f(A, B, C) = \sum(2, 3, 5, 6)$$

최소항	A B C	f
0	0 0 0	0
1	0 0 1	0
2	0 1 0	1
3	0 1 1	1
4	1 0 0	0
5	1 0 1	1
6	1 1 0	1
7	1 1 1	0

(a) 보기 진리표

B C	f
0 0	0
0 1	A
1 0	1
1 1	A′

(b) 기능표

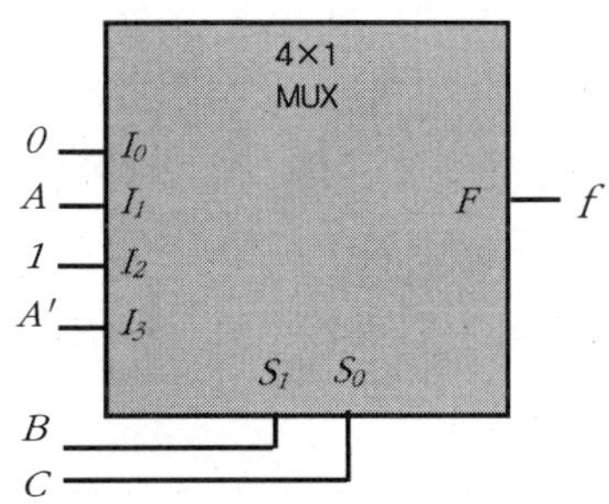

(c) MUX 구현

그림 5.56 MUX를 이용한 또 다른 형태의 부울식 구현

(3) 구현표를 사용한 MUX 구현

다음과 같은 3변수 부울식을 4×1 MUX로 구현한다(그림 5.57).

$$f(A,B,C) = \sum(1,3,5,6)$$

2개의 변수 B와 C를 그 순서대로 제어입력에 연결한다. 즉, B는 S_1에, C는 S_0에 연결한다. MUX 입력변수는 입력변수들의 MSB인 A를 사용한다. 따라서 MUX 입력들의 값은 0 또는 1 또는 A 또는 A'가 된다.

최소항	A B C	f
0	0 0 0	0
1	0 0 1	1
2	0 1 0	0
3	0 1 1	1
4	1 0 0	0
5	1 0 1	1
6	1 1 0	1
7	1 1 1	0

(a) 진리표

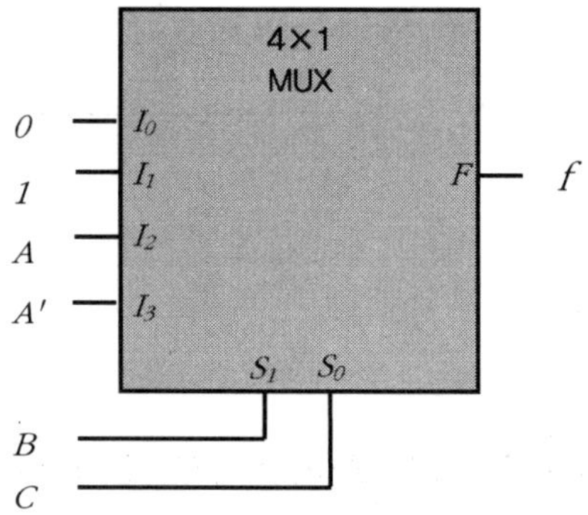

(b) MUX 구현

	I_0	I_1	I_2	I_3
A'	0	①	2	③
A	4	⑤	⑥	7
	0	1	A	A'

(c) 구현표

그림 5.57 MUX를 이용한 $f(A,B,C) = \sum(1,3,5,6)$ 구현

MUX 입력들의 값을 구하는 구현표(implementation table)를 만들어보자(그림 5.57(c)). 표의 오른쪽 위에는 MUX 입력들(I_0, I_1, I_2, I_3), 표의 왼쪽에는 MUX 입력변수를 표시하고, 오른쪽에는 2행을 만든다. 이 2행에는 최소항들을 열거한다. 첫째 행에는 A'인 최소항들을, 둘째 행에는 A를 갖는 최소항들을 열거하는데 이때 간단히 최소항의 번호들을 순서대로 기입한다. 최소항이 1인 경우는 최소항 번호에 원 표시를 하고, 0인 경우는 그대로 둔다. 각 열을 따로따로 조사해보자.

① 한 열에 있는 2개의 최소항에 원이 없으면, 해당하는 MUX 입력에 0을 인가.
② 2개의 최소항에 모두 원이 있으면, 해당되는 MUX 입력에 1을 인가.
③ 아래쪽의 최소항에 원이 있고, 위쪽에는 없으면, A를 해당되는 MUX 입력에 인가.
④ 위쪽의 최소항에 원이 있고, 아래쪽에 없으면, A'를 해당되는 MUX 입력에 인가.

이 과정들을 거쳐서 MUX 입력들의 값을 결정한다.

MUX 구현표를 변형하면 MUX 입력변수에 대해서는 임의의 한 변수를 취할 수 있다. 예를 들어, 다음의 3변수 부울식을 생각해 보자(그림 5.58).

$$f(A, B, C) = \sum(1, 2, 4, 5)$$

이 경우에서는 변수 A와 B를 각각 MUX 제어입력 S_1과 S_0에 연결하고 MUX 입력변수는 입력변수들 중에서 LSB인 변수 C를 사용한다.

최소항	A B C	F
0	0 0 0	0
1	0 0 1	1
2	0 1 0	1
3	0 1 1	0
4	1 0 0	1
5	1 0 1	1
6	1 1 0	0
7	1 1 1	0

(a) 진리표

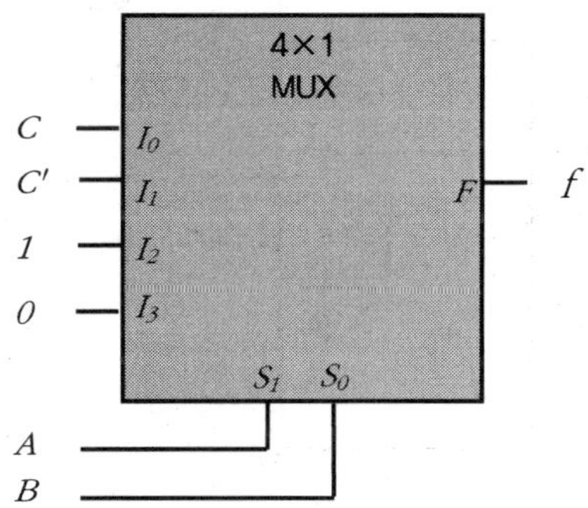

(b) MUX 구현

	I_0	I_1	I_2	I_3
C'	0	②	④	6
C	①	3	⑤	7
	C	C'	1	0

(c) 구현표

그림 5.58 MUX를 이용한 $f(A, B, C) = \sum(1, 2, 4, 5)$ 구현

구현표는 최소항과 MUX 회로의 입력 사이의 관계를 고려하여 변경된다. 진리표에서 보듯이 변수 C는 짝수번호로 표시된 최소항 0, 2, 4, 6에서는 C 그리고 홀수번호로 표시된 최소항 1, 3, 5, 7에서는 C이다. 이 두 행의 배열은 그림 5.58(c)에 보인 것과 같아야 한다. 최소항이 1이 되는 곳의 최소항 번호에 원을 그리고 앞서 언급한 규칙을 써서 어떤 함수를 구현하는 MUX 입력들의 값을 얻게 된다.

예제 5.14

다음 부울식을 MUX로 구현하라.

$$f(A, B, C, D) = \sum(1, 3, 4, 8, 9, 15)$$

4개 입력변수이므로 3개 MUX 제어입력들과 8개 MUX 입력들을 가진 MUX가 필요하다. MUX 제어입력에는 입력변수 B, C 및 D를 연결한다. 구현표는 그림 5.53에 나타낸 것과 같다.

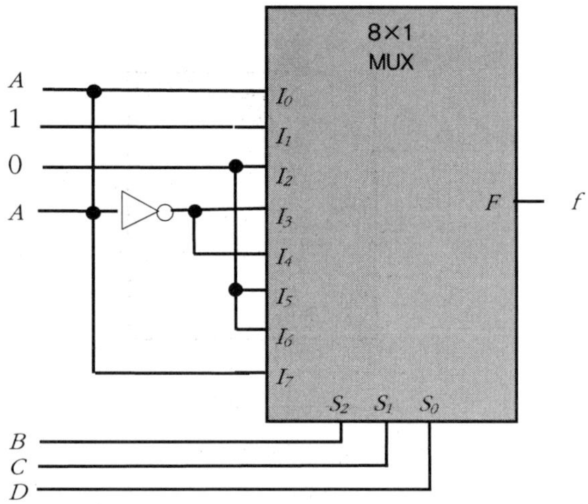

(a) MUX 구현

	I_0	I_1	I_2	I_3	I_4	I_5	I_6	I_7
A'	0	①	2	③	④	5	6	7
A	⑧	⑨	10	11	12	13	14	⑮
	A	1	0	A'	A'	0	0	A

(b) 구현표

(4) 패리티 회로 설계

3입력 짝수 패리티 회로는 4.5절에서 설계하였다. 이것을 MUX로 설계해보자. 먼저 패리티 발생기를 설계한다(그림 5.59).

3비트 메시지			메시지
X	Y	Z	P
0	0	0	0
0	0	1	1
0	1	0	1
0	1	1	0
1	0	0	1
1	0	1	0
1	1	0	0
1	1	1	1

(a) 진리표

XY	P
0 0	Z
0 1	Z'
1 0	Z'
1 1	Z

(b) 기능표

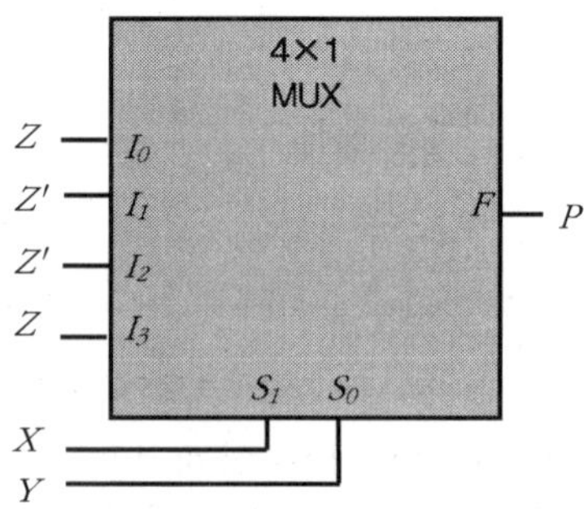

(c) MUX 구현

그림 5.59 MUX로 짝수 패리티 발생기 설계

X, Y 및 Z는 3비트 정보를 구성하며 회로 입력이다. 패리티 비트 P는 회로 출력이다. 짝수 패리티에 대해서 비트 P는 전체 1의 개수가 짝수가 되도록 만들어져야 한다(P 포함). 진리표에서 P는 입력 2진수의 값이 홀수개의 1을 갖는 최소항에 대해 1이 되도록 만들어져야 한다(P 포함).

3개 입력변수이므로 2개 MUX 제어입력들과 4개 MUX 입력들을 가진 MUX가 필요하다. MUX 제어입력에는 입력변수 X와 Y를 연결한다.

패리티 검사기는 그림 5.60처럼 MUX로 설계할 수 있다.

4 비트를 수신				패리티 오류 체크
X	Y	Z	P	C
0	0	0	0	0
0	0	0	1	1
0	0	1	0	1
0	0	1	1	0
0	1	0	0	1
0	1	0	1	0
0	1	1	0	0
0	1	1	1	1
1	0	0	0	1
1	0	0	1	0
1	0	1	0	0
1	0	1	1	1
1	1	0	0	0
1	1	0	1	1
1	1	1	0	1
1	1	1	1	0

(a) 진리표

X	Y	Z	C
0	0	0	P
0	0	1	P'
0	1	0	P'
0	1	1	P
1	0	0	P'
1	0	1	P
1	1	0	P
1	1	1	P'

(b) 기능표

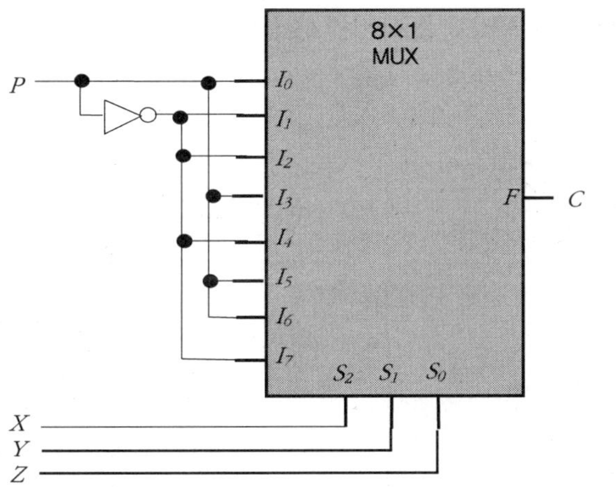

(c) MUX 구현

그림 5.60 MUX로 패리티 검사기 설계

패리티 비트를 포함한 정보에서 3비트 목적지에 전송되며, 그 목적지에서는 전송시 오류검출을 위해 패리티 검사기(parity checker) 회로가 첨가된다. 정보가 짝수 패리티를 가지고 전송되기 때문에 수신된 4비트는 짝수개의 1을 가져야 한다. 수신된 4비트가 홀수개의 1을 가지면 전송시 오류가 발생한 것이며, 전송시 1비트의 값이 바뀐 것을 의미한다. C로 표시된 패리티 검사기의 출력은 오류가 발생하면, 즉 수신된 4비트가 홀수개의 1을 가지면 1이 될 것이다.

4개 입력변수이므로 3개 MUX 제어입력들과 8개 MUX 입력들을 가진 MUX가 필요하다. MUX 제어입력에는 입력변수 X, Y와 Z를 연결한다.

5.6.5 멀티플렉서 IC

데이터 입력개수에 따라 MUX IC를 다음과 같이 분류한다.

MUX IC 분류

- 4중(quadruple) 2×1 MUX : 74157, 74158, 74257, 74258
- 저장기능(storage)을 갖는 2×1 MUX : 7498, 74298, 74398
- 2중(dual) 4×1 MUX : 74153, 74253, 74352, 74353
- 8×1 MUX : 74151, 74152, 74251
- 이중 8×1 MUX : 74351
- 16×1 MUX : 74150

MUX는 다중 신호원을 데이터 입력들로 사용되면 출력으로 하나의 데이터 입력만을 선택하므로 데이터 셀렉터(data selector)라고 불린다.

(1) 8×1 데이터 셀렉터 / 멀티플렉서(74LS151)

8×1 데이터 셀렉터/멀티플렉서는 74LS151이다(그림 5.61).

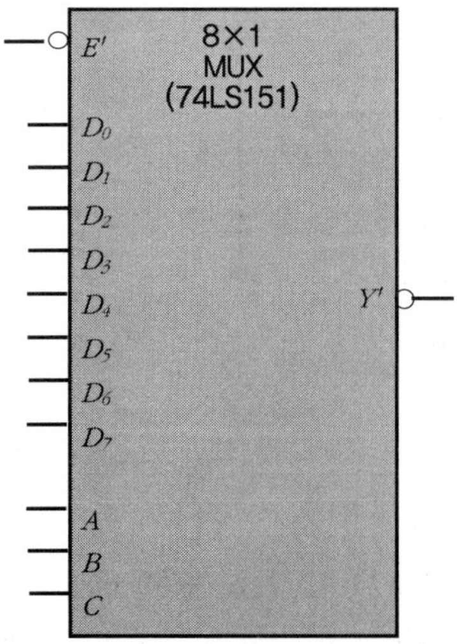

(a) 블록도

E'	C	B	A	Y	Y'
1	×	×	×	0	1
0	0	0	0	D_0	D_0'
0	0	0	1	D_1	D_1'
0	0	1	0	D_2	D_2'
0	0	1	1	D_3	D_3'
0	1	0	0	D_4	D_4'
0	1	0	1	D_5	D_5'
0	1	1	0	D_6	D_6'
0	1	1	1	D_7	D_7'

(b) 기능표

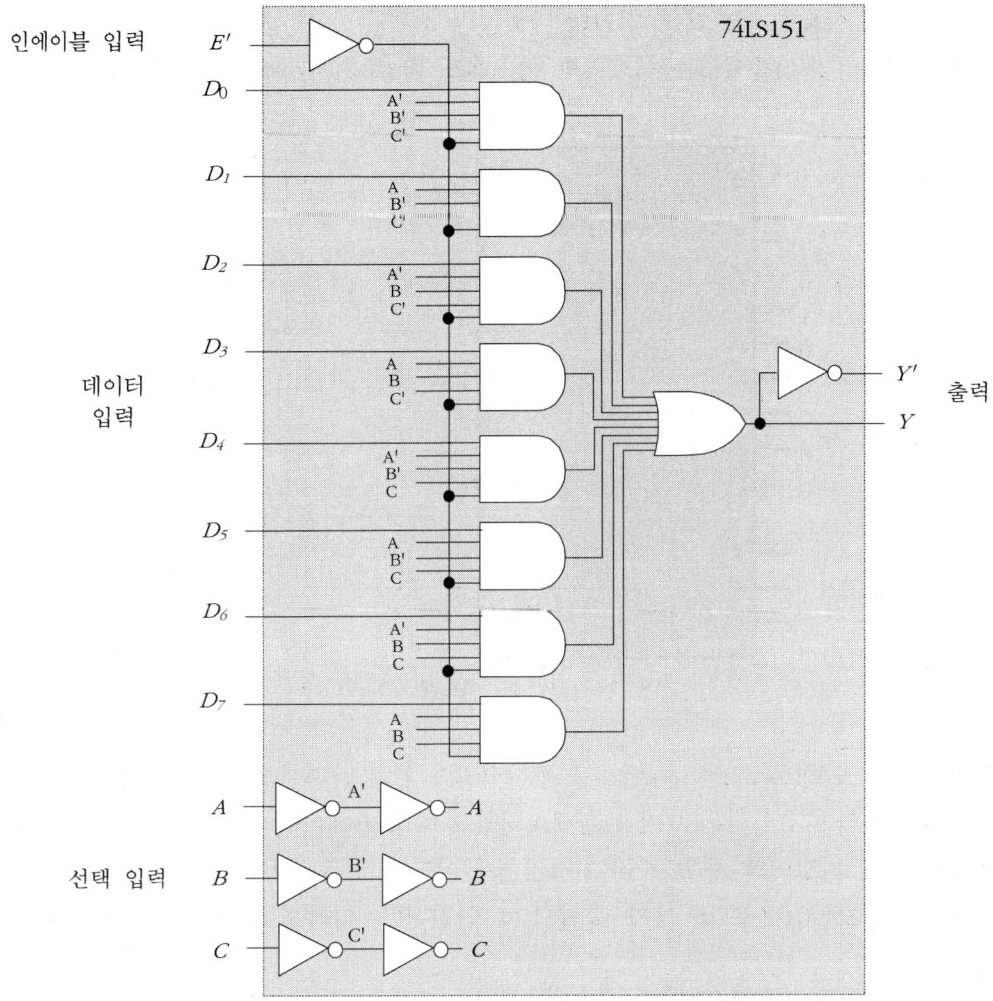

(c) 회로도

그림 5.61 8×1 데이터 셀렉터/멀티플렉서 (74LS151)

8×1 데이터 셀렉터/멀티플렉서는 동작을 제어하기 위하여 인에이블(enable) 입력이 있다. 인에이블 입력이 주어진 2진 상태에서 있을 때, 출력은 디스에이블(disable)로 되고, 그것이 다른 쪽 상태에 있으면 회로는 MUX 동작을 한다. 즉 $E'=1$이면 출력 $Y=0$($Y'=1$)으로 만든다. $E'=0$이면 출력 Y는 선택 입력 값에 따라 D 입력 데이터를 선택한다.

(2) 74LS151을 이용한 어드레스 디코더

데이터 셀렉터/멀티플렉서는 메모리의 어드레스 디코더로서 사용될 수 있다(그림 5.62).

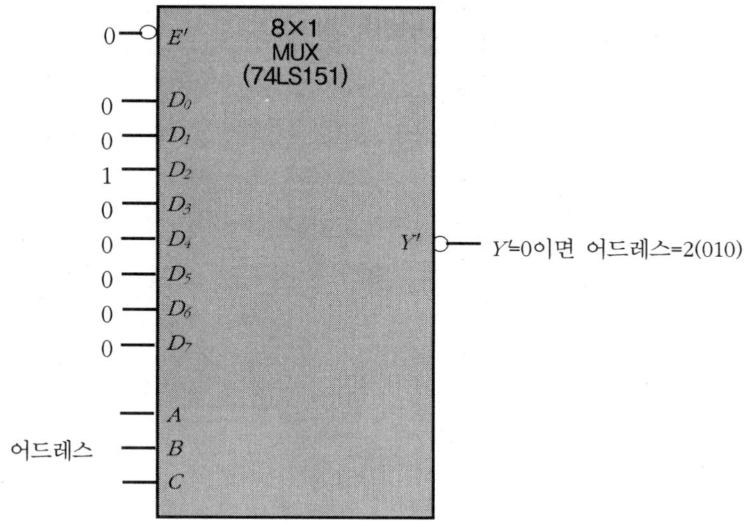

그림 5.62 메모리 어드레스 디코더

흔히 메모리 모듈(memory module)을 동작시키기 위해 반전신호(inverse signal)가 필요하다. 이 예에서 데이터 입력은 D_2가 1로 세트되었고 나머지 데이터 입력들은 모두 논리적 0에 세트되어 있다. 디코더의 A, B, C에 연결된 3개 어드레스 비트상에 인지되어 온 2진패턴은 010이다. 즉 CBA=010이므로 D_2가 출력 Y'에 연결된다. 따라서 출력은 '0'으로 세트된다.

예제 5.15

74LS151에서 어드레스 CBA=111이면 어느 입력이 출력에 연결되는가?

(3) 74LS151을 이용한 부울식 구현

데이터 셀렉터는 SOP 식을 구현하기 위하여 사용될 수 있다. 만약 데이터 입력이 영구히 1로 세트되어 있고 데이터 입력이 선택 입력값의 적절한 결합에 의하여 선택되었다면 Y 출력은 1일 것이다. 각 데이터 입력이 0 또는 1에 영구히 연결되어 있으므로, 선택입력으로부터 형성되어진 관련 곱항(product term)이 요구된 함수의 일부분인지에 따라 출력 Y는 함수를 구현할 것이다.

다음 부울식을 구현하자.

$$f(C,B,A) = CB'A + C'B'A + CBA$$

3개 변수들(C, B, A)이 있기 때문에 8×1 데이터 셀렉터가 필요하다. 3개 데이터 입력들 $D_1(C'B'A)$, $D_5(CB'A)$, $D_7(CBA)$는 모두 1로 세트되고, 남아있는 입력들은 모두 0으로 영구히 세트된다. 논리도는 그림 5.63과 같다.

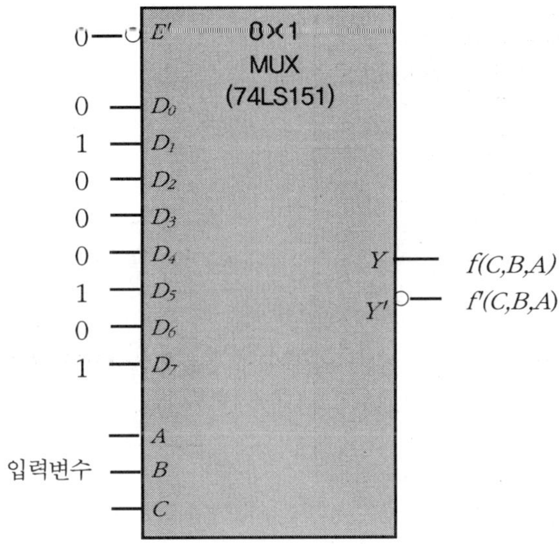

그림 5.63 $f(C,B,A) = CB'A + C'B'A + CBA$

예제 5.16

부울식 $f(C,B,A) = CB'A + C'B'A + CBA$**을 구현하자.**

(4) 4중 2×1 데이터 셀렉터/멀티플렉서(74LS157)

TTL 패밀리에서 다른 데이터 셀렉터는 2중 4×1 데이터 셀렉터(74LS153(2회로))와 4중 2×1 데이터 셀렉터(74LS157(4회로))가 있다.

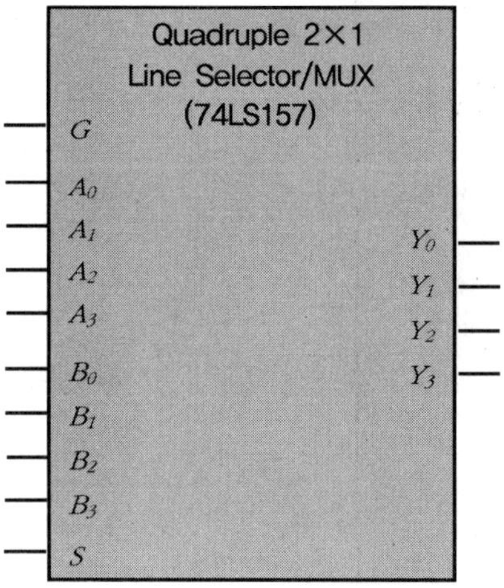

(a) 블록도

G	S	Y
1	×	모두 0
0	0	A 선택
0	1	B 선택

(b) 기능표

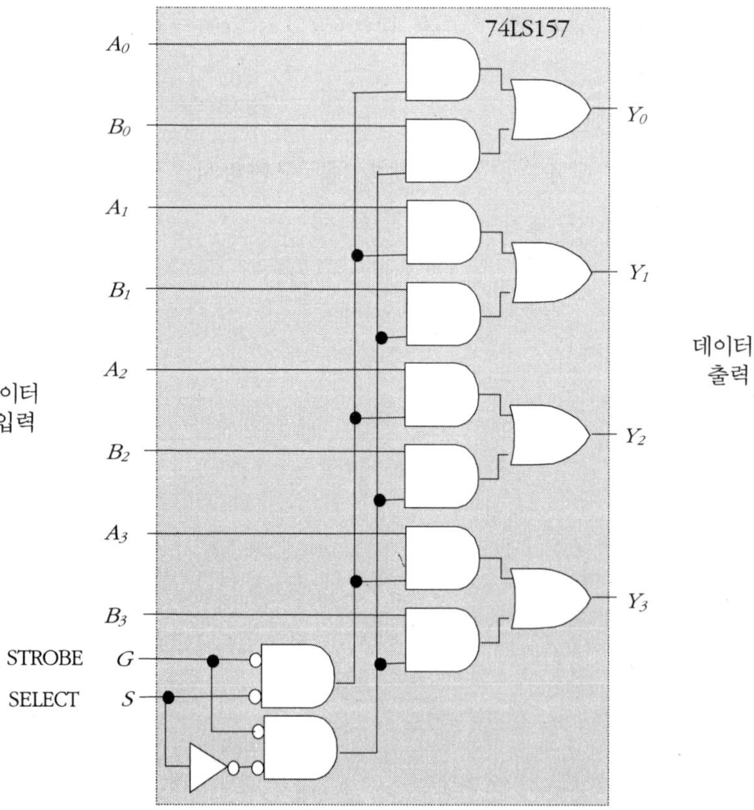

(c) 회로도

그림 5.64 4중 2×1 데이터 셀렉터/멀티플렉서(74LS157)

4중 2×1 데이터 셀렉터는 2개의 데이터 중에서 하나를 선택하는 데 사용된다(그림 5.64). MUX IC의 동작을 제어하기 위하여 인에이블(enable) 입력이 있다. 인에이블 입력이 주어진 2진 상태에서 있을 때, 출력은 디스에이블(disable)로 되고, 그것이 다른 쪽 상태(즉, 인에이블 상태)에 있으면 회로는 MUX 동작을 한다. 이 인에이블은 스트로브(STROBE) 입력으로 2개 이상의 MUX IC를 다수의 입력을 갖는 디지털 MUX로 확장시키는 데 쓸 수 있다. G=1이면 출력 Y=0으로 만든다. G=S=0이면 Y는 A 입력 데이터를 선택한다. G=0이고 S=1이면 Y는 B 입력 데이터를 선택한다.

5.6.6 멀티플렉서와 디코더 비교

조합논리회로를 구현시키는 것으로서 디코더 방법과 MUX 방법을 비교해보자. 디코더 방법은 각 출력함수에 대하여 OR 게이트가 필요하다. 즉 2개의 출력함수가 있다면 모든 최소항들을 만드는 디코더 1개와 OR 게이트가 두 개 필요하다. 그러나 MUX는 본질적으로 OR 게이트를 내부에 포함하고 있으나 출력이 1개이다. 따라서 2개 출력함수에 대하여 MUX는 OR 게이트는 필요가 없지만 2개의 MUX가 필요하게 된다. 따라서 소수의 출력을 갖는 조합논리회로는 MUX를 가지고 구현시키는 것이 좋고, 많은 출력함수가 있는 조합논리회로는 디코더를 사용하는 것이 좋다.

MUX와 디코더는 모두 조합논리회로 구현에 쓸 수 있으나, 디코더는 대부분 2진 정보의 해독(decoding)에 쓰이고, MUX는 다중 신호원과 단일 행선점 사이의 선택선 통로를 구성하는 데 이용된다.

5.7 ROM

기억장치(memory)는 프로그램 또는 데이터를 저장하는 장소로, 주기억장치(main memory)와 보조기억장치(auxiliary memory)로 나누어진다. 주기억장치는 ROM(Read Only Memory)과 RAM(Read Access Memory)으로 구성된다. ROM은 이미 저장된 내용을 읽을 수만 있고 새로운 내용을 저장할 수는 없다. 반면 RAM은 새로운 내용을 저장하고 읽을 수도 있다. 또한 전원이 제거되어도 ROM은 기억장치에 저장된 내용이 보존되지만 RAM은 내용이 지워진다.

ROM은 하나의 IC 패키지 내에 복잡한 조합회로를 구현하거나 2진 정보(binary information)에 대한 영구적인 기억장소로 사용된다. 또한 ROM은 본질적으로 고정된 2진 정보(binary information)의 집합이 저장되어 있는 기억소자이다. 이 2진 정보는 설계자에 의해 규정되고 다음으로 필요한 상호연결의 패턴(pattern)을 구성하는 장치 속에 새겨진다. ROM은 연결하거나 끊을 수 있게 된 특수한 내부 퓨즈(fuse)를 갖고 있다. 특별한 응용을 위한 바람직한 상호연결을 위해서는 필요한 회로의 통로를 이루도록 일부 연결을 연결시켜야 한다. 일단 한 패턴이

ROM에 대해(내부적으로) 이루어진다면, 전력이 끊어지거나 다시 연결되어도 패턴은 고정된 채로 남는다.

ROM은 저장되어 있는 내용마다 어드레스를 갖고 있어서 주소가 지정되면 그 주소에 해당하는 내용이 출력된다. 따라서 ROM은 현재 출력된 내용은 현재 주소에 의해서 결정되는 조합논리회로라고 할 수 있다. ROM의 블록도와 기본 구조를 그림 5.65에 보였다.

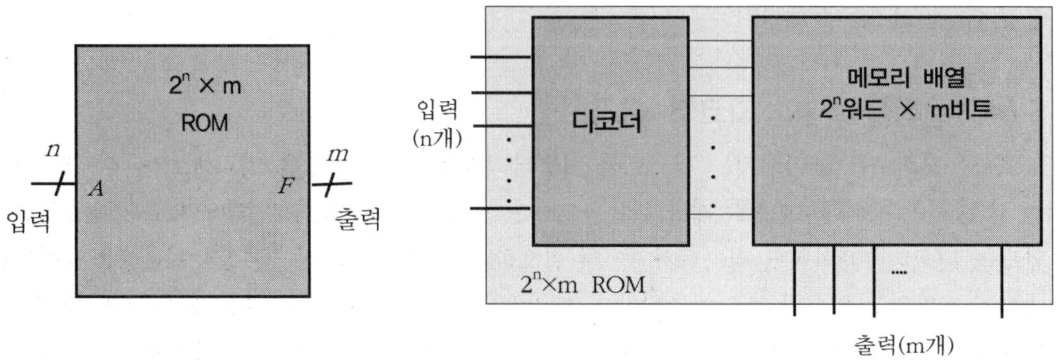

(a) 블록도 (b) 기본 구조

그림 5.65 ROM 블록도와 기본 구조

ROM은 n개 입력들(A)과 m개 출력들(F)로 이루어져 있다. 입력변수의 각 비트조합을 어드레스(address)라고 한다. 출력에서 나오는 각 비트의 조합을 워드(word)라고 한다. 각 워드 당 비트수는 출력 수 m과 같다. 어드레스는 본질적으로 n개 변수의 최소항들 하나를 표시하는 2진수이다. n개의 입력변수로서 가능한 어드레스의 수는 2^n이다. 출력워드는 단 하나만의 어드레스에 의하여 선택할 수 있으며, ROM에는 2^n개의 서로 다른 어드레스가 있으므로 이 소자에는 2^n개의 워드가 있다. 임의의 주어진 시간에 출력에서 얻어지는 워드는 입력에 인가되는 어드레스 값에 따른다. ROM은 워드 수 2^n과 매 워드당 비트수 m에 의하여 특징지어진다. 예를 들어, 2^4×8 ROM은 워드가 8비트로 구성된 16개의 워드로 되어있다(그림 5.66).

어드레스	워드번호	워드							
		7	6	5	4	3	2	1	0
0000	0								
0001	1								
0010	2								
0011	3								
0100	4								
0101	5								
0110	6								
0111	7								
1000	8								
1001	9								
1010	10								
1011	11								
1100	12								
1101	13								
1110	14								
1111	15								

그림 5.66 $2^4 \times 8$ ROM 개략도

이것은 8개의 출력 그리고 16개의 서로 다른 워드가 저장되어 있음을 의미하므로 4개의 입력에 의한 어드레스 $2^4 = 16$개가 필요하다. 각 어드레스 입력에 대하여 워드가 선택된다. 즉, 입력 어드레스가 0000이면 워드번호 0이 선정되어 워드 내용이 출력된다. 어드레스가 1111이면 워드번호 31이 선택되어 워드 내용이 출력된다. ROM은 보통 전체 비트수로서 규정되는데, 4개의 입력과 8개의 출력을 갖고 있는 16×8 ROM은 전체 비트수가 $2^4 \times 8 = 128$이다.

앞에서 디코더는 n개 입력변수의 2^n개 최소항을 발생시킨다는 것을 보았다. 부울식의 최소항을 더하기 위한 디코더에 OR 게이트를 삽입하여 임의의 원하는 조합회로를 발생시킬 수 있다. ROM은 단일 IC 패키지 속에 디코더와 OR 게이트들이 둘 모두 포함된 소자이다. 디코더의 출력과 OR 게이트의 입력들 사이의 연결은 각각의 특별한 구성에 대하여 구체화될 수 있다. 내부적으로, ROM은 디코더 내 AND 게이트로 연결된 최소항과 출력수와 같은 여러 개의 OR 게이트와의 조합회로이다.

그림 5.67은 $2^4 \times 4$ ROM의 내부 논리구조이다.

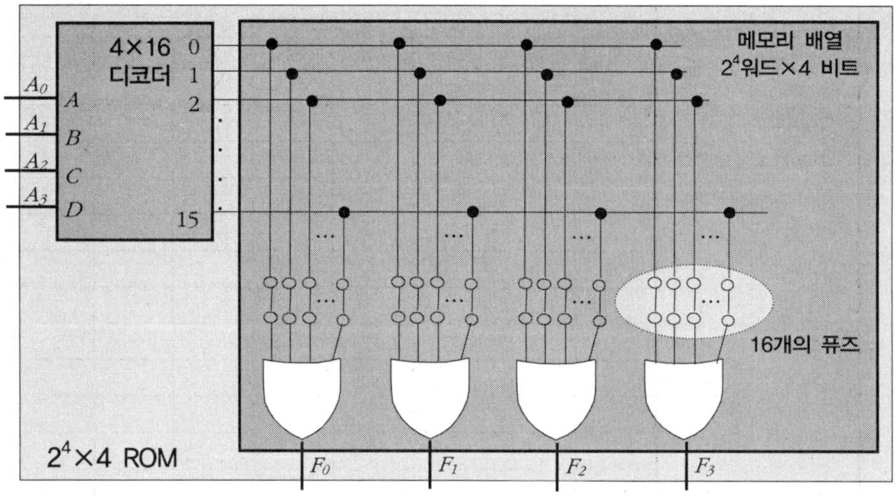

그림 5.67 2^4×4 ROM 내부 논리구조

4개의 입력변수들이 디코더 내에서 16개 AND 게이트들과 4개의 인버터들을 써서 16개의 선(최소항)으로 디코드된다. 디코더의 각 출력은 4개 변수 입력함수(어드레스)에 대한 최소항들 중의 하나를 나타낸다. 16개 어드레스 중에서 각 어드레스는 디코더로부터 하나만을 선택한다. 어드레스는 입력에 인가되는 4비트의 수이며, 디코더로부터의 선택된 최소항은 10진수(0에서 15)로 표시하였다. 디코더의 16개 출력은 각 OR 게이트에 퓨즈(fuse)를 통하여 접속되어 원하는 대로 끊을 수 있다. ROM은 최소항의 합 형식으로 2단계 구현된다.

ROM은 디지털 컴퓨터 시스템의 설계에서 많은 중요한 응용을 갖고 있다. 복잡한 조합회로설계에 대한 ROM 이용은 바로 이들 응용 중의 하나이다.

5.7.1 ROM 프로그래밍

ROM 출력은 n개 입력변수의 모든 최소항의 합 즉, 표준곱의 합(CSOP)으로 이루어지므로 임의의 부울식을 최소항의 합 형식으로 표시할 수 있다. 부울식에 포함되지 않는 최소항들의 퓨즈를 끊어서 각 ROM 출력을 조합논리회로에 있는 출력변수들 중의 하나에 대한 부울식을 나타나게 할 수 있다. n개 입력과 m개 출력의 조합논리회로에 대하여는 $2^n \times m$ ROM이 필요하다. ROM 내부의 퓨즈를 끊는 것을 ROM을 프로그래밍(programming)한다고 한다. 설계자는 프로그램 정보를 주는 ROM 프로그램표(program table)를 설계한다. ROM 프로그램표는 입력(어드레스)과 출력에 대하여 프로그램 내용을 표 형태로 나타낸 것이다. 실제의 프로그램은 이 프로그램 표에 열거된 규격명세에 따르는 하드웨어(hardware) 과정이다. 다음 예를 통해서 그 과정을 이해해 보자. 표 5.2는 보기 ROM 프로그램표이다.

표 5.2 보기 ROM 프로그램표

A_1 A_0	F_1 F_0
0 0	1 0
0 1	0 1
1 0	1 1
1 1	0 1

보기 ROM 프로그램표는 어드레스를 나타내는 2개 입력들(A_1, A_0)과 2개 출력들(F_1, F_0)을 표기되어 있다. 프로그램 내용은 CSOP 형태로 다음과 같이 표시할 수 있다.

$$F_0(A_1, A_0) = \sum(1,2,3)$$
$$F_1(A_1, A_0) = \sum(0,2)$$

ROM이 2개의 입력과 2개의 출력을 가지므로 ROM 크기는 $2^2 \times 2$이어야 한다(그림 5.68).

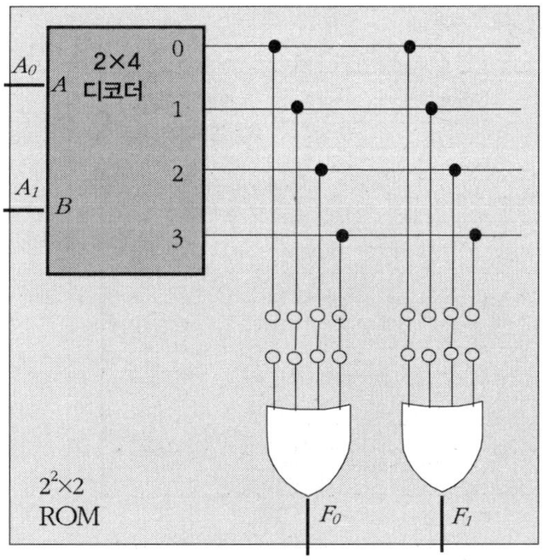

(a) AND-OR 논리도를 갖는 ROM

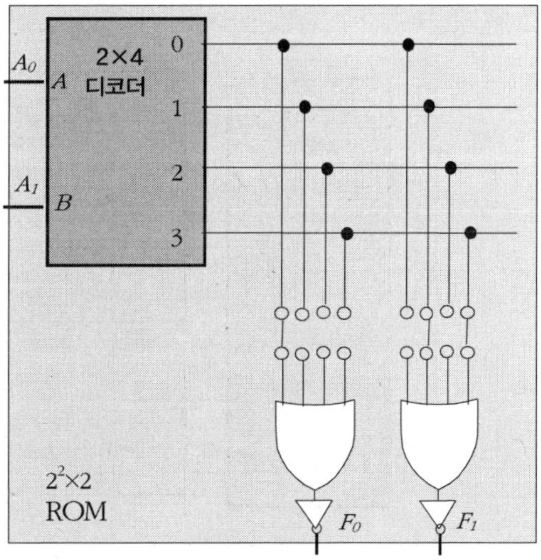

(b) AND-OR-INVERT 논리도를 갖는 ROM

그림 5.68 $2^2 \times 2$ ROM 프로그래밍

그림 5.68(a)에서 8개 퓨즈 중 어느 것을 끊고 어느 것을 남겨둘 것인가를 결정해야 한다. 이것은 프로그램표에 열거된 출력함수로부터 쉽게 할 수 있다. 0 출력을 규정하는 이들 최소항은 OR 게이트를 통하여 출력에 연결되지 않는다. 따라서 프로그램표는 3개의 0을 보이고 있으므로, 그들의 OR 게이트에 대해 대응하는 퓨즈는 제거해야 한다. 여기서 OR 게이트로의 개방 입력(open input)이 0입력으로 동작한다는 것을 나타낸다. 일부 ROM 소자는 각 OR 게이트 뒤에 INV 게이트가 오고, 그 결과 그들의 출력들에서 처음에는 모두 0을 갖는 것으로

정할 수 있다(그림 5.68(b)). 이 경우에는 프로그램표에서 출력 1을 규정해주는 최소항들에 해당하는 퓨즈를 제거해야 한다.

ROM 논리구조 내의 메모리 배열은 논리소자를 사용해서 간략하게 표현한다(그림 5.69).

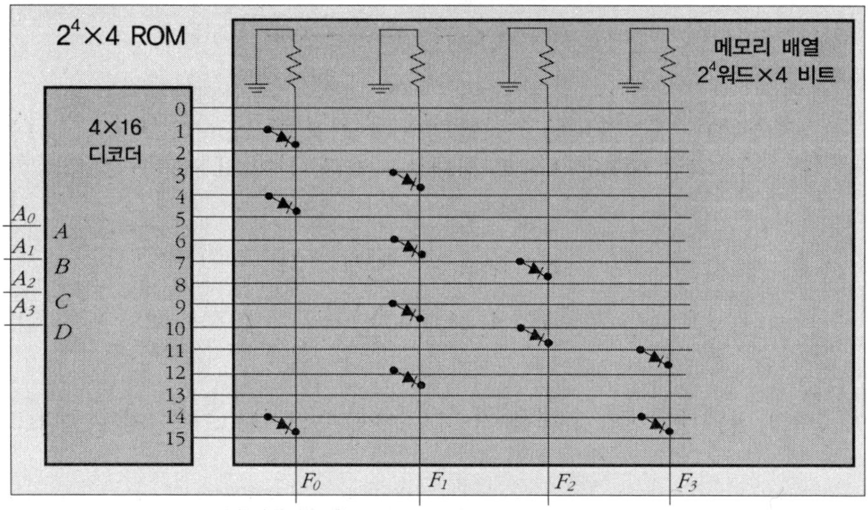

(a) 논리소자를 사용한 간략화

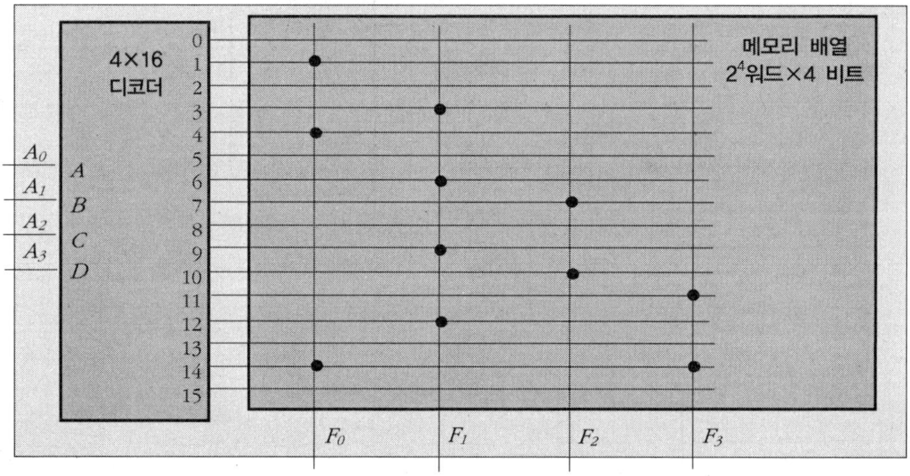

(b) 매트릭스 구조의 간략화

그림 5.69 $2^4 \times 4$ ROM 간략화 구조

다이오드로 표현된 논리소자는 디코더의 16개 출력에서 OR 게이트에 퓨즈(fuse)를 통하여 접속된 것을 나타낸다. 이때 논리소자가 없는 곳은 퓨즈가 끊어진 것을 의미한다. 그림 5.64(b)는 메모리 배열을 매트릭스 구조로 간략화한 것이다. 메모리 배열의 열과 행이 교차하는 지점의 점은 논리 소자를 나타낸다. 즉, 점이 있으면 논리소자가 있음(퓨즈가 연결됨)을 나타내고 점이 없으면 논리소자가 없음(퓨즈가 끊어짐)을 의미한다.

그림 5.69를 CSOP로 표현하면 다음과 같다.

$$F_0(A_3, A_2, A_1, A_0) = \sum(1,4,14)$$
$$F_1(A_3, A_2, A_1, A_0) = \sum(3,6,9,12)$$
$$F_2(A_3, A_2, A_1, A_0) = \sum(7,10)$$
$$F_3(A_3, A_2, A_1, A_0) = \sum(11,14)$$

5.7.2 ROM을 이용한 조합논리회로 설계

ROM을 갖고 임의의 조합논리회로를 구현하는 과정은 다음과 같다. 먼저 조합논리회로의 입력과 출력수로부터 우선 필요한 ROM의 크기를 결정한다. 다음 ROM 프로그램표를 구한다. 이 과정에서 다른 조작이나 간략화는 필요하지 않다. 프로그램표의 출력함수에 있는 0(또는 1)들은 CSOP 형식으로 필요한 조합회로를 이루기 위하여 제거하여야 할 퓨즈들을 직접 규명하게 된다. 실제 ROM을 이용한 회로 설계에서는 ROM 내의 퓨즈들의 내부적 게이트 접속을 명시할 필요는 없지만, 다만 앞에서는 설명을 위해서 나타낸 것이다. 설계자가 해야 되는 일은 특정한 ROM(또는 그의 선정번호)을 규정하고, ROM 프로그램표를 만드는 것이다. 프로그램표는 ROM의 프로그래밍을 위한 모든 정보를 준다. 그리고 어떠한 내부 논리도를 이 프로그램표에 첨부할 필요가 없다.

(1) 부울식 구현

ROM을 써서 부울식을 구현해보자. 부울식의 진리표는 다음과 같다(표 5.3).

표 5.3 부울식 진리표

A	B	C	D	f (A, B, C, D)
0	0	0	0	0
0	0	0	1	1
0	0	1	0	0
0	0	1	1	1
0	1	0	0	0
0	1	0	1	1
0	1	1	0	1
0	1	1	1	1
1	0	0	0	0
1	0	0	1	0
1	0	1	0	1
1	0	1	1	1
1	1	0	0	1
1	1	0	1	0
1	1	1	0	0
1	1	1	1	0

진리표에서는 1개의 부울식이 주어지므로 단지 1개 출력이 ROM으로부터 이용된다. ROM을 이용한 설계에서 부울식의 간략화는 의미가 없으므로 4개 입력들($ABCD$)과 1개 출력(f)으로 충분하다. 따라서 ROM의 크기는 최적 크기는 $2^4 \times 1$이어야 한다. 그러나 만일 16×4의 ROM을 이용해서 부울식을 구현해야한다면 여분의 3개 출력들은 사용하지 않는다(그림 570).

A_3	A_2	A_1	A_0	F_3	F_2	F_1	F_0
0	0	0	0	0	0	0	0
0	0	0	1	0	0	0	1
0	0	1	0	0	0	0	0
0	0	1	1	0	0	0	1
0	1	0	0	0	0	0	0
0	1	0	1	0	0	0	1
0	1	1	0	0	0	0	1
0	1	1	1	0	0	0	1
1	0	0	0	0	0	0	0
1	0	0	1	0	0	0	0
1	0	1	0	0	0	0	1
1	0	1	1	0	0	0	1
1	1	0	0	0	0	0	1
1	1	0	1	0	0	0	0
1	1	1	0	0	0	0	0
1	1	1	1	0	0	0	0

(a) ROM 프로그램 표

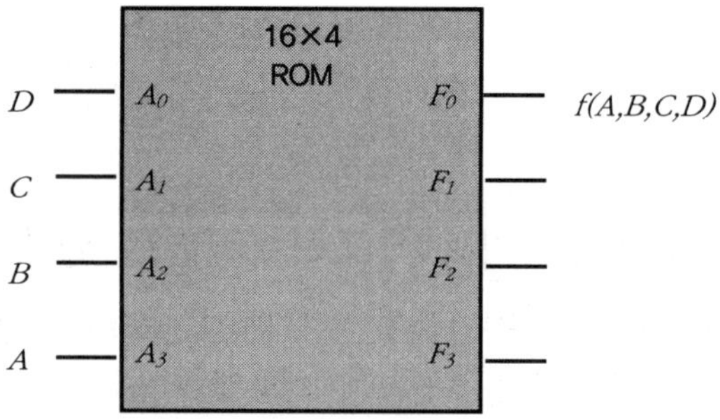

(b) 회로 구현

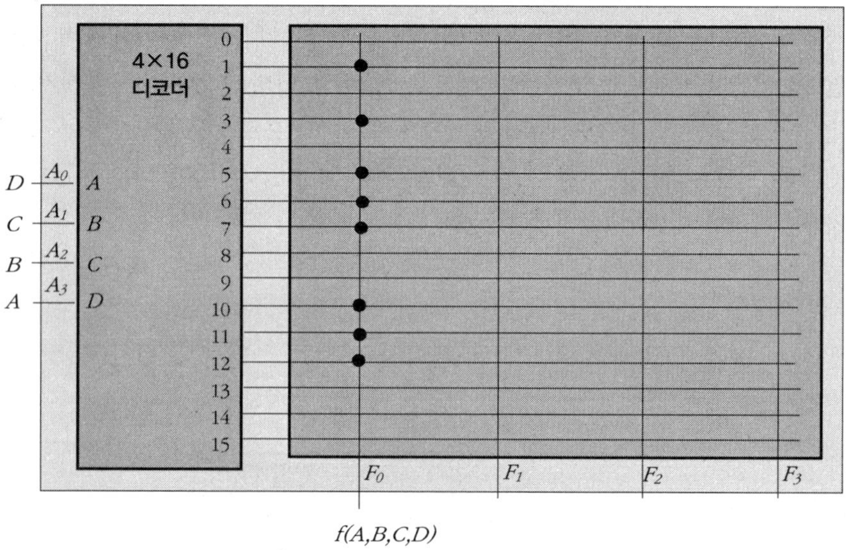

(c) ROM 프로그래밍

그림 5.70 2^4×4 ROM을 이용한 부울식 f 설계

ROM 프로그램표는 ROM을 프로그래밍하는 데 필요한 모든 정보를 나타내고, 회로 구현은 필요한 연결을 나타낸다. 즉 부울식 출력 f는 ROM 출력 F_0와 연결된다.

(2) 제곱기 설계

3비트 입력들을 제곱하여 출력을 발생시키는 제곱기(squarer)를 설계해보자. 첫 단계는 제곱기에 대한 진리표를 유도한다(표 5.4).

표 5.4 제곱기 진리표

A_2	A_1	A_0	B_5	B_4	B_3	B_2	B_1	B_0	10진수
0	0	0	0	0	0	0	0	0	0
0	0	1	0	0	0	0	0	1	1
0	1	0	0	0	0	1	0	0	4
0	1	1	0	0	1	0	0	1	9
1	0	0	0	1	0	0	0	0	16
1	0	1	0	1	1	0	0	1	25
1	1	0	1	0	0	1	0	0	36
1	1	1	1	1	0	0	0	1	49

진리표로부터 3개의 입력들(A_2, A_1, A_0)과 6개의 출력들(B_5, B_4, B_3, B_2, B_1, B_0)이 요구되므로 8×6 ROM 필요하다. 진리표에서 출력 B_0는 언제나 입력 A_0와 같고 B_1은 항상 0이다. 따라서 ROM으로 4개 출력들만 필요하고 ROM의 최소 크기는 3개의 입력과 4개의 출력을 가지므로 8×4 ROM이다(그림 5.71).

A_2	A_1	A_0	F_3	F_2	F_1	F_0
0	0	0	0	0	0	0
0	0	1	0	0	0	0
0	1	0	0	0	0	1
0	1	1	0	0	1	0
1	0	0	0	1	0	0
1	0	1	0	1	1	0
1	1	0	1	0	0	1
1	1	1	1	1	0	0

(a) ROM 프로그램표

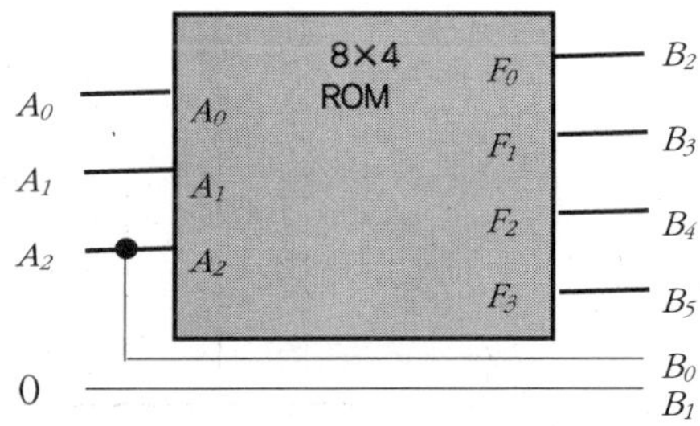

(b) 회로 구현

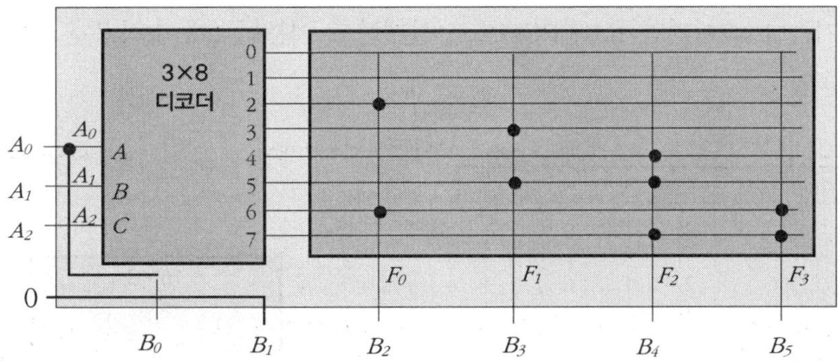

(c) ROM 프로그래밍

그림 5.71 제곱기의 ROM 구현

보통 조합논리회로의 진리표를 간략화할 필요가 없으나 진리표를 분석하여 보다 적은 ROM 프로그램표를 만들 수 있다. ROM 프로그램표는 3개의 입력이 각각 4비트인 8개의 워드를 지정하고 있다. 이 조합논리회로의 다른 2개 출력들은 0 및 A_0와 같다.

ROM 프로그램표는 ROM을 프로그래밍하는 데 필요한 모든 정보를 규정하고 있고, 회로 구현은 필요한 연결을 나타낸다. 즉 출력 B_2는 ROM 출력 F_0, B_3는 F_1, B_4는 F_2 그리고 B_5는 F_3와 연결된다.

(3) BCD-7 세그먼트 코드변환기 설계

ROM을 써서 BCD-7 세그먼트 코드변환기를 설계해보자. 이 코드변환기는 4.3.5절에서 설계하였는데 10진수 10에서 15까지는 에러 표시로 E를 출력하도록 진리표를 유도한다(표 5.5).

표 5.5 BCD-7 세그먼트 코드변환기 진리표

10진수	BCD *A B C D*	7 segment *a b c d e f g*
0	0 0 0 0	1 1 1 1 1 1 0
1	0 0 0 1	0 1 1 0 0 0 0
2	0 0 1 0	1 1 0 1 1 0 1
3	0 0 1 1	1 1 1 1 0 0 1
4	0 1 0 0	0 1 1 0 0 1 1
5	0 1 0 1	1 0 1 1 0 1 1
6	0 1 1 0	1 0 1 1 1 1 1
7	0 1 1 1	1 1 1 0 0 0 0
8	1 0 0 0	1 1 1 1 1 1 1
9	1 0 0 1	1 1 1 0 0 1 1
10	1 0 1 0	1 0 0 1 1 1 1
11	1 0 1 1	1 0 0 1 1 1 1
12	1 1 0 0	1 0 0 1 1 1 1
13	1 1 0 1	1 0 0 1 1 1 1
14	1 1 1 0	1 0 0 1 1 1 1
15	1 1 1 1	1 0 0 1 1 1 1

진리표에서 4개 입력들(A, B, C, D)과 7개 출력들(a, b, c, d, e, f, g)이 필요하다. 따라서 ROM의 크기는 16×7이지만 16×8 ROM으로 설계하고 여분의 1개 출력 F_7은 사용하지 않는다(그림 5.72).

$A_3A_2A_1A_0$	F_7 F_6 F_5 F_4 F_3 F_2 F_1 F_0
0 0 0 0	0 1 1 1 1 1 1 0
0 0 0 1	0 0 1 1 0 0 0 0
0 0 1 0	0 1 1 0 1 1 0 1
0 0 1 1	0 1 1 1 1 0 0 1
0 1 0 0	0 0 1 1 0 0 1 1
0 1 0 1	0 1 0 1 1 0 1 1
0 1 1 0	0 1 0 1 1 1 1 1
0 1 1 1	0 1 1 1 0 0 0 0
1 0 0 0	0 1 1 1 1 1 1 1
1 0 0 1	0 1 1 1 0 0 1 1
1 0 1 0	0 1 0 0 1 1 1 1
1 0 1 1	0 1 0 0 1 1 1 1
1 1 0 0	0 1 0 0 1 1 1 1
1 1 0 1	0 1 0 0 1 1 1 1
1 1 1 0	0 1 0 0 1 1 1 1
1 1 1 1	0 1 0 0 1 1 1 1

(a) ROM 프로그램표

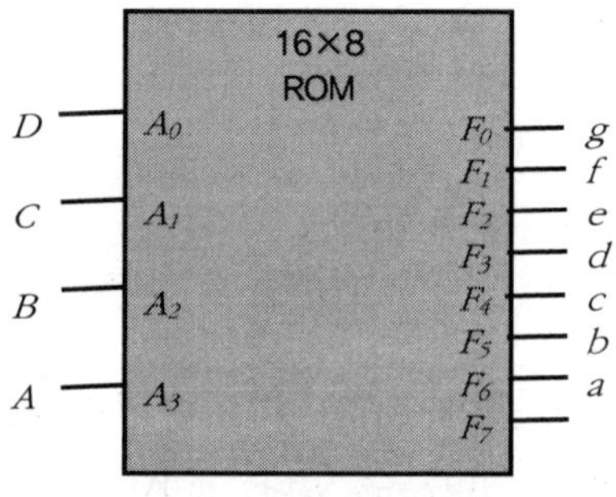

(b) 회로 구현

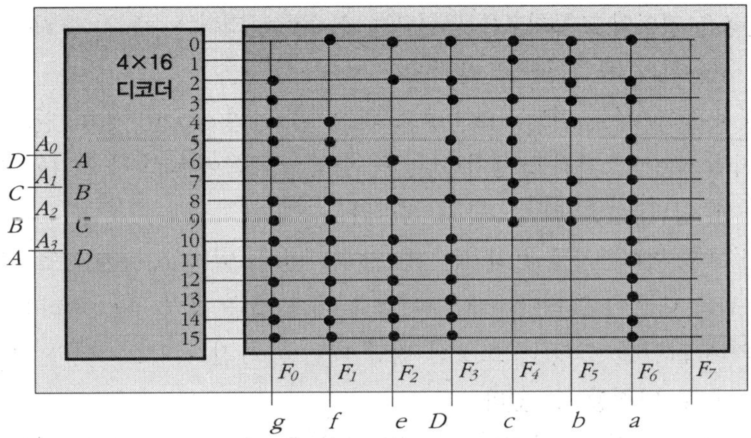

(c) ROM 프로그래밍

그림 5.72 BCD-7 세그먼트 코드변환기 설계

ROM 프로그램표는 ROM을 프로그래밍하는 데 필요한 모든 정보를 규정하고 있고, 회로 구현은 필요한 연결을 나타낸다. 즉 출력 g는 ROM 출력 F_0와 연결되고 a는 ROM 출력 F_6와 연결된다. ROM 출력 F_7은 사용하지 않는다.

예제 5.17

ROM으로 BCD-3초과 코드변환기를 설계하시오.

5.7.3 ROM 형식

ROM은 두 가지 방법으로 프로그래밍할 수 있다.

첫 번째 방법은 반도체 IC 제조에 사용되는 마스크에 프로그래밍하는 마스크 프로그래밍(mask programming)으로 최종제조공정에서 칩 제작자가 행한다. 칩 제작자는 고객에게 ROM 내용을 프로그래밍하는 데 필요한 ROM 진리표를 요구한다. ROM 진리표는 칩 제작자가 제공하는 특정양식으로 이것을 이용하여 마스크를 만든다. 이 과정은 판매자가 고객에게 주문형 마스크에 대한 특수비용을 부과하기 때문에 비싸므로 대량 제작의 경우에만 경제적이다.

두 번째 방법으로 소량 생산의 경우에는 PROM(programmable ROM) 방법을 사용한다. 주문할 때 PROM 소자는 저장기억된 워드의 어느 비트나 전부 0 또는 1을 포함하고 있다. 이 PROM에 있는 퓨즈들을 출력단자를 통하여 전류펄스를 인가함으로써 끊는다. 끊어진 퓨즈는 한 개의 2진 상태를 정의하게 되고 끊이지 않은 퓨즈는 다른 쪽 상태를 나타낸다. 이로써 사용자가 입력 어드레스와 기억된 워드 사이의 원하는 관계를 프로그래밍하는 데 PROM 프로그래머(programmer)라는 장치를 사용한다.

ROM의 기능은 두 가지 다른 방법으로 활용할 수 있다.

첫 번째 활용은 임의의 조합회로를 구현하는 소자라는 것이다. 즉 각 출력단자는 각각 CSOP로 표시되는 부울식의 출력이라고 생각된다.

두 번째 활용은 ROM을 워드(word)라고 하는 비트 열(bit string)의 일정한 모양을 갖고 있는 기억장치(memory)소자라고 생각한다. 즉 입력은 다음에 출력에 인가될 특정된 기억저장된 워드에 대한 어드레스(address)를 규정한다.

기억장치는 보통 축적장치를 가리키는 데 쓰이고 있다. 읽기(read)는 기억장치의 어드레스에 의해 규정된 워드 내용이 출력단자에 놓여져 있다는 것을 나타낸다. 따라서 ROM은 주어진 어드레스에 의해 읽어낼 수 있는 고정된 워드 패턴을 가진 기억소자이다. ROM에서의 워드 패턴은 영구적으로 변경할 수 없다.

다른 반도체 메모리소자처럼 ROM의 일반적인 구조는 그림 5.73과 같다.

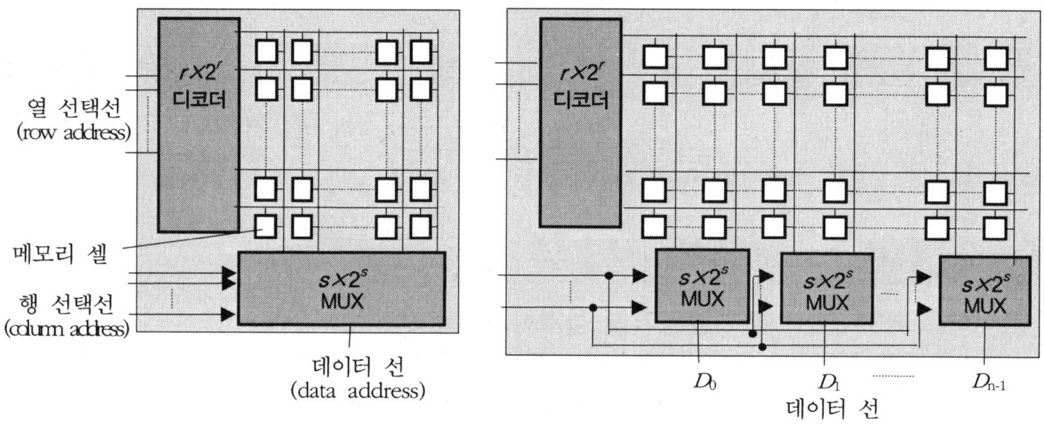

(a) ×1 구조 (b) ×n 구조

그림 5.73 ROM 2차원 구조

그림 5.73(a)의 ×1 구조는 1번에 1비트씩 데이터 액세스가 가능함을 의미한다. 즉 출력 데이터선이 1비트이다. 셀들은 하나의 이어진 디지털(0 또는 1) 값을 저장하는 기억 셀들의 2차원 배열로 구성된다. 셀을 선택하기 위하여 r열 선택선(row select line)과 s행 선택선(column select line)이 있다. 즉 r 비트수는 열을 선택하고 s 비트 주소는 행을 선택할 수 있다. 따라서 셀의 완전한 주소는 r과 s의 연결로 주어진다. 기억 셀에 저장된 정보를 액세스하기 위해서 열 주소가 제공되고 이것은 한 열 위의 모든 셀을 선택한다. 행 주소로 최종적으로 셀을 선택하게 된다.

보통 워드는 n개의 비트들로 구성되므로 n비트 데이터는 ×1 구조를 n개로 확장하여 ×n 구조로 표현한다(그림 5.73(b)). 열 선택을 위해 1개의 열 디코더가 사용되나 분리된 n개 행 선택회로가 워드의 각 비트에 대해서 사용된다. 워드가 8비트이면 ×8 구조가 된다. IC 패키지의 핀수를 고려하면, 워드의 비트수는 제한적으로 사용된다.

예제 5.18

20핀 IC 패키지에서 얻을 수 있는 가장 큰 ×1 기억소자 구조는 무엇인가?

예제 5.19

20핀 IC 패키지에서 얻을 수 있는 가장 큰 ×8 기억소자 구조는 무엇인가?

ROM이나 PROM을 프로그래밍하는 하드웨어 과정은 비가역적이며, 일단 프로그램되면 고정된 패턴(연결모양)은 영구적이며 바꿀 수가 없다. 일단 비트패턴이 프로그램되면 이 소자에는 다른 내용을 프로그램할 수 없으므로 프로그램 내용이 변경될 때에는 기존의 것을 제거하고 새롭게 프로그래밍한 새 ROM을 사용해야한다. 이러한 불편함을 개선한 방법이 EPROM (erasable PROM)이다.

EPROM은 그들이 먼저 변경되어 있더라도 처음의 값(모두 0 또는 모두 1)으로 초기화할 수 있다. EPROM이 주어진 시간 동안 특정한 자외선(ultraviolet light, UV) 아래에 놓이면 이 단파장의 복사가 접점으로써 작용하는 내부적 게이트를 방전시킨다. 소거 후 ROM은 그의 초기상태로 복귀되고 다시 프로그래밍할 수 있다. 일부 ROM은 자외선 대신에 전기적 신호를 사용할 수 있는데, 전기적으로 지울 수 있으므로 EEPROM(electrically erasable ROM)이라 한다.

(1) ROM 응용

ROM은 진리표로부터 직접 복잡한 조합회로를 구현하기 위하여 광범위하게 쓰이고 있다. 그들은 코드변환기, 곱셈기 등과 같은 산술적 기능을 위하여 CRT(cathode-ray tube)에서 문자표시 그리고 많은 입력들과 출력들을 필요로 하는 여러 가지 응용들에서 쓰이고 있다. 또한 디지털 시스템의 제어장치 설계에서도 쓰인다. 2진 제어정보를 기억축적하기 위하여 ROM을 이용하는 제어장치를 마이크로프로그램된 제어장치(microprogrammed control unit)라 한다.

5.8 산술논리연산장치(ALU) 설계

산술논리연산장치(arithmetic logic unit, ALU)는 산술연산과 논리연산을 수행한다. ALU는 여러 선택선(select line)들을 사용하여 연산종류를 선택한다. 선택선이 n개이면 2^n개의 서로 다른 연산들을 지정할 수 있다. 그림 5.74는 4비트 ALU의 블록도이다.

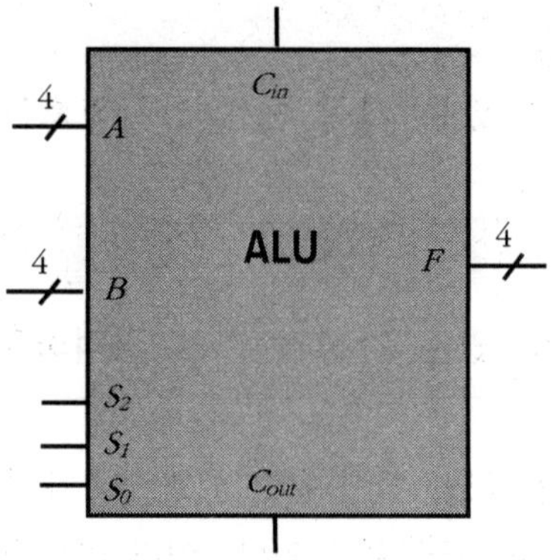

그림 5.74 4비트 ALU 블록도

입력 A와 B는 각각 4비트로 되어있고, 출력 F도 4비트이다. 모드선택 입력(mode-select input) S_2는 산술연산과 논리연산을 구별한다. 2개의 기능선택 입력(function-select input) S_1과 S_0는 특정한 산술 및 논리연산 동작을 생성한다. C_{in}과 C_{out}는 산술연산에서만 사용된다.

ALU는 다양한 방법으로 설계한다. 본 교재에서 ALU는 다음 세 단계로 설계를 한다.

ALU 설계 단계
제1단계 : 산술연산(arithmetic unit) 부분을 설계
제2단계 : 논리연산(logic unit) 부분을 설계
제3단계 : 산술연산 부분을 논리연산도 겸하여 수행할 수 있도록 수정하여 설계

5.8.1 산술연산회로

산술연산회로(Arithmetic Unit, AU)의 기본요소는 2진가산기(binary adder)이다. 2진가산기는 전가산기(FA)들을 직렬로 연결해서 구성된다(5.2.1참조). 2진가산기의 데이터 입력을 외부에서 적절히 제어하면 여러 가지 형태의 산술연산을 수행할 수 있다.

그림 5.75은 2진가산기의 1조의 입력들 중에서 B 입력과 입력자리올림(C_{in})을 외부에서 제어하는 경우 얻어지는 산술연산들을 나타내고 있다. 즉 B 입력이 B, B', 0 그리고 1로 C_{in}은 0 그리고 1로 변형하여 8가지의 산술연산들을 만든다. C_{in}은 LSB 자리의 전가산기로 들어가고 출력자리올림(C_{out})은 MSB 자리의 전가산기에서 나온다.

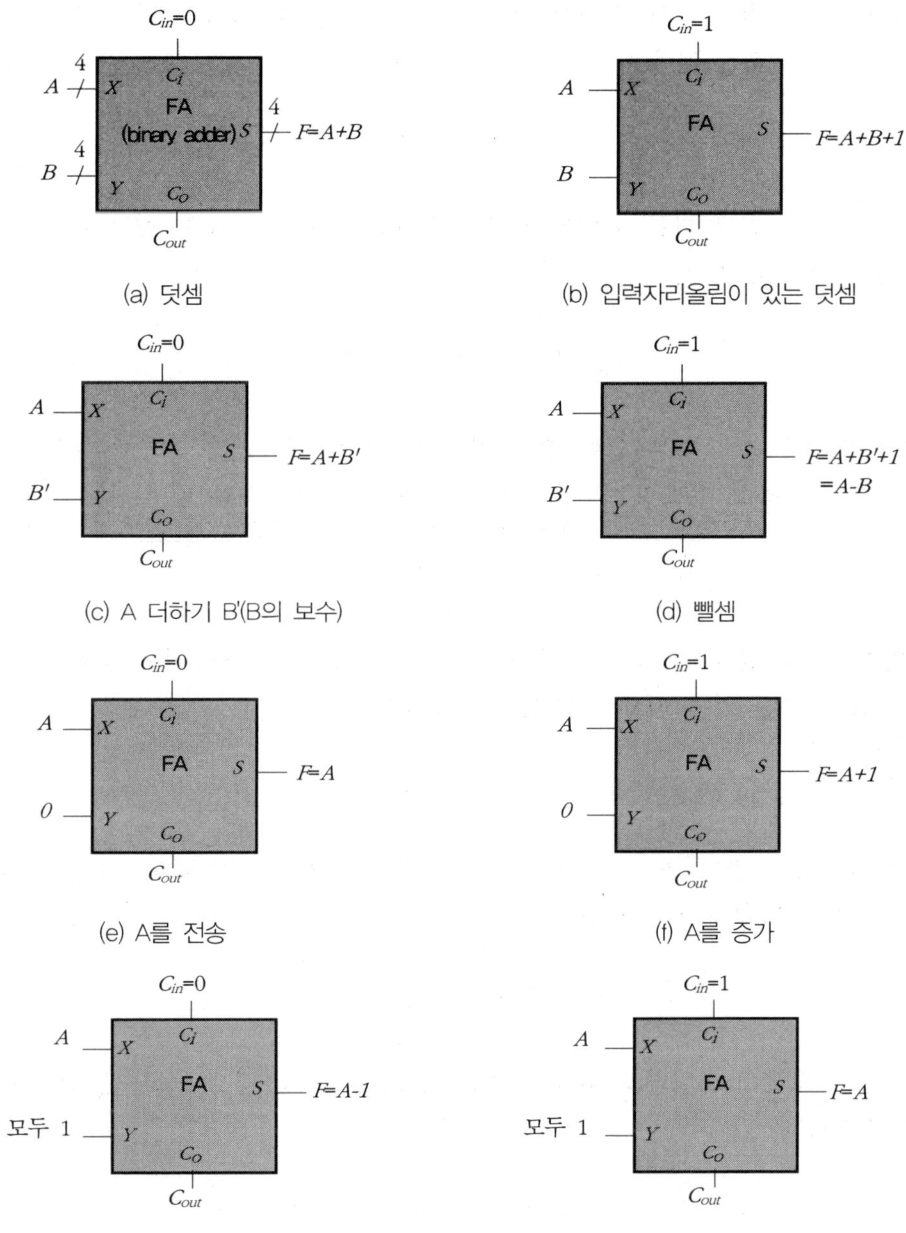

그림 5.75 2진가산기를 이용한 산술연산

① 한 입력이 2진수 A를 받고 다른 입력이 2진수 B 그리고 입력자리올림 C_{in}=0일 때는 다음과 같이 덧셈 연산(addition)으로 그림 5.75(a)와 같다.

$$F = A + B + 0 = A + B$$

② 한 입력이 A를 받고 다른 입력이 B 그리고 C_{in}=1일 때 다음과 같이 덧셈 연산에 입력자리올림을 더하는 결과가 되고 그림 5.75(b)와 같다.

$$F = A + B + 1$$

③ 한 입력이 A를 받고 다른 입력은 B'(B의 보수) 그리고 C_{in}=0일 때는 다음 결과가 되고 그림 5.75(c)와 같다.

$$F = A + B' + 0 = A + B'$$

④ 한 입력이 A를 받고 다른 입력 B' 그리고 C_{in}=1일 때는 다음 결과가 되는데 연산 결과 C_{out}을 무시하면 뺄셈 연산(subtraction)이 되고 그림 5.75(d)와 같다.

$$F = A + B' + 1$$

⑤ 한 입력이 A를 받고 B 입력 단자를 모두 0 그리고 C_{in}=0일 때는 A를 출력 F로 전송(transfer)시키는 것이 되고 그림 5.75(e)와 같다.

$$F = A + 0 + 0 = A$$

⑥ 한 입력이 A를 받고 B 입력 단자들을 모두 0 그리고 C_{in}=1일 때는 증가연산(increment)으로 그림 5.75(f)와 같다.

$$F = A + 0 + 1 = A + 1$$

⑦ 한 입력이 A를 받고 B 입력 단자들을 모두 1 그리고 C_{in}=0일 때는 감소연산(decrement)으로 그림 5.75(g)와 같다.

$$F = A - 1$$

이것을 증명하면 다음과 같다. n비트 전가산기 회로로 된 병렬가산기를 생각해 보자. 출력자리올림이 1이면 2진수 2^n은 1 다음에 0이 n개 붙은 수이고,

$$2^n = 1\ 0\ 0\ 0\ \cdots\ 0 \text{ (}n\text{개의 0과 1개의 1)}$$

이 2^n에서 1을 빼면

$$2^n\text{-}1 = 1\ 1\ 1\ 1\ \cdots\ 1 \text{ (}n\text{개의 1)}$$

인데, 이 수는 n개의 1로 되어 있다. 입력자리올림 $C_{in}=0$일 때, A에 $B(=2^n-1)$를 더하면

$$F = A + B + 0 = A + (2^n - 1) + 0 = 2^n + A - 1$$

이다. 출력자리올림 2^n을 없애버리면

$$F = A - 1$$

이 된다. 이 경우 $n=4$, $A=9$라고 하자. 그러면

A	=	1 0 0 1	=	$(9)_{10}$
2^4	=	1 0 0 0 0	=	$(16)_{10}$
2^4-1	=	1 1 1 1	=	$(15)_{10}$
$A+2^4$-1	=	1 1 0 0 0	=	$(15+8)_{10}$

이다. 출력자리올림 2^4를 없애면 8=9-1 얻는다. A에 모두 1로 된 수 B를 더함으로써 A를 하나 감소하는 연산을 수행했다.

⑧ 한 입력이 A를 받고 B입력 단자들을 모두 1로, 그리고 입력자리올림 $C_{in}=1$일 때 출력자리올림 2^n을 무시하면 A를 출력 F로 전송시키는 것이 된다. 그림 5.75(h)와 같다.

$$F = A + B + 1 = A + (2^n - 1) + 1 = A$$

그림 5.75의 모든 기능들을 수행할 수 있도록 하기 위해서 입력 B를 제어하여야 할 것이다. 입력 B는 네 가지 상태, 즉 0, 1, B, B'를 갖는다. 입력 B를 제어하는 선택입력회로를 그림 5.76에 나타내었다.

S_1	S_0	Y_i
0	0	0
0	1	B_i
1	0	B_i'
1	1	1

(a) 기능표

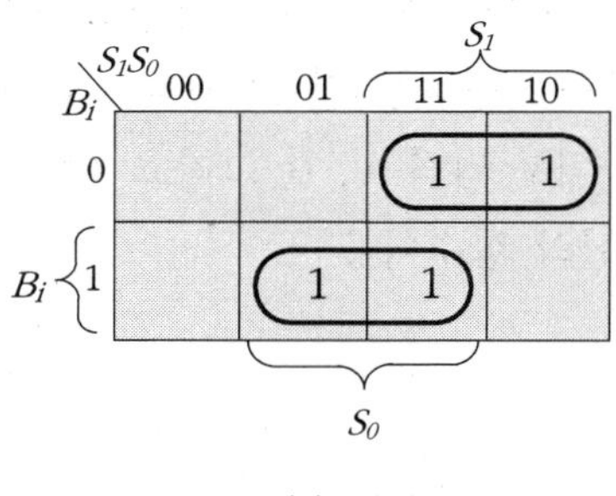

(b) 간략화

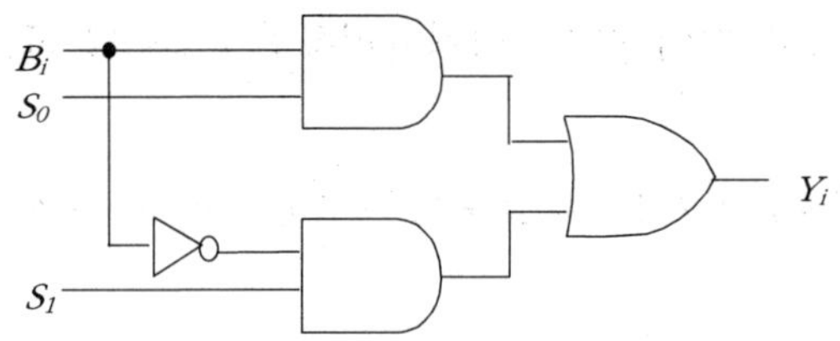

(c) 선택입력 Y_i 회로

그림 5.76 B를 제어하는 선택입력회로 설계

두 선택변수 S_1과 S_0가 B 입력을 제어한다. 따라서 출력비트 Y_i는 기능표로부터 다음과 같은 부울식이 된다.

$$Y_i = S_1' S_0 B_i + S_1 S_0' B_i' + S_1 S_0$$

간략화 과정을 통하여 출력비트 Y_i는 한 대표적인 입력비트 B_i와 선택변수의 함수로 다음과 같이 구해진다.

$$Y_i = B_i S_0 + B_i' S_1$$

실제로는 이와 같은 회로가 n개 있어야 한다. 기능표에 나타난 동작을 설명한다.

- S_1S_0=00이면, B_i에 관계없이 출력 $Y_i = 0$이다.
- S_1S_0=01이면, $Y_i = B_i$이다.
- S_1S_0=10이면, 아래 AND 게이트가 B_i의 보수를 발생시켜 $Y_i = B_i'$이다.
- S_1S_0=11이면, 두 게이트가 다 작동되어 $Y_i = B_i + B_i' = 1$이다.

8가지 산술연산을 수행하는 4비트 산술연산회로의 이름을 AU로 하는 블록도와 논리도가 그림 5.77에 나타나 있다.

첫 번째 단(stage) FA의 C_i입력으로 C_{in}이 연결되며, 네 번째 단의 FA의 C_o출력이 C_{out}이다. 다른 자리올림들은 한 단에서 다음 단으로 내부적으로 연결된다. 선택변수들은 S_1, S_0 그리고 C_{in} 3개이다. 변수 S_1과 S_0는 전가산기의 모든 B 입력을 제어한다. 입력 A는 FA의 X 입력으로 직접 연결된다. 외부 입력 A_i, B_i 그리고 2진가산기 입력 X_i, Y_i 사이에 있어야 할 조합회로는 수행할 산술연산의 함수이다.

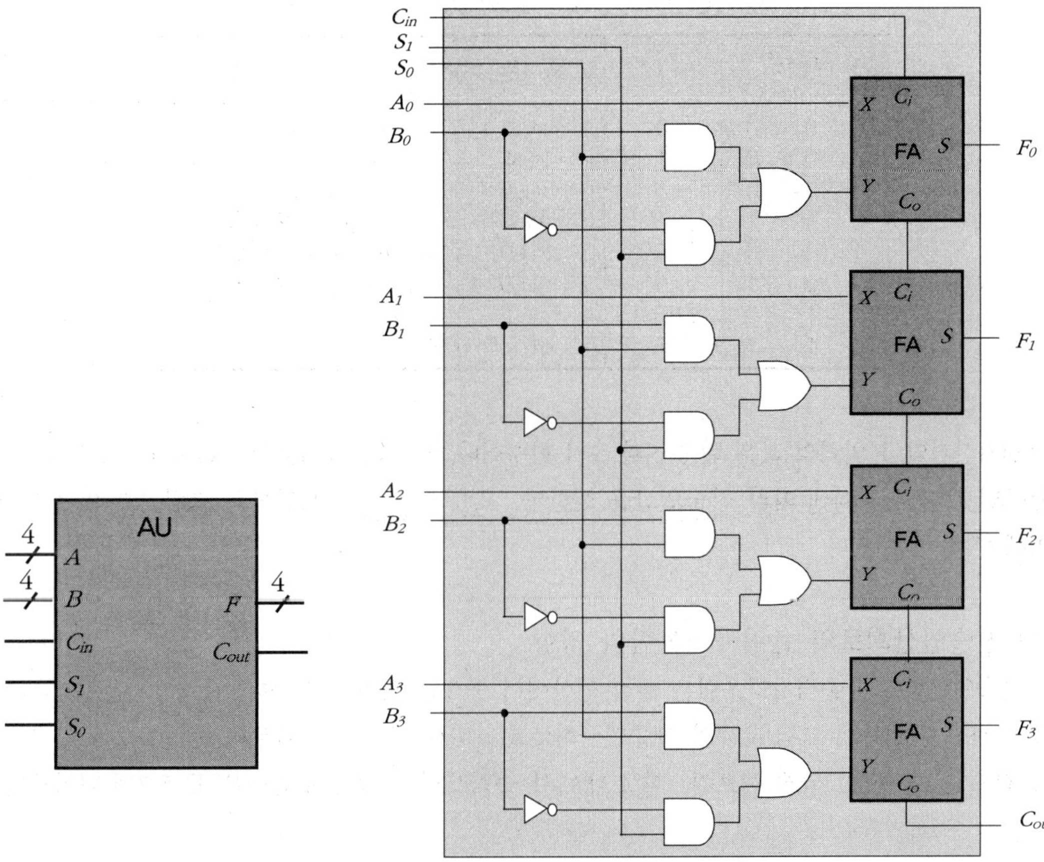

(a) 블록도　　　　　　　　　　　　(b) 회로도

그림 5.77 산술연산회로(AU)

그림 5.77의 산술연산회로에는 각 단마다 다음과 같은 부울식으로 표시된 조합논리회로가 있다.

$$X_i = A_i$$
$$Y_i = B_iS_0 + B_i'\,S_i$$

여기서 i=0. 1, 2, 3, ⋯, n-1이다. n은 산술연산회로의 비트 수이다. 4비트인 경우, 각 i 단마다 공통적인 선택변수 S_1와 S_0가 있어야 한다. 산술연산회로가 다른 산술연산들을 수행하려면 이 회로가 달라질 것이다.

산술연산회로에서 수행되는 산술연산들이 표 5.6에 나열되어 있다.

표 5.6 그림 5.77의 산술연산회로(AU)의 기능표

기능 선택			Y	출 력	기 능
S_1	S_0	C_{in}			
0	0	0	0	$F=A$	A 전송
0	0	0	1	$F=A+1$	A 증가
0	1	0	B	$F=A+B$	A에 B를 더함
0	1	1	B	$F=A+B+1$	A 증가하여 B를 더함
1	0	0	B'	$F=A+B'$	A에 B의 1의 보수를 더함
1	0	1	B'	$F=A+B'+1$	A에 B의 2의 보수를 더함
1	1	0	모두 1	$F=A-1$	A 감소
1	1	1	모두 1	$F=A$	A 전송

전가산기의 Y 입력의 값은 변수 S_1과 S_0의 함수이다. 각 경우에 A값에 Y값을 더하고 C_{in}값을 합하면 각각의 제어에 따라 산술연산을 행한다. 표에 있는 8가지 연산은 그림 5.75의 설명에 의해 직접 얻어진다.

(1) 산술연산회로의 출력자리올림의 영향

산술연산회로의 출력자리올림은 뺄셈 연산에서 중요한 의미를 갖는다. 출력자리올림의 영향을 조사하기 위하여 그림 5.77의 산술연산회로를 n비트 확장시켜 회로의 출력이 2^n보다 크거나 같으면 $C_{out}=1$이 되게 해보자. 회로 내에서 출력캐리를 갖는 조건들은 표 5.7에 나타낸다.

표 5.7 산술연산회로(AU)의 출력자리올림의 영향

기능 선택			산술기능	$C_{out}=1$일 때 조건	설 명
S_1	S_0	C_{in}			
0	0	0	$F=A$		C_{out}는 언제나 0
0	0	1	$F=A+1$	$A=2^n-1$	$A=2^n-1$이면, $C_{out}=1$ 그리고 $F=0$
0	1	0	$F=A+B'$	$(A+B)\geq 2^n$	$C_{out}=1$이면 오버플로워 발생
0	1	1	$F=A+B'+1$	$(A+B)\geq(2^n-1)$	$C_{out}=1$이면 오버플로워 발생
1	0	0	$F=A-B-1$	$A>B$	$C_{out}=0$이면 $A\leq B$이고 F는 $(B-A)$의 1의 보수
1	0	1	$F=A-B$	$A\geq B$	$C_{out}=0$이면 $A<B$이고 F는 $(B-A)$의 2의 보수
1	1	0	$F=A-1$	$A\neq 0$	$A=0$일 때만 제외하고는 언제나 $C_{out}=1$
1	1	1	$F=A$		C_{out}은 언제나 1

① $F=A$, $F=A+1$ 연산 중 자리올림의 영향

함수 $F=A$의 출력자리올림 C_{out}은 언제나 0이다. 증가연산 $F=A+1$에서도 마찬가지인데, 단 모든 비트가 1인 상태여서 두 0인 상태로 될 때는 해당되지 않는다. 이때는 $C_{out}=1$이다. 덧셈 연산 후 $C_{out}=1$이 되면 오버플로가 생긴 것이다. 이것은 합이 2^n과 같거나 또는 크고, $n+1$비트임을 나타낸다.

② $F=A+B'$ 연산 중 자리올림의 영향

연산 $F=A+B'$는 B의 1의 보수를 A에 더하는 것이다.

$$F = A + 2^n - 1 - B = 2^n + A - B - 1$$

여기서 만일 $A>B$이면 $(A-B)>0$이고, $F>(2^n-1)$이다. 따라서 $C_{out}=1$이다. 이 결과 출력자리올림 2^n을 없애면,

$$F = A - B - 1$$

이 되는데, 이것은 자리내림(borrow)이 있는 감산이 된다.

만일 $A \leqq B$이면 $(A-B) \leqq 0$이고, $F \leqq (2^n-1)$이다. 따라서 $C_{out}=0$이다. 이럴 때에는 결과를 다음과 같이 표시하는 것이 더 편리하다. 이것은 $(B-A)$의 1의 보수이다.

$$F = (2^n - 1) - (B - A)$$

③ $F=A+B'+1$ 연산 중 자리올림의 영향

$F=A+B'+1$일 때의 출력자리올림에 대한 조건들도 비슷한 방법으로 유도할 수 있다. $B'+1$은 B의 2의 보수이다. 산술적으로 이것은 2^n-B를 구하는 연산이고 결과는 다음과 같다.

$$F = A + 2^n - B = 2^n + A - B$$

이때 $(A \geqq B)$라면 $(A-B)$이고 $F \geqq 2^n$, $C_{out}=1$이다. 출력자리올림 2^n을 없애면

$$F = A - B$$

가 되어 뺄셈 연산이 된다. 그러나 만일 $A<B$라면 $(A-B)<0$이고, $F<2^n$ 이어서 $C_{out}=0$이다. 이때의 산술연산의 결과는 다음과 같다.

$$F = 2^n - (B - A)$$

이것은 $(B-A)$의 2의 보수가 된다. 그러므로 뺄셈 연산의 결과는 $A \geqq B$일 때에만 옳게 나온다. 만일 $B>A$라면 출력은 $B-A$가 되어야 하지만 회로는 $(B-A)$의 2의 보수를 발생시킨다.

④ *F=A−1* **연산 중 자리올림의 영향**

감소작동은 $F=A+(2^n-1)=2^n+A-1$로 된다. 출력자리올림은 $A=0$일 때만 제외하고 언제나 1이 된다. 0에서 1을 빼면 -1인데 -1을 2의 보수로 표시하면 2^n-1이 되고, 모든 비트가 1이다. 그러므로

$$F = (2^n - 1) + A + 1 = 2^n + A$$

를 수행한다. 이것은 출력자리올림을 1로 만들며 A를 F로 전송하는 작동이다.

5.8.2 논리연산회로

표 2.4에는 두 2진 변수들에 의해 수행되는 16가지 논리연산들이 나와 있다. IC 논리연산들은 한 회로 내에서 수행될 수 있고, 4개의 선택선에 의해 선택된다. 모든 논리연산은 AND, OR, NOT(보수) 연산을 써서 수행이 가능하므로 이런 동작들만을 갖는 논리회로를 활용하는 것이 더 편리하다. 이 3종류 논리연산에 대해서는 2개의 선택변수가 필요하다. 그러나 2개의 선택선으로 4가지 논리연산을 선택할 수 있으므로 XOR 연산을 추가하기로 한다.

논리연산회로(Logic Unit, LU)의 블록도 이름은 LU이고 그림 5.77처럼 간단하게 설계가 가능하다.

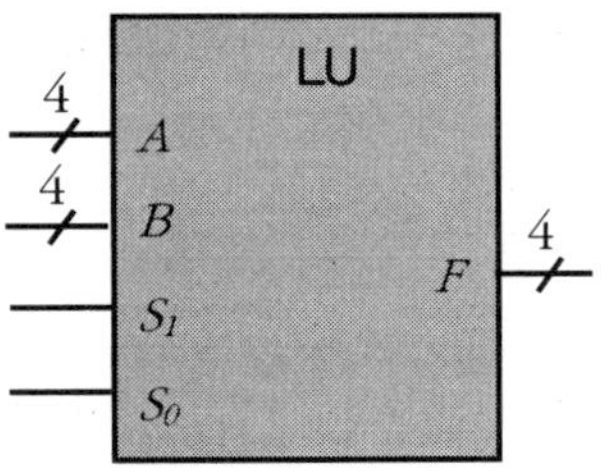

(a) 블록도

S_1	S_0	출 력	논리연산
0	0	$F_i = A_i+B_i$	OR
0	1	$F_i = A_i \oplus B_i$	XOR
1	0	$F_i = A_iB_i$	AND
1	1	$F_i = A_i'$	NOT

(b) 기능표

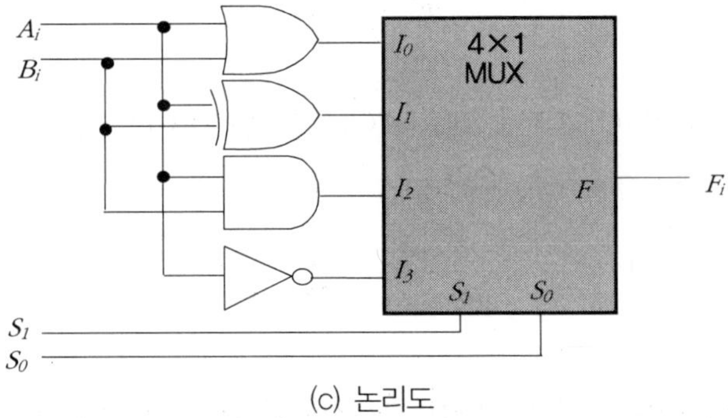

(c) 논리도

그림 5.78 논리연산회로

이 그림은 첨자 i로 표시된 일반적인 한 단계만 보인 것이다. n개의 비트 논리회로에 대해서는 이런 회로가 n개 연결되어야 한다. 4개의 게이트가 OR, XOR, AND, NOT의 네 논리연산을 각각 수행하면 MUX의 두 선택변수가 이들의 출력을 위한 게이트 중에서 하나를 선택한다. 기능표는 두 선택변수의 함수로서 생성되는 출력논리를 나열하였다.

5.8.3 산술연산회로와 논리연산회로의 결합

산술연산회로(arithmetic unit, AU)와 논리연산회로(logic unit, LU)를 결합하면 산술논리연산회로(arithmetic logic unit, ALU)가 된다(그림 5.79).

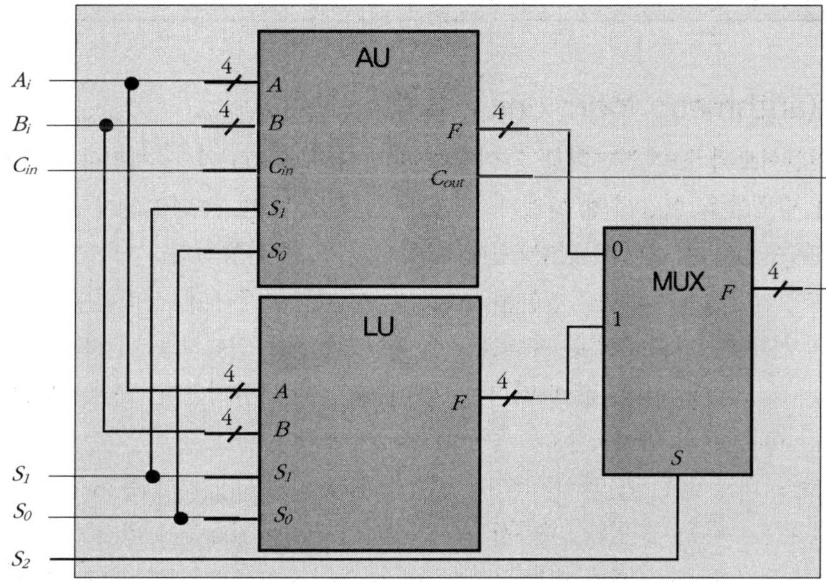

그림 5.79 ALU : 논리연산회로와 산술연산회로의 결합

선택변수 S_2가 산술연산 그리고 논리연산 중에 하나를 선택하고 S_1과 S_0는 선택된 연산 중에서 연산 종류를 결정하는 데 사용된다.

각 단(stage)의 산술연산회로와 논리연산회로의 출력들은 선택변수 S_2가 있는 MUX에서 S_2=0일 때는 산술회로의 출력이, S_2=1일 때는 논리회로의 출력이 선택된다.

그림 5.79의 ALU에서 수행하는 연산들의 기능표를 표 5.8에 나타내었다. 논리연산에서는 자리올림수를 사용하지 않으므로 C_{in}은 무시항으로 표기하였다.

표 5.8 ALU 기능표

	선택 S_2	S_1	S_0	C_{in}	출 력	기 능
산술연산	0	0	0	0	$F = A$	A를 전송
	0	0	0	1	$F = A+1$	A를 증가
	0	0	1	0	$F = A+B$	덧셈
	0	0	1	1	$F = A+B+1$	자리올림이 있는 덧셈
	0	1	0	0	$F = A-B-1$	자리내림이 있는 뺄셈
	0	1	0	1	$F = A-B$	뺄셈
	0	1	1	0	$F = A-1$	A를 감소
	0	1	1	1	$F = A$	A를 전송
논리연산	1	0	0	×	$F = A+B$	OR
	1	0	1	×	$F = A \oplus B$	XOR
	1	1	0	×	$F = A \cdot B$	AND
	1	1	1	×	$F = A'$	A의 보수

5.8.4 ALU(arithmetic logic unit) 설계

앞서 산술연산회로와 논리연산회로들 이용하여 간단하게 ALU가 설계된다. 그러나 ALU 설계는 다양한 방법들을 이용하여 설계가 가능하다. 예를 들면, 논리연산이 가능한 형태로 산술연산회로를 수정하여 보다 간단한 형태의 ALU 설계가 가능하다.

8종류의 산술연산과 4가지의 논리연산을 수행하는 ALU를 설계하자. 선택변수 S_2, S_1과 S_0은 8가지 연산들의 선택에 쓰이고, C_{in}은 추가로 4가지 산술연산을 선택하는 데 사용된다. S_2=0이면 세 입력(C_{in}, S_1 그리고 S_0)의 값에 따라 8종류 산술연산을 선택한다. S_2=1이면 S_1과 S_0는 4가지 논리연산 OR, XOR, AND, NOT 중 하나를 선택한다.

ALU는 조합논리회로이다. 이 장치는 규칙적인 형태를 지니고 있기 때문에 직렬로 연결된 동일한 여러 단계들로 나눌 수 있다. 따라서 ALU의 한 단계만을 설계하고 이것들을 단계수만큼 반복하면 된다. 각 단계에는 6개의 입력 A_i, B_i, C_i, S_2, S_1, S_0가 있고 출력 F_i와 출력자리올림 C_{i+1}이 있다. 독자들은 64개의 항을 가진 진리표를 만들어 출력함수를 간단히 할 수 있다. 여기서는 2진가산기를 이용하여 설계하며, 그 과정은 다음과 같다.

① 논리연산 부분에 관계없이 산술연산 부분만 설계
② 과정 1의 산술연산회로로부터 얻어지는 논리연산들을 검토
　모든 단계에서 입력자리올림은 0이라고 가정한다.
③ 필요한 논리연산을 수행할 수 있도록 산술연산회로를 보완

②단계 산술연산회로로부터 논리연산이 가능한지 검토한 후, ③단계 산술연산회로 보완하는 과정을 시작해보자. 전가산기의 세 입력 중 논리연산에서 C_i는 항상 0이고 Y_i는 S_1S_0의 값에 따라 이미 결정되어 있으므로 X_i 입력만 변형이 가능함을 명심하자. 즉 X_i 입력의 변형을 통하여 산술회로 보완을 해야 한다.

(1) 산술연산회로를 이용한 논리연산회로 설계 검토

이미 설계한 그림 5.77의 산술연산회로로부터 논리연산 동작이 가능한지 조사해보자. 논리연산회로에서는 S_2=1이고 자리올림을 사용하지 않으므로 C_i=0이 되면, 전가산기 출력은

$$F_i = X_i \oplus Y_i \oplus C_i = X_i \oplus Y_i \oplus 0 = X_i \oplus Y_i$$

이다. X_i는 A_i 입력이 되고 Y_i는 2개의 선택신호 S_1과 S_0 값에 따라 0, B_i, B_i' 또는 1이 된다. 표 5.9는 S_2가 1일 때 얻어지는 4가지 논리동작을 나타내고 있다.

표 5.9 산술연산에서의 논리동작

S_2	S_1	S_0	X_i	Y_i	C_i	$F_i = X_i \oplus Y_i$	연 산	요구 논리연산	확 인
1	0	0	A_i	0	0	$F_i = A_i$	A 전송	OR	V
1	0	1	A_i	B_i	0	$F_i = A_i \oplus B_i$	XOR	XOR	OK
1	1	0	A_i	B_i'	0	$F_i = (A_i \oplus B_i)'$	XNOR	AND	V
1	1	1	A_i	1	0	$F_i = A_i'$	NOT	NOT	OK

XOR 연산과 NOT 연산은 그대로 사용해도 되지만, OR 연산과 AND 연산이 문제가 된다. 입력을 $S_2S_1S_0$=100에서 출력을 OR 연산으로 만들기 위해서는 A_i를 (A_i+B_i)로 바꿔야 한다. 그리고 $S_2S_1S_0$=110에서 출력을 AND 연산으로 만들기 위해서는 $(A_i \oplus B_i)'$를 A_iB_i로 바꿔야 한다.

(2) 산술연산회로를 이용한 논리연산회로 설계 유도

먼저 OR 연산기능을 유도해 보자. OR 연산은 선택변수 $S_2S_1S_0$=100일 때 동작해야 한다. S_1S_0=00이므로 Y_i=0이고, 따라서

$$F_i = X_i \oplus Y_i \oplus C_i = A_i \oplus 0 \oplus 0 = A_i$$

이다. 이 출력을 OR 연산으로 바꾸기 위해서는 $S_2S_1S_0$=100에서 각 전가산기 입력 X_i=A_i를 (A_i+B_i)로 바꿔야 한다. 따라서 X_i 입력은 아래와 같이 변형되어야 한다.

$$X_i = A_i + S_2 S_1' S_0' B_i$$

다음으로 AND 연산기능은 선택변수 $S_2S_1S_0$=110일 때 동작해야 한다. 이 경우 S_1S_0=10이므로, Y_i=B_i'이고, 따라서

$$F_i = X_i \oplus Y_i \oplus C_i = A_i \oplus B_i' \oplus 0 = A_iB_i + A_i'B_i' = (A_i \oplus B_i)'$$

가 출력되어 애초 원치 않았던 출력이 되었다. 따라서 이 연산을 보완하여 AND 연산을 만들자. 한번 A_i를 어떤 부울식 K_i와 OR 시켜보자. 즉

$$F_i = X_i \oplus Y_i = (A_i + K_i) \oplus B_i'$$
$$= (A_i + K_i)B_i + (A_i + K_i)' B_i' = A_iB_i + K_iB_i + A_i' K_i' B_i'$$

과 같이 되는데, 이 때 변수 K_i를 K_i=B_i'로 놓으면

$$F_i = A_iB_i + B_i' B_i + A_iB_iB_i' = A_iB_i$$

가 되어 AND 연산이 된다. 결론적으로 말하면 $S_2S_1S_0$=110일 때 A_i와 B_i'와 OR 연산시켜 전가산기의 입력 X_i는 A_i 대신에 A_i+B_i', Y_i에는 B_i'를 넣으면, 결과는 AND 연산이 된다. 따라서 X_i 입력은 아래와 같이 변형되어야 한다.

$$X_i = A_i + S_2S_1S_0' B_i'$$

표 5.10에서 검토한 산술연산에서의 논리동작 여부를 앞에서 전가산기 입력 X_i 입력 변형을 통하여 다시 확인해보자. X_i 입력은 선택신호($S_2S_1S_0$)값에 따라 변형되고 Y_i는 2개의 선택신호 S_1과 S_0 값에 따라 0, B_i, B_i' 또는 1이 된다.

표 5.10 산술연산에서의 논리동작

S_2	S_1	S_0	X_i	Y_i	C_i	$F_i = X_i \oplus Y_i$	논리연산	확 인
1	0	0	A_i+B_i	0	0	$F_i = A_i + B_i$	OR	OK
1	0	1	A_i	B_i	0	$F_i = A_i \oplus B_i$	XOR	OK
1	1	0	A_i+B_i'	B_i'	0	$F_i = A_iB_i$	AND	OK
1	1	1	A_i	1	0	$F_i = A_i'$	NOT	OK

각 선택신호 값에 따라 4가지 논리연산을 가능함을 확인할 수 있다. 따라서, 산술연산회로를 이용한 논리연산회로 설계가 가능함을 알 수 있다.

전가산기 입력 중 X_i는 다음의 부울식들로 표시할 수 있다.

$$X_i = A_i + S_2S_1' S_0' B_i + S_2S_1S_0' B_i'$$

그리고 전가산기 입력 C_i는 논리연산에서 항상 0이어야 하므로

$$Z_i = S_2' C_i$$

로 나타내야 한다. 따라서 수정된 전가산기 입력함수들은 다음 세 부울식들로 표시된다.

$$X_i = A_i + S_2 S_1' S_0' B_i + S_2 S_1 S_0' B_i'$$
$$Y_i = S_0 B_i + S_1 B_i'$$
$$Z_i = S_2' C_i$$

전가산기 입력함수들은 S_2 제어신호에 따라 산술연산 그리고 논리연산을 수행한다.

$S_2 = 0$ (산술연산)	$S_2 = 1$ (논리연산)
$X_i = A_i$ $Y_i = S_0 B_i + S_1 B_i'$ $Z_i = C_i$	$X_i = A_i + S_1' S_0' B_i + S_1 S_0' B_i'$ $Y_i = S_0 B_i + S_1 B_i'$ $Z_i = 0$

그림 5.80은 수정된 전가산기 입력회로들을 나타낸 것이다.

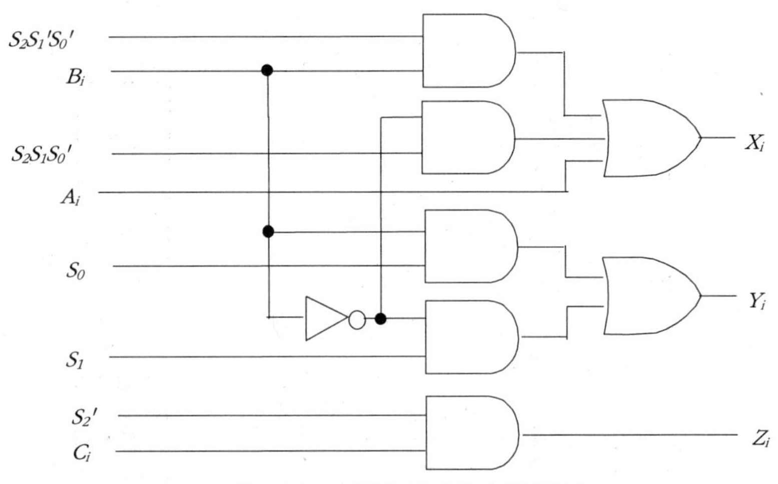

그림 5.80 수정된 전가산기 입력회로

최종적인 4비트 ALU는 ALU4라는 이름으로 그림 5.81과 같이 된다.

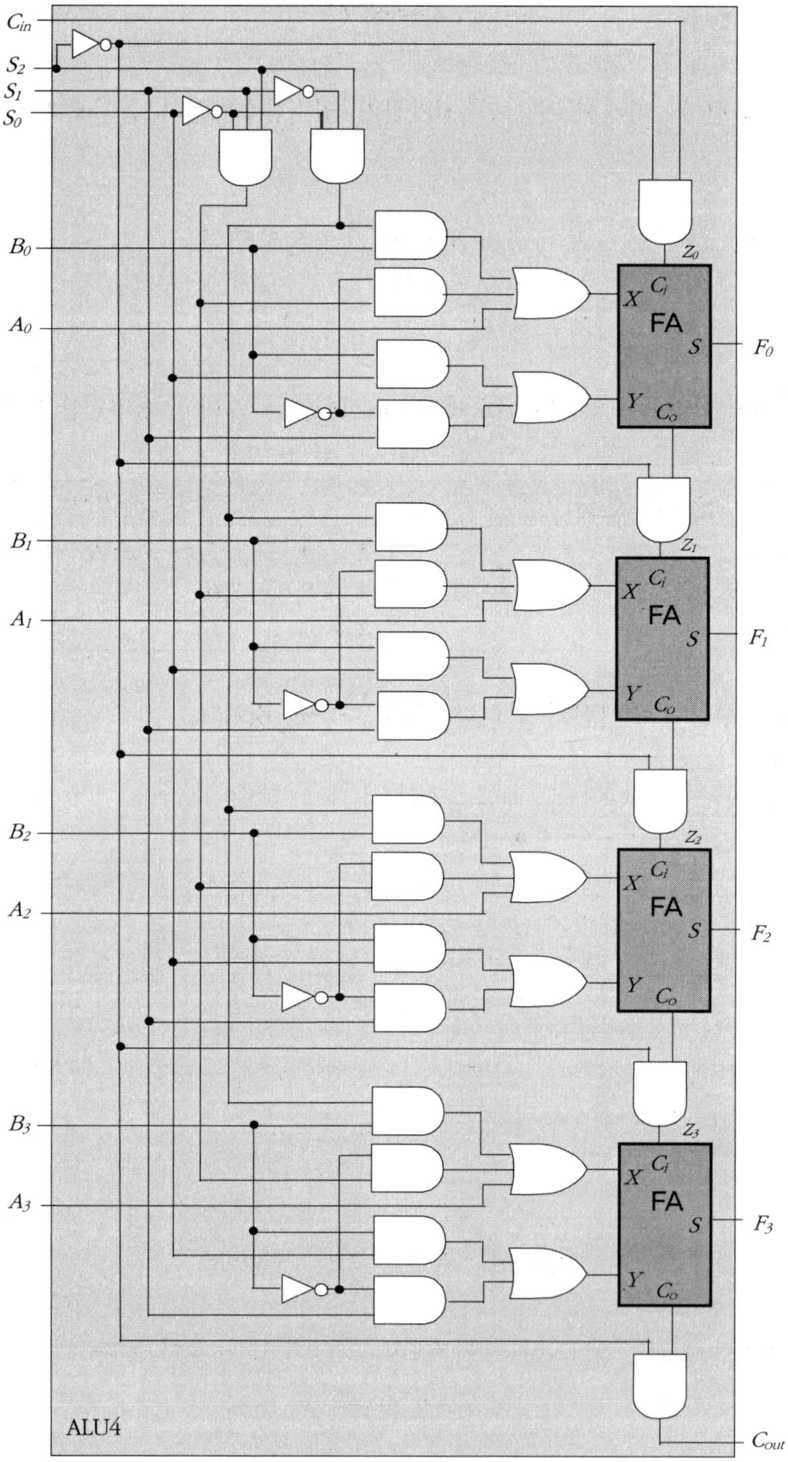

그림 5.81 4비트 ALU의 논리도

(3) 8비트 ALU 설계

그림 5.81의 4비트 ALU를 이용하여 ALU의 비트수를 확장할 수 있다. 예를 들면, 8비트 ALU 설계를 할 수 있다. 즉 2개의 4비트 ALU를 병렬로 연결하고 자리올림수의 연결은 BCD 가산기의 방법과 같이 하면 8비트 ALU가 된다(그림 5.82).

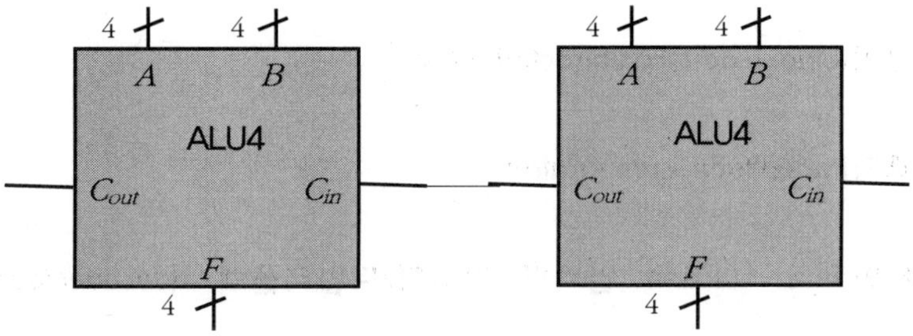

그림 5.82 8비트 ALU

5.9 요약

□ 부울식은 MSI 또는 LSI IC로 구현

□ 2진가산기(binary adder) 및 2진감산기(binary subtractor) 설계

□ 2진가감산기(binary adder/subtractor) 설계

□ 크기 비교기(magnitude comparator)

□ 디코더와 인코더 : 디코더, 인코더, 디코더/디멀티플렉서(decoder/demultiplexer)

□ 멀티플렉서(multiplexer)

□ ROM(Read Only Memory)

□ 산술논리연산회로(arithmetic logic unit, ALU)

5.10 연습문제

1. 2진가산기 IC(74LS283)을 이용하여 다음과 같은 코드변환기를 설계하시오.
   (1) 그레이-2진 코드변환기
   (2) 2진-그레이 코드변환기

2. 4×1 멀티플렉서(74LS157)와 1×4 디멀티플렉서(74LS139)가 단일선로를 통해 여러 가지 소스로부터 신호를 전송하고 복원하기 위해서 어떻게 사용되는지 보여라. 다른 소스들은 동시에 전송할 필요가 없다고 가정한다.

3. 8×3 인코더(74LS148A)를 16×4 인코더로 확장하시오.

4. 3×8 디코더(74LS138)를 6×64 디코더로 확장하기 위한 방법을 설명하여라. 74LS138A와 같은 디코더는 컴퓨터에서 어드레스 디코더로서 사용된다.

5. 속도가 단순하게 직렬 연결된 것만큼 떨어지지 않으면서 4비트 크기 비교기(74LS85)를 24비트로 확장하기 위한 방법을 설명하여라.

6. 다음 부울식을 구현하는 8 × 4 ROM에 대한 진리표를 작성하라.

$$A(x,\ y,\ z) = \sum(1,\ 2,\ 4,\ 6)$$
$$A(x,\ y,\ z) = \sum(0,\ 1,\ 6,\ 7)$$
$$A(x,\ y,\ z) = \sum(2,\ 6)$$
$$A(x,\ y,\ z) = \sum(1,\ 2,\ 3,\ 5,\ 7)$$

7. 4비트를 제곱하는 조합회로에 대한 ROM 프로그램표를 작성하라. 곱항 수를 간략화하라.

제 6 장

순차논리회로

학습 목표

· 순차논리회로 기본 개념
  - 순차논리회로의 기본 개념을 이해한다.
  - 순차논리회로의 종류와 타이밍에 대해 배운다.
  - 게이트를 이용한 메모리 설계 방법을 배운다.

· 플립플롭
  - 순차논리회로의 기본 블록인 플립플롭들의 동작 방법을 배운다.

· 동기식 순차논리회로 설계
  - 동기식 순차논리회로 설계 방법을 배운다.
  - 상태도, 상태표, 상태식, 상태배정, 여기표, 플립플롭 입력함수 등 순차논리회로 설계에 필요한 기법들을 배운다.

지금까지 출력값이 입력값에만 의존하는 디지털 논리회로를 공부하였다. 2입력 AND 게이트의 두 입력들에 각각 1이 입력되면, 즉시 출력은 1이 나타나는 회로로서 출력이 오직 입력값에만 의존하고 조합논리회로(combinational logic circuit)라 한다(4장, 5장).

때때로 이전 출력(previous output) 값과 이전 입력(previous input) 값에 따라 출력을 내는 논리회로가 필요하다. 이러한 논리회로는 이전 사건을 기억할 수 있고 이전 사건에 따라 반응을 나타낼 수 있는 복잡한 논리 시스템을 설계하기 위해 사용된다.

출력이 하나씩 증가하며 계수(count) 하는 경우를 생각해보자(그림 6.1).

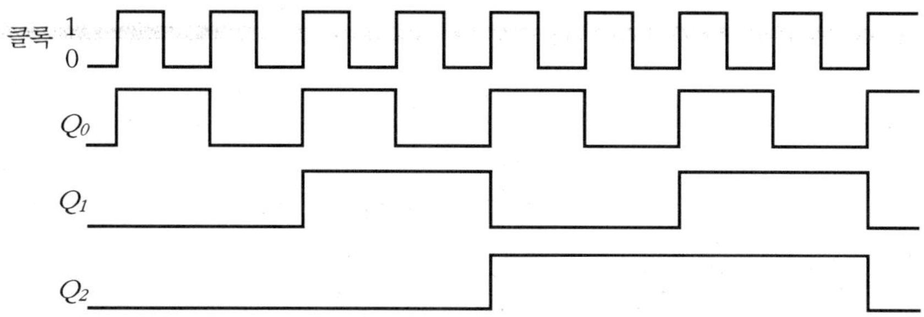

그림 6.1 2진상향계수 순차(binary up–count sequence)

출력들은 $Q_2Q_1Q_0$이고 입력은 클록(clock)이다. 클록은 정해진 크기의 전압값을 갖고 일정하고 반복적인 펄스 형태의 신호이다. 하나의 출력패턴으로 부터 다음 변화는 클록이 0에서 1, 1에서 0으로 변할 때 발생한다. 그림은 클록이 0에서 1로 변하는 순간에 발생하는 출력변화를 나타낸 것이다, 출력들이 순차적으로 다음 같이 변화한다.

000, 001, 010, 011, 100, 101, ...

이같이 순차적으로 변하는 2진수를 2진순차(binary sequence)라고 한다. 증가하는 형태의 2진순차를 2진상향계수 순차(binary up-count sequence)라 하고, 감소하는 형태의 2진순차를 2진하향계수 순차(binary down-count sequence)라고 한다. 2진순차를 출력하는 회로는 2진카운터(binary counter)라고 한다.

2진상향계수 순차에서 000 다음의 출력패턴은 001, 001 다음의 출력패턴은 010 등등이다. 이 경우 001은 이전 출력 000을 기억해야만 출력패턴이 발생된다. 010은 이전 출력 001을 기억하고 있어야 한다. 그러므로 조합논리회로와는 달리 이전 상태를 기억할 수 있는 기능을 갖는 회로가 있어야 2진순차가 이루어지는 디지털 시스템을 설계할 수 있다. 이러한 메모리 기능을 갖는 논리회로를 **순차논리회로**(sequential logic circuit)라 한다.

순차논리회로의 블록도는 그림 6.2와 같다.

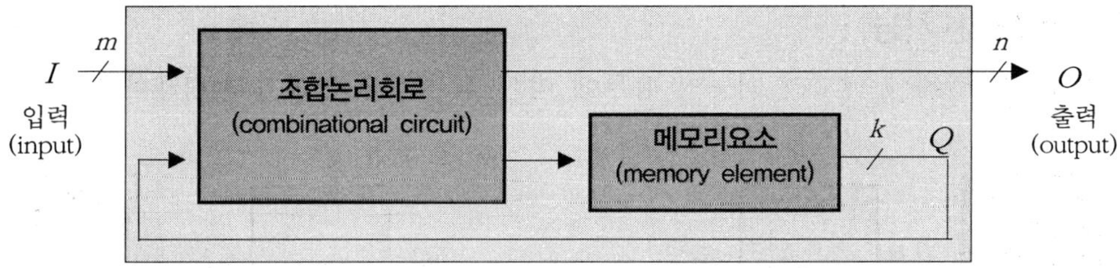

그림 6.2 순차논리회로 블록도

순차논리회로는 조합논리회로에 메모리요소(memory element)가 연결되어 있고 메모리요소의 출력이 조합논리회로의 입력으로 피드백(feedback)되는 구조를 가지고 있다. 여기서 메모리요소는 어떤 주어진 시간의 2진 정보를 저장하며 순차논리회로의 상태(state)로 정의된다. 순차논리회로의 입력신호는 외부로부터 입력신호 I인 2진 정보와 메모리 요소의 현재상태(present state) Q값이다. 따라서 순차논리회로의 출력은 외부 입력신호 I와 현재상태 입력 Q의 함수가 된다. 그림 6.2의 순차논리회로의 블록도를 부울식으로 표현하면 아래와 같다.

$$O_j = F(I_0, I_1, \cdots, I_{m-1}, Q_0, Q_1, \cdots, Q_{k-1})$$

여기서 j=0, ⋯, n-1이다. 순차논리회로는 현재 입출력값뿐만 아니라 이전 입출력값에 따른 출력값들에 의해 특징지어진다. 따라서 순차논리회로는 조합논리회로에 메모리 기능이 포함된 것이다. 순차논리회로에서 조합논리회로 부분이 없고 메모리요소만 존재할 때에도 이 회로를 순차논리회로라고 한다.

순차논리회로는 이전 값을 기억하기 위해 메모리 기능을 가져야만 한다. 조합논리회로에 추가되는 메모리의 개념과 피드백 회로 구성에 대해서 잘 이해가 되지 않을 수 있다. 따라서 순차논리회로의 이해를 위한 기본적인 개념들을 먼저 공부해보자.

6.1 순차논리회로의 기본 개념

순차논리회로는 이전 값을 기억하기 위해 메모리 기능이 반드시 요구된다. 앞서 2진카운터의 기능을 설명하면서 이전 숫자를 기억해야하는 의미를 설명하였다. 인간들도 숫자를 계수할 때 이전 숫자를 기억하지 못하면 다음 숫자를 말할 수 없다. 조합논리회로에 추가되는 메모리의 개념과 피드백 회로 구성에 대해서 잘 이해되지 않을 수 있다. 따라서 순차논리회로의 이해를 위한 기본적인 개념들을 먼저 공부해보자.

6.1.1 메모리 기능

디지털 시스템에서 메모리 기능의 유무에 따른 차이점은 어떨지 생각해보자(그림 6.3).

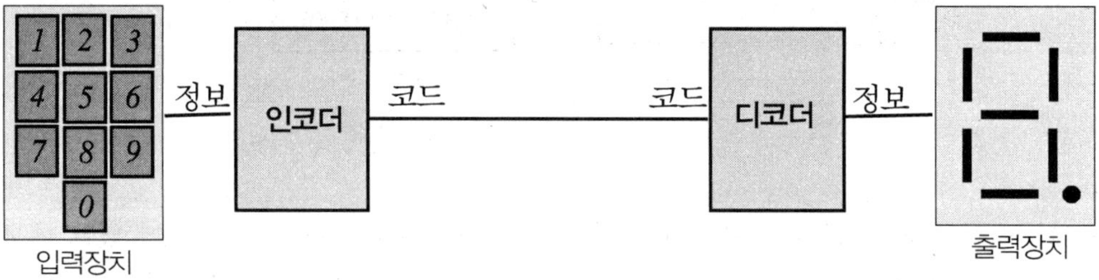

(a) 메모리 기능이 없는 경우

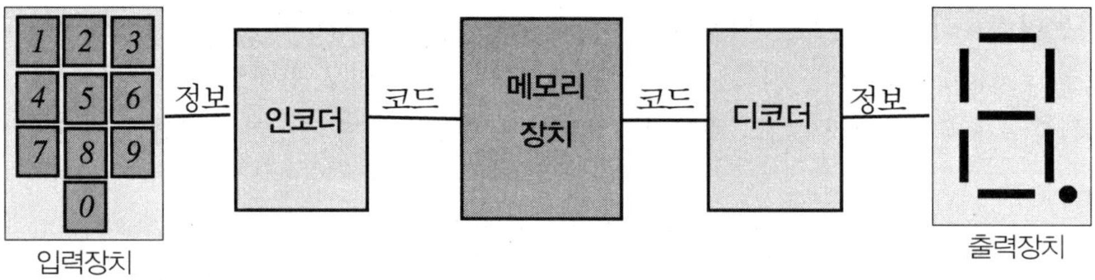

(b) 메모리 기능이 있는 경우

그림 6.3 디지털 시스템

디지털 시스템에 메모리 기능이 없는 경우에는 키보드의 4를 누르고 있으면 7 세그먼트는 4를 표시하지만, 누르지 않으면 바로 4 표시가 사라진다. 메모리 기능이 있는 경우는 키보드의 4를 누르고 있으면 7 세그먼트는 4를 표시하고, 누르지 않아도 현재 상태를 기억하므로 4를 계속 표시한다.

6.1.2 순차논리회로의 종류

순차논리회로의 메모리요소가 어떤 신호에 의해서 동작하는가에 따라 동기식(synchronous)과 비동기식(asynchronous)으로 나눌 수 있다(그림 6.4). 일정하고 반복적인 신호 형태인 클록을 사용하여 메모리요소가 동작함으로써 출력변화가 입력 클록신호에 의해서 초기화되고 출력들이 요구되는 클록신호의 천이에 즉시 변화하는 순차논리회로를 **동기식 순차논리회로(synchronous sequential logic circuit)**라 한다. 출력을 동기화시킬 수 있는 클록신호는 논리회로 설계를 크게 단순화하므로 순차논리시스템의 대부분은 동기식 순차논리회로이다. 대부분의 컴퓨터들은 동기식 순차논리 시스템이다.

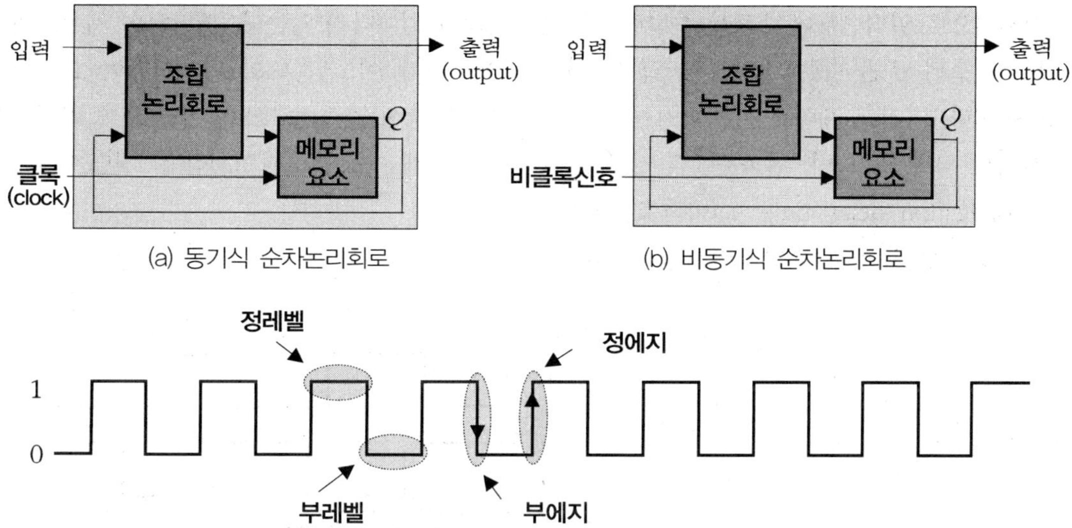

(a) 동기식 순차논리회로

(b) 비동기식 순차논리회로

(c) 클록신호

그림 6.4 순차논리회로 종류와 클록신호

회로 출력동작을 동기화하기 위해 클록신호를 사용하는 것이 적당하지 않거나 가능하지 않는 경우가 있다. 이런 순차논리회로를 **비동기식 순차논리회로(asynchronous sequential circuit)**라 한다. 이 경우 메모리요소를 동작하기 위해서 클록신호를 사용하지 않고 다른 형태의 입력신호(비클록신호)를 사용한다. 비클록신호는 일정하고 반복적인 펄스신호 형태가 아닌신호를 말한다.

동기식 순차논리회로에서 사용되는 클록신호는 그림 6.4(b)와 같은 정해진 크기의 전압값을 갖고 일정하고 반복적인 펄스 형태의 신호를 가진다. 클록신호의 펄스가 존재하는 곳을 1레벨(level)로, 펄스가 존재하지 않는 곳을 0레벨로 표현한다. 1레벨을 정레벨(positive level) 그리고 0레벨을 부레벨(negative level)이라고 부른다. 1 또는 0레벨에서 순차논리회로가 동기되는 것을 레벨트리거링(level triggering)이라고 한다.

클록의 펄스 형태가 바뀌는 곳, 즉 클록펄스의 천이가 일어나는 곳을 클록에지(clock edge)라고 한다. 펄스가 0에서 1로 변하는 것을 정에지(positive edge) 그리고 1에서 0으로 변하는 것을 부에지(negative edge)라고 한다. 정에지는 상승에지(rising edge) 또는 리딩에지(leading edge)라고 부르기도 한다. 부에지는 하강에지(falling edge) 또는 트레일링에지(trailing edge)라고 부르기도 한다. 클록에지에서 순차논리회로가 동기되어 동작하는 것을 에지트리거링(edge triggering)이라고 한다. 트리거링(triggering)은 트리거가 방아쇠라는 의미로 회로가 동작하는 역할을 한다고 생각하면 된다.

6.1.3 게이트 지연

2입력 AND 게이트는 두 입력들에 각각 1이 입력되면 즉시 출력은 1이 나타내는 회로이지만 실제적으로 입력변화에 대해서 순간적으로 출력변화가 일어나지 않는다. 왜냐하면 게이트내의 트랜지스터 또는 다른 소자들이 입력변화에 반응하는데 어느 정도의 지연시간이 요구되기 때문이다. 따라서 게이트는 지연시간을 가지고 입력변화에 출력변화가 일어난다. 입력신호가 게이트 내부를 지나 전파된 후 출력신호가 나타나게 되므로 지연시간을 전달지연시간 (propagation delay time, t_p)이라고 한다.

NOT 게이트에서 전달지연시간을 이해하자(그림 6.5).

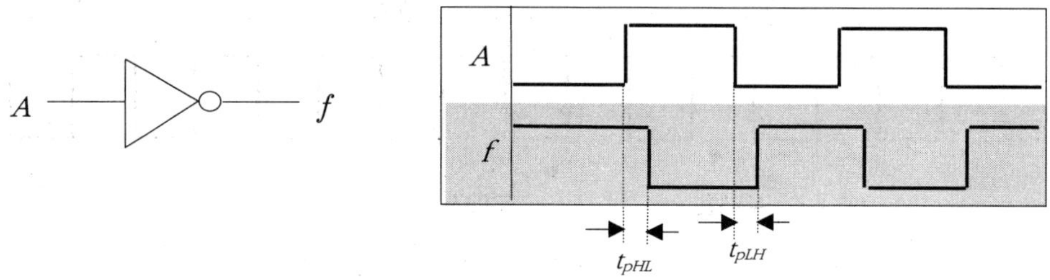

그림 6.5 NOT 게이트와 타이밍도

출력이 한 상태에서 다른 상태로 변하는 것은 즉시 이루어지지 않고 상승시간(rise time)과 하강시간(fall time)이 존재하나 지금은 무시한다. 다만 출력신호가 HIGH에서 LOW 또는 LOW에서 HIGH로 변화하는 동안의 지연시간은 다르다. 즉 출력신호가 HIGH에서 LOW로 변화는 동안의 지연시간을 t_{pHL} 그리고 출력신호가 LOW에서 HIGH로 변화는 동안의 지연시간을 t_{pLH}로 표현한다. 따라서 전달지연시간(t_p)은 이들 두 지연시간을 평균하여 나타낸다. 2개의 게이트로 구성된 간단한 논리회로로부터 전달지연시간을 고려한 타이밍도를 생각해보자(그림 6.6).

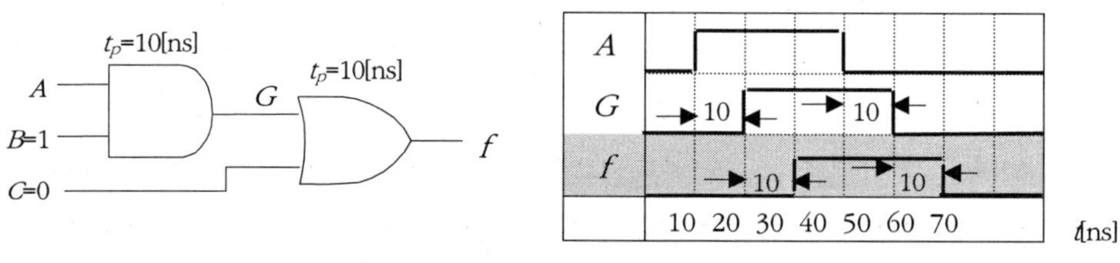

그림 6.6 전달지연시간을 고려한 타이밍도

게이트마다 전달지연시간은 동일하지 않지만 게이트 각각의 전달지연시간은 $t_{pHL} = t_{pLH} =$ 10[ns]로 가정하면 t_p=10[ns]가 된다. 회로에서 B=1 그리고 C=0로 입력되고 입력 A는 t=10~40[ns]에서만 1상태이다. 따라서 AND 게이트의 전달지연시간 후 G는 A 신호가 나타나고, OR 게이트의 전달지연시간 후 출력 f는 G 신호가 나타난다. 즉 입력 A는 2개의 게이트를 지나면서 20[ns]후 출력 f 신호로 나타난다.

논리게이트의 전달지연시간은 수 ns 정도이다. 보통 사용되는 논리신호의 타이밍의 크기는 매우 큰 값을 사용하므로, 정도의 차이는 있으나 수 ns의 전달지연시간은 무시하고, 이전 장들에서의 타이밍도에서 처럼 전달지연시간을 고려하지 않은 이상적인 경우로 나타낸다. 그러나 순차논리회로에서는 짧은 지연시간도 동작을 이해하는데 중요한 요인이 된다.

지연회로(delay circuit)를 갖는 논리회로를 생각해보자(그림 6.7)

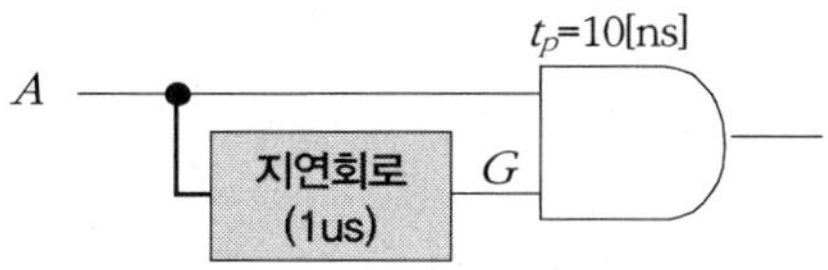

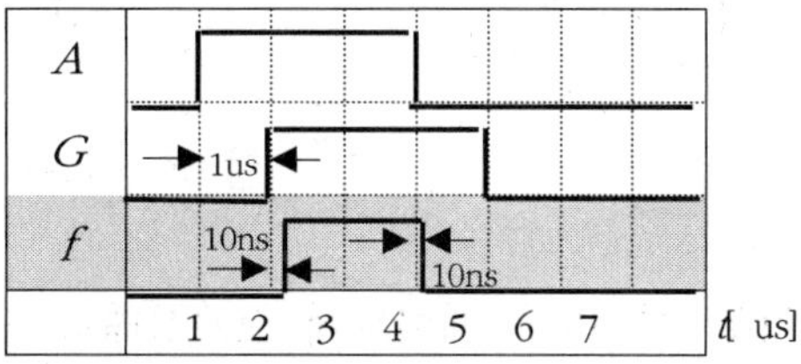

그림 6.7 지연회로를 갖는 논리회로의 타이밍도

1[us] 지연회로는 입력 *A*를 1[us] 지연된 신호 *G*를 만든다. AND 게이트의 출력은 *A*와 *G*를 받아드리고 게이트의 전달지연시간 10[ns] 후에 나타난다.

예제 6.1

다음 지연회로를 갖는 논리회로의 타이밍도를 그리세요.

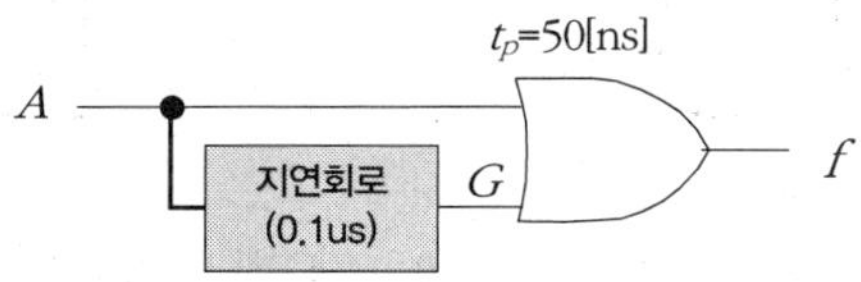

6.1.4 피드백 구조의 논리회로

순차논리회로는 조합논리회로에 메모리요소(memory element)가 연결되어 있고 메모리요소의 출력이 조합논리회로의 입력으로 피드백(feedback) 되는 구조를 가지고 있다.

간단한 피드백 구조를 갖는 논리회로를 살펴보자(그림 6.8)

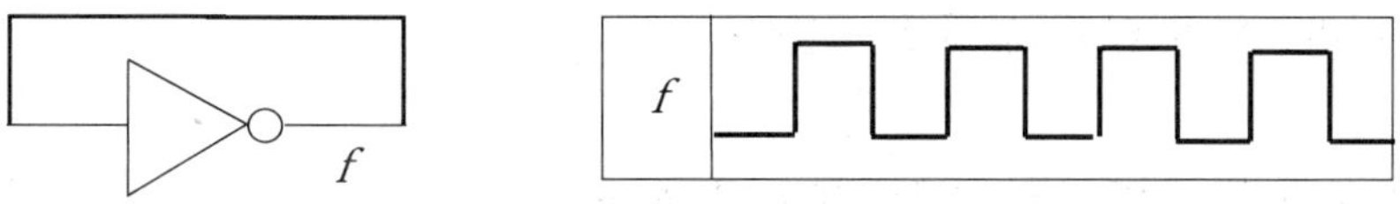

(a) 피드백 구조의 인버터　　　　(b) 발진

그림 6.8 피드백 구조의 논리회로와 발진

처음 0상태가 인버터에 입력되면, 인버터를 지나 전파되는 출력은 1상태가 된다. 다시 이 출력이 인버터에 입력되면 인버터 출력은 0상태가 된다. 따라서 이러한 상태들이 반복되어 인버터 출력은 0상태와 1상태 사이에서 반복적으로 발진(oscillation)하므로 안정된 상태에 도달할 수 없다. 발진율(oscillation rate)은 인버터의 전달지연시간에 의해서 결정된다.

2개의 인버터가 직렬로 연결되고 피드백 구조를 갖는 논리회로를 생각해보자(그림 6.9).

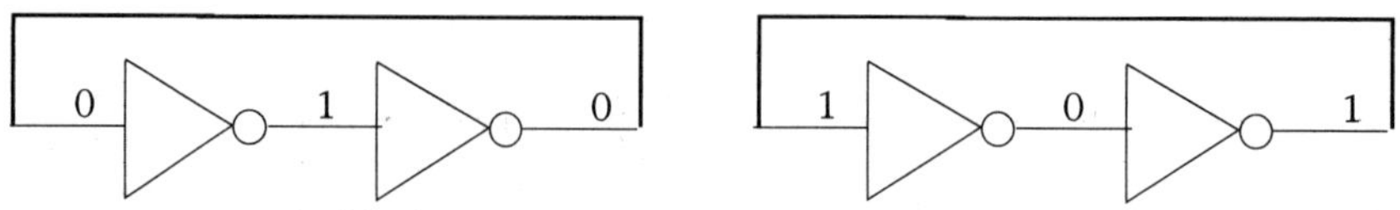

그림 6.9 피드백 구조의 논리회로

이 경우 첫 번째 게이트에 0(1)상태가 입력되면 두 번째 게이트 출력이 0(1)이되고 피드백되어도 상태 변화가 일어나지 않는 안정상태(stable state)가 된다.

6.1.5 게이트를 이용한 메모리 설계

(1) 메모리 설계

출력값을 강화하기 위한 방법으로 출력을 입력에 연결하는 피드백을 사용하면 논리회로는 지속적인 출력값을 유지할 수 있다(그림 6.10).

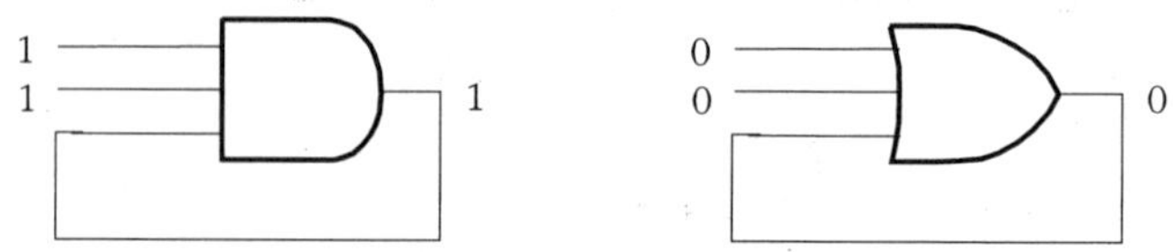

(a) 피드백 구조의 AND 게이트 (b) 피드백 구조의 OR 게이트

그림 6.10 메모리 설계

AND(OR) 게이트의 입력들이 1(0)이라 하면 출력은 1(0)을 만든다. 만약, 이 출력 1(0)이 1(0)의 값을 가진 다른 입력들과 함께 피드백되어 입력된다면 출력은 1(0)을 유지한다. 만약 출력이 0(1)으로 초기화되어 있었다면, 0(1)이 피드백되고 강화되어 0(1) 출력을 유지한다. 만약 출력이 0인지 1인지가 명확하지 않다면, 즉, 게이트의 내부설계에 따라 회로에 처음 스위치를 넣을 때 0 또는 1이 결정되고 만약 다른 AND(OR) 게이트 입력들이 모두 1(0)이면 출력값은 변화되지 않는 상태로 남는다.

(2) 세트-리세트 입력을 갖는 메모리 설계

만약 AND(OR) 게이트의 입력들 중 하나가 0(1)으로 세트(set)되어 있다면, 출력은 0(1)이 되고 0(1)으로 유지하므로 이들 입력만으로는 강제적으로 출력이 1(0)이 되도록 할 수 없다. 따라서 강제적으로 출력이 0 또는 1이 되기 위해서는 그림 6.10의 구조에 그림 6.11과 같은 세트-리세트(set-reset) 회로가 요구된다.

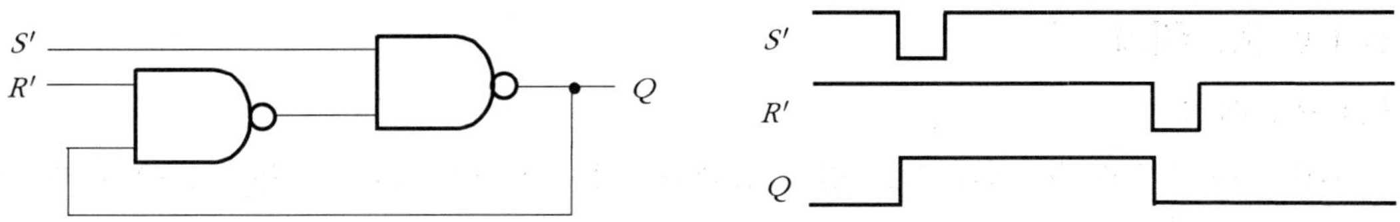

(a) NAND 게이트 메모리 설계와 타이밍도

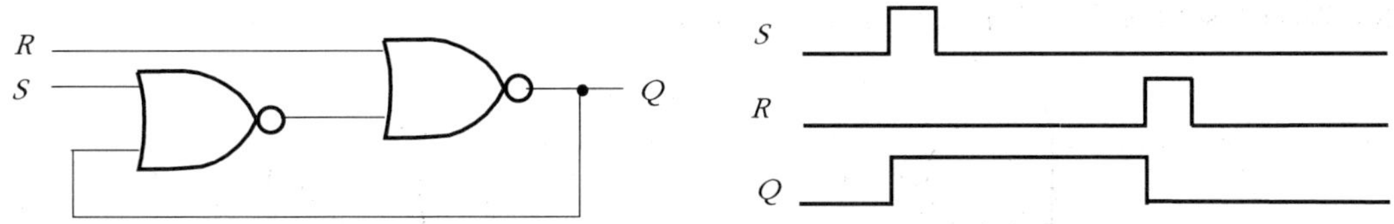

(b) NOR 게이트 메모리 설계와 타이밍도

그림 6.11 세트-리세트 메모리 설계

NAND 게이트를 사용한 세트-리세트 메모리 설계에서 2개의 입력은 R'(Reset)와 S'(set)로 이름 짓는다(그림 6.11(a). 세트-리세트 회로는 R'가 1을 유지하는 동안에 세트 입력 S'에 0을 인가함으로써 출력을 1로 또는 S'가 1을 유지하는 동안에 리세트 입력 R'에 0을 인가함으로써 출력을 0으로 만들 수 있다. R'가 1을 유지하는 동안에 세트 입력 S'도 1을 유지하면 출력은 현재상태(present state)를 유지한다. 즉 현재상태가 Q=1이면 계속 1상태를 유지하고 Q=0이면 계속 0상태를 유지한다. 따라서 일단 출력이 0 또는 1로 강요되면 입력(S' 또는 R')은 1로 되돌아가서 출력을 변하지 않는 상태로 만든다. 두 입력들의 부정 표시(R', S')는 동작을 발생시키기 위해서는 0이 필요하다는 것을 나타낸다.

NOR 게이트를 사용한 세트-리세트 메모리 설계에서 2개의 입력은 R(Reset)와 S(set)로 이름 짓는다(그림 6.11(b)). 세트-리세트 회로는 R가 0을 유지하는 동안에 세트 입력 S에 1을 인가함으로써 출력을 1로 또는 S가 0을 유지하는 동안에 리세트 입력 R에 1을 인가함으로써 출력을 1로 만들 수 있다. R이 0을 유지하는 동안에 세트 입력 S도 0을 유지하면 출력은 현재상태(present state)를 유지한다. 즉 현재상태가 Q=1이면 계속 1상태를 유지하고 Q=0이면 계속 0상태를 유지한다. 따라서 일단 출력이 0 또는 1로 강요되면 입력(S 또는 R)은 0으로 되돌아가서 출력을 변하지 않는 상태로 만든다. 두 입력(R, S)은 동작을 발생시키기 위해서는 1이 필요하다는 것을 나타낸다. 회로가 동작되도록 하는 데 1이 필요한 신호를 Active-high 신호라고 하므로 0이 필요한 신호는 Active-low 신호라고 한다.

6.1.6 RS 래치

(1) RS 래치

세트-리세트 입력 두 개와 서로 반대 출력을 갖는 정출력(positive output) Q와 부출력(negative output) Q을 갖는 메모리 설계를 래치(latch)라고 한다. 두 입력이 S와 R을 가지므로 RS 래치(Reset-Set latch)라고 한다(그림 6.12).

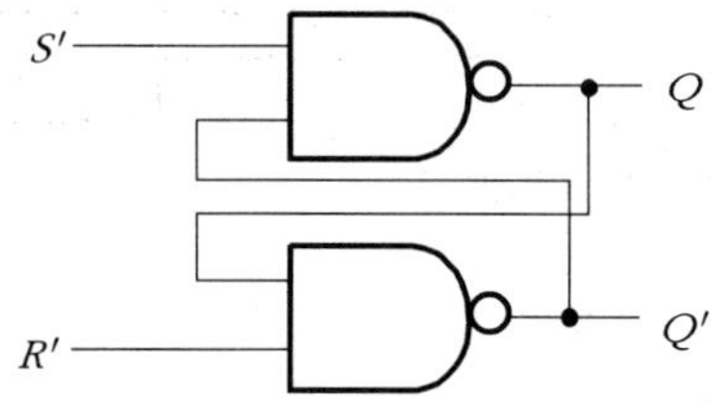

(a) NAND RS 래치

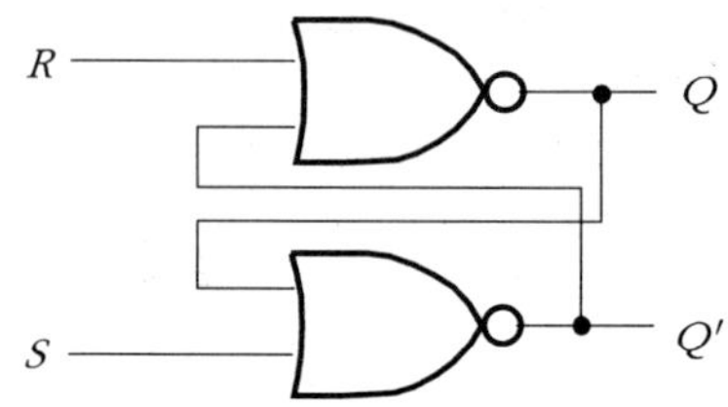

(b) NOR RS 래치

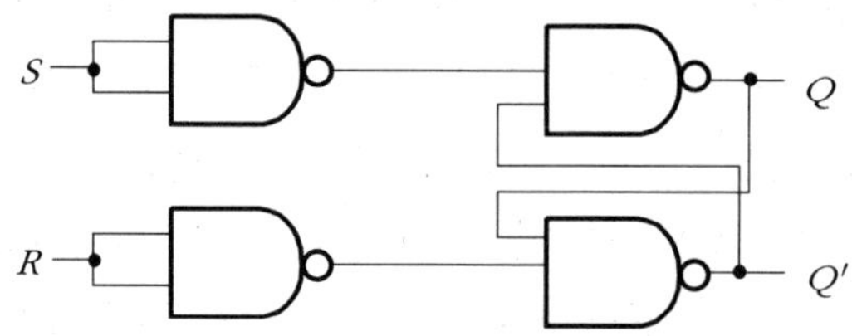

(c) Active-high 입력을 가진 NAND RS 래치

S'	R'	$Q(t+1)$
0	0	×
0	1	1
1	0	0
1	1	$Q(t)$

NAND RS 래치

S	R	$Q(t+1)$
0	0	$Q(t)$
0	1	0
1	0	1
1	1	×

NOR RS 래치

(d) 특성표

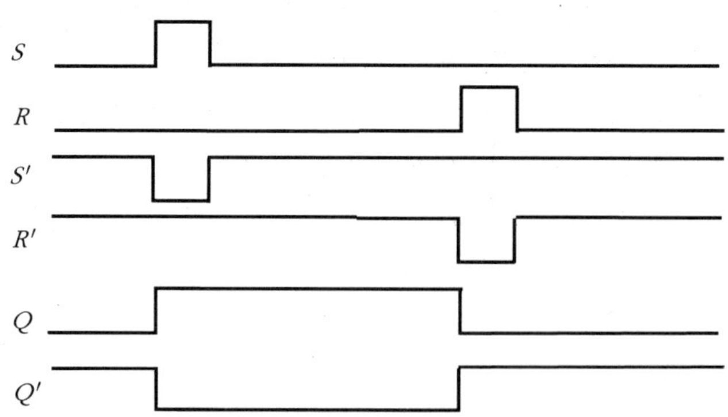

(e) 타이밍도

그림 6.12 RS 래치

RS 래치는 NAND 게이트 또는 NOR 게이트로 구성할 수 있다(그림 6.12(a)(b)). 또한 NAND 게이트 RS 래치에 부가적인 NAND 게이트(또는 NOT 게이트)를 사용하여 Active-high 입력신호(S, R)로 만들 수 있다(그림 6.12(c)).

래치는 입력과 출력관계를 설명한 특성표(characteristic table)로 동작을 설명한다. $Q(t+1)$은 입력이 인가된 이후의 Q 값을 표시한다. $Q(t)$는 입력이 인가되기 이전의 Q 값을 나타낸다. 보통 $Q(t)$는 현재상태(present state) 그리고 $Q(t+1)$은 다음상태(next state)라고 한다. $S=R=0$일 경우에는 다음상태 $Q(t+1)$는 현재상태 $Q(t)$를 계속 유지한다. NAND RS 래치에서 $S=0$ 그리고 $R=1$일 경우에는 출력은 리세트되어 $Q(t+1)$는 0이 된다. $S=1$ 그리고 $R=0$일 경우에는 출력은 세트되어 $Q(t+1)$는 1이 된다. $S=R=1$일 경우에는 $Q(t+1)$는 그 상태를 결정할 수 없는 무정의출력(indeterminate output, ×)을 나타낸다. 따라서 NAND RS 래치에서 $S=R=1$이 되는 동작을 사용하면 안 된다.

NAND RS 래치에서 $S'=R'=1$일 경우에는 다음상태 $Q(t+1)$는 현재상태 $Q(t)$를 계속 유지한다. 서 $S'=0$ 그리고 $R'=1$일 경우에는 출력은 세트되어 $Q(t+1)$는 1이 된다. $S'=1$ 그리고 $R'=0$일 경우에는 출력은 리세트되어 $Q(t+1)$는 0이 된다. $S'=R'=0$일 경우에는 $Q(t+1)$는 그 상태를 결정할 수 없는 무정의출력(indeterminate output, ×)을 나타낸다. 따라서 NAND RS 래치에서 $S'=R'=0$이 되는 동작을 사용하면 안 된다.

NOR RS 래치는 $S=R=0$일 경우에는 다음상태 $Q(t+1)$는 현재상태 $Q(t)$를 계속 유지한다. $S=0$ 그리고 $R=1$일 경우에는 출력은 리세트되어 $Q(t+1)$는 0이 된다. $S=1$ 그리고 $R=0$일 경우에는 출력은 세트되어 $Q(t+1)$는 1이 된다. $S=R=1$일 경우에는 $Q(t+1)$는 그 상태를 결정할 수 없는 무정의출력(indeterminate output, ×)을 나타낸다. 따라서 NOR RS 래치에서 $S=R=1$이 되는 동작을 사용하면 안 된다.

(2) NAND RS 래치

NAND RS 래치는 NAND 게이트 G1의 출력은 NAND 게이트 G2의 입력에 연결되고, NAND 게이트 G2의 출력은 NAND 게이트 G1의 입력에 연결된다. 그리고 세트 입력 S'(set)는 G1의 입력에 연결된다. 리세트 입력 R'(Reset)는 G2의 입력에 연결된다(그림 6.13).

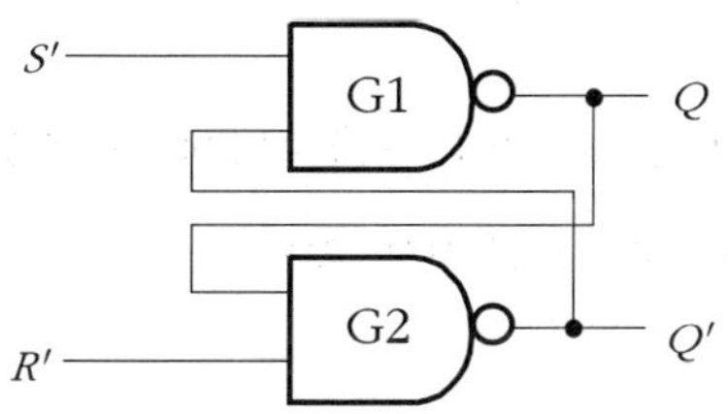

(a) NAND RS 래치

S'	R'	$Q(t+1)$
0	0	×
0	1	1
1	0	0
1	1	$Q(t)$

(b) 특성표

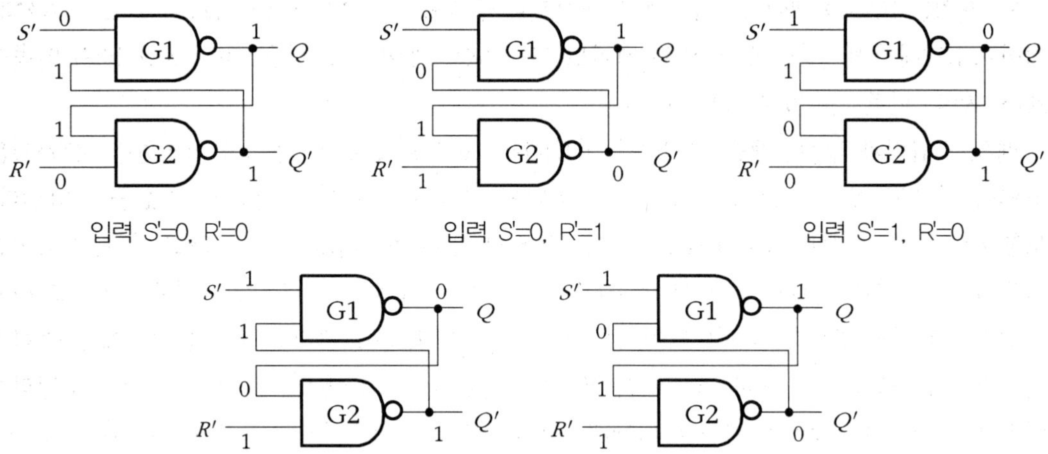

입력 S'=0, R'=0　　입력 S'=0, R'=1　　입력 S'=1, R'=0

입력 S'=1, R'=1

(c) 동작

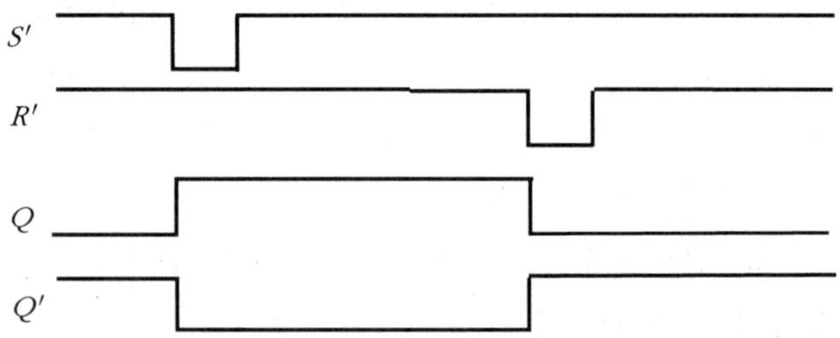

(d) 타이밍도

그림 6.13 NAND RS 래치

2입력 NAND 게이트는 입력상태가 00, 01, 10 그리고 11로 입력될 수 있다.

① 입력 S'=0, R'=0

S'=0이고 R'=0이면 NAND 게이트 G1과 G2의 출력은 다른 입력에 관계없이 모두 1이 되어야 한다. 즉 Q=Q'=1이므로 서로 보수의 상태가 아니라 부정의 상태가 되므로 정상적인 동작을 못한다. 따라서 S'=R'=0이 되는 동작을 사용하면 안 된다.

② 입력 S'=0, R'=1

S'=0이므로 NAND 게이트 G1의 출력 Q는 다른 입력인 Q'의 상태에 관계없이 1이 된다. 따라서 G2의 입력들(R'와 Q)은 모두 1이므로 Q=1, Q'=0가 된다.

③ 입력 S'=1, R'=0

R'=0이므로 NAND 게이트 G2의 출력 Q'는 다른 입력인 Q의 상태에 관계없이 0이 된다. 따라서 G1의 입력들(S'와 Q')은 모두 1이므로 Q=0, Q'=1가 된다.

④ 입력 S'=1, R'=1

현재 출력 상태가 Q=0, Q'=1인 경우, NAND 게이트 G1에 Q'=1과 S'=1이 입력되므로 출력 Q = 0이고 G2에 Q = 0과 R'=1이 입력되므로 출력 Q'=1이다. 즉 출력은 Q=0와 Q'=1로 현재 상태를 유지한다. 현재 출력 상태가 Q=1, Q'=0인 경우, NAND 게이트 G1에 Q'=0과 S'=1이 입력되므로 출력 Q=1 이고 G2에 Q=1과 R'=1이 입력되므로 출력 Q'=0이다. 즉 출력은 Q=1와 Q'=0로 현재 상태를 유지한다.

(2) NOR RS 래치

NOR RS 래치는 NOR 게이트 G1의 출력은 NOR 게이트 G2의 입력에 연결되고, NOR 게이트 G2의 출력은 NOR 게이트 G1의 입력에 연결된다. 그리고 세트 입력 S'(set)는 G1의 입력에 연결된다. 리세트 입력 R'(Reset)는 G2의 입력에 연결된다(그림 6.14).

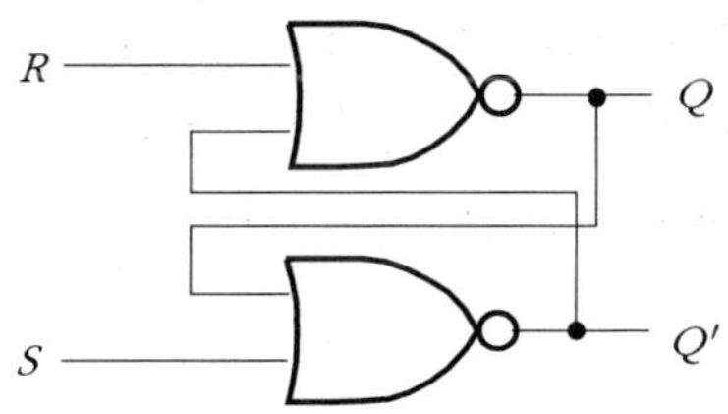

(a) NOR RS 래치

S	R	Q(t+1)
0	0	Q(t)
0	1	0
1	0	1
1	1	×

(b) 특성표

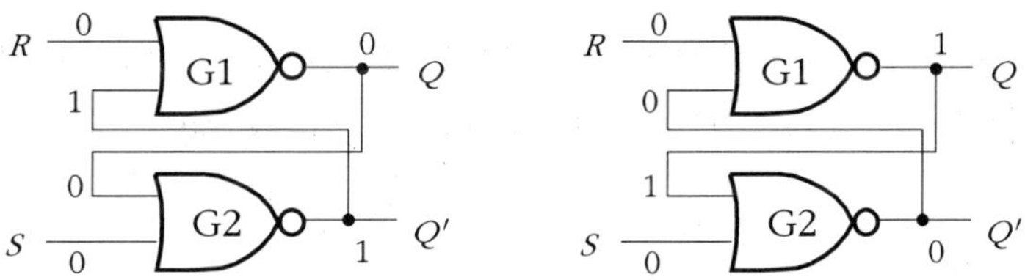

입력 S=0, R=0

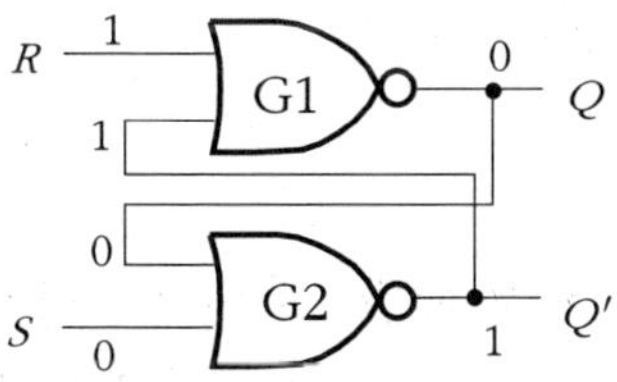

입력 S=0, R=1

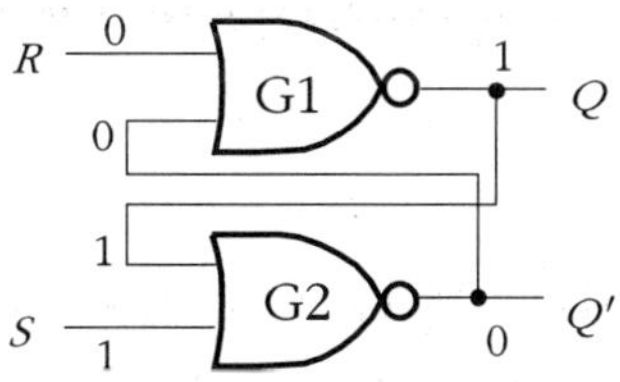

입력 S=1, R=0

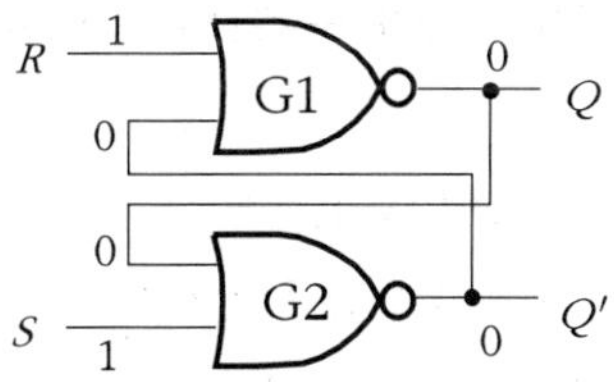

입력 S=1, R=1

(c) 동작

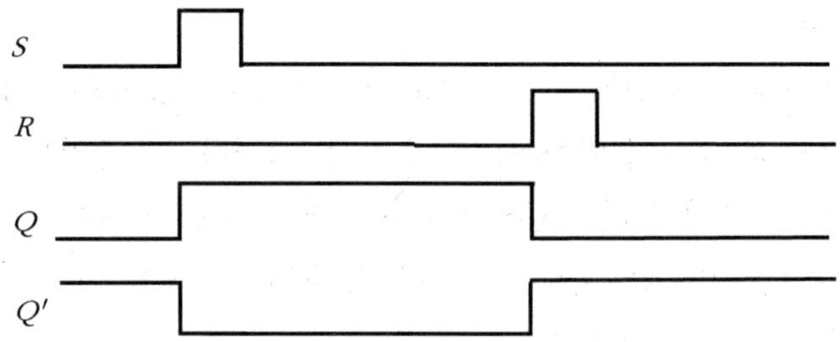

(d) 타이밍도

그림 6.14 NOR RS 래치

2입력 NOR 게이트는 입력상태가 00, 01, 10, 그리고 11로 입력될 수 있다.

① 입력 S=0, R=0

현재 출력 상태가 Q=0, Q'=1인 경우, NOR 게이트 G1에 Q'=1과 R=0이 입력되므로 출력 Q=0이고 G2에 Q=0과 S=1이 입력되므로 출력 Q'=1이다. 즉 출력은 Q=0와 Q'=1로 현재 상태를 유지한다. 현재 출력 상태가 Q=1, Q'=0인 경우, NOR 게이트 G1에 Q'=0과 R=0이 입력되므로 출력 Q=1이고 G2에 Q=1과 S=0이 입력되므로 출력 Q'=0 이다. 즉 출력은 Q=1와 Q'=0로 현재 상태를 유지한다.

② 입력 S=0, R=1

R=1이므로 NOR 게이트 G1의 출력 Q는 다른 입력인 Q'의 상태에 관계없이 0이 된다. 따라서 G2의 입력들(S와 Q)은 모두 0이므로 Q=0, Q'=1이 된다.

③ 입력 S=1, R=0

S=1이므로 NOR 게이트 G2의 출력 Q'는 다른 입력인 Q의 상태에 관계없이 0이 된다. 따라서 G1의 입력들(R과 Q')은 모두 0이므로 Q=1, Q'=0가 된다.

④ 입력 S=1, R=1

S=1이고 R=1이므로, NOR 게이트 G1과 G2의 출력은 다른 입력에 관계없이 모두 0이 되어야 한다. 즉 Q=Q'=0이므로 서로 보수의 상태가 아니고 부정의 상태가 되므로 정상적인 동작을 못한다. 따라서 S=R=1이 되는 동작을 사용하면 안 된다.

6.2 플립플롭

앞 절에서 설명한 RS 래치는 하나의 2진 값을 축적할 수 있다. 그러나 이것은 입력 중의 하나가 0으로 바뀌면 출력이 즉시 변하는 약점이 있다. 동기식 순차논리회로에서 출력은 클록 신호(clock signal)에 동기화하여 바뀐다. 클록신호에 동기화되는 메모리 설계를 보통 플립플롭(flip-flop, F/F)이라 한다. 플립플롭은 입력조건과 클록신호 천이가 변할 때까지 연속적으로 0 또는 1의 출력을 생성함으로써 단일 비트(single bit)를 축적한다. 플립플롭 용어는 출력이 0에서부터 1로 플립(flip) 또는 출력이 1에서 0으로 플롭(flop)하는 플립플롭 동작이 기원이다. 앞 절의 래치와 마찬가지로 플립플롭 출력은 Q로 주어지고 부출력 $\overline{Q}$는 플립플롭의 정상동작에서 Q에 반대되는 논리값으로 표시된다.

조합논리회로에서 게이트들이 기본이듯 플립플롭은 순차논리회로의 기본 빌딩블록이다. 여러 형태의 게이트들과 마찬가지로 여러 형태의 플립플롭들이 있다. 각 플립플롭은 입력과 출력관계를 설명한 특성표(characteristic table)와 특성방정식(characteristic equation) 그리고 플립플롭의 특성을 도식화한 상태도(state diagram)로 표현한다. 보통 출력은 Q만 표시한다.

6.2.1 RS 플립플롭(RS F/F)

RS 플립플롭은 기본적으로 세트(Set, S)와 리세트(Reset, R)으로 이름 붙여진 2개의 입력을 가지는 RS 래치의 특성과 동일하다. S 입력이 1일 때 출력을 1로 세트하고, 반면에 R 입력이 1일 때 출력은 0으로 리세트된다. 동기식 동작은 부가적인 클록입력을 요구하고 오로지 지정된 클록천이가 발생한 후에 출력은 요구된 값을 가진다. 클록천이가 발생하기 전에는 비록 S와 R 입력이 변하더라도 출력은 변하지 않는다.

(1) 특성표와 특성방정식

RS 플립플롭의 특성표(characteristic table)는 표 6.1과 같다.

표 6.1 RS 플립플롭의 특성표

S	R	$Q(t+1)$
0	0	$Q(t)$
0	1	0
1	0	1
1	1	×

$Q(t+1)$은 클록천이가 발생된 후에 Q 값을 표시한다. $Q(t)$는 때때로 클록천이가 발생하기 전의 Q 값을 나타낸다. 보통 $Q(t)$는 현재상태(present state) 그리고 $Q(t+1)$은 다음상태(next state)라고 한다. $S=R=0$일 경우에는 다음상태 $Q(t+1)$는 현재상태 $Q(t)$를 계속 유지한다. $S=0$ 그리고 $R=1$일 경우에는 출력은 리세트되어 $Q(t+1)$는 0이 된다. $S=1$ 그리고 $R=0$일 경우에는 출력은 세트되어 $Q(t+1)$는 1이 된다. $S=R=1$일 경우에는 $Q(t+1)$는 그 상태를 결정할 수 없는 무정의출력(indeterminate output, ×)을 나타낸다. 따라서 RS 플립플롭에서는 $S=R=1$이 되는 동작을 사용하면 안 된다. 플립플롭은 Q 출력과 입력 사이의 관계를 나타내는 특성방정식(characteristic equation)으로 설명한다.

RS 플립플롭의 특성방정식은 특성표를 다음과 같은 진리표 형태로 바꾸어 간략화과정을 통하여 구한다(그림 6.15).

Q	S	R	Q(t+1)
0	0	0	0
0	0	1	0
0	1	0	1
0	1	1	×
1	0	0	1
1	0	1	0
1	1	0	1
1	1	1	×

(a) 진리표

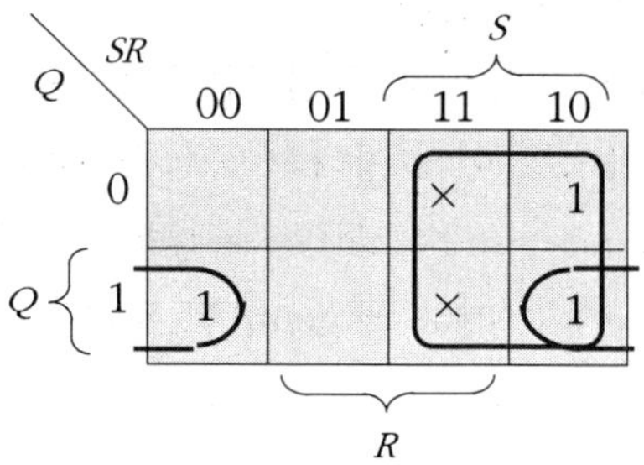

(b) 간략화

$Q(t+1) = QR' + S$

(단, $SR = 0$)

(c) 특성방정식

그림 6.15 RS 플립플롭의 진리표와 간략화 그리고 특성방정식

따라서 특성방정식은 $S=R=1$이 되는 경우를 표현하는 $SR=0$을 포함한 다음과 같다.

$$Q(t+1) = QR' + S \ (\text{단, } SR = 0)$$

(2) 상태도

순차논리회로는 정의된 상태로 존재한다. 모든 실제적인 순차논리회로는 유한개의 상태들을 가지고 있다. 그러므로 실제적 순차논리회로를 설명하기 위하여 유한상태기계(finite state machine, FSM)이라는 용어를 사용한다. 플립플롭은 출력이 1, 출력이 0인 두 상태 중 하나의 출력을 가진다. 상태변화는 지정된 입력변화와 클록천이 활성화(동기식 순차논리회로)에 의해 시작된다. 순차논리회로의 동작에 대한 상태 정보를 그림으로 표시한 것이 상태도(state diagram)이다.

RS 플립플롭의 상태도는 그림 6.16과 같다.

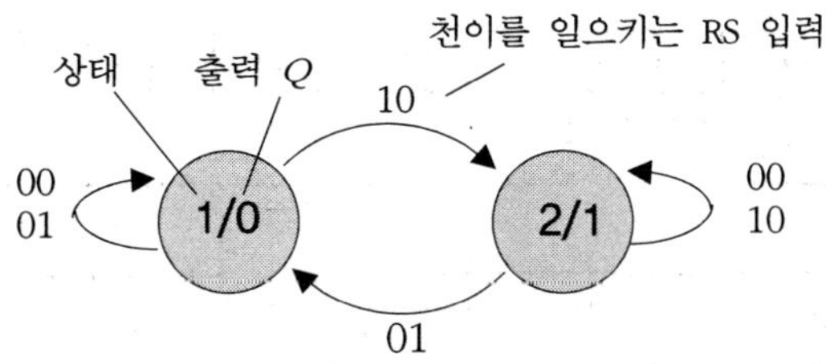

그림 6.16 RS 플립플롭의 무어모델 상태도

그림은 무어모델(Moore Model) 상태도라 한다. 무어모델 상태도에서 각 상태는 2개의 수를 내포한 원으로 나타낸다. 원 내의 왼쪽에 있는 수는 2개의 상태에 대한 표기로 상태(state)를 나타내고, 오른쪽 다른 수는 그 상태에서 출력을 나타낸다. 다른 상태들도 동일한 출력 또는 다른 출력을 가진다. *RS* 플립플롭에는 각각 유일한 출력을 가진 1과 2의 두 가지 상태가 있다. 상태 1에서 출력 Q=0이고 상태 2에서 출력 Q=1이다. 하나의 상태로부터 다른 상태로의 천이는 상태 사이클 사이에 천이를 발생시키는 데 필요한 입력이 표시된 호 모양의 화살표로 나타낸다(동기식 순차논리회로에서 가정된 클록 입력은 배제함). 이 플립플롭에서 만약 현재상태가 상태 1(Q=0)이라면 두개의 입력 SR=10는 상태 2(Q=1)로 상태변화를 일으킨다. 유사하게 만약 상태 2(Q=1)라면, SR=01은 상태 1로 상태변화를 일으킨다. 때때로 입력값은 상태변화를 일으키지 않을 수 있다. 그리고 이 경우에 호 모양의 화살표는 동일한 상태로 되돌아오도록 나타낸다. 상태 1에서 SR=00와 SR=01는 상태변화를 일으키지 않고, 상태 2에서 SR=00와 SR=10는 상태변화를 일으키지 않는다.

무어모델과 다른 상태 모델은 8장에서 배울 밀리모델(Mealy Model) 상태도가 있다.

(3) 레벨트리거링

클록 활성화의 가장 간단한 형태는 클록의 레벨(level)들을 사용하는 것이다. 이것을 레벨트리거링(level triggering)이라고 한다. 클록신호의 펄스가 존재하는 곳을 1레벨(level)로, 펄스가 존재하지 않는 곳을 0레벨로 표현한다. 클록 활성화가 1레벨에서 동작하면, 즉 클록이 1이 될 때, S와 R에 따라 출력이 결정한다. 그림 6.17은 그림 6.12의 RS 래치를 기본으로 한 레벨트리거 RS 플립플롭 설계를 나타낸다.

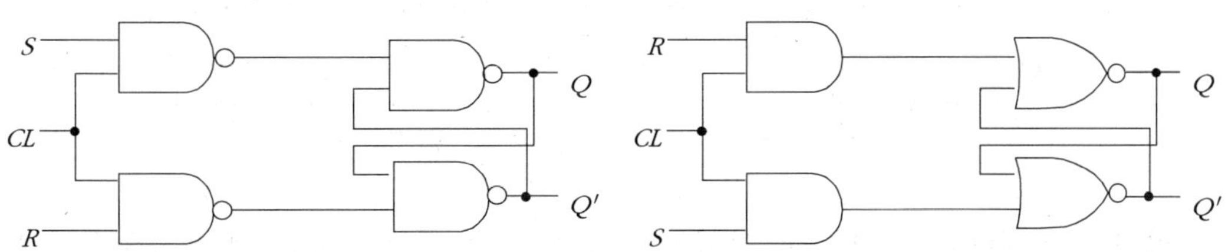

(a) RS 플립플롭 설계

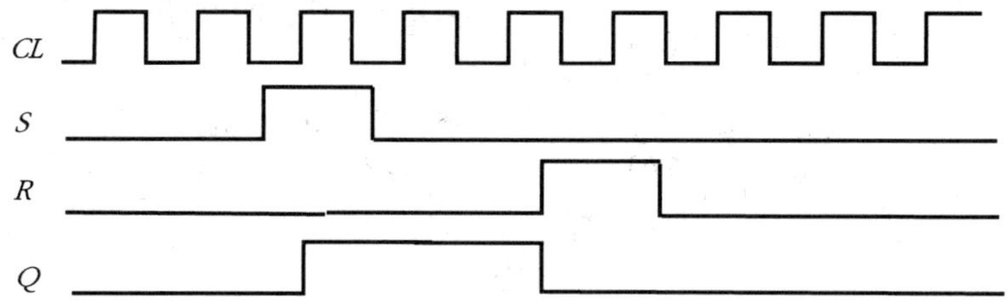

(b) 타이밍도

그림 6.17 레벨트리거 RS 플립플롭

클록입력 CL=0으로 입력되는 경우에, NAND RS 플립플롭의 NAND 게이트의 첫 번째 열의 출력은 S와 R상의 논리레벨에 구애되지 않고 1이 되므로 입력값에 관계없이 출력은 현재상태를 유지한다. 또한 NOR RS 플립플롭의 AND 게이트의 첫 번째 열의 출력은 S와 R상의 논리레벨에 구애되지 않고 0이 되므로 입력값에 관계없이 출력은 현재상태를 유지한다. CL=1이 될 때, S와 R값은 회로에 입력되고 출력은 입력값에 따라 변한다. S=R=0인 경우 CL이 1인 동안에는 출력은 현재상태를 유지한다. S=0 그리고 R=1일 경우에는 출력은 리세트 되어 출력은 0이 된다. S=1 그리고 R=0인 경우에는 출력은 세트되어 출력은 1이 된다. 따라서 클록의 1레벨에서 S와 R의 값에 따라 출력이 변하는 것을 알 수 있다. S=R=1일 경우에는 출력은 그 상태를 결정할 수 없는 무정의출력(indeterminate output, ×)으로 나타나므로 RS 플립플롭에서는 S=R=1이 되는 동작을 사용하면 안 된다.

그림 6.18의 샘플 타이밍도에서 클록신호가 1레벨인 동안 입력이 안정 상태로 남아 있기 위해 얼마나 오래 시간이 필요한지를 살펴보자. 또한 천이시간이 1로 바뀌기 전에 S와 R 값은 변할 수 있다.

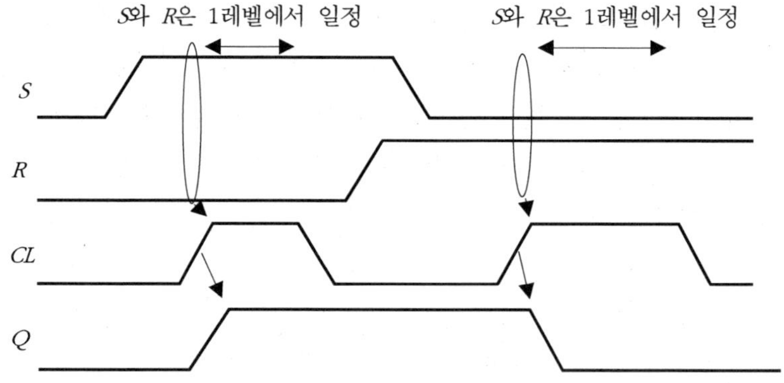

그림 6.18 레벨트리거 RS 플립플롭의 샘플 타이밍도

만약 단순히 하나의 2진 디지트 값(0 또는 1)을 축적하기를 원하면 S와 R 2개의 입력을 가지는 대신에 0 또는 1로 명시된 데이터입력이 하나 필요하다. 이 경우 S와 R이 동시에 1일 때 발생하는 문제는 제거된다.

레벨트리거를 이용한 플립플롭은 클록이 1인 동안 또는 클록이 1 또는 0으로 변하는 순간에는 입력이 변하면 출력이 바로 변하게 되므로 입력은 일정한 상태를 유지해야 한다. 이러한 제약조건은 제거하기 위해 부가적 비용(보다 많은 소자)이 필요한 보다 복잡한 트리거링 메카니즘이 필요하다. 이와 같은 트리거링 메커니즘은 다음에 설명하는 두 가지 형태의 플립플롭, 즉 D 플립플롭과 JK 플립플롭에 연관이 있다.

(4) 에지트리거링

출력에 영향을 끼치지 않고 다른 시간에 입력변화가 허용되는 2개의 RS 플립플롭을 사용하는 그림 6.19의 플립플롭은 에지트리거링(edge triggering) 동작을 하게 된다. 이 같은 구조를 주종 플립플롭(master-slave flip-flop)이라고 부른다.

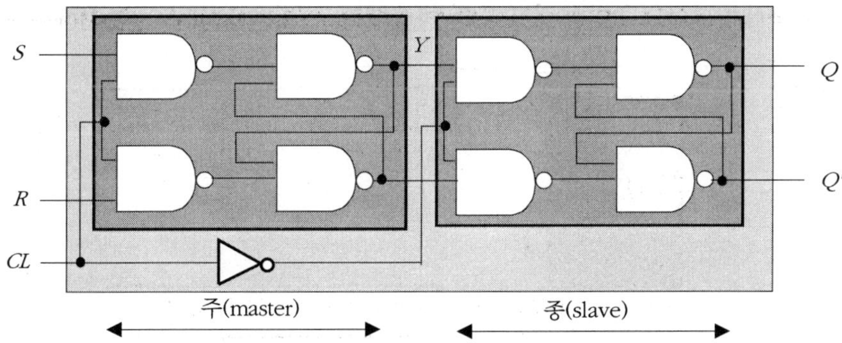

(a) 플립플롭 설계

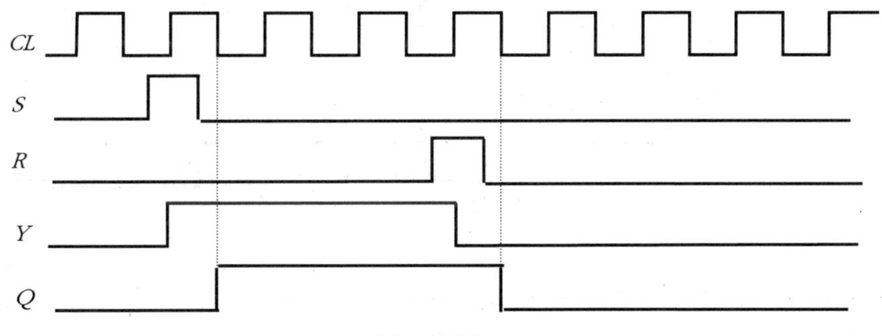

(b) 타이밍도

그림 6.19 주종 RS 플립플롭

첫 번째 플립플롭을 주(master)라 하고 클록이 1레벨일 때 동작하여 입력값을 저장한다. 두 번째 플립플롭을 종(slave)이라 하고 클록이 0레벨일 때 동작하여 첫 번째 플립플롭의 출력을 저장한다. 결국 출력은 클록의 부에지(negative edge)에서 변한다. 즉 입력신호들은 클록신호의 부에지에 동기되어 동작하므로 출력은 지연된다. 출력이 정에지(positive edge) 클록에서 변하려면 클록 입력 CL에 NOT 게이트를 첨가하여 주(master)에서 클록이 0레벨일 때 동작하여 입력값을 저장하고 종(slave)에서 클록이 1레벨일 때 동작하여 첫 번째 플립플롭의 출력을 저장하면 된다.

플립플롭에 대한 더욱 편리하고 현대적인 형태의 트리거링이 하나의 지정된 논리레벨에서 다른 논리 레벨로의 천이가 출력 변화를 일으키는 에지트리거링(edge triggering) 설계이다. 출력은 천이시점(정에지 또는 부에지)을 제외하고는 어떤 다른 시간에도 영향을 받지 않는다. 그리고 입력값은 다른 시간에 변할 수 있다. 클록천이 시간에서 입력값은 출력값을 결정한다. 이것을 구현하는 것이 다소 복잡하지만, 우리는 단순히 패키지 IC 플립플롭을 사용하므로 세부적인 회로를 꼭 알 필요는 없다.

에지트리거링(edge triggering)에는 두 가지 형태가 있다. 정에지(논리 0에서 논리 1로 천이)가 일어날 때의 정에지트리거링(positive edge-triggering)과 부에지(논리 1에서 논리 0으로 천이)가 일어날 때의 부에지트리거링(negative edge-triggering)이다.

그림 6.20은 에지트리거 RS 플립플롭을 나타내는 논리기호와 특성표이다.

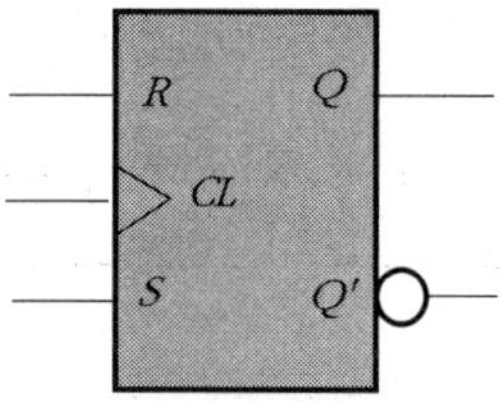

CL	S	R	Q(t+1)
↑	0	0	Q(t)
↑	0	1	0
↑	1	0	1
↑	1	1	×

(a) 정에지트리거 RS 플립플롭 논리기호와 특성표

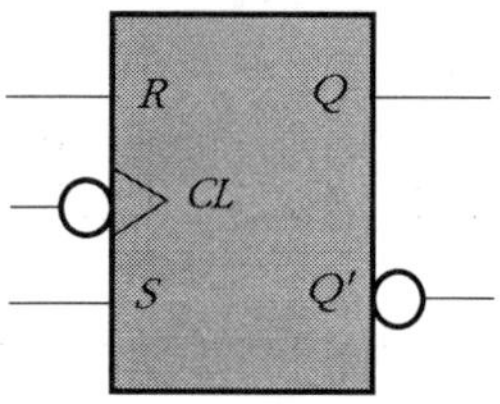

CL	S	R	Q(t+1)
↓	0	0	Q(t)
↓	0	1	0
↓	1	0	1
↓	1	1	×

(b) 부에지트리거 RS 플립플롭 논리기호와 특성표

그림 6.20 에지트리거 RS 플립플롭

기호에 트리거링 형태가 나타나 있다. 부에지트리거링은 작은 원이 *CL* 입력에 표시되어 있다(주종 트리거링은 별도의 표시가 필요하다). 때때로 트리거링 형태를 나타내지 않는다. 정에지트리거는 클록신호가 0에서 1로 변하는 천이 과정(↑)에서 출력이 변한다. 부에지트리거는 클록신호가 1에서 0으로 변하는 천이 과정(↓)에서 출력이 변한다.

6.2.2 D 플립플롭(D F/F)

D 플립플롭은 한 개의 데이터 입력(D 입력)을 가지며, D 입력에 가해진 데이터는 클록신호에 의해서 출력으로 전달된다. 즉 현재상태를 지연(delay)시키는 역할을 한다. D 플립플롭이라는 이름도 데이터(data)를 전달하는 것과 지연(delay)하는 역할에서 따왔다.

(1) 특성표와 특성방정식

표 6.2는 D 플립플롭의 특성표를 나타낸다.

표 6.2 D 플립플롭 특성표

D	$Q(t+1)$
0	0
1	1

특성방정식은 특성표를 진리표 형태로 바꾸어 간략화과정을 통하여 구한다(그림 6.21).

Q	D	$Q(t+1)$
0	0	0
0	1	1
0	0	0
1	1	1

(a) 진리표

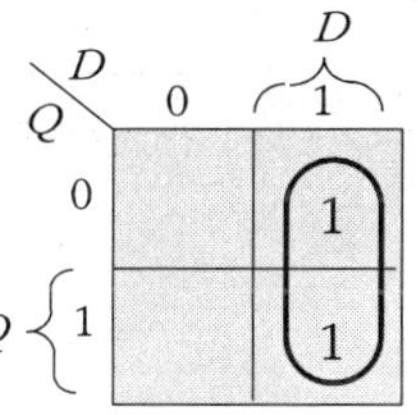

(b) 간략화

$$Q(t+1) = D$$

(c) 특성방정식

그림 6.21 D 플립플롭의 진리표와 간략화 그리고 특성방정식

따라서 D 플립플롭의 특성방정식은 다음과 같이 간단하다.

$$Q(t+1) = D$$

Q 출력은 간단히 클록천이가 활성화된 후에 D 입력의 값이 된다.

(2) 상태도

D 플립플롭의 상태도는 그림 6.22와 같다.

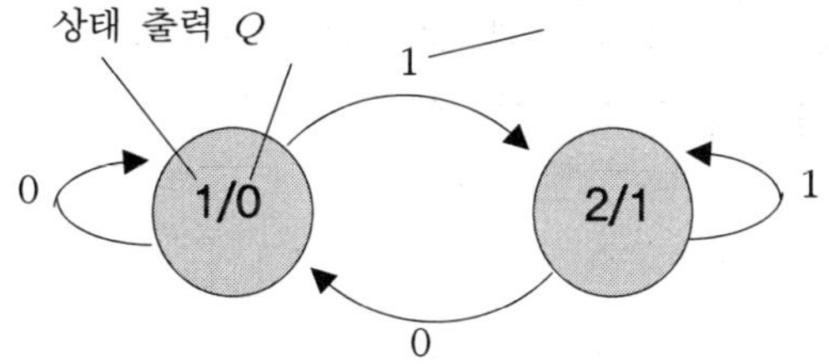

그림 6.22 D 플립플롭의 무어모델 상태도

D 플립플롭에는 각각 유일한 출력을 가진 1과 2의 두 가지 상태가 있다. 상태 1에서 출력

Q=0이고 상태 2에서 출력 Q=1이다. 현재상태가 상태 1(Q=0)이라면 하나의 입력 D=1은 상태 2(Q=1)로 상태변화를 일으킨다. 유사하게 상태 2(Q=1)라면, D=0은 상태 1로 상태변화를 일으킨다. 때때로 입력값은 상태변화를 일으키지 않을 수 있다. 그리고 이 경우에 호모양의 화살표는 동일한 상태로 되돌아오도록 나타낸다. 상태 1에서 D=0는 상태변화를 일으키지 않고, 상태 2에서 D=1 역시 상태변화를 일으키지 않는다.

(3) 레벨트리거링

그림 6.23는 그림 6.12의 RS 래치를 기본으로 설계한 레벨트리거 D 플립플롭 설계이다.

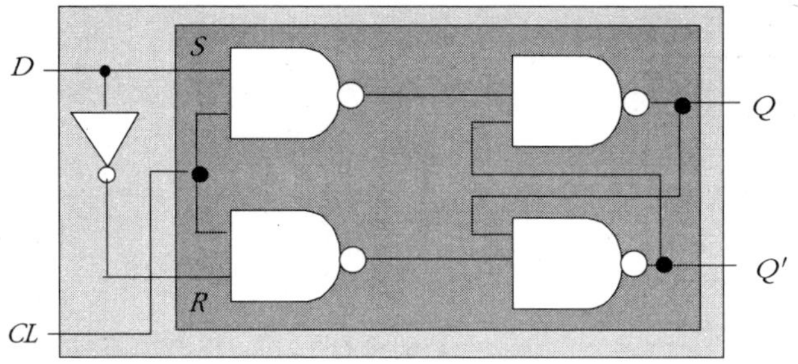

(a) 플립플롭 설계

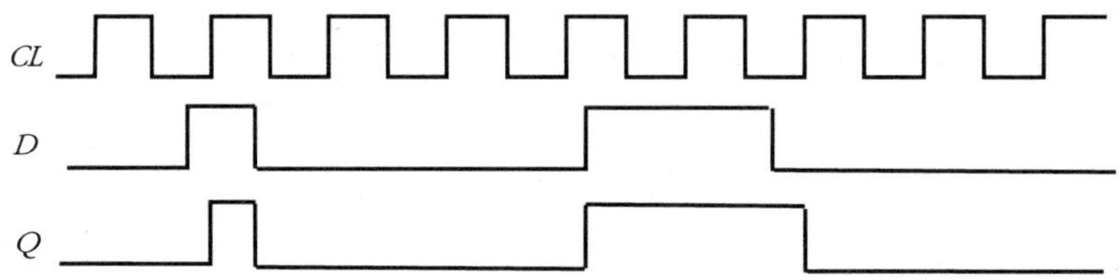

(b) 타이밍도

그림 6.23 레벨트리거 D 플립플롭

이것은 레벨트리거 RS 플립플롭에서 S와 R이 1인 입력신호가 나타나지 않도록 두 입력 간에 NOT 게이트를 첨가한 형태이다. 따라서 S와 R 입력이 동시에 1이 되어 다음상태 $Q(t+1)$가 상태를 결정할 수 없는 무정의 출력이 나타나지 않는다. CL의 0레벨에서는 NAND 게이트의 첫 번째 열의 출력은 S와 R의 논리레벨에 구애되지 않고 1이 된다. CL이 1레벨일 때는 D값은 회로에 입력되고 출력은 입력과 같은 값으로 변한다.

(4) 에지트리거링

출력에 영향을 끼치지 않고 다른 시간에 입력변화가 허용되는 2개의 플립플롭을 사용하는 그림 6.24의 주종 플립플롭은 에지트리거링 동작을 하게 된다.

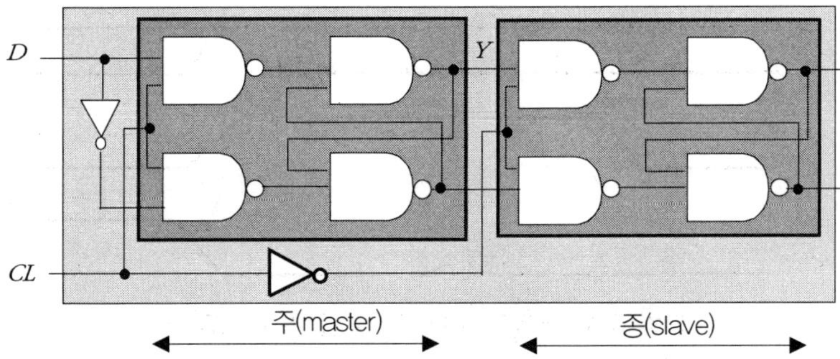

(a) 플립플롭 설계

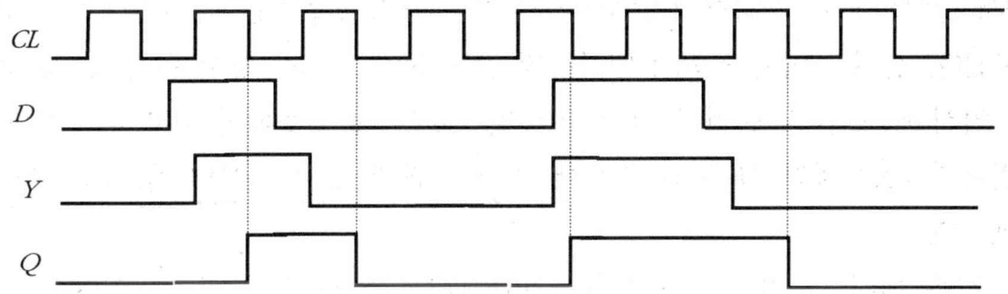

(b) 타이밍도

그림 6.24 주종 D 플립플롭

첫 번째 주 플립플롭(master F/F)는 클록이 1레벨일 때 동작하여 입력값을 저장한다. 두 번째 종 래치(slave F/F)는 클록이 0레벨일 때 동작하여 첫 번째 플립플롭의 출력을 저장한다. 결국 출력은 클록의 부에지에서 변한다. 따라서 입력신호는 클록신호의 부에지에 동기되어 동작하므로 출력은 지연된다. 정에지에서 출력이 변하려면 *CL* 입력에 NOT 게이트를 첨가한다.

D 주종 플립플롭의 타이밍은 그림 6.25에 나타나 있다.

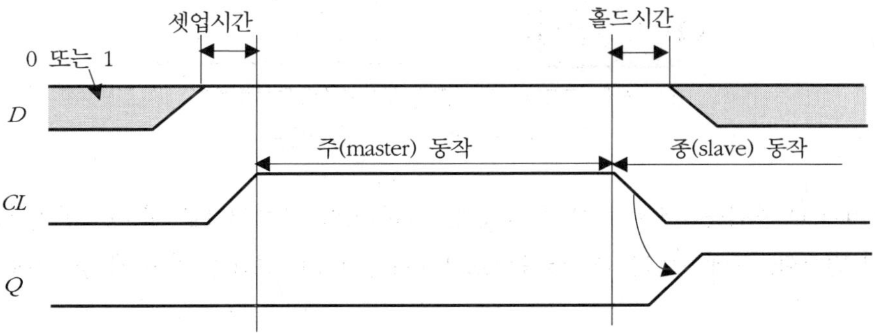

그림 6.25 주종 D 플립플롭 타이밍

이 주종설계는 2개의 플립플롭들을 요구한다. 그리고 *CL*은 1레벨인 동안 입력 D가 변하지 않아야 한다. 그림 6.26은 D=1일 때, 부에지트리거 D 플립플롭의 타이밍을 나타내고 있다.

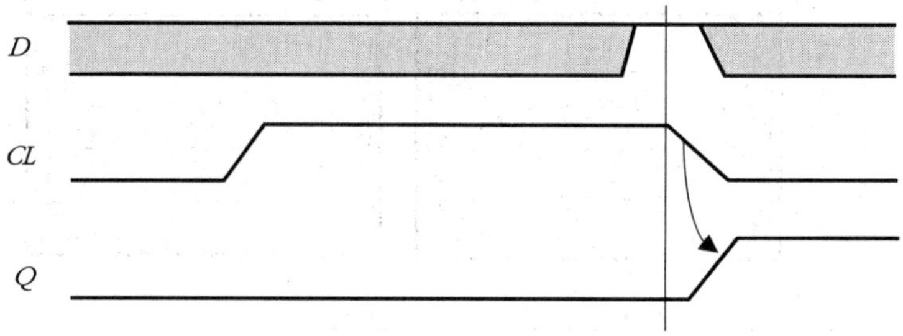

그림 6.26 부에지트리거 D 플립플롭 타이밍

그림에서 출력은 클록의 하강에지에서만 변한다. 그리고 변하는 값은 클록천이 때의 *D*값에 의해 결정된다. 실제로 어떤 입력이 변화하지 않는 동안 천이에 앞서 순간적으로 대단히 짧은 데이터 셋업시간(setup time)이 존재할 것이다. 때때로 플립플롭의 내부 디자인에 따라 어떤 입력이 변화지 않는 동안 클록 천이 후에 즉시 대단히 짧은 데이터 홀드시간(hold time)이 역시 존재한다.

그림 6.27은 에지트리거 D 플립플롭을 나타내는 논리기호와 특성표이다.

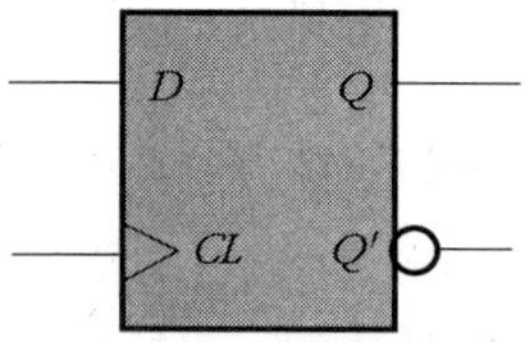

CL	*D*	*Q(t+1)*
↑	0	0
↑	1	1

(a) 정에지트리거 D 플립플롭 논리기호와 특성표

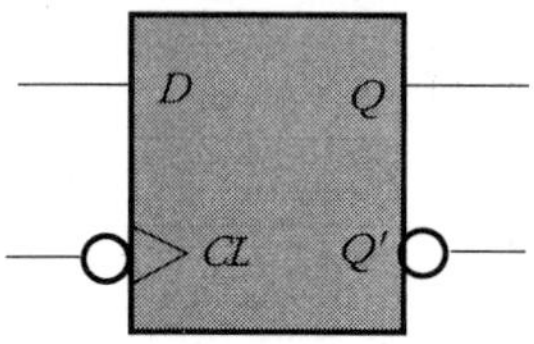

CL	*D*	*Q(t+1)*
↓	0	0
↓	1	1

(b) 부에지트리거 D 플립플롭 논리기호와 특성표

그림 6.27 에지트리거 D 플립플롭

에지트리커 D 플립플롭에서 정에지트리거는 클록신호가 0에서 1로 변하는 천이 과정(↑)에서 출력이 변한다. 부에지트리거는 클록신호가 1에서 0으로 변하는 천이 과정(↓)에서 출력이 변한다.

예제 6.2

NOR 게이트를 이용하여 D 플립플롭을 설계하시오.

6.2.3 JK 플립플롭(JK F/F)

순차논리회로설계의 가장 공통적인 요구사항 중의 하나는 출력이 0에서 1 또는 1에서 0으로 변하는 회로를 만드는 것이다. 그 보기가 그림 6.1의 2진상향계수 순차이다. JK 플립플롭은 출력을 1로 세트하거나 0으로 리세트할 수 있도록 하기 위하여 부가적으로 이 토글(Toggle)동작을 제공한다.

(1) 특성표와 특성방정식

JK 플립플롭의 특성표는 표 6.3과 같다.

표 6.3 JK 플립플롭의 특성표

J	K	$Q(t+1)$
0	0	$Q(t)$
0	1	0
1	0	1
1	1	$Q'(t)$

$J=K=0$일 때, 출력은 변하지 않는다. J 입력은 RS 플립플롭의 S 입력과 같다. 즉 $J=1$ 그리고 $K=0$일 때 출력은 1로 세트된다. K 입력은 RS 플립플롭의 R 입력에 상당한다. 즉 $K=1$ 그리고 $J=0$일 때 출력은 0으로 세트된다. $J=K=1$인 조건은 출력을 보수로 토글(toggle)시킨다. 즉, 만약 $Q=0$이면 $Q(t+1)=1$, $Q=1$이면 $Q(t+1)=0$이다.

JK 플립플롭의 특성방정식은 특성표를 다음과 같은 진리표 형태로 바꾸어 간략화과정을 통하여 구한다(그림 6.28).

Q	J	K	$Q(t+1)$
0	0	0	0
0	0	1	0
0	1	0	1
0	1	1	1
1	0	0	1
1	0	1	0
1	1	0	1
1	1	1	0

(a) 진리표

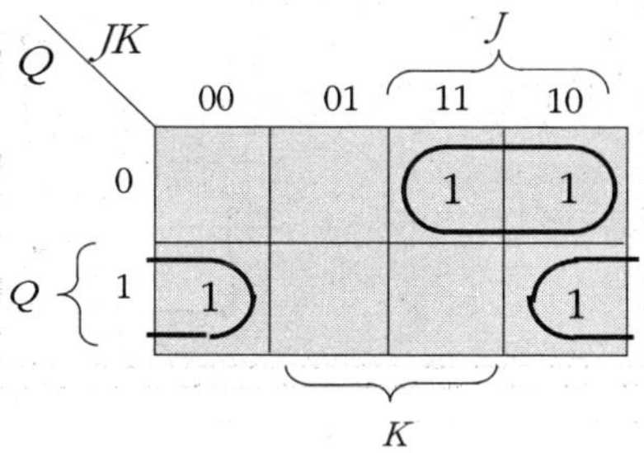

(b) 간략화

$$Q(t+1) = JQ' + K'Q$$

(c) 특성방정식

그림 6.28 JK 플립플롭의 진리표와 간략화 그리고 특성방정식

따라서 JK 플립플롭의 특성방정식은 다음과 같다.

$$Q(t+1) = JQ' + K'Q$$

(2) 상태도

JK 플립플롭의 무어모델 상태도는 그림 6.29와 같다.

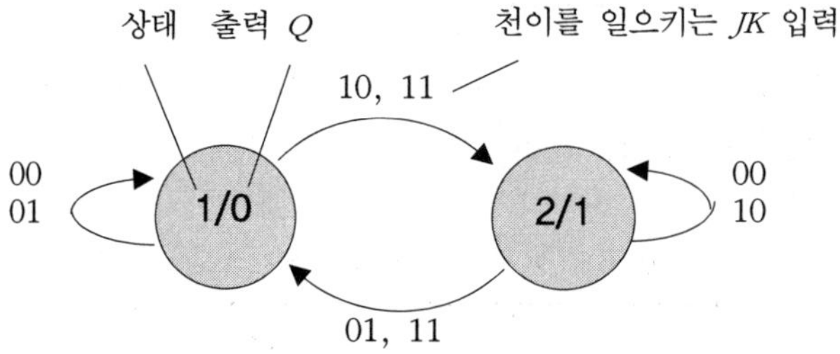

그림 6.29 JK 플립플롭의 무어모델 상태도

상태천이를 일으키기 위하여 2개의 입력과 여러 조건을 가지고 있다. 상태 1(Q=0)에서 상태 2(Q=1)로 바꾸기 위해 JK = 10 또는 JK = 11로 입력하면 된다. 상태 2(Q=1)에서 상태 1(Q=0)로 바꾸기 위해 JK=01 또는 JK = 11로 입력하면 된다. 때때로 입력값은 상태변화를 일으키지 않을 수 있다. 상태 1에서 JK = 00와 JK = 01은 상태변화를 일으키지 않고, 상태 2에서 JK = 00와 JK = 10는 상태변화를 일으키지 않는다.

(3) 레벨트리거링

그림 6.30는 레벨트리거 JK 플립플롭 설계와 타이밍도를 나타낸다.

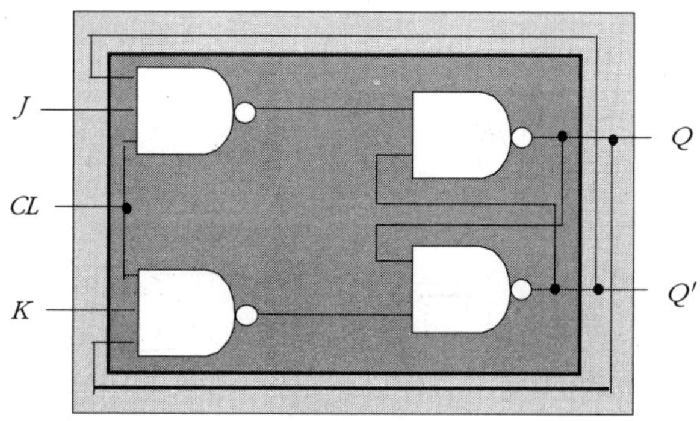

(a) 플립플롭 설계

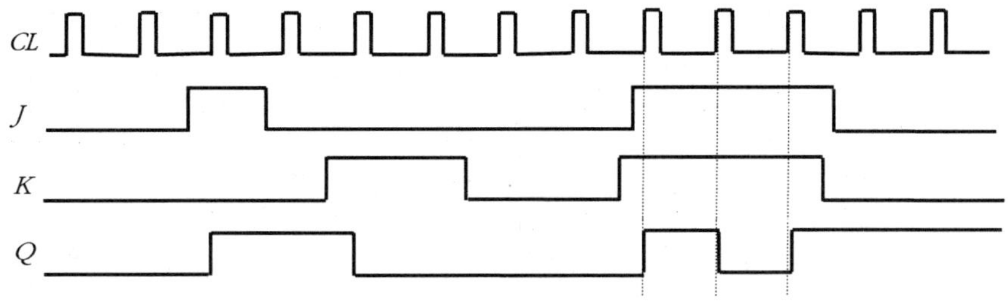

(b) 타이밍도

그림 6.30 레벨트리거 JK 플립플롭

JK 플립플롭 설계는 기존의 RS 플립플롭에서 출력(Q와 Q')과 입력(J와 K)을 피드백 연결하도록 한다. 클록 CL이 1레벨로 있을 때 J와 K 입력에 따라 Q 출력이 상태를 변화시킨다. 출력이 입력에 피드백 연결되어 있기 때문에 클록 레벨폭이 플립플롭 지연시간보다 크면 토글 동작에서 출력 상태가 계속 바뀌는 레이스 문제(race condition)가 발생한다(그림 6.31).

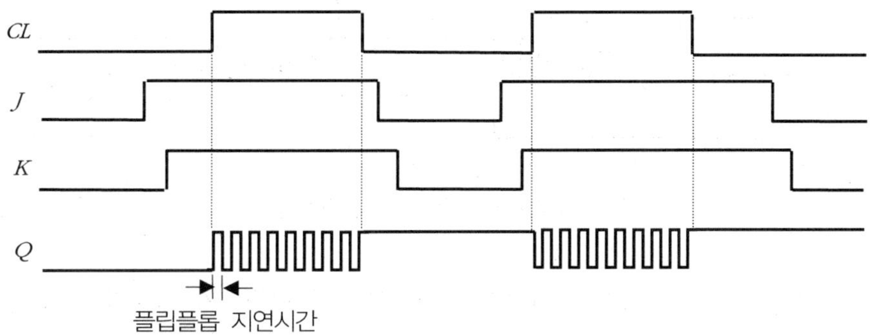

그림 6.31 레벨트리거 JK 플립플롭 설계의 문제점

이를 피하기 위해서는 클록 레벨폭이 플립플롭 지연시간보다 짧게 하거나 에지트리거링 구조의 플립플롭으로 설계를 해주어야 한다.

(4) 에지트리거링

출력에 영향을 끼치지 않고 다른 시간에 입력변화가 허용되는 2개의 플립플롭을 사용하는 그림 6.32의 주종 JK 플립플롭은 부에지트리거링 동작을 하게 된다.

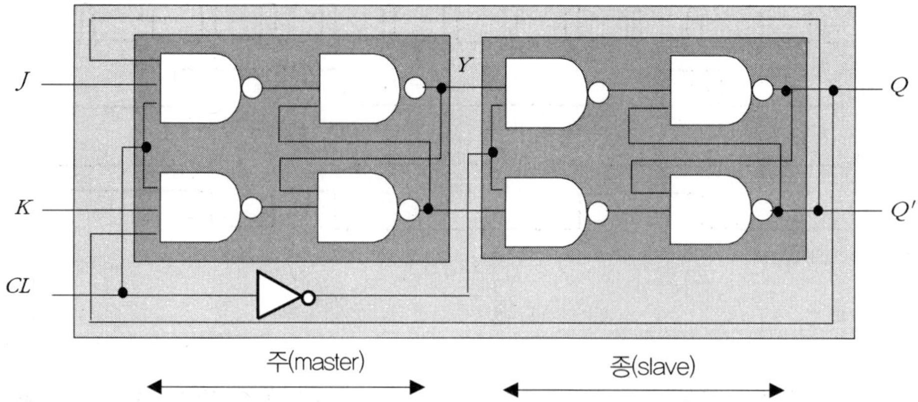

(a) 플립플롭 설계

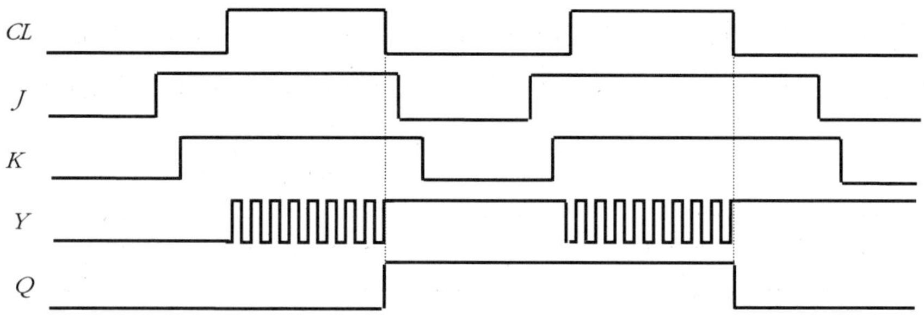

(b) 타이밍도

그림 6.32 주종 JK 플립플롭

그림 6.33은 에지트리거 JK 플립플롭을 나타내는 논리기호와 특성표이다.

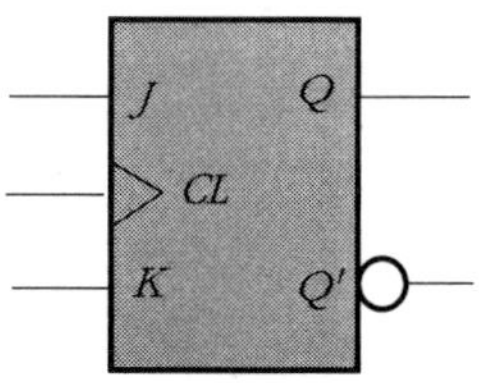

CL	J	K	Q(t+1)
↑	0	0	Q(t)
↑	0	1	0
↑	1	0	1
↑	1	1	Q'(t)

(a) 정에지트리거 JK 플립플롭 논리기호와 특성표

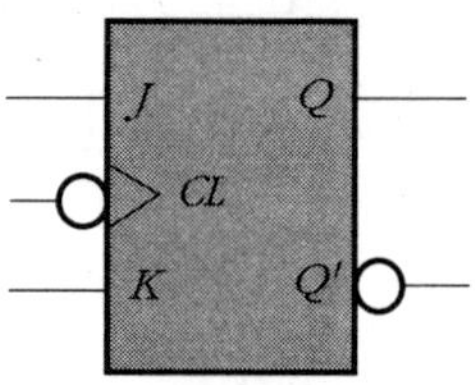

CL	J	RK	Q(t+1)
↓	0	0	Q(t)
↓	0	1	0
↓	1	0	1
↓	1	1	Q'(t)

(b) 부에지트리거 JK 플립플롭 논리기호와 특성표

그림 6.33 에지트리거 JK 플립플롭

에지트리거 JK 플립플롭의 정에지트리거는 클록신호가 0에서 1로 변하는 천이 과정(↑)에서 출력이 변한다. 부에지트리거는 클록신호가 1에서 0으로 변하는 천이 과정(↓)에서 출력이 변한다.

에지트리거 JK 플립플롭은 패키지 IC에서 사용된다. 패키지 IC TTL 정에지트리거 JK 플립플롭은 74LS109(2회로)이다. 부에지트리거 JK 플립플롭은 74LS73, 74LS76, 74LS78, 74LS112, 74LS113, 74LS114 등이 있다.

(5) JK 플립플롭을 이용한 D 플립플롭 설계

RS 래치를 *D* 래치로 변환한 것과 유사한 방법으로 JK 플립플롭과 인버터를 이용하여 *J*에 *D*를 그리고 *K*에 *D*를 인가해서 간단하게 *D* 플립플롭을 만들 수 있다(그림 6.34).

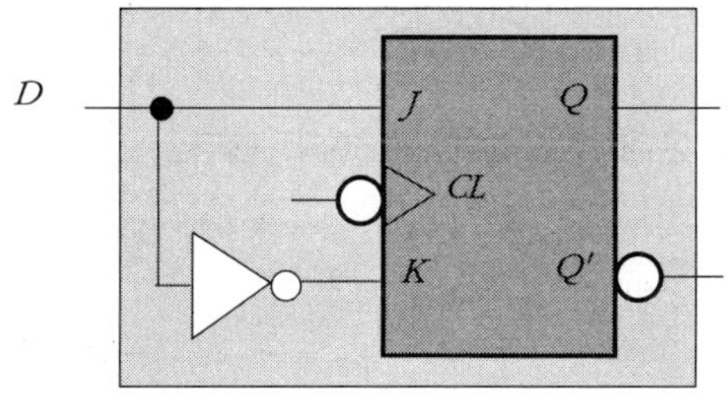

그림 6.34 JK 플립플롭을 이용한 D 플립플롭 설계

6.2.4 T 플립플롭(T F/F)

T 플립플롭은 JK 플립플롭의 동작 중에서 입력이 모두 0이거나 1인 경우만을 이용하는 플립플롭이다.

(1) 특성표와 특성방정식

T 플립플롭의 특성표는 표 6.4와 같다.

표 6.4 T 플립플롭의 특성표

T	*Q(t+1)*
0	*Q(t)*
1	*Q'(t)*

T=0일 때, 출력은 변하지 않는다. *T*=1인 조건은 출력을 보수로 토글(toggle)시킨다. 즉, 만약 *Q*=0이면 *Q*(*t*+1)=1, *Q*=1이면 *Q*(*t*+1)=0이다.

T 플립플롭의 특성 방정식은 특성표를 다음과 같은 진리표 형태로 바꾸어 간략화과정을 통하여 구한다(그림 6.35).

Q	T	Q(t+1)
0	0	0
0	1	1
0	0	1
1	1	0

(a) 진리표

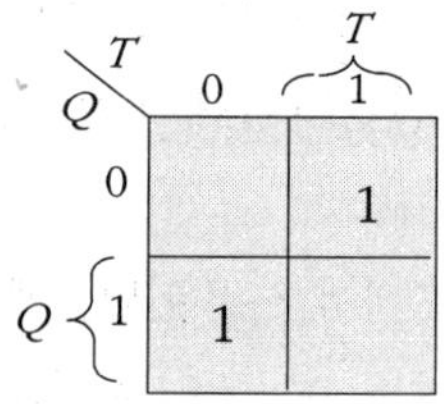

(b) 간략화

$$Q(t+1) = TQ' + T'Q$$

(c) 특성방정식

그림 6.35 T 플립플롭의 진리표와 간략화 그리고 특성방정식

따라서 T 플립플롭의 특성방정식은 다음과 같다.

$$Q(t+1) = TQ' + T'Q$$

(2) 상태도

T 플립플롭의 무어모델 상태도는 그림 6.36와 같다.

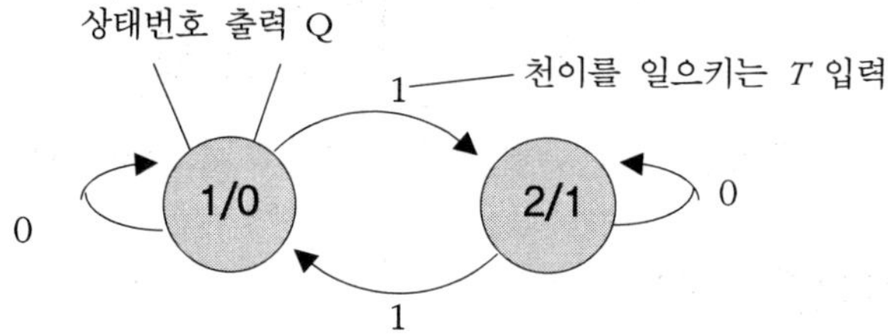

그림 6.36 T 플립플롭의 무어모델 상태도

T 플립플롭에는 각각 유일한 출력을 가진 1과 2의 두 가지 상태가 있다. 상태 1에서 출력 Q=0이고 상태 2에서 출력 Q=1이다. 현재상태가 상태 1(Q=0)이라면 하나의 입력 T=1은 상태 2(Q=1)로 상태변화를 일으킨다. 유사하게 상태 2(Q=1)라면, T=1은 상태 1로 상태변화를 일으킨다. 때때로 입력값은 상태변화를 일으키지 않을 수 있다. 상태 1에서 T=0는 상태변화를 일으키지 않고, 상태 2에서 T=1 역시 상태변화를 일으키지 않는다.

(3) 레벨트리거링

그림 6.37는 레벨트리거 T 플립플롭 설계와 타이밍도를 나타낸다. JK 플립플롭의 J와 K입력을 묶어서 하나의 입력신호 T를 이용하도록 T 플립플롭을 설계한다.

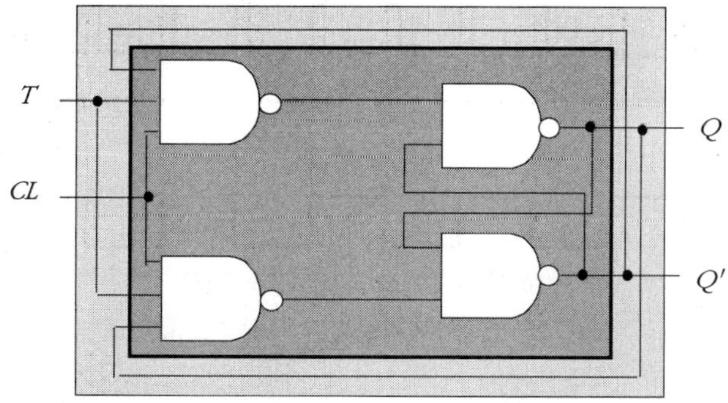

(a) JK 플립플롭을 이용한 T 플립플롭 설계

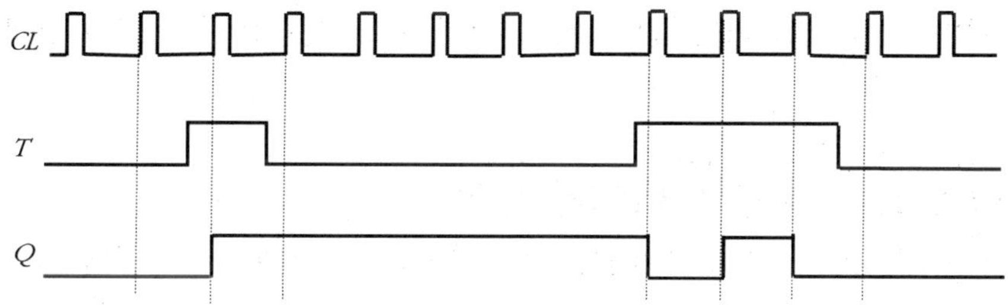

(b) 타이밍도

그림 6.37 레벨트리거 T 플립플롭

T 플립플롭의 입력 *T*가 0이면 T 플립플롭은 *J*=0, *K*=0인 JK 플립플롭과 같이 동작하므로 출력은 변하지 않으며, *T*=1이면 *J*=1, *K*=1인 JK 플립플롭과 같이 동작하여 출력이 토글된다. 그래서 T 플립플롭은 토글(Toggle) 플립플롭이라 한다.

(3) 에지트리거링

JK 플립플롭의 J와 K입력을 묶어서 하나의 입력신호 T를 이용하도록 T 플립플롭을 설계한다. 그림 6.38은 에지트리거 RS 플립플롭을 나타내는 논리기호와 특성표 그리고 타이밍도이다.

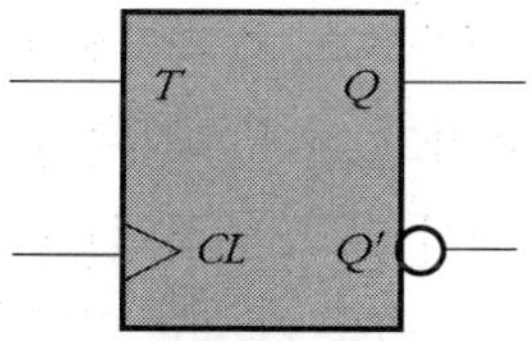

CL	T	Q(t+1)
↑	0	Q(t)
↑	1	Q'(t)

(a) 정에지트리거 D 플립플롭 논리기호와 특성표

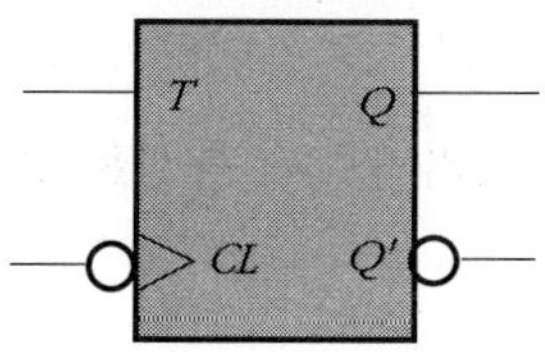

CL	T	Q(t+1)
↓	0	Q(t)
↓	1	Q'(t)

(b) 부에지트리거 D 플립플롭 논리기호와 특성표

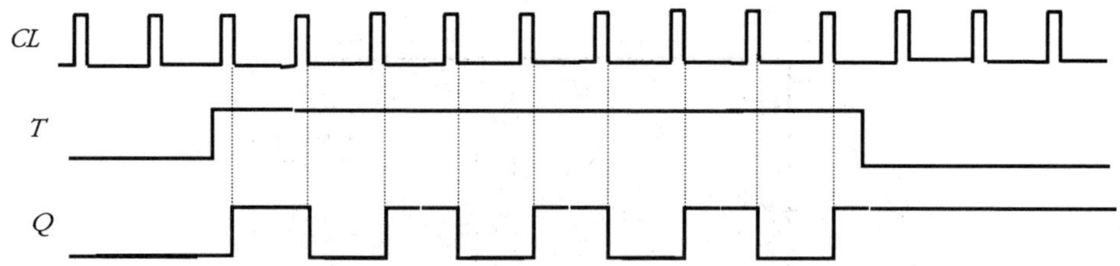

(b) 타이밍도(부에지트리거 경우)

그림 6.38 에지트리거 T 플립플롭

에지트리거 T 플립플롭의 정에지트리거는 클록신호가 0에서 1로 변하는 천이 과정(↑)에서 출력이 변한다. 부에지트리거는 클록신호가 1에서 0으로 변하는 천이 과정(↓)에서 출력이 변한다.

(4) D 플립플롭을 이용한 T 플립플롭 설계

T 플립플롭의 특성방정식과 D 플립플롭을 이용하여 그림 6.39과 같이 T 플립플롭을 설계한다.

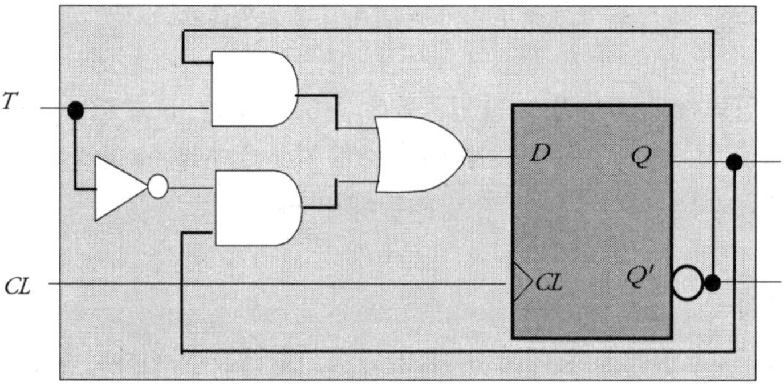

그림 6.39 D 플립플롭을 이용한 T 플립플롭 설계

6.2.5 비동기 입력

모든 플립플롭들은 클록신호가 인가되는 동안 동작하고, 입력신호는 클록신호에 동기되어 출력에 전달되므로 동기 입력(synchronous input)이라고 한다. 대부분의 플립플롭은 클록신호를 통해서 플립플롭의 상태를 변화시키는 동기 입력이 있고, 클록신호와 관계없이 비동기적으로 출력을 변화시키는 비동기 입력(asynchronous input)을 가지고 있다. 클록신호와 관계없이 비동기적을 출력을 1상태로 프리셋(preset)하는 비동기 입력 $\overline{PR}$과 출력을 0상태로 클리어(clear) 하는 비동기 입력 $\overline{CLR}$가 있다.

그림 6.40은 비동기 입력을 갖는 플립플롭의 논리기호와 특성표이다.

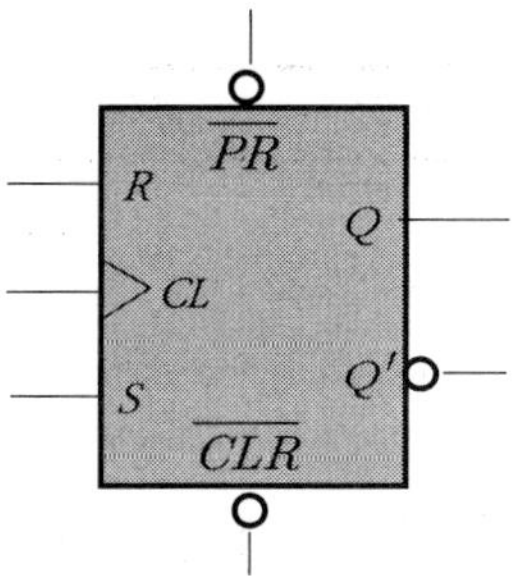

정에지트리거

$\overline{PR}$	$\overline{CLR}$	CL	R	S	Q(t+1)
0	1	×	×	×	1
1	0	×	×	×	0
1	1	↑	0	0	Q(t)
1	1	↑	0	1	0
1	1	↑	1	0	1
1	1	↑	1	1	×

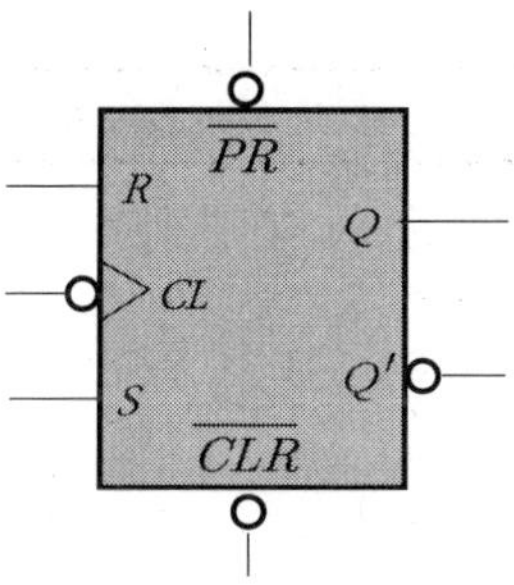

부에지트리거

$\overline{PR}$	$\overline{CLR}$	CL	R	S	Q(t+1)
0	1	×	×	×	1
1	0	×	×	×	0
1	1	↓	0	0	Q(t)
1	1	↓	0	1	0
1	1	↓	1	0	1
1	1	↓	1	1	×

(a) 비동기 입력 RS 플립플롭의 논리기호와 특성표

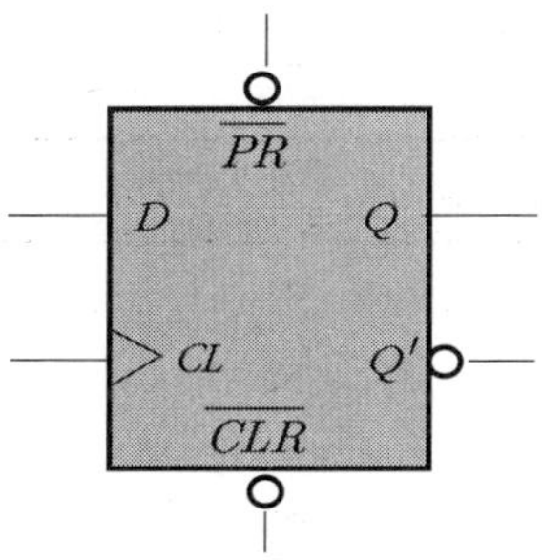

정에지트리거

$\overline{PR}$	$\overline{CLR}$	CL	D	Q(t+1)
0	1	×	×	1
1	0	×	×	0
1	1	↑	0	0
1	1	↑	1	1

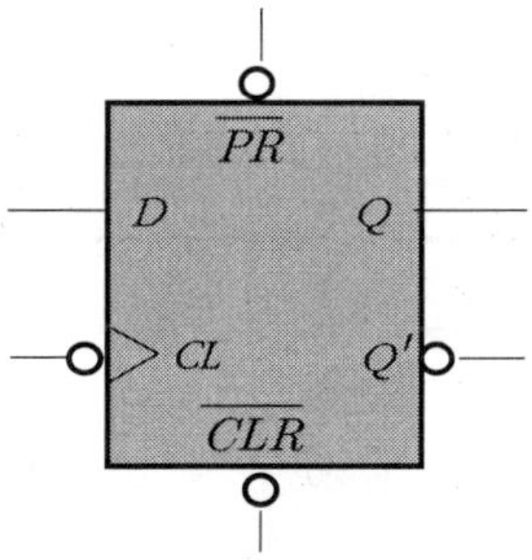

부에지트리거

$\overline{PR}$	$\overline{CLR}$	CL	D	Q(t+1)
0	1	×	×	1
1	0	×	×	0
1	1	↓	0	0
1	1	↓	1	1

(b) 비동기 입력 D 플립플롭의 논리기호와 특성표

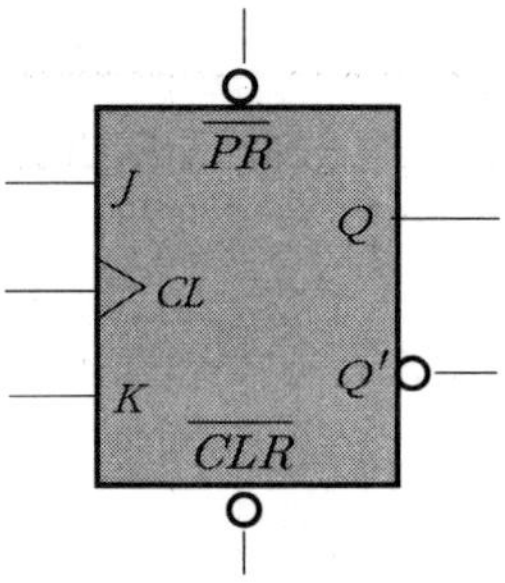

정에지트리거

$\overline{PR}$	$\overline{CLR}$	CL	J	K	Q(t+1)
0	1	×	×	×	1
1	0	×	×	×	0
1	1	↑	0	0	Q(t)
1	1	↑	0	1	0
1	1	↑	1	0	1
1	1	↑	1	1	Q'(t)

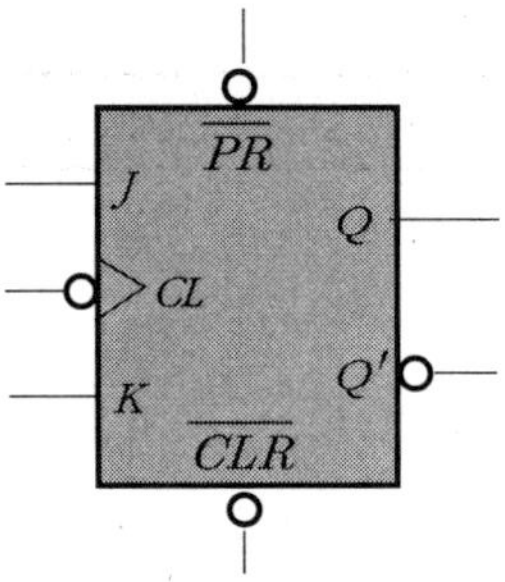

부에지트리거

$\overline{PR}$	$\overline{CLR}$	CL	J	K	Q(t+1)
0	1	×	×	×	1
1	0	×	×	×	0
1	1	↓	0	0	Q(t)
1	1	↓	0	1	0
1	1	↓	1	0	1
1	1	↓	1	1	Q'(t)

(c) 비동기 입력 JK 플립플롭의 논리기호와 특성표

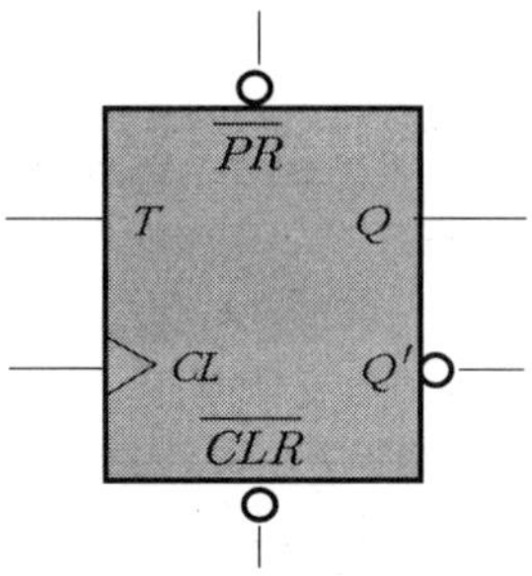

정에지트리거

$\overline{PR}$	$\overline{CLR}$	CL	T	Q(t+1)
0	1	×	×	1
1	0	×	×	0
1	1	↑	0	Q(t)
1	1	↑	1	Q'(t)

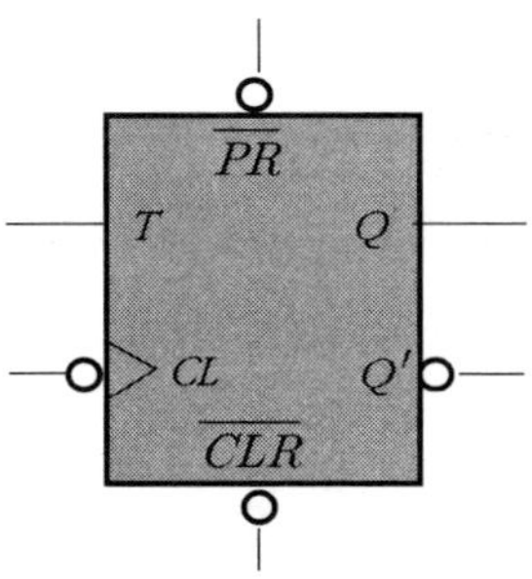

부에지트리거

$\overline{PR}$	$\overline{CLR}$	CL	T	Q(t+1)
0	1	×	×	1
1	0	×	×	0
1	1	↓	0	Q(t)
1	1	↓	1	Q'(t)

(d) 비동기 입력 T 플립플롭의 논리기호와 특성표

그림 6.40 비동기 플립플롭

비동기 입력 $\overline{PR}$은 클록신호와 관계없이 비동기적으로 출력을 1상태로 프리셋(preset) 한다.

비동기 입력 $\overline{CLR}$은 클록신호와 관계없이 출력을 0상태로 클리어(clear)한다.

그림 6.41의 비동기 입력에 의한 비동기 입력 T 플립플롭의 동작을 보자.

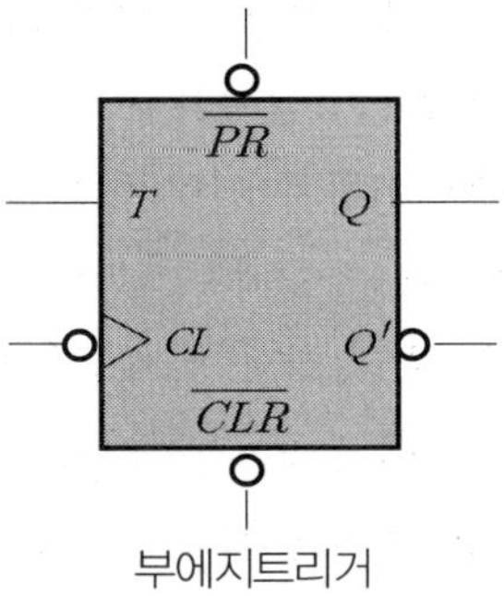

$\overline{PR}$	$\overline{CLR}$	CL	T	$Q(t+1)$
0	1	×	×	1
1	0	×	×	0
1	1	↓	0	$Q(t)$
1	1	↓	1	$Q'(t)$

(a) 논리기호와 특성표

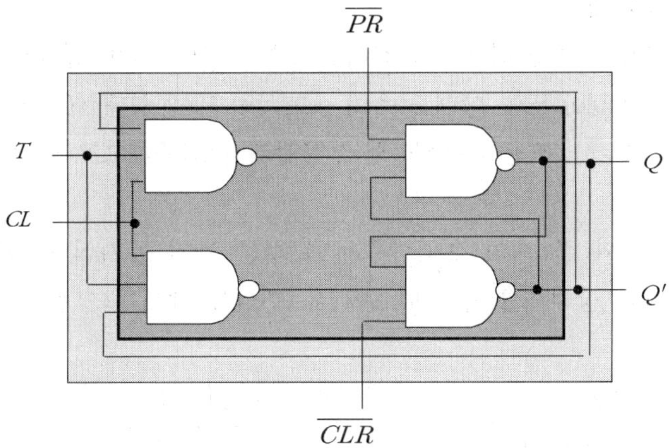

(b) 논리도

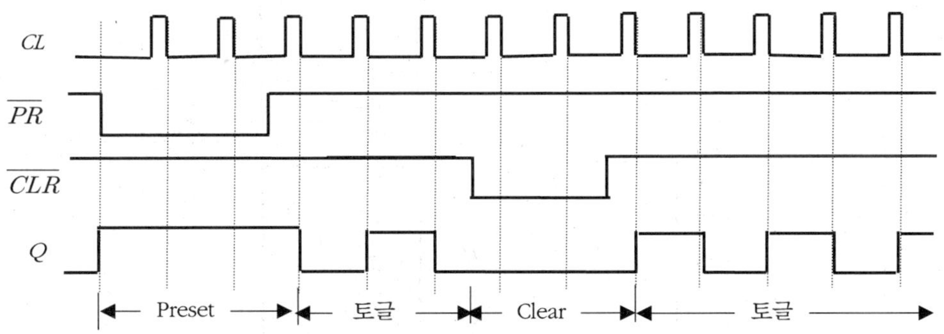

(c) 타이밍도

그림 6.41 비동기 입력 T 플립플롭

비동기 입력 $\overline{PR}$은 클록신호와 관계없이 비동기적으로 출력을 1상태로 프리셋(preset)한다. 비동기 입력 $\overline{CLR}$은 클록신호와 관계없이 출력을 0상태로 클리어(clear)한다.

6.3 동기식 순차논리회로

동기식 순차논리회로(synchronous sequential circuit)는 보통 제어입력의 함수로서 어떤 순차(sequence)로 상태를 변화하는 플립플롭들로 구성한다. 일정하고 반복적인 신호 형태인 클록(clock)을 사용하여 메모리요소가 동작함으로써 출력변화가 입력 클록신호에 의해서 초기화되고 출력들이 요구되는 클록신호의 천이에 즉시 변화하는 순차논리회로가 동기식 순차논리회로라 한다. 출력을 동기화시킬 수 있는 클록신호는 논리회로 설계를 크게 단순화하므로 순차논리시스템의 대부분은 동기식 순차논리회로이다. 대부분의 컴퓨터들은 동기식 순차논리시스템이다. 순차논리회로의 동작은 입력, 출력 그리고 플립플롭의 상태에 따라서 결정된다. 순차논리회로의 출력과 플립플롭의 다음상태(next state)는 입력과 플립플롭의 현재상태(present state)로 결정된다.

조합논리회로 설계와 분석을 위해서는 진리표 또는 논리식 등이 필요하듯이 동기식 순차논리회로는 상태표(state table) 또는 상태도(state diagram) 또는 상태식(state equation)이 필요하다. 동기식 순차논리회로는 크게 조합논리회로 부분과 플립플롭으로 구성되는 메모리 부분으로 나누어진다.

한 개의 입력변수 *X*와 한 개의 출력변수 *Y*를 갖는 보기 동기식 순차논리회로를 통하여 상태표, 상태도 그리고 상태식을 구해보고 회로 분석을 해보자(그림 6.42).

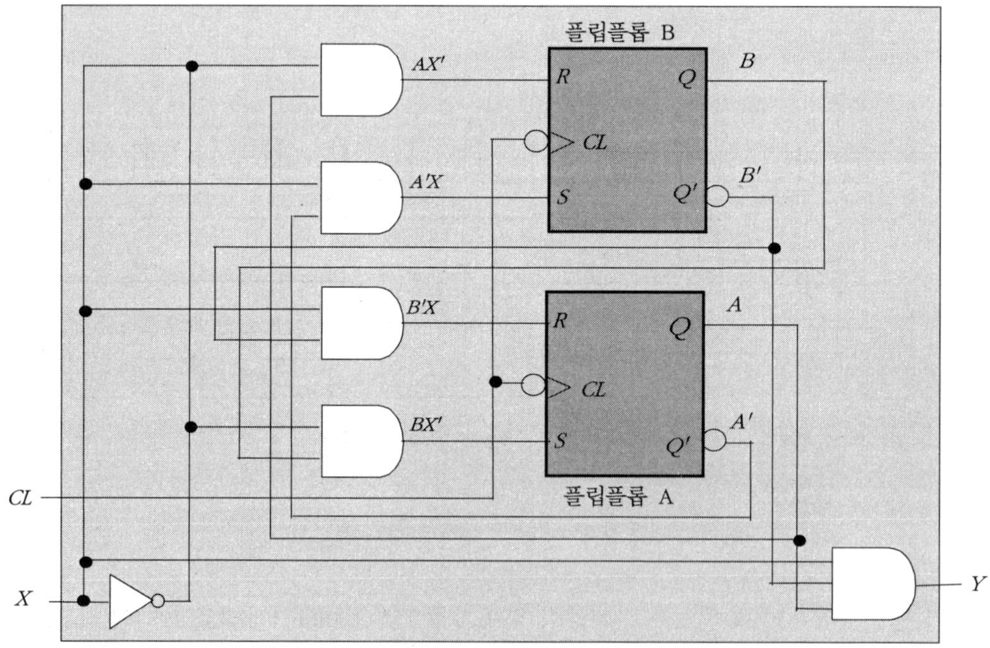

그림 6.42 동기식 순차논리회로의 보기회로

6.3.1 상태표

조합논리회로의 입력과 출력은 진리표를 이용하여 표시하듯이 순차논리회로의 입력, 출력, 그리고 플립플롭 상태는 상태표(state table)를 이용하여 표시한다. 표 6.5는 그림 6.42의 순차 논리회로의 상태표이다.

표 6.5 그림 6.42의 상태표

현재상태 (present state)		입력 (input)	다음상태 (next state)		출력 (output)
$A(t)$	$B(t)$	X	$A(t+1)$	$B(t+1)$	Y
0	0	0	0	0	0
0	0	1	0	1	0
0	1	0	1	1	0
0	1	1	0	1	0
1	0	0	1	0	0
1	0	1	0	0	1
1	1	0	1	0	0
1	1	1	1	1	0

현재상태(present state)는 클록펄스에 의해 트리거되기 전의 플립플롭 상태를 나타내고, 다음상태(next state)는 트리거된 후의 플립플롭 상태를 나타낸다. 출력은 플립플롭의 현재상태에 의해서 결정되는 출력변수의 값을 나타낸다. 다음상태와 출력 Y는 입력변수 X가 0과 1을 가질 때를 구분하여 표시되고 있다.

플립플롭의 초기상태를 00으로 가정하자. 상태표에서 플립플롭의 현재상태 $A(t)B(t)$가 00이고 입력변수 X가 0이면, AND 게이트의 출력은 모두 0이므로 A와 B 플립플롭의 상태는 변하지 않는다. 즉 플립플롭 A와 플립플롭 B의 다음상태 $A(t+1)B(t+1)$는 현재상태 $A(t)B(t)$=00을 유지한다. 만약 입력변수 X가 1이면, $A'X$=1 그리고 $B'X$=1가 된다. 즉 플립플롭 A의 S 입력은 0 그리고 R 입력이 1이 되고 플립플롭 B의 S 입력은 1 그리고 R 입력은 0으로 변하게 되므로 다음상태 $A(t+1)B(t+1)$=01이 된다. 플립플롭의 현재상태가 01, 10, 그리고 11로 바뀌짐에 다른 다음상태는 앞에서 행한 방법대로 구한다. 이와 같이 현재상태와 입력변수를 이용하여 다음상태를 알 수 있다.

출력은 더욱 쉽게 알 수 있는데 출력변수 Y가 1이 되는 경우는 그림 6.42에서 입력변수 X가 1, 플립플롭 A의 현재상태가 1, 플립플롭 B의 현재상태가 0일 때이므로 표에서 알 수 있는 바와 같이 $A(t)B(t)$가 10이고 X=1인 경우에만 Y의 값이 1이 된다.

표 6.5 형태의 상태표는 표 6.6처럼 또 다른 형태로 만들 수 있다.

표 6.6 다른 형태의 상태표

현재상태		다음상태				출력	
		X=0		X=1		X=0	X=1
$A(t)$	$B(t)$	$A(t+1)$	$B(t+1)$	$A(t+1)$	$B(t+1)$	Y	Y
0	0	0	0	0	1	0	0
0	1	1	1	0	1	0	0
1	0	1	0	0	0	0	1
1	1	1	0	1	1	0	0

6.3.2 상태도

상태표(state table)에 나타나 있는 순차논리회로의 동작에 대한 상태 정보를 그림으로 표시한 것이 상태도(state diagram)이다. 그림 6.43는 표 6.5의 상태표를 상태도로 나타낸 것이다.

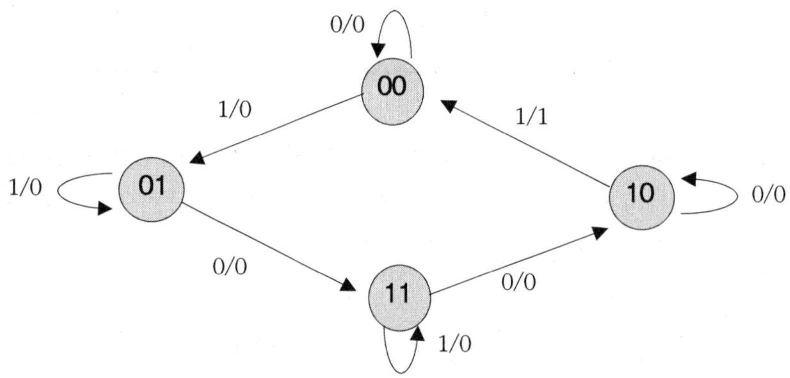

그림 6.43 그림 6.42의 상태도

그림은 밀리모델(Mealy Model) 상태도라 한다. 밀리모델 상태도에서는 원 안의 각 상태 즉 2진수는 플립플롭의 현재상태를 나타낸다. 즉 상태도에는 00, 01, 10 그리고 11인 상태가 4개 있다. 하나의 상태로부터 다른 상태로의 천이는 화살표로 표시하고 입력변수/출력변수로 나타낸다. 만약 현재상태 00에서 다음상태 01로 천이하기 위해서는 입력변수/출력변수=1/0의 조건이 필요하다. 때때로 상태변화가 일어나지 않을 수 있는데, 현재상태 00에서 0/0일 때 다음상태는 현재상태와 같은 00이 된다. 이 경우에 호모양의 화살표는 동일한 상태로 되돌아오도록 나타낸다.

출력이 없는 순차논리회로의 경우, 입력변수/출력변수는 단순히 입력변수만 나타내면 된다. 예를 들어 출력이 없다면, 1/0에서 오른쪽 출력부분이 생략되는 형태로 1로 표기된다.

6.3.3 상태식

상태식(state equation)은 플립플롭 상태가 변화하는 조건을 나타낸다. 식의 왼쪽에는 플립플롭의 다음상태를 나타내고, 오른쪽에는 다음상태가 1이 되기 위한 플립플롭의 현재상태를 나타내는 부울식이 된다. 상태표(또는 상태도)를 이용하여 쉽게 상태식을 구할 수 있다. 예를 들어 표 6.6에서 플립플롭 A의 다음상태가 1이 되는 경우는 네 가지가 있다. 즉, X=0이고 AB=01, 10, 11인 경우와 X=1이고 AB=11일 때이다. 따라서 상태식은 다음과 같이 표시된다.

$$A(t+1) = (A'B + AB' + AB)X' + ABX$$

위에서 오른쪽에 있는 부울함수는 플립플롭의 현재상태를 표시하는데, 이 함수가 1이 되면 플립플롭 A는 다음 상태가 1이 된다. $A(t+1)$은 클록펄스가 가해진 후의 플립플롭 A의 다음상태를 나타낸다.

플립플롭 B의 다음상태가 1이 되는 경우도 네 가지이다. 즉, X=0이고 AB=01인 경우와 X=1이고 AB=00, 01, 11일 때이다. 그러므로 상태식은 다음과 같이 표시된다.

$$B(t+1) = A'BX' + (A'B' + A'B + AB)X$$

카르노맵을 이용하여 그림 6.44처럼 플립플롭 A와 B의 다음 상태의 상태식을 간략화할 수 있다.

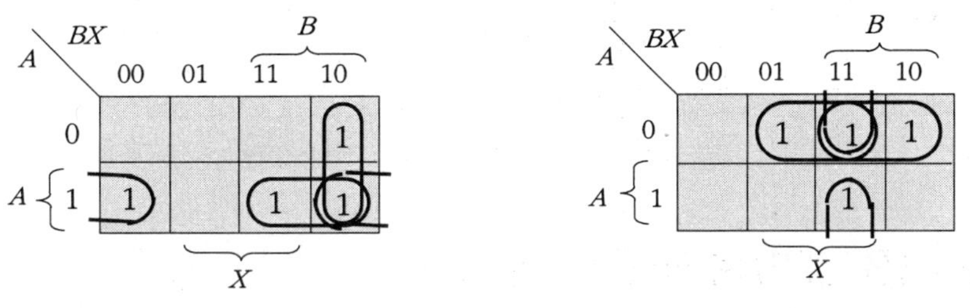

(a) $A(t+1) = BX' + (B + X')A$ (b) $B(t+1) = A'X + (A' + X)B$

그림 6.44 상태식의 간략화

플립플롭 A의 상태식을 간략화하면

$$A(t+1) = BX' + (B + X')A = BX' + (B'X)'A = S + R'A$$

인데 S 입력이 BX'이고 R' 입력이 $(B'X)'$이므로 R 입력이 $B'X$가 된다.

같은 방식으로 플립플롭 B의 상태식은 그림 6.39(b)에 있는 바와 같이 간략화하면

$$B(t+1) = A'X + (A' + X)B = A'X + (AX')'B = S + R'B$$

이므로 S 입력이 $A'X$이고 R' 입력이 $(AX')'$이므로 R 입력이 AX'가 된다.

순차논리회로는 조합논리회로 부분과 플립플롭들로 구성되는 메모리요소 부분으로 나눌 수 있다고 설명하였다(그림 6.2). 따라서 그림 6.42의 보기 순차논리회로를 그림 6.45처럼 다시 그려볼 수 있다.

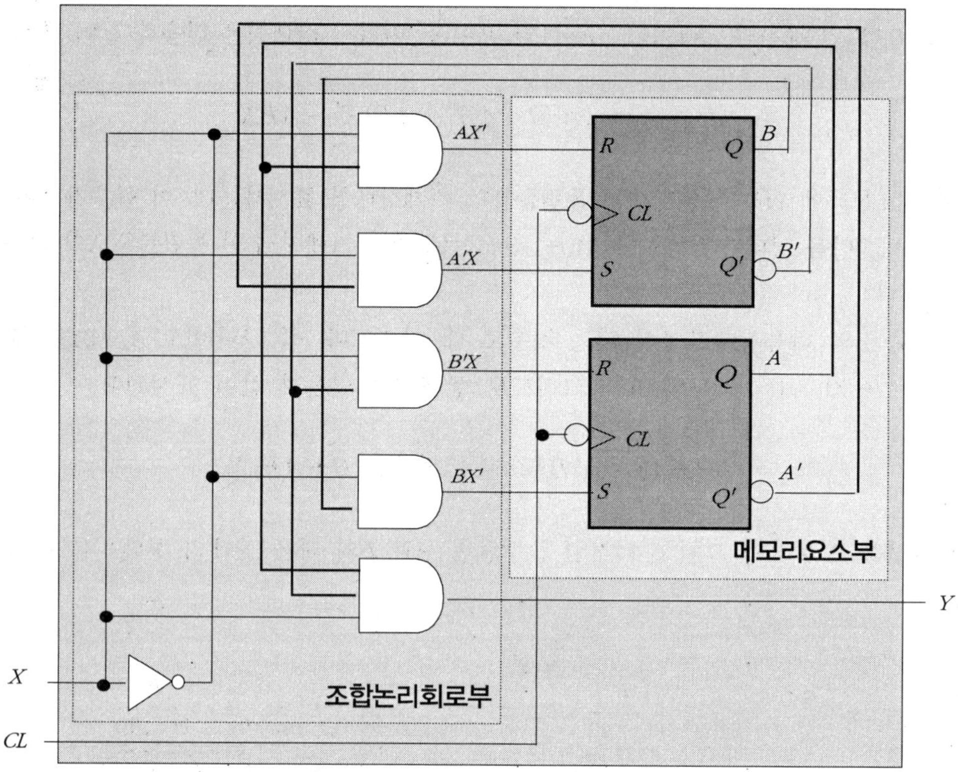

그림 6.45 다시 그려 본 보기 순차논리회로

6.3.4 플립플롭 입력함수와 출력함수

순차논리회로의 동작을 이해하기 위해서는 플립플롭의 입력을 부울함수로 표시하는 것이 편리하다. 이러한 함수를 플립플롭 입력함수(flip-flop input function)라 한다.

그림 6.42를 다시 그린 그림 6.45에서 조합논리부분의 출력들은 플립플롭의 입력들이 된다. 따라서 보기 순차논리회로를 4개의 플립플롭 입력함수들과 1개의 출력함수(output function)로 표시하면 다음과 같다.

$$SA = BX', \qquad RA = B'X$$
$$SB = A'X, \qquad RB = AX'$$
$$Y = AB'X$$

이와 같이 순차논리회로를 논리도 대신에 플립플롭 입력함수와 출력함수로 간단히 표현할 수도 있다.

메모리요소를 JK 플립플롭으로 설계된 그림 6.46의 다른 보기 순차논리회로로부터 플립플롭 입력함수들을 구할 수 있다.

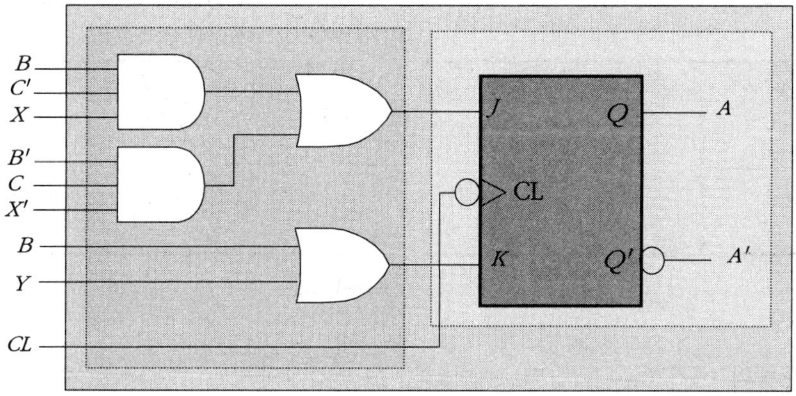

그림 6.46 보기 순차논리회로

보기회로의 플립플롭입력함수는 다음과 같다.

$$JA = BC'X + B'CX'$$
$$KA = B + Y$$

식에서 JA는 A 플립플롭의 J 입력 그리고 KA는 K 입력을 나타낸다. 오른쪽에 있는 부울함수가 플립플롭 입력에 가해지는 입력함수가 된다. X와 Y는 2개의 입력변수이다.

6.3.5 여기표

플립플롭의 특성은 입력신호에 따른 출력신호의 변화로 표시할 수 있는데 $Q(t)$는 현재상태(present state)를 나타내고, $Q(t+1)$는 클록펄스가 가해진 후의 다음상태(next state)를 표시한다. 특성표는 순차논리회로를 설계할 때 중요한 역할을 한다. 또한 설계과정에서는 출력이 원하는 대로 변화하기 위해서 어떠한 입력신호가 필요한지를 알 필요가 있다. 이러한 이유에서 상태변화와 입력신호 사이의 관계를 나타내는 표를 만들었는데 이것을 플립플롭 여기표(excitation table)라고 한다(표 6.7). 표에서 기호 ×는 무시항(don't care) 조건을 나타내므로 이 경우 입력이 0 또는 1이 들어와도 상관이 없다.

표 6.7 플립플롭 여기표

$Q(t)$	$Q(t+1)$	S R
0	0	0 ×
0	1	1 0
1	0	0 1
1	1	× 0

(a) RS 플립플롭

$Q(t)$	$Q(t+1)$	J K
0	0	0 ×
0	1	1 ×
1	0	× 1
1	1	× 0

(b) JK 플립플롭

$Q(t)$	$Q(t+1)$	T
0	0	0
0	1	1
1	0	1
1	1	0

(c) T 플립플롭

$Q(t)$	$Q(t+1)$	D
0	0	0
0	1	1
1	0	0
1	1	1

(d) D 플립플롭

RS 플립플롭의 여기표는 표 6.7(a)에 있다. $Q(t)$=0에서 $Q(t+1)$=0으로 변하는 경우에 S와 R 입력은 두 경우로 생각할 수 있다. 즉, 출력이 변하지 않았으므로 S=0, R=0인 경우와 $Q(t+1)$=0이 되었으므로 S=0, R=1이 될 수 있다. 그러므로 이 경우에는 S=0, R=0인 입력이나 S=0, R=1인 입력이 들어올 수 있으므로 S=0, R=×로 표시하였다. 또한 Q(t)=1에서 $Q(t+1)$=1이 되는 경우도 출력이 안 변했으므로 S=0, R=0인 입력이 들어올 수 있고, $Q(t+1)$=1이므로 출력이 1이 되는 S=1, R=0인 입력이 가해질 수 있으므로 S=×, R=1인 입력으로 표시되었다.

JK 플립플롭의 여기표는 표 6.7(b)에 있다. $Q(t)$=0에서 $Q(t+1)$=0으로 되는 경우는 출력이 변하지 않았거나 또는 $Q(t+1)$이 0으로 되었다고 할 수도 있다. 그러므로, 전자에서는 J=K=0인 입력신호가 필요하고, 후자는 J=0, K=1인 입력신호가 필요하므로 J=0, K=×로 표시할 수 있다. 마찬가지로 $Q(t)$=0에서 $Q(t+1)$=1로 변하는 경우는 출력이 토글 되었으므로 J=K=1 또는 J=1, K=0인 입력이 필요하게 되어서 J=1, K=×로 표시되었다. 나머지 두 경우도 같은 식으로 생각할 수 있다.

T 플립플롭의 여기표는 표 6.7(c)에 있다. $Q(t)$=0에서 $Q(t+1)$=0으로 되는 경우는 출력이 변하지 않는다. $Q(t)$=0에서 $Q(t+1)$=1로 변하는 경우는 출력이 바뀐다. 나머지 두 경우도 같은 식으로 생각할 수 있다.

D 플립플롭의 여기표는 표 6.7(d)에 있다. 출력은 $Q(t)$와 관계없고 $Q(t+1)$에 의해서 결정되므로 $Q(t+1)$=0이면 출력은 0이고 $Q(t+1)$=1이면 출력은 1이 된다.

상태표와 플립플롭 여기표를 이용하여 플립플롭 입력함수들과 출력함수 설계를 위한 여기표를 만들어보자. 표 6.5의 보기 상태표를 이용한다.

표 6.8 보기 여기표

조합논리회로의 입력			다음상태		조합논리회로의 출력				
현재상태		입력			F/F 입력				출력
$A(t)$	$B(t)$	X	$A(t+1)$	$B(t+1)$	SA	RA	SB	RB	Y
0	0	0	0	0	0	×	0	×	0
0	0	1	0	1	0	×	1	0	0
0	1	0	1	1	1	0	×	0	0
0	1	1	0	1	0	×	×	0	0
1	0	0	1	0	×	0	0	×	0
1	0	1	0	0	0	1	0	×	1
1	1	0	1	0	×	0	0	1	0
1	1	1	1	1	×	0	×	0	0

카르노맵을 이용하여 플립플롭 입력함수들을 간략화한다(그림 6.47).

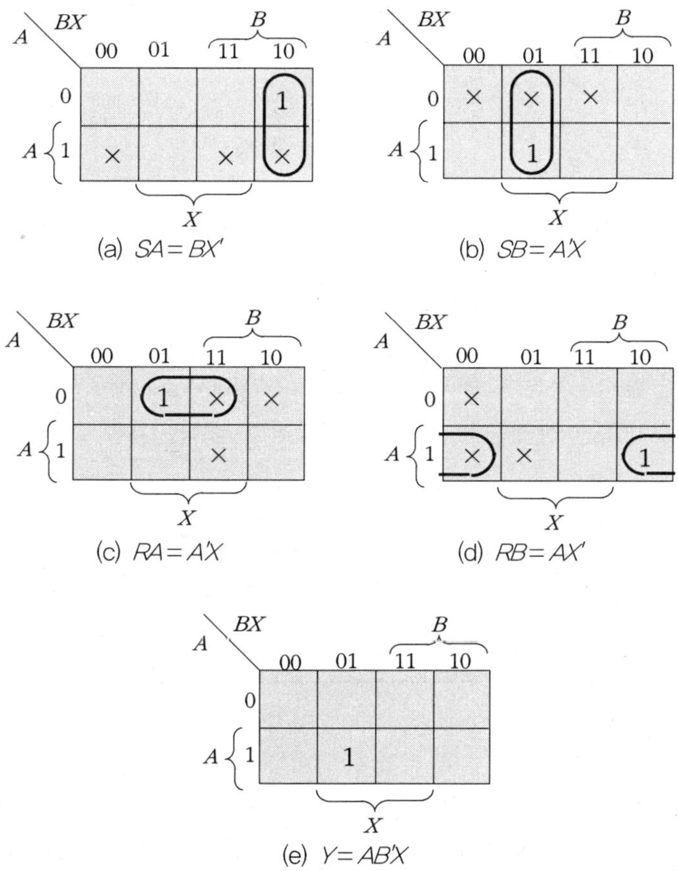

그림 6.47 플립플롭 입력함수의 간략화

이 간략화 결과는 앞서 4개의 플립플롭 입력함수와 1개 출력함수와 동일함을 알 수 있다.

6.3.6 상태 간략화

순차논리회로를 설계할 때 조합논리회로에서 간략화와 마찬가지로 플립플롭 수를 최대한 줄이기 위해 중복되는 상태들을 제거하는 상태 간략화(state reduction)를 해야 한다. 그림 6.48의 보기 상태도를 가지고 상태번호를 간략화하는 과정을 설명하기로 한다.

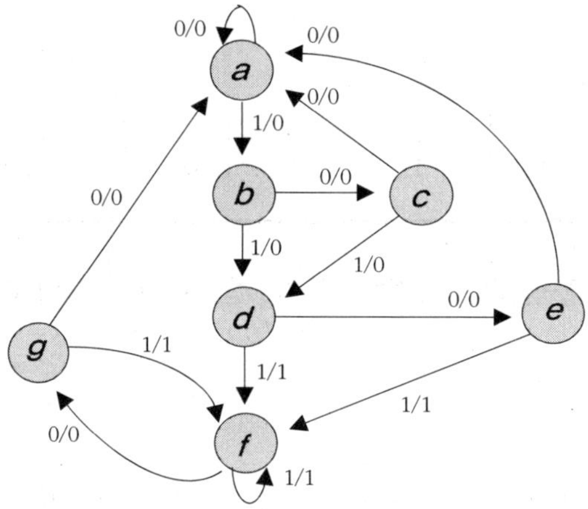

그림 6.48 보기 상태도

입력순차(input sequence)가 초기 상태 a에서 시작하여 다음과 같다고 하자.

0 1 0 1 0 1 1 0 1 0 0

입력순차에 의한 출력순차는 입출력순차표(input-output sequence table)로 표시할 수 있다(표 6.9). 입출력순차표는 상태순차, 입력순차 그리고 출력순차를 표시한다.

표 6.9 입출력순차표

상태	*a a b c d e f f g f g a*
입력	0 1 0 1 0 1 1 0 1 0 0
출력	0 0 0 0 0 1 1 0 1 0 0

각 열은 현재상태, 입력값 그리고 출력값을 나타낸다. 다음상태는 다음 열의 상태가 된다.

우선 보기 상태도로부터 상태표를 작성하면 표 6.10과 같다. 여기서 입력에 대해 두 가지 상태가 동일한 출력을 발생시키며 동일한 상태를 만들면 두 상태는 동등하다고 알 수 있다. 두 상태가 동등할 때 그중 하나는 입출력관계의 변경을 제거할 수 있다. 그러면 표 6.10에서 동일한 다음상태로 변하는데, 두 입력조합에 대해 동일한 출력을 가진 2개의 현재상태가 있는지를 조사해보자.

표 6.10 상태표

현재상태 (t)	다음상태 (t+1)		출력	
	X=0	X=1	X=0	X=1
a	*a*	*b*	0	0
b	*c*	*d*	0	0
c	*a*	*d*	0	0
d	*e*	*f*	0	1
e	*a*	*f*	0	1
f	*g*	*f*	0	1
g	*a*	*f*	0	1

*g*와 *e*가 동일한 상태로 다음상태가 *a*와 *f*이며 출력은 X=0에 대해서 0이고, X=1에 대해서 1을 나타낸다. 따라서 현재상태 *e*와 *g*는 등가이므로 그중 하나(*g*)는 제거할 수 있다(표 6.11).

표 6.11 상태표

현재상태 (t)	다음상태 (t+1)		출력	
	X=0	X=1	X=0	X=1
a	*a*	*b*	0	0
b	*c*	*d*	0	0
c	*a*	*d*	0	0
d	*e*	*f*	0	1
e	*a*	*f*	0	1
~~*f*~~	~~*g*~~	~~*f*~~	~~0~~	~~1~~

표 6.12처럼 *g*를 지우고 다음 상태 칸에서 *g*는 *e*로 대체한다.

표 6.12 상태표 간략화

현재상태 (t)	다음상태 (t+1)		출력	
	X=0	X=1	X=0	X=1
a	*a*	*b*	0	0
b	*c*	*d*	0	0
c	*a*	*d*	0	0
d	*e*	*f*	0	1
e	*a*	*f*	0	1
f	~~*g*~~ → *e*	*f*	0	1

이제 *d*와 *f*가 동등하게 되므로 *f*를 지우고 다음상태 란에서 *f*는 *d*로 대체한다(표 6.13).

표 6.13 상태표 간략화

현재상태 (t)	다음상태 (t+1)		출력	
	X=0	X=1	X=0	X=1
a	*a*	*b*	0	0
b	*c*	*d*	0	0
c	*a*	*d*	0	0
d	*e*	~~*f*~~ *d*	0	1
e	*a*	~~*f*~~ *d*	0	1
f	~~*g*) *c*~~	~~*f*~~	~~0~~	~~1~~

이렇게 최종적으로 간략화된 상태표는 표 6.14와 같다.

표 6.14 최종 간략화된 상태표

현재상태 (t)	다음상태 (t+1)		출력	
	X=0	X=1	X=0	X=1
a	*a*	*b*	0	0
b	*c*	*d*	0	0
c	*a*	*d*	0	0
d	*e*	*d*	0	1
e	*a*	*d*	0	1

그리고 그림 6.49는 간략화된 상태도를 나타낸다.

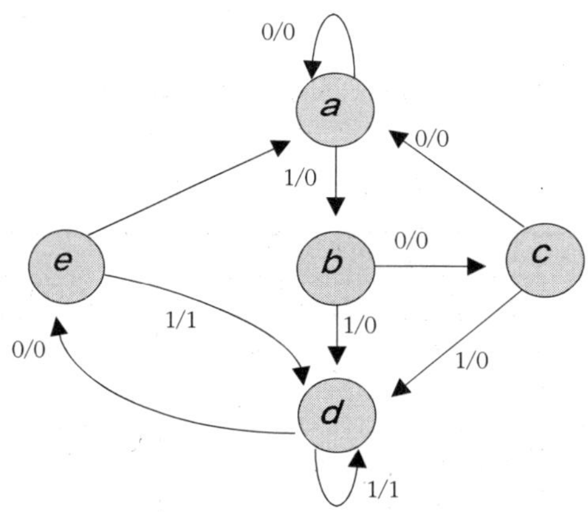

그림 6.49 간략화된 상태도

간략화된 상태도에 따른 입력순차에 대한 출력순차는 입출력순차표(input-output sequence table)로 표시할 수 있다(표 6.15).

표 6.15 간략화된 상태도의 입출력 순차표

상태	*a a b c d e d d e d e a*
입력	0 1 0 1 0 1 1 0 1 0 0
출력	0 0 0 0 0 1 1 0 1 0 0

간략화된 상태도에 따른 입출력 순차표에서 상태순차는 간략화 전 상태와 다르지만, 입력순차와 출력순차는 간략화 전 상태와 동일함을 알 수 있다.

최종 간략화된 상태표는 표 6.10의 간략화되기 전 상태표와 동등한 동작을 하게 되는데 일반적으로 상태도에서 상태수를 줄임으로써 회로구성이 간단해지는 것처럼 보이나 실제로 플립플롭 게이트 수를 줄인다고 볼 수는 없다. 상태를 2진수 값으로 표현하면, 상태수에 따라 2진수 값의 비트수에 따라 플립플롭의 게이트 수가 결정되기 때문이다.

6.3.7 상태 배정

순차논리회로에 대한 조합논리회로 부분의 비용은 간략화 과정을 통해서 줄일 수 있다. 그러나 게이트의 수를 극소화하는 데 있어서 문제가 되는 것은 상태배정(state assignment)이다.

상태배정은 플립플롭을 동작시키는 조합논리회로의 비용을 줄이는 방향으로 2진수의 값을 상태에 배정하는 것이다. 2진수에 의한 여러 가지 상태배정의 예를 표 6.16에 예시한다.

표 6.16 3가지의 2진수 상태배정

상태	상태배정 1	상태배정 2	상태배정 3
a	000	000	001
b	100	010	010
c	010	011	011
d	101	101	100
e	011	111	101

표에서 상태의 2진수 값은 그 상태의 순서가 적절한 입출력 관계를 유지해준다면 각 상태에 독특한 수를 배정하므로 어떤 상태값으로 부여해도 상관없음을 보여준다. 상태배정 1과 2는 임의의 2진수를 배정한 것이고 상태배정 3은 순차적으로 2진식 배정을 한 것이다. 상태배정 3에 대한 간략화 상태표는 표 6.17과 같다.

표 6.17 2진수를 할당한 상태표

현재상태 (t)	다음상태 (t+1)		출력	
	$X=0$	$X=1$	$X=0$	$X=1$
001	001	010	0	0
010	011	100	0	0
011	001	100	0	0
100	101	100	0	1
101	001	100	0	1

6.3.8 동기식 순차논리회로의 설계

동기식 순차논리회로의 설계는 필요한 플립플롭의 종류와 플립플롭의 개수를 결정하고 조합논리회로 부분을 설계한 후에 플립플롭과 연결하여 회로를 구성하게 된다. 먼저 일반적인 동기식 순차논리회로 설계과정을 설명한다. 그리고 예제의 동기식 순차논리회로를 설계한다.

설계과정은 여러 가지 방식을 따를 수 있지만 일반적인 순서는 다음과 같다.

동기식 순차논리회로의 설계과정
① 설계할 순차논리회로의 동작원리를 정확하게 정의한다. 이 과정에서는 회로의 상태도, 타이밍도 그리고 기타 정보 등을 이용한다. ② 위에서 정의된 회로의 상태표를 구한다. ③ 순차논리회로의 내부상태의 수에 무관하고 입출력 관계만으로 정의된다면 상태 간략화를 하여 불필요한 상태를 제거한다. ④ 상태배정을 위해 각 상태에 2진수를 부여한다. ⑤ 필요한 플립플롭의 수와 종류를 결정한다. ⑥ 상태표로부터 여기표를 만든다. ⑦ 카르노맵이나 기타 방식을 이용하여 출력함수와 플립플롭의 입력함수를 구한다. ⑧ 논리도를 작성한다.

① 상태도에서 시작하자.

그림 6.50의 출력이 없는 순차논리회로의 밀리모델 상태도에 나타난 바와 같이 동작하는 순차논리회로를 JK 플립플롭으로 설계하여라.

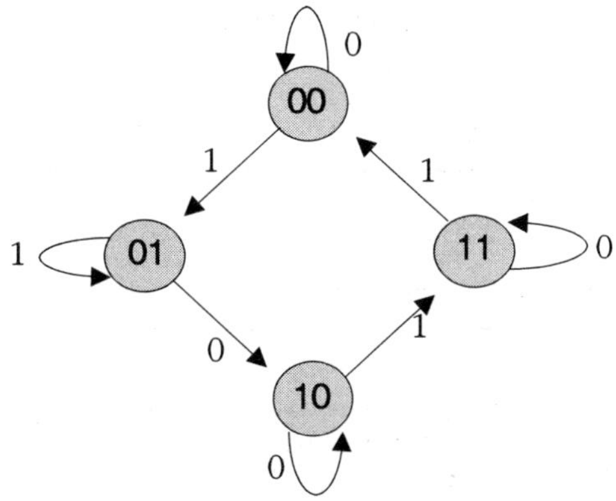

그림 6.50 보기 상태도

상태도에서 보면 알 수 있듯이 /가 없고 하나의 2진수만 있으므로 이 회로는 출력변수가 없다는 것으로 출력이 없음을 의미한다.

② 상태표를 구한다.

표 6.18 보기 상태표

현재상태		다음상태			
		$X=0$		$X=1$	
$A(t)$	$B(t)$	$A(t+1)$	$B(t+1)$	$A(t+1)$	$B(t+1)$
0	0	0	0	0	1
0	1	1	0	0	1
1	0	1	0	1	1
1	1	1	1	0	0

③ 상태 간략화를 행한다.
보기 상태표는 더 이상의 간략화가 이루어질 수 없다.

④ 상태배정을 한다.
이미 보기 상태도에 2진수 상태배정이 되어있다.

⑤ 네 개의 상태가 존재하므로 2개의 플립플롭 A와 B가 필요하고 입력변수는 X이다.

⑥ 상태표와 JK 플립플롭의 여기표를 이용하여 만든 회로의 여기표를 만든다.

$Q(t)$	$Q(t+1)$	J K
0	0	0 ×
0	1	1 ×
1	0	× 1
1	1	× 0

표 6.19 보기 여기표와 플립플롭 입력함수

조합논리회로의 입력		다음상태	조합논리회로의 출력	
현재상태	입력		F/F 입력	
$A(t)B(t)$	X	$A(t+1)B(t+1)$	JA KA	JB KB
0 0	0	0 0	0 ×	0 ×
0 0	1	0 1	0 ×	1 ×
0 1	0	1 0	1 ×	× 1
0 1	1	0 1	0 ×	× 0
1 0	0	1 0	× 0	0 ×
1 0	1	1 1	× 0	1 ×
1 1	0	1 1	× 0	× 0
1 1	1	0 0	× 1	× 1

⑦ 조합논리회로를 설계할 수 있도록 여기표를 이용하여 플립플롭 입력함수와 출력함수를 구한다. 이 과정에서 카르노맵을 이용하여 입력함수를 간략화한다.

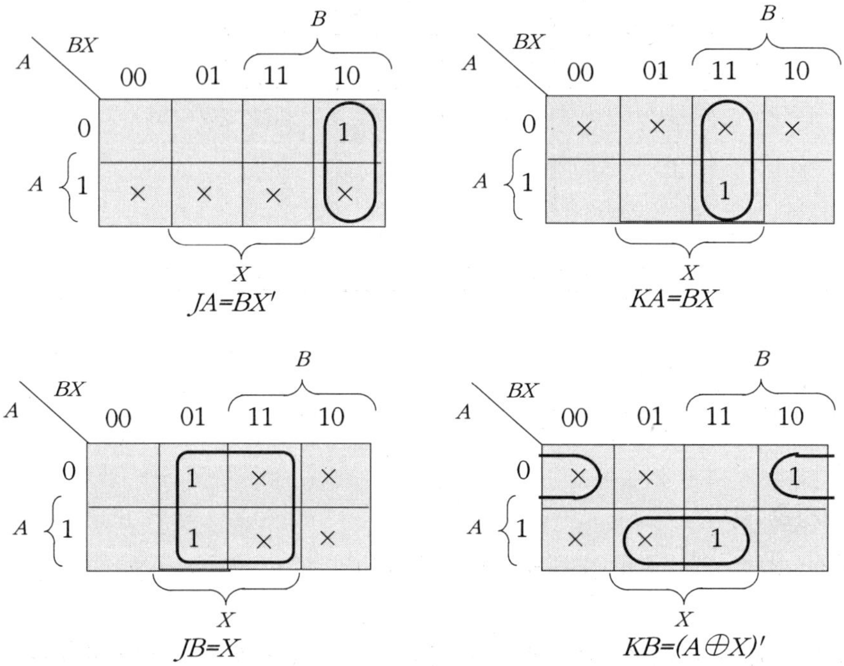

그림 6.51 플립플롭 입력함수와 출력함수의 간략화

⑧ 동기식 순차논리회로를 완성한다.

동기식 순차논리회로는 크게 조합논리회로부와 메모리요소부로 나누어 설계된다(그림 6.52).

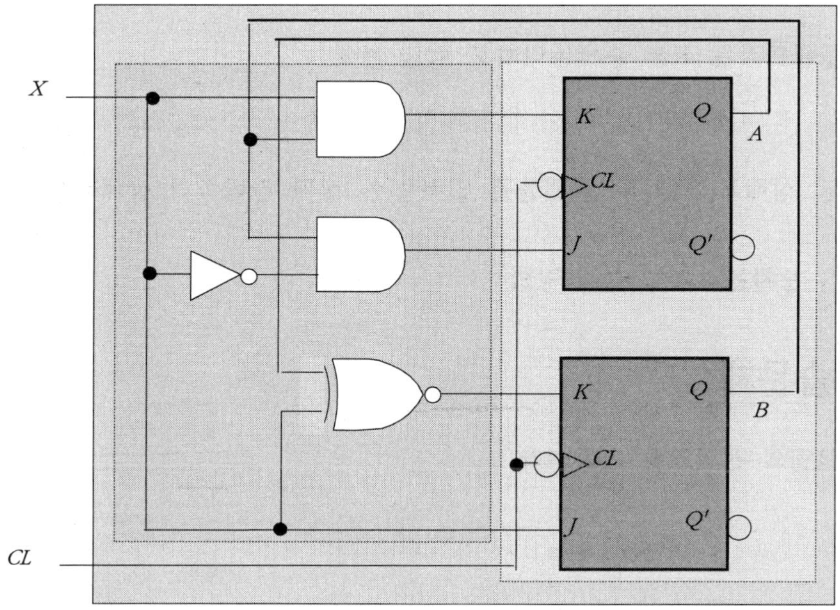

그림 6.52 동기식 순차논리회로

예제 6.4

다음 상태도를 이용하여 동기식 순차논리회로를 설계하시오

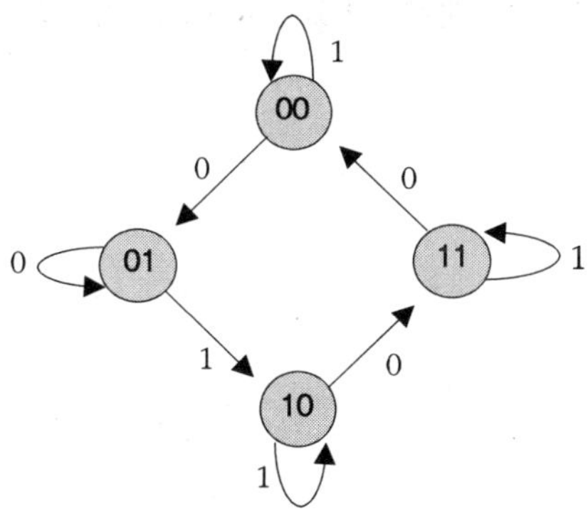

6.4 요약

□ 순차논리회로의 기본 개념

□ 플립플롭이라는 기본 순차논리회로 빌딩 블록
- RS F/F, D F/F, JK F/F, T F/F

□ 상태도, 상태표, 여기표, 플립플롭 입력함수, 상태 간략화와 상태배정

□ 동기식 순차논리회로 설계 방법

6.5 연습문제

1. 다음 그림의 진리표를 만들어라.

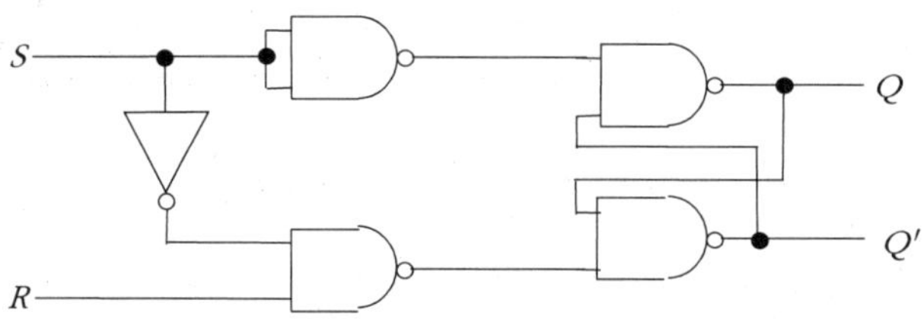

2. 정에지트리거 JK 플립플롭에 대해 다음 타이밍도를 완성하여라.

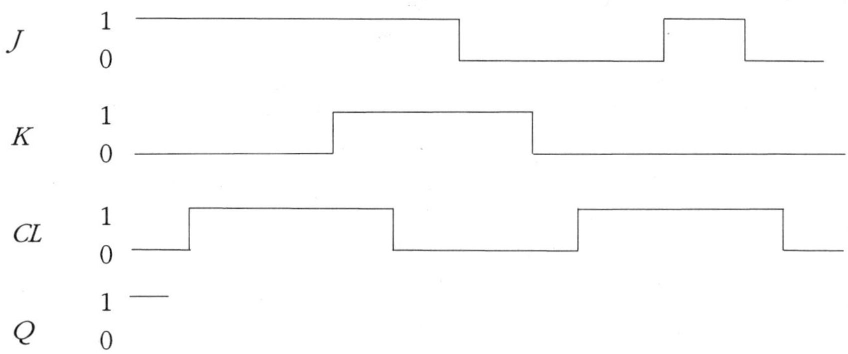

3. 만약 Q의 초기 출력이 0이고 입력 함수가 J=1, K=Q'인 상태에서 연속적인 클록천이가 발생하면 JK 플립플롭에 어떤 현상이 일어나는가?

4. 다음 상태도를 간략화하여 2진수를 할당하고 동기식 순차논리회로를 설계하라.

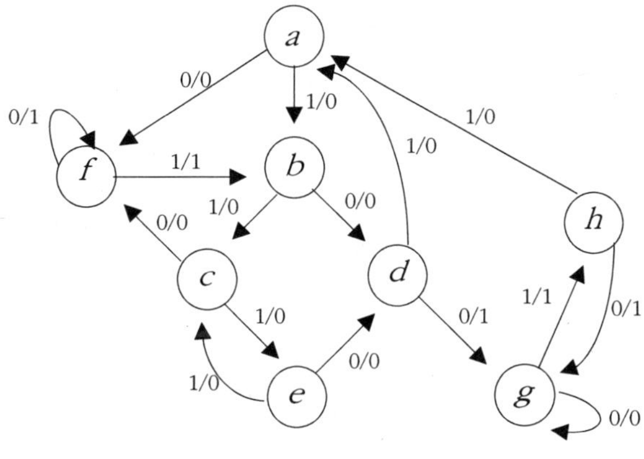

제 7 장

레지스터와 카운터

학습 목표

· 레지스터 이해
- 레지스터의 개념을 이해한다.
- 데이터 레지스터의 동작을 배운다.
- 시프트 레지스터의 종류와 동작을 배운다.
- 시프트 레지스터를 이용한 링카운터와 존슨카운터의 개념과 동작을 배운다.
- 시프트 레지스터를 이용한 직렬연산의 개념과 동작을 배운다.

· 카운터 이해
- 동기식 카운터와 비동기식 카운터의 개념을 이해한다.
- 동기식 카운터(2진카운터)의 설계 방법을 배운다.
- 비동기식 카운터(리플카운터)의 설계 방법을 배운다.

순차논리회로에서 조합논리회로 부분이 없고 메모리요소, 즉 플립플롭만이 존재할 때에도 이 회로를 순차논리회로라고 한다. 플립플롭을 포함하고 있는 MSI는 순차논리회로라는 명칭보다는 그것들이 수행하는 동작에 의해서 분류된다. 이런 순차논리회로 MSI는 **레지스터(register)** 와 **카운터(counter)**가 있다. 레지스터는 2진 정보의 일시적인 저장을 위해서 사용되고, 입력펄스의 인가에 따라 정해진 순서로 상태값이 바뀌는 레지스터를 카운터라 한다.

7.1 레지스터

레지스터(register)는 2진 정보의 일시적인 저장을 위해서 많이 사용된다. 플립플롭은 1비트의 정보를 저장할 수 있으므로 여러 개의 플립플롭들을 이용하여 레지스터를 만든다. 만약 n비트 레지스터를 설계하려면 n개의 플립플롭이 필요하다. 레지스터는 어떤 자료처리 작업을 수행하는 조합 논리게이트를 갖는다. 즉 레지스터에서 플립플롭은 2진 정보를 저장하고 게이트는 새로운 정보를 플립플롭에 전송할 시기와 방법을 제어한다.

회로의 구성 방법에 따라, 레지스터는 데이터를 일시적으로 저장하는 데이터 레지스터(data register), 시프트 기능으로 구성된 시프트 레지스터(shift register), 시프트 레지스터의 변형 형태인 링카운터(ring counter)와 존슨카운터(Johnson counter) 등으로 나누어진다.

7.1.1 데이터 레지스터

1개 플립플롭은 1비트의 데이터를 저장한다. 때때로 8비트(워드, 1바이트) 데이터를 저장하기 위해서는 8개의 플립플롭을 사용하고, 데이터를 저장하므로 데이터 레지스터(data register)라고 한다.

D 플립플롭으로 8비트 데이터 레지스터를 그림 7.1처럼 설계할 수 있다.

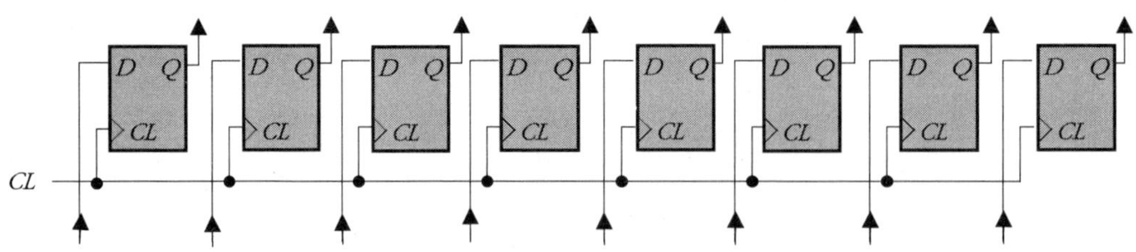

그림 7.1 데이터 레지스터(8비트)

레지스터는 2진수를 보존하기 위하여 컴퓨터에서 가장 폭넓게 사용된다.

때때로 회로를 초기화하기 위하여 지정된 값으로 레지스터의 내용을 세트하는 방법이 필요하다. 이것은 비동기 세트와 비동기 리세트를 사용하여 얻을 수 있다. 모든 출력을 0으로 리세트하기 위하여 모든 리세트 입력은 함께 묶어서 초기화를 시키는 신호에 연결되어야 한다. 또한 인에이블 입력에 의해서 회로를 제어할 필요도 있다.

비동기 리세트와 인에이블 입력을 갖는 8비트 데이터 레지스터를 그림 7.2처럼 설계할 수 있다.

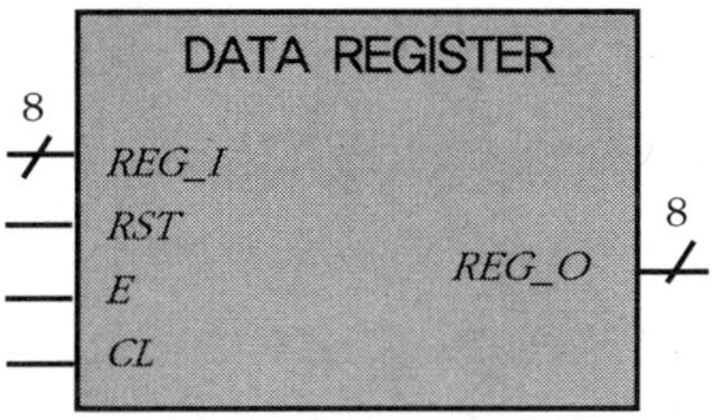

(a) 블록도

RST	E	CL	REG_O(t+1)
0	–	–	0(초기화)
1	0	–	REG_O(t)
1	1	↑	REG_I

(b) 기능식

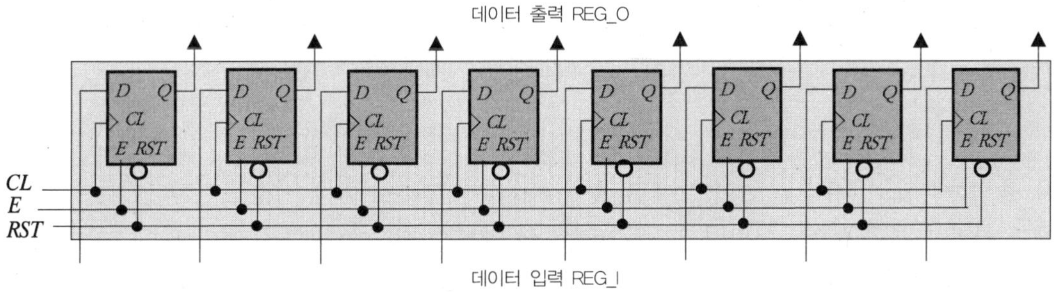

(b) 논리회로

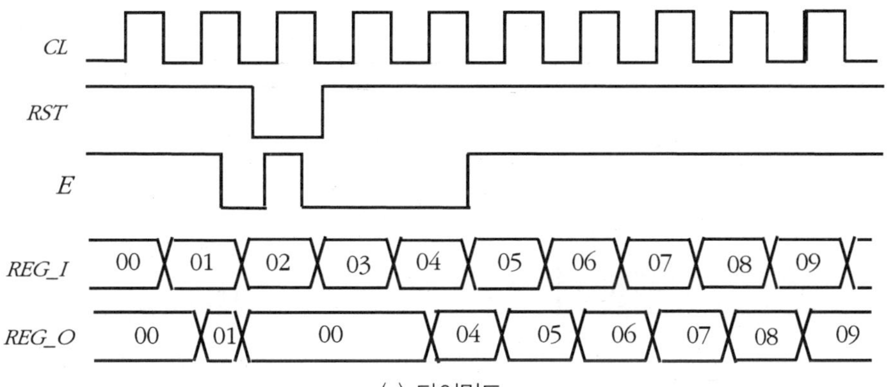

(c) 타이밍도

그림 7.2 리세트 및 인에이블 입력을 갖는 8비트 데이터 레지스터

리세트 입력 RST=0이면 출력 REG_O은 0으로 초기화된다. RST=1 상태에서 인에이블 입력 E=0이면 REG_O은 현재상태를 유지하고, E=1이면 입력 REG_I가 REG_O으로 출력된다.

예제 7.1

그림 7.2의 8비트 데이터 레지스터의 출력패턴을 01010101로 세트하시오.

7.1.2 시프트 레지스터

각 플립플롭의 출력을 인접한 플립플롭의 입력에 간단히 연결함으로써 각 플립플롭의 출력은 인접한 플립플롭으로 넘겨진다. 이와 같은 구조의 레지스터를 시프트 레지스터라고 한다. 시프트 레지스터의 사용 예는 간단한 전자계산기의 경우를 생각해보자(그림 7.3).

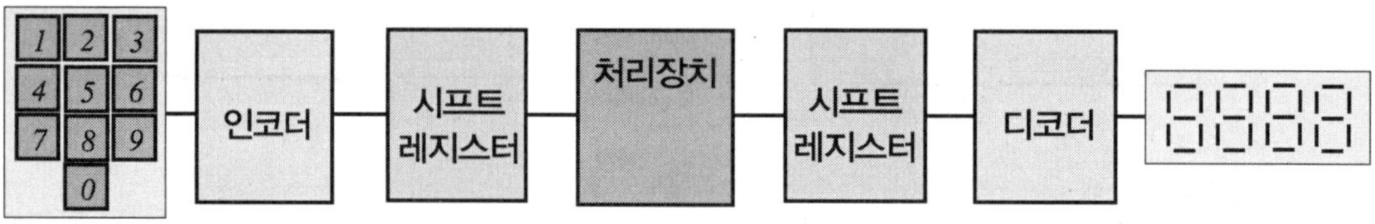

그림 7.3 간단한 전자계산기

전자계산기의 키보드 숫자를 누를 때마다 표시장치의 숫자가 왼쪽으로 시프트한다. 즉 123을 출력하려면, 먼저 1을 누르고 떼면 출력장치의 가장 오른쪽에 1이 표시된다. 2를 누르고 떼면 가장 오른쪽에 2가 나타나고 1은 왼쪽으로 시프트되어 12가 표시된다. 다음 3을 누르고 떼면 가장 오른쪽에 3이 나타나고 2와 1은 왼쪽으로 시프트되어 123이 표시된다.

(1) 시프트 레지스터의 종류와 동작

시프트 레지스터의 종류는 저장장소(8비트 레지스터)로 어떻게 데이터가 로드(load)되고 그로부터 어떻게 데이터가 읽히는가에 따라 구별한다(그림 7.4).

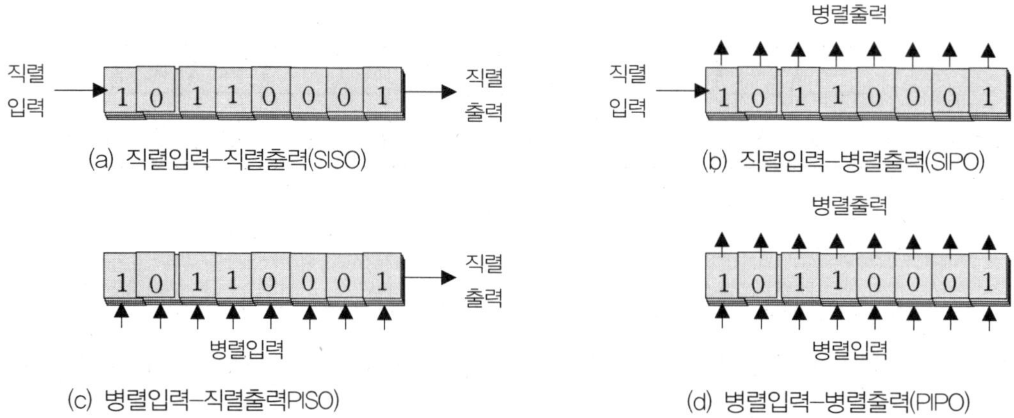

그림 7.4 시프트 레지스터 종류

직렬입력-직렬출력(serial in-serial out, SISO)에서 정보는 한 번에 1비트씩 한쪽 끝에서 직렬로 입력되고 최종 플립플롭에서 직렬로 출력된다. 직렬입력-병렬출력(serial in-parallel out, SIPO)에서 정보는 한 번에 1비트씩 한쪽 끝에서 직렬로 입력되고 플립플롭에서 모든 비트가 함께 병렬로 출력된다. 병렬입력-직렬출력(parallel in-serial out, PISO)에서 정보는 동시에 플립플롭에 병렬로 입력되고 최종 플립플롭에서 직렬로 출력된다. 병렬입력-병렬출력(parallel in-parallel out, PIPO)는 정보는 동시에 플립플롭에 병렬로 입력되고 각 플립플롭 출력으로 모든 비트가 동시에 병렬로 출력된다.

그림 7.5는 D 플립플롭을 사용한 8비트 시프트 레지스터이다.

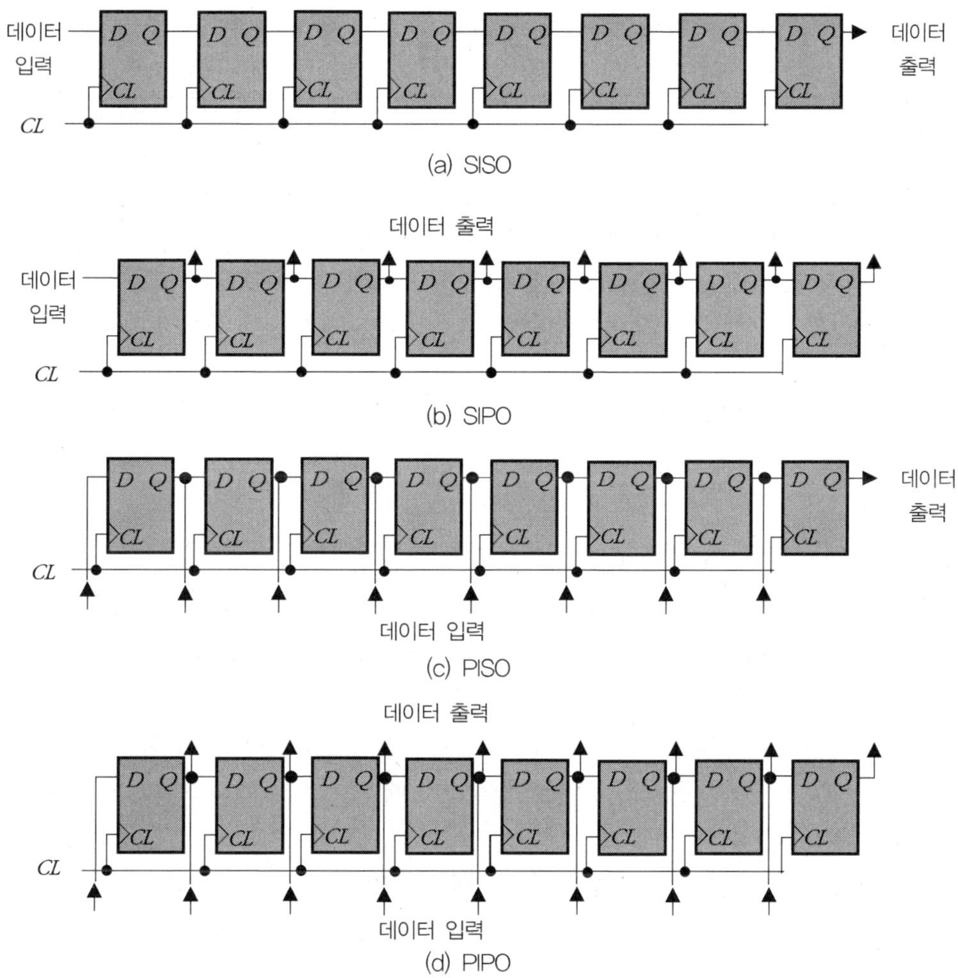

그림 7.5 8비트 시프트 레지스터(D 플립플롭 이용)

시프트 레지스터는 그림 7.6처럼 플립플롭의 Q, $\overline{Q}$를 다음 플립플롭의 J, K에 각각 연결하는 방법으로 JK 플립플롭을 사용하여 만들 수 있다.

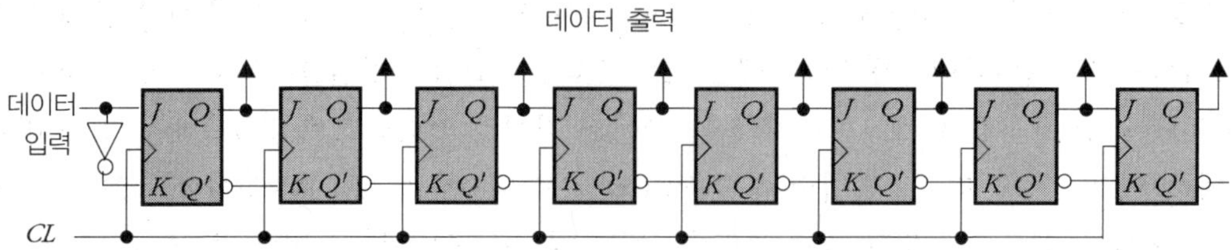

그림 7.6 8비트 SIPO 시프트 레지스터(JK 플립플롭 이용)

하나의 데이터 입력이 첫 번째 플립플롭에 인가되면 연속적인 클록 동작이 데이터를 오른쪽으로 하나씩 이동시킬 것이다. 그러므로 시프트 레지스터의 초기값이 00000000이라면 첫 번째 플립플롭에 1이 인가되고 연속적인 클록펄스는 시프트 레지스터의 값을

10000000, 11000000, 11100000, 11110000, 11111000, 11111100, 11111110, 11111111

로 변화된다(각 클록 동작에 첫 번째 플립플롭에 계속해서 1이 인가). 만약 첫 번째 클록동작 후에 즉시 1이 소거되고 0이 인가되면 레지스터의 값은 다음과 같이 된다.

10000000, 01000000, 00100000, 00010000, 00001000, 00000100, 00000010, 00000001

시프트 레지스터는 논리설계에서 여러 가지 다양한 응용을 찾을 수 있다. 여기서는 몇 가지 응용만 언급하기로 한다.

(2) 시프트 레지스터 응용

① 나눗셈과 곱셈

레지스터는 데이터를 유지하기 위하여 종종 사용되므로 비트의 집합은 2진수로 나타난다. 시프트 레지스터를 이용하여 적절한 수만큼 수를 오른쪽으로 이동(shift)시킴으로써 2의 거듭제곱에 의해 수를 나눌 수 있다. 예를 들어 8비트 레지스터에 10진수 10이 축적되어 있다면(즉, 2진수 00001010) 1비트 오른쪽으로 이동시킨다. 이때 레지스터 내의 2진순차는 00000101이 되어 10진수 5가 된다.

시프트 레지스터가 왼쪽으로 이동하게 구성되었다면(플립플롭 사이의 연결이 오른쪽에서 왼쪽으로 됨) 그 수는 2의 거듭제곱으로 곱할 수 있을 것이다.

② 시간지연회로

n비트 SISO 시프트 레지스터를 사용하면 레지스터입력에 가해진 펄스보다 (n-1)T(T는 클록 신호 주기)만큼 지연되어 레지스터 출력으로 펄스 신호가 나오는 시간지연회로(time delay circuit)를 응용할 수 있다. 그림 7.7은 8비트 SISO 시프트 레지스터를 사용한 경우이다.

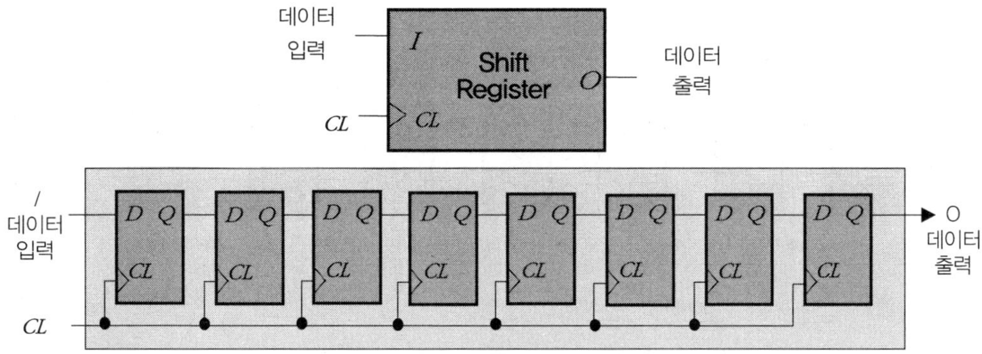

(a) SISO 시프트 레지스터

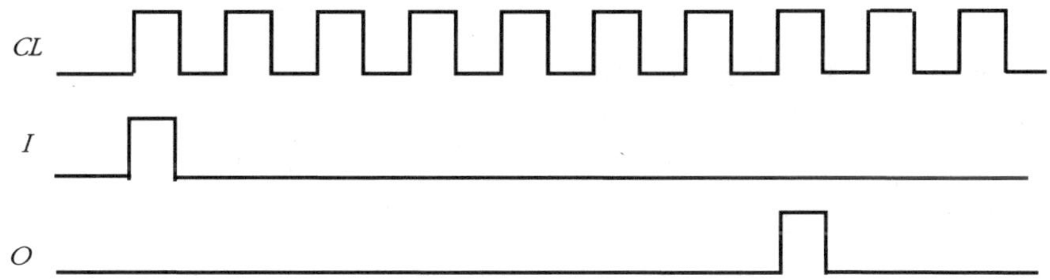

(b) 타이밍

그림 7.7 8비트 SISO 시프트 레지스터의 시간지연회로 응용

(3) 링카운터(ring counter)

시프트 레지스터는 연속적인 논리펄스를 발생시키기 위한 제어회로에 응용된다. 이러한 시프트 레지스터를 링카운터(ring counter)라고 하고 시프트 레지스터의 최종출력이 첫 번째 플립플롭의 입력에 연결된다. 그림 7.8처럼 클록신호와 관계없이 비동기적을 출력을 1상태로 프리셋(preset)하는 비동기 입력 $\overline{PR}$과 출력을 0상태로 클리어(clear)하는 비동기 입력 $\overline{CLR}$을 갖는 D 플립플롭 8개로 회로를 구성한다.

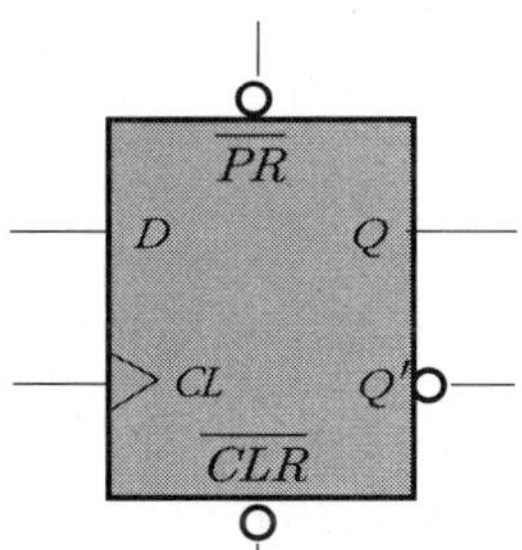

(a) D 플립플롭

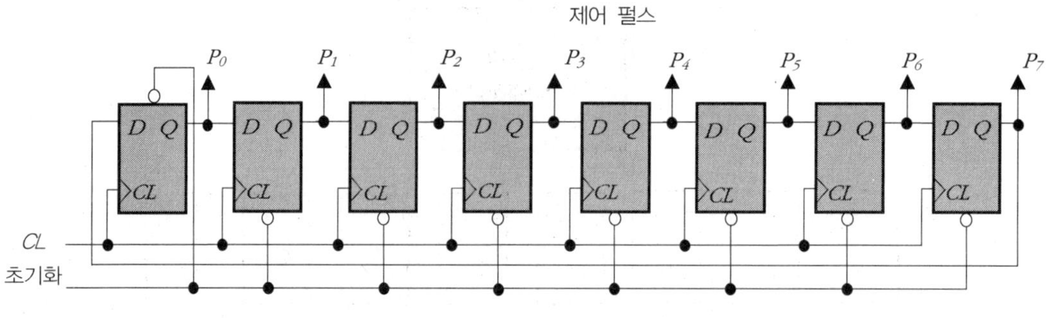

(a) 초기치를 10000000으로 초기화를 위한 세트/리세트를 연결한 링카운터

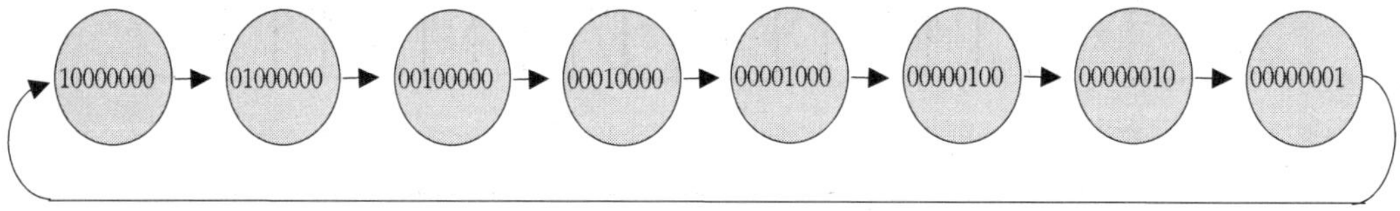

(b) 상태도

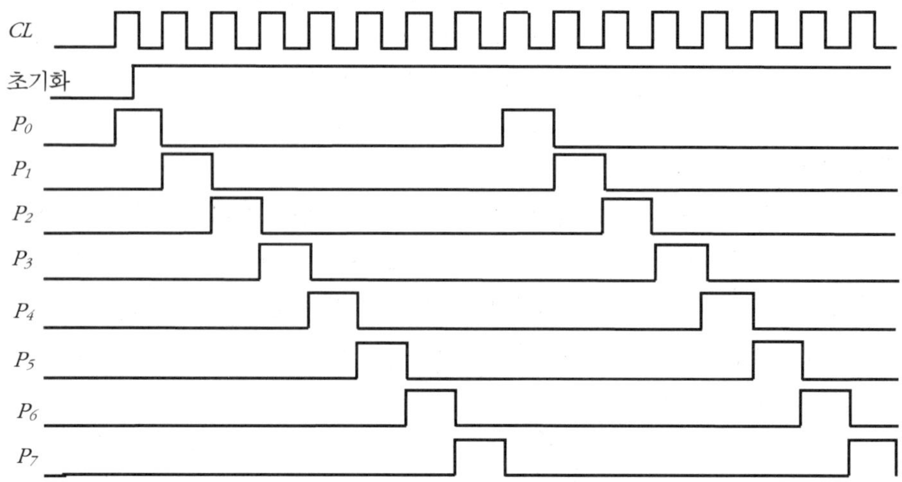

(c) 제어펄스 발생

그림 7.8 링카운터

처음 초기화 신호가 0상태로 입력되면 클록신호에 동기되어 8비트 링카운터의 출력들(P_0, P_1, P_2, P_3, P_4, P_5, P_6, P_7)은 첫 번째 플립플롭의 $\overline{PR}$에 의해 P_0=1 세트되고 나머지 플립플롭들의 출력들은 $\overline{CLR}$에 의해 P_1=P_2=P_3=P_4=P_5=P_6=P_7=0으로 리세트된다. 즉 초기화 신호에 따라 8비트 링카운터가 10000000으로 초기화된다. 초기화 신호가 1상태로 바뀌면 플립플롭들의 비동기 입력신호 $\overline{PR}$과 $\overline{CLR}$에 관계없이 클록신호에 따라 동작한다. 클록신호를 인가하여 발생되는 반복 출력형태는 다음과 같다. 즉,

10000000
01000000
00100000
00010000
00001000
00000100
00000010
00000001

이다. 그림 78(b)는 링카운터의 무어모델 상태도를 나타낸다. 물론 클록입력 외에는 아무것도 없으므로 상태도에는 어떤 입력도 나타나지 않음을 알아야 한다. 단지 클록천이 때문에 각 상태가 발생할 것이다. 링카운터의 각 출력, P_0, P_1, P_2, P_3, P_4, P_5, P_6, P_7은 그림 7.8(c)와 같이 한 번의 클록 사이클 동안 서로 다른 시간에 1개 펄스를 생성한다. 이러한 P 펄스는 디지털 시스템의 여러 부분을 동작시키기 위해 사용될 수 있다. 예를 들어 컴퓨터 부분의 초기화 작업 등에 사용된다.

링카운터는 수를 세는 것보다는 어떤 일련의 동작들을 제어하는 데 매우 유용하게 사용된다. 그림 7.9와 같은 커피자판기(coffee vending machine)를 제어하는 데 링카운터를 사용할 수 있다. 커피 자판기의 동작 순서가 다음과 같다고 가정한다.

커피 자판기의 동작 순서
1단계 : 동전이 들어오는 것을 기다린다.
2단계 : 동전을 확인하고 잔돈을 돌려준다.
3단계 : 선택 스위치(블랙, 크림, 설탕)를 확인한다.
4단계 : 커피를 빼내는 곳에 종이컵을 떨어뜨린다.
5단계 : 종이컵에 커피 원두를 붓는다.
6단계 : 선택에 따라 크림 또는 설탕을 더한다.
7단계 : 컵에 뜨거운 물을 채운다.
8단계 : 물, 커피, 크림 그리고 설탕이 공급되었는지를 확인한다.
9단계 : 처음(1단계)로 돌아간다.

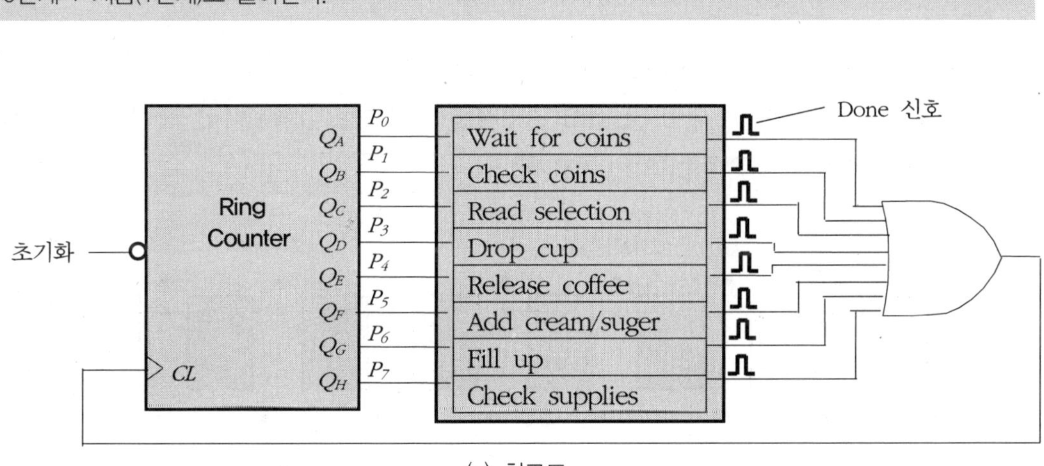

(a) 회로도

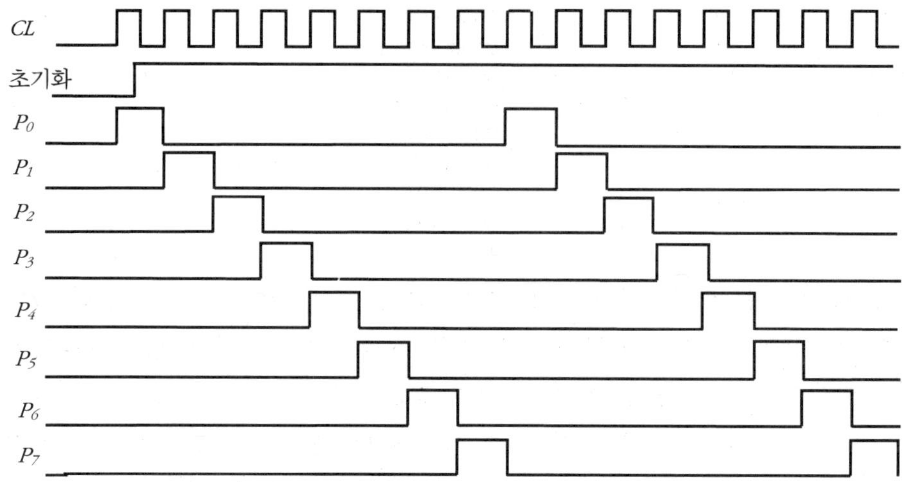

(b) 제어펄스 발생

그림 7.9 링카운터를 응용한 커피 자판기 설계

8비트 링카운터의 출력들(P_0, P_1, P_2, P_3, P_4, P_5, P_6, P_7)에 8단계의 기능을 하는 장치들이 각각 연결된다. 처음 초기화 신호가 0상태로 입력되면 클록신호에 동기되어

$$P_0=1,\ P_1=P_2=P_3=P_4=P_5=P_6=P_7=0$$

즉 10000000로 초기화된다. 그리고 초기화 신호는 1상태로 바뀐다.

P_0=1에서 동전이 들어오는 것을 기다린다. 동전이 들어오는 것을 확인되면 동전을 기다리는 회로는 'Done 신호'를 출력하여 다음 클록신호를 만들어 링카운터를 동작하여 01000000를 만든다. 그러면 동전을 확인하는 회로를 활성화하고 잔돈을 내어준 후 'Done 신호'를 출력하여 다음 클록신호를 만들어 링카운터를 동작하여 00100000을 만든다. 마지막 동작으로 사용자가 커피를 자판기에서 꺼내면, 커피 자판기는 대기 상태(10000000)로 다시 돌아간다.

(4) 존슨카운터(Johnson counter)

만약 그림 7.8에서 최종 출력이 첫 번째 플립플롭에 보수로 입력된다면 그림 7.10과 같은 존슨카운터(Johnson counter)를 얻을 수 있다.

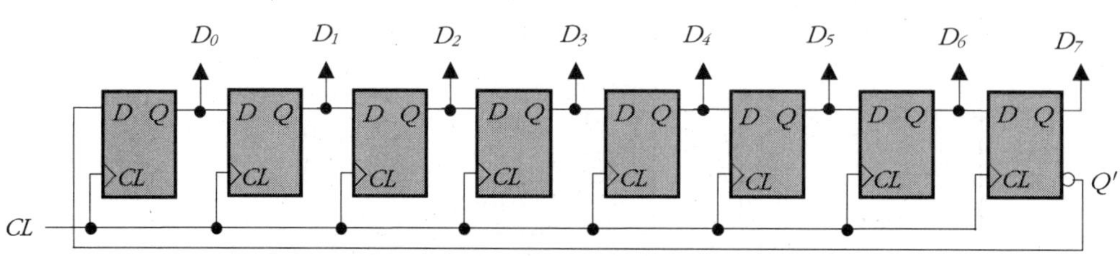

(a) 논리도

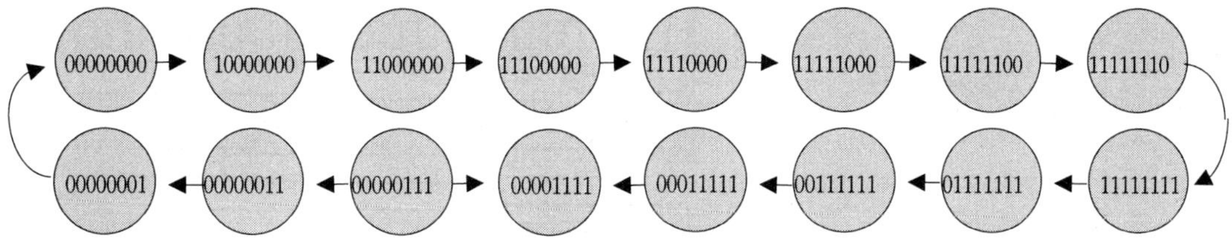

(b) 상태도(무어모델)

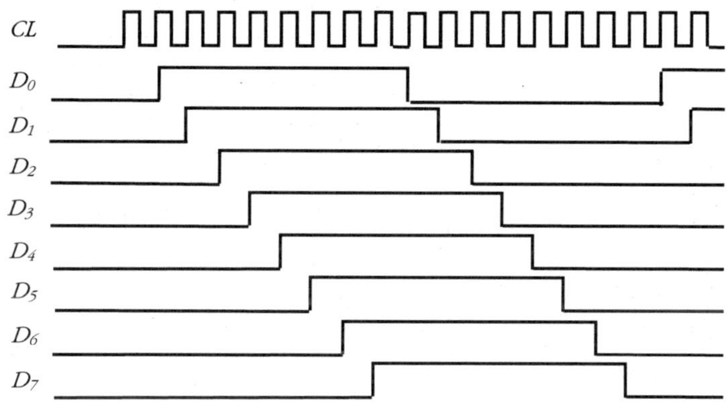

(c) 타이밍도

그림 7.8 존슨카운터

각 플립플롭 출력의 파형은 클록신호(CL)의 1/8에 해당되는 구형파인데, 8개의 플립플롭으로 존슨카운터가 구성되었기 때문이다. 8개 플립플롭의 출력들은 클록 한 주기씩 차례로 시프트되는 형태로 존재한다.

그림 7.8(b)는 존슨카운터의 무어모델 상태도를 나타낸다. 0으로 초기화되어 있는 존슨카운터는 다음과 같이 편리한 반복 순서를 가진다. 이 순차에서 보면 다음 상태로 넘어갈 때 오로지 1비트만 변한다. 따라서 16개의 구별되는 상태들이 만들어지는데, 존슨카운터가 8개의 플립플롭을 사용하고 있기 때문이다. 만일 n개의 플립플롭으로 존슨카운터를 구성한다면, $2n$개의 다른 상태들을 만들 수 있다. 이것은 디코더회로에서 출력을 사용할 때 중요하다. 예를 들어 각 순차를 인식하기 위한 8입력 AND 게이트를 사용하고 16개의 펄스들이 만들어진다. 16개의 P 펄스에 대한 논리식과 타이밍도는 그림 7.11과 같다.

$$P_0 = D_0' D_1' D_2' D_3' D_4' D_5' D_6' D_7'$$
$$P_1 = D_0 D_1' D_2' D_3' D_4' D_5' D_6' D_7'$$
$$P_2 = D_0 D_1 D_2' D_3' D_4' D_5' D_6' D_7'$$
$$P_3 = D_0 D_1 D_2 D_3' D_4' D_5' D_6' D_7'$$
$$P_4 = D_0 D_1 D_2 D_3 D_4' D_5' D_6' D_7'$$
$$P_5 = D_0 D_1 D_2 D_3 D_4 D_5' D_6' D_7'$$
$$P_6 = D_0 D_1 D_2 D_3 D_4 D_5 D_6' D_7'$$
$$P_7 = D_0 D_1 D_2 D_3 D_4 D_5 D_6 D_7'$$
$$P_8 = D_0 D_1 D_2 D_3 D_4 D_5 D_6 D_7$$
$$P_9 = D_0' D_1 D_2 D_3 D_4 D_5 D_6 D_7$$
$$P_{10} = D_0' D_1' D_2 D_3 D_4 D_5 D_6 D_7$$
$$P_{11} = D_0' D_1' D_2' D_3 D_4 D_5 D_6 D_7$$
$$P_{12} = D_0' D_1' D_2' D_3' D_4 D_5 D_6 D_7$$
$$P_{13} = D_0' D_1' D_2' D_3' D_4' D_5 D_6 D_7$$
$$P_{14} = D_0' D_1' D_2' D_3' D_4' D_5' D_6 D_7$$
$$P_{15} = D_0' D_1' D_2' D_3' D_4' D_5' D_6' D_7$$

(a) 논리식

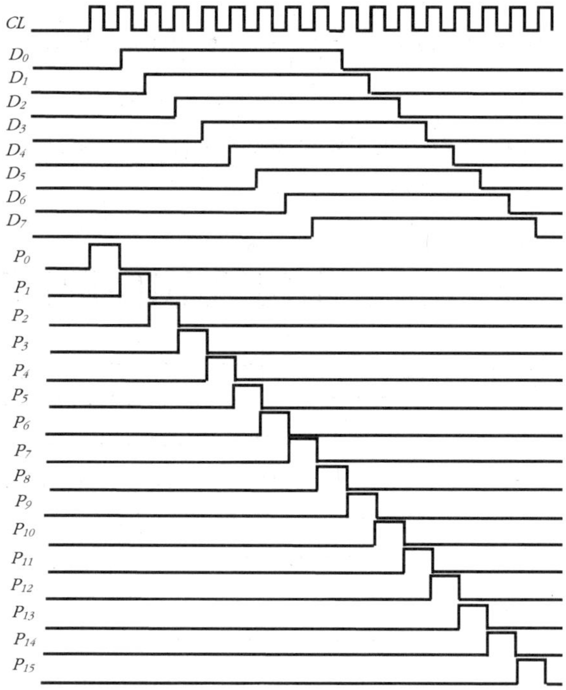

(b) 타이밍도

그림 7.11 존슨카운터의 P 펄스

예제 7.2

만약 초기값이 01010101이라면 8비트 존슨카운터의 출력순차열은 어떻게 되는가?

예제 7.3

JK 플립플롭을 이용하여 존슨카운터를 어떻게 구현할 수 있는가?

(5) 직렬가산

전가산기로 병렬가산(parallel addition)하는 2진가산기를 5장에서 설계하였다. 2개의 2진수를 더하는 다른 방안은 두 수를 시프트 레지스터에 저장하고, 그림 7.12처럼 하나의 전가산기를 사용하여 이 시프트 레지스터로부터 수의 쌍을 순서적으로 더하는 방법이 직렬가산(serial addition)하는 직렬가산기(serial adder)를 사용한다.

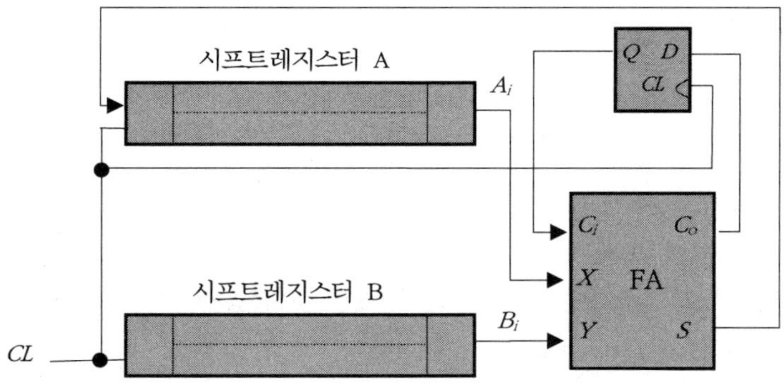

그림 7.12 직렬가산기

이때 하나의 가산에서 발생하는 자리올림수(carry)는 다음 번 가산에 사용된다. 이 직렬가산기는 병렬가산기를 사용하는 것보다 매우 느리지만 대단히 경제적이다. n비트 수에 n개의 전가산기가 필요하지만 이 경우는 오로지 하나의 전가산기가 요구된다(감산기능포함). 1960년대 초기 몇몇 컴퓨터는 직렬가산기를 사용하였다.

예제 7.4

직렬가산기에서 사용되는 시프트 레지스터를 설계하시오.

■

7.2 카운터

카운터(counter)는 입력펄스가 가해짐에 따라 정해진 순서에 따라서 상태값이 바뀌는 레지스터라고 할 수 있다. 카운터에 있는 조합 게이트는 레지스터에서 미리 정해진 2진 상태 순서를 만든다. 카운터는 레지스터의 특수한 형태이지만 레지스터와 구별하기 위해서 카운터라고 따로 이름을 붙인 것이다.

카운터는 일정한 반복 출력순서를 발생하기 위한 순차논리회로이다. 앞 절의 시프트 레지스터에서 이미 연속적 계수에 대해 언급했다. 카운터는 계수순서의 각 비트마다 하나의 플립플롭을 가진 플립플롭들로 구성된다.

카운터는 클록펄스 인가 방식에 따라 동기식 카운터(synchronous counter)와 비동기식 카운터(asynchronous counter)로 구별한다. 동기식 카운터는 플립플롭들의 모든 클록입력에 동시에 클록펄스가 인가되는 방식으로 2진카운터(binary counter)가 대표적인 경우이다. 비동기식 카운터는 동기식과는 달리 필요한 경우에 플립플롭의 클록입력에 신호가 입력되어 동작하는 방식으로 리플카운터(ripple counter)가 대표적인 경우이다.

카운터 회로의 일반적인 설계단계를 요약해보면 다음과 같다.

카운터 설계과정
① 상태식(3.또는 상태도를 만든다. ② 여기표를 만든다. ③ 각각의 플립플롭 입력에 대한 카르노맵을 그리고 간략화 한다. ④ 최종 카운터 논리회로를 그린다.

7.2.1 2진카운터

2진순차(binary sequence)에 따라 계수하는 카운터를 2진카운터(binary counter)라고 한다. 만약 3비트 카운터이면 플립플롭이 3개가 필요하고 2진순차는 000에서 111까지 8개가 가능한다. 따라서 비트 수에 따라 계수하는 크기가 결정된다.

2진순차가 증가하는 형태를 상향 2진카운터(binary-up counter)라고 부르며 순차가 감소하는 형태를 하향 2진카운터(binary-down counter)라고 부른다.

카운터는 어떤 플립플롭으로 설계하는가에 따라 회로 구성이 달라진다. 앞서 배운 다양한 플립플롭들(JK, D, T)을 이용하여 2진카운터를 설계해보자.

(1) JK 플립플롭을 이용한 2진카운터 설계

JK 플립플롭은 토글($K=J=1$)로 하여 출력을 보수로 만들고, 출력을 세트($J=1$, $K=0$) 또는 리셋($J=0$, $K=1$)으로 만들 수 있으므로 카운터 설계에 가장 유용하게 사용된다.

JK 플립플롭을 이용한 3비트 카운터를 설계해보자. 먼저 동기식 동작을 위해 모든 플립플롭들은 한 클록에 의해서 구동되도록 한다(그림 7.13). 그렇게 하면 요구된 순서를 만들기 위해 각 플립플롭의 입력에 어떤 논리함수를 적용해야 하는가를 결정하는 문제가 줄어든다.

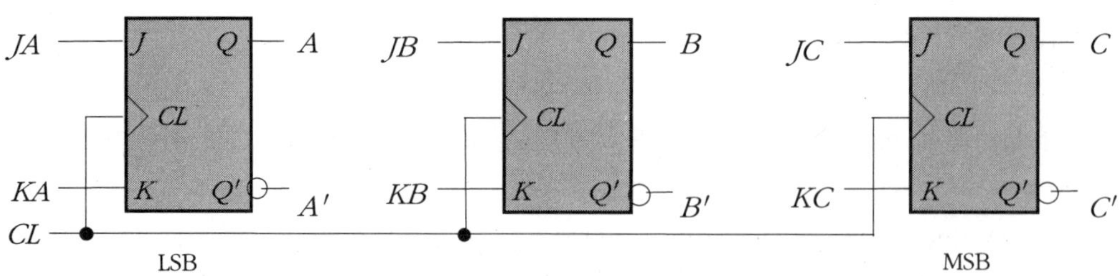

그림 7.13 3비트 카운터의 동기식 클록 입력

2진순차가 증가하는 형태인 상향 2진카운터(binary-up counter)를 설계해보자.

① 2진순차와 상태도

그림 7.14에 2진순차와 상태도로 나타낸다.

C B A
0 0 0
0 0 1
0 1 0
0 1 1
1 0 0
1 0 1
1 1 0
1 1 1

(a) 2진순차

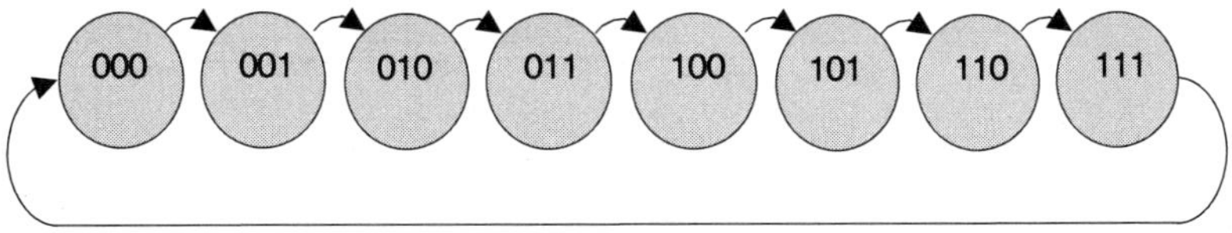

(b) 상태도

그림 7.14 3비트 카운터의 순차와 상태도

여기서 *A*는 LSB이고, *C*는 MSB이다. 사용된 플립플롭은 출력 *A*, *B*, *C*를 생성한다. 순차 000에서 시작하여 증가되면서 111이 되면 다음 순차는 다시 000으로 바뀐다.

② 상태표

상태표는 각 상태와 그 다음 상태를 나열한다. 그리고 상태표는 상태도로부터 얻을 수 있다. 여기서 다루고 있는 카운터에 대한 상태표는 표 7.1에 나타나 있다.

표 7.1 그림 7.14의 카운터에 대한 상태표

현재상태			다음상태		
C(t)	*B(t)*	*A(t)*	*C(t+1)*	*B(t+1)*	*A(t+1)*
0	0	0	0	0	1
0	0	1	0	1	0
0	1	0	0	1	1
0	1	1	1	0	0
1	0	0	1	0	1
1	0	1	1	1	0
1	1	0	1	1	1
1	1	1	0	0	0

③ **여기표와 플립플롭 입력함수**

상태변화와 입력함수 사이의 관계를 나타내는 JK 플립플롭 여기표는 표 7.2와 같다.

표 7.2 JK 플립플롭 여기표

$Q(t)$	$Q(t+1)$	J	K
0	0	0	×
0	1	1	×
1	0	×	1
1	1	×	0

상태표와 플립플롭 여기표를 이용하여 회로의 여기표를 만들어 플립플롭 입력함수들과 출력함수 설계를 한다. 여기표는 표 7.3과 같다. 플립플롭 입력함수는 여기표에서 구한다.

표 7.3 여기표와 플립플롭 입력함수

현재상태			다음상태			플립플롭 입력					
$C(t)$	$B(t)$	$A(t)$	$C(t+1)$	$B(t+1)$	$A(t+1)$	JC	KC	JB	KB	JA	KA
0	0	0	0	0	1	0	×	0	×	1	×
0	0	1	0	1	0	0	×	1	×	×	1
0	1	0	0	1	1	0	×	×	0	1	×
0	1	1	1	0	0	1	×	×	1	×	1
1	0	0	1	0	1	×	0	0	×	1	×
1	0	1	1	1	0	×	0	1	×	×	1
1	1	0	1	1	1	×	0	×	0	1	×
1	1	1	0	0	0	×	1	×	1	×	1

④ 플립플롭 입력함수의 간략화

여기표의 플립플롭 입력함수들은 카르노맵을 이용하여 간략화한다(그림 7.15).

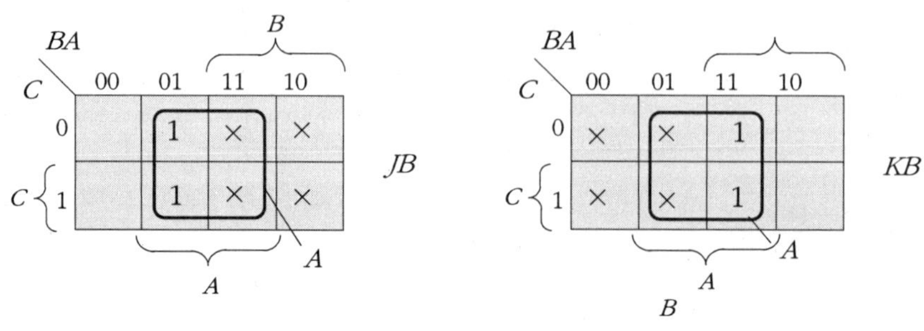

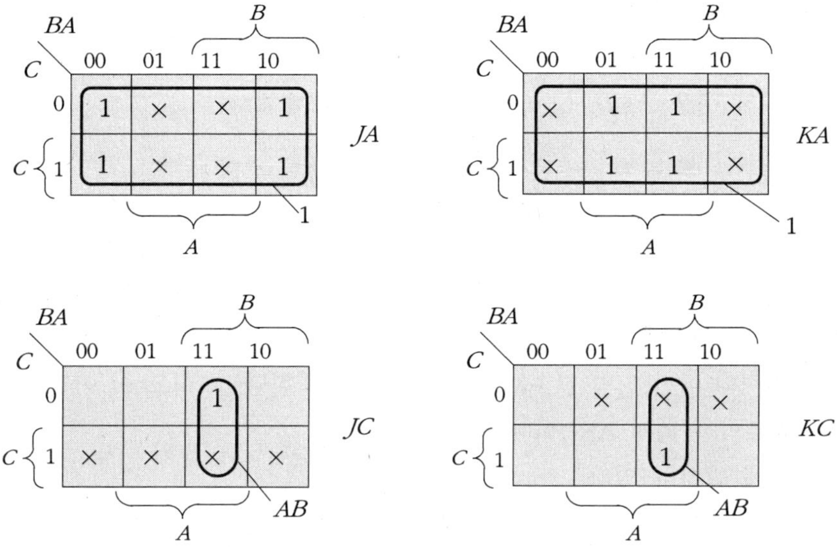

그림 7.15 2진카운터에 대한 카르노맵의 JK 입력함수

간략화된 플립플롭 입력함수는 다음과 같다.

$$JA = KA = 1 \qquad JB = KB = A \qquad JC = KC = AB$$

⑤ 최종 회로

최종 2진카운터 회로는 그림 7.16에 제시되어 있다.

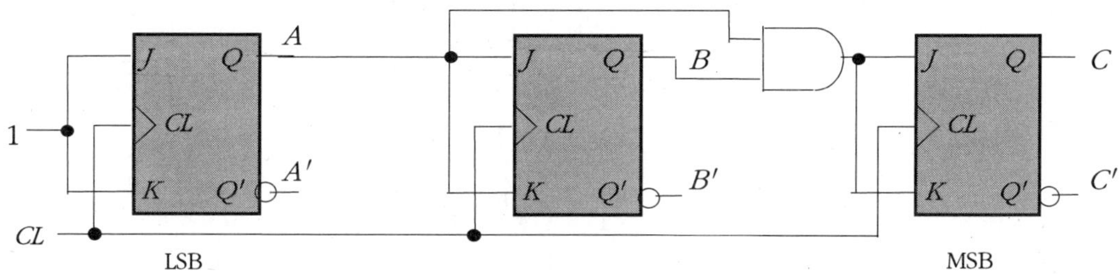

(a) 논리도

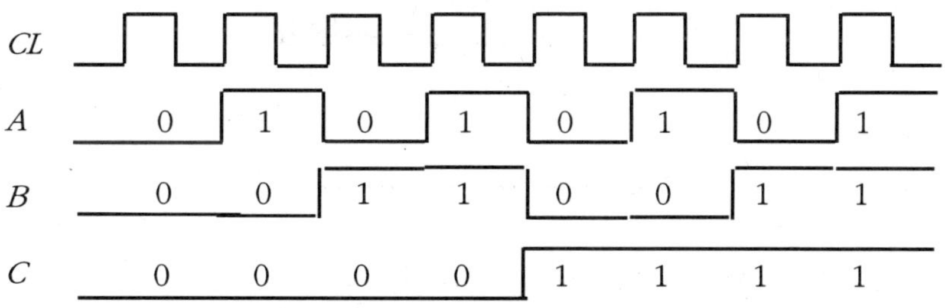

(b) 타이밍도

그림 7.16 3비트 상향 2진카운터

(2) n비트 상향 2진카운터 설계

설계한 상향 2진카운터는 비트수를 확장하여 계수 범위를 확대해도 간단하게 설계가 된다. 예를 들면, 4비트의 경우 A, B, C, D 네 개의 변수에 대해서는

$$JD = KD = ABC$$

임을 알 수 있다. 실제로 2진순차를 살펴봄으로써 요구되는 입력함수를 추정할 수 있다. 하위의 모든 출력이 1일 때 각 출력은 0은 1로, 1은 0으로 변화한다. 토글 동작이 필요할 때 J와 K 양쪽 입력의 이진 입력 함수는 모두 1이 되어야 한다. 그리고 이 이진 입력 함수는 간단하게 하위비트의 논리적 AND이다.

이것은 표 7.4에 나타나 있다.

표 7.4 2진상향(binary-up) 순서의 토글 동작

클록펄스	D	C	B	A	
Φ_0	0	0	0	0	
Φ_1	0	0	0	1	토글
Φ_2	0	0	1	0	
Φ_3	0	0	1	1	토글
Φ_4	0	1	0	0	
Φ_5	0	1	0	1	토글
Φ_6	0	1	1	0	
Φ_7	0	1	1	1	토글
Φ_8	1	0	0	0	
Φ_9	1	0	0	1	토글
Φ_{10}	1	0	1	0	
Φ_{11}	1	0	1	1	토글
Φ_{12}	1	1	0	0	
Φ_{13}	1	1	0	1	토글
Φ_{14}	1	1	1	0	
Φ_{15}	1	1	1	1	토글
Φ_{16}	0	0	0	0	
		⋮			

따라서 플립플롭 입력방정식은 다음과 같이 된다. 즉,

$$JA = KA = 1$$

$$JB = KB = A$$
$$JC = KC = AB$$
$$JD = KD = ABC$$
$$JE = KE = ABCD$$
$$JF = KF = ABCDE$$

이다.

불행히도 이 같은 설계는 대규모 2진카운터에 있어서 많은 수의 입력을 가진 AND 게이트를 필요로 한다. n비트 2진카운터는 최상위단에 대하여 n-1 입력의 AND 게이트를 요구하게 된다. 이 같은 요구는 부울식을 인수분해함으로써 줄일 수 있다. 그림 7.17에서는 단지 두 개 입력의 AND 게이트가 사용되고 있는 설계를 보여주고 있다.

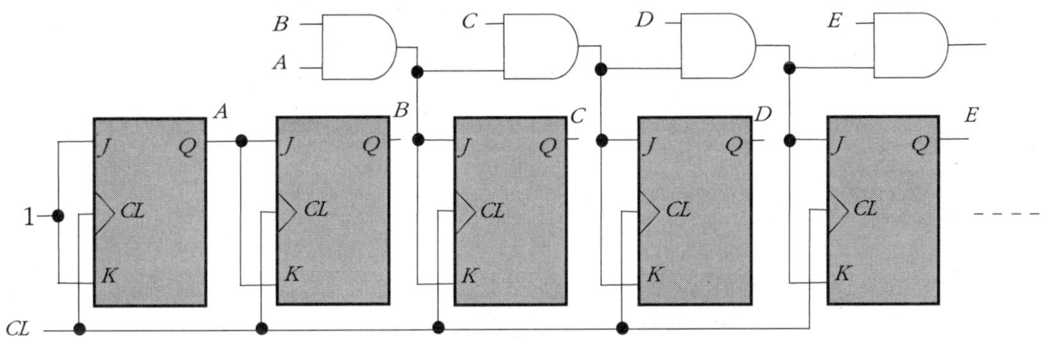

그림 7.17 2입력 AND 게이트를 사용한 n비트 상향 2진카운터

이러한 설계의 또 다른 문제점은 LSB에서 MSB 사이의 게이트들로부터 발생하는 지연시간(delay time)의 증가이다. 각각의 플립플롭들은 전단의 모든 출력들이 이러한 게이트군을 통과할 때까지 동작하지 않는다. 이 때문에 클록동작에 인가될 수 있는 주파수를 제한한다.

예제 7.5

8비트 2진카운터에 대한 JK 플립플롭의 입력 방정식을 최대 3입력을 갖는 AND 게이트를 사용하도록 설계하시오.

(3) D 플립플롭을 이용한 2진카운터 설계

D 플립플롭으로 2진카운터를 설계해보자. JK 플립플롭에서 수행했던 동일한 절차가 다른 어떤 형태의 플립플롭에서도 사용될 수 있다. 물론 그 플립플롭에 일치되는 플립플롭 여기표를 사용해야 한다. 표 7.5는 D 플립플롭의 여기표를 보여주고 있다.

표 7.5 D 플립플롭 여기표

$Q(t)$	$Q(t+1)$	D
0	0	0
0	1	1
1	0	0
1	1	1

여기에는 하나의 입력만이 있고 무시항은 없다. 사실 D는 단순히 새로운 Q 출력값을 만들기 위해서 필요하다. 원래의 출력값과 관계없이 출력 $Q(t)$가 0이었다면 0, 출력 $Q(t)$가 1이었다면 1이 된다. 여기서 다루고 있는 3비트 2진카운터의 상태표는 표 7.6과 같다.

표 7.6 상태표

현재상태			다음상태		
$C(t)$	$B(t)$	$A(t)$	$C(t+1)$	$B(t+1)$	$A(t+1)$
0	0	0	0	0	1
0	0	1	0	1	0
0	1	0	0	1	1
0	1	1	1	0	0
1	0	0	1	0	1
1	0	1	1	1	0
1	1	0	1	1	1
1	1	1	0	0	0

상태표와 플립플롭 여기표를 이용하여 회로의 여기표를 만들어 플립플롭 입력함수들과 출력함수 설계를 한다. 여기표는 표 7.7과 같다.

표 7.7 여기표와 플립플롭 입력함수

현재상태			다음상태			플립플롭 입력함수		
$C(t)$	$B(t)$	$A(t)$	$C(t+1)$	$B(t+1)$	$A(t+1)$	DC	DB	DA
0	0	0	0	0	1	0	0	1
0	0	1	0	1	0	0	1	0
0	1	0	0	1	1	0	1	1
0	1	1	1	0	0	1	0	0
1	0	0	1	0	1	1	0	1
1	0	1	1	1	0	1	1	0
1	1	0	1	1	1	1	1	1
1	1	1	0	0	0	0	0	0

플립플롭 입력함수는 여기표에서 구한다. 여기표의 플립플롭 입력함수들은 카르노맵을 이용하여 간략화한다(그림 7.18).

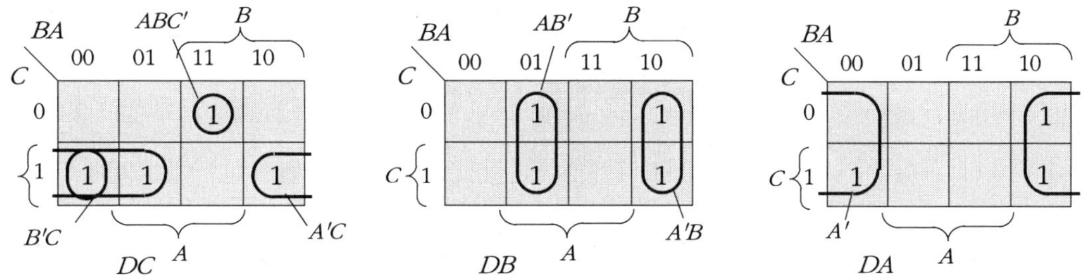

그림 7.18 플립플롭 입력함수의 간략화

플립플롭 입력함수들을 맵핑한다는 것은 각각의 출력에 대한 다음 출력값을 나열하는 간단한 문제이다. 다음상태와 플립플롭 입력함수가 동일함을 알 수 있다. 이는 다음과 같은 플립플롭 입력함수를 이끌어낸다.

$$DA = A'$$
$$DB = AB' + A'B$$
$$DC = A'C + B'C + ABC'$$

설계하는 동기식 2진카운터의 논리회로는 그림 7.19에 나타나 있다.

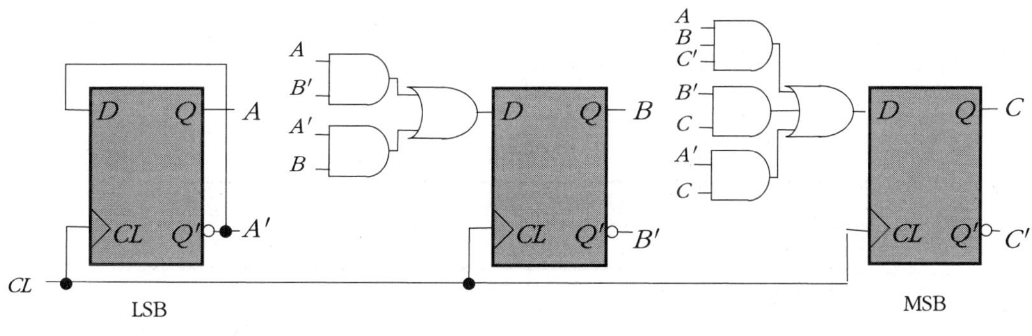

그림 7.19 D 플립플롭을 이용한 3비트 2진카운터

LSB에서 토글이 필요할 때 이를 공급하는 *A*'와 *D*가 연결되는 피드백 접속에 주의하자. 이 특수한 경우에 다른 플립플롭 입력함수는 JK 플립플롭을 구현했을 때보다 더욱 복잡하다. 일반적으로 D 플립플롭은 더욱 복잡한 입력 논리를 필요로 한다.

(4) T 플립플롭을 이용한 2진카운터 설계

T 플립플롭으로 2진카운터를 설계해보자. 표 7.8은 T 플립플롭의 여기표이다.

표 7.8 T 플립플롭 여기표

$Q(t)$	$Q(t+1)$	T
0	0	0
0	1	1
1	0	1
1	1	0

3비트 2진카운터에 대한 상태표는 표 7.9에 나타나 있다.

표 7.9 상태표

현재상태			다음상태		
$C(t)$	$B(t)$	$A(t)$	$C(t+1)$	$B(t+1)$	$A(t+1)$
0	0	0	0	0	1
0	0	1	0	1	1
0	1	0	0	0	1
0	1	1	1	1	1
1	0	0	0	0	1
1	0	1	0	1	1
1	1	0	0	0	1
1	1	1	1	1	1

상태표와 플립플롭 여기표를 이용하여 회로의 여기표를 만들어 플립플롭 입력함수들과 출력함수 설계를 한다. 여기표는 표 7.10과 같다.

표 7.10 여기표와 플립플롭 입력함수

현재상태			다음상태			플립플롭 입력함수		
$C(t)$	$B(t)$	$A(t)$	$C(t+1)$	$B(t+1)$	$A(t+1)$	TC	TB	TA
0	0	0	0	0	1	0	0	1
0	0	1	0	1	0	0	1	1
0	1	0	0	1	1	0	0	1
0	1	1	1	0	0	1	1	1
1	0	0	1	0	1	0	0	1
1	0	1	1	1	0	0	1	1
1	1	0	1	1	1	0	0	1
1	1	1	0	0	0	1	1	1

플립플롭 입력함수는 여기표에서 구한다. 여기표의 플립플롭 입력함수들은 카르노맵을 이용하여 간략화한다(그림 7.20).

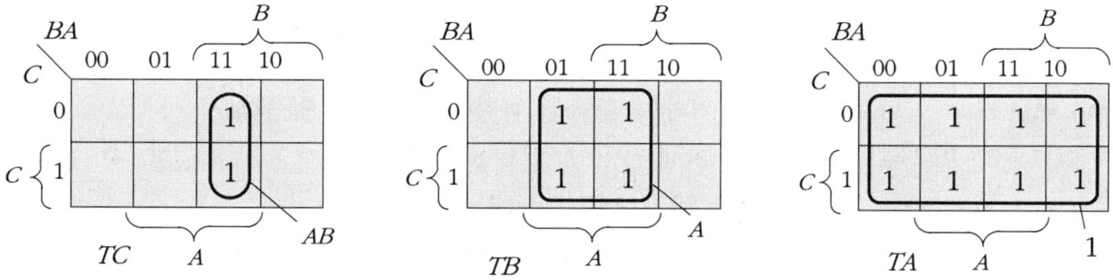

그림 7.20 플립플롭 입력함수의 간략화

이는 다음과 같은 플립플롭 입력함수를 이끌어낸다.

$$TA = 1$$
$$TB = A$$
$$TC = AB$$

설계하는 2진카운터의 논리회로는 그림 7.21에 나타나 있다.

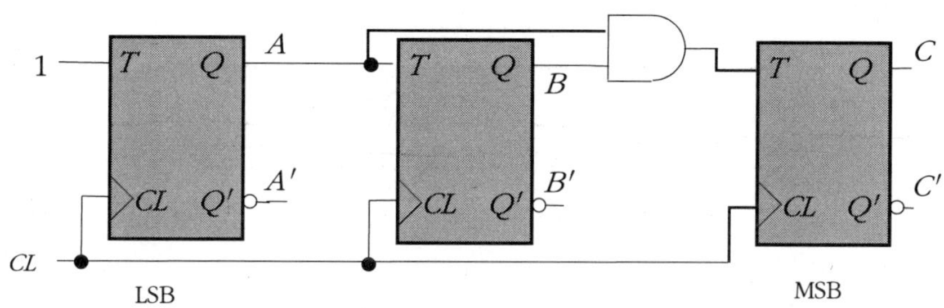

그림 7.21 T 플립플롭을 이용한 3비트 2진카운터

보통 T 플립플롭을 이용한 카운터 설계는 매우 간단한 형태가 된다. 위에서 기술한 설계기법들은 임의 피드백 순서를 따르는 어떤 카운터에도 적용이 가능하다.

(5) 시작조건(start-up condition)을 갖는 2진카운터

전원이 논리시스템에 인가될 때, 플립플롭의 출력들은 보통 어떤 상태값으로 정의되어 있지 않다. 카운터에서 클록이 인가되었을 때 출력에 어떤 일이 발생하느냐 하는 것은 초기 출력값(initial output value)과 플립플롭 입력함수에 달려 있다. 출력순차는 플립플롭 입력함수에 의존한다. 어떤 설계에서는 모든 출력패턴들이 요구되는 순차로 나오지 않을 수도 있고, 완전하게 새로운 순차가 요구되는 순차에 조금도 포함하지 않는 것으로 나타날 가능성도 있다. 이것은 플립플롭 입력함수를 간략화하면서 무시항을 어떻게 사용했느냐에 달려있다. 만일 출력들 중 요구되는 순차가 나왔다면, 이 카운터는 요구된 순차로 복귀할 것이다.

이러한 시작조건(start-up) 문제는 어떤 클록천이 시점에서 미사용 패턴을 순서대로 정의된 출력 패턴 중의 하나로 변경하기 위하여 출력을 맵핑하거나, 출력에 원하는 시작값이 출력될 수 있도록 플립플롭의 비동기식 리세트/세트 입력을 사용하는 것으로 해결할 수 있다.

그림 7.22와 같은 순서를 갖는 카운터를 설계해보자.

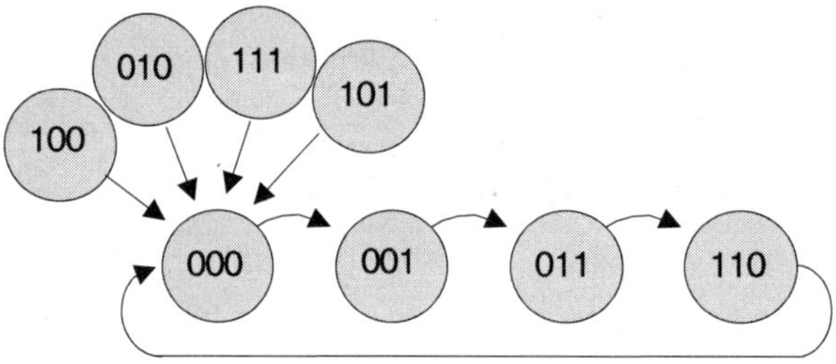

그림 7.22 미사용 패턴들이 패턴 000으로 맵된 카운터 순서

모든 미사용 패턴들은 다음 클록천이 동작에서 000으로 바꾸기 위하여 함께 맵핑된다. 여기서 다루고 있는 카운터에 대한 상태표는 표 7.11에 나타나 있다.

표 7.11 상태표

현재상태			다음상태		
$C(t)$	$B(t)$	$A(t)$	$C(t+1)$	$B(t+1)$	$A(t+1)$
0	0	0	0	0	1
0	0	1	0	1	1
0	1	0	0	0	0
0	1	1	1	1	0
1	0	0	0	0	0
1	0	1	0	0	0
1	1	0	0	0	0
1	1	1	0	0	0

상태표와 D 플립플롭 여기표를 이용하여 회로의 여기표를 만들어 플립플롭 입력함수들과 출력함수 설계를 한다. 여기표는 표 7.12와 같다.

표 7.12 여기표와 플립플롭 입력함수

현재상태			다음상태			플립플롭 입력함수		
$C(t)$	$B(t)$	$A(t)$	$C(t+1)$	$B(t+1)$	$A(t+1)$	DC	DB	DA
0	0	0	0	0	1	0	0	1
0	0	1	0	1	1	0	1	1
0	1	0	0	0	0	0	0	0
0	1	1	1	1	0	1	1	0
1	0	0	0	0	0	0	0	0
1	0	1	0	0	0	0	0	0
1	1	0	0	0	0	0	0	0
1	1	1	0	0	0	0	0	0

플립플롭 입력함수는 여기표에서 구한다. 여기표의 플립플롭 입력함수들은 카르노맵을 이용하여 간략화한다(그림 7.23).

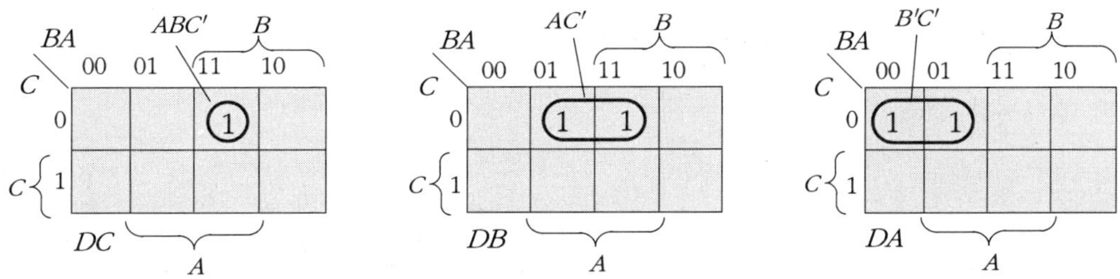

그림 7.23 플립플롭 입력함수의 간략화

$$DC = ABC'$$
$$DB = AC'$$
$$DA = B'C'$$

그 논리회로 구현은 그림 7.24와 같다.

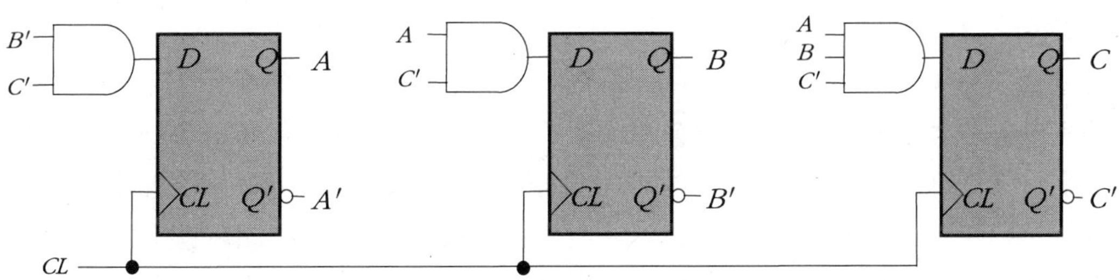

그림 7.24 3비트 2진카운터 구현(D 플립플롭 사용)

(6) n비트 하향 2진카운터

상향 2진카운터(binary-up counter)와는 반대로 순차 동작하는 카운터를 하향 2진카운터(binary-down counter)라고 한다. 즉,

$$111,\ 110,\ 101,\ 100,\ 011,\ 010,\ 001,\ 000,\ 111,\ \cdots$$

과 같은 순서를 따른다.

2진상향순서와 2진하향순서를 비교해보면, 2진하향순서는 단지 상향순서의 모든 디지트를 역으로 바꿈으로써 실제로 얻을 수 있음을 알 수 있다. 때문에 Q 출력이 아닌 Q' 출력을 취함으로써 하향 2진카운터를 얻게 되는 것이다. 상대적으로 하향 2진카운터는 플립플롭 입력 함수에 대한 각 출력의 보수를 사용함으로써 만들 수 있다. 즉,

1(LSB 플립플롭 토글), A', $A'B'$, $A'B'C'$, $\cdots$ 등등.

이러한 접근은 완전한 카운터의 본래 값을 유지한다(그림 7.25).

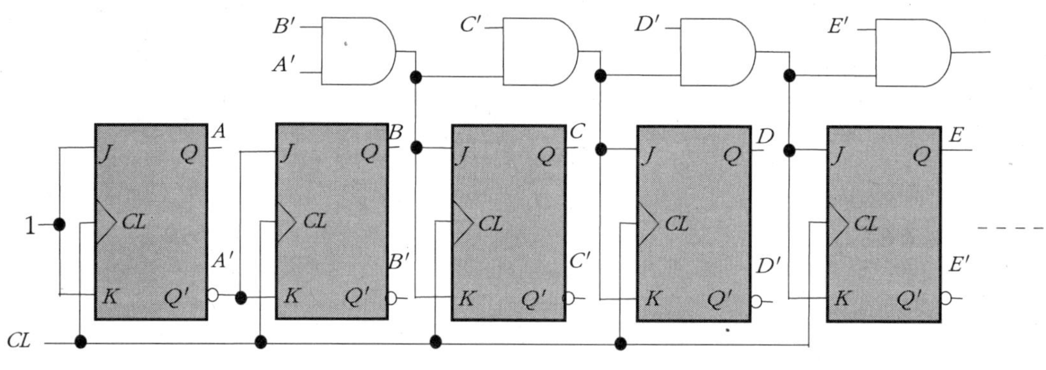

그림 7.25 2입력 AND 게이트를 사용한 n비트 하향 2진카운터

(7) 양방향 2진카운터

상향 2진카운터와 하향 2진카운터를 하나로 합치고 제어신호에 의해서 상향 또는 하향 계수 동작을 수행하도록 만들어진 것을 양방향 2진카운터(bidirectional binary counter)라 부른다. 제어신호는 0일 때는 상향(up), 1일 때는 하향(down)동작을 하게 하는 계수방식을 선택하는 데 사용된다. 이 제어신호는 다음 단의 플립플롭 입력 게이트에 Q를 인가하느냐 Q'를 인가하느냐를 선택한다. 이 회로배열은 그림 7.26에 나타나있다.

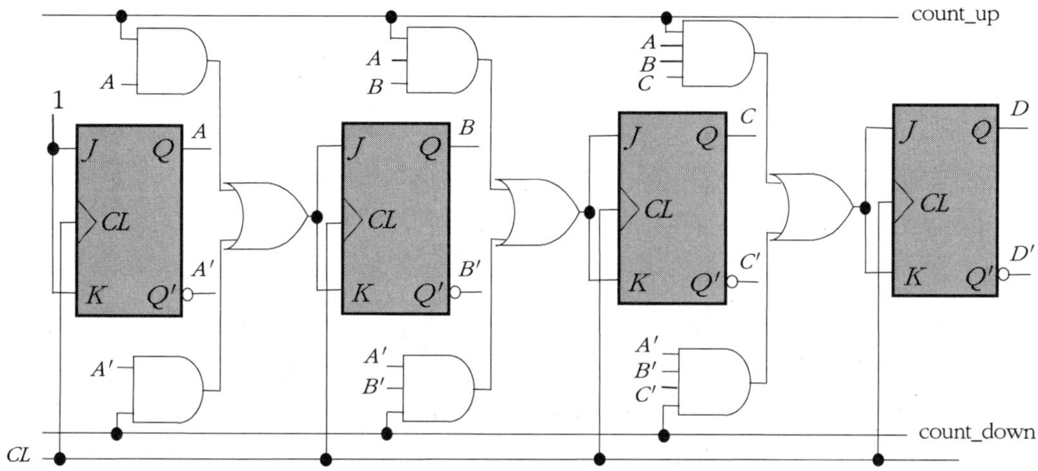

그림 7.26 양방향 2진카운터

제어신호는 count_up과 count_down 이고 서로 상보 동작을 한다. 즉 count_up이 1(0)이면 count_down은 0(1)이 된다. count_up=1(0)이면 count_down=0(1)이 되므로 상향(하향) 계수 동작을 한다.

지금까지 동기식 카운터의 대표적인 예인 2진카운터에 대해서 설명하였다. 이제 비동기식 카운터의 대표적인 예인 리플카운터에 대해서 공부해보자.

7.2.2 리플카운터

출력변화가 꼭 완전한 동기 동작(synchronous operation)이 필요치 않다면(출력변화에 약간의 시간지연이 받아들여질 때), 좀더 저가의 카운터 설계 방법이 있다. 이러한 설계는 신호가 한쪽 끝에서 다른 쪽 끝까지 물결(ripple)처럼 전파되기 때문에 리플카운터(ripple counter)라 불린다.

비록 엄격히 말했을 때 회로가 비동기순차회로는 아니지만, 리플카운터는 비동기식 카운터(asynchronous counter)라 부른다. 하나의 클록이 카운터 전체를 제어하고는 있지만, 내부적으로(첫 번째 플립플롭을 제외한) 개개의 플립플롭들은 인접한 플립플롭의 출력으로부터 구동된다. 출력이 변하기 전까지 각 플립플롭들은 약간의 지연시간을 갖는다.

리플카운터도 계수가 증가하는 2진상향 리플카운터와 계수가 감소하는 2진하향 리플카운터로 나눌 수 있다.

(1) 2진상향 리플카운터

2진상향(binary-up) 리플카운터는 표 7.13의 2진순차를 고찰함으로써 유추해 낼 수 있다.

표 7.13 2진상향 리플카운터의 토글동작

클록 펄스	C	B	A
Φ_0	0	0	0
Φ_1	0	0	1
Φ_2	0	1	0
Φ_3	0	1	1
Φ_4	1	0	0
Φ_5	1	0	1
Φ_6	1	1	0
Φ_7	1	1	1
Φ_8	0	0	0
Φ_9	0	0	1
		⋮	

토글
1에서 0

LSB A는 클록천이 동작이 있을 때마다 토글(0은 1로 변하고 1은 0으로)된다. 그 다음 비트인 B는 A가 1에서 0으로 변할 때 토글된다. 이와 같이 다음 비트인 C도 B가 1에서 0으로 변할 때 토글된다. JK 플립플롭은 J=K=1일 때 토글된다. 첫 번째 플립플롭 A에만 클럭신호가 인가되고 각 플립플롭의 출력이 다음 플립플롭의 클럭입력(CL)에 연결된다. 그림 7.27은 JK 플립플롭 3비트 2진상향 리플카운터이다.

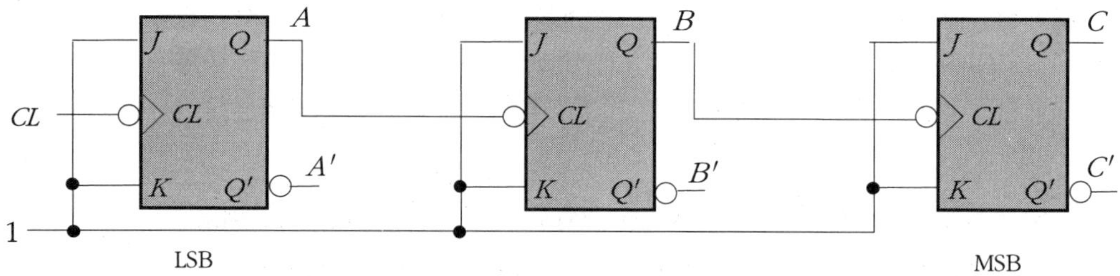

(a) 논리도

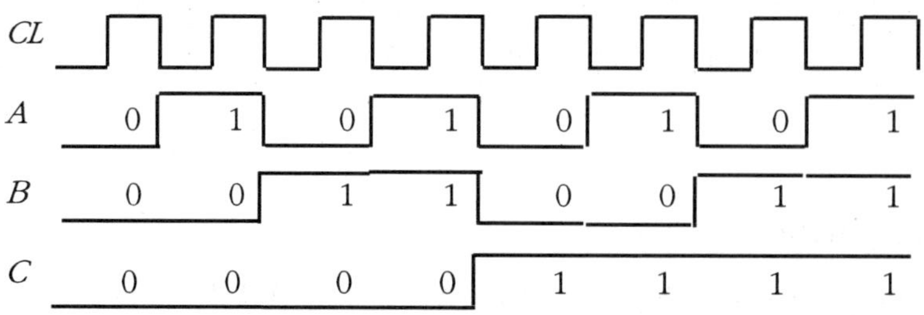

(b) 타이밍도

그림 7.27 3비트 2진상향 리플카운터 설계(JK 플립플롭 이용)

리플카운터를 D 플립플롭으로 설계하는 경우에는 출력 Q'를 D 입력에 연결해서 토글을 만들 수 있다. 출력 A, B, C를 가진 3개의 플립플롭이 주어지고 토글을 위하여 플립플롭을 연결하였다면, B의 클록입력에 A'를 연결함으로써 B의 출력을 토글시킬 수 있다. 이와 유사하게, C의 클록 입력에 B'를 결선함으로써 C의 출력을 토글시킬 수 있다. 이에 따라 D 플립플롭을 기반으로 한 2진상향 리플카운터가 그림 7.28에 나타나 있다.

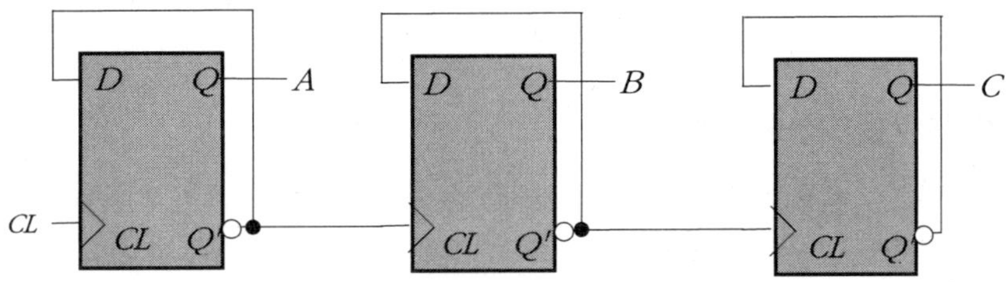

그림 7.28 3비트 2진상향 리플카운터 설계(D 플립플롭 이용)

(2) 2진하향 리플카운터

앞서 2진카운터처럼 2진상향순서와 2진하향순서를 비교해보면, 하향순서는 단지 상향순서의 모든 디지트를 역으로 바꾸어주면 된다는 것을 알 수 있다. 때문에 Q 출력이 아닌 Q' 출력을 취함으로써 하향 2진카운터를 얻게 된다. 즉 2진상향일 때는 출력은 A, B, C이고 2진하향일 때는 출력은 A', B', C'가 된다. D 플립플롭을 기반으로 한 2진하향 리플카운터를 그림 7.29에 나타나 있다.

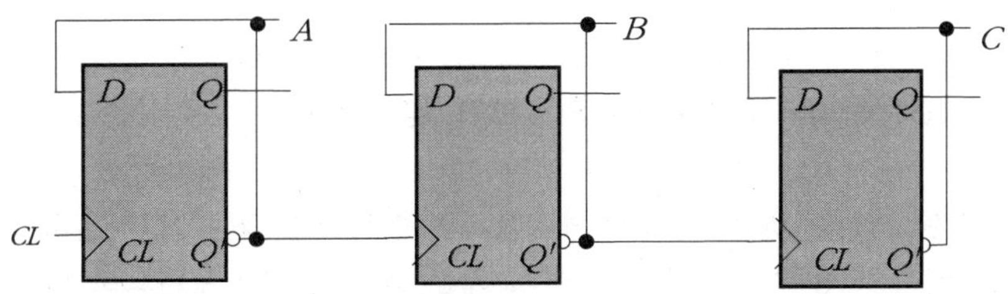

그림 7.29 3비트 2진하향 리플카운터 설계(D 플립플롭 이용)

예제 7.6

부에지트리거 D 플립플롭을 사용하여 리플카운터를 설계하시오. 그리고 부에지트리거 JK 플립플롭을 사용하여 리플카운터를 설계하시오.

7.3 요약

☐ **레지스터의 구조**

- 데이터 레지스터
- 시프트 레지스터
- 링카운터와 존슨카운터
- 직렬연산을 하는 직렬가산기

☐ **카운터라 불리는 2진순차논리회로**

- 동기식 카운터 : 2진카운터
- 비동기식 카운터 : 리플카운터

7.4 연습문제

1. D 플립플롭을 사용하여 다음과 같은 상태도를 보이는 3비트 그레이 코드 값을 출력하는 동기식 2진카운터를 설계하라.

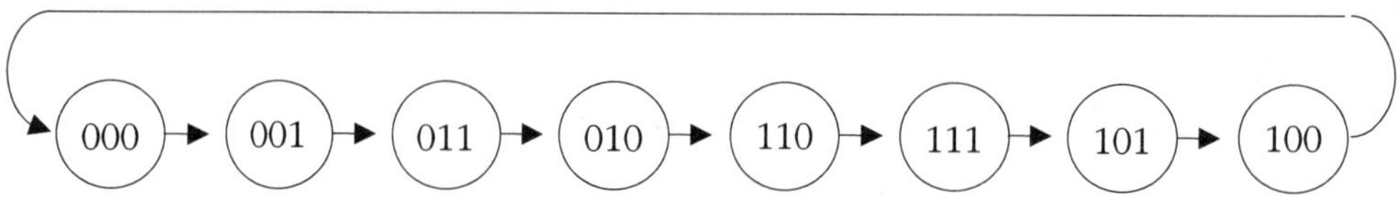

2. 문제 1의 카운터를 JK 플립플롭을 이용하여 설계하라.

3. 0에서 4까지(즉, 2진수 000에서 100) 계속적으로 반복하며 되는 2진카운터를 설계하라. 단, 하나의 클록이 동작한 후에 사용하지 않는 출력을 000 패턴으로 바꾸기 위하여 맵핑함으로써 카운터는 어떤 다른 순서를 반복할 수 없다. D 플립플롭을 사용하라.

4. 문제 3의 설계를 JK 플립플롭을 사용하여 완성하라.

5. 다음 그림에 보인 카운터의 계수순서는 무엇인가?

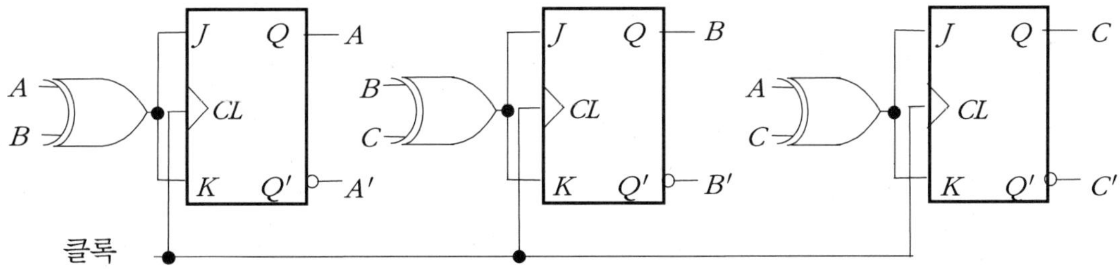

6. 그림 3에 보인 상태도를 구현하는 카운터를 설계하여라.

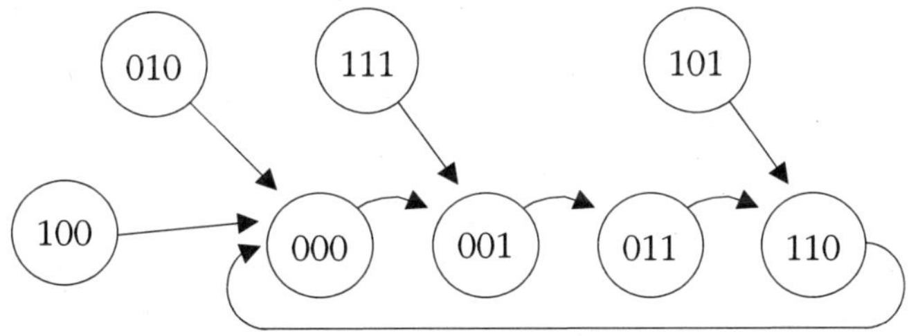

제 8 장

동기식 순차논리회로 설계

학습 목표

· 동기식 순차논리회로 모델

– 무어모델과 밀리모델의 개념을 배운다.

· 동기식 순차논리회로 설계

– 무어모델과 밀리모델을 이용하여 동기식 순차논리회로 설계 방법을 배운다.

앞서 6장에서는 순차논리회로의 기본 블록인 플립플롭을 설명하였다. 그리고 7장에서는 레지스터와 카운터를 만들기 위해서 플립플롭이 어떻게 사용되는가를 보았다. 지금부터는 동기식 순차논리회로의 전형적인 설계 방법을 설명하고자 한다. 동기식 순차논리회로에서의는 클록천이 시에만 발생한다.

8.1 동기식 순차논리회로 모델

6장과 7장에서 보았듯이 실질적인 순차논리회로는 유한한 상태의 수를 가진다. 그러한 회로를 유한상태머신(finite state machine, FSM) 또는 간단하게 상태 머신(state machine)이라고 한다. 동기식 순차논리회로에는 두 가지 일반적인 모델이 있는데, 밀리모델(Mealy model)과 무어모델(Moor model)이다.

동기식 순차논리회로 모델
• 밀리모델(Mealy model) : 출력이 입력과 현재 상태에 의존하는 상태 머신 • 무어모델(Moore model) : 출력이 현재 상태에만 의존하는 상태 머신

밀리모델은 출력이 입력과 현재 상태에 의존하는 상태 머신이다. 무어모델은 출력이 현재 상태에만 의존하는 상태 머신이다. 이들 모델들을 설계하기 위하여 앞서 6장에서 설계한 동기식 순차논리회로를 그림 8.1처럼 표현한다.

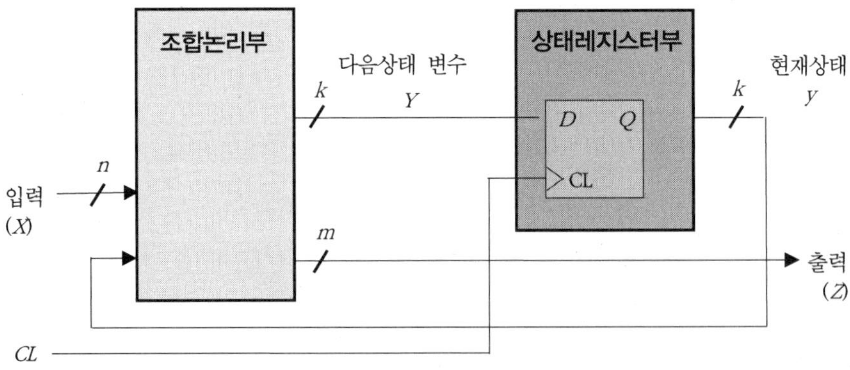

그림 8.1 동기식 순차논리회로 모델

그림은 n개 입력(X)들과 m개 출력(Z)들 그리고 2세트의 k개의 상태신호들(y와 Y)이 있다. 상태신호는 상태를 표현하는 신호이다. 상태들은 상태변수(state variable)라 부르는 2진신호로 나타난다. 각 상태는 상태변수값들의 독창적인 조합을 가진다. 상태변수는 외부 클록신호로 활성화되는 플립플롭(메모리 요소)에 저장되는데, 이 플립플롭을 상태 레지스터(state register)라고 한다. y 신호는 회로의 현재상태(present state)를 정의하고 현재상태 변수(present state variable)라 부르고 상태 레지스터에 현재 저장된 출력 값이다. Y 신호는 다음 상태를 만들기 위해 발생되고 다음상태 변수(next state variable)라 부르고 상태 레지스터의 입력이 된다. 클록(CL) 신호에 의해서 Y 신호는 다음상태(next state)가 된다. 밀리모델은 출력이 입력과 현재 상태에 의존($Z = f(X, y)$)하고 무어모델은 출력이 현재상태에만 의존($Z = f(y)$)하는 상태 머신이므로, 그림 8.1의 조합논리회로부는 다음상태 조합논리(next state combinational logic)과 출력 조합논리(output combinational logic)로 분리하여 표현하면 이들 모델들을 표현하는데 편리하다(그림 8.2, 그림 8.3).

(1) 밀리모델

D형 플립플롭을 사용한 밀리모델을 그림 8.2로 나타낸다. 밀리모델은 현재상태와 입력에 의하여 출력이 결정된다.

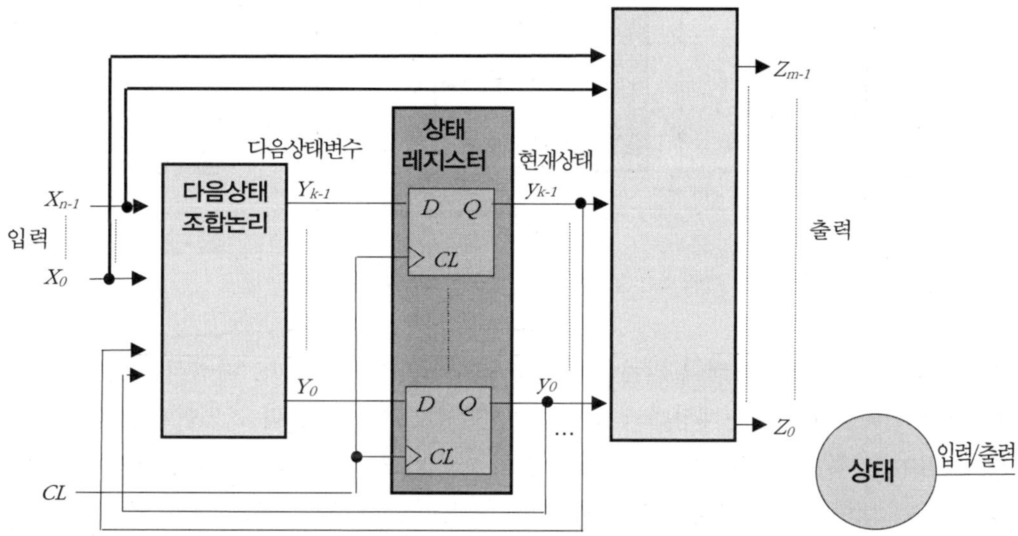

(a) 블록도 (b) 상태 기호

그림 8.2 동기식 순차논리회로 밀리모델

밀리모델은 n개 입력($X_{n-1} \cdots X_0$)과 m개 출력($Z_{m-1} \cdots Z_0$) 그리고 k개의 현재상태($y_{k-1} \cdots y_0$)와 k개의 다음상태변수($Y_{k-1} \cdots Y_0$)들로 구성된다. Y 신호는 n개의 X 입력과 k개의 현재상태의 조합함수($Y = f(X, k)$)이고 회로출력 Z는 입력 X와 현재상태의 조합함수($Z = f(X, y)$)이다. 따라서 밀리모델에 근거한 동기식 순차논리회로를 만들려면 다음상태 변수 Y와 출력 Z에 대한 조합함수를 만들어야 한다.

(2) 무어모델

밀리모델에서 주입력에서의 다중변화(multiple change)는 상태의 즉각적인 변화를 일으키지 않는다. 왜냐하면 상태변화는 활성 클록천이 시의 현재상태와 입력에 의해 결정되기 때문이다(회로의 지연시간을 고려함). 회로출력은 입력을 포함하는 조합논리함수이므로 입력에서의 변화는 클록에 동기되지 않고 출력에서의 즉각적인 변화를 일으킨다. 이러한 문제는 출력을 현재상태 변수만의 출력 조합논리함수로 만들어 피할 수 있다. 이러한 구조가 동기식 순차논리회로의 무어모델로 구현된다(그림 8.3).

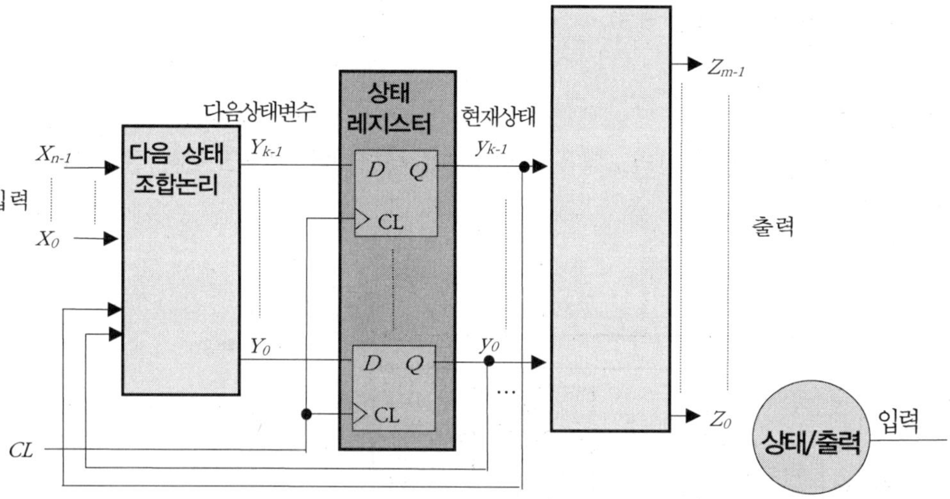

(a) 블록도 (b) 상태 기호

그림 8.3 동기식 순차논리회로 무어모델

무어모델은 출력이 현재상태에 의존하며 입력에는 의존하지 않는다. 따라서 다음상태 변수 Y는 n개 X 입력들과 k개 현재상태의 조합함수($Y = f(X, k)$)이고 출력 Z는 현재상태의 조합함수($Z = f(y)$)이다. 무어모델에 근거한 동기식 순차논리회로를 만들기 위해서는 다음상태 변수 Y와 출력 Z에 대한 조합함수를 만들어야 한다. 카운터는 본질적으로 출력이 플립플롭으로 오기 때문에 무어모델이다(즉, $Z=y$).

(3) 상태 레지스터 설계

먼저 특정한 설계를 위해서는 상태 레지스터가 몇 개의 플립플롭들로 구성되는지를 결정해야 한다(즉 k). 만약 2개의 다른 상태가 필요하면 하나의 상태변수가 필요하다. 즉

$$0, 1$$

이 된다. 만약 세 개 또는 네 개의 상태가 필요하면 2개의 상태변수가 필요하다. 즉

00, 01, 10, 11

의 네 개의 코드를 각 상태에 제공한다. 일반적으로 $(2^{k-1}+1)$과 2^k 사이의 상태가 필요하면 *k*개의 상태변수(state variable)와 *k*개의 플립플롭이 필요하다. 만약 정에지트리거 플립플롭이 사용된다면 상태변화는 클록신호의 상승에지에서 발생된다. 만약 부에지트리거 플립플롭이 사용된다면 상태변화는 클록신호의 하강에지에서 발생된다. 모든 경우에 하나의 활성 클록천이(clock transition) 후에 다음 활성 클록천이 전에 다음상태 값을 확립하기 위해서 모든 신호가 조합논리회로를 통과하도록 충분히 큰 지연시간이 허용되어야 한다.

예제 8.1

8개의 상태를 가진 상태머신은 몇 개의 플립플롭이 필요한가? 48개의 상태는?

8.2 동기식 순차논리회로 설계

동기식 순차논리회로 설계 순서는 앞서 설명한 것과 같이 다음과 같다.

동기식 순차논리회로 설계 순서
① 상태도를 유도하라.
② 상태표를 그려라.
③ 상태배정을 하라.
④ 상태배정표를 그려라.
⑤ 플립플롭 입력함수를 유도하라.
⑥ 출력함수를 유도하라.
⑦ 논리회로를 그려라.

다음 두 가지 설계 예를 무어모델과 밀리모델을 이용하여 동기식 순차논리회로를 설계해보자.

8.2.1 두 가지 순차를 갖는 코드카운터

설계 사양
제어입력 C에 따라 2개의 반복순차 중 하나를 따르는 동기식 코드카운터(code counter)를 무어모델로 설계하자. C=0일 때 순차는 00, 01, 11이고 C=1일 때 순차는 00, 11, 01이다.

(1) 상태도

설계 사양으로부터 무어모델 상태도를 유도한다(그림 8.4)

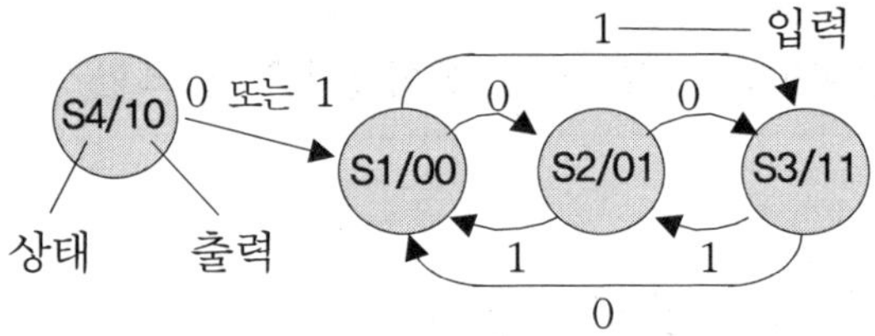

그림 8.4 무어모델 상태도

순차에는 3개의 상태(S1, S2, S3)가 있고 네 번째 상태(S4)는 스위치를 켜는 것으로 한다. 각 상태는 상태와 출력으로 명명되고 각 아크(arc)는 입력 C의 값을 나타낸다.

(2) 상태표

상태표는 상태도를 이용하여 만들 수 있다. 표 8.1에 상태표를 나타내었다. 네 개의 상태 S1, S2, S3, S4를 위해 2개의 플립플롭이 필요하다. 출력은 Z이고 y_2와 y_1의 함수이다.

표 8.1 상태표

현재상태 (t) y_2 y_1	다음상태 (t+1) Y_2Y_1		출력 Z y_2 y_1
	$C=0$	$C=1$	
S1	S2	S3	00
S2	S3	S1	01
S3	S1	S2	11
S4	S1	S1	10

(3) 상태배정표

각 상태에 대해 현재상태 변수에 대해 값을 선택한다. 편의상 상태값과 출력이 일치하도록 S1=00, S2=01, S3=11, 그리고 S=10로 배정한다. 표 8.2는 상태배정표이다.

표 8.2 상태배정표

현재상태 (t) $y_2\ y_1$	다음상태 (t+1) Y_2Y_1		출력 Z $y_2\ y_1$
	$C=0$	$C=1$	
00	01	11	00
01	11	00	01
11	00	01	11
10	00	00	10

(4) 플립플롭 입력함수

그림 8.3의 모델에서 상태 레지스터는 D 플립플롭을 사용한다. Y_1Y_2는 상태배정표로부터 만들어진다. D 플립플롭에 대해서 Y 입력은 다음 활성클록 신호 후에 요구된 Y 출력의 상태값이다. 두 입력의 카르노맵을 그림 8.5에 나타냈다. Y_1의 $y_2'y_1'C$는 그림의 점선 묶음으로 간략화하면 $y_2'y_1'$가 되지만 Y_2에 $y_2'y_1'C$가 있으므로 설계 편의상 더 이상의 간략화를 하지 않았다.

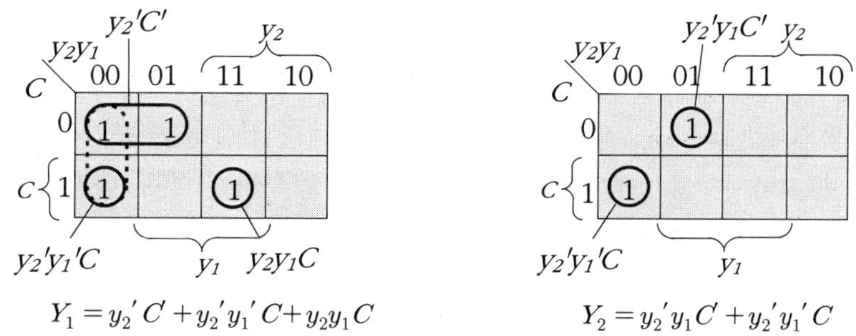

그림 8.5 D 플립플롭의 입력함수

(4) 출력함수

출력함수는 상태표의 출력열에서 바로 구해진다. 편의상 각 상태 값과 출력 값이 일치하도록 상태배정을 하였으므로 다음과 같이 출력함수는 현재상태와 같다.

$$Z = y_2y_1$$

최종 순차논리회로는 그림 8.6과 같다.

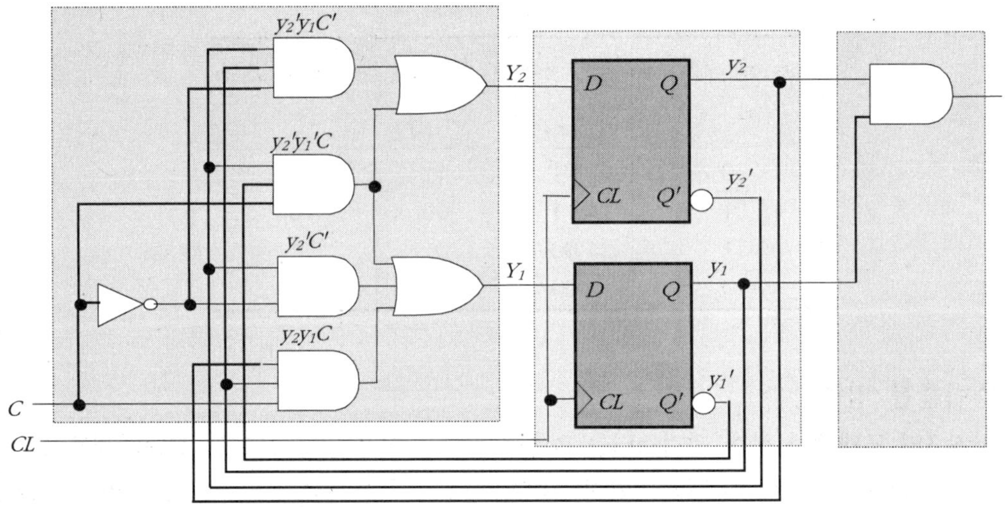

그림 8.6 코드카운터(무어모델)

8.2.2 무어모델 순차검출기 설계

앞서 설계에서 상태변수는 회로출력이었다. 지금부터는 회로출력이 상태변수의 어떠한 함수이고 상태 인코딩이 설계사양에서 명확하지 않은 동기식 순차논리회로를 설계하자.

단일 데이터 입력에 나타나는 정의된 일련의 신호패턴을 검출하는 동기식 순차논리회로인 순차검출기를 고려하자. 이 입력에 대한 논리값은 각 클록활성 후에 변할 수 있다. 회로는 입력에 정의된 순차가 나타날 때 '1'인 단일 출력을 가진다. 설계하고자 하는 순차검출기의 블록도는 그림 8.7과 같다.

그림 8.7 순차검출기의 블록도

하나의 데이터입력 x, 하나의 출력 데이터 Z 그리고 클록입력 CL이 있다. 검출할 연속적인 입력이 0110011이고 순차에서 마지막 비트가 나타난 후에 바로 Z가 1이 된다고 가정한다. 이러한 회로는 여러 분야 즉 자기디스크 기록장치나 데이터 전송에 사용된 동기패턴에 응용된다. 숫자 맞추기 자물쇠는 특정한 일련의 수가 입력될 때, 문이 열린다. 순차검출기를 동기식 순차논리회로로 설계하므로 동기 클록신호가 필요하다.

(1) 상태도

상태도는 문제의 사양에서 유도된다. 순차는 그림 8.8과 같이 마지막 패턴인 여덟 번째 상태에 도달할 때까지 여덟 단계가 있다.

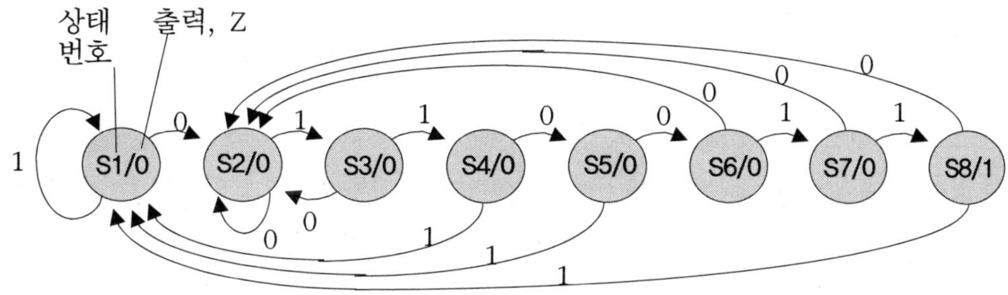

그림 8.8 무어모델 순차검출기의 상태도

각 상태는 특정한 출력값을 가지므로 무어모델 상태도이다. 초기상태는 출력값이 '0'인 S1이다. 입력에 '0'이 나타나면 상태가 S1에서 S2로 변한다. 이것이 순차에서 검출된 첫 번째 '0'이다. 출력은 여전히 '0'이다. 요구된 입력 패턴의 값에 의해 상태 S3, S4, S5, S6, S7, S8로 바뀐다. S8에서는 출력이 '1'로 된다. 이후에 다음 '1'은 초기상태 S1로 가고 '0'이면 S2로 간다. 최종 비트가 받아들여지기 전에 상태천이는 입력이 '1'이면 S1로, '0'이면 S2로 간다. 일반적으로 최종 비트 순차전의 모든 부분 비트 순차를 고려해야 한다.

(2) 상태표

상태표를 표 8.3에 나타냈다. 이 상태표에서 다음상태(next state)뿐만 아니라 출력값이 열거된다. 여기서 사용한 무어모델에서 각 상태들은 그것과 관련된 특정한 출력값 0 또는 1을 갖는다. 출력함수를 결정하기 위해서 출력열을 사용한다. 그러나 먼저 상태변수 할당부터 한다.

표 8.3 무어모델 순차검출기의 상태표

현재상태 (t)	다음상태 (t+1)		출력
	$x=0$	$x=1$	Z
S1	S2	S1	0
S2	S2	S3	0
S3	S2	S4	0
S4	S5	S1	0
S5	S6	S1	0
S6	S2	S7	0
S7	S2	S8	0
S8	S2	S1	1

(3) 상태배정

8개의 상태들(S1, S2, S3, S4, S5, S6, S7, S8)을 위해서 3개 상태변수들 $y_3y_2y_1$이 필요하다. 다음 단계는 상태배정을 하는 것인데 즉 여덟 상태의 각각에 적당한 상태변수 값을 할당하는 것이다. 예를 들면

S1 = 001, S2 = 010, S3 = 011, S4 = 100, S5 = 101, S6 = 110, S7 = 111, S8 = 000

이다. 가장 간단한 함수를 가지는 배정을 하는데 불행히 모든 경우에 잘 맞는 일반적 방법은 알려져 있지 않다. 만약 카르노맵 상에 1이 인접해 있다면 더욱 간단한 간략화된 함수가 얻어진다. 동일한 다음상태로 가는 3가지 상태의 레벨을 그림 8.9에 나타내었다.

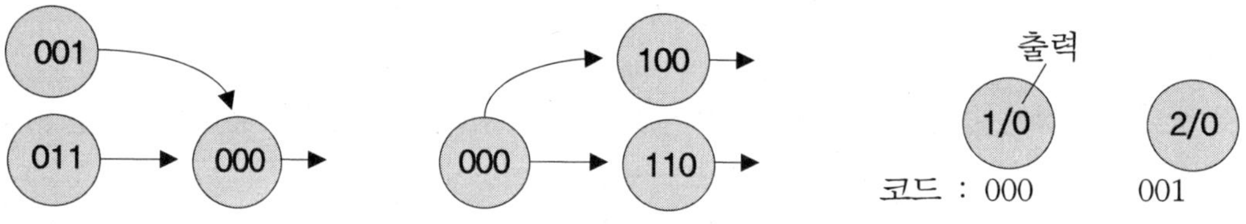

(a) 규칙 1 (b) 규칙 2 (c) 규칙 3

그림 8.9 동일한 다음상태로 가는 3가지 상태의 레벨

① 규칙 1 : 똑같은 다음 상태에 이르는 상태에 하나의 변수에 다른 코드를 배정한다.
규칙 1을 사용하여 똑같은 다음 상태에 이르는 세 가지 상태를 명명하는 것이 그림 8.9(a)에 설명된다. 만약 첫 번째가 행해질 수 없다면 다른 규칙 '규칙 2'를 이용한다.

② 규칙 2 : 현재 상태의 다음 상태에 대해 하나의 변수에 다른 코드를 배정한다.
규칙 2가 그림 8.9(b)에 설명된다. 만약 규칙 1도 규칙 2도 만족되지 않으면 마지막 규칙 '규칙 3'을 사용한다.

③ 규칙 3 : 똑같은 출력(똑같은 입력)을 가진 상태에 하나의 변수에 다른 코드를 배정한다.
규칙 3이 가장 간단한 출력 함수를 만든다. 그레이 코드가 인접한 코드가 1비트씩 다른 특성을 가진다.

그레이 코드는 카르노맵 라벨에 사용된다. 세 변수에 대해 그레이 코드의 패턴은

000, 001, 011, 010, 110, 111, 101, 100

이다. 본 문제에서 S4, S5, S8에 대해 규칙 1을 사용하고 (S4, S5, S8은 S1에 이른다) S3,

S6, S7에 대해 규칙 1을 사용하여(S3, S6, S7은 S2에 이른다) 다음과 같은 배정을 만든다.

S1 = 000, S2 = 111, S4 = 001, S3 = 101, S5 = 010, S6 = 110, S8 = 100, S7 = 011

S1에 대해 000을 사용하면 플립플롭이 쉽게 S1로 초기화된다. S8은 S1과 잘 맞고 S1이나 S2에 이른다.

(4) 상태배정표

상태배정표를 표 8.4에 나타냈다.

표 8.4 무어모델 순차검출기의 상태배정표

현재상태(t) $y_3y_2y_1$	다음상태 (t+1) $Y_3Y_2Y_1$		출력 Z
	$x=0$	$x=1$	
000	111	000	0
111	111	101	0
101	111	001	0
001	010	000	0
010	110	000	0
110	111	011	0
011	111	100	0
100	111	000	1

(5) 플립플롭 입력함수

3개의 플립플롭의 입력함수는 그림 8.10에서와 같이 카르노맵 상에 배정된 상태표에 다음상태 변수를 맵함으로써 얻어진다.

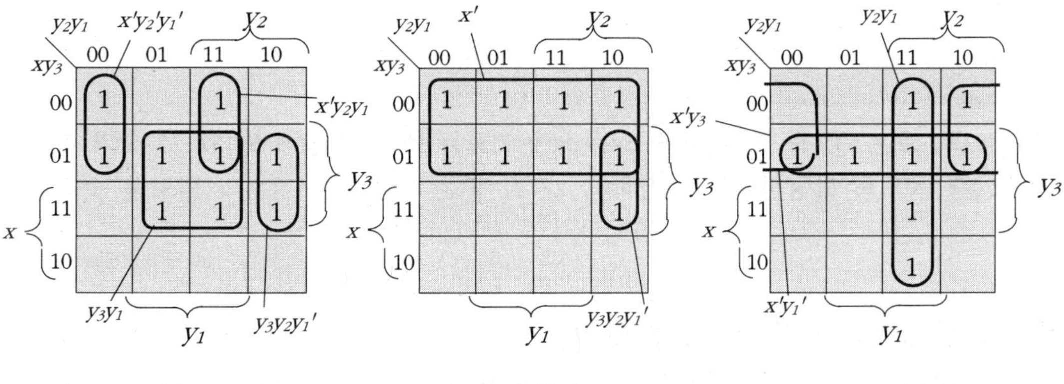

(a) Y_1 (b) Y_2 (c) Y_3

그림 8.10 순차검출기에 대한 입력함수의 간략화

다음상태 변수에 대한 플립플롭 입력함수는

$$Y_1 = y_3y_1 + y_3y_2y_1' + x'y_2'y_1' + x'y_2y_1$$
$$Y_2 = x' + y_3y_2y_1'$$
$$Y_3 = x'y_1' + x'y_3 + y_2y_1$$

이다. Y_1은 최소의 해답이 아니다. 그것은 $y_3y_2y_1$의 공유 때문이다.

(6) 출력함수

출력함수는 상태표의 출력열에서 바로 얻어지는데

$$Z = y_3y_2'y_1'$$

이다. 출력함수는 더 이상의 간략화가 이루어지지 않는다.

(7) 논리회로

마지막으로 논리회로는 입력함수와 출력함수로부터 설계된다(그림 8.11).

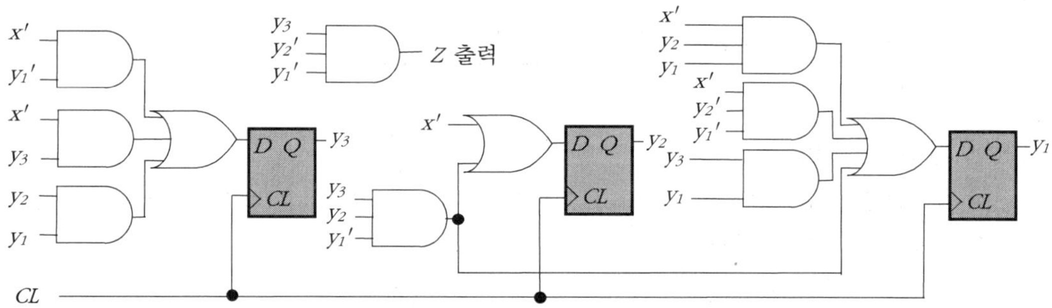

그림 8.11 무어모델 순차검출기의 논리회로

예제 8.3

S1은 S2로, S2는 S3으로, S3은 S4로, S4는 S1에 이르는 네 가지 상태 S1, S2, S3, S4가 주어졌다. S0가 00으로 할당된다고 가정하고 2가지 좋은 다른 상태변수의 할당을 구하라.

8.2.3 밀리모델 순차검출기 설계

밀리모델에서 출력은 현재상태에 의지할 뿐만 아니라 입력에 의지한다. 밀리모델 상태도는 같은 문제에 대해 무어모델보다 더 적은 상태, 상태변수, 플립플롭을 가질 수 있으나 출력함수는 상태변수뿐만 아니라 입력변수를 사용하므로 더 복잡해진다. 더욱이 더 중요한 것은 클록천이 사이에서 입력이 변한다면 출력이 변한다는 것이다. 이것은 응용에 의존하는 시스템 설계에서 중요하다. 순차 0110011을 검출하는 순차검출기의 밀리모델 해법을 보자.

(1) 밀리모델 상태도

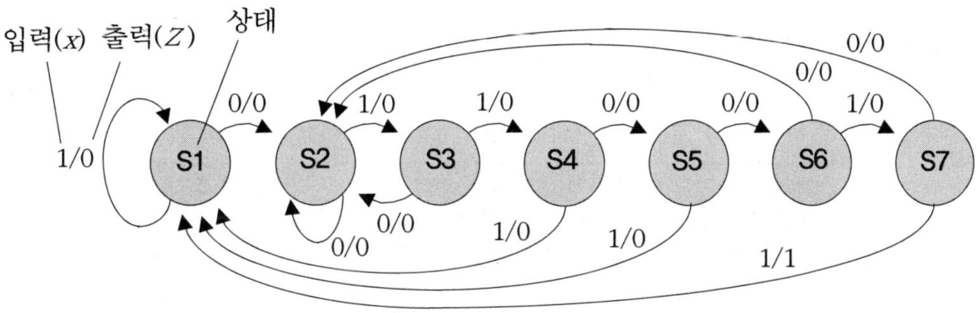

그림 8.12 밀리모델 순차검출기의 상태도

앞서 무어모델과의 차이는 S8이 제거되었고 S7에서 S8로의 천이는 S7에서 S1로의 천이로 대체되었다. 현재 회로는 S1에서 2개의 출력 중 하나를 가진다. 즉 순차가 받아들여지면 Z=1이 되고, 순차가 받아들여지지 않으면 Z=0이다.

(2) 밀리모델 상태표

표 8.5 밀리모델 순차검출기의 상태표

현재상태 (t)	다음상태 (t+1)		출력 Z	
	x=0	x=1	x=0	x=1
S1	S2	S1	0	0
S2	S2	S3	0	0
S3	S2	S4	0	0
S4	S5	S1	0	0
S5	S6	S1	0	0
S6	S2	S7	0	0
S7	S2	S1	0	1

상태표에서 출력은 각 입력값에 대해 현재상태보다 출력상태와 관계가 있다는 것을 알 수 있다(표 8.5). 상태수가 8개에서 7개로 줄어도 상태변수는 여전히 세 개가 필요하다.

(3) 상태배정

7개 상태들(S1, S2, S3, S4, S5, S6, S7)에 대해서 3개의 상태변수들 $y_3y_2y_1$이 필요하다. 다음 단계는 상태배정을 하는 것이다. 즉 여덟 상태의 각각에 적당한 상태변수값을 배정하는 것이다. 예를 들면 다음과 같다.

S1 = 000, S2 = 111, S3 = 101, S4 = 001, S5 = 010, S6 = 110, S7 = 011

(4) 밀리모델 상태배정표

표 8.6 밀리모델 순차검출기의 상태배정표

현재상태 (t) $y_3y_2y_1$	다음상태 (t+1) $Y_3Y_2Y_1$		출력 Z	
	$x=0$	$x=1$	$x=0$	$x=1$
000	111	000	0	0
111	111	101	0	0
101	111	001	0	0
001	010	000	0	0
010	110	000	0	0
110	111	011	0	0
011	111	000	0	1

(5) 플립플롭 입력함수

플립플롭 입력함수의 카르노맵이 그림 8.13에 보인다.

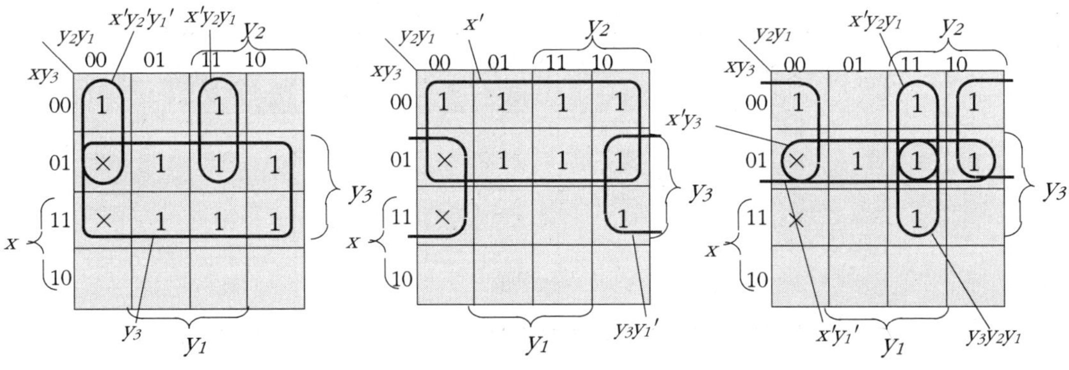

그림 8.13 밀리모델의 플립플롭 입력함수

변수의 조합 중 $y_3y_2y_1$=100는 사용되지 않고 카르노맵 상에서 무시항으로 입력된다. 일반적인 리세트 신호는 스위치 ON 시 플립플롭을 000로 한다고 가정한다. 따라서 $y_3y_2y_1$=100은 결코 일어나지 않는다. 플립플롭 입력함수는 다음과 같다.

$$Y_1 = y_3 + x'y_2'y_1' + x'y_2y_1$$
$$Y_2 = x' + y_3y_1'$$
$$Y_3 = x'y_1' + x'y_3 + y_3y_2y_1 + x'y_2y_1$$

(6) 출력함수

출력함수는 x와 현재 상태변수 $y_3y_2y_1$의 함수이고 그림 8.14와 같이 맵되므로 다음과 같다.

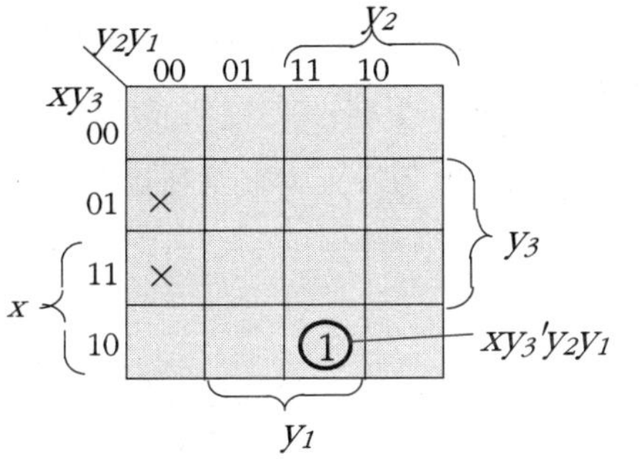

$$Z = xy_3'y_2y_1$$

그림 8.14 밀리모델 출력함수, Z

(7) 논리회로

밀리모델 순차검출기의 논리회로는 그림 8.15와 같다.

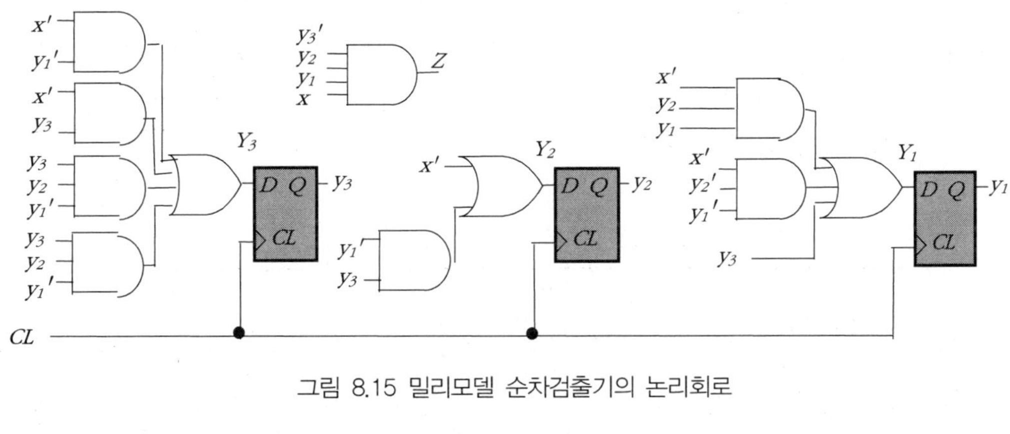

그림 8.15 밀리모델 순차검출기의 논리회로

예제 8.3

***Z*가 0인 동안 *x*가 1에서 0으로 바뀌면 *Z* 출력은 어떻게 되는가?**

8.2.4 상태최소화

상태도(state diagram)에서 상태수(state number)는 상태변수의 수와 플립플롭의 수를 결정한다. 만약 상태의 수가 $(2^{n-1}+1)$과 2^n 사이이면 상태변수와 플립플롭의 수는 n이다. 명확하게 상태의 수를 최소로 하는 것이 좋다. 왜냐하면 회로를 간략화하기 때문이다. 간단한 회로에 대해서는 상태도는 최소의 상태수를 사용한다. 그러나 좀 복잡한 회로에서는 직관적으로 만들어진 상태도는 설계자의 기술에 의존하면서 필요 이상 더 복잡해질지도 모른다. 어떤 경우에도 초기 상태도는 정확해야 하고 그 정확도는 필요보다 더 큰 상태도에서 쉽게 보여질 수 있다.

이 절에서 상태수를 줄이는 상태최소화(state minimization) 방법을 살펴보자. 상태표에서 동일상태(identical state)와 출력 엔트리를 가지는 상태는 하나의 상태로 합쳐질 수 있다. 다음에 다른 상태가 똑같은 것이 있나 조사할 필요가 있다. 그와 상태를 등가상태(equivalent state)라 불려진다.

(1) 등가상태

다음의 두 조건이 존재하면 등가이고 하나의 상태로 대치될 수 있다.

① 두 상태와 관련된 출력이 같다.
② 관련된 다음상태도 같거나 또는 등가이다.

일단 이러한 두 가지 조건이 만족되면 이 두 상태를 새로운 이름의 상태로 조합할 수 있다. 첫 번째 조건은 출력이 다른 상태쌍(state pair)들은 제외한다. 이러한 상태들은 비양립출력(incompatible output)이라 불려진다. 조합을 위해서는 양립출력(compatible output)이어야 한다. 일단 비양립출력인 상태쌍들이 제거되면 두 번째 조건을 만족하는 쌍의 모든 조합을 본다. 표 8.7의 상태표를 고려하자.

표 8.7 등가상태를 가진 밀리모델 상태표

현재상태 (t)	다음상태 (t+1) x_1x_2				출력 Z
	00	01	10	11	
S1	S5	S3	S2	S1	0
S2	S5	S3	S1	S4	0
S3	S3	S4	S4	S5	1
S4	S5	S3	S2	S2	0
S5	S6	S7	S1	S1	0
S6	S3	S3	S1	S7	0
S7	S7	S1	S1	S5	1

두 입력 x_1와 x_2 그리고 하나의 출력 Z가 있다. 실제적으로 어떠한 상태도 동일하지 않다.

상태 3, 7이 등가 가능하고 1, 2, 4, 5, 6 사이의 상태쌍이 등가 가능하다. '등가가능' 쌍들은 표 8.8에서 등가이어야 하는 다음상태와 같이 열거될 수 있다.

표 8.8 표 8.7에서 등가 상태쌍

가능한 등가쌍	요구되는 등가쌍	비양립출력
S1, S2	(S1, S2), (S1, S4)	
S1, S4	(S1, S2)	
S1, S5	(S5, S6), (S3, S7), (S1, S2)	×
S1, S6	(S3, S5), (S1, S2), (S1, S7)	×
S2, S4	(S1, S2)	
S2, S5	(S5, S6), (S3, S7), (S1, S4)	×
S2, S6	(S3, S5), (S4, S7)	×
S3, S7	(S3, S7), (S1, S4)	
S4, S5	(S5, S6), (S3, S7), (S1, S2)	×
S4, S6	(S3, S5), (S1, S2), (S2, S7)	×
S5, S6	(S3, S6), (S3, S7), (S1, S7)	×

필요해진 쌍은 상태표에서 바로 구해진다. 예로서 S1과 S2가 등가이기 위해서 $x_1x_2 = 10$일 때 S1은 S4와 등가이어야 한다. 열거된 가능한 모든 등가쌍에 대해 요구되는 등가쌍을 구한다. 때로 요구되는 등가쌍은 비양립출력이다. 이 경우는 마지막 열에 표시하며 등가일수 없다. 새로운 비양립출력쌍이 요구되는 등가쌍에 있는지 계속 찾아본다. 양립출력쌍만 남을 때까지 반복한다. 이 경우에 양립출력과 등가는

(S1, S2), (S2, S4), (S1, S4), 그리고 (S3, S7)

이다. S5와 S6은 남는다. 4개의 상태만이 남는다. 새로운 이름을 붙이면

A (S1, S2, S4),
B (S3, S7),
C (S5),
D (S6)

이다. 표 8.9는 감소된 상태로 보인다. 상태변수를 2개만 사용할 수 있다.

표 8.9 간략화된 무어모델 상태표

현재상태 (t)	다음상태 (t+1) X_1X_2				출력 Z
	00	01	10	11	
A	*C*	*B*	*A*	*A*	0
B	*B*	*A*	*A*	*C*	1
C	*D*	*B*	*A*	*A*	0
D	*B*	*B*	*A*	*B*	0

(2) 밀리모델 상태표의 최소화

이 경우에는 다음상태 출력은 양립출력이어야 하는 상태에 대해 각 열에서 일치해야 한다. 나머지는 무어모델의 최소화 과정과 동일하다.

8.2.5 천이표현을 사용하는 상태도

만약 복잡한 디지털 시스템처럼 한 상태로부터 다른 상태로의 천이가 몇 개의 입력변수에 의해 정해진다면 이미 만들었던 상태도로 표현하기는 어렵다. 보기 회로는 3개의 다른 입력 *abc*=001일 때만 S1에서 S2로의 천이가 생긴다고 가정하자(그림 8.16).

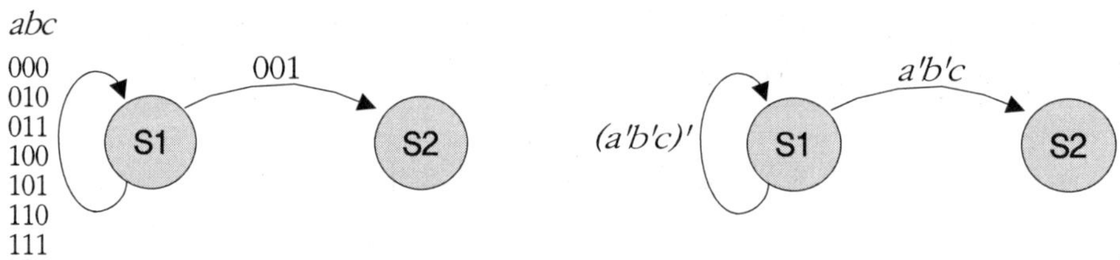

(a) 2진수 표기

(b) 천이 표현을 사용한 상태도

그림 8.16 상태도 표기

본 절의 표기법은 그림 8.16(a)와 같다. 또 더 간편한 다른 표기법이 그림 8.16(b)에 보이는데, 소위 천이 표현법이라는 부울조건이 주어지는 것이다. 각 천이표현은 어떤 정확한 부울 형태로 줄여지고 쓰인다. 예를 들면 $(a'b'c)'$는 $a+b+c'$로 쓰일 수 있다. 만약 천이표현이 사용된다면 변수값의 모든 조합이 상태도에서 고려되어야 한다는 것은 매우 중요하다. 또한 값 중 특별한 조합이 모호한 상태를 만드는 하나 이상의 천이표현은 만들면 안 된다. 천이표현법을 사용한 JK 플립플롭의 상태도를 그림 8.17에 나타내었다.

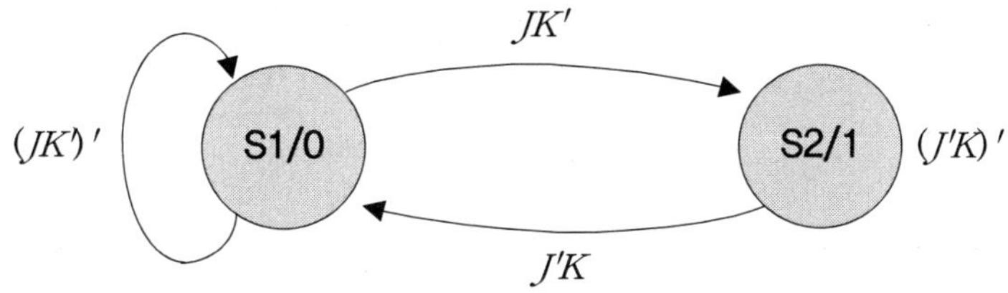

그림 8.17 천이표현을 가진 JK 플립플롭의 무어모델 상태도

(1) 설계 문제 - 가변펄스폭을 가진 펄스발생기

천이표현을 가진 상태도의 예를 들기 위해 다음 가변펄스폭(variable pulse width)을 가진 펄스발생기(pulse generator) 문제를 고찰하자. 동기식 순차논리회로는 두 입력 x_1, x_2 그리고 단일출력 Z를 가지고 설계되어야 한다. 출력은 두 입력에 의해 주어진 클록사이클 수 동안에 '1'이어야 한다.

> 만약 $x_2x_1=01$ 입력에 따른 하나의 클록 사이클 동안 $Z=1$이다.
> 만약 $x_2x_1=10$이면 2개의 클록 사이클 동안 $Z=1$이다.
> 만약 $x_2x_1=11$이면 3개의 클록 사이클 동안 $Z=1$이다.

만약 출력이 1인 주기 동안 입력이 변하면 출력은 즉시 0으로 돌아간다. 이 문제는 원래 출력이 1이어야 하는 상태를 정의할 수 있는 무어모델 상태도에 적당하다.

다음과 같은 4개의 상태가 필요하고 상태도를 그림 8.18에 나타내었다.

> S1 - 초기상태
> S2 - 출력이 1인 첫 번째 클록 주기
> S3 - 출력이 1인 두 번째 클록 주기
> S4 - 출력이 1인 세 번째 클록 주기

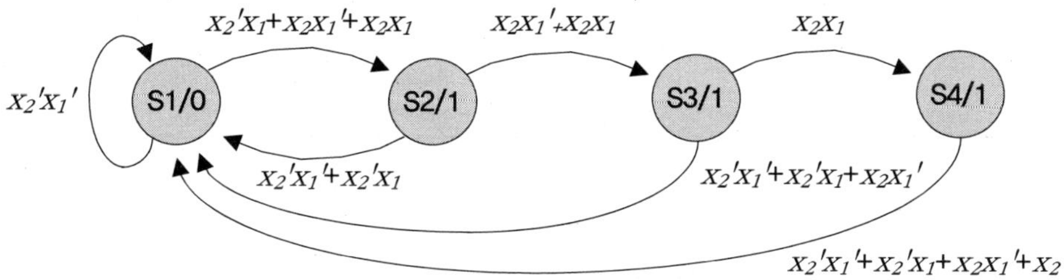

그림 8.18 천이표현을 가진 상태도

S4가 입력조건과 관계없이 S1로 가는 것에 주의하라. 특정한 천이를 일으키는 모든 가능한 x_2x_1의 조합이 곱의 합 천이 표현법으로 열거된다. 따라서 표 8.10의 상태표가 얻어진다.

표 8.10 펄스발생기 상태표

현재상태 (t)	다음상태 (t+1) X_1X_2				출력 Z
	00	01	10	11	
S1	S1	S2	S2	S2	0
S2	S1	S1	S3	S3	1
S3	S1	S1	S4	S1	1
S4	S1	S1	S1	S1	1

상태최소화 과정을 수행하자. 표 8.11은 이 과정을 결과를 나타낸 것이다.

표 8.11 표 8.10의 등가 상태쌍

가능한 등가쌍	요구되는 등가쌍	비양립출력
S2, S3	(S1, S3), (S3, S4)	×
S2, S4	(S1, S3)	×
S3, S4	(S1, S4)	×

S1이 다른 세 상태와 비양립출력으로 최소화가 가능하지 않다는 데 주의하라.
다음에 2개의 상태변수를 사용한 상태변수를 배정하며 표 8.12가 상태배정표이다.

$$S1 = 00,\ S2 = 01,\ S3 = 11,\ S4 = 10$$

표 8.12 상태배정표

현재상태 (t) y_2y_1	다음상태 (t+1) y_2y_1				출력 Z
	$X_2X_1=00$	$X_2X_1=01$	$X_2X_1=10$	$X_2X_1=11$	
00	00	01	01	01	0
01	00	00	11	11	1
11	00	00	10	00	1
10	00	00	00	00	1

다음 플립플롭 입력함수와 출력함수가 유도된다.

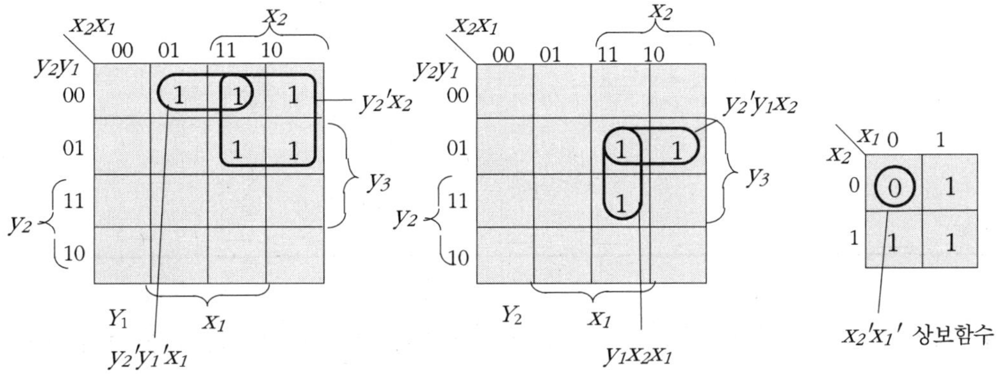

(a) 플립플롭 입력함수 (b) 출력함수, Z

그림 8.19 플립플롭 입력함수와 출력함수

$$Y_1 = y_2'y_1'x_1 + y_2'x_2$$
$$Y_2 = y_2'y_1x_2 + y_1x_2x_1$$
$$Z = (x_2'x_1')'$$

출력함수에 의해 카르노맵 상의 0으로부터 역함수를 취함을 선택한다. 그 함수를 얻기 위해 하나의 NAND 게이트를 사용할 수 있다. 최종회로는 그림 8.20과 같다.

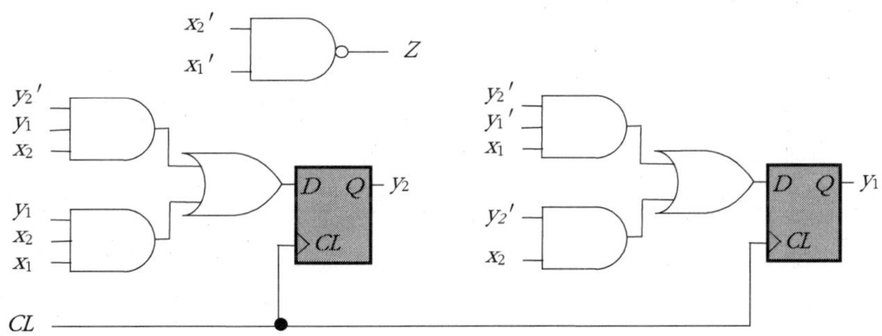

그림 8.20 펄스발생기 회로

(2) 천이표현법을 가진 상태표

상태천이 표현이 사용될 때 표 8.13과 같이 특별하게 상태표현을 열거하는 상태표를 사용하는 것이 유용할지도 모른다. 천이표현은 표에서 수직방향으로 놓인다.

표 8.13 상태표

현재상태 (t)	y_2y_1	천이 표현	다음상태 (t +1)	Y_2Y_1	출력 Z
S1	00	$x_2'x_1'$	S1	00	0
		$x_2'x_1 + x_2x_1' + x_2x_1$	S2	01	
S2	01	$x_2'x_1' + x_2'x_1$	S1	00	1
		$x_2x_1' + x_2x_1$	S3	11	
S3	11	$x_2'x_1' + x_2'x_1 + x_2x_1'$	S1	00	1
		x_2x_1	S4	10	
S4	10	1	S1	00	1

상태표에서 각 Y 변수가 1인 항목들로 '최소화되지 않은' 다음상태 방정식을 쓸 수 있다.

$$Y_i = \sum\{(Y_i\text{가 1이되는 현재상태}) \cdot (\text{천이 표현})\}$$

즉, D 플립플롭의 플립플롭 입력함수는

$$Y_1 = (y_2'y_1')(x_2'x_1 + x_2x_1' + x_2x_1) + (y_2'y_1)(x_2x_1' + x_2x_1)$$
$$Y_2 = (y_2'y_1)(x_2x_1' + x_2x_1) + (y_2y_1)(x_2x_1)$$

이다. 이것은 이전의 결과를 간략화한다.

8.2.6 불완전하게 지정된 시스템

3.3절에서 조합논리회로에서 불완전하게 지정된 시스템(incompletely specified system)의 개념을 보았다. 그러한 시스템에서 무시항은 확실한 값이 정해지지 않을 때 사용되고 각각은 최소화 목적을 위해 0 또는 1을 갖는 것으로 가정할 수 있다.

불완전하게 지정된 시스템의 설계과정은 전과 같으나, 다른 점은 상태최소화 과정이 상태수를 줄이기 위해 값을 가지므로 무시항(×)을 고려할 수 있고 비슷한 방법으로 카노르맵 상의 무시항은 더 간단한 해답을 얻는 데 도움을 준다는 것이다. 무 두 가지 상태가 양립출력이라면 결합될 수 있고 요구되는 등가쌍은 양립출력이다. ×가 나타날 때 유효상태수(valid state number)로 간주되고 다른 것과 결합될지 모른다. 그러나 카르노맵에서와 같이 ×는 단지 하나의 값을 가진다고 가정된다. 만약 상태천이식을 사용한다면 상태 주변의 세트로서 모든 식은 변수의 모든 조합을 포함할 필요가 없다. 변수들의 어떤 결합이 무시항일 수 있다.

(1) 설계문제 – 인터페이스 논리

다음의 컴퓨터 인터페이스 논리(interface logic) 문제를 고려하자. 먼저 무어모델 상태도를 사용하자(그림 8.21). 이 상태도는 비간략화 상태도(nonminimal state diagram)이고 상태천이 표현식을 사용한다.

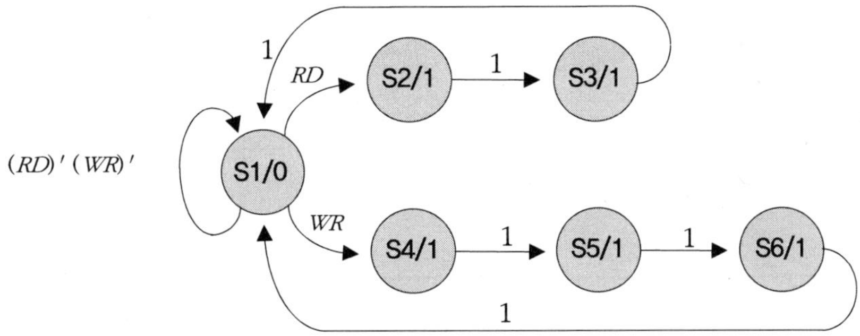

그림 8.21 인터페이스 문제의 상태도(상태천이 표현사용)

(*RD*)'(읽기)와 (*WR*)'(쓰기)의 두 입력을 수용하고 만약 (*RD*)'=0이면 두 클록주기가 유지되는 동안 논리 출력펄스 (*Z*)를 만들고 (*WR*)'=0이면 세 클록주기가 유지되는 동안 *Z*를 만드는 회로를 설계한다. (*RD*)'와 (*WR*)'는 함께 양쪽 다 0일 수 없다. 그래서 (*RD*)'=0, (*WR*)'=0가 무시항조건이 된다. 여기서 입력은 활성 low 신호, 즉 1보다 0에서 동작을 야기하는 것에 주목하라. 참 변수 *RD*와 *WR*은 여전히 high 신호일 때 동작을 야기할 것이다.

설계문제는 마지막 절이 펄스발생기 문제와 유사하나 가정이 다르다. 일단 (*RD*)' 또는 (*WR*)'가 펄스를 활성화시켰다면 신호는 펄스가 완료되기 전에 비활성 수준(1)로 되돌아갈지 모른다. 즉 (*RD*)' 또는 (*WR*)'의 값은 일단 펄스가 시작된다면 무시항이다.

그림 8.22는 부울값을 사용하여 같은 상태도를 나타낸다.

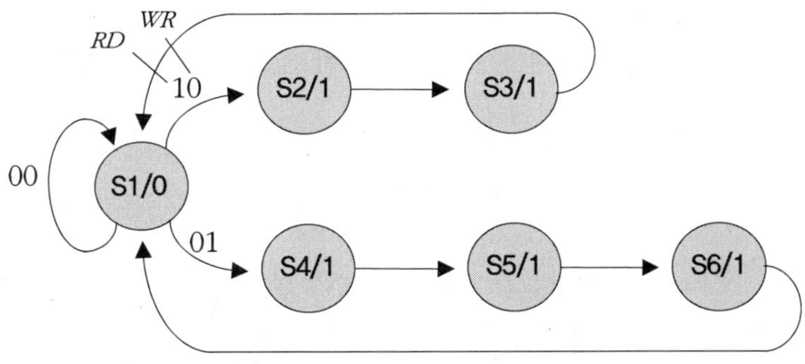

그림 8.22 인터페이스 문제의 상태도

상태최소화를 위해 부울 표현을 사용하는 것이 편리하다. 상태표는 표 8.14와 같다.

표 8.14 인터페이스 문제의 상태도

현재상태 (t)	다음상태 (t+1) *RD, WR* 00	01	10	11	출력 *Z*
S1	S1	S4	×	S2	0
S2	S3	S3	×	S3	1
S3	S1	S1	×	S1	1
S4	S5	S5	×	S5	1
S5	S6	S6	×	S6	1
S6	S1	S1	×	S1	1

비양립쌍으로 작업하여 표 8.15의 표를 얻는다.

표 8.15 표 8.14로부터의 등가 상태쌍

가능한 등가쌍	요구되는 등가쌍	비양립출력
S2, S3	(S1, S3)	×
S2, S4	(S3, S5)	×
S2, S5	(S3, S6)	×
S2, S6	(S1, S3)	×
S3, S4	(S1, S5)	×
S3, S5	(S1, S6)	×
S3, S6		
S4, S5	(S5, S6)	×
S4, S6	(S1, S5)	×
S5, S6	(S1, S6)	×

S1은 다른 상태와 비양립출력으로 더 이상 고려될 필요가 없다. 상태들의 단 한 쌍, 즉 S3과 S6(실질적으로 같다)은 등가이다. 이것은 그림 8.23의 상태도로 된다.

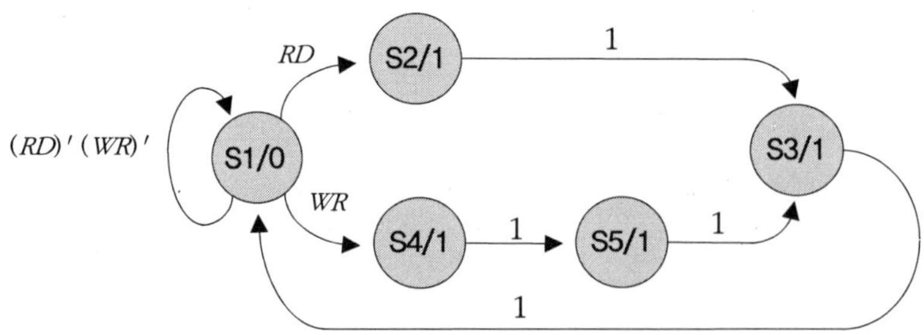

그림 8.23 간략화된 상태도

우리는 문제와 상태도를 달리 공식화하였다. 예를 들면 그림 8.24의 상태도는 문제사양을 충족시킨다.

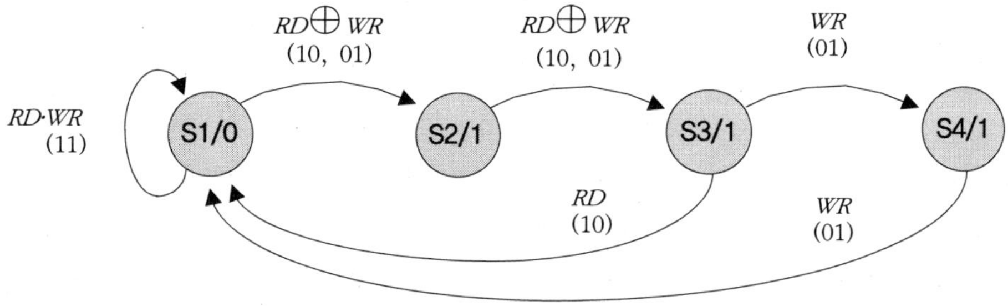

그림 8.24 다른 상태도

RD=1와 *WR*=1이 동시에 일어나지 않고 둘 중에 하나가 되면 천이가 일어남을 보이기 위해 천이 표현식

$$RD \oplus WR$$

을 사용했다(즉 XOR). 또한 입력값이 뒤이은 천이를 위해 지정된다. 만약 이러한 값들이 유지되지 않는다면 펄스는 전 절의 펄스발생기 문제처럼 일찍 끝난다. 그러나 그림 8.24에서 모든 가능한 조합이 포함되지 않는다. 왜냐하면 가능한 결합들, 그 중에서도 특히 *RD*=*WR*=1이 일어날 수 없다고 가정하기 때문이다. 이 상태도에서 우리는 또한 괄호 안에 천이변수값을 나타낸다. 이 특별한 상태도가 어떻게 최소화되는지를 결정하기 위해 연습으로 남겨진다.

무시항을 가진 시스템에서 만약 (S1 = S2)와 (S2 = S3)이라면 무시항이 각 등가에 대해 동일함 방법으로 해석될 때 S1 = S3이다. 이것은 만약 (S1 = S2), (S2 = S3) 그리고 (S1 = S3), 즉 완전히 회전등가를 찾는다면 일어난다.

8.2.7 One-hot 배정

지금까지 모든 설계에서 상태들을 인코딩(encoding)함으로써 플립플롭의 수를 최소로 줄이려고 노력했다. 대안은 상태들을 인코더하지 않고 각 상태에 대해 하나의 상태변수를 사용한다. 예를 들면, 8가지 상태가 있다면 다음과 같이 8개의 상태변수가 사용된다고 하자.

$$y_0 y_1 y_2 y_3 y_4 y_5 y_6 y_7$$

이러한 변수들 중의 하나가 각 상태에 대해 1이다. 그래서 y_0가 S1, y_2는 S2 등등이다. 본질적으로 상태배정은 다음과 같이 이루어진다고 하자.

	y_0	y_1	y_2	y_3	y_4	y_5	y_6	y_7
S0 =	1	0	0	0	0	0	0	0
S1 =	0	1	0	0	0	0	0	0
S2 =	0	0	1	0	0	0	0	0
S3 =	0	0	0	1	0	0	0	0

S4 = 0 0 0 0 1 0 0 0
S5 = 0 0 0 0 0 1 0 0
S6 = 0 0 0 0 0 0 1 0
S7 = 0 0 0 0 0 0 0 1

이런 형태의 과제가 one-hot 배정이다. one-hot 배정은 더 많은 플립플롭들을 필요로 할지라도 다음상태 함수는 더 간단해진다. 한 상태에서 특정한 플립플롭만 1이고 나머지 플립플롭들은 0이기 때문에 플립플롭의 출력들을 이용하는 회로에서는 순차논리회로를 동작시키는 속도를 높일 수 있다. 다음상태 4개가 있는 보기 상태도가 있다(그림 8.25(a)).

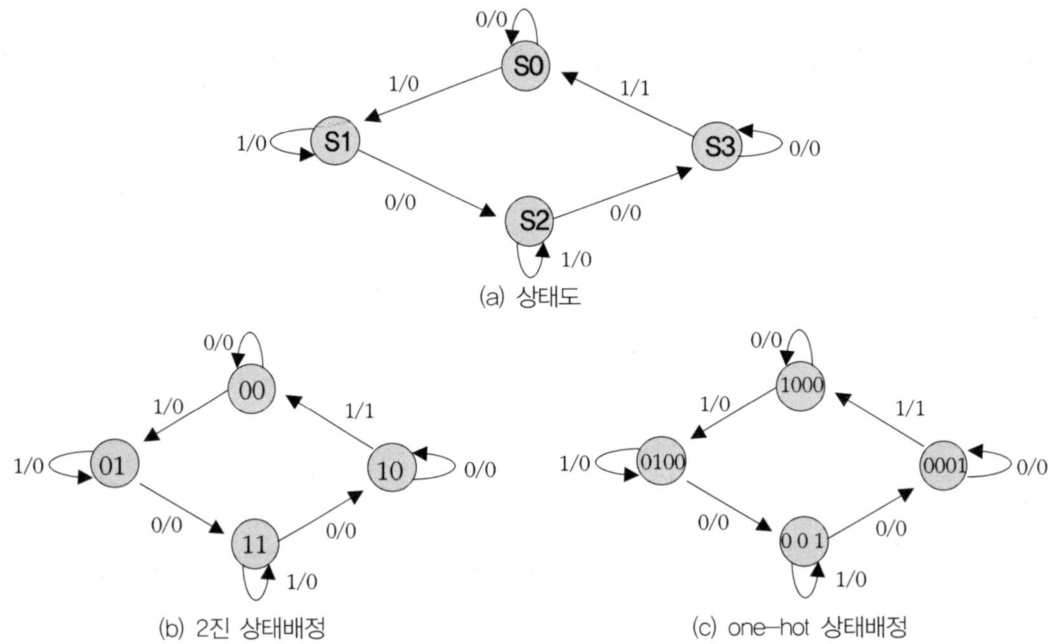

그림 8.25 상태도

상태 S0, S1, S2 그리고 S3에 대하여 2진 상태배정을 00, 01, 10 그리고 11로 할 수 있다(그림 8.25(b)). one-hot 배정을 적용하면 00, 01, 10 그리고 11에 대하여 1000, 0100, 0010 그리고 0001로 상태배정이 이루어진다(그림 8.25(c)).

one-hot 배정의 일반적인 변형은 초기상태로

$$0 \cdots\cdots 00$$

을 주는 것이다. 이것은 상태 플립플롭들을 초기상태로 초기화하는 것이 쉽다. 따라서 8개의 상태에 대해서, 7개의 상태 변수가 필요하게 된다.

8.3 요약

☐ 일반적인 동기순차회로 모델(밀리모델과 무어모델)
☐ 동기식 순차논리회로 설계과정
☐ 효과적인 설계의 상세한 방법
☐ 상태 최소화로 소자수 감소방법
☐ 훨씬 더 복잡한 순차회로에 적당한 천이표현 사용 상태도의 형태

8.4 연습문제

1. 어떤 동기식 순차논리회로가 하나의 입력 x와 하나의 출력 Z를 가진다. 입력순차(sequence)가 0110100때마다 출력이 '1' 이 되고 그렇지 않으면 '0' 이 된다. 그 회로에 대한 무어모델 상태도와 밀리모델 상태도를 그려라.

2. 어떤 동기식 순차논리회로가 2개의 입력 x_1, x_2 그리고 하나의 출력 Z를 가진다. 두 개의 입력 시퀀스 00, 11, 00, 11에서 최종 번호가 '1' 일 때 출력이 '1' 이 되도록 무어모델 상태도와 밀리모델 상태도를 그려라. 최소의 D 플립플롭, JK 플립플롭 각각을 가지고 회로를 설계하라.

3. 입력이 x, 출력이 Z이고 받아들인 입력 시퀀스가 1100 또는 0011일 때마다 출력이 '1' 이 되고 아닌 경우 '0' 이 되는 경우에 문제 2를 반복하라.

4. n 클록주기의 펄스폭을 가진 펄스발생기를 설계하라. 여기서 n은 3개의 선의 최소입력 ($0<n\leq 7$)이다.

제 9 장

PLD 설계

학습 목표

· PLD
  - PLD의 개념과 종류에 대해서 배운다.

· 조합논리 PLD
  - AND 어레이와 OR 어레이로 이루어진 PLA에 대해서 배운다.
  - OR 어레이와 AND 어레이로 이루어진 PAL에 대해서 배운다.

· 순차논리 PLD
  - 플립플롭이 내장된 레지스터 PLD에 대해서 배운다.
  - 매크로셀에 대해서 배운다.

· PLD 프로그래밍 툴
  - PLD를 프로그래밍하는 데 사용되는 소프트웨어 프로그램의 이해와 프로그래밍 방법을 배운다.

앞에서 디지털 시스템을 구성하는 기본적인 논리요소에 대해 설명하였다. 게이트들, 디코더 그리고 산술회로 등으로 설계된 조합논리회로와 플립플롭들과 게이트들로 설계된 순차논리회로를 공부하였다. 이 장에서는 PLD(programmable logic device)라고 하는 융통성 있는 논리요소를 공부한다. PLD는 여러 가지 조합논리회로와 순차논리회로로 배열된 내부구조를 가지며, 복잡한 논리 시스템의 구성요소의 수를 본질적으로 줄이기 위하여 사용된다.

9.1 PLD

PLD(programmable logic device)는 프로그램 가능한 논리소자로서 구성요소들 간의 상호연결(interconnection)들이 여러 가지의 논리함수를 구현하기 위해 변경될 수 있도록 게이트들과 어떤 경우에는 플립플롭들을 포함한다. PLD는 다음과 같이 크게 분류한다.

PLD 종류
• 조합논리(combinational logic) PLD • 순차논리(sequential logic) PLD

기본적인 논리게이트들만 포함하고 있는 조합논리 PLD는 대개 곱의 합(SOP)을 구현하는 AND 게이트들과 OR 게이트들의 배열로 구성된다. 순차논리 PLD는 출력에 플립플롭들을 추가한다. 논리정렬이 어떻든 간에 PLD의 일반적인 요구는 다른 논리구성을 만들기 위해서 상호연결을 바꾸는 수단을 가지는 것이다. 이러한 것을 얻기 위한 선택적인 방법은 반도체 퓨즈(semiconductor fuse)를 가진 소자를 만드는 것이다. 이러한 퓨즈는 광범위한 상호연결을 제공하는 소자 내에서 처음에는 사용할 수 있는 상태로 존재한다. 선택된 퓨즈는 특별한 PLD 프로그래머(programmer)를 사용하여 원하는 상호연결을 얻기 위해 사용자에 의해 끊어진다. 일반적으로 PLD 프로그래머는 컴퓨터에 연결되어 사용되고, 소프트웨어툴이 상응하는 내부 상호연결 패턴에 맞는 원하는 논리함수로 번역하기 위해서 제공된다. 물론 퓨즈는 일단 끊어지면 다시 연결될 수 없다. 이러한 반도체 퓨즈 PLD와 같이 사용자가 프로그램할 수 있는 PLD를 필드 프로그램 가능한(field programmable)이라 부른다.

반도체 퓨즈 PLD는 1970에 개발되었고 지금은 반도체 EROM(erasable ROM) 기술을 사용하는 FPLD(field programmable logic device) 버전이 있다. 여기서 연결은 저장된 이진정보에 의존한다. 메모리셀(memory cell)은 연결을 유지하여 0을 저장하고 연결을 끊어서 1을 저장하기 위해 각 연결점(connection point)에 존재한다. 반도체 기억소자를 기본으로 만들어진 PLD는 상호연결을 빨리 그리고 여러 번 바꿀 수 있는 능력을 제공한다.

IC 제조가들은 사용자 사양서(user specification)에 따라 영원한 연결을 가지는 PLD 버전을 만든다. 고정된 연결을 얻기 위해서는 특정한 집적회로 마스크(mask)가 그 소자를 생산하기 위해 만들어져야 한다. 이 과정은 하나의 소자를 생산하는 데 많은 비용이 든다. 그러나 생산량이 많아지면 가격은 덜 중요하게 된다.

이들 세 가지 형태의 PLD들(반도체 퓨즈, 메모리 기술 또는 제조된 연결방법을 사용한)은 한 형태가 시스템에서 다른 형태와 대치될 수 있도록 서로 일치하는 패키지 핀아웃(package pin-outs)을 갖도록 만들어진다. 비록 이들의 논리동작이 가장 느리고 가장 비싸다 할지라도, 재프로그램 가능한(reprogrammable) 형태가 실험을 위해 초기에 사용된다. 그리고나서 소량 생산을 위해 일회용(one-time) FPLD가 사용된다. 최종적으로 대량생산을 위하여 특정한 연결을 가진 제조된 PLD를 사용한다.

이제부터 반도체 퓨즈, 메모리 기술, 또는 제조된 연결방법을 사용한 모든 PLD들은 프로그램 가능한 연결(programmable connection)이라는 용어로서 PLD를 설명한다. 다른 구현의 논리 구조는 비슷하다. 먼저 조합회로 PLD를 고려하자.

9.2 조합논리 PLD

PLD는 여러 가지 형태의 논리 함수를 만들 수 있는 프로그램 가능한 집적회로의 일반적인 이름이다. 전형적인 조합논리(combinational logic) PLD는 4~16개의 입력변수들로 이루어진 2~10개 정도의 논리 함수들을 구현할 수 있다.

조합논리 PLD에 대한 보통의 논리구조는 곱의 합(sum of product, SOP) 표현을 만드는 것이다. 따라서 PLD는 많은 SSI급 또는 MSI급 IC들을 대치하여 설계가 가능하므로 논리 시스템 설계 비용을 줄이고, 리버스 엔지니어링을 막는 설계 보안에 적합하다.

이런 형태의 PLD들은 PLA(programmable logic array), PAL(programmable array logic), GAL(generic array logic), EPLD(erasable PLD) 그리고 PEEL(programmable electrically erasable logic) 등이 있다. 이 장에서는 PLA와 PAL에 대해서 설명한다.

9.2.1 PLA

PLA(programmable logic array)은 AND 게이트들로 구성된 AND 어레이와 OR 게이트들로 구성된 OR 어레이로 크게 나눌 수 있다(그림 9.1). 이들 어레이들은 프로그램 가능하도록 되어 있어서 논리함수들을 곱의 합(sum of product, SOP) 표현으로 만든다.

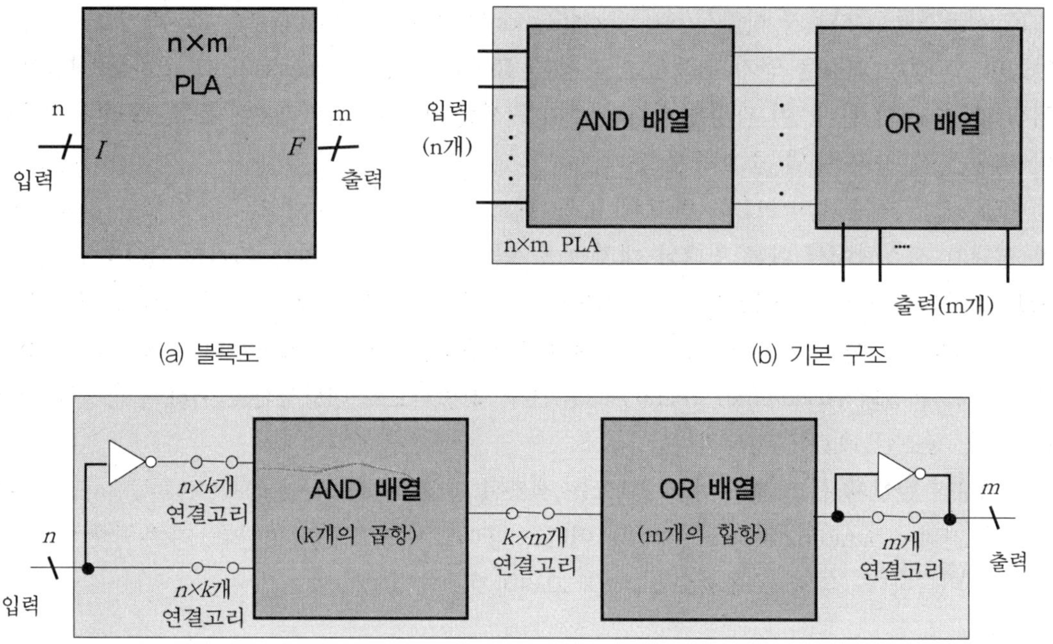

(a) 블록도

(b) 기본 구조

(c) 세부 구조

그림 9.1 PLA 구조

PLA는 *n*개 입력들과 *m*개 출력으로 이루어져 있다. *n*개 입력들(참 입력, true inputs)과 입력쪽의 인버터에 의한 역 입력들(inverse inputs)은 *k*개의 연결고리(link)에 의해서 AND 배열의 각 AND 게이트에 연결되고 AND 배열에서 *k*개의 곱항(product term)이 만들어진다. AND 배열과 OR 배열 사이에도 *m*개의 연결고리가 존재하고 OR 배열에서 *m*개의 합항을 만든다. 출력쪽의 인버터에 의해서 *m*개 출력들은 연결고리를 끊지 않으면 참출력(true output)이 발생되므로 AND-OR 표현이 되고, 연결고리를 끊으면 보수출력(complement output)이 발생되므로 AND-OR-NOT 표현이 된다. 이들 연결고리를 이용하여 AND 배열과 OR 배열이 프로그램가능한 구조가 된다. 따라서 PLA는 *n*개 입력, *m*개 출력, *k*개의 곱항 그리고 *m*개의 합항으로 구성되고 PLA의 크기는 입력수, 곱항수 그리고 출력수로 나타낸다.

PLA의 가장 간편한 상호연결구조는 각 교차점에서 프로그램 가능한 연결을 가진 이차원 배열이다. 그림 9.2는 16개 입력들(I_0~I_{15}), 8개 출력들(F_0~F_7) 그리고 48개 곱항을 갖는 일반적인 PLA이다. 입력과 출력의 수는 다른 PLA 간에 달라질 수 있다. 각 출력들은 48개의 곱항들로 구성된 SOP 표현을 만들 수 있다. 그리고 각 곱항은 16개의 입력변수들과 그들의 보수들로 구성되므로 32개의 입력을 갖는 AND 게이트이다. 곱항의 수는 AND 게이트의 수에 의해 결정되고, 각 곱항에서 변수의 수는 그 회로의 입력의 수에 의해 결정된다. 각 입력의 참과 역의 값은 AND 게이트의 입력에 대해 선택될 수 있도록 만들어진다. PLA의 실제 내부구현은 각 AND 게이트로 들어가는 32개의 선 중 하나, 그리고 각 OR 게이트로 들어가는 48개의 선 중 단 하나를 사용한다. 교차연결(cross connection)은 다이오드와 직렬로 반도체 퓨즈로 만든다.

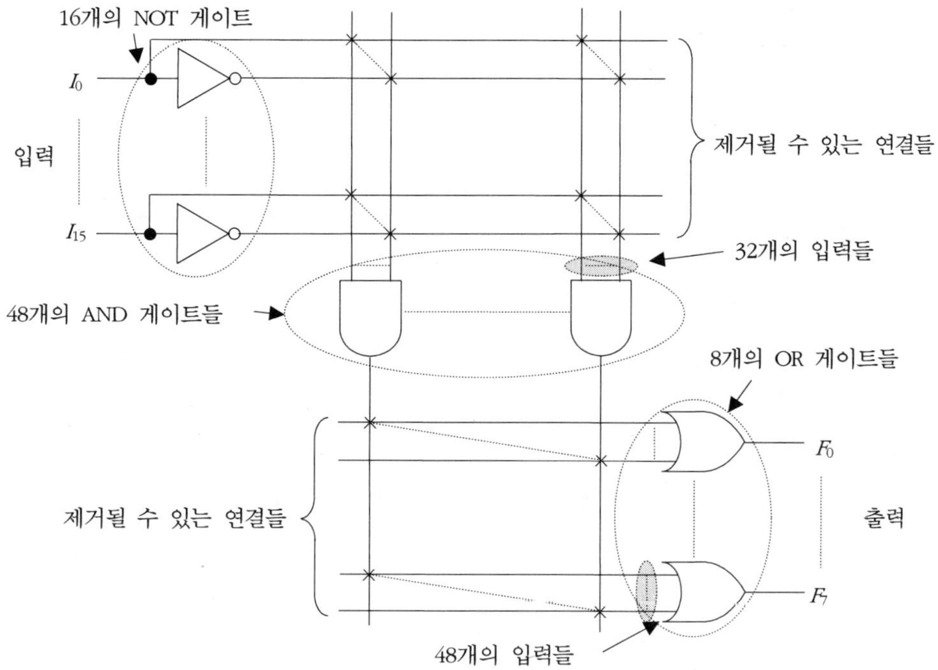

(a) 논리도

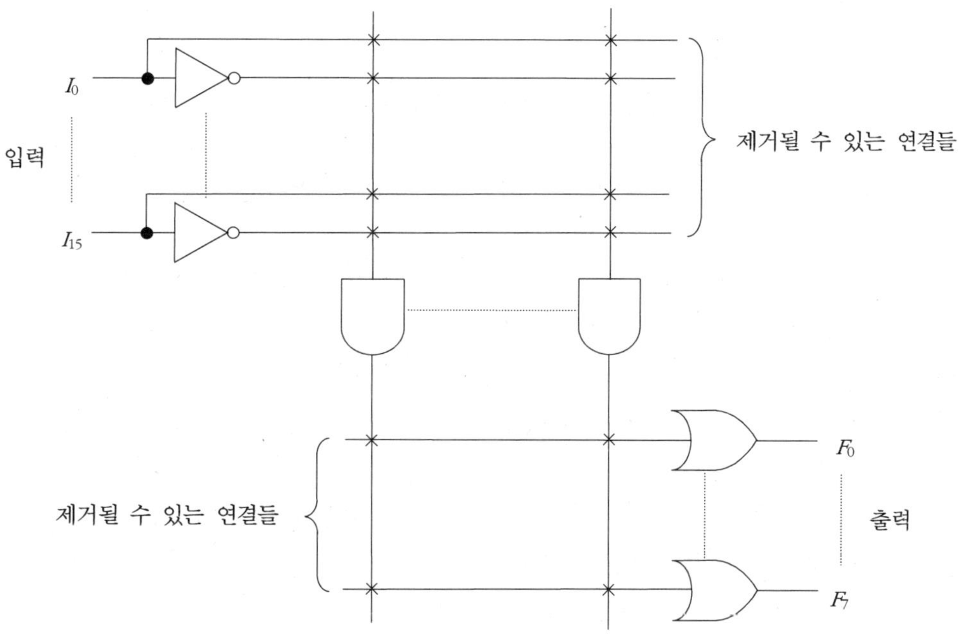

(b) 간략화

그림 9.2 PLA 논리도

PLA에 대한 보통의 논리구조는 곱의 합(SOP) 표현을 만드는 것이다. 가장 간편한 상호연결 구조는 각 교차점에서 프로그램 가능한 연결을 가진 이차원 배열이다.

그림 9.3과 같이 각 입력변수에 대해 4개의 조건이 있다.

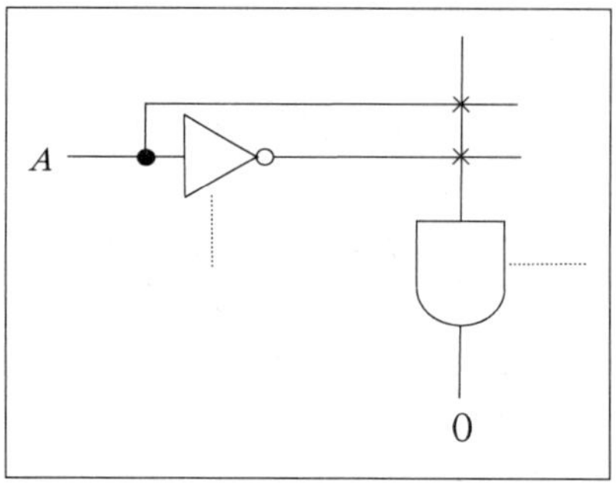

(a) 프로그램 안 된 상태

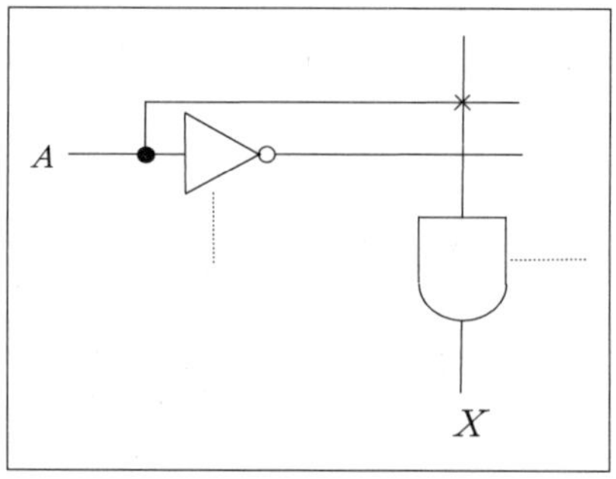

(b) *A* 변수 선택

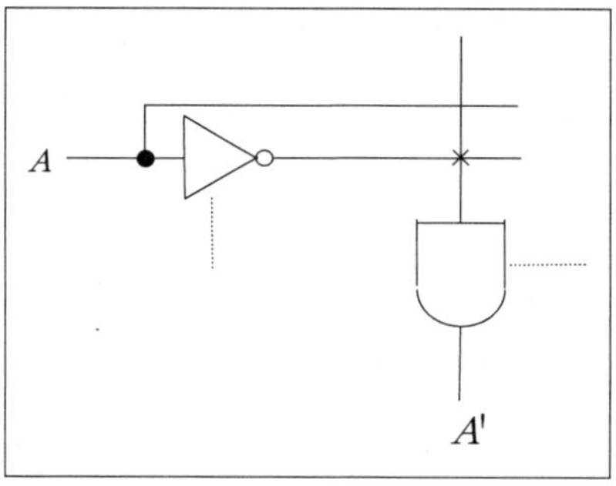

(c) *A'* 변수 선택

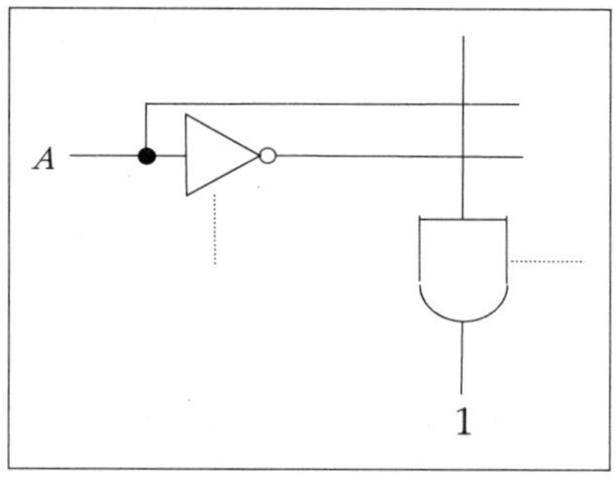

(d) 변수 선택 안 함

그림 9.3 PLA 논리배열의 AND 연결도

참 입력변수(*A*)와 역 입력변수(*A'*)가 연결된 본래대로 모든 연결이 남겨진 초기의 프로그램 안 된 상태(그림 9.3(a))와 참변수와 역변수 중의 하나가 하나의 연결을 제거하여 선택(그림 9.3(b)(c))될 수 있다. 만약 양쪽 연결이 다 제거된다면 어떠한 변수도 선택되지 않는다(그림 9.4(d)). 즉, 이 변수는 곱항에서 일어나지 않는다. 만약 하나의 AND 게이트에 모든 연결이 제거된다면 논리 1 출력이 가끔 발생된다.

동일한 변수의 참과 역신호 둘 다 하나의 곱항에서 함께 사용되지 않는다. 이것은 그 곱항을 영원히 0으로 만든다(예 : I_i와 I_i'가 $PI_iI_i'=0$처럼 함께 사용되지 않는다). 이에 대한 예외는 완전히 사용되지 않는 AND 게이트로 취급한다. 이 경우에 프로그램 안된 상태가 사용된다. 그 AND 게이트의 모든 연결을 상응하는 곱항을 0으로 만들면 원래대로 남겨진다. 대안은 사용되지 않는 AND 게이트의 각각의 연결된 하나의 입력이 논리 1을 인가하는 것이다. 다음의 몇 개에서 사용되지 않은 AND 게이트들은 보통 생략하여 표현한다.

(1) 설계 보기

다음의 세 부울식을 가정한다.

$$f_0 = AB'C,$$
$$f_1 = AC + BC,$$
$$f_2 = A'B' + AC'D' + AB'C$$

이들 부울식에 대해서 PLA 프로그램표(program table)를 만들고 PLA를 구현한다(그림 9.4).

곱항	입력	출력
	A B C D	f_0 f_1 f_2
$AB'C'$	1 0 1 –	1 0 0
AC	1 – 1 –	0 1 0
BC	– 1 1 –	0 1 0
$A'B'$	0 0 – –	0 0 1
$AC'D'$	1 – 0 0	0 0 1
$AB'C'$	1 0 0 –	0 0 1

(a) 프로그램표

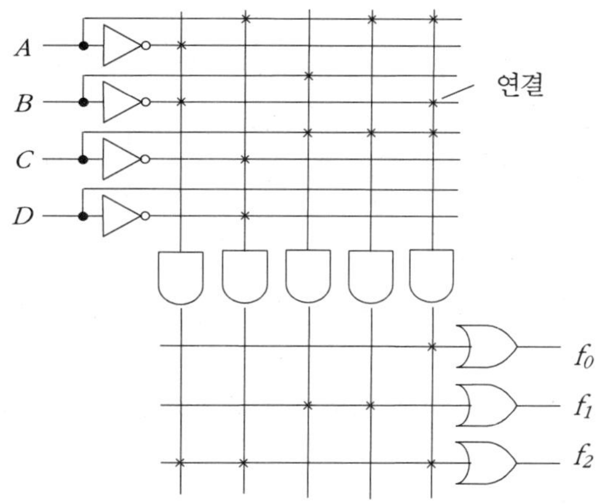

(b) PLA 구현

그림 9.4 PLA 설계

PLA 프로그램표는 입력과 출력에 대하여 프로그램 내용을 표 형태로 나타낸 것이다(그림 9.4(a)). 실제의 프로그램은 이 프로그램 표에 열거된 규격명세에 따르는 하드웨어(hardware) 과정이다. PLA 프로그램표는 곱항, 입력과 출력을 표기한다. 표에서 입력은 곱항을 나타낸다. 참 입력은 '1', 역 입력은 '0' 그리고 사용되지 않는 입력은 '-' 표기를 한다. 표에서 출력은 나타나는 곱항을 표기한다. 나타나는 곱항이 있으면 '1' 그리고 그렇지 않는 경우에는 '0'으로 표기한다. 이 함수에 대한 PLA 연결은 그림 9.4(b)와 같이 된다. × 표시는 연결(connection)이 그대로 남아있다는 것을 나타낸다. 부울식 사이에 공통의 곱항이 존재할 때 이것은 보통의 AND-OR 구현에서와 같이 공유될 수 있다는 것에 주의하라.

PLA는 게이트의 수가 제한되므로 논리간략화를 수행한다. PLA는 실제로 특히 곱의 합(SOP) 표현이 이 예제보다 더 많은 항을 가질지라도 몇 개의 SOP 표현이 요구될 때 가장 잘 사용된다.

예제 9.1

다음 부울식을 PLA로 구현하라. 가능하다면 간략화 과정을 수행하라.

$$f_0(A,B,C,D) = \sum(1,4,14)$$
$$f_1(A,B,C,D) = \sum(3,6,9,12)$$
$$f_2(A,B,C,D) = \sum(7,10)$$
$$f_3(A,B,C,D) = \sum(11,14)$$

만약 구현될 함수가 곱의 합 형태가 아니라면 이것은 곱의 합 형태로 변환되어야 한다. 부울식

$$f = C(A \oplus B)$$

을 구현하기 위해 먼저 곱의 합 형태로 확장한다.

$$f = C(A \oplus B) = C(AB' + A'B) = AB'C + A'BC$$

이 곱의 항 형태를 PLA로 구현한다.

9.2.2 PAL

PLA는 AND 게이트 입력에 프로그램 가능한 연결과 OR 게이트의 입력에도 프로그램 가능한 연결을 가지고 있다. AMD사는 AND 게이트의 입력에만 프로그램할 수 있는 입력을 가진 PLD 소자 집합을 제조하였고 PAL(programmable array logic)이라 이름 붙였다. PAL에서 각 AND 게이트는 OR 게이트의 입력들 중 하나에 바로 배선된다. 보통 여덟 개의 AND 게이트들이 각(8 입력) OR 게이트의 입력에 연결된다. 이러한 제약에 대한 하나의 동기는 프로그램 가능한 연결이 직접 배선연결보다 더 큰 지연을 초래하므로 동작속도를 증가시키는 것이다. 1970년의 초기의 PAL은 바이폴라 반도체 퓨즈를 가진 바이폴라 기술을 사용하여 설계되었으나, 지금은 패키지 핀이 고정되어 교환 사용할 수 있는 CMOS EEPAL(electrical erasable PAL) 버전이 나와있다. 현재 PAL은 컴퓨터 인터페이스 회로와 같은 응용에서 전통적으로 SSI/MSI 논리요소를 대체하기 위해 널리 사용되고 있다. 지금 그 소자들은 여러 회사에서 만들어지는 여러 개의 소스들을 가진다. 또한 순차논리 PAL 버전이 존재한다.

조합논리 PAL의 예인 AMD PAL16L8을 그림 9.5에 나타낸다.

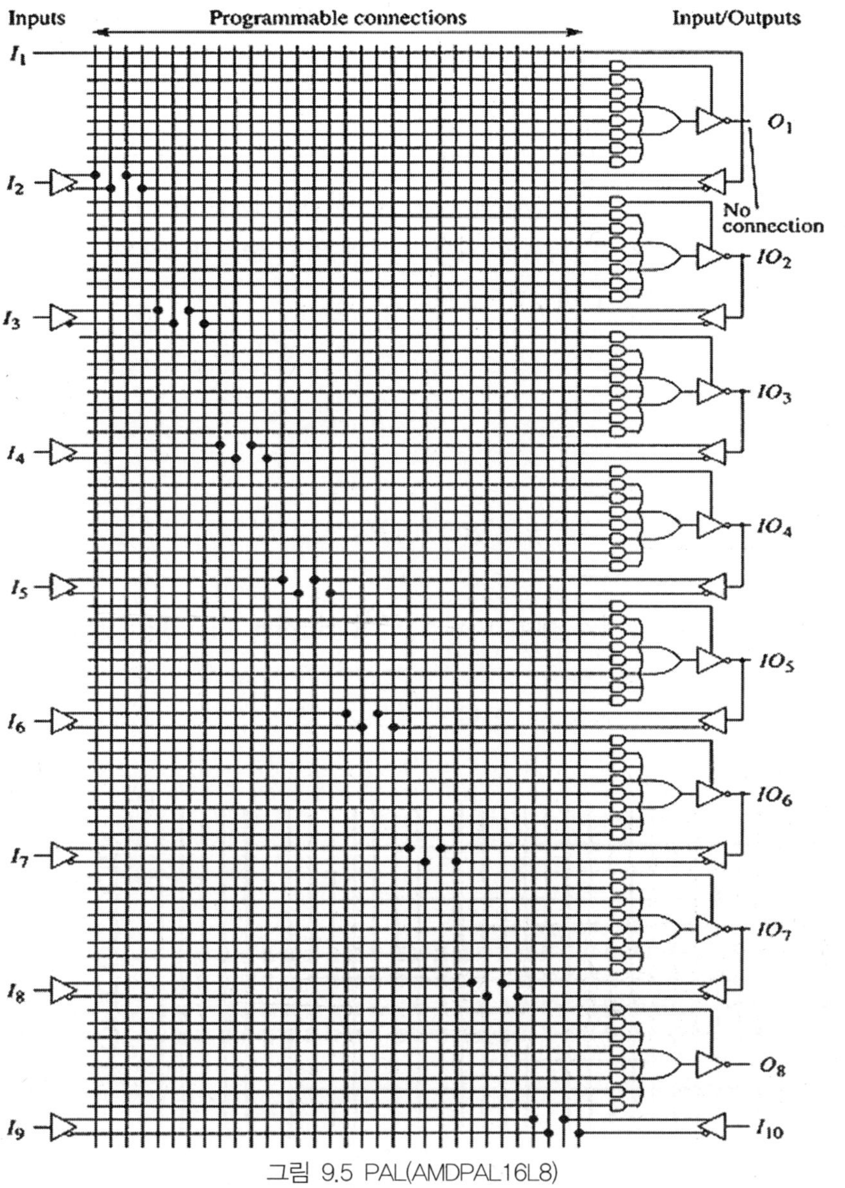

그림 9.5 PAL(AMDPAL16L8)

소자이름의 L은 출력이 반점됨을 나타낸다. 이 소자에서 최대 16개의 입력과 8개의 출력이 있고, 몇 개의 출력은 패키지의 핀 제한 때문에 입력과 공유된다. 입력/출력 연결은 편리한 귀환통로를 제공한다. 소자의 출력은 입력과 귀환변수의 곱항수에 의해 동작되는 3-상대 비퍼와 같이 제공된다. 공유된 입력/출력 연결은 출력이 동작되지 않을 때 입력으로 사용될 수 있다.

그림 9.5에서는 10개의 입력들(I_1, I_2, I_3, I_4, I_5, I_6, I_7, I_8, I_9, I_{10})과 8개의 출력들(IO_1, IO_2, IO_3, IO_4, IO_5, IO_6, IO_7, IO_8)이 있다. 6개의 IO_2, IO_3, IO_4, IO_5, IO_6, IO_7은 입력으로도 쓸 수 있고 2개 O_1, O_8은 출력전용이다. 이 소자는 각각이 7개의 곱항과 각 곱항은 10개의 변수를

가진 8개의 곱의 합 표현식을 만들 수 있다. 대체로 2개의 독립적인 곱항을 만들 수 있고 각각은 7개의 곱항을 가지고 각각은 16개의 변수까지 가진다(6개로 공유된 입력/출력 핀에서 온다). 수많은 다른 조합이 공유된 입력/출력 제한에 종속되어 가능하다. 각 항이 각 OR 게이트에서 분리되어 만들어져야 하므로 PAL에서 곱의 합 표현식 사이에 공유된 곱항을 가지는 어떠한 이점을 가지지 못한다. PAL16L8에서 출력은 반전된다. 즉 함수는 AND-OR-NOT 이다. 더 큰 조합논리인 PAL 2018은 14개의 입력, 6개의 입력/출력과 2개의 출력을 가진다. 즉 24핀 패키지에서 22 입력까지 제공한다.

(1) 설계 보기

그림 9.6은 함수

$$f' = A'BC + AB'C + A'C'$$

가 PLA16L8의 하나의 출력에 대해 어떻게 구현하는지에 대해 나타낸다.

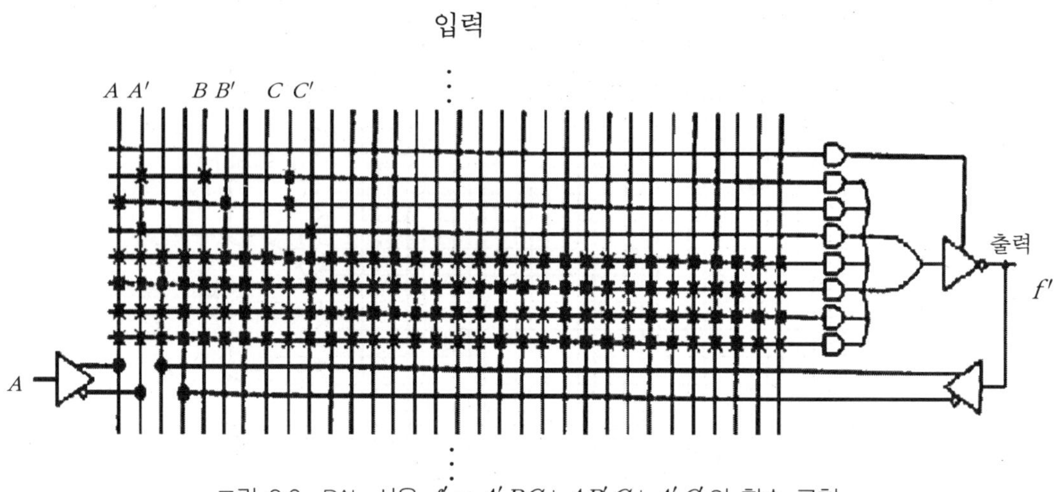

그림 9.6 PAL 사용 $f' = A'BC + AB'C + A'C'$의 함수 구현

사용되지 않은 AND 게이트는 모든 연결이 완전하게 남겨져 그들의 입력에 0을 입력한다. AND 게이트의 출력은 영원히 0이고 OR게이트에 영향을 주지 않는다. 출력 F는 출력버퍼를 구동하는 AND 게이트의 입력상의 모든 연결을 제거함으로써 동작된다. 출력버퍼를 동작시키기 위해 영원한 1이 요구된다.

SOP 표현은 그림 9.7과 같이 출력을 입력으로 다시 연결하여 아마 특정한 PAL에 적절할지도 모르며, 두 단 이상으로 실행될 수 있다.

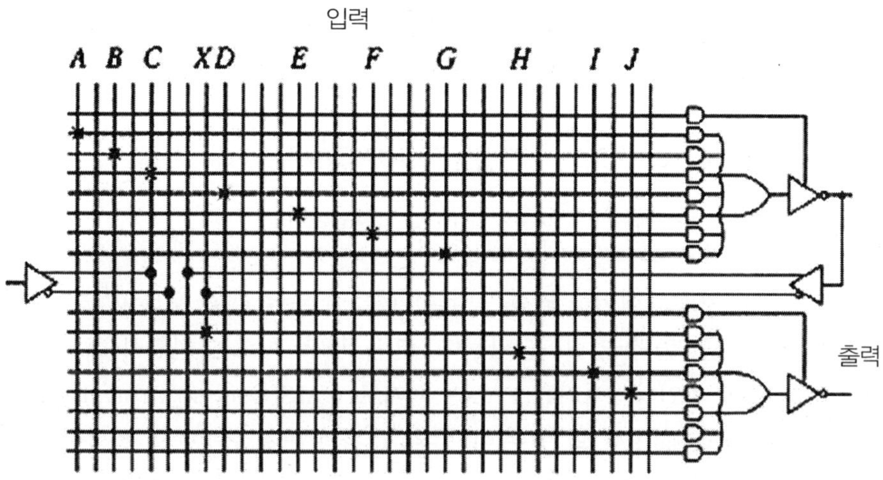

그림 9.7 다단계 곱의 합 표현

예를 들면

$$A+B+C+D+E+F+G+H+I+J$$

를 얻기 위해 첫째 단은

$$X=A+B+C+D+E+F+G$$

그리고 둘째 단은

$$X+H+I+J$$

를 만든다. 사용되지 않은 AND 게이트의 연결은 여기에서 나타내지 않는다.

그림 9.5에 묘사된 AMD PAL16L8은 active-low 출력을 만드는 반전버퍼(inverting buffer)를 가진다. 비반전 출력(noninverting output)을 가진 PAL도 있다. 만약 사용자 본질적으로 역출력(inverse output)을 만드는 소자를 가지고 있고, 참 출력(true output)을 요구한다면 비록 곱항의 수가 특정한 PAL 구현에 대해 가능한 수를 초과할지라도 그 함수는 단순히 역함수(inverse function)로 조작될 수 있다. 곱의 합 표현으로 역함수를 이끌어 내는 가장 쉬운 방법은 함수의 카르노맵상에서 1보다 0을 그룹화하는 것이다. 몇몇 소자에서 active-low 또는 active- high 출력 중 하나가 그림 9.8처럼 프로그램가능한 참/역 회로(true/inverse circuit)를 넣어서 프로그램될 수 있다.

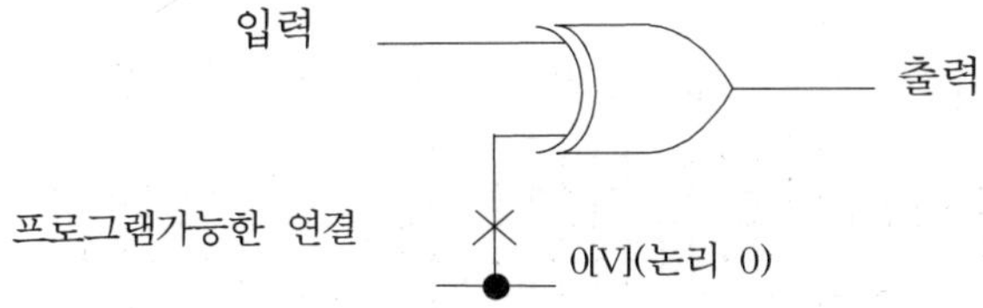

그림 9.8 참/역 출력회로

완전한 채로 남겨진 프로그래머블 연결은 참출력(즉, 출력=입력)을 만들고 프로그램 가능한 연결의 제거는 역출력(즉, 출력=입력')을 만든다. 그림 9.8의 회로는 전형적으로 OR 게이트의 뒤와 출력버퍼의 전에 놓인다. 이러한 PAL은 때때로 GALS(Generic Array Logic Devices)라 불리고 범용 PAL(universal PAL)의 범주 아래 온다. 참과 반전출력 중의 하나에 대해 프로그램가능한 범용 PAL의 예는 PAL16L8과 같은 AND-OR 구조를 가지는 AMD PALCE16V8이다.

9.3 순차논리 PLD

PLA/PAL은 순차논리회로를 만들 수 있다. 이론적으로 피드백 연결이 플립플롭을 만들기 위해 사용된다. 더구나 분리된 플립플롭이 그림 9.9와 같이 쓰인다.

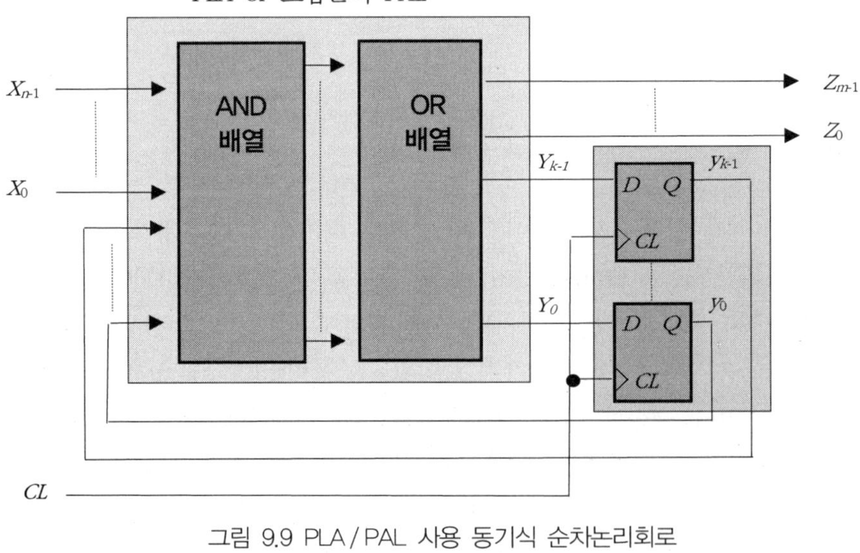

그림 9.9 PLA/PAL 사용 동기식 순차논리회로

일반적으로 순차논리회로이므로 PLD 내에 플립플롭을 넣는 것은 매혹적이다. 이를 레지스터 PLD(registered PLD)라고 부른다.

9.3.1 레지스터 PLD

레지스터 PLD에서 D, RS, 또는 JK 플립플롭을 구성하는 플립플롭이 소자 내에 집적된다. 레지스터라는 용어는 모든 출력이 하나의 클록신호에 의해 클록되고, 따라서 소자 내에서 각 플립플롭의 클록입력은 공통 클록선에 연결되는 것을 의미한다. 대표적 레지스터 PAL 설계는 그림 9.10의 AMD PAL16R6이다.

이 소자에서 8개의 독립적인 입력, 6개의 D 플립플롭과 2개의 PAL16L8형 입출력이 있다. 플립플롭의 출력은 PAL16L8에서와 같이 최대 16개의 변수를 제공하는 변수로서 역으로 귀환될 수 있다. 최다 8개의 곱항은 SOP 표현으로 구현될 수 있다. 그래서 상태기계에 대해 이 소자는 최대 8개의 x 입력, 6개의 y/Y 상태변수 그리고 2개의 분리된 SOP 형태 Z 출력을 제공한다.

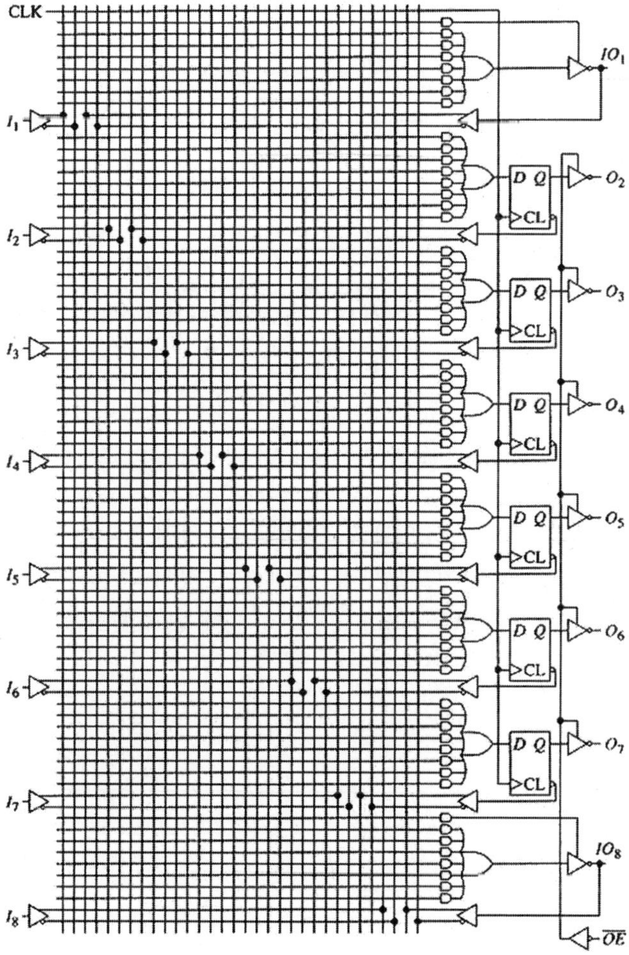

그림 9.10 레지스터 PLD(AMD PAL16R6)

(1) 설계 보기

제어입력 C에 따라 2개의 반복하는 시퀀스 중 하나를 따르는 동기식 카운터를 고려하자. C=0일 때 시퀀스는 00, 01, 11이고 C=1일 때 시퀀스는 00, 11, 01이다. D형 플립플롭 입력함수는 다음과 같다.

$$D_1 = y_2' C + y_2' y_1' C + y_2 y_1 C$$
$$D_2 = y_2' y_1 C' + y_2' y_1' C$$

PAL16R8을 쓰는 것을 가정하자. PAL16R8에서 플립플롭에 참함수가 들어가도 소자의 출력은 반전된다. 그래서 바로 함수를 구현하면 반전된 발생순차, 즉 11, 10, 00나 11, 00, 10 중 하나를 얻는다. 그림 9.11처럼 반전된 순차비트를 가지고 다음의 함수를 얻는다.

$$D_1 = y_2' C' + y_2' y_1 + y_2 y_1' C$$
$$D_2 = y_1 C' + y_2 y_1' C + y_2'$$

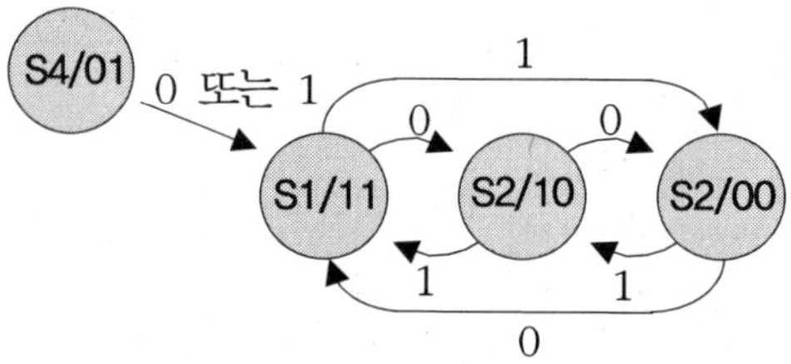

그림 9.11 반전된 비트를 가진 카운터 문제의 무어모델 상태도

편의상 1비트가 한 형태에서 다른 형태로 바뀌는 '그레이 코드' 특성형태이므로 00, 01, 11, 10보다 11, 10, 00, 01을 가진 카르노맵을 표현하는 것이 가능하다. PAL에 대해 함수를 최소화하는 것은 절대적으로 필요치는 않다. 그림 9.12에 레지스터 PAL 구현을 나타내었다.

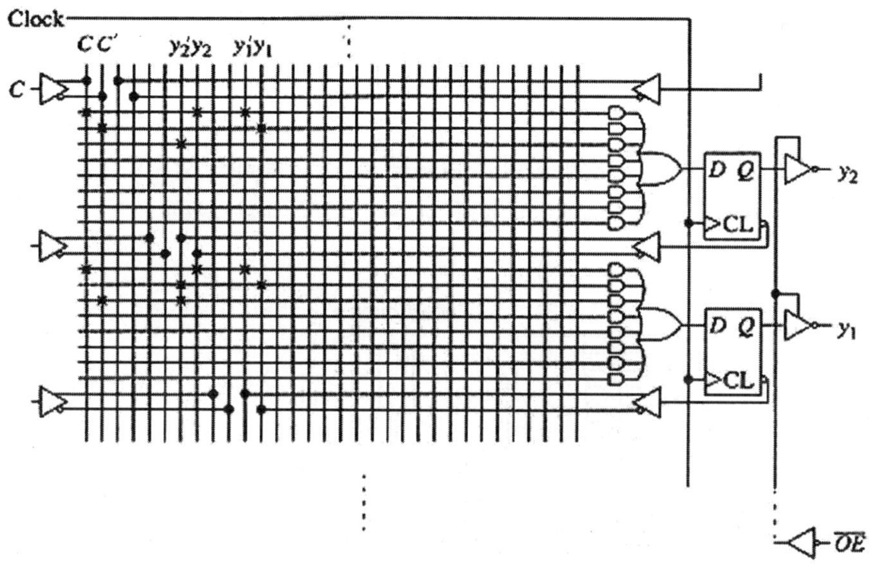

그림 9.12 레지스터 PAL을 가진 카운터

내부 피드백 통로가 y_2와 y_1에 대해 존재하므로 피드백 연결을 위해 입력 핀이 어떻게 필요한지를 주목하라.

다른 AMD 레지스터 PAL 소자는 카운터 설계용 AMD PAL20X10을 포함한다. 이 소자는 그림 9.13처럼 AND-OR-XOR 게이트 조합을 가지고 상태함수의 직접적인 구현을 허용한다.

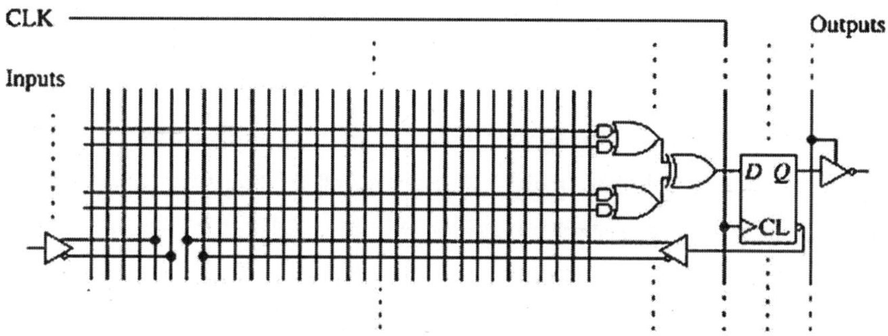

그림 9.13 AMD PAL20X10에서 AND–OR–XOR 게이트 조합

그 구성은 다음과 같다.

$$(\text{SOP 표현}) \oplus (\text{SOP합 표현})$$

여기서 각 곱의 합 표현은 2항을 가질 수 있고 각 항은 16개의 변수를 가질 수 있다. 출력 플립플롭을 가진 PLA도 있다. 즉 AND, OR 게이트 양쪽에 선택적인 연결을 가진 AND -OR

게이트 그리고 레지스터 출력, 그리고 소자는 PLS(programmable logic sequence)라고 한다.

9.3.2 매크로셀

매크로셀(macrocell)은 PLD 내에 선택적 함수를 가진 반복적인 함수이다. 플립플롭 출력 또는 그 통로를 선택할 수 있는 매크로셀의 예는 그림 9.14와 같다.

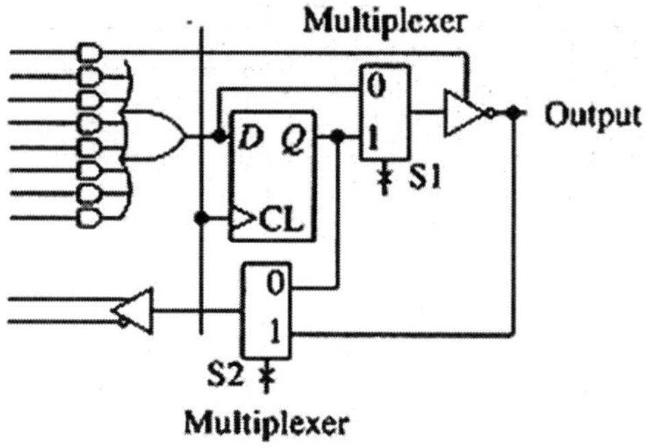

그림 9.14 숨겨진 플립플롭을 가진 매크로셀

지금 플립플롭은 물리적으로 출력 핀에서 멀리 있고 매크로셀 내에 집적된다. 그러한 플립플롭은 매크로셀에서 숨겨진 플립플롭(Buried F/F)이라 불려진다. 이 예에서 각각 프로그래머블 연결에 의해 조절되는 2개의 MUX가 있다. 프로그래머블 연결이 제거되면 0이라 붙여진 입력이 선택되고 제거되지 않으면 0이라 붙여진 입력이 선택된다.

그림 9.14에서 하나의 MUX는 소자출력으로서 플립플롭 Q 출력 또는 조합 AND-OR 함수 중 하나를 선택할 수 있다. 두 가지 경우 모두 출력버퍼를 통한 여분의 반전을 가진다. 다른 MUX는 AND-OR 배열의 귀환입력으로 플립플롭 Q 출력이나 귀환입력으로 소자출력 중 하나를 선택할 수 있다. 이러한 설계의 변화는 복잡한 PLA에서 존재한다. 매크로셀을 가진 예는 PAL22V10과 PAL32VX10을 포함한다.

매크로셀은 또한 2차원 프로그래머블 연결을 가진 배열로 정리된 다른 반복된 조합/연속 논리 회로를 묘사한다. 매크로셀이란 용어는 이미 설계된 라이브러리 셀의 VLSI 설계에서와 다른 의미를 가지고 사용된다.

9.4 PLD 프로그래밍 툴

PLD를 사용하기 위해서 제거되어야 할 연결이 정해져야 한다. 간단한 정열에 대해 PLD의 논리도로부터 연결형태로 작업할 수 있으나 보통 소프트웨어 수단이 이 일을 수행하기 위해 사용된다. 이러한 소프트웨어는 실현되어야 할 논리함수의 사양을 입력으로 받는다. 사양은 부울 표현식, 진리표 묘사 또는 상태도 묘사의 형태일 수 있다. 소프트웨어의 출력은 요구된 연결 상태(프로그래밍 맵)를 가지는 파일을 포함할 것이다. 출력파일은 그때 직접 PLD 프로그래머 단위를 구동하기 위해 사용된다. 어떤 소프트웨어는 또한 논리설계가 PLD를 프로그래밍하기 전에 검증하도록 논리 시뮬레이터를 포함한다. 많이 쓰는 소프트웨어 수단은 AMD의 PALASM2(PAL 어셈블러)와 Data I/O사의 ABEL(Advanced Boolean Expression Language)이다. 널리 쓰이고 있는 ABEL에 대해 집중하자.

9.4.1 ABEL 소스 파일 구조

사용자는 PLD에 의해 구현될 논리함수를 규정하기 위해 ABEL 언어의 규칙에 따라 컴퓨터 프로그램을 작성한다. 문장이 사용될 소자를 나타낼 수 있고 이름이 핀에 할당될 수 있다. 출력 함수는 전형적으로 부울표현식으로 묘사되나 다른 방법도 있다.

프로그램은 그림 9.15와 같이 여러 부분으로 나누어진다.

ABEL 핵심단어는 대/소문자와 무관하고 사용자 정의된 이름은 대/소문자 구별된다. ABEL은 흰 공간과 새로운 선을 사용한 자유로운 형태를 허용한다. 프로그램은 module과 module_name으로 시작하여 end로 끝나야 한다. 제목문장은 단순히 발생된 파일에 머리말을 제공한다. 이것은 제목 핵심문장에 이은 하나의 인용구에 싸인 문자열로 주어진다. 여러 가지 선언이 뒤따른다. 소자선언은 프로그램될 소자를 정의한다. 정의될 소자는 ABEL에 의해 정의된 이름을 가진 컴파일러에 의해 지원되어야 한다.

ABEL 소스 파일

Header	module module_name title 'Name to be printed in file'
Declarations	denice_id device device_type; @ALTERNATE identifiers pin pin_numbers;
Logic descriptions	equations
Test vectors	test_vectors
End	end module_name

그림 9.15 기본 ABEL 소스 파일 구조

'Directives'는 컴파일러가 해석하는 방법과 원시파일을 다루는 방법을 바꾸기 위해 나타날지 모른다. @ALTERNATE가 부호의 다른 셋이 인식되도록 한다(후에 나타난다). 핀 핵심단어와 같이 주어진 신호/핀 할당선언은 정의자와 실질적 소자핀을 연관시킨다. 소자핀은 입력 또는 출력할 수 있고 정의자(identifier)는 입력과 출력상의 신호를 나타내기 위해 연이은 함수부분으로 사용될 것이다. 소자와 핀 선언문장은 세미콜론으로 마친다. 다음은 논리 묘사부분이다. 만약 부울함수방식이 사용된다면 함수부분은 입력에 의해 출력을 정의하는 부울 표현식으로 구성된다. 각 표현식은 세미콜론으로 마친다.

요구된 논리함수를 나타내는 또 다른 방법은 진리표로 주어지는 것이고 연속회로라면 상태도의 텍스터 판이다. 주석은 주석을 이중 인용표시로 싸므로 원시 프로그램 내에 삽입될 수 있다. 부가적 시험벡터 부분은 입력값의 집합과 예상 출력값을 정의한다. 시험벡터 부분은 설계가 논리적으로 바른지를 확립할 ABEL 시뮬레이터와 같이 사용된다.

ABEL 컴파일러는 그림 9.15의 형태로 원시파일을 받고 PLD 프로그램할 연결형태와 필요한 서류를 만든다. 프로그래머블 연결의 형태는 파일에 보유되고 PLD로 다운로드(download)된다. 서류는 PLD용 최종 부울함수로 열거되고 PLD에 맞도록 초기 함수로부터 줄여지고 재정리되어 다른 파일로 주어질지 모른다.

(1) 설계에 독립적인 구조

실제적으로 소자와 핀수를 나타낼 필요가 없다. 이 정보는 설계에 독립적인 구조(architecture independent design)를 만들기 위해 생략될 수 있다. 소자선택은 소자가 프로그램되어야 할 때 ABEL 소프트웨어에 의해 제시될 수 있다. 소자에 대해 몇 개의 선택이 있을 수 있다. 때때로 초기에 소자가 나타내지지 않을 때 원시 프로그램은 또한 신호 속성 할당(istype 문장)과 신호의 특징을 나타내는 dot 확장을 사용하여 부가적 신호의 상세를 포함해야 한다. 예를 들면 D형 플립플롭 출력 Q_0는 Q_0 istype 'reg-d'에 의해 정의된다. 예를 들면 입력이 플립플롭 클리어 신호로서 동작함을 나타내기 위해 신호이름에 확장자가 붙여질 수 있다. (RE)뒤이은 예에서 소자선택이 설계 초에 만들어지고 나타난다고 가정한다.

9.4.2 조합논리함수

조합논리함수는 AND, OR 그리고 NOT와 같은 논리연산자와 연결된 입력변수로 구성되고 등가부호를 가진 출력변수에 할당된다. AND, OR, NOT, XOR, XNOR에 대한 디폴트(default) 부호는 각각 &, #, !, $ 그리고 !$이다. 그리고 다른 세트 또한 이용 가능하다.

(AND), +(OR), /(NOT), :+:(XOR), ::(XNOR)

다른 세트(alternate set)는

@ALTERNATE directive

를 사용함으로써 선택된다. 부호의 또 다른 세트는 ABEL 언어에서 또한 이용하는 산술덧셈 곱셈 나누기 연산자의 사용을 제외한다.

조합논리회로

$$f = AB' + CD$$

를 묘사하기 위해 ABEL에서 함수는

```
f = A * / B + C * D ;
```

또는 생략성 부호로

```
f = A & !B # C & D ;
```

로 쓰인다. 연산자 수행순서는 1부터 4까지 우선순위 열거로 정의된다. 그리고 괄호를 사용하여 무시될 수 있다. 이것은 간단한 함수에 대해 NOT이 가장 큰 우위 그리고 AND, OR를 가질 때 필요 없다. 그리고 표현식은 예상대로 계산된다. 출력 f와 입력 A, B, C, D는 특정한 소자핀과 관련하여 선언부에서 선언되어야 한다(만약 구조 독립 설계가 아니라면).

PLD의 응용은 흔히 컴퓨터 설계에서 흔히 일어나는 디코더 논리회로를 구현하는 것이다. 디코더가 4개의 입력들(A, B, C, D) 그리고 4개의 출력들(Q_0, Q_1, Q_2, Q_3)을 가지고 다음과 같은 함수를 가진다.

$$Q_0' = A'B'C'D'$$
$$Q_1' = A'B'C'D$$
$$Q_2' = A'B'CD'$$
$$Q_3' = A'B'CD$$

이들은 PAL16L8과 같은 PAL로 쉽게 설계되며 ABEL 프로그램은 그림 9.16과 같다.

```
module decoder
title '4-to-8-line_decoder'
decoder device 'P16L8';
@ALTERNATE

A, B, C, d              Pin 1, 2, 3, 4;
/Q0,/Q1,/Q2,/Q3         Pin 12, 13, 14, 15;

equations

/Q0 = /A * /B * /C * /D;
/Q1 = /A * /B * /C * D;
/Q2 = /A * /B * C * /D;
/Q3 = /A * /B * C * D;

end decoder
```

그림 9.16 디코더를 위한 ABEL프로그램

PAL16L8 소자는 이 프로그램에 나타난다. 각 입력과 출력은 선언부에서 적절한 소자핀과 연관이 있다. 반전된(저활성) 출력을 가진 PLD를 사용하므로 핀이름과 반전부호를 포함한다. 반전부호는 또한 실행할 함수가 출력반전을 나타내므로 출력과 같이 나타낸다.

물론 표준 MSI 부분이 존재하는 간단한 디코더 응용에 대해 PLD는 =를 사용하지 않는다. 입력의 두 가지 조합 중 하나, 가령 $A'B'C'D$ 또는 $A'BCD$가 존재할 때 디코더는 출력 0이 요구된다고 가정하면 출력이 SOP 표현을 가진다. 즉

$$Q_0' = A' B' C' D + A' BCD$$

이다. 이것은 함수 부분으로 다음과 같이 쓰일 수 있다.

```
/Q0 = /A * /B * /C * D + /A * B * C * D;
```

ABEL은 사양을 돕기 위해 몇 개의 특징을 준다. 예로, 함수는 실제적으로 PLD에서 요구하는 형태일 필요가 없다. 부울표현은 유효한 부울표현인 어떤 방법으로 ABEL의 부호를 사용하여 쓰여질 수 있다. 그리고 ABEL 컴파일러가 그 표현을 이미 정해진 PLD에 대한 적절한 형태로 줄이려고 할 것이다. 최종형태에서 얼마나 많은 항이 존재할지 곧바로 명확하지 않아 보이고 선택된 PLD를 사용하는 것이 가능하지 않을지도 모른다.

가장 흔한 재정열은 출력함수의 상보이다. 예로서 부울식

$$f = A'B'C'D + A'BCD$$

가 정의된다. ABEL에서 함수부분에서 다음과 같다.

```
Q0 = /A * /B * /C * D + /A * B * C * D ;
```

만약 우리가 PAL16L8을 사용한다면 ABEL 컴파일러는 최소화되지 않을 때 14개의 곱의 합을 가지는 반전 표현을 형성해야 한다. 최종 최소화된 함수는 그림 9.17의 카르노프맵상에 의해 주어진 대로

$$Q_0' = A + D' + BC' + B'C$$

이다. 이것은 PAL 16L8에 맞춰진다.

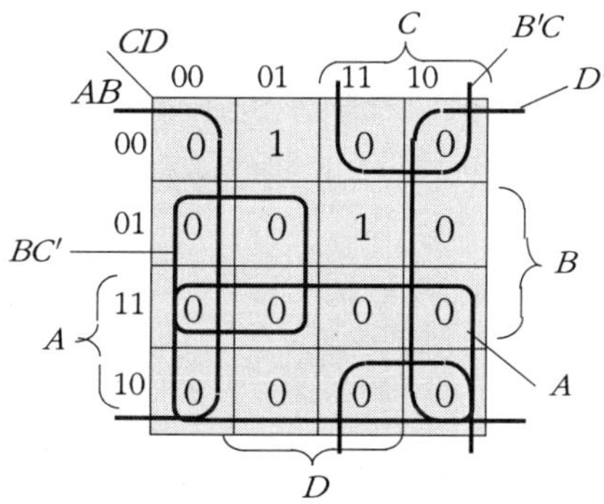

그림 9.17 상보함수를 얻기 위한 ZERO 매핑

(1) 집합 연산자와 관계 연산자

ABEL에서 집합은 집합명으로 주어진 신호의 집합이다. 이 이름은 그때 개개의 신호명을 대신하도록 방정식 부분에서 사용될 수 있다. 집합 연산자(set operator)는 집합 선언을 사용하여 정의된다. 예를 들면, I0, I1, I2, I3는 X라는 집합으로 형성되고 I4, I5, I6, I7은 Y, 그리고 O0, O1, O2, O3은 Z를 형성한다고 가정한다. ABEL원시 프로그램의 선언부의 집합 선언은

```
X = [ I0, I1, I2, I3 ] ;
Y = [ I4, I5, I6, I7 ] ;
Z = [ O0, O1, O2, O3 ] ;
```

[ ]와 ;가 여기에서 사용된다. 일단 집합이 정의되면 그들은 대부분의 ABEL 연산자와 함께 쓰일 수 있다. 이 경우에 집합은 크기가 같고 연산자는 각 집합의 사용하는 멤버에 적용한다.

예를 들면

Z = X + Y ;

는 등가로

O0 = I0 + I4 ;
O1 = I1 + I5 ;
O2 = I2 + I6 ;
O3 = I3 + I7 ;

이다. 언어가 가진 한 가지 유용한 특징은 집합과 같이 사용되는 관계 연산자(relational operator)의 집합이다. 다음과 같은 관계 연산자를 이용할 수 있다. : ==(등호), ! = (부동), 〈 (이하), 〈 = (미만 또는 동등), 〉 (이상) 그리고 〉= (이상 또는 동등). 관계 연산자는 부울표현 사이에 사용될 수 있다. 그리고 관계를 참으로 하는 표현을 되돌린다.

*X*가 *Y*보다 작을 때 출력 *P*가 1(참)이기를 원한다고 가정한다(즉 I_0, I_1, I_2, I_3에 가해진 4비트수는 I_4, I_1, I_6, I_7에 가해진 4비트수보다 작다). 다시 쓰면

P = X 〈 Y ;

또는

P = [I0, I1, I2, I3] 〈 [I4, I5, I6, I7] ;

이다. 이 방정식은 상응하는 SOP 표현으로 확장한다.

관계 연산자는 보통 부울연산자를 가진 방정식에서 사용될 수 있다. 예로서 만약 *X*상의 2진수(I_0, I_1, I_2, I_3)가 0100 또는 0101, 즉 4 또는 5라면 신호 *Q*를 1로 만들기 위해 우리는 다음과 같이 쓸 수 있다.

P = (X == 4) + (X == 5) ;

여기서 4와 5는 10진수이다. 다른 가수가 사용될 수 있다. 예를 들면 16진수가 수의 처음에 ^h를 붙여서 나타내진다. 이것은 주소 신호상의 특정한 수에 상응해야 하는 기억소자 주소 디코더 회로를 나타낼 때 유용하다.

선언부에서 상수(constant)가 선언될 수 있다. 그리고 다음과 같이 쓴다.

limit1 = 4 ; “constant declaration”

P = (X == limit1)

등가부호는 상수선언(constant declaration)과 방정식 할당문장에서 사용된다.

집합 인용은 [x0, x1, x2, x3, x4, x5]에 대해 [x0 . . x5]를 사용하여 중간신호를 쓰지 않고 어떤 범위에 대해 제공되므로 이것은 신호의 집단이 지수와 함께 사용된다면 적당하다.

6개의 입력들의 집합($A_0, A_1, A_2, A_3, A_4, A_5$)과 6개의 출력들의 집합($Q_0, Q_1, Q_2, Q_3, Q_4, Q_5$)을 가진 회로를 가정하자. 입력 C=0일 때,

$$\text{입력} \quad A_0, A_1, A_2, A_3, A_4, A_5 \rightarrow \text{출력} \quad Q_0, Q_1, Q_2, Q_3, Q_4, Q_5$$

으로 보내지고 C=1일 때

$$A_0', A_1', A_2', A_3', A_4', A_5' \rightarrow Q_0, Q_1, Q_2, Q_3, Q_4, Q_5$$

로 보내진다. ABEL 프로그램은 그림 9.18과 같다. ABEL 컴파일러는 각 출력에 대해 집합 인용을 각 방정식으로 확장해야 한다. 이 예에서 문장은

Q = /C * A + C * /A ;

동일하게,

Q0 = /C * A0 + C * /A0 ;
Q1 = /C * A1 + C * /A1 ;
Q2 = /C * A2 + C * /A2 ;
Q3 = /C * A3 + C * /A3 ;
Q4 = /C * A4 + C * /A4 ;

집합 인용은 특히 마이크로프로세서에서 '버스' 신호의 집합을 다룰 때 편리하다.

```
module complementer
title 'complementer'
decoder device 'p16l8';
@ALTERNATE

A0, A1, A2, A3, A4, A5 Pln 2, 3, 4, 5, 6, 7;
Q0, Q1, Q3, Q4, Q5      Pln 12, 13, 14, 15, 16, 17;
C                       Pln 1;

equations

Q = /C * A + C * /A;

end
```

그림 9.18 보수기(complementer) ABEL 프로그램

(2) 진리표 방식

조합논리함수에 대해 부울식을 쓰기보다 ABEL은 함수의 각 값이 열거되는 진리표 방식(truth table method)이 제공된다.

일반적인 형태는 핵심단어 'truth-table'로 시작하여 괄호 안에 진리표의 서두를 만들며, 입력과 출력의 입력을 열거한다. 뒤따라 입력과 출력값이 열거된다. 예로서 다음과 같이 정의된 3입력 A, B, C와 3개의 출력 O0, O1, O2를 가진 진리표를 가질 수 있다.

```
truth_table ( [ A, B, C ] → [ O0, O1, O2 ] )
              [ 0, 0, 0 ] → [  0,  0,  0 ] ;
              [ 0, 0, 1 ] → [  1,  0,  1 ] ;
              [ 0, 1, 0 ] → [  0,  0,  0 ] ;
              [ 0, 1, 1 ] → [  0,  1,  1 ] ;
              [ 1, 0, 0 ] → [  1,  1,  0 ] ;
              [ 1, 0, 1 ] → [  0,  1,  1 ] ;
```

이 특별한 진리표는 불완전하다(ABC=110과 111은 주어지지 않음). 이러한 항목은 무시항(don't care)으로 만들기 위해 프로그램 초기에 **@DCSET directive(don't care set)**를 놓는다.

(3) 시험벡터

시험벡터(test vector)부는 선택이나 시뮬레이터와 같이 설계가 사양에 따라 동작하는지를

확인하는 데 유용하다. 형태는 진리표와 같다. 서두 다음에 이 경우 핵심단어 test_vectors를 사용하며 입력과 요구된 출력이 열거된다.

9.4.3 순차논리함수

(1) 방정식 방식(equation method)

레지스터 PAL을 프로그램하기 위해서, 어떤 조합논리 출력함수를 나타냄과 동시에 회로의 속 성질이 나타나야 한다. 할당 연산자는 레지스터 할당 연산자 := 로 확장된다. 이것은 플립플롭을 정의할 방정식에 사용된다. 만약 각 클록천이 후에 플립플롭 출력 Q_0가 입력 I_0와 같아야 한다면(즉 간단한 D형 플립플롭), 간단히 방정식 부에서 다음과 같다.

```
Q0 := I0 ;
```

3비트 2진카운터를 설계하기 위해 4장 4.5.2절에서 D 플립플롭에 대한 입력 방정식이 다음과 같이 됨을 알 수 있었다.

$$D_A = A'$$
$$D_B = AB' + A'B$$
$$D_C = A'C + B'C + ABC'$$

여기서 D_A, D_B, D_C는 플립플롭 입력이고 A, B, C는 플립플롭 출력이다. 따라서 ABEL 원시 프로그램은 그림 9.19처럼 된다.

```
module three-bit_counter
title 'three-bit_counter'
decoder device 'P16R8';
@ALTERNATE

A,B,C          Pln 2,3,4;
Q0,Q1,Q2       Pln 12,13,14;
CLK            Pln 1;

equations

Q0 := /A;
Q1 := A * /B + /A * B;
Q2 := /A * C + /B * C + A * B /C;

test_vectors ([A, B, C] → [Q0, Q1, Q2])
    [0, 0, 0] → [0, 0, 1];
    [0, 0, 1] → [0, 1, 0];
    [0, 1, 0] → [0, 1, 1];
    [0, 1, 1] → [1, 0, 0];
    [1, 0, 0] → [1, 0, 1];
    [1, 0, 1] → [1, 1, 0];
    [1, 1, 0] → [1, 1, 1];
    [1, 1, 1] → [0, 0, 0];
end
```

그림 9.19 3비트 2진 카운터

(2) 상태도 방식(state diagram method)

ABEL로 연속회로를 나타내는 또 다른 방식은 상태도 형식을 사용하는 것이다. 이 형식에서 상태들이 지정되고 다른 지정된 상태로의 천이를 일으키는 부울조건도 지정된다.

IF-THEN-ELSE 문장과 유사한 조건적 구조인 GOTO와 CASE 문장이 사용된다. 여기서 P라 명명한 제어입력에 의존하여 2개의 다른 반복 순차를 갖는 순차카운터에 대한 상태도를 고려하자. 참고로 오른쪽 위에 그려진 상태도와 더불어 이 계수기에 대한 ABEL 프로그램을 그림 9.20에 나타내었다.

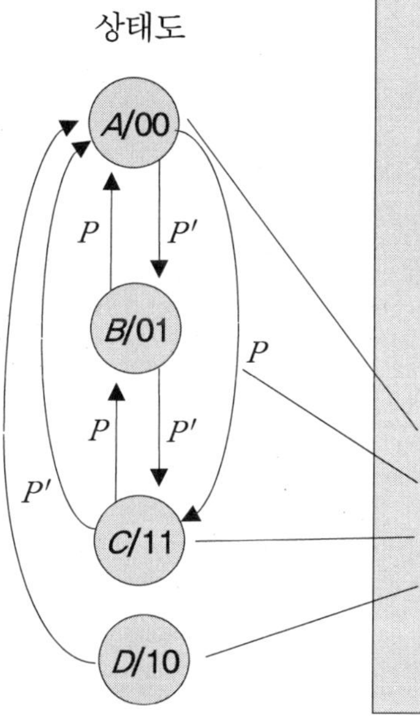


```
module three–bit_counter
title 'three–bit_counter'
decoder device 'P16R8';
@ALTERNATE

P             PIn 2,3,4;
Q0,Q1         PIn 12,13,14;
CLK           PIn 1;

A = 0;
B = 1;
C = 2;
D = 3;

state_diagram [Q0, Q1]
state A: IF P THEN C ELSE B;
state B: IF P THEN A ELSE C;
state C: IF P THEN B ELSE A;
state D: goto A;
```

그림 9.20 상태도 인용 순차카운터

각 상태는 이름이 주어지며, 상태 변수값은 상태도 사양 전에 방정식 문장을 사용하여 상태들에 할당된다. 상태도 사양은 핵심단어 **state_diagram**으로 시작하여 상태변수(보통 한 셋)가 따른다. 뒤이어 상태, 상응하는 출력, 다음상태로의 천이를 지정하는 표현이 나타난다. 예에서 특별히 생긴 출력은 없다. 플립플롭의 출력은 그 회로의 출력이다.

(3) 진리표 방식(truth table method)

순차논리회로는 현재상태, 입력값, 상응하는 다음상태를 열거하는 진리표로 묘사될 수 있다(본질적으로 상태천이표). 이전의 순차카운터의 상태표를 그림 9.21에 나타내었다.

```
module three-bit_counter
title three-bit counter'
decoder device 'P16R8';
@ALTERNATE

P             Pln 2,3,4;
Q0,Q1         Pln 12,13,14;
CLK           Pln 1;
RESET         Pln 3;

A = 0;
B = 1;
C = 2;
D = 3;

truth_table (P, [Q0, Q1]) :> [Q0,Q1])
                0,     A     :>    B;
                1,     A     :>    C;
                0,     B     :>    C;
                1,     B     :>    A;
                0,     C     :>    A;
                1,     C     :>    B;
                .X.,   D     :>    A;

end
```

그림 9.21 진리표 인용 사용하는 순차카운터

핵심단어 **'truth_table'**은 각 행의 이름과 더불어 열거의 머리에 온다. 이것은 조합회로의 진리표 묘사와 같다. 단지 차이가 있다면 부호 -> 대신 : >를 사용한다는 것이다. 무시항에 대한 .X.의 사용에 주시하라.

(4) 테스트벡터(test vector)

이들은 조합논리회로에서와 같이 순차논리회로에 대해서 비슷한 형태로 열거된다. 리셋입력이 알려진 상태로 회로를 보내기 위해 나열되어야 한다. 활성클록 천이가 일어날 때 오른쪽 출력이 발생되어야 한다.

(5) 설계에 독립적인 구조

만약 우리가 이전설계로부터 특정한 소자선택을 지연시키기 위해 소자형태와 핀번호를 생략하기 원한다면 애매모호함을 해소할 필요가 있다. 만약 어떤 신호가 전에 클록입력으로 선언될 때 그것은 특정한 소자의 정확한 핀번호에 할당되었다. 이러한 정보가 없다면 클록신호는 그와 같이 정해져야 한다. 이것은 문장

```
[Q0, Q1].clk = clock ;
```

으로 행해질 수 있다. 이는 플립플롭 Q_0와 Q_1의 클록입력이 clock이라 불려진다는 것을 말한다. 확장자 .clk은 점 확장이다.

비슷하게 Q_0와 Q_1은 어떤 형태의 플립플롭의 출력, 가령 D형 플립플롭인지를 나타낼 필요가 있다. Istype 속성 (attribute) 문장은 이러한 목적으로 사용될 수 있다. 즉,

```
[Q0, Q1]  Istype 'reg_d' ;
```

여기서 'reg_d'는 D형 출력을 나타내는 ABEL 속성이다.

9.5 요약

9장에서는 다음을 공부하였다.

- ☐ PLD의 개념
- ☐ PLA
- ☐ PAL
- ☐ 순차 PLD
- ☐ PLD로 구현되는 다양한 설계
- ☐ PLD 소프트웨어 수단, ABEL

9.6 연습문제

1. 부울식 $f = ACD' + BC + E'$ 을 PLA로 구현하라. 또한 내부연결(connections)을 보여라.

2. 부울식 $f = ACD' + BC + E'$ 을 PAL로 구현하라. 또한 내부연결을 보여라.

3. 순차(sequence) 0110011이 입력에 나타난 후에 즉시 "1" 이 되는 하나의 데이터 출력과 하나의 데이터 입력을 가진 순차검출기를 8장에서 설계하였다. 플립플롭 입력함수는

$$Y_3 = x' y_{1'} + x' y_3 + y_2 y_1,$$
$$Y_2 = x' + y_3 y_2 y_1,$$
$$Y_1 = y_3 y_1 + y_3 y_2 y_1 + x' y_2' y_1' + x' y_2 y_1$$

이고 출력함수는

$$Z = y_3 y_2' y_1'$$

이다. 레지시터 PAL을 사용하여 순차검출기를 구현하라. 또한 내부연결을 보여라.

4. 문제 3을 구현하기 위한 ABEL 프로그램을 써라.

부 록
용어사전

【 숫자 】

□ 16진수(hexadecimal) : 기수가 16인 수체계를 말한다. 0, 1, 2, 3, 4, 5, 6, 7, 8, 9, A, B, C, D, E, F이다.

□ 2421 코드(2421 Code) : BCD 코드의 일종. 10진수 숫자는 그의 등가적인 2진수로 변환되어 있다.

□ 2의 보수(2's complement) : 2의 보수를 갖는 수의 부호를 변환하기 위한 과정. 1의 보수에다 1을 더했을 때 나오는 결과.

□ 2진수(binary) : 기수 2의 수체계를 말한다. 즉 2개의 기본적 기호 즉 숫자 0, 1을 가진 것.

□ 8421 코드(8421 Code) : 가장 보편적인 BCD 코드. 각 10진수 숫자는 그의 등가적인 2진수로 변환되어 있다.

□ 8진수(octal) : 기수가 8인 수체계를 말한다. 즉, 0, 1, 2, 3, 4, 5, 6, 7이다.

【 A 】

□ AC 특성(AC characteristics) : 소자(device)가 동작특성 중 입출력 파형의 여러 가지 타이밍(timing)과 관련한 파라미터 특성.

□ ADC(Analog-Digital Converter) : 아날로그 신호를 디지털 신호로 변환하는 장치.

□ ALPG(Algorithmic Pattern Generator) : 메모리소자 검사에 사용되는 데이터의 읽기 및 쓰기를 시험하기 위한 명령어를 코딩하는 장치.

□ ALU(Arithmetic Logic Unit) : 산술논리연산회로. 연산의 종류를 지정하는 단자에 설정값을 줌으로써 각종 연산을 실행하는 회로.

□ AND 게이트(AND gate) : 모든 입력이 1일 때만 출력이 1이 되는 논리게이트.

□ ASCII 코드(ASCII code) : 문자, 숫자 및 기호 등을 위한 표준 코딩.

□ ASCII(American Standard Code for Information Interchange) : 미국의 정보교환을 위한 표준 코드. 가장 많이 쓰이고 있는 알파뉴메릭 코드.

□ ASIC(Application Specific IC) : 특정용도에 적합한 사양을 가진 IC.

□ ASSP(Application Specific Standard Product) : 특정 용도용의 전용 표준품 IC. 반도체업체가 각 응용제품에 특화시켜 개발하여 다수의 사용자를 대상으로 판매하는 IC. 통신용, 탁상계산기용, 복사기, 프린터 등 각종 전자기기의 제어용으로 많이 사용.

【 B 】

- BCD 가산기(BCD adder) : BCD의 각 행이 차례로 나올 때에 가산하는 방식의 가산기.

【 C 】

- CAD(Computer Aided Design) : 컴퓨터를 이용한 설계.
- CMOS 인버터(CMOS inverter) : p채널과 n채널 MOSFET의 푸시풀 연결된 회로의 인버터.
- CMOS 표준논리(CMOS standard logic) : TTL과 동일하게 품종이 풍부하여 넓게 사용되고 있는 CPU (Central Processing Unit) 컴퓨터의 일부분으로 명령을 수행하기 위한 지시나 제어, 연산기능을 갖고 있는 부분.
- CMOS(Complementary Metal Oxide Semiconductor)

【 D 】

- D 플립플롭(D Flip-flop) : 클록이 있을 때 입력 D의 상태로 되는 플립플롭.
- DAC(Digital-Analog Converter) : 디지털 신호를 입력으로 하여 아날로그 신호를 출력하는 회로.
- DC 특성(DC characteristics) : 소자의 상태에 따라 흐르는 전류특성을 말함.
- DC 파라미터 테스팅(DC parametric testing) : 정적테스트(steady state test)로서 옴의 법칙을 기본으로 하여 전기적 파라미터 특성을 측정하는 테스트.
- DIP(Dual Inline Package) : 가장 보편적인 IC 포장의 한 형태로 직사각형 모형이며, 내부 회로와의 연결이 옆면에 수직으로 붙어있는 패키지 형태.
- DRAM(Dynamic RAM) : 작은 커패시터 내에 정보를 저장하며, 재충전 필요성의 단점을 갖지만 소형, 저가격 및 저전력 소모 등의 장점을 갖는 메모리.
- DUT(Device Under Test) : 검사되고 있는 제품. 테스트를 하기 위해 장착된 소자를 말함.

【 E 】

- ECL(Emitter-Coupled Logic) : 바이폴라 구조의 트랜지스터를 이용한 논리소자의 일종. 트랜지스터의 에미터가 복수 개로 연결되는 구조로 되어 있음.

【 F 】

- FPGA(Field Programmable Gate Array) : 프로그램 가능한 연결을 가진 여러 개의 모듈로 구성된 소자. 프로그램가능한 논리소자.

【 I 】

- I^2L(Integrated Injection Logic) : 바이폴라 집적회로의 일종으로 웨이퍼에 대해서 횡형의 pnp와 npn 트랜지스터가 한 쌍으로 되어 있다. 바이폴라 중 고집적화가 가능하며 소비전력은 작으나 동작속도가 느리다.
- IC(Integrated Circuit) : 작은 면적에 많은 전자회로가 서로 연결되어 하나의 회로로서 기능을 갖게 한 집적회로. 반도체로 된 하나의 칩에 몇 개에서 수천 개의 소자로 구성된 전기회로.

【 J 】

□ JK 플립플롭(JK Flip-Flop) : 클록이 있을 때 만약 0상태에 있으면 J에 따라, 1상태에 있으면 K에 따라 상태를 바꾸는 플립플롭.

【 L 】

□ LSB(Least-Significant Bit) : 최하위 비트.

□ LSD(Least-Significant Digit) : 최하위 디지트.

【 M 】

□ MOS(Metal Oxide Semiconductor) : 실리콘 기판 위에 산화막을 형성시키고 그 위에 실리콘 전극을 형성하여 전장에 의한 실리콘 표면의 전하를 조절할 수 있는 구조.

□ MOSFET(MOS Field Effect Transistor) : 실리콘 위의 얇은 산화막 위의 금속 게이트를 가진 전계 효과 트랜지스터

□ MSB(Most-Significant Bit) : 최상위 비트.

□ MSD(Most-Significant Digit) : 최상위 디지트.

【 N 】

□ NAND 게이트(NAND gate) : AND 게이트의 부정. 즉 모든 입력들이 1일 때만 0을 출력하는 논리게이트.

□ NMOS(n-channel MOS) : MOS 가운데, p- 실리콘 기판위에 n+ 실리콘을 형성해서 트랜지스터를 만드는 방식.

□ NOR 게이트(NOR gate) : OR 게이트의 부정. 즉 모든 입력들이 0일 때만 1을 출력하는 논리게이트.

□ npn 트랜지스터(npn transistor) : 에미터와 콜렉터의 n 영역 사이에 베이스의 p 영역이 들어있는 트랜지스터.

【 O 】

□ OR 게이트(OR gate) : 입력 가운데 하나라도 1이 있으면 1을 출력하는 논리게이트.

【 P 】

□ PAL(Programmable Array Logic) : AND와 OR의 입력 어레이를 갖는데 단지 AND 게이트만이 프로그램 가능한 고정구조로 된 소자.

□ PLA(Programmable Logic Array) : AND와 OR의 입력 어레이를 갖는데 AND와 OR 게이트 모두 프로그램 가능한 고정구조로 된 소자.

□ PLD(Programmable Logic Device) : 모든 프로그램 가능한 소자에 적용되는 일반적인 용어. 주로 PAL와 PLA를 의미함.

□ PMOS(p-channel MOS) : n형 기판에 p형 불순물을 확산시켜 만든 MOS 트랜지스터를 이용하는 기술.

□ pnp 트랜지스터 : 바이폴라 트랜지스터에서 두개의 p 영역에 n 영역이 끼어있는 반도체 결정구조.

□ PROM(Programmed ROM) : 프로그램 가능한 기억장치는 고정된 구조의 논리소자로서 유용하다. 고정된 AND 게이트와 프로그램 가능한 OR 게이트로 구성.

【 Q 】

□ QFP(Quad Flat package)

【 R 】

□ RAM(Random Access Memory) : 기억셀의 위치를 전기신호를 지정함에 따라 언제라도 기억내용의 읽기와 쓰기가 가능한 기억장치.

□ ROM(Read-Only Memory) : 기억내용이 마스크 작성 시에 정해지는 고정기억 요소. 읽기전용 메모리라고 말한다. 디코더와 조합되면 중요한 세미커스텀 논리소자가 된다.

□ RS 플립플롭(RS Flip-Flop) : 세트(S) 및 리세트(R) 입력을 갖는 플립플롭.

□ RTL(Register Transfer Level) : 레지스터나 ALU 등을 하나의 구조요소로 다루는 레벨에서의 설계를 일컬음. 시스템레벨 설계의 다음 단계.

□ RTL(Resistor Transistor Logic)

【 S 】

□ SRAM(Static Random Access Memory) : 정보를 읽고 쓸 수 있는 기억소자로서 기억소자가 Latch구조로 되어 있어 전원이 공급되는 한 정보가 유지된다.

□ SR 플립플롭(SR Flip-Flop) : RS 플립플롭과 같은 말.

【 T 】

□ T 플립플롭(T Flip-flop) : 클록이 있을 때 입력 T가 활성화되면 상태가 토글(toggle)하는 플립플롭.

□ TSOP(Thin Small Out-Line Package)

□ TTL(transistor-transistor logic) : 베이스, 에미터, 콜렉터라고 하는 3종류의 전극을 가지는 바이폴라 트랜지스터 기술의 일종으로 하나의 트랜지스터당 복수 개의 에미터를 가지는 트랜지스터를 이용하여 논리게이트를 만든 것.

【 U 】

□ ULSI(Ultra LSI) : 극한적인 미세화를 달성한 경우의 고집적회로를 가칭.

【 V 】

□ VLSI(Very Large Scale Integrated Circuit) : 매우 많은 요소들을 칩 위에 집적한 회로.

【 X 】

□ XNOR 게이트(Exclusive NOR gate) : 입력 중 하나만 high이면 출력이 low인 2 입력 게이트.

□ XOR 게이트(Exclusive OR gate) : 입력 중 하나만 high이면 출력이 high인 2 입력 게이트.

【 Z 】

□ ZIP(Zigzag In-line Package)

【 가 】

□ 가산기(adder) : 2진수 1비트의 가산을 수행하는 회로. 두 입력에 대해서 합(sum)과 자리올림수(carry) 생성.

□ 가중치코드(weighted code) : 비트의 자리가 보통 코드의 이름으로서 주어지는 일정한 값을 지니고 있는 코드.

□ 거짓(false) : 전압이 Low일 때 신호는 거짓 논리이다.

□ 게이트어레이(gate array) : 세미커스텀 설계법의 하나로서 같은 구조를 가진 논리게이트를 칩 위에 다수 개로 배열한 것. 설계자가 배선을 하여 최종적으로 칩이 만들어진다.

□ 결선형 AND(wired AND) : 개방콜렉터형 TTL 소자들의 출력을 공통된 풀업저항에 연결하여 AND 연산을 얻는다.

□ 결선형 OR(wired OR) : 2개의 논리게이트 출력을 도선에 따라 전기적으로 결선하고 논리연산의 OR을 얻는다.

□ 결함(defect) : 제품이나 서비스에 목적한 사용기능을 만족시키지 못하는 심각한 원인이 발생하여 제품의 특성이 목적한 수준이나 상태에서 벗어남.

□ 계수(modulus) : 카운터가 최대로 카운트할 상태수.

□ 곱(AND) : 2개의 변수 모두 참이면 연산의 결과가 참이 되는, 2개의 변수에 있어서 부울연산.

□ 곱의 합(sum of product, SOP) : 모든 입력변수의 논리곱을 만든 다음에 곱항들을 합 형태로 표현한 것.

□ 그레이 코드(Gray code) : 때로는 반사형(reflected) 2진 코드라고도 함. 이 코드는 각 Gray 코드수가 그보다 (바로)앞선 것과 다만 1비트만이 다르다는 눈에 띄는 성질을 갖고 있다.

□ 글리치(glitch) : 논리게이트의 출력에서 나타나는 부적당한 positive 또는 negative 펄스(대개 짧은 펄스 폭을 가짐)

□ 기능 시뮬레이션(functional simulation) : 회로가 적절히 작동하는지를 결정하지만 타이밍을 체크하지는 않는 시뮬레이션.

□ 기수(radix) : 밑수(base)와 동의어.

【 나 】

□ 논리(logic) : 추론(推論)의 법칙을 연구하는 학문. 가령 디지털 논리수에 대한 추론의 법칙을 연구한다.

□ 논리게이트(logic gate) : 인버터, NOR, NAND 등 논리연산을 하는 회로. 단순히 게이트라고도 부른다.

□ 논리기호(logic symbol) : 부분적으로 실현된 논리함수의 도식적 표현

□ 논리함수(logic function) : 시스템 또는 장치로의 입력변수와 그 결과로서의 출력 사이와의 관계. 즉 조합, 기억, 지연순서동작이라는 관계를 주는 것.

□ 논리회로(logic circuit) : 부울대수로 분석할 수 있는 임의의 디지털 회로.

□ 누설(leakage) : 두 점에 전압이 걸렸을 때 원치 않는 전류가 흐르는 것을 말함.

【 다 】

□ 데이터(data) : 모든 정보를 말하며 숫사, 문자 등으로 통신기기나 컴퓨터에서 처리되는 자료.

□ 동기(synchronous) : 출력이 클록과 함께 상태가 변한다. 상태변환을 위해서는 클록신호가 반드시 필요하다.

□ 동기머신(synchronous machine) : 클록에 의해 시간이 맞춰지는 상태(순서) 머신.

□ 동기식 시스템(synchronous system) : 회로의 모든 요소가 기준이 되는 클록신호에 의해서 동시에 동작하는 방식. 오동작을 막기 위해서 이 방식을 많이 사용한다.

□ 동기식 카운터(synchronous counter) : 모든 비트가 클록에 따라 동시에 바뀌는 카운터.

□ 드모르강 법칙(de Morgan's law) : 논리합의 부정은 각 변수의 부정의 곱(product)이 되고 논리곱의 부정은 각 변수의 부정의 합(sum)이 되는 법칙.

□ 디멀티플렉서(demultiplexer, DeMUX) : 직렬로 입력된 데이터를 제어신호에 의해 제어되어 병렬로 변환되어 출력으로 꺼내는 회로.

□ 디버거(debug) : 불량품, 불합격품을 제거하는 작업.

□ 디스에이블(disable) : 기능이나 회로동작을 금지하거나 해제하는 것.

□ 디지털(digital) : 수, 자리.

□ 디지털회로(digital circuit) : 0이나 1로 되는 이산입력을 넣어서 처리하는 회로.

□ 디지트(digit) : 자릿수를 갖는 수체계에서 사용되는 기호.

□ 디코더(decoder) : n개의 입력단과 2^n개의 출력단이 있으며, 입력을 n비트의 2진수로 보았을 때 그것에 대응하는 하나의 출력단자에 1을 출력하는 회로.

□ 디코더/디멀티플렉서(decoder/demultiplexer) : 디코딩 동작(엔코딩의 반대)과 디멀티플렉싱 동작(멀티플렉싱의 반대) 모두를 가진 소자.

【 라 】

□ 래치(latch) : 입력상태에 따라 회로의 상태가 기억되는 간단한 기억소자. 래치에 클록신호를 입력단에 추가하면 플립플롭이 된다.

□ 레벨트리거(level-triggered) : 상태머신이나 장치가 다음상태로 천이할 때 클록신호가 높은 부분에서 혹은 낮은 부분을 사용하는 것. 레벨트리거된 장치나 상태머신은 잠재적으로 불안정하다.

□ 레이스(race) : 논리게이트를 조합한 경우 신호는 각 경로에 따라 통과시간의 차이가 생긴다. 이 시간 차이가 있더라도 같은 출력에 도달하는 경우를 레이스 없음(raceless)이라 하고, 그렇지 않은 경우를 레이스 있음(race)이라고 한다.

□ 레지스터(register) : 공통의 클록을 갖고 디지털 정보를 저장하는 데 사용되는 일련의 플립플롭들의 집합체. 복수 비트의 데이터를 보관하기 위하여 플립플롭 등의 기억소자를 병렬로 나열한 것.

□ 리플카운터(ripple counter) : 각 플립플롭이 이전의 플립플롭의 출력에 의해 토글되는 비동기적 카운터.

□ 링오실레이터(ring oscillator) : 홀수개의 인버터로 이루어지는 발진회로로 마지막 출력단이 첫 번째 입력단에 연결되는 궤한형태로 되어있다. 입력의 부정이 일정시간 경과 후 다시 입력단에 돌아오므로 발진한다. 구조는 간단하나 수정발진기에 비해서 안정성은 떨어진다.

□ 링카운터(ring counter) : 시프트레지스터의 마지막단의 출력이 첫 단의 입력에 귀환시켜서 순환구조를 만든 것. 부호어의 발생이나 클록신호의 발생에 이용된다.

【 마 】

□ 마스크롬(mask ROM) : 마스크 작성단계에서 기억내용이 결정되는 ROM.

□ 마이크로컨트롤러(microcontroller, MCU) : 사용자가 요구하는 회로를 원칩(one chip)화시킨 제품. CPU, CPU 주변회로, ROM, RAM, 랜덤논리(random logic), I/O 등을 원칩화함. 제품의 소형화, 부품 개수의 절감, 소비전력의 감소 및 신뢰성 향상 등을 이룰 수 있다.

□ 마이크로프로세서(microprocessor) : 컴퓨터의 연산과 제어부분을 포함한 집적회로.

□ 멀티플렉서(multiplexer) : 2^n 개의 입력단자와 n개의 입력선택 단자를 가지며, 입력선택 단자값에 따라서 지정된 입력이 그대로 출력되는 회로.

□ 메모리(memory) : 배열구조의 주소화가 가능한 소자.

□ 무시항(don't care) : 어떤 논리변수가 0 또는 1의 어떤 값을 갖더라도 회로에 영향을 주지 않는 변수.

□ 무어머신(Moore Machine) : 출력이 오직 상태에만 의존하는 머신.

□ 밀리머신(Mealy machine) : 출력이 상태뿐만 아니라 머신의 입력에도 관계하는 조합출력을 갖는 머신.

□ 밑수(base) : 수체계에서 숫자 또는 기본적 기호의 수. 10진 수체계에서는 10개의 숫자를 쓰는 고로 기수 10을 가짐. 8진 수체계는 기수 8, 2진 수체계는 기수 2를 갖고 있음.

【 바 】

□ 바이트(byte) : 보통 8개의 비트를 말함. 한 개의 숫자나 문자 또는 부호를 나타내는 데 사용.

□ 바이폴라 트랜지스터(bipolar transistor) : 에미터, 베이스, 콜렉터로 구성되어, 에미터에 의해 베이스로 들어오는 소수 반송자의 투입과 콜렉터에 의한 소수 반송자의 집속에 의해 동작하는 트랜지스터. 그 층 구조를 나타내기 위해 npn 또는 pnp 트랜지스터라고 불린다.

□ 반가산기(half-adder, HA) : 2개의 입력과 2개의 출력을 가진 논리회로로서 한 번에 2비트의 덧셈을 하고 합과 자리올림을 출력한다.

□ 반도체(semiconductor) : 도체와 절연체의 중간 정도의 전도도를 가진 물질.

□ 버스(bus) :

(1) VDD나 GND에 전원을 공급하는 전력선.

(2) 논리적 서브시스템 사이를 연결하는 데이터의 통일적 경로. 정보전달 장치사이에서 정보가 전달되기 위한 길.

□ 버퍼(buffer) : 논리게이트의 출력에 다른 논리게이트를 다수 개 붙이면 부하용량이 증가함에 따라 출력이 지연되거나 파형이 변형되어 오동작을 일으키는 일이 있다. 이것을 막기 위해서 회로 사이에 넣는 구동력이 큰 논리게이트.

□ 병렬시프트(parallel shift) : 데이터 비트가 한 클록에 의해 동시에 이동되어 들어갈 때를 말한다.

□ 병렬카운터(parallel counter) : 모든 클록입력이 동시에 각 플립플롭에 인가되어 모든 플립플롭이 동시에 상태를 변환하는 동기식 카운터.

□ 부논리(negative logic) : 전압이 높을 때를 논리값 0, 전압이 낮을 때를 논리값 1로 대응시키는 방식.

□ 부동(float) : 디지탈 출력레벨이 High도, Low도 아니고 고임피던스(high impedance) 상태에 있는 것. 이 상태에서 출력은 접지에 대하여 고임피던스처럼 동작한다.

□ 부에지트리거(negative edge-triggered) : 클록신호의 하강에지에서 천이가 일어난다.

□ 부울대수(Boolean algebra) : NOT, AND, OR 연산자를 가지고 있는 2개의 값을 갖는 변수들의 대수.

□ 부울함수(Boolean Function) : 2개의 값을 갖는 변수의 2개의 값을 갖는 함수. 함수는 오직 참(true) 또는 거짓(false)의 값만을 가질 수 있다.

□ 부정(NOT) : 참(true)을 거짓(false)으로, 거짓을 참으로 바꾸어 주는 하나의 부울 연산자.

□ 브레드보드(breadboard) : IC화 하기 전에 개별부품을 사용하여 목적하는 IC회로와 동등한 기능을 갖는 회로를 만들어 그 IC회로의 시뮬레이션을 할 수 있는 보드.

□ 비교기(comparator) : 2개의 입력신호를 받아서 그 크기를 비교하는 회로.

□ 비동기(asynchronous) : 출력은 클록펄스가 생길 때까지 기다리지 않고 변할 수 있다.

□ 비트(bit) : 정보량의 단위. 2진수인 '1' 또는 '0'의 하나를 1비트라고 한다.

【 사 】

- 산술논리연산장치(arithmetic logic unit, ALU) : 사용자 선택의 산술연산과 논리연산의 다양성을 수행하도록 사용하는 다기능 집적회로 소자.
- 상승시간(rise time) : 신호의 최대값의 10%에서 90%에 이르는 데 걸리는 시간.
- 상태머신(state machine) : 순차머신의 또 다른 이름.
- 상태천이도(state transition diagram) : 유한상태기계의 상태가 입력에 따라 천이해 가는 모습을 나타낸 그림. 일반적으로 상태천이 시에 나오는 출력도 기록되어 있다.
- 세미커스텀(semi-custom) : 같은 게이트소자를 칩 위에 다수 개 배열한 구조로 설계자가 배선을 지정하여 최종적인 칩을 만드는 방식. 게이트어레이, PLA, ROM 등이 있다.
- 셀(Cell) :
  (1) 기억소자 내에 데이터를 저장하기 위해 필요한 최소한의 소자집합을 지칭함.
  (2) 카르노맵 또는 변수변화 맵 (VEM)에 있는 하나의 사각형.
- 셋업시간(setup time) : 클록이 도달하기 전에 데이터 입력이 나타나야만 하는 최소한의 시간.
- 수율(yield) : 웨이퍼 위에 만들어 놓은 전체 칩의 수와 정상적인 칩 수간의 비.
- 숫자(digit) : 수체계에서 쓰이는 기본적인 기호의 하나. 잘 알고 있는 10진수체계에서는 10개의 숫자가 쓰인다. 즉 0, 1, 2, 3, 4, 5, 6, 7, 8, 9.
- 스위칭(switching) : 게이트 전위(게이트-소스간 전위)의 소스와 드레인 사이에 전류를 흘리거나 흘리지 않게 (ON/OFF) 하는 제어를 하는 것.
- 시뮬레이터(simulator) : VLSI 회로를 실제로 만들기 전에 여러 가지 계산기 시뮬레이션이 필요하게 된다. 논리 시뮬레이터, 회로 시뮬레이터 등이 있다.
- 시스템(system) : 상태머신과 같은 연속된 동작을 수행하지만 설계하기에 다소 복잡한 것.
- 시프트레지스터(shift register) : 클록신호가 주어질 때마다 입력이 차례로 앞단으로 전해져 가는 형태로 되어 있는 기억소자.
- 실장테스트(application test) : 반도체 신제품의 생산시 실제적으로 해당 제품이 사용되는 시스템에 장착 후 고객이 테스트하는 조건과 동일하게 실시하는 테스트.
- 쌍방향 스위치(bilateral switch) : 전송게이트에 신호통과 제어를 위한 게이트를 붙인 것. 쌍방향성이 있으므로 아날로그 스위치로서도 쓰일 수 있다.

【 아 】

- 아날로그 IC(analog IC) : 아날로그 신호를 다루는 집적회로. 디지털 IC에 반대되는 말.
- 아날로그 (analog) : 연속적인 숫자나 값.
- 알고리즘(algorithm) : 각(동작) 단계의 결과가 다음 과정에서 쓰이는 일련의 작동.
- 알파뉴메릭(alphanumeric) : 영문자, 숫자, 기타의 기호들.
- 양극(anode) : 음이온이 끌려오는 전극.
- 양방향 버퍼(bidirectional buffer) : 외부(내부)신호에 대한 전압레벨을 소자내부(외부)에 맞게 만들어주는 버퍼.
- 양방향성(Bi-directional) : 어떤 방향으로도 데이터가 전달되도록 함.
- 어레이(array) : 기능상으로 각각 독립된 여러 개의 회로 또는 소자를 한 장의 기판위에 규칙적으로 배열하여 상호배선한 집적회로군.
- 어레이 논리소자(array logic device) : F/F, NAND, NOR, 다이오드 등의 논리회로를 어레이 모양으로 배열한

것으로 반복구조에 의해서 원하는 논리함수를 실현하는 소자.

- 업다운 카운터(updown counter) : 상승 또는 감소하는 방향에서 카운트할 수 있도록 되어 있는 비동기적, 동기적 기본 카운터.
- 에지트리거(edge triggering) : 클록이 두 전압상태로 천이할 때만 회로가 동작한다. 정에지트리거와 부에지트리거가 있다.
- 여기표(excitation Table) : 천이와 그 천이를 일으키는 입력이 기록된 현재상태-다음상태표 형식.
- 여분항(redundant) : 다른 집단에 의하여 모든 1이 중복되어 있는 것.
- 워드(word) : 디지털 시스템에서 한 단위로서 취급되고, 축적되고 그리고 이동하는 비트의 집단이다.
- 유니폴라 트랜지스터(unipolar transistor) : 동작이 다수캐리어에만 의존하는 FET 등의 트랜지스터.
- 유한상태기계(finite-state machine, FSM) : 내부상태와 입력에 의존하여 출력을 내는 상태기계. 그 내부상태도 입력에 따라 변함.
- 2진수(binary number) : 기수가 2인 자릿수를 갖는 수.
- 인에이블(enable) : 논리요소의 출력을 활성화되도록 허용하는 입력신호 조건.
- 인코더(encoder) : 2^n개의 입력단과 n개의 출력단이 있으며 다른 입력들에 응답하여 출력코드를 발생하는 조합논리회로.
- 인터페이스(interface) : 구동소자를 부하소자에 연결하는 방법. 한 소자의 출력과 다른 소자의 입력 사이에 있는 모든 회로.
- 입력보호회로(input protection circuit) : 규격 밖의 고전압 또는 고전류가 입력되었을 때 칩 내부를 전해지지 않도록 칩의 입력단에 붙인 보호회로.

【 자 】

- 자동검사장비(automatic test equipment, ATE) : 전자소자들을 소프트웨어를 사용하여 자동으로 테스트할 수 있는 장비.
- 자리빌림수(borrow) : 수를 뺄셈할 때 감해지는 수가 충분히 크지 못하면 앞의 MSB에서 자리빌림을 해야 한다.
- 잡음면역성(noise immunity) : 불안전한 작동을 일으키는 잡음전압의 양. TTL에서는 0.4[V]이다. 연결된 선에서 도입되는 잡음전압이 0.4[V] 이하인 한 TTL 장치는 안전하게 작동할 것이다.
- 저전력 쇼트키 TTL(low-power Schottky TTL) : 보다 큰 저항과 쇼트키 다이오드가 사용된 수정된 표준 TTL보다 큰 저항은 전력소비를 줄이고 쇼트키 다이오드는 속도를 증가시킨다.
- 전가산기(full adder, FA) : 3개의 입력과 2개의 출력을 가진 논리회로로서 한 번에 3비트의 덧셈을 행하고 자리올림을 출력한다.
- 전달지연(propagation delay) : 입력의 변화와 논리요소에 대한 출력의 일치된 변화사이의 시간지연.
- 전송게이트(transmission gate) : 클록신호 등을 인가함에 따라 입력신호가 통과하는 것을 제어하는 게이트
- 전압(voltage) : 하전입자(결국은 전류)가 흐르도록 두 점에 걸린 힘.
- 접지(ground) : 회로의 단자를 0V의 장소에 연결하는 것.
- 접합(junction) : 물질의 전도 형태가 n형에서 p형 형태로 또는 그 반대로 바뀌는 접면.
- 정에지트리거(positive edge-triggered) : 클록신호의 상승에지에서 천이가 일어난다.
- 정에지트리거 소자(positive edge-triggered device) : 클록이 low에서 high로 천이할 때 변하는 소자.
- 정전파괴(electrostatic damage) : 정전기에 의해 고전압이 집적회로 내부로 인가되어 게이트 산화막 등이 절연파괴되는 것.
- 정확도(accuracy) 측정값이 얼마만큼 실제값에 가까운가를 나타내는 척도.

□ 조합논리회로(combinational logic circuit) : 복수 개의 입력변수에 논리연산을 행하여 출력하는 회로.
□ 지연시간(delay time) : 신호가 논리회로에 주어진 뒤 출력이 나오기까지 걸리는 시간.
□ 직렬시프트(serial shift) : 각 클록의 천이시점에 1비트씩 데이터 비트가 직렬로 하나씩 이동된다.
□ 진리표(truth table) : 기본 논리도에서 실제 입출력상태를 나타내는 표.

【 차 】

□ 참(true) : 전압이 high일 때 신호는 참 논리이다.
□ 출력 디코더(output decoder) : 상태머신 상에 논리연산을 사용하는 부분. 그리고 출력을 발생시키는 상태머신의 입력.
□ 출력 인에이블(output enable) : 출력의 발생을 허용하는 논리소자 입력.

【 카 】

□ 카르노맵(Karnaugh map) : 함수를 최소화시키는 데 도움을 주기 위해 사용된 논리함수의 도표적 표현.
□ 카운터(counter) : 입력된 1의 값을 계수하고 그 값을 보관하는 회로.
□ 커스텀 IC(custom IC) : 고객의 주문에 의한 사양으로 만들어지는 IC.
□ 커스텀설계(custom design) : VLSI 회로를 만들 때 PLA 또는 게이트 어레이와 같은 고정구조를 이용하지 않고, 각각의 논리게이트를 고유한 레이아웃을 조합해서 설계하는 것.
□ 코딩(coding) : 비트의 열을 부여하는 과정.
□ 코어(core) : embedded IC에서 microoperation과 ALU등의 CPU 기능을 하는 핵심블록.
□ 크기비교기(magnitude comparator) : 입력 중에서 하나가 다른 입력보다 큰가, 같은가 또는 작은가를 결정하고, 비교한 결과에 따라 세 가지의 입력 중 하나를 활성화하는 좀더 복잡한 비교기.
□ 클록(clock) : 디지털 시스템에서 동기신호로써 이용할 수 있는 주기적인 파형(대개 구형파).
□ 클록신호(clock signal) : 0이나 1의 값을 취하는 논리입력으로서 주기적으로 0과 1을 취하는 신호.
□ 클록펄스(clock pulse) : 일정한 주기의 펄스.

【 타 】

□ 타이밍도(timing diagram) : 시간의 함수로서 논리소자의 입력과 출력 사이의 관계를 보여주는 도표.
□ 특정용도 집적회로(Application Specific IC, ASIC) : 고객이나 사용자가 요구하는 특정한 기능을 갖도록 설계 및 제작한 IC.

【 파 】

□ 패리티 비트(parity bit) : 고의적으로 비트의 집단에다 부가하여 전체 1의 수를 홀수 또는 짝수로 만드는 비트.
□ 패키지(package) : 칩을 보호하고 칩과 외부와의 전기적 접속을 위해 핀을 가지고 있음.
□ 팬아웃(fan-out) : 논리게이트의 출력 단자수를 말함.
□ 팬인(fan-in) : 논리게이트의 입력 단자수를 말함.
□ 표준 TTL(standard TTL) : 기본적인 TTL 디자인. 게이트당 10[mW]의 전력소비와 10[ns]의 전파지연 시간을 가짐.

□ 풀다운(pull-down) : 접지전원에 붙어있는 트랜지스터로서 ON되면 출력전위를 낮추는 역할을 한다.
□ 풀업(pull-up) : 전원에 붙어있는 트랜지스터로서 ON되면 출력전위를 높이는 역할을 한다.
□ 플립플롭(flip-flop) : 기억소자의 일종으로 입력에 따라 상태가 변화하며 이를 출력하는 가장 기본적인 순차회로.

【 하 】

□ 하강시간(fall time) : 신호가 최대값의 90%에서 10%로 떨어지는 데 필요한 시간.
□ 합(OR) : 변수들 중 하나만 참이면 참이 되는 연산의 결과를 가져오는 2개의 변수들에 있어서의 부울 연산. 1에 의해서 표시된다.
□ 합의 곱(product of sum, POS) : 합항들을 곱 형태로 표현한 논리함수의 한 형태.
□ 해저드(hazard) : 각 논리게이트에서의 지연시간이 다름에 따라 회로의 일부에 예기치 않은 단시간 펄스가 나오는 것.
□ 홀드시간(hold time) : 클록이 들어온 후에 출력에서 올바른 변화가 발생하기 위해 플립플롭 입력이 안정해야만 하는 시간.

찾아보기

(ㄹ)

(ㅁ)

(ㅂ)

(ㅅ)

(ㅇ)

(ㅈ)

디지털 논리설계

3판 1쇄 2020년 3월 25일

저 자	박용수 / 송한정 / 조순계
발행인	송광헌
발행처	복두출판사
주 소	서울특별시 영등포구 경인로82길 3-4 센터플러스 807호 (우) 07371
전 화	02-2164-2580
FAX	02-2164-2584
등 록	1993. 11. 22. 제 10-902 호

정가 : 28,000원

ISBN : 979-11-5906-648-1 93560

한국과학기술출판협회 회원사